计算机科学丛书

原书第3版

算法：C语言实现
（第1~4部分）
基础知识、数据结构、排序及搜索

（美） Robert Sedgewick 著   霍红卫 译
普林斯顿大学   西安电子科技大学

Algorithms in C
Parts 1-4: Fundamentals, Data Structures, Sorting, Searching
Third Edition

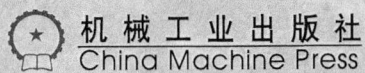
机械工业出版社
China Machine Press

本书细腻讲解计算机算法的C语言实现。全书分为四部分，共16章。包括基本算法分析原理、基本数据结构、抽象数据结构、递归和树等数据结构知识，选择排序、插入排序、冒泡排序、希尔排序、快速排序方法、归并和归并排序方法、优先队列与堆排序方法、基数排序方法以及特殊用途的排序方法，并比较了各种排序方法的性能特征，在进一步讲解符号表、树等抽象数据类型的基础上，重点讨论散列方法、基数搜索以及外部搜索方法。书中提供了用C语言描述的完整算法源程序，并且配有丰富的插图和练习，还包含大量简洁的实现将理论和实践成功地相结合，这些实现均可用在真实应用上。

本书内容丰富，具有很强的实用价值，适合作为高等院校计算机及相关专业本科生算法课程的教材，也是广大研究人员的极佳参考读物。

Simplified Chinese edition copyright © 2010 by Pearson Education Asia Limited and China Machine Press.

Original English language title: *Algorithms in C, Parts 1~4: Fundamentals, Data Structures, Sorting, Searching, Third Edition* (ISBN 0-201-31452-5) by Robert Sedgewick, Copyright © 1998.

All rights reserved.

Published by arrangement with the original publisher, Pearson Education, Inc., publishing as Addison-Wesley.

本书封面贴有Pearson Education（培生教育出版集团）激光防伪标签，无标签者不得销售。

版权所有，侵权必究。
封底无防伪标均为盗版。

北京市版权局著作权合同登记　图字：01-2006-3991号。

图书在版编目（CIP）数据

算法：C语言实现（第1~4部分），基础知识、数据结构、排序及搜索（原书第3版）/（美）塞奇威克（Sedgewick, R.）著；霍红卫译．—北京：机械工业出版社，2009.10（2022.5重印）

（计算机科学丛书）

书名原文：Algorithms in C, Parts 1~4: Fundamentals, Data Structures, Sorting, Searching, Third Edition

ISBN 978-7-111-27571-8

Ⅰ. 算… Ⅱ. ① 塞… ② 霍… Ⅲ. ① 电子计算机-算法理论　② C语言-程序设计　Ⅳ. ① TP301.6　② TP312

中国版本图书馆CIP数据核字（2009）第114468号

机械工业出版社（北京市西城区百万庄大街22号　邮政编码 100037）
责任编辑：姚　蕾
固安县铭成印刷有限公司印刷
2022年5月第1版第12次印刷
184mm×260mm　•　29.5印张
标准书号：ISBN 978-7-111-27571-8
定价：79.00元

凡购本书，如有倒页、脱页、缺页，由本社发行部调换
本社购书热线：（010）68326294

译 者 序

本书是算法方面的优秀著作之一。它系统地阐述了算法的特征以及它们可能应用的场合，讨论了算法分析与理论计算机科学的关系，并通过实验数据和分析结果表明选择何种算法来解决实际问题。书中包含了基本概念、数据结构、排序算法和搜索算法。

这本书不仅适合于程序员和计算机科学专业的学生，而且也适合于那些想利用计算机并想使它运行更快或是想要解决更大问题的人们。书中的算法代表了过去50年来所研究的知识主体。对于大量应用问题，这些知识主体已经成为有效使用计算机不可缺少的部分。从物理学中的N-体模拟问题到分子生物学中的序列分析问题，在此所描述的基本方法在科学研究中已日显重要。另外，从数据库系统到Internet搜索引擎，这些方法已经成为现代软件系统的重要组成部分。随着计算机应用的覆盖面越来越广，基本算法的影响也日益显著。

本书主要内容及特点如下：
- 扩展介绍了数组、链表、串、树和其他基本数据结构。
- 为排序、选择、优先队列ADT实现和符号表ADT（查找）实现提供了多达100多个算法。
- 介绍了多路基数排序、随机BST、伸展树、跳跃表、多路trie等新的数据结构。
- 为算法提供了很多可视化的信息，还有大量实验研究和基本分析研究，从而为选择算法解决实际问题提供了依据。
- 增加了1000多个新练习，从而有助于深入了解算法的特征。
- 本书以大量图例说明算法的工作过程，使得算法更加易于理解和掌握。
- 适合作为高等院校算法设计课程的教材，同时可作为从事软件开发和工程设计的专业人员的参考书。

由于时间较紧及译者水平有限，译文难免有错误及不妥之处，恳请读者批评指正。

译者
于西安电子科技大学计算机学院
2009年4月

前　言

　　写本书的目的是为了对当今使用最为重要的计算机算法做一综述，并为需要学习这方面知识的越来越多的读者提供基础的技术。本书可以在学生掌握了所需的基本程序设计技巧，熟悉了计算机系统，但还未学过计算机科学或计算机应用高级领域的专业课程的时候，用作计算机科学的第二、第三或第四门课程的教科书。此外，由于本书包含了大量有用算法的实现，以及关于这些算法的性能特征的详细信息，因而它还可用于自学，或者作为从事计算机系统或应用程序开发人员的参考手册。宽广的视角使得本书成为计算机算法领域最合适的入门读物。

　　对于新的一版，我不仅完全重写了它的内容，而且还添加了一千多个练习、一百多幅图表和数十个新程序。我还给所有图表和程序添加了详细的注释。新的素材不仅涵盖了新的主题，而且还包含对经典算法的更完整解释。抽象数据类型是这本书的重点，这使得程序应用更广泛，并且与现代面向对象的程序设计环境更紧密。读过本书旧版本的人一定会发现，新版本包含了更为丰富的新信息，所有读者将发现大量的教学资料为掌握基本概念提供了有效途径。

　　由于新的素材数量过多，所以我们把新版本分为两卷（每一卷的容量都大约为旧版本的大小），本书是第一卷。这卷书中包含了基本概念、数据结构、排序算法和搜索算法；第二卷涵盖的高级算法及应用是以第一卷的基本抽象概念和方法为基础的。这个新版中的关于基本原理和数据结构的所有素材几乎都是新的。

　　这本书不仅适合于程序员和计算机科学专业的学生，而且也适合于想利用计算机并想使它运行更快或是想要解决更大问题的人们。这本书中的算法代表了过去50年来所研究的知识主体。对于大量应用问题，这些知识主体已经成为有效使用计算机的不可缺少的部分。从物理学中的N-体模拟问题到分子生物学中的序列分析问题，在此所描述的基本方法在科学研究中已日显重要。另外，对于从数据库系统到Internet搜索引擎，这些方法已经成为现代软件系统的重要组成部分。随着计算机应用的覆盖面越来越广，基本算法的影响也日益显著。本书的目标是要提供一种资源，使广大学生以及专业人士可以了解并有效利用这些算法解决计算机应用中出现的问题。

本书范围

　　本书共有16章，分为四大部分：基础、数据结构、排序和搜索。这里的说明是想使读者对尽可能多的基本算法有一个了解。本书描述的从二项队列到帕氏线索这个范围内的独创性的方法，都与计算机科学核心的基本范型相关。第二卷由另外四部分组成，涵盖了字符串算法、几何算法、图算法和高级主题。写这些书的主要意图是把各个领域中应用的基本方法集合在一起，从而为用计算机求解问题提供最好的方法。

　　如果你已经学过计算机科学的一两门课程，如C、Java或C++这样的高级程序设计语言课程，或者可能还有讲授程序设计系统的基本概念的课程，或者具有同等的程序设计经验，那么一定会非常欣赏本书提供的资料。因此，本书是为那些熟悉现代程序设计语言和现代计算机系统的基本特性的人而编写的。书中给出的参考文献会有助于弥补背景知识的不足。

由于用来支持分析结果的大部分数学知识都包含在本书中（或者做出标记不在本书之中），因而尽管具有完备的数学知识肯定会有帮助，但专门对数学知识的准备不是必要的。

教学中的用法

在教学中如何使用本书内容具有很大的灵活性，这取决于教师的偏好以及学生所做的准备。这里所描述的算法多年以来已经得到广泛应用，而且无论对于实际的程序员还是计算机科学专业的学生，这些算法都代表了基本的知识主体。书中涵盖了足够的基本内容可用作数据结构课程的学习，也有足够详细的高级主题用于算法课程的学习。有些教师可能希望强调与实现和实践有关的内容，而另外一些教师则可能把重点放在分析和理论概念上。

教学中使用的电子文档、程序设计示例作业、为学生提供的交互式练习以及其他课程有关的资料都可在本书的主页上找到。

关于数据结构和算法的基础课程可以把重点放在第二部分的基本数据结构及其他们在第三、四部分实现中的应用。关于算法设计与分析的课程可以把重点放在第一部分和第五部分中的基础内容，然后在第三部分和第四部分研究算法达到良好渐近性能的方法。关于软件工程的课程可能会省略数学和高级算法的内容，并把重点放在如何把给出的算法实现集成到大的程序或系统中。关于算法的课程则可能进行综述并引入所有这些领域的概念。

本书的早期版本在近年来为世界各地的学院或大学用作计算机科学的第二或第三门课程的教材或其他课程的补充阅读材料。在普林斯顿大学，我们的经验表明这本书内容覆盖面广，为主修课程提供计算机科学的导引，并可在后续的算法分析、系统程序设计以及理论计算机科学的课程中对它进行扩充，同时为其他学科的学生提供一整套的技术，使他们能很快学以致用。

这一版中的大多数练习是新添加的，分为几种类型。一类练习的目的是为了测试对课文中内容的理解，要求读者能够完成某个例子或应用课文中描述的概念。另一类练习则涉及实现算法和把算法整理到一起，或者进行实验研究从而对各种算法进行比较以及了解其性质。还有一类练习则是一些重要信息的知识库，其详细程度本身不适合放在正文中。阅读并思考这些练习，会使每个读者受益匪浅。

算法的实用性

若希望更有效地使用计算机，可以把这本书用作参考书，或用于自学。具有程序设计经验的人可以从本书中找到有关某个特殊主题的信息。对于更大范围的读者，尽管某些情况下，某一章中的算法使用了前一章中的方法，但你仍可以独立于本书的其他章节阅读本书的某个章节。

本书的定位是研究有可能实用的算法。本书提供了算法的详尽信息，读者可以放心地实现和调试算法，并使算法能够用于求解某个问题，或者为某个应用提供相关功能。书中包括了所讨论方法的完整实现，并在一系列一致的示例程序中给出了这些操作的描述。由于我们使用了实际代码，而不是伪代码，因而在实际中可以很快地使用这些程序。通过访问本书的主页可以得到程序的代码清单。

实际上，书中算法的实际应用会产生数百幅图表。正是这些图表提供的立体视觉直观地发现了许多算法。

本书详细讨论了算法的特征以及它们可能应用的场合。尽管并不强调，但是书中论述了算法分析与理论计算机科学的联系。在适当的时候，书中都给出了经验性的数据和分析结果用以说明为什么选择使用某些算法。如果有趣，书中还会描述所讨论的实际算法与纯理论结果之间的关系。关于算法性能特征和实现的某种信息的综合、概括和讨论都会贯穿本书的始终。

编程语言

书中所有实现所用的程序设计语言均为C语言。任何特定语言都有优缺点。我们使用C语言是因为它是一种广泛使用的语言，并且能够为本书的实现提供所需的特征。由于没有多少结构是C语言所特有的，因而用C语言编写的程序可以很容易地变成用其他现代编程语言书写的程序。在适当的时候，我们会使用标准C语言中的术语，但本书并不打算成为C语言程序设计的参考手册。

在这一版中有很多新的程序，旧版本的很多程序也已更新，主要目的是使它们在用作抽象数据类型时更具有易读性。对程序所做的广泛的实验性比较研究贯穿在本书中。

本书以前的版本是用Pascal、C++和Modula-3来呈现基本程序的。在本书的主页上可得到这些代码。新程序的代码和用新语言，如Java书写的代码将在适当的时候添加进来。

本书的目标是以尽可能简单、直接的方式呈现算法。在尽可能的情况下利用一致的风格，使得相似的程序看起来相似。对于书中的许多算法，无论使用哪种语言，算法都具有相似性。例如，Quicksort是一种快速排序算法（取了一个著名的例子），无论它是用Algol60、Basic、Fortran、Smalltalk、Ada、Pascal、C、PostScript、Java表示的，还是其他无数程序设计语言和环境表示的，都证明它是一种有效的排序方法。

我们力争编写精致、简明和可移植的代码实现，但同时关注实现的效率，因而我们在开发的各个阶段就试图了解代码的性能特征。第一章包含这种方法的一个详细例子，用以说明如何用这种方法开发一个算法的高效C语言实现，并简略介绍了本书其余部分的内容。

致谢

对于本书早期的版本，很多人提供了有用的反馈信息。特别要提出的是普林斯顿大学和布朗大学的数百名学生们在过去数年的学习过程中一直承受着初稿的粗糙。特别要感谢Trina Avery和Tom Freeman对于第一版的出版所给予的帮助。还要感谢Janet Incerpi，是她的创造力和聪明才智使我们利用早期原始的数字排版硬件和软件制作出本书的第一版。感谢Marc Brown在算法可视化方面做的研究，他创建了本书中的诸多插图，而本书中的很多图表正来源于此。感谢Dava Hanson，对于我提出的关于C语言方面的所有问题，他总是乐于回答。我还要感谢众多读者，他们对各个版本提供了详尽的评论，这其中包括：Guy Almes、Jon Bentley、Marc Brown、Jay Gischer、Allan Heydon、Kennedy Lemke、Udi Manber、Dana Richards、Join Reif、M. Rosenfeld、Stephen Seidman、Michael Quinn和William Ward。

为了完成这一版本，我有幸与Addison-Wesley的Peter Gordon和Debbie Lafferty一起工作。他们耐心地指导这个项目的完成，使其经历了从一般性的修改到大幅度重写的过程。同样我还有幸与Addison-Wesley的许多专业人员一起工作。这个项目的性质使得本书带给他们非同寻常的挑战，对于他们的忍耐力我致以诚挚的感谢。

在写这本书的过程中，我得到了两位良师益友。在此我要特别向他们表示感谢。Steve Summit从技术的角度对各版本的初稿都做了仔细的检查，并向我提供了数千条详尽的意见，尤其是关于程序方面的建议。Steve很清楚我的目标是要提供精致、有效且实用的实现代码,他的意见不仅帮助我给出实现一致性的度量标准,而且还帮助我对其中一部分作了重大的改进。Lyn Dupre也对我的手稿提供了数千条的意见,这些建议对我来说是无价之宝,不仅帮助我改正和避免了许多语法错误,而且更重要的是,使我找到一种一致性的编写风格,由此才使我把如此繁多的技术资料整理在一起。能够有机会向Steve和Lyn学习,我万分感激。他们的投入对于本书的完成至关重要。

我在这里所写的内容大多受益于Don Knuth的授课和著作,他是我在斯坦福大学的导师。尽管Don对本书没有直接的影响,但在本书中仍然能够感受到他的存在,因为正是他为算法研究奠定了科学基础,才使得像本书这样的工作得以完成。我的朋友兼同事Philippe Flajolet,是使算法分析发展成为一个成熟领域的主力,对这本书具有同样的影响力。

非常感谢普林斯顿大学、布朗大学以及法国国立计算机与自动化研究所(Institute National de Recherce en Informatique et Automatique, INRIA)给予的支持,在这些地方,我完成了本书大部分的工作。还要感谢美国国防部防御分析研究所(Institute for Defense Analysis)以及施乐的帕洛阿尔托研究中心(Xeror Palo Alto Research Center),我在他们那里的访问期间完成了本书的一些工作。本书的某些部分离不开国家自然科学基金(National Science Foundation)和海军研究中心(Office of Naval Research)的慷慨支持。最后,我要感谢Bill Bowen、Aaron Lemonick和Neil Rudenstine,他们为普林斯顿大学建立了一个良好的学术环境,使我能够在这样良好的环境中,在承担众多其他事务的同时完成本书的准备。

Robert Sedgewick
Marly-le-Roi,法国,1983年2月
普林斯顿,新泽西州,1990年1月
詹姆斯镇,罗得岛,1997年8月

有关练习的注释

给练习分类是一件充满风险的事情,因为本书的读者具备的知识背景和经验参差不齐。虽然如此,指导仍然是适宜的,所以许多练习都加了一个记号,以帮助你判断如何动手解决它们。

测试你对内容理解程度的练习标以空心三角符号,如下所示:

▷ 7.1 按前面例子的风格,给出快速排序算法应用于文件内容为EASYQUESTION每一步的排序结果。

通常,这样的练习是与正文中的例子直接相关。它们并不特别难,但是做这些练习可能教会你一个事实或一个概念,它们可能是你在阅读正文时感到困惑不解的问题。

给正文中添加新的和需要思考信息的练习标以空心圆符号,如下所示:

○ 13.23 比较你从练习13.22所得结果和从下面过程所得结果:利用程序13.2和程序13.3对一棵 N 个节点的随机树执行删除最大关键字,并重新插入该关键字的操作,其中 $N = 10$,100和1000。对于每个 N,要求达到 N^2 次的插入-删除对操作。

这样的练习鼓励你考虑与书中内容相关的重要概念,或者回答出现在你阅读正文时遇到的一个问题。即使你没有时间做这些练习,你也会发现阅读这些练习是非常有价值的。

具有挑战性的练习标以黑色圆点,如下所示:

• 8.45 假设归并排序将文件按随机方式进行划分,而不是恰好平分。使用这样的方法对包含 N 个元素的文件进行排序,平均需要使用多少次比较?

这种练习可能需要花费大量时间才能完成,这取决于你的经验。一般而言,最有效的方法是分几个时期来解决它们。

少数难度极大的练习标以两个黑色圆点,如下所示:

•• 15.28 证明由 N 个随机位串所构建的线索的高度约为 $2\lg N$。提示:考虑生日问题(见性质14.2)。

这种练习类似于研究文献上陈述的问题,但书中的内容可能为你试图(可能成功)解决它们做好了准备。

对于考察你的程序设计能力和数学能力的练习,则没有明确记号。这些要求程序设计能力或数学分析能力的练习是一种自我检查。我们鼓励所有的读者都通过实现算法以测试自己对算法的理解程度。对于程序员或者程序设计课程的学生来说,这样的练习很简单,而对于那些近来很少编程的人来说,则会有一定难度:

4.45 写一个客户程序从命令行的第一个参数中取一个整数 N,然后打印出 N 个扑克牌局,方法是把 N 个项放到一个随机队列中(见练习4.4),然后打印出从队列中一次拣出五张牌的结果。

类似的情况,我们鼓励所有的读者努力探索有关算法性质的分析基础。对于一个科学工作者或者离散数学课程的学生来说,这样的练习很简单,而对于那些近来很少做数学分析的人来说,仍然会有一定的难度:

1.12 在一棵由加权快速合并算法在最坏情况下构造的 2^n 个节点的树中,试计算从一个节点到树根节点的平均距离。

还有更多的练习需要你去阅读和掌握。我希望这里有足够的练习能够激励你积极地加深对自己感兴趣主题的理解,而不仅仅满足于简单阅读正文所得到的收获。

目 录

译者序
前言

第一部分 基础知识

第1章 引言 1
1.1 算法 1
1.2 典型问题——连通性 2
1.3 合并-查找算法 5
1.4 展望 12
1.5 主题概述 13

第2章 算法分析的原理 15
2.1 实现和经验分析 15
2.2 算法分析 17
2.3 函数的增长 19
2.4 大O符号 23
2.5 基本递归方程 27
2.6 算法分析示例 29
2.7 保证、预测及局限性 33

第二部分 数据结构

第3章 基本数据结构 37
3.1 构建组件 37
3.2 数组 44
3.3 链表 49
3.4 链表的基本处理操作 54
3.5 链表的内存分配 60
3.6 字符串 63
3.7 复合数据结构 66

第4章 抽象数据类型 74
4.1 抽象对象和对象集 76
4.2 下推栈ADT 78
4.3 栈ADT客户示例 79
4.4 栈ADT的实现 84
4.5 创建一个新ADT 87

4.6 FIFO队列和广义队列 90
4.7 复制和索引项 95
4.8 一级ADT 99
4.9 基于应用的ADT示例 106
4.10 展望 110

第5章 递归与树 111
5.1 递归算法 111
5.2 分治法 116
5.3 动态规划 127
5.4 树 133
5.5 树的数学性质 138
5.6 树的遍历 140
5.7 递归二叉树算法 145
5.8 图的遍历 149
5.9 综述 155

第三部分 排 序

第6章 基本排序方法 157
6.1 游戏规则 158
6.2 选择排序 161
6.3 插入排序 162
6.4 冒泡排序 164
6.5 基本排序方法的性能特征 166
6.6 希尔排序 171
6.7 对其他类型的数据进行排序 177
6.8 索引和指针排序 180
6.9 链表排序 185
6.10 关键字索引统计 188

第7章 快速排序 191
7.1 基本算法 191
7.2 快速排序算法的性能特征 195
7.3 栈大小 198
7.4 小的子文件 201
7.5 三者取中划分 203
7.6 重复关键字 206
7.7 字符串和向量 209

7.8	选择 ………………………… 210		12.1	符号表抽象数据类型 …………… 308
第8章	归并与归并排序 ………………… 213		12.2	关键字索引搜索 ………………… 311
8.1	两路归并 ………………………… 213		12.3	顺序搜索 ………………………… 313
8.2	抽象原位归并 …………………… 215		12.4	二分搜索 ………………………… 318
8.3	自顶向下的归并排序 …………… 216		12.5	二叉搜索树 ……………………… 321
8.4	基本算法的改进 ………………… 219		12.6	BST的性能特征 ………………… 327
8.5	自底向上的归并排序 …………… 220		12.7	符号表的索引实现 ……………… 329
8.6	归并排序的性能特征 …………… 223		12.8	在BST的根节点插入 …………… 332
8.7	归并排序的链表实现 …………… 225		12.9	其他ADT函数的BST实现 ……… 336
8.8	改进的递归过程 ………………… 227		第13章	平衡树 …………………………… 343
第9章	优先队列和堆排序 ……………… 229		13.1	随机化BST ……………………… 345
9.1	基本操作的实现 ………………… 231		13.2	伸展BST ………………………… 350
9.2	堆数据结构 ……………………… 233		13.3	自顶向下2-3-4树 ……………… 355
9.3	基于堆的算法 …………………… 235		13.4	红黑树 …………………………… 360
9.4	堆排序 …………………………… 240		13.5	跳跃表 …………………………… 368
9.5	优先队列ADT …………………… 244		13.6	性能特征 ………………………… 374
9.6	索引数据项的优先队列 ………… 247		第14章	散列 ……………………………… 377
9.7	二项队列 ………………………… 250		14.1	散列函数 ………………………… 377
第10章	基数排序 ………………………… 258		14.2	链地址法 ………………………… 385
10.1	位、字节和字 …………………… 259		14.3	线性探测法 ……………………… 388
10.2	二进制快速排序 ………………… 261		14.4	双重散列表 ……………………… 392
10.3	MSD基数排序 …………………… 265		14.5	动态散列表 ……………………… 396
10.4	三路基数快速排序 ……………… 271		14.6	综述 ……………………………… 399
10.5	LSD基数排序 …………………… 274		第15章	基数搜索 ………………………… 402
10.6	基数排序的性能特征 …………… 278		15.1	数字搜索树 ……………………… 402
10.7	亚线性时间排序 ………………… 280		15.2	线索 ……………………………… 406
第11章	特殊用途的排序方法 …………… 284		15.3	帕氏线索 ………………………… 413
11.1	Batcher奇偶归并排序 …………… 284		15.4	多路线索和TST ………………… 419
11.2	排序网 …………………………… 289		15.5	文本字符串索引算法 …………… 430
11.3	外部排序 ………………………… 295		第16章	外部搜索 ………………………… 434
11.4	排序-归并的实现 ……………… 299		16.1	游戏规则 ………………………… 435
11.5	并行排序/归并 ………………… 303		16.2	索引顺序访问 …………………… 436

第四部分 搜　　索

第12章	符号表和二叉搜索树 …………… 307		16.3	B树 ……………………………… 438
			16.4	可扩展散列 ……………………… 447
			16.5	综述 ……………………………… 455

第一部分 基础知识

第1章 引　言

　　本书的目的是研究各种重要且有用的算法（algorithm），即研究适合计算机实现的求解问题的方法。我们将会涉及许多不同领域中的应用，但把重点放在重要且有趣的基本算法上。我们将花费足够的时间理解每个算法的重要特征并考虑一些细节问题。我们的目标是学习大量现今计算机所用的最重要的算法，充分理解这些算法以达到学以致用的目的。

　　理解书中给出的程序所使用的策略是实现并测试这些程序，试验这些程序的各种变体，讨论它们在小规模例子上的操作，并试图在实际中可能遇到的更大规模的例子上试验它们。我们将利用C程序设计语言来描述算法，因而同时也就提供了有用的实现。我们的程序风格一致，很容易就能改写成其他现代程序设计语言。

　　我们还关注算法的性能特征，这有助于我们开发算法的改进版本，比较求解同一任务的不同算法，并能预测或保证求解更大问题的性能。理解算法如何执行可能需要试验或者数学分析或者两者都需要。我们考虑许多最重要算法的详细信息，在可行时直接研制分析结果，或者在必要时利用研究文献中的结果。

　　为了说明研制算法求解的一般方法，本章我们考虑包含求解特定问题的大量算法的一个详细例子。我们考虑的这个问题不是一个玩具问题；它是一个基本的计算任务，并且我们研制的解决方法也可用于大量应用中。我们从一种简单求解方法开始，然后探索这种解法的性能特征，这可以帮助我们理解如何改进算法。在重复几次这样的过程之后，我们就会得到求解问题的一个高效且有用的算法。这个原型例子为通篇使用这个一般方法奠定了基础。

　　最后对本书内容作一概略讨论以结束本章，其中包括简略描述书中的各个主要部分的组成，以及它们之间的相互关系。

1.1　算法

　　当我们写一个计算机程序时，一般而言我们是在实现事先设计的求解某个问题的方法。这个方法常常与使用的特定计算机无关，它很可能同样适合于许多计算机和计算机语言。我们必须学习的是如何解决问题的方法，而不是计算机程序本身。术语算法用在计算机科学中，用来描述适合于计算机程序实现的求解问题的方法。算法是计算机科学的基础：它们是许多领域研究的核心。

　　大多数算法关注的是计算中涉及的数据的组织方法。用这种方法建立的对象称为数据结构（data structure），它们也是计算机科学研究的核心。这样，算法与数据结构就结合在一起了。在本书中，我们把数据结构看作是算法的副产品或最终产物，因而我们必须研究这些数据结构以便理解算法。简单算法可以导致非常复杂的数据结构，反之，复杂算法可以利用简单的数据结构。我们将在这本书中研究许多数据结构的性质；事实上，将这本书称为《用C语言表示的算法与数据结构》更合适。

当我们利用计算机帮助我们求解问题时，一般都会面对许多不同的方法。对于小规模的问题，利用哪一个方法是不重要的，只要能够有个方法正确解决问题就行。然而对于大规模问题（或需要求解大量小规模问题的应用），我们的动机就是设计时间和空间都尽可能高效的方法。

我们学习算法设计的主要原因是这个学科可以使我们节省大量的时间和空间，甚至可能使原本不可能解决的问题得以解决。在我们处理数百万个对象的一个应用中，如果利用一个设计良好的算法会使程序快上数百万倍。我们将会在1.2节和书中许多地方看到这样的例子。与之相比，花额外的钱或时间购买并安装一台新的计算机可能使程序快10或100倍。无论应用领域是什么，精细的算法设计都是求解大规模问题的过程中极其有效的部分。

当开发大规模或复杂计算机程序时，就要做大量工作理解和定义要被求解的问题，控制它的复杂度，并把它分解成为能够容易实现的更小任务。通常分解之后，多数算法容易实现。然而，在大多数情况下，还有少数算法的选择非常关键，因为大多数系统资源将会消耗在运行这些算法上。本书所关注的算法就是这些类型的算法。我们将会研究各个应用领域中用于求解大规模问题的各种基本算法。

计算机系统中的程序共享变得更广泛，因而，尽管我们可能期望在本书中利用大部分的算法，但我们仍然希望实现其中的一小部分算法。然而，实现基本算法的一个简单版本可以帮助我们更好地理解算法，并能更有效地利用高级版本的算法。更重要的是，基本算法经常需要重新实现。这样做的主要原因是我们时常面对具有新特征的全新的计算环境（硬件和软件方面），原实现也许不能最好地利用这些特征。换句话说，我们常常实现适合于具体问题的基本算法，而不是调用系统例程，以使我们的解具有可移植性和持久性。重新实现基本算法的另一个原因是许多计算机系统中共享软件的机制并不足够强大，从而使标准程序适合于在特定任务上有效地执行（或者这样做还不够方便），因而有时实现新的程序更容易一些。

计算机程序常常被过度优化。费力确保一个特定算法的实现最有效也许并不值得，除非这个算法在大量任务中使用，或者多次使用。否则，一个精细的相对简单的实现就足够了。我们可以相信它会运行，与最好的可能版本相比，最坏情况下它的运行速度可能要慢5到10倍。这意味着它可能要多运行几秒钟。与此相比，首先选择恰当的算法可能加速100倍、1000倍，甚至更多。节省的运行时间可能达到数分钟、数小时，甚至更多。在本书中，我们侧重于这些最好算法的最简单的合理实现。

选择某个特定任务的最好算法可能是一个复杂的过程，也许涉及复杂的数学分析。计算机科学中研究这些问题的分支称为算法分析（analysis of algorithm）。分析表明我们研究的许多算法具有杰出的性能，还有一些算法经过实践表明可以很好地工作。我们主要的目的是学习求解重要任务的合理算法，然而还要仔细关注这些方法之间可比较的性能。不应该利用不清楚会消耗什么资源的算法，应努力了解我们到底期望我们的算法如何执行。

1.2 典型问题——连通性

假设给定整数对的一个序列，其中每个整数表示某种类型的一个对象，我们想要说明对p-q表示"p连接到q"。假设"连通"关系是可传递的：也就是说如果p和q之间连通，q和r之间连通，那么p和r也连通。我们的目标是写一个过滤集合中的无关对的程序。程序的输入为对p-q，如果已经看到的到那点的数对并不隐含着p连通到q，那么输出该对。如果前面的对确实隐含着p连通到q，那么程序应该忽略p-q，并应该继续输入下一对。图1-1给出了这个过程的一个例子。

我们的问题是设计能够记录足够多它所看见的数对信息的程序,并能够判定一个新的对象对是否是连通的。非形式地,我们称设计这样一个算法的任务为连通性问题。这个问题出现在许多重要的应用中。我们这里简略地考虑三个例子用以表明问题的本质。

例如,整数可以表示大规模网络中的计算机,而对表示网络中的连接。这样,就可利用程序确定,是需要建立新的p和q能够通信的连接,还是利用已有连接建立通信路径。在这种应用中,可能需要处理数百万个和数十亿个连接,甚至更多。正如我们将要看到的那样,要解决那些没有高效算法的应用问题是不可能的。

类似地,整数可以表示电网络中的连接点,而对表示连接这些点之间的连线。在这种情况下,如果可能,我们可以利用程序找出连接所有点且没有额外连接的一种方式。事实上,不能保证表中有足够多的边连接所有点,我们将会看到确定是否连通是程序的一个主要应用。

```
3-4      3-4
4-9      4-9
8-0      8-0
2-3      2-3
5-6      5-6
2-9              2-3-4-9
5-9      5-9
7-3      7-3
4-8      4-8
5-6              5-6
0-2              0-8-4-3-2
6-1      6-1
```

图1-1　连通问题示例

注:给定表示两对象之间连接的整数对序列(左),连通算法的任务是输出那些提供新的连通关系的对(中间)。例如,由于连通关系2-3-4-9隐含在前面的数对中(右边给出了这个证明),因而对2-9不是输出的一部分。

图1-2中说明了这两种类型应用的更大示例。考察这个图可以看出连通问题的难度,如何排列才能快速断定网络中的任何给定两点是连通的?

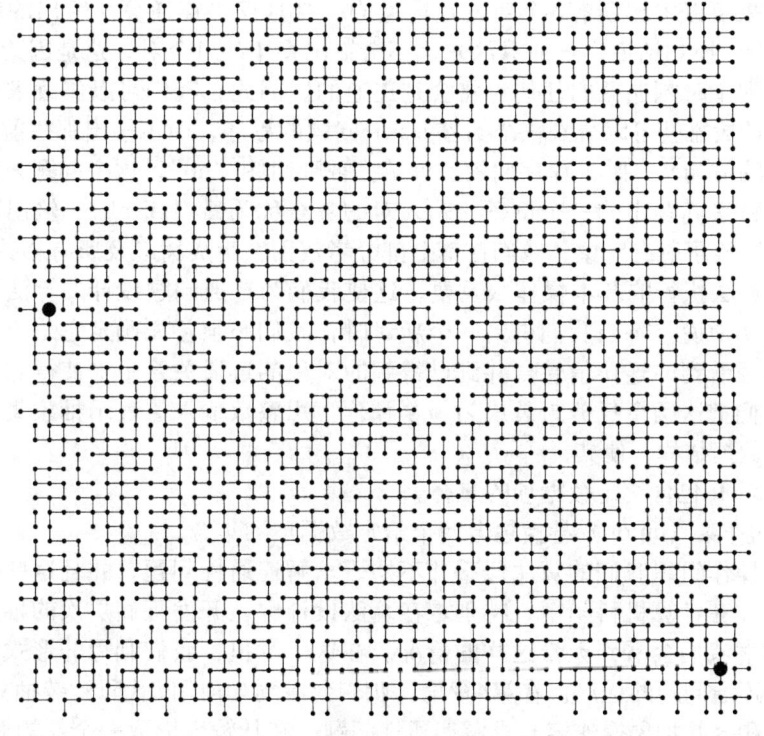

图1-2　大规模连通问题示例

注:连通问题中的对象可以表示连接点,对表示它们之间的连接。正如在这个理想化示例中表明的那样,它可以表示城市中连接建筑物的连线,或者表示计算机芯片上的连线。图形化的表示可以使人们看到不连通点,但算法必须在给定的整数对上才能工作。标示为大黑点的两个点是否是连通的?

还有一个例子出现在某种程序设计环境中，连通性可用来断言两个变量名是否等价。问题是在经过这样的断言序列之后，能够确定两个给定的名字是否等价。这个应用激发了我们打算考虑的几个算法的研制。它直接将我们的问题与一种简单抽象关联起来，为使算法具有广泛应用而提供了一种方法。我们即将看到这一点。

像上一段描述的变量名等价问题这样的应用程序要求我们把每个不同的变量名与一个整数关联起来。这种关联关系也隐含在前面描述的网络连接和电路连接的应用中。在第10章至第16章，我们将会以一种更高效的方法考虑提供这种连接关系的大量算法。因此，不失一般性，本章假设有N个对象，每个都与$0 \sim N-1$之间的一个整数名对应。

我们正在寻求完成特定和良定义任务的程序，可能还想要解决其他许多相关的问题。在研制算法时我们面对的首要任务之一是确信我们已经以合理的方式指定了问题。我们要求算法的越多，它完成任务所需要的时间和空间越多。不可能量化这个关系，并且我们在发现一个问题难以求解或是求解代价昂贵，或是在好的情况下，发现算法可以比原始说明提供更多有用的信息时，我们常常修改这个问题的说明。

例如，我们的连通问题的说明只要求我们的程序知道任意给定对p-q是否是连通的，并不能够表明连接那个对的任何方式。添加这样一个说明的要求会使问题更加困难，会涉及其他的算法，我们将在第5章简略讨论，并在第7章详细讨论。

前面这段提到的说明要比原始说明要求更多的信息，我们也可以要求更少的信息。例如，我们可能只想回答这样的问题："M个连接足以把N个对象都连接起来吗？"这个问题表明，要研制一个高效的算法，常常需要我们对正在处理的抽象对象进行高级推理。在这种情况下，由图论基本结果可以得出所有N个对象是连通的，当且仅当连通算法输出的对的个数恰好为$N-1$（见5.4节）。换句话说，连通算法永远不会输出多于$N-1$个对，这是因为一旦它输出$N-1$个对，则它从那个时刻遇见的任何对将会是连通的。因此，我们可以修改求解连通问题的程序，增加一个计数器就可以得到一个回答yes-no问题的程序，而不输出那些前面不连通的每个对，当计数器的值为$N-1$时，程序回答"yes"，否则回答"no"。这个问题只是我们希望回答关于连通性的许多问题中的一个例子。输入对的集合称为图（graph），输出对的集合称为图的生成树，它连接了所有对象。我们在第七部分考察图、生成树以及所有相关算法的性质。

努力确定算法执行的基本操作很重要，这使我们为连通问题设计的算法可以用于许多类似的问题。确切地说，每当我们得到一个新对时，我们必须首先确定它是否表示一个新的连接，然后把已经看到的连接信息合并到已得到的对象的连通关系中，使得它能够检查将要看到的连接。我们把这两个任务封装成为抽象操作，用整数输入值表示抽象集合中的元素，然后设计算法和数据结构，使其

- 查找（find）包含给定数据项的集合。
- 用它们的并集（union）替换包含两个给定数据项的集合。

按照这些抽象操作组织我们的算法似乎并不妨碍求解连通性问题，并且这些操作可能用于求解其他的问题。在计算机科学中，特别是在算法设计中，开发更高层次的抽象是一项重要的过程，贯穿本书我们会看到大量这样的情况。在这一章里，我们利用非形式的抽象思维指导我们设计解决连通问题的程序。在第4章里，我们会看到如何用C代码封装抽象。

根据查找和合并抽象操作容易求解连通性问题。在从输入读取一个新的对p-q后，对于对中的每个数执行查找操作。如果对的成员在同一集合中，那么考虑下一对；如果它们不在同一集合中，则执行合并操作，并输出这个对。集合表示连通分量（connected component），即那些给定分量中的任何两个对象是连通的对象的集合。这种方法把开发连通问题算法解的过

程变为定义表示集合的数据结构以及开发高效利用这个数据结构的查找和合并算法。

有许多用于表示和处理抽象集合的方法，我们在第4章会更详细地考虑这些方法。在这一章里，我们集中在找到一种能够高效支持合并和查找操作的表示方法上，这些操作用于求解连通问题。

练习

1.1 给定输入0-2，1-4，2-5，3-6，0-4，6-0和1-3，给出连通算法所产生的输出。

1.2 列出图1-1示例中连接两个不同对象的所有不同方式。

1.3 描述一种统计正文中使用合并和查找操作求解连通问题之后的剩余集合的个数的简单方法。

1.3 合并－查找算法

开发求解给定问题高效算法的过程的第一步是实现解这个问题的一个简单算法。如果我们需要解决几个容易的特定问题的实例，那么简单实现就能完成这项工作。如果要用更复杂的算法，简单实现可以用于检查小规模例子的正确性，并成为评估算法性能的一个基准。我们总是关注算法的效率，但我们在开发解决问题的第一个程序时更关注的是确保程序的正确性。

首先考虑如何存储所有输入对，然后写一个遍历这些输入的函数，然后检查下一对对象是否是连通的。我们会用另一种方法。首先，实际应用中对的个数可能会很大，不能把它们全部放在内存中。其次，更重要的是，即使我们能够把它们都放在内存中，也没有一种简单方法能够由连接关系集合很快地确定两个对象是否是连通的！在第5章中会讨论使用这种方法的一个基本算法，但在这一章中我们考虑的方法更简单，因为它们可以求解难度更小的问题，且这些方法不要求存储所有对，因而是更高效的方法。这些方法利用整数数组，每个整数对应一个对象，用于保存实现合并和查找操作时所需要的必要信息。

数组是基本的数据结构，将在3.2节中详细讨论它。这里是使用它们的一个最简单的形式：我们声明1000个整数的数组，写为a[1000]。a[i]表示引用数组中的第i个整数，其中$0 \leq i < 1000$。

程序1.1是求解连通问题的快速－查找算法（quick-find algorithm）的一种简单实现。算法的基础是一个整型数组，当且仅当第p个元素和第q个元素相等时，p和q是连通的。初始时，数组中的第i个元素的值为i，$0 \leq i < N$。为实现p与q的合并操作，我们遍历数组，把所有名为p的元素值改为q。我们也可以选择另一种方式，把所有名为q的元素改为p。

程序1.1 连通问题的快速查找算法

这个程序从标准输入读取小于N的非负整数对序列（对p-q表示"把对象β连接到q"），并且输出还未连通的输入对。程序中使用数组id，每个元素表示一个对象，且具有以下性质，当且仅当p和q是连通的，id[p]和id[q]相等。为简化起见，定义N为编译时的常数。另一方面，也可以从输入得到它，并动态地为它分配id数组（见3.2节）。

```
#include <stdio.h>
#define N 10000
main()
  { int i, p, q, t, id[N];
    for (i = 0; i < N; i++) id[i] = i;
    while (scanf("%d %d\n", &p, &q) == 2)
      {
        if (id[p] == id[q]) continue;
        for (t = id[p], i = 0; i < N; i++)
```

```
            if (id[i] == t) id[i] = id[q];
        printf(" %d %d\n", p, q);
    }
}
```

图1-3显示了对图1-1中示例执行合并操作后的结果。为了实现查找操作，只需测试指示数组中的元素是否相等，因此称之为快速查找。而合并操作对于每对输入需要扫描整个数组。

性质1.1　求解N个对象的连通性问题，如果执行M次合并操作，那么快速查找算法至少执行MN条指令。
对于每个合并操作，for循环迭代N次。每次迭代至少需要执行一次指令（如果只检测循环是否结束）。■

现代计算机上每秒可以执行数千万甚至上亿条的指令，因而如果M和N的值较小，这个开销不是那么大，但在现代应用中，可能有数百个对象，数亿个输入。再用快速查找算法求解这样的问题则不可行（见练习1.10）。我们将在第2章简明地量化这个结论。

图1-4是图1-3中示例的图形化表示。我们可以把某个对象看做它们所属集合的代表，其他所有对象指向它们所属集合的代表。用图形表示数组的原因很快就会清楚。观察可见，这种表示中的对象之间的连接不必就是输入对的连接。它们是算法选择记住的一些信息，通过这些信息算法可以确定未来对是否是连通的。

我们考虑的下一个算法是称为快速合并的补算法。它是基于同一个数据结构，即通过对象名引用数组元素，但数组元素表达的含义不同，具有更复杂的抽象结构。在一个没有环的结构中，每个对象指向同一集合中的另一个对象。要确定两个对象是否在同一个集合中，只需跟随每个对象的指针，直到到达指向自身的一个对象。当且仅当这个过程使两个对象到达同一个对象时，这两个对象在同一个集合中。如果两者不在同一个集合中，最终一定到达不同对象（每个对象都指向自身）。为了构造合并操作，我们只需将一个对象链接到另一个对象以执行合并操作，因此，命名为快速合并（quick-union）。

图1-5显示的图形化表示对应图1-4，它是用快速合并算法执行图1-1中示例的结果。图1-6显示了id数组中的相应变化。数据结构的图形化表示利于相对容易地理解算法中的操作，也就是说数据中已知是连通的输入对在数据结构中的对也是连通的。正如前面提到的那样，开始时数据结构中的连接并不一定是输入对中蕴含的连接，算法中构造的数据结构中的连接是为使合并和查找操作更容易高效实现。

图1-5中描述的连通部分称为树（tree）。它们是基本的组合结构，将在本书通篇的许多情况中遇到，并在第5章详细讨论树的性质。对于合并和查找操作，图1-5中的树是有用的，因为它们可以快速建立，并且具有性质：当且仅当两个对象在输入中是连通时，这两个对象在树中连通。沿着树向上，可以很容易地找到包含每个对象的树的树根，于是我们就有了一种查找它们是否连通的方法。每棵树只有一个对象指向它自己，这个对象称为树的根（root）。图中没有显示指向自己的指针。当我们从树中的任一对象开始，并移到它指向的对象，然后

p q	0 1 2 3 4 5 6 7 8 9
	0 1 2 3 4 5 6 7 8 9
3 4	0 1 2 4 4 5 6 7 8 9
4 9	0 1 2 9 9 5 6 7 8 9
8 0	0 1 2 9 9 5 6 7 0 9
2 3	0 1 9 9 9 5 6 7 0 9
5 6	0 1 9 9 9 6 6 7 0 9
2 9	0 1 9 9 9 6 6 7 0 9
5 9	0 1 9 9 9 9 9 7 0 9
7 3	0 1 9 9 9 9 9 9 0 9
4 8	0 1 0 0 0 0 0 0 0 0
5 6	0 1 0 0 0 0 0 0 0 0
0 2	0 1 0 0 0 0 0 0 0 0
6 1	1 1 1 1 1 1 1 1 1 1

图1-3　快速查找示例（慢速合并）

注：这个序列描述了快速查找算法（程序1.1）在左边每对上执行后id数组中的内容变化情况。粗体部分是执行合并操作后改变的元素。当我们处理对p-q时，就把所有值为id[p]的元素变为id[q]。

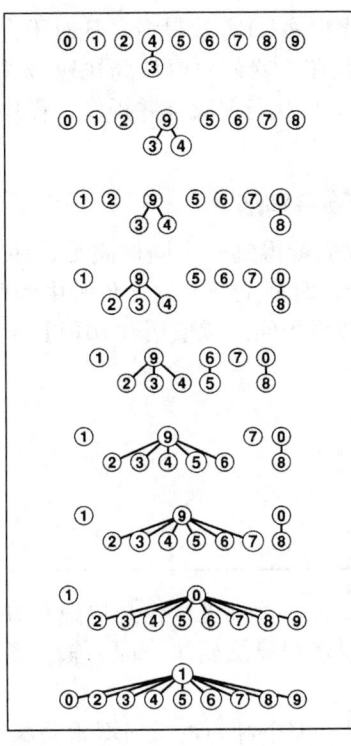

图1-4 快速查找算法的树形表示

注：这幅图描述了图1-3中示例的图形化表示。这些图中的连接并不一定表示输入中的连接。例如，最后一棵树的结构中有1-7这样的连接，它不在输入中，而是由连接7-3-4-9-5-6-1形成的。

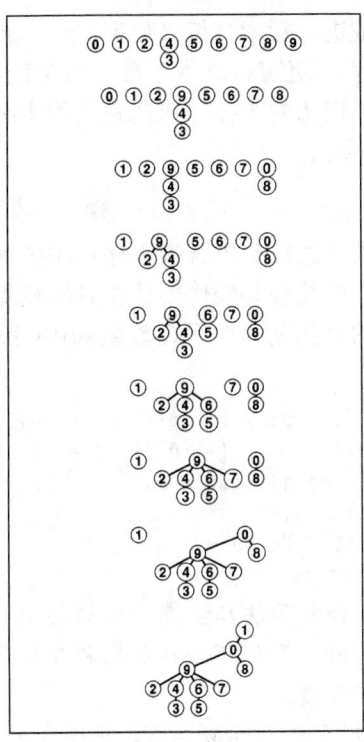

图1-5 快速合并算法的树形表示

注：该图是图1-3中示例的图形化表示。我们画了从对象i到对象id[i]的一条线。

移到那个对象指向的对象，如此这样，最终总会在根节点结束。我们可以用归纳法证明这一性质为真：数组初始化后，每个对象指向自己，性质为真，并假设在给定的某个合并操作之前它为真，那么合并操作后性质仍然为真。

图1-4所示的快速查找算法也具有上述描述的性质。这两个性质的不同之处在于，在快速查找树中所有节点只需一个链接就可到达树根，而在快速合并树中，可能要经过几个链接才能到达树根。

程序1.2是合并和查找操作的一种实现，它们包含了求解连通问题的快速合并算法。快速合并算法似乎比快速查找算法要快，这是因为对于每个输入对它并不需要遍历整个数组。但是究竟它有多快呢？在此回答这个问题比回答快速查找的同样问题更难，因为运行时间更多地依赖于输入的特性。通过实

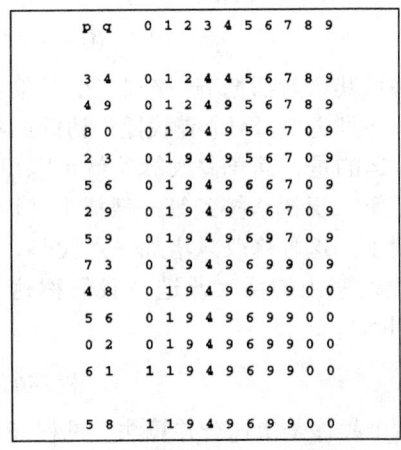

图1-6 快速合并算法示例（不是太快的查找）

注：这个序列描述了快速合并算法（程序1.2）在左边每对上执行后id数组中的内容变化情况。粗体部分是执行合并操作后（每次操作做一个改变）改变的元素。当我们处理对p-q时，沿着从p开始的指针到达id[i] == i的元素i；然后沿着从q开始的指针到达id[j] == j的元素j；如果i和j不等，则设id[i] = id[j]。对于最后一行的对5-8的查找操作，i的取值为5 6 9 0 1，j的取值为8 0 1。

际运行或进行数学分析（见第2章），可以确信程序1.2比程序1.1有效得多，且对于大规模实际问题程序1.2更可行。本节最后将讨论一个实际例子。现在，我们可以认为快速合并算法是一种改进，因为它去掉了快速查找的主要局限性（对N个对象执行M次合并操作，程序至少需要MN条指令）。

程序1.2 连通问题的快速合并解法

如果用这段代码替换程序1.1中的while循环体，我们就得到一个同样满足程序1.1中说明的程序，但其合并操作的计算时间较短，查找操作的计算时间更长。这个代码中的for循环以及其后的if语句指明了在数组id中p和q是连通的充分必要条件。赋值语句id[i] = j实现合并操作。

```
for (i = p; i != id[i]; i = id[i]) ;
for (j = q; j != id[j]; j = id[j]) ;
if (i == j) continue;
id[i] = j;
printf(" %d %d\n", p, q);
```

快速合并算法与快速查找算法之间的差异的确代表着一种改进，但是快速合并算法仍然具有局限性，我们不能保证每种情况下，它都会比快速查找算法要快，因为输入数据可能使查找操作变慢。

性质1.2 对于$M > N$，快速合并算法求解N个对象、M个对的连通问题需要执行MN/2条指令。

假定输入对按照1-2，2-3，3-4，…的次序出现。$N-1$个这样的输入对之后，可得N个对象都在同一个集合中，且快速合并算法形成的树是一条直线，其中N指向$N-1$，$N-1$指向$N-2$，$N-2$指向$N-3$，依此类推。要在对象N上执行查找操作，程序必须遍历$N-1$个指针。因此，对前N个对遍历的平均指针数为

$$(0 + 1 + \cdots + (N-1))/N = (N-1)/2$$

现在假设其余对都把N连接到某个对象。每对进行查找操作至少访问$N-1$个指针。因而在这个输入对序列上执行M个查找操作访问的指针总数必定大于MN/2。∎

幸运的是，简单修改算法就可以保证不会出现这样的最坏情况。在合并操作中，不是任意地把第二棵树连接到第一棵树上，而是记录每棵树中的节点数，总是把较小的树连接到较大的树上。这种修改只增加一点代码，需要另一数组保存节点计数，如程序1.3所示。但其结果导致效率上的巨大改进。我们称这个算法为加权快速合并算法（weighted quick-union algorithm）。

程序1.3 加权快速合并算法

这个程序是快速合并算法（见程序1.2）的一个改进。用另一个数组sz记录每个id[i] == i的对象所在树中的节点数，使得合并操作能够把较小的树连接到较大的树上，以防止树中长路径的增长。

```
#include <stdio.h>
#define N 10000
main()
  { int i, j, p, q, id[N], sz[N];
    for (i = 0; i < N; i++)
      { id[i] = i; sz[i] = 1; }
```

```
while (scanf("%d %d\n", &p, &q) == 2)
  {
    for (i = p; i != id[i]; i = id[i]) ;
    for (j = q; j != id[j]; j = id[j]) ;
    if (i == j) continue;
    if (sz[i] < sz[j])
        { id[i] = j; sz[j] += sz[i]; }
    else { id[j] = i; sz[i] += sz[j]; }
    printf(" %d %d\n", p, q);
  }
}
```

图1-7显示了加权合并－查找算法对于图1-1中输入示例所构造的树的森林。即使是个较小例子，树中的路径要比图1-5中未加权的快速合并算法要短得多。图1-8说明了当合并操作中待归并集合的大小总是相等时，出现最坏情况。这些树结构看起来复杂，但它们具有简单性质，就是在一棵2^n个节点的树中，到达根节点需要遍历的指针数为n。进一步说，当归并节点数为2^n的两棵树时，可以得到2^{n+1}个节点的树。到根节点的最大距离增加到$n+1$。概括这个观察结果，可得加权快速合并算法比未加权的算法更高效的一个证明。

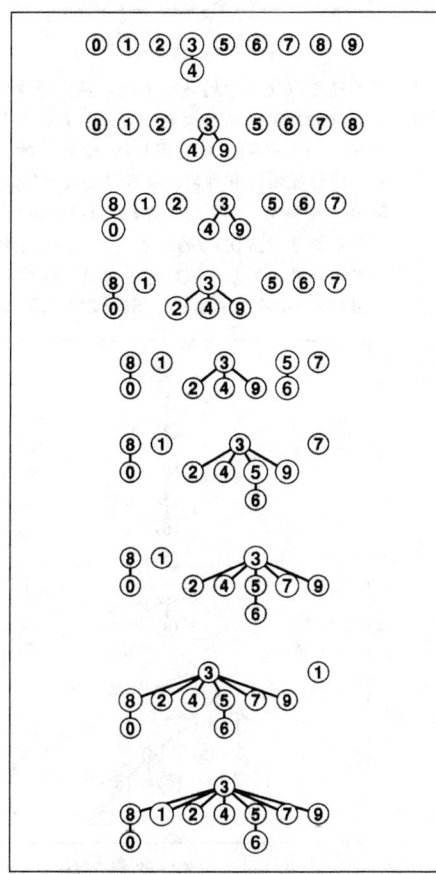

图1-7 加权快速合并算法的树形表示

注：这个序列描述了将快速合并算法改为把两棵树中较小树的树根连接到较大树的树根上的结果。这棵树中每个节点到根节点的距离变小，因而查找操作更高效。

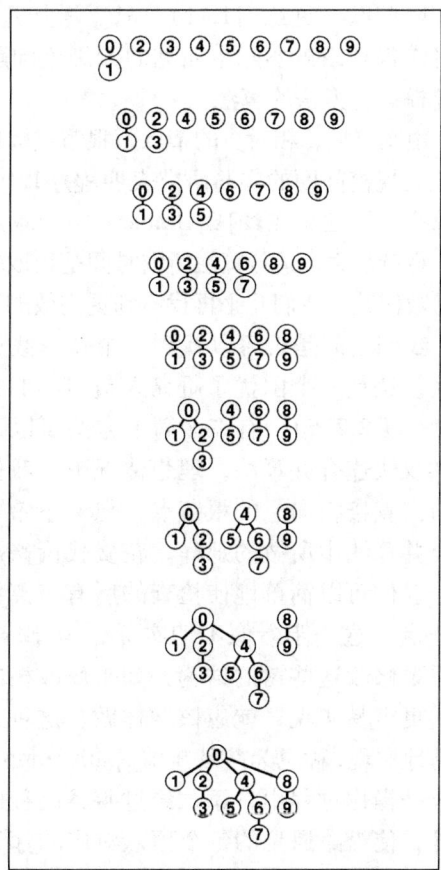

图1-8 加权快速合并算法（最坏情况）

注：加权快速合并算法的最坏情况出现在每次合并操作连接大小相等的两棵树。如果对象个数小于2^n，那么从任一节点到树的根节点的距离小于n。

性质1.3 对于N个对象，加权快速合并算法判定其中的两个对象是否是连通的，至多需要遍历$2\lg N$个指针。

我们可以证明合并操作维持了性质：在一个k个对象的集合中，从任一节点到达根节点所访问的指针数不大于$\lg k$（没有计算指向自己的根节点的指针）。当我们合并i个节点的一个集合与j个节点的一个集合时，且$i \leq j$，把必须遍历的i个节点的集合中的指针数增1，但这些指针现在在大小为$i+j$的集合中，于是由$1+\lg i = \lg(i+i) \leq \lg(i+j)$可得性质成立。∎

实际实现性质1.3时，加权快速合并算法至多利用$M \lg N$条指令处理N个对象的M条边（见练习1.9）。与早先快速查找算法至少利用$MN/2$条指令相比，这个结果好得多。由此可得，利用加权快速合并算法，可以保证在合理时间内求解大规模实际问题（见练习1.11）。只需增加几行代码，就可以得到求解实际中遇见的大规模问题的一个速度提高百万倍的算法。

由图可见，相对少的节点距根节点较远。实际上，大规模问题的实验研究表明程序1.3中的加权快速合并算法可在线性（linear）时间求解实际问题。也就是说，运行算法所需时间是读取输入时间的常数倍数。我们几乎再找不到更高效的算法。

我们会问是否可以找到一个保证线性性能的算法。这是一个困扰了研究人员多年的相当难的问题（见2.7节）。有许多简单方法可以进一步改进加权快速合并算法。理想情况下，我们希望每个节点直接指向它的根节点，但又不希望像在快速合并算法中所做的那样，花费代价修改大量指针。我们可以简单地使检查的所有节点指向树的根节点。这一步看似不切实际，但却容易实现，只需要修改这些树的结构：如果修改树的结构使算法更容易实现，就应该这样做。这种方法可以容易地实现，称它为路径压缩(path compression)。在合并操作过程中，添加经过每条路径的另一个指针，使沿路遇见的每个顶点对应的id元素指向树的根节点。结果是几乎使树完全平扁，接近快速查找算法达到的理想情况，如图1-9所示。确立这个事实的分析相当复杂，但方法简单高效。图1-11给出了大规模示例路径压缩的一个结果。

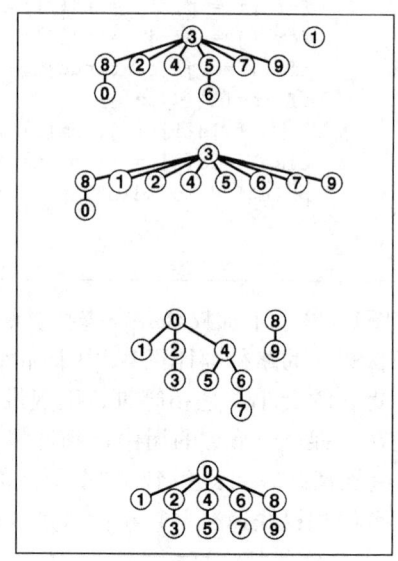

图1-9 路径压缩

注：我们还可以使树中的路径更短，在合并操作中使所有访问的对象指向新树的根节点。如这两个例子中所示。上面的例子对应图1-7的结果。对于较短路径，路径压缩没有作用，当我们处理对1-6时，使1、5和6都指向3，并得到一棵比图1-7更扁的一棵树。下面的例子对应图1-8的结果。长于1或2个链接的路径可以扩展，但无论何时遍历它们，都使它们平扁。当处理6-8时，通过使4、6和8都指向0使树平扁。

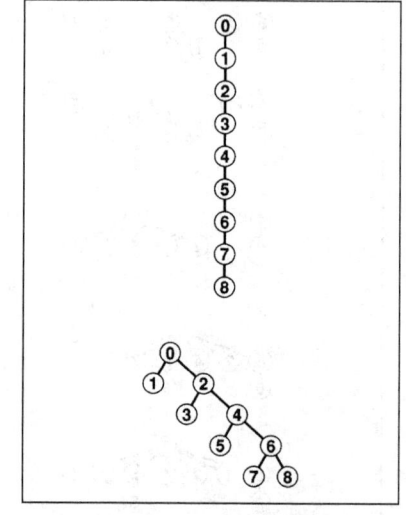

图1-10 等分路径压缩

注：我们可以大约等分树中向上的路径，每次取两个链接，并使下面的链接指向上面链接的同一节点上，如图所示。在遍历的每条路径上执行这个操作的结果渐近与完全路径压缩相同。

图1-11 路径压缩的大规模示例的效果

注：这个序列描述了用带有路径压缩的加权快速合并算法处理100个对象的随机对的结果。除了两个节点之外，树中的所有节点距根节点的距离为1或2。

还有许多方法可以实现路径压缩。例如，程序1.4是一种实现，它通过使每条链接跳跃到树中向上的路径的下一个节点实现压缩，如图1-10所示。这种方法比完全路径压缩（见练习1.16）实现起来稍微容易一些，并能达到同样的结果。我们称这种方法为带有等分路径压缩的加权快速–合并算法。这些方法中哪一个更高效呢？节省的时间与实现路径压缩所需要的额外时间相比是否值得？存在其他应该考虑的技术吗？为了回答这些问题，我们需要更仔细地研究算法与实现。在第2章会回到这个主题，讨论算法分析的基本方法。

我们后面考虑的求解连通问题的最终结果几乎是实际意义下期望最好的算法。有一些易于实现的算法，可保证其运行时间是采集数据时间的常数倍。此外，在线算法（online algorithm）只把每一边考虑一次，所用空间与对象数成正比，因而对能够处理的边数没有限制。表1-1中的实验数据证实了程序1.3和它的路径压缩的变形甚至可以用于大规模实际问题。选择最好的算法需要进行仔细和复杂的分析（见第2章）。

程序1.4 等分路径压缩

如果我们用这段代码替换程序1.3中的for循环，就等分了遍历的任何路径的长度。改变的结果是经过长序列的合并操作之后，树几乎完全是扁平的。

```
for (i = p; i != id[i]; i = id[i])
    id[i] = id[id[i]];
for (j = q; j != id[j]; j = id[j])
    id[j] = id[id[j]];
```

表1-1 合并–查找算法的实验研究

这些相对时间表明，在求解随机连通问题的各种合并-查找算法中，加权快速合并算法是最高效的。路径压缩所带来的好处不是那么重要。在这些实验中，M是连接所有N个对象产生的随机连接数。这个过程中执行查找操作次数比合并操作次数多，因而实际上快速合并比快速查找要慢。对于较大的N，快速查找和快速合并都不可行。显然加权方法的运行时间与N成正比，当N加倍时，运行时间也加倍。

N	M	F	U	W	P	H
1 000	6 202	14	25	6	5	3
2 500	20 236	82	210	13	15	12
5 000	41 913	304	1 172	46	26	25
10 000	83 857	1 216	4 577	91	73	50
25 000	309 802			219	208	216
50 000	708 701			469	387	497
100 000	1 545 119			1 071	1 106	1 096

其中：
F 快速查找算法（程序1.1）
U 快速合并算法（程序1.2）
W 加权快速合并算法（程序1.3）
P 带有路径压缩的加权快速合并算法（练习1.16）
H 带有等分的加权快速合并算法（程序1.4）

练习

▷ 1.4 如果输入序列为0-2，1-4，2-5，3-6，0-4，6-0和1-3，利用快速-查找算法（程序1.1）求解连通问题，显示每次执行合并操作后，id数组中的内容。同时对于每个输入对，给出程序访问id数组的次数。

▷ 1.5 利用快速合并算法（程序1.2）做练习1.4。

▷ 1.6 利用加权快速-合并算法运行图1-7和图1-8中的例子，显示每次执行合并操作后，id数组中的内容。

▷ 1.7 利用加权快速合并算法（程序1.3）做练习1.4。

▷ 1.8 利用带有等分路径压缩的加权快速合并算法（程序1.4）做练习1.4。

1.9 证明程序1.3处理N个对象、M个连接所需执行的机器指令数的上界。例如，你可以假设C语言的任何赋值语句总是需要少于c条指令，c为某个固定常数。

1.10 如果连通问题有10^6个对象、10^9个输入，试估计在一台每秒执行10^9条指令的计算机上，执行快速查找算法（程序1.1）所需的最少时间（以天数计算）。假设while循环每次迭代至少需要执行10条指令。

1.11 如果连通问题有10^6个对象、10^9个输入，试估计在一台每秒执行10^9条指令的计算机上，执行加权快速合并算法（程序1.3）所需的最多时间（以秒计算）。假设while循环每次迭代至多需要执行100条指令。

1.12 在一棵由加权快速合并算法在最坏情况下构造的2^n个节点的树中，试计算从一个节点到根节点的平均距离。

▷ 1.13 不是从9个节点，而是从8个节点开始，画一棵像图1-10中的树。

○ 1.14 给出输入对的一个序列，使加权快速合并算法（程序1.3）产生长为4的一条路径。

● 1.15 给出输入对的一个序列，使带有等分路径压缩的加权快速合并算法（程序1.4）产生长为4的一条路径。

1.16 修改程序1.3以实现完全路径压缩，使访问的每个节点指向新树的根节点来完成每次的合并操作。

▷ 1.17 利用带有完全路径压缩的加权快速-合并算法（练习1.16），做练习1.4。

●● 1.18 给出输入对的一个序列，使带有完全路径压缩的加权快速合并算法（练习1.16）产生长为4的一条路径。

○ 1.19 给出一个例子说明修改快速合并算法（程序1.2）以实现完全路径压缩（练习1.16）不足以保证树中没有长的路径。

● 1.20 修改程序1.3，不用权值，而用树高（树中任一节点到根节点的最长路径）来确定设置id[i] = j还是id[j] = i。进行实验把这个变形程序与程序1.3作一比较。

●● 1.21 证明性质1.3对于练习1.20中描述的算法成立。

● 1.22 修改程序1.4，不从标准输入读取，而随机产生0~$N-1$之间的整数对，并在循环中执行$N-1$次合并操作。试分别在$N = 10^3$、10^4、10^5和10^6时运行你的程序，并输出每个N值所产生的边的个数。

● 1.23 修改练习1.22中的程序，绘出连接N个数据项所需要的边数，其中$100 \leq N \leq 1000$。

●● 1.24 给出连接N个对象需要随机产生的边数的近似公式，它是N的函数。

1.4 展望

在1.3节中考虑的每个算法似乎是对以前版本的一种改进，但是这个过程需要人工修饰，因为我们看见的算法的改进是研究人员经过多年的努力研究出来的（见第一部分参考文献）。因为实现简单且问题明确，因此可以通过实验研究直接评价各种算法。更进一步，我们还可以验证这些实验，并量化地比较这些算法的性能（见第2章）。并不是本书范围中的所有问题都可以像这个例子这样改进，我们必定会遇见一些难以比较的复杂算法，还会遇见难以求解的数学问题。我们努力对所用算法作出客观、科学的评判，同时在实际应用中的数据或随机测试数据上运行算法，通过总结实现性质获得经验。

这个过程是本书中设计基本问题的各种算法的一种典型方法。只要可能，我们在设计其他算法时都会沿用1.2节合并-查找算法的基本步骤，主要步骤如下：

- 确定完整、明确的问题陈述，包括确定问题固有的基本抽象操作。
- 仔细设计一个简单算法的简明实现。
- 通过逐步求精的过程开发改进后的实现，经过实验分析、数学分析或两者共同验证改进思想的效率。
- 找出数据结构或者算法操作的高级抽象表示，能够使改进版本的设计高效。
- 可能时尽量保证最坏情况下的性能，但实际数据可用时接受好的性能。

对于我们在1.2节看到的那些实际问题，进行显著的性能改进的潜在性使得算法设计领域成为具有吸引力的研究领域；没有几种其他设计方法能获得数百万倍、数亿倍甚至更大的性能提高。

更重要的是，随着计算能力和应用问题规模的增加，快速算法和慢速算法之间的差距越来越大。一台新的计算机可能要快10倍，其处理数据的能力是原计算机的10倍。但如果我们使用一个二次算法如快速查找算法在新的计算机运行，则它的运行时间会是在旧机器上运行原算法所需时间的10倍！这句话乍看似乎矛盾，但容易用简单等式$(10N)^2/10 = 10N^2$验证。在第2章中会看到这一点。随着计算能力的提高，我们可以求解更大的问题，寻求高效算法的重要性也更为重视。

开发一个高效算法是一项满足智力且有实际回报的活动。正如在连通问题中所阐明的，一个简单的问题不仅可以研究许多既有用又有趣的算法，而且也有复杂和难以理解的算法。我们会遇到许多在实际应用中研究了若干年的具有创造力的算法。随着科学计算和商业问题的应用领域不断扩大，能用高效算法解决已知问题和研究新问题的高效解法变得越来越重要。

练习

1.25 假设一台新计算机的运行速度是一台旧计算机运行速度的10倍，利用加权快速合并算法处理10倍于原问题连接数的数据。新计算机完成这项新工作要比旧计算机完成原工作慢多少时间？

1.26 对于要求N^3条指令的算法，回答练习1.25。

1.5 主题概述

本节简单介绍本书的各个主要部分，给出包含的特定专题，并指出材料的一般目标。主题的设置尽可能涵盖更多的基本算法。所涉及的一些领域是计算机科学的核心领域，我们会深入研究，学习那些应用广泛的基本算法。还有一些算法取自计算机科学的高级研究领域和相关的一些领域，比如说，数值分析和运筹学。在这些情况下，我们通过考查基本方法引入相关领域。

本卷包含书的前四部分，涵盖了使用最广泛的数据结构和算法，以及一些支持大量重要基础算法的对象集的一级抽象。我们讨论的算法是数十年来研究和发展的结果，它们在不断增长的计算应用中起着非常重要的作用。

基础知识（第一部分）。书中这部分内容论述了实现、分析和比较算法所用的基本原理和方法学。第1章讨论研究算法设计和分析的动机。第2章讨论获得算法性能的量化信息的一些基本方法。

数据结构（第二部分）。数据结构与算法紧密结合在一起。我们会研究一种书中所用的透彻的数据表示方法。第3章从具体的基本数据结构开始，包括数组、链表和字符串，然后在第5章讨论递归程序和数据结构，特别是树以及树操作的算法。第4章讨论基本抽象数据类型（ADT），包括栈和队列，以及如何用基本数据结构实现它们。

排序（第三部分）。重排文件使其有序具有根本的重要性。我们深入地讨论许多算法，包括希尔排序、快速排序、归并排序、堆排序和基数排序。我们将会遇到几个相关问题的算法，它们是优先队列、选择和归并，其中许多算法是本书稍候讨论的其他算法应用的基础。

搜索（第四部分）。从大量数据项的集合中查找特定的数据项也很重要。我们讨论利用树和数字键转换进行查找的基本方法和高级方法，包括二叉搜索树、平衡树、散列、数字搜索树和线索，以及适合查找大规模文件的方法。我们论述了这些方法之间的关系，比较了对应于排序算法的性能统计量。

第五部分至第八部分在另一卷中，包含了这里描述的一些算法的高级应用，涉及大量重要应用领域的二级抽象规范，更深入研究算法设计和分析技术。其中涉及的许多问题是当前研究的主题。

字符串处理算法（第五部分）。这一部分包括处理（长）字符序列的一些方法。字符串搜索用到模式匹配算法，而模式匹配又需要解析字符串。还讨论了文件压缩技术。通过处理一些重要的基本问题引入高级主题。

几何算法（第六部分）。几何算法是求解与点、线（以及其他简单几何对象）有关问题的方法，仅在最近时间得到应用。我们讨论找点集的凸包、几何对象的交集、求解最近点问题以及多维搜索的算法。其中许多算法很好地补充了基本的排序和搜索方法。

图算法（第七部分）。图算法可用于求解各种难解的重要问题。这一部分研究了图中搜索的一般策略，并把这些策略应用到基本的连通问题，包括最短路径问题、最小生成树问题、网络流和匹配。统一的算法框架表明这些算法基于同一过程，而且这个过程是建立在优先队列ADT基础上的。

高级主题（第八部分）。这部分讨论的内容涉及几个其他高级领域中的研究。我们从算法设计与分析的主要方法开始，包括分治法、动态规划、随机化方法和平摊分析。对于线性规划、快速傅立叶变换、NP-完全性以及其他高级主题，仅从本书中遇见的基本问题引出的高级研究领域做一介绍。

研究算法是有趣的，因为它是一个具有丰富传统（几个算法数千年前已经发现）的新的领域（这里学习的所有算法几乎都是在近50年产生的，其中一些是最近发现的）。新的算法不断涌现，但没有几个算法被完全地理解。本书不仅讨论一些复杂、难解和困难的算法，而且讨论优雅、简单和容易的算法。我们的挑战是在各种潜在应用中理解前者，欣赏后者。这样做的过程，将会探索大量有用的工具，并开发算法学思维的框架，它们将为面临的计算挑战提供帮助。

第2章 算法分析的原理

要把算法高效应用到实际问题中，分析是充分理解算法的关键。尽管不能对运行的每个程序进行广泛的实验和深入的数学分析，我们还是能够在一个基本框架内进行实验测试和近似分析，这样可以帮助我们了解关于算法性能特征的重要事实，从而对算法进行比较，才可以把它们应用到实际问题中。

精确地用数学分析的方法描述复杂算法的性能的这个想法，乍看起来有点使人畏惧，并且经常需要查阅一些有详细数学研究结果的研究文献。尽管本书目的不是包含一些分析方法，甚至总结这些结果，但重要的是一开始就意识到我们是在坚实的数学基础上比较不同的算法。此外，通过运用相对少量的基本技术，就能获得许多最重要算法的大量详细信息。书中强调基本分析结果和分析方法，尤其是当这样的理解有助于理解基本算法的内在工作机理时。本章的主要目标是为高效使用算法提供所需的上下文和工具。

第1章给出的例子提供了说明算法分析基本概念的上下文，因而我们会经常回到合并－查找算法讨论某个具体的概念。我们在2.6节还将讨论一些新的例子。

在设计和实现算法的过程中分析起着一定的作用。首先，正如看到的那样，选择合适的算法会节省数千乃至数百万倍的时间。随着讨论更多的高效算法，我们发现在这些算法中进行选择更具有挑战性，因而需要更仔细研究算法的性质。在寻求最佳（某种精确技术意义下）算法中，我们寻求既实用又在理论上具有挑战性的算法。

完整涵盖算法分析的所有方法是本书的主题（见第一部分参考文献），但这里值得考虑的是基本方法，因而我们可以：
- 说明这个过程。
- 在某个地方描述所用的数学约定。
- 为讨论高级技术问题提供基础。
- 当比较算法时，对得出的科学基本结论进行正确评价。

更重要的是，算法及其分析常常是相互纠缠在一起的。在本书里，我们并不钻研艰深的数学知识，但我们需要足够的数学基础以便能够理解算法，并能高效运用它们。

2.1 实现和经验分析

通过进行层次抽象设计和研制算法，这有助于理解想要求解的计算问题的本质。在理论研究中，尽管这个过程有价值，但有时会使我们偏离所讨论的现实世界中的问题。因此，在这本书里，我们立足基础，用C程序设计语言表示所讨论的所有算法。有时这种方法可能使算法及其实现之间产生混淆，但算法能够工作，并能从具体实现中有所收获，这是一个小的代价。

实际上，用实际程序设计语言经过仔细构造的程序可以提供表示算法的高效手段。在这本书里，我们讨论大量在C实现描述上既简明又精确的重要且高效的算法。用英语描述算法或者用高级抽象表示算法都太模糊，不完整；实际实现迫使我们找到经济的表示方式，从而避免淹没在细节中。

我们用C语言表示算法，但这本书是论述算法的，不是论述程序设计语言的。当然，我们讨论许多重要任务的C实现，并且当用C语言表示任务特别便利或高效时，我们就会利用它。但我们所做的大量实现决策已经考虑到现代程序设计环境。把第1章中的程序以及本书中大多数其他程序转换成另一种程序设计语言是一件轻而易举的事情。有时，我们还关注某种程序设计语言提供的适合某个任务的特殊高效机制。我们的目标是利用C语言作为工具表达所讨论的算法，而不是详细论述C语言的实现问题。

如果一个算法是作为一个大系统的一部分来实现，我们使用抽象数据类型或类似的机制，使得当确定系统的某个部分值得关注时，可以修改算法或进行实现。然而，从一开始就需要理解每个算法的性能特性，因为系统的设计要求可能对算法的性能有着重要的影响。一定要谨慎做出这样的初始设计决策，因为最后常常会发现整个系统的性能取决于某个基本算法的性能，就像在本书中所讨论的一些问题。

本书中算法的实现已经高效应用于大程序、操作系统和应用系统中。我们的目的是描述算法，通过对给出实现的实验了解算法的动态性质。对于某些应用，实现可能相当有用，就像给出的一样；而对其他一些应用，需要做更多工作实现才能有用。例如，当构建真正的系统时可能利用更保守的程序设计风格。要对错误进行检查并报告，实现的程序修改起来要容易，其他程序员可以快速地阅读和理解，与系统其他部分的接口友好，并且能够方便地移植到其他环境中。

尽管有这样多的要求，但在分析算法时我们还是主要考虑算法的性能，并关注算法的一些主要性能特征。我们假设总是对于具有更好性能的算法感兴趣，尤其算法是更简单的时候。

不论是我们要去解决一个其他方法不能解决的大规模的问题，还是为系统的关键部分提供一种高效的实现，为了高效地利用算法，都需要理解算法的性能特征。获得这样的理解是算法分析的目标。

理解算法性能的第一步是进行经验分析。给定解决同一问题的两个算法，方法没有神秘的，只要运行它们看看哪一个的运行时间更长！这个想法可能太简单，不值一提，但在算法比较研究中它是一种时常省略的方法。一个算法比另一个算法快10倍这一事实很难不引起注意，人们一定会发现一个算法等待了3秒时间完成，而另一个算法等待了30秒时间完成。但在数学分析中很容易忽略掉这个小的常量开销因子。当我们监测某个典型输入下的实现性能时，得到的性能结果不仅直接指明了效率，而且为比较算法提供了所需要的信息，并验证了可能应用的数学分析的结果（见表1-1）。而当经验分析需要消耗大量时间时，就要用数学分析的方法。如果等待程序运行完成需要一小时甚至是一天，才发现它运行很慢，那么这不是一种高效的方法。尤其是在直接分析可以得出同样信息的时候。

经验分析中面临的第一个挑战是开发一个正确、完整的算法实现。对于某些复杂算法，这种挑战可能会提出一个大的障碍。因此，我们希望在投入更大精力实现该算法之前，对类似的程序进行数学分析或者经验分析，以得到程序可能有的效率。

经验分析中面临的第二个挑战是确定输入数据的特性，以及对进行的实验有直接影响的其他因素。典型地，我们会有三种基本选择：利用实际数据，随机数据或伪数据。实际数据可以测试所用程序的真正开销；随机数据确保实验测试的是算法，而不是测试数据；而伪数据确保程序可以处理可能的任何输入。例如，我们用 *Moby Dick* 句子、随机产生的整数和大量相同的数作为输入测试排序算法。在分析算法时，会出现确定哪种输入数据去比较算法的问题。

当用经验方法比较算法在不同机器、编译器或系统上的各种实现，或者比较具有病态输入的大规模程序时，容易产生错误。经验性地比较程序的主要危险是一种代码实现会比另一种代码实现更好。提出新算法的发明者可能会关注实现的每个细节，而不会把注意力更多地放在一个经典可竞争算法的实现上。为了确信一个可比较算法的实验结果的精度，我们必须关注每个实现。

正如在第1章中所看见的那样，本书中常用的一种方法是对同一问题的其他算法作出相对细微的改变从而引出算法，这样做才能进行有效的比较研究。更一般地，我们试图明确一些重要的抽象操作，并基于算法所用的这类操作进行比较。例如，在表1-1中的比较性的实验结果是健壮的，它们不依赖于编程语言和环境，因为所涉及的程序相似并利用了相同的基本操作集合。对于某种程序设计环境，我们可以容易地把这些数据与实际运行时间对应起来。更经常地，我们只想知道两个程序中的哪一个可能更快一些，或者想知道在什么程度上的改变可以改进某个程序的时间或空间的开销。

选择某个算法解决某个给定问题不是容易的事情。也许在选择算法时最常犯的错误是忽略了算法的性能特征。快速算法常常比蛮力算法要复杂，实现者常常宁愿接受一个慢速算法，也不愿处理更复杂的算法。然而，正如我们在合并－查找算法中所看到的那样，只有几行代码有时却可以得到大的收获。有相当多的系统用户损失了大量时间，是因为他们使用了一个二次时间的算法，而没有使用更复杂且运行时间为其几分之一的 $N \log N$ 算法。当我们处理大规模问题时，我们毫无选择，只能寻求更好的算法。正如我们将看到的那样。

也许选择算法时常犯的第二个错误是过多地关注算法的性能特征。如果程序只需几微秒，那么把程序的运行时间改进10倍是不值得的。即使一个程序需要几分钟，也不值得费时费力使它的运行速度提高10倍，尤其是在不需要经常使用这个程序时。实现和调试一个改进算法所需的总时间可能远远大于只是运行一个稍微慢速的算法所花费的时间。我们也可能让计算机做这项工作。更坏的是，我们可能花费相当多的时间和精力实现这个改进的想法，实际上并没有达到预期的结果。

我们不能运行一个还未写出来的程序，但我们可以分析程序的性质，并估计所提出改进的效果。不是所有推测的改进都能获得性能收益，我们需要理解实现每一步所带来的好处。此外，可以在实现中包含参数，并利用分析结果设置参数。更重要的是，通过理解程序的基本性质以及程序所用资源的基本特性，我们就有能力在尚未建立的计算机上评价它们的效率，并把它们与尚未设计的新算法进行比较。在2.2节中，我们将概述评价算法性能的基本方法。

练习

2.1 用另一种程序设计语言改写第1章中的程序，并用你的实现回答练习1.22。

2.2 从1数到1 000 000 000需要多长时间（不考虑溢出）？对于 $N = 10$，100和1000，记录在你的运行环境中分别运行以下程序所花费的时间。如果你的编译器有优化特性，并假定可使程序更高效。请检查是否对程序作了优化。

```
int i, j, k, count = 0;
for (i = 0; i < N; i++)
  for (j = 0; j < N; j++)
    for (k = 0; k < N; k++)
      count++;
```

2.2 算法分析

在这一节里，我们概述数学分析在比较算法性能的过程中所起作用的框架，并为能够把基本的分析结果应用于书中讨论的基本算法奠定基础。我们将讨论一些用于算法分析的基本数学工具，以便学习对基本算法的经典分析方法，以及利用研究文献中的结果帮助我们理解算法的性能特征。

我们对算法进行数学分析的目的是：
- 比较同一任务的不同算法。
- 预测算法在新环境下的性能。
- 设置算法中的参数值。

我们将在书中看到许多这方面的例子。对于这些任务而言经验分析就足够了，但数学分析能提供更多信息（并且代价较小），我们会看到这一点。

算法的分析确实具有挑战性。我们对书中的一些算法已经有透彻的理解，可以利用其精确的数学公式来预测实际情况下的运行时间。人们通过仔细研究程序获得这样的公式，从而根据基本的数学量找出运行时间，然后对这些数学量进行数学分析。另一方面，本书中其他算法的性能性质没有完全被理解，也许是由于对它们的分析可能会导致不可解的数学问题，或者也许是已知的实现太复杂，不适合于详细分析。或者（最可能）也许是不能准确地表征它们遇见的输入的类型。

在精确的分析中，有几个重要因素是程序员所不能控制的。首先，当把C程序翻译成某个计算机上的机器代码时，精确知道执行一条C语句到底花费多长时间是一件困难的任务（尤其是在资源共享的环境中，即使是在两个不同时间运行同一程序也可能有不同的性能特征）。第二，许多程序对输入数据十分敏感，因而性能可能大大地受到输入数据的影响。第三，许多感兴趣的问题并没有很好地被理解，某个数学结果可能不能用。最后，两个程序可能根本就不能比较：一个程序可能运行在某种输入上才会更高效，而另一个程序在其他条件下才能高效运行。

尽管有这么多的不可控制的因素，我们依然可能精确地预测某个程序的运行时间，或者在某种环境下，知道一个程序会比另一个程序性能更好。此外，我们可以利用相对少的一组数学工具获得这样的知识。发现关于算法性能的尽可能多的信息是算法分析的任务。为了特定应用，在选择算法时，运用这些信息是程序员的任务。在这一节以及后续的几节中，我们的分析集中在理想的情况。为了充分利用最好的算法，有时我们需要能够踏入这个理想的世界。

算法分析的第一步是明确算法基于的抽象操作，从而从实现中把分析分离出来。例如，我们把在计算机上执行代码段 i=a[i] 所需要的时间分析分离出来，变成计算在合并-查找算法的一个实现中该代码段执行了多少次。我们需要这两个要素去决定程序在特定计算机上的运行时间。前者由计算机的性质决定，后者由算法的性质决定。这种分离使我们可以不依赖于特定实现或者特定计算机来比较算法。

尽管原则上一个算法中涉及的抽象操作数可能很多，但是算法的性能典型地依赖于几个量，而且可以找到用于分析的最重要的那些量。确定这些量的一种方法是对于某些典型运行，利用剖析机制（许多C实现中支持的一种机制，可以统计指令的执行频率）决定程序中最常执行的部分。或者，像1.3节中的合并-查找算法，我们的实现可能就是建立在几个抽象操作上的。无论哪一种情况，分析都是确定几个基本操作执行的次数。我们的常用方法是寻找这些量的一个近似估计，确保必要时能够对重要程序进行更完整的分析。此外，正如将要看到的那样，我们可以经常把近似分析结果与经验分析结合，用来精确地预测算法的性能。

我们还必须研究数据，为算法的输入建立模型。更经常地，分析时会考虑以下两种方法之一：一是假设输入是随机的，并研究程序的平均情况（average-case）下的性能；二是寻求伪输入，并研究程序的最坏情况（worst-case）下的性能。表征随机输入的过程对于许多算法是困难的，但对于其他许多算法却是容易的，可以导致提供有用信息的分析结果。平均情况可能是数学的一种理想状态，并不代表程序所使用的数据。最坏情况可能是构造出来的异常情况，可能永远不会出现在实际中。但是这些分析将为通常情况下的性能表现提供有用信息。例如，我们可以比较分析结果与实验结果（见2.1节）。如果两者一致，我们就会增加对两者的信心；如果不一致，就要通过研究它们的差别加深对算法和模型的理解。

在以下三节中，我们简略概述将在本书中用到的数学工具。这部分不在本书的主要内容之列，如果读者具有较好的数学基础，或者对算法性能的数学声明不感兴趣，可以跳过2.6节，在以后需要的时候，再回头查阅它们。然而，我们讨论的数学基础一般较容易理解，这些工具与算法设计的核心问题联系紧密，是任何一个想要高效利用计算机的人所不能忽略的。

首先2.3节讨论了常用于描述算法性能特征的数学函数。接着在2.4节，讨论了大O符号（O-notation），以及"与……成正比"（is proportional to）的概念。这些概念允许我们在进行数学分析时可以忽略一些细节。然后，在2.5节讨论递归关系（recurrence relation），它是用于捕获数学方程中算法的性能特征的基本分析手段。概述之后，在2.6节我们会给出用基本工具分析特定算法的一个例子。

练习

- 2.3 用形如 $c_0 + c_1N + c_2N^2 + c_3N^3$ 的表达式精确地描述练习2.2中程序的运行时间。对于 $N = 10$，100和1000，比较该表达式预测的时间与实际执行时间。
- 2.4 用一个表达式精确地描述程序1.1的运行时间，它是 M 和 N 的函数。

2.3 函数的增长

大多数算法的主要参数是 N，它对算法的运行时间影响最大。参数 N 可以是多项式的度、待排序或查找的文件大小、文本字符串中的字符个数，或者是对所考虑问题的规模的其他抽象度量，一般来说它与所处理的数据集合的规模成正比。当这样的参数多于一个时（例如，1.3节讨论的合并-查找算法中有两个参数 M 和 N），通常我们把其中一个参数表示为另一个参数的函数，或者一次考虑一个参数（把另一个参数固定为常量），把分析归约到一个参数上，从而不失一般性只考虑一个参数。目标是利用尽可能简单的数学公式，把程序对资源的要求（常常为运行时间）表示为 N 的函数，从而使其对于 N 的较大值是准确的。本书中算法的运行时间一般会与以下某个函数成正比。

1　大多数程序的大部分指令执行一次，或者至多只执行几次。如果一个程序的所有指令具有这个性质，我们说程序的运行时间为常量。

log N　当程序的运行时间为对数时，程序随着 N 的增长稍微变慢。通常在求解一个大规模问题的程序中，它把问题变成一些小的子问题，每一步都把问题的规模缩小一个几分之几，就会出现这样的运行时间。在我们关注的范围，可以认为这个运行时间小于一个大的常数。对数的基底会改变这个常数，但影响不会太大：当 $N = 1000$ 时，如果底数为10，则 log N 为3，或如果底数为2，则 log N 为10；当 $N = 1\,000\,000$ 时，log N 只是前值的两倍。当 N 加倍时，log N 只增加常量，只有 N 增加到 N^2 时，log N 才会加倍。

N　当程序的运行时间为线性时，通常对每个输入元素只作了少量处理工作。当 $N = 1\,000\,000$ 时，运行时间也为 $1\,000\,000$。当 N 加倍时，运行时间也随之加倍。这种情况对于一个必须处理

N个输入（或者产生N个输出）的算法是最优的。

$N \log N$　当把问题分解成小的子问题，且独立求解子问题，然后把这些子问题的解组合成原问题的解时，就会出现$N \log N$的运行时间。由于没有更好的形容词，我们只能说这种算法的运行时间为$N \log N$。当$N = 1\,000\,000$时，$N \log N$约为$20\,000\,000$。当N加倍时，运行时间略多于两倍。

N^2　当算法的运行时间为二次（quadratic）时，算法只适用于规模相对小的问题。二次运行时间一般出现在需要处理所有数据项对（也许是双层嵌套循环）的算法中。当$N = 1000$时，运行时间为$1\,000\,000$。当N加倍时，运行时间增加四倍。

N^3　类似地，处理三个数据项的算法（或许是三层嵌套循环）的运行时间为立方（cubic），算法只适用于小规模问题。当$N = 100$时，运行时间为$1\,000\,000$。当N加倍时，运行时间增加八倍。

2^N　一个指数（exponential）运行时间的算法很难在实际中使用，即使这样的算法与蛮力方法求解问题一样。当$N = 20$时，它的运行时间为$1\,000\,000$。当N加倍时，运行时间是原时间的平方！

　　某个程序的运行时间很可能是某个项（首项）的常量倍，再加上某些低阶项。常系数的值和包含的项数取决于分析的结果和实现的细节。粗略地说，首项的系数与内层循环中的指令数有关：在算法设计的任一层上，要仔细限制这样指令的数目。对于较大的N，首项起着决定性的作用；对于较小的N或者对于经过仔细工程化的算法，多个项可能会对算法的运行时间有影响，对算法进行比较也更困难。在大多数情况下，我们会把程序的运行时间简单称为"线性"、"$N \log N$"、"立方"等等。2.4节会阐述这样做的理由。

　　为了降低程序的总运行时间，我们把注意力放在使内层循环中的指令数最少上。对每条指令都应经过以下仔细检查：真的需要这条指令吗？是否有更高效的方式完成同一任务？某些程序员认为现代编译器提供的自动工具可以产生最好的机器代码；而另外一些人认为最好的方法是把内循环手工编码为机器语言或汇编语言。尽管我们偶尔关注某些操作所需要的机器指令数，但在这一层我们通常不作优化处理，这可以帮助我们理解为什么在实践中一个算法会比另一个算法更快。

　　对于小规模的问题，我们采用哪种方法差别不是很大，在一台快速的现代计算机上很快就能完成这项任务。但随着问题的规模不断增大，所处理的指令数也会变得很大，如表2-2所示。当一个慢速算法中要执行的指令数真的变成很大时，即使是对于最快的计算机，执行这些指令所需要的时间也变得难以接受。图2-1给出了以秒为单位的数与日、月、年等的转换。表2-1给出的例子显示了快速算法比快的计算机在我们面临极度运行时间的问题时更能帮助我们解决问题。

秒	
10^2	1.7分钟
10^4	2.8小时
10^5	1.1天
10^6	1.6周
10^7	3.8月
10^8	3.1年
10^9	31年
10^{10}	3.1世纪
10^{11}	永不结束

图2-1　秒的转换

注：如果我们以秒为单位并换算成我们熟悉的时间单位，就会清楚地感受到10^4和10^8之间的巨大差别。我们可以忍受运行程序2.8小时，却不能忍受一个至少需要3.1年时间完成的程序。因为2^{10}近似于10^3，所以这个表也适用于2的幂次方。例如，2^{32}秒约为124年。

表2-1 求解大规模问题的时间

对于许多应用问题，求解大规模问题实例的机会是利用高效算法。这个表格表明了分别利用线性、$N \log N$和二次时间算法在每秒执行1百万条指令、10亿条指令和1万亿条指令的计算机上求解规模为1百万和10亿的问题所需要的最小运行时间。快速算法可以使我们在慢速计算机上求解问题，但是利用慢速算法在快速机器上却毫无帮助。

每秒操作次数	规模为1百万的问题			规模为10亿的问题		
	N	$N \lg N$	N^2	N	$N \lg N$	N^2
10^6	秒	秒	周	时	时	永远
10^9	瞬间	瞬间	时	秒	秒	十年
10^{12}	瞬间	瞬间	秒	瞬间	瞬间	周

还有另一些函数。例如，输入为N^2的算法的运行时间与N^3成正比是最好的，一般认为这类算法的运行时间为$N^{3/2}$。同样，某些算法有两个阶段的子问题分解，这会得到与$N \log^2 N$成正比的算法。表2-2表明这两类函数距离$N \log N$比N^2近。

表2-2 常见函数值

这个表列出了算法分析中常见的一些函数的相对大小。对于较大的N，二次函数显然在其中起着控制作用。对于较小的N，较小函数之间的差异不像我们期望的那样。例如，对于较大的N值，$N^{3/2}$应该大于$N \lg^2 N$，但在实际中对于较小的N值，$N \lg^2 N$更大。准确地表征算法的运行时间可能会涉及这些函数的线性组合。由于$\lg N$和N或N和N^2的巨大差异，我们可以容易地把快速算法从慢速算法中分离出来，但要在快速算法中区分哪个更快则需要仔细研究。

$\lg N$	$\sqrt{N}$	N	$N \lg N$	$N (\lg N)^2$	$N^{3/2}$	N^2
3	3	10	33	110	32	100
7	10	100	664	4 414	1 000	10 000
10	32	1 000	9 966	99 317	31 623	1 000 000
13	100	10 000	132 877	1 765 633	1 000 000	100 000 000
17	316	100 000	1 660 964	27 588 016	31 622 777	10 000 000 000
20	1 000	1 000 000	19 931 569	397 267 426	1 000 000 000	1 000 000 000 000

对数函数在算法设计和分析中起着特殊的作用，因而值得详细讨论它们。因为我们处理的分析结果常常只差一个常量因子，因而利用不确定底数的符号"$\log N$"表示。把底数从一个常数变成另一个常数，对数值只会改变一个常数因子，但在特殊情况下会给出明确的底数。在数学中，由于自然对数（底数$e = 2.71828\cdots$）的重要性，通常简化为$\log_e N \equiv \ln N$。在计算机科学中，二进制对数（以2为底）也很重要，通常简化为$\log_2 N \equiv \lg N$。

有时，我们会反复取对数：对一个大数连续取对数。例如$\lg \lg 2^{256} = \lg 256 = 8$。如同这个例子中说明的那样，实际中即使当$N$很大时，$\lg \lg N$也很小，一般把它看作常数。

大于$\lg N$的最小整数为把N表示成二进制后所需的位数，同样，大于$\lg_{10} N$的最小整数为把N表示成十进制后所需的位数。C语句

    for (lgN = 0; N > 0; lgN++, N /= 2);

是计算大于$\lg N$的最小整数的一种简单方法。计算这个函数的一种类似方法为

    for (lgN = 0, t = 1; t < N; lgN++, t += t);

当n为大于$\lg N$的最小整数时，这个版本强调$2^n \leqslant N < 2^{n+1}$。

通常在经典分析中我们还会遇到大量特殊的函数和数学符号，它们为简明地描述程序的性质提供了有用的工具。表2-3概述了最熟悉的一些函数，以下几段简明地讨论其中的一些函数及其重要的性质。

表2-3 特殊函数和常数

这个表概述了我们在描述算法性能时所用的一些数学符号和常数。如果需要，公式的近似值可以精确得多（见本部分最后的参考文献）。

函数	名 称	特殊值	近 似
$\lfloor x \rfloor$	floor函数	$\lfloor 3.14 \rfloor = 3$	x
$\lceil x \rceil$	ceil函数	$\lceil 3.14 \rceil = 4$	x
$\lg N$	以2为底的对数	$\lg 1024 = 10$	$1.44 \ln N$
F_N	斐波纳契数	$F_{10} = 55$	$\phi^N / \sqrt{5}$
H_N	调和数	$H_{10} \approx 2.9$	$\ln N + \gamma$
$N!$	阶乘函数	$10! = 3628800$	$(N/e)^N$
$\lg (N!)$		$\lg (100!) \approx 520$	$N \lg N - 1.44N$
	$e = 2.71828\cdots$		
	$\gamma = 0.57721\cdots$		
	$\phi = (1+\sqrt{5})/2 = 1.61803\cdots$		
	$\ln 2 = 0.693147\cdots$		
	$\lg e = 1/\ln 2 = 1.44269\cdots$		

算法和分析中最常处理的是一些离散的单元，因而需要以下把实数转换成整数的特殊函数：

$\lfloor x \rfloor$：小于或等于x的最大整数。

$\lceil x \rceil$：大于或等于x的最小整数。

例如，$\lfloor \pi \rfloor$和$\lfloor e \rfloor$都为3，$\lceil \lg(N+1) \rceil$为N的二进制表示的位数。这些函数的另一个重要应用是在我们希望把N的对象的集合划分成两半时。如果N为奇数，我们不能精确地把它划分成两半，要精确，则一个集合中有$\lfloor N/2 \rfloor$个对象，另一个集合中有$\lceil N/2 \rceil$个对象。如果N为偶数，这两个子集合的大小相等，为$\lfloor N/2 \rfloor = \lceil N/2 \rceil$；如果$N$为奇数，则两个子集合的大小差1（$\lfloor N/2 \rfloor + 1 = \lceil N/2 \rceil$）。在C语言中，当我们操作在整数上时，可以直接计算这些函数（例如，如果$N \geq 0$，那么N/2 = $\lfloor N/2 \rfloor$，N-(N/2)= $\lceil N/2 \rceil$）。而当我们操作在浮点数上时，可以利用 math.h 中的 floor 和 ceil 计算这些函数。

离散自然对数函数称为调和数（harmonic muber），常用在算法分析中。第N个调和数由以下方程定义

$$H_N = 1 + \frac{1}{2} + \frac{1}{3} + \cdots + \frac{1}{N}$$

自然对数$\ln N$是曲线$1/x$在1和N之间与x轴所夹区域的面积；调和数H_N是计算曲线$1/x$的阶梯函数在1和N之间与x轴所夹区域的面积，图2-2说明了这两者的关系。公式

$$H_N \approx \ln N + \gamma + 1/(12N)$$

其中$\gamma = 0.57721\cdots$，这个常数称为欧拉常数（Euler's constant），它给出H_N的一个很好近似。与$\lceil \lg N \rceil$和$\lfloor \lg N \rfloor$不同，最好利用库函数 log 计算H_N，而不是直接由定义计算。

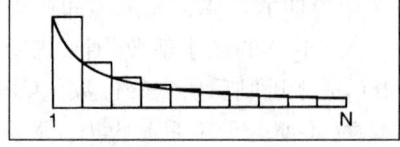

图2-2 调和数

注：调和数近似表示曲线$1/x$下的面积。常数γ表示H_N与$\ln N = \int_1^N dx/x$之间的差值。

数列

        0 1 1 2 3 5 8 13 21 34 55 89 144 233 377$\cdots$

是由公式

$$F_N = F_{N-1} + F_{N-2}, \quad N \geq 2, \quad F_0 = 0, \quad F_1 = 1$$

定义的，叫做斐波纳契数（Fibonacci number），它们有许多有趣的性质。例如，相邻两项的比率接近黄金分割比率（golden ratio）$\phi = (1+\sqrt{5})/2 \approx 1.61803\cdots$。更详细的分析可得，$F_N = \phi^N/\sqrt{5}$取最接近整数的结果。

我们有时还会用到熟悉的阶乘（factorial）函数$N!$。像指数函数一样，当用蛮力方法求解问题时可能出现阶乘函数，它增长得太快，这种方法不能用于实际中。由于它表示N个对象的所有排列，它还出现在算法分析中。利用Stirling公式

$$\lg N! \approx N \lg N - N \lg e + \lg \sqrt{2\pi N}$$

可以得到计算$N!$的近似方法。例如，由Stirling公式可得，$N!$的二进制表示的位数大约是$N \lg N$。

我们在本书中讨论的大多数公式都是用这一节里描述的函数表示的。还有其他一些函数也会出现在算分析中。例如，经典二项分布（binnomial distribution）和相关泊松近似（Poisson approximation）在第14章和第15章讨论的某些基本搜索算法的设计与分析中起着重要作用。在遇到那些这里没有列出的函数时会讨论它们。

练习

▷ 2.5　N为何值时，$10N \lg N > 2N^2$？

▷ 2.6　N为何值时，$N^{3/2}$介于$N(\lg N)^2/2$和$2N(\lg N)^2$之间？

　　2.7　N为何值时，$2NH_N - N < N\lg N + 10N$？

○ 2.8　使得$\log_{10}\log_{10}N > 8$的最小值N是多少？

○ 2.9　证明：$\lfloor \lg N \rfloor + 1$是$N$的二进制表示所需的位数。

　　2.10　在表2-1中增加两列：$N(\log N)^2$和$N^{3/2}$。

　　2.11　在表2-1中增加两行，每秒10^7和10^8条指令。

　　2.12　利用标准数学库中的log函数，写一个计算H_N的C函数。

　　2.13　不用库函数，写一个高效计算$\lceil \lg \lg N \rceil$的C函数。

　　2.14　在100万的阶乘的十进制表示中有多少位数字？

　　2.15　$\lg(N!)$的二进制表示有多少位？

　　2.16　H_N的二进制表示有多少位？

　　2.17　给出$\lfloor \lg F_N \rfloor$的一种简单表示。

○ 2.18　给出满足$\lfloor H_N \rfloor = i$的最小值N，其中$1 \leq i \leq 10$。

　　2.19　对于给定的$f(N)$，给出在一台每秒执行10^9条指令的机器上，求解问题至少执行$f(N)$条指令的最大值N，其中函数$f(N)$为：$N^{3/2}$、$N^{5/4}$、$2NH_N$、$N\lg N\lg\lg N$和$N^2\lg N$。

2.4　大O符号

在分析算法时，可使我们省略细节的数学技巧称为O符号（O-notation），读作大O符号，定义如下。

定义2.1　如果存在常数c_0和N_0，对于所有$N > N_0$，有$g(N) < c_0 f(N)$，则称函数$g(N)$是$O(f(N))$的。

我们利用大O符号有三个作用：
- 限制忽略数学公式中的低阶项时产生的误差。
- 限制由于忽略对程序的总运行时间贡献较小的某些部分时产生的错误。
- 允许我们按照算法总运行时间的上界对算法进行分类。

我们将在2.7节讨论第三个作用。这里只简明地讨论另两个作用。

在大O中隐含的常数c_0和N_0常常隐藏实际中重要的实现细节。显然，当N小于N_0时，说一个算法的运行时间为$O(f(N))$毫无意义，并且c_0可能隐藏了设计用以避免最坏情况所引入的大量开销，我们宁愿利用一个N^2纳秒级的算法，也不愿利用一个$\log N$世纪的算法，但用大O表示法中无法做出这样的选择。

通常来说，数学分析的结果不是精确的，而是精确技术意义上的一种近似：结果可能是由递增序列组成的一个表达式。正如最关注程序的内循环一样，我们最关注数学表达式的首项（leading term），也就是最高次的项。大O符号允许我们在操作近似数学表达式时，只记录首项，而可以忽略其他低阶项，最终可使我们给出对于所分析的数学表达式的精确近似的简洁陈述。

当处理包含大O的表达式时，我们使用的一些基本操作就出现在练习2.20~2.25中。其中大部分操作是直观的，但有一定数学基础的读者可能对从定义证明练习2.21中的基本操作的高效性感兴趣。特别地，这些练习是说，我们可以展开带有O符号的代数表达式，就像大O没在其中出现一样，然后去掉其他项，只保留首项。例如，如果展开表达式

$$(N + O(1))(N + O(\log N) + O(1))$$

可以得到六项

$$N^2 + O(N) + O(N \log N) + O(\log N) + O(N) + O(1)$$

但可以去掉低价项，得到表达式的一种近似

$$N^2 + O(N \log N)$$

也就是说，当N较大时，N^2是这个表达式的一种较好近似。这些操作是直觉的，但大O符号允许我们用数学方式严格且精确地表示这些表达式。我们称含有大O项的公式为渐近表达式。

以下来看一个更相关的例子，假设在经过数学分析之后，我们测定某个算法的内循环平均迭代$2NH_N$次，外层循环迭代N次，且初始化代码执行一次。进一步假设内循环每次迭代需要a_0纳秒，外循环每次迭代需要a_1纳秒，初始化部分需要a_2纳秒。于是，程序的平均运行时间（以纳秒为单位）为：

$$2a_0 NH_N + a_1 N + a_2$$

但也可以说程序的运行时间为：

$$2a_0 NH_N + O(N)$$

这种更简单的形式很重要，因为对于较大的N，我们不需找出a_1或a_2的值，就可得到运行时间的近似。一般而言，在精确运行时间的数学表达式中，还有许多其他项，其中一些难以分析。对于较大N，大O符号为我们提供了不用考虑这些项就可得到近似解答的一种方法。

继续上述的这个例子，我们还可以利用大O符号根据一个类似的函数$\ln N$表示运行时间。按照大O符号，表2-3中的近似式可以表示为$H_N = \ln N + O(1)$。因此，$2a_0 N \ln N + O(N)$是我们算法总运行时间的一种渐近表示。我们期望当N较大时，运行时间可以近似到比较容易计算的值$2a_0 N \ln N$。常数因子a_0是由内层循环的指令的执行时间决定的。

另外，对于较大的N，我们不需要知道a_0的值，就可以预测输入规模为$2N$时的运行时间大约是输入规模为N时的运行时间的两倍，这是因为

$$\frac{2a_0(2N)\ln(2N)+O(2N)}{2a_0 N\ln N+O(N)}=\frac{2\ln(2N)+O(1)}{\ln N+O(1)}=2+O\left(\frac{1}{\log N}\right)$$

也就是说，渐近公式允许我们忽略实现或分析的细节进行精确的预测。注意，如果我们想要只有首项的大O近似，就不太可能进行这样的预测。

刚才列出的推理过程允许我们在比较或试图预测算法的运行时间时，只需关注其首项。我们还常常需要计算所执行的固定开销操作的次数，并想要利用首项进行估计，通常只记录首项，隐含地假设必要时可以进行刚才给出的精确分析。

如果函数$f(N)$渐近大于另一个函数$g(N)$（也就是说，当$N\to\infty$时，$g(N)/f(N))\to 0$），在本书中我们有时利用术语约等于$f(N)$表示$f(N)+O(g(N))$。我们这样做似乎损失了数学上的精确性，但所得结果简洁，因为我们对算法的性能更感兴趣。在这些情况下，我们可以确信无疑地说，对于较大的N（不是对所有N），问题的表达式可以近似为$f(N)$。例如，如果已知表达式为$N(N-1)/2$，我们可以近似把它表示为$N^2/2$。这种表达结果的方式比起精确结果更容易理解，而且对于$N=1000$，误差只有0.001。与常用的$O(f(N))$表示所损失的精确度相比这些情况所损失的精确度更小。我们在描述算法的性能时，希望既精确又简洁。

类似地，如果我们能够证明当$g(N)$渐近小于$f(N)$时，算法的运行时间等于$cf(N)+g(N)$，则说算法的运行时间与$f(N)$成正比。如果这种限制成立，我们就能像在讨论的例子中那样，比如说把为N的观察运行时间映射到$2N$。图2-5给出了算法分析中我们可以使用的一些常见函数的映射。结合经验研究（见2.1节），这种方法可以无需详细确定依赖实现的常数。或者，反过来思考，我们可以通过确定N加倍时对运行时间的影响，研制一种运行时间随着输入规模增长的函数。

图2-3和图2-4显示了大O、与……成正比和约等于之间的区别。我们主要使用大O符号研究算法的基本渐近行为；当由经验研究推理算法的渐近行为时则使用"与……成正比"；当希望比较性能或者进行精确的性能预测时则使用"约等于"。

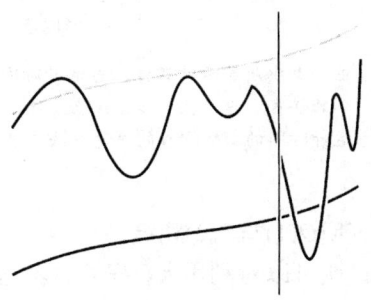

图2-3 用大O近似限制一个函数

注：在这个图示中，震荡曲线表示我们试图近似的函数$g(N)$；黑色光滑曲线表示另一函数$f(N)$，它是我们试图用于近似的函数；灰色光滑曲线表示$cf(N)$，c为某个常数。垂线表示N_0的值，表示当$N>N_0$时，这个近似关系才成立。当我们说$g(N)=O(f(N))$时，我们只期望$g(N)$的值位于$f(N)$曲线形状的下面、某条垂线的右边。$f(N)$可以是任意函数（例如，甚至不必是连续函数）。

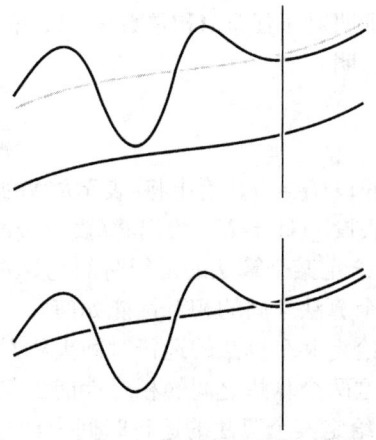

图2-4 函数近似

注：当我们说$g(N)$与$f(N)$（上图）成正比时，希望它最终像$f(N)$那样的趋势增长，但可能相差一个常数。给定$g(N)$的某个值，我们可以估计N较大时它的值。当我们说$g(N)$大约是$f(N)$（下图）时，希望最终可以利用f精确估计g的值。

1	none
lg N	slight increase
N	double
N lg N	slightly more than double
$N^{3/2}$	factor of $2\sqrt{2}$
N^2	factor of 4
N^3	factor of 8
2^N	square

图2-5 问题加倍对运行时间的影响

注：正如表中所显示的那样，当运行时间与某些简单函数成正比时，预测问题加倍对运行时间的影响是一件简单的任务。理论上，仅当N很大时，我们才能信赖这个结果，但这种方法非常高效。相反，确定一个程序运行时间的函数增长的快速方法是使输入规模N尽可能地加倍，实际上运行这个程序，然后再查表。

练习

▷ 2.20 证明$O(1)$与$O(2)$相等。

2.21 证明可以对利用大O符号的表达式做以下变换。

$$f(N) \to O(f(N)),$$
$$cO(f(N)) \to O(f(N)),$$
$$O(cf(N)) \to O(f(N)),$$
$$f(N)-g(N) = O(h(N)) \to f(N) = g(N) + O(h(N)),$$
$$O(f(N))O(g(N)) \to O(f(N)g(N)),$$
$$O(f(N)) + O(g(N)) \to O(g(N)) \quad 如果f(N) = O(g(N)).$$

○ 2.22 证明$(N + 1)(H_N + O(1)) = N \ln N + O(N)$。

2.23 证明$N \ln N = O(N^{3/2})$。

• 2.24 证明对于任意M和常数$\alpha > 1$，有$N^M = O(\alpha^N)$。

• 2.25 证明

$$\frac{N}{N + O(1)} = 1 + O\left(\frac{1}{N}\right)$$

2.26 假设$H_K = N$。给出将k表示成N的函数的近似公式。

• 2.27 假设$\lg(k!) = N$。给出将k表示成N的函数的近似公式。

○ 2.28 给定某个算法的运行时间为$O(N \log N)$，另一个算法的运行时间为$O(N^3)$。这种说法蕴涵这两个算法之间的相对性能如何？

○ 2.29 给定某个算法的运行时间大约总是为$N \log N$，另一个算法的运行时间为$O(N^3)$。这种说法蕴涵这两个算法之间的相对性能如何？

○ 2.30 给定某个算法的运行时间大约总是为$N \log N$，另一个算法的运行时间总是为N^3。这种说法蕴涵这两个算法之间的相对性能如何？

○ 2.31 给定某个算法的运行时间总是与$N \log N$成正比，另一个算法的运行时间总是与N^3成正比。这种说法蕴涵这两个算法之间的相对性能如何？

○ 2.32 导出图2-5中给出的因子：对于左边出现的每个函数$f(N)$，求出$f(2N)/f(N)$的一个渐近公式。

2.5 基本递归方程

正如将在本书中所看到的那样，许多算法基于递归分解的原理，把大问题分成一个或多个更小的子问题，利用子问题的解来求解原问题。我们将在第5章详细讨论这种方法，主要是从实际的角度，关注方法的实现及应用。我们在2.6节详细讨论一个例子。在这一节里，我们看看分析此类算法的一些基本方法，并推出出现在我们所学习的许多算法的分析中的几个标准公式的解法。理解本节公式中的数学性质可使我们洞察书中算法的性能特征。

公式2.1 如果程序的循环通过输入每次减少一项，递归公式为：

$$C_N = C_{N-1} + N, \quad N \geq 2, \quad 且 C_1 = 1$$

解：C_N 约为 $N^2/2$。为了计算 C_N 的值，我们代入自身展开这个公式，可得：

$$\begin{aligned}
C_N &= C_{N-1} + N \\
&= C_{N-2} + (N-1) + N \\
&= C_{N-3} + (N-2) + (N-1) + N \\
&\quad \cdots \\
&= C_1 + 2 + \cdots + (N-2) + (N-1) + N \\
&= 1 + 2 + \cdots + (N-2) + (N-1) + N \\
&= \frac{N(N+1)}{2}
\end{aligned}$$

和式 $1 + 2 + \cdots + (N-2) + (N-1) + N$ 的计算非常基本：将和按照逆序逐项加到自身上，结果有 N 项，每一项都为 $N + 1$，结果为所求和的两倍。

这个简单的例子说明了我们在这一节里所讨论的众多公式所用的基本模式，这些公式都是基于这样的原理：递归分解算法直接反映在它的分析中。例如，这种算法的运行时间是由问题的规模、子问题的个数以及分解所需要的时间决定。从数学上看，输入规模为 N 的算法的运行时间依赖于它的更小输入规模的运行时间，很容易用称为递归关系的公式表示。这样的公式精确地描述了相应算法的性能：求解递归方程就可以得到算法的运行时间。在遇见某个特定算法时，会更严格地论述这个过程。这里我们主要关注公式自身。

公式2.2 如果程序每次使输入减半，递归公式为：

$$C_N = C_{N/2} + 1, \quad N \geq 2, \quad 且 C_1 = 1$$

解：C_N 约为 $\lg N$。我们假设 N 为偶数，或者 $N/2$ 可以整除。现在，假设 $N = 2^n$，因而递归方程总是良定义的。（注意 $n = \lg N$。）这个递归方程甚至比前一个递归方程更容易求解：

$$\begin{aligned}
C_{2^n} &= C_{2^{n-1}} + 1 \\
&= C_{2^{n-2}} + 1 + 1 \\
&= C_{2^{n-3}} + 3 \\
&\quad \cdots \\
&= C_{2^0} + n \\
&= n + 1
\end{aligned}$$

对于一般情况 N 的精确解取决于对 $N/2$ 的解释。在这种情况下，$N/2$ 解释为 $\lfloor N/2 \rfloor$，可得简单解：C_N 是 N 的二进制表示的位数，由定义为 $\lfloor \lg N \rfloor + 1$。由事实可以直接得到如下结论：删除任意整数 $N(N > 0)$ 的二进制表示的最右端的位可得 $\lfloor N/2 \rfloor$（见图2-6）。

N	$(N)_2$	$\lfloor \lg N \rfloor + 1$
1	1	1
2	10	2
3	11	2
4	100	3
5	101	3
6	110	3
7	111	3
8	1000	4
9	1001	4
10	1010	4
11	1011	4
12	1100	4
13	1101	4
14	1110	4
15	1111	4

图2-6 整数函数和二进制表示

注：给定数N的二进制表示（中间一列），可以去掉这列中最右端的一位，得到$\lfloor N/2 \rfloor$。也就是说，N的二进制表示的位数比$\lfloor N/2 \rfloor$的二进制表示的位数大1。因此，N的二进制表示的位数是公式2.2在$N/2$解释为$\lfloor N/2 \rfloor$时的解，即为$\lfloor \lg N \rfloor + 1$。

公式2.3 如果程序每次使输入减半，但需要检查输入的每一项，递归公式为：

$$C_N = C_{N/2} + N, \quad N \geq 2, \quad 且 C_1 = 0$$

解：C_N约为$2N$。递归伸缩和$N + N/2 + N/4 + N/8 + \cdots$（像公式2.2一样，仅当$N$是2的幂时这个递归方程才能精确定义。）如果序列是无限序列，这个简单的几何级数求和恰好为$2N$。因为我们不断整除，并在达到1时停止，这个值是精确值的一个近似值。精确值与N的二进制表示的性质有关。

公式2.4 如果程序把输入分成两半，但在划分之前、划分之中以及划分之后需要线性遍历输入，递归公式为：

$$C_N = 2C_{N/2} + N, \quad N \geq 2, \quad 且 C_1 = 0$$

解：C_N约为$N \lg N$。在我们讨论的公式中，这个公式最常用。因为这个递归方程可应用到一大类标准的分治算法中。

$$C_{2^n} = 2C_{2^{n-1}} + 2^n$$

$$\frac{C_{2^n}}{2^n} = \frac{C_{2^{n-1}}}{2^{n-1}} + 1$$

$$= \frac{C_{2^{n-2}}}{2^{n-2}} + 1 + 1$$

$$\cdots$$

$$= n$$

这个求解的过程类似于公式2.2的求解过程，但需要一点技巧，在第二步中将递归方程的两端除以2^n，使得该方程成为伸缩和。

公式2.5 如果程序把输入分成两半，然后做一些需要常量时间的其他工作（见第5章），递归公式为：

$$C_N = 2C_{N/2} + 1, \quad N \geq 2, \quad 且 C_1 = 1$$

解：C_N约为$2N$。我们可以像公式2.4的求解过程那样，导出这个公式的解。

练习

▷ 2.33 对于 $1 \leq N \leq 32$，列表求出公式2.2中的 C_N 值，其中 $N/2$ 解释为 $\lfloor N/2 \rfloor$。

▷ 2.34 假设 $N/2$ 为 $\lceil N/2 \rceil$，回答练习2.33。

▷ 2.35 对公式2.3，回答练习2.34。

○ 2.36 假设 f_N 与一个常数成正比，

$$C_N = C_{N/2} + f_N, \quad N \geq t, \quad 且对于 N < t, \quad 0 \leq C_N < c,$$

其中 c 和 t 都是常数。证明 C_N 与 $\log N$ 成正比。

• 2.37 阐述并证明公式2.3至公式2.5的一般形式，类似练习2.36中公式2.2的一般形式。

2.38 对于 $1 \leq N \leq 32$，分三种情况列表求出公式2.4中的 C_N 值。(i) $N/2$ 解释为 $\lfloor N/2 \rfloor$；(ii) $N/2$ 解释为 $\lceil N/2 \rceil$；(ii) $2C_{N/2}$ 解释为 $C_{\lfloor N/2 \rfloor} + C_{\lceil N/2 \rceil}$。

2.39 当 $N/2$ 为 $\lfloor N/2 \rfloor$ 时，求解公式2.4。类似公式2.2的证明，利用对应 N 的二进制表示。提示：考虑所有比 N 小的数。

2.40 解递归方程

$$C_N = C_{N/2} + N^2, \quad N \geq 2, \quad 且 C_1 = 0,$$

其中 N 是2的幂。

2.41 解递归方程

$$C_N = C_{N/\alpha} + 1, \quad N \geq 2, \quad 且 C_1 = 0,$$

其中 N 是 α 的幂。

○ 2.42 解递归方程

$$C_N = \alpha C_{N/2}, \quad N \geq 2, \quad 且 C_1 = 1,$$

其中 N 是2的幂。

○ 2.43 解递归方程

$$C_N = (C_{N/2})^2, \quad N \geq 2, \quad 且 C_1 = 1,$$

其中 N 是2的幂。

• 2.44 解递归方程

$$C_N = (2 + \frac{1}{\lg N}) C_{N/2}, \quad N \geq 2, \quad 且 C_1 = 1,$$

其中 N 是2的幂。

• 2.45 考虑类似公式2.1的递归方程族，其中 $N/2$ 解释为 $\lfloor N/2 \rfloor$ 或解释为 $\lceil N/2 \rceil$，并且只要求递归方程对于 $N > c_0$ 成立，且对于 $N \leq c_0$，$C_N = O(1)$。证明 $\lg N + O(1)$ 是所有此类递归方程的解。

•• 2.46 类似练习2.45，给出公式2.2至公式2.5的一般递归方程及其解。

2.6 算法分析示例

具备了上述三节介绍的知识，我们现在可以考虑两个基本的搜索算法：*顺序搜索* (sequential search) 和*二分搜索* (binary search)，它们都是用来确定一个对象是否出现在已有对象的集合中。目的是为了说明比较算法所用的方法，而不是详细描述这些具体的算法。为了简化描述，我们假设所讨论的对象都是整数。第12章至第16章我们会详细考虑更一般的应用问题。这里讨论的算法简化版本不仅体现了算法设计与分析的诸多重点问题，而且还有许多直接应用。

例如，我们想像一个信用卡公司有 N 张信誉有问题或被盗的信用卡，希望检查 M 个给出的事务是否与这 N 张有问题的信用卡有关。为了具体，我们可以假设 N 和 M 都很大，N 为 $10^3 \sim 10^6$，M 为 $10^6 \sim 10^9$。分析的目标是当参数在这些范围内时，能够估计算法的运行时间。

程序2.1实现了搜索问题的直接求解过程。为了与第4部分讨论的同一问题的代码兼容，我们把它打包为操作在数组（定义见第3章）上的C函数，不需要理解打包的详细过程就可以理解这个算法：我们把所有对象存储在数组中，然后，对于每次事务，只要从头到尾顺序遍历整个数组，并检查每个元素，看是否是我们要查找的对象。

程序2.1　顺序搜索算法

这个函数检查数v是否在一个事先存储的数的集合a[l]，a[l+1]，…，a[r]中。从第一个元素开始，顺序比较每个元素。如果到达末尾而未找到所要找的数，那么返回值为-1。否则，返回这个数所在数组位置处的下标。

```
int search(int a[], int v, int l, int r)
  { int i;
    for (i = l; i <= r; i++)
      if (v == a[i]) return i;
    return -1;
  }
```

为了对算法加以分析，我们注意到算法的运行时间与要搜索的对象是否在数组中有关。我们在检查完 N 个对象之后才可以确定搜索是否成功，但是成功的搜索可能在第一个、第二个或任意一个对象上结束。

由此可见，算法的运行时间依赖于数据。如果所查找的数恰好在数组中的第一个位置，那么算法会很快。如果算法所查找的数恰好位于数组中的最后一个位置，就会很慢。在2.7节中我们讨论保证性能和预测性能之间的区别。在这种情况下，我们所能提供的最好保证就是至多只须检查 N 个数。

然而，为了预测算法的性能，我们需要关于数据的假设。在这种情况下，我们可以假设所有的数都是随机选择的。这个假设蕴含着表中的每个数以等概率地为搜索的那个对象。另一方面，我们认识到搜索的性质也会很关键，这是因为对于随机选择的数，我们可能根本没有成功的搜索（见练习2.48）。对于某些应用问题，成功搜索的事务的数可能很大，而对于另一些应用，成功搜索的数可能很小。为了避免模型与应用的性质相混淆，我们分两种情况（成功搜索和不成功搜索）独立对它们进行分析。这个例子说明，高效分析的关键部分是建立应用的一个合理模型。我们的分析结果会依赖成功搜索所占的比例；事实上，如果我们基于这个参数为不同的应用选取不同的算法，就会得到所需的信息。

性质2.1　顺序搜索对于每次不成功的搜索需要检查 N 个数，对成功搜索平均检查约 $N/2$ 个数。

如果表中的每个数等概率成为搜索的对象，那么，一次搜索的平均开销为

$$(1 + 2 + \cdots + N)/N = (N + 1)/2$$

■

性质2.1蕴含着程序2.1的运行时间与 N 成正比，满足比较两个数的平均开销为常数的假设。因此，如果我们是对象数目加倍，可以预期一次搜索所需的时间也会加倍。

如果使表中的数有序，我们可以加快不成功搜索时的顺序搜索时间。对表中的数进行排序将在第6章至第11章中讨论。我们考虑的许多算法完成任务所需时间与$O(N \log N)$成正比，与当M很大时搜索的开销相比，这个时间是微不足道的。在有序表中，当找到一个大于我们要找的那个数时，可以立即终止搜索。这种改变能使顺序搜索的开销降低到每次不成功搜索检查的N/2个数，这和成功搜索的开销相同。

性质2.2 在有序表中进行顺序搜索最坏情况下每次搜索需要检查N个数，平均情况下每次搜索需要检查大约N/2个数。

我们还需要为不成功搜索确定一个模型。假设搜索等概率地终止于表中N个元素定义的N+1个区间上，可直接得到如下结果：

$$(1 + 2 + \cdots + N + N)/N = (N + 3)/2$$

因而可得不成功搜索无论在表中第N个元素之前还是之后结束，其开销都为N。∎

另一种关于性质2.2的阐述是顺序搜索的运行时间在平均情况和最坏情况都与MN成正比，其中M为事务数。如果我们使事务数加倍或者使表中对象数加倍，那么可以得出期望的运行时间也加倍；如果我们对这两者都加倍，则运行时间是原来的4倍。结果同样告诉我们这种方法不适合于较大的表。如果检查单个数需要c微妙，那么对于$M = 10^9$和$N = 10^6$，处理所有事务所需的运行时间至少为$(c/2)10^9$秒，或者根据图2-1，大约为16c年，这是不可接受的。

程序2.2是搜索问题的一种经典解法，它要比顺序搜索更高效。它是基于这样一种思想，如果表中的数是有序的，通过把待查找的数与表的中间位置的数进行比较，可以去掉表中一半的数：如果比较结果相等，则查找成功；如果比中间位置的元素小，则在表的左边应用相同的方法；如果比中间位置的元素大，则在表的右边应用相同的方法。图2-7用一个数的样本集合给出了这种方法的一个例子。

```
1488  1488
1578  1578
1973  1973
3665  3665
4426  4426
4548  4548
5435  5435  5435  5435  5435
5446  5446  5446  5446
6333  6333  6333
6385  6385  6385
6455  6455  6455
6504
6937
6965
7104
7230
8340
8958
9208
9364
9550
9645
9686
```

图2-7 二分搜索

注：要知道5025是否在左边的数表中，我们首先把它与6504比较，然后根据比较结果，只需考虑数组的前半部分。接着与4548（数组前半部分的中间元素）比较，再考虑数组前半部分的后半部分。继续这一过程，如果待查找的数在表中，则总是在包含待查找数的子数组上进行查找。最后，我们会得到只有一个元素的子数组，这个元素不是5025，因而5025不在表中。

程序2.2 二分搜索算法

这个程序的作用与程序2.1的作用相同，但更高效。

```
int search(int a[], int v, int l, int r)
  {
    while (r >= l)
      { int m = (l+r)/2;
        if (v == a[m]) return m;
        if (v < a[m]) r = m-1; else l = m+1;
      }
    return -1;
  }
```

性质2.3 二分搜索至多检查$\lfloor \lg N \rfloor +1$个数。

这个性质的证明说明了在算法分析中使用的递归关系。如果我们令T_N表示最坏情况下二分搜索所需的比较次数，那么算法在规模为N的表中的搜索可以减少到在表中一半元素中进行搜索，这表明

$$T_N \leq T_{\lfloor N/2 \rfloor}+1, \quad N \geq 2, \quad 且 T_1=1,$$

在规模为N的表中进行搜索，首先检查中间元素，然后在规模至多为$\lfloor N/2 \rfloor$的表中搜索。实际的开销可能会比这个值要小，因为比较过程可能会结束于成功搜索，或者待搜索表的规模小于$\lfloor N/2 \rfloor-1$（如果N为偶数）时结束。类似公式2.2的求解过程，我们可以直接证明：当$N=2^n$时，$T_N \leq n+1$，然后用归纳法验证一般结论。■

性质2.3使我们可以求解问题规模达到一百万的大型搜索问题，处理每次事务只需20次比较，很可能比在许多计算机上读写数的时间还少。搜索问题是如此重要，以至于人们研制了几种比二分搜索更快的算法，我们将在第12章至第16章看到这些算法。

注意我们用对数据使用的常用操作表示性质2.1和性质2.2。如在性质2.1之后所做的解释，我们期望每个操作花费常数时间，从而可以得出结论：二分搜索的运行时间与$\lg N$成正比，而顺序搜索与N成正比。当N加倍时，二分搜索算法的运行时间几乎不变，而顺序搜索算法的运行时间加倍。随着N的增长，这两个方法之间的差距越来越大。

我们可以实现并测试这些算法来验证性质2.1和性质2.2的分析结果。例如，表2-4显示了对于各种M和N的值，二分搜索算法和顺序搜索算法对规模为N的表进行M次搜索的运行时间（包括二分搜索算法所需的对表进行排序的开销）。我们将不讨论程序运行的具体实现的细节，因为这些将会在第6章至第11章进行全面详细的讨论。这里我们考虑库及外部函数的调用，以及其他把各模块组合成程序的细节，还包括第3章中讨论的sort函数。我们暂时只强调进行经验测试是评价算法效率的一部分。

表2-4 顺序搜索和二分搜索算法的经验分析

这些相对时间验证了我们的分析结果，在规模为N个对象的表中进行M次搜索，顺序搜索的时间与MN成正比，二分搜索的时间与$M \lg N$成正比。当M增加一倍时，顺序搜索的时间也增加一倍，但二分搜索几乎不变。当M较大时，随着N的增加，顺序搜索不可行，而二分搜索即使对于较大的表也很快。

N	M = 1 000		M = 10 000		M = 100 000	
	S	B	S	B	S	B
125	1	1	13	2	130	20
250	3	0	25	2	251	22
500	5	0	49	3	492	23
1 250	13	0	128	3	1 276	25
2 500	26	1	267	3		28
5 000	53	0	533	3		30
12 500	134	1	1 337	3		33
25 000	268	1		3		35
50 000	537	0		4		39
100 000	1 269	1		5		47

其中：
　　S 顺序搜索（程序2.1）
　　B 二分搜索（程序2.2）

表2-4证实了我们的观察，运行时间的函数式增长可使我们根据小规模的经验分析预测较大规模时的算法的性能。把数学分析与经验分析结合在一起为二分搜索算法是首选算法的定论提供了令人信服的证据。

这个例子是比较算法所用的一般方法的一个示例。我们利用数学分析方法找出算法执行关键抽象操作的频率，然后利用这些结果导出运行时间的函数式，最后验证并扩展经验分析结果。随着计算问题的算法学解越来越细致，以及探究其性能特征的数学分析也越来越复杂，我们利用文献中的已有数学结果，以便将注意力集中在算法本身。我们并不对遇到的每个算法都进行完整的数学和经验分析，但我们会努力确定算法的性能特征，并在理论上知道，我们可以在关键的应用问题上通过科学分析做出有益的选择。

练习

▷ 2.47 假设有αN次查找是成功的，给出程序2.1中所用的平均比较次数，其中$0 \leq \alpha \leq 1$。

•• 2.48 估计M个随机10位数至少匹配给定N个值的集合的概率，其中$M = 10$，100和1000，$N = 10^3$，10^4，10^5和10^6。

2.49 写一个产生M个随机整数并把它们存入数组中的驱动程序，然后利用顺序搜索统计N个随机整数匹配数组中元素的个数。对于$M = 10$，100和1000，$N = 10$，100和1000运行你的程序。

• 2.50 类似性质2.3，阐述并证明二分搜索算法的性质。

2.7 保证、预测及局限性

大多数算法的运行时间与输入数据有关。典型地，算法分析的目标是消除这个相关性：我们希望能够说程序的性能尽可能少地依赖于输入数据，这是因为我们一般并不知道每次调用程序时会是哪些输入数据。2.6节的例子说明了我们最常用的两种主要方法：最坏情况分析和平均情况分析。

研究算法的最坏情况下的性能很有意义。因为这样可以对程序的运行时间做出保证。我们说执行某种抽象操作的次数小于输入规模的某个函数，不论输入什么数据。例如，性质2.3是对二分搜索做出保证的一个例子，类似性质1.3是加权快速合并的一个例子。如果像二分搜索一样，保证的量较小，那么我们处于有利的情形，因为我们知道我们的程序不会运行得太慢。具有最坏情况下良好性能特征的程序是算法设计的一个基本目标。

然而，进行最坏情况下的分析存在一些困难。对于给定的一个算法，在求解最坏情况下的输入实例所需的时间与求解实际中可能遇见的数据所需时间之间存在很大的差距。例如，在实际中快速合并算法所需时间与N成正比，但对某类数据，其所需时间与$\log N$成正比。更重要的是，我们并不总能证明存在输入使算法的运行时间达到这个界限；我们只能证明那是一个有保证的上界。此外，对于某些问题，具有较好最坏情况性能的算法要比其他一些算法复杂得多。我们常常会发现自己有个较好的最坏情况性能的算法，要比输入为实际数据的简单算法要慢，或者说与达到较好或最坏情况性能所付出的努力相比，还不是足够快。对于许多应用问题，还要考虑其他一些因素，比如说可移植性和可靠性，这些因素要比改进最坏情况性能保证更为重要。例如，在第1章中我们看到，带有路径压缩的加权快速合并算法比加权快速合并算法具有更好的性能保证，但是对一般实际数据，这两个算法的运行时间相同。

研究算法的平均情况下的性能也有意义，因为它能使我们预测程序的运行时间。在最简单的情形，我们可以精确表征算法的输入；例如，排序算法可能处理N个随机整数组成的数组，而几何算法可能处理平面上坐标位于0和1之间的N个点集。然后，我们可以计算执行每条指令的平均次数，并将每条指令出现的频率与执行那条指令所需时间相乘，并求出总和作为程序的平均运行时间。

然而，进行平均情况分析同样存在一些困难。第一，输入模型可能没有精确地表征实际中遇到的输入，也可能就没有自然的输入模型。很少人会质疑排序算法所使用的"随机有序文件"，或几何算法使用的"随机点集"的输入模型。这些模型导出的数学结果可以精确地预测程序运行在实际应用问题上的性能。但我们如何表征处理英语语言文本的程序的输入呢？即使对于排序算法，除了输入为随机有序的，某些应用中还有其他形式的模型也有意义。第二，分析可能需要深奥的数学推理。例如，合并-查找算法的平均情况分析很困难。尽管推导这些结果通常超出本书范围，我们会用大量经典例子说明它们的本质。在合适时会引用相关结果（幸运的是，很多最好的算法已在科学文献中做了分析）。第三，知道运行时间的平均值还是不够的：我们可能还需要知道运行时间分布的标准方差或其他事实，这些可能更难以推出。特别是，我们希望知道算法比预期结果急剧变慢的可能性。

在许多情况下，我们可以利用随机性的优点回答上一段中提出的第一个问题。例如，如果我们在对数组排序之前随机生成一个数组，那么关于数组中元素是随机的假设是正确的。这类算法称为随机化算法，平均情况分析是在严格概率意义下对期望运行时间的预测。此外，我们常常可以证明这样的算法变慢的概率小得可以忽略。这种算法的例子有快速排序（见第10章）、随机化BST（见第13章）和散列（见第14章）。

计算复杂度领域是算法分析的一个分支，它帮助我们理解设计算法时可能期望遇到的基本限制。总目标是确定给定问题的最佳算法在最坏情况下的运行时间，误差不超过一个常数因子。这个函数称为问题的复杂度。

利用大O符号进行最坏情况分析可以不需考虑特定机器特征的细节。一个算法的运行时间为$O(f(N))$，它不依赖于输入，而且这是一种对算法分类的高效方法，这种方法既不依赖于输入，也不依赖于实现细节，它将算法分析从实现细节中分离出来。我们忽略了分析中的常数因子；在大多数情况下，我们想要知道算法的运行时间是否与N成正比，或者与$\log N$成正比，而不关心算法是在纳米计算机上运行还是在超级计算机上运行，也不关心内循环是否只用几条指令实现，还是用大量指令实现。

如果我们可以证明求解某个问题的算法的最坏情况下的运行时间是$O(f(N))$，则称$f(N)$是这个问题复杂度的一个上界。换句话说，求解一个问题的最佳算法的运行时间不会超过求解这个问题的某个算法的运行时间。

我们一直努力改进我们的算法，但最终会到达一点，任何改变都不能够再改进算法的运行时间。对于每个给定的问题，我们对何时不再做算法改进感兴趣，因而我们寻求复杂度的下界。对于许多问题，我们可以证明求解问题的任何算法必定利用了一定数量的基本操作。证明下界是一件困难的事情，需要仔细构造一个机器模型，然后在此模型上构造输入的理论模型，这对于求解的任何算法都是困难的。我们很少遇到证明下界的主题，但它们表示计算的障碍，在算法设计中起着导向作用。因而当涉及这些概念时我们应该认识到这一点。

当复杂度研究得出算法的上界与下界匹配时，那么我们可以确信试图设计比已知最好算法更快的算法是徒劳无益的，我们可以开始把注意力放在实现上。例如，二分搜索是最优的，是因为没有算法（只利用比较操作）在最坏情况下能比二分搜索算法所用的比较次数更少。

另外，基于指针的合并-查找算法的上界和下界也匹配了。Tarjan在1975年证明了带有路径压缩的加权快速合并算法最坏情况下要求跟踪的指针数少于$O(\lg^* V)$，并且任何基于指针的算法对于特定输入，必定在最坏情况下至少跟踪常数个指针。换句话说，没有一种方法所做的改进会保证在线性个操作数 i = a[i]内求解问题。在实际中，这种差别并不显著，因为$\lg^* V$

很小；而且找这个问题的线性算法是多年来的一个研究目标，Tarjan给出的下界已经使科学家放弃了这个问题的研究。此外，这个故事也说明不能避开像log *这样的复杂函数，因为这样的函数是这个问题的本质所在。

本书中的许多算法涉及复杂的数学分析和性能评价，由于过于复杂在这里不做讨论。实际上，正是这些研究的基础，我们才得以推荐这里学习的许多算法。

并不是所有算法都值得这样认真研究；事实上，在设计过程中，人们更喜欢用一些近似性能指导设计过程，从而避免无关细节。随着设计变得复杂，分析也会变得复杂，就要用到更复杂的数学工具。很多时候，设计过程会导致深入的复杂性研究，最终导致理论算法偏离实际应用。一个常见错误是认为对复杂度进行粗略分析就能直接得到高效实用的算法，这样的想法可能会带来令人不愉快的惊讶。另一方面，计算复杂度是一种强有力的工具，它告诉我们在设计工作中何时达到性能的极限，以使我们不再设计算法来缩小上界和下界之间的差距。

本书的观点是：算法设计、仔细实现、数学分析、理论研究，以及经验分析都对开发优美而高效的程序起着重要作用。我们希望利用已有工具获得我们程序性质的信息，然后利用这些信息改进程序或开发新程序。我们不能对运行在每台计算机上每种环境中的每个算法进行穷尽测试和分析，但我们可以认真实现已知是高效的算法，并在需要峰值性能时优化和比较它们。贯穿本书，在必要的时候我们会考虑最重要的方法的详细细节，以理解为什么它们有如此好的性能。

练习

○ 2.51 已知一个问题的时间复杂度为 $N \log N$，另一个问题的时间复杂度为 N^3。有两个确定算法求解这两个问题。这种阐述蕴含这两个算法的相对性能如何？

第一部分参考文献

有大量关于程序设计方面的入门读物。有关C语言知识和C语言例子的最好参考读物当属Kernighan和Ritchie的C语言书籍，其精髓同样在本书中体现。

van Leeuwen和Tarjan对各种合并-查找问题的算法进行了分类和比较。

Bentley的书中也包括了大量评价研制的算法和解决大量有趣问题的实现的各种方法的详细的案例分析。

在算法分析方面引用的经典著作是Aho、Hopcroft和Ullman的基于渐近最坏情况性能分析的书籍。Knuth的书籍涵盖更全面的平均情况分析，他的著作是大量算法某种特性渊源的权威著作。Gonnet和Baeza，Cormen、Leiserson和Rivest的书籍是两本最近的著作；它们都包含了最近的大量研究结果。

Graham、Knuth和Patashnik的著作覆盖了算法分析中常见的数学知识，同样的内容也出现在Knuth的其他著作中。Sedgewick和Flajolet的著作对这个主题进行了全面的介绍。

[1] A. V. Aho, J. E. Hopcroft, and J. D. Ullman, *The Design and Analysis of Algorithms*, Addison-Wesley, Reading, MA, 1975.

[2] J. L. Bentley, *Programming Pearls*, Addison-Wesley, Reading, MA, 1985; *More Programming Pearls*, Addison-Wesley, Reading, MA, 1988.

[3] R. Baeza-Yates and G. H. Gonnet, *Handbook of Algorithms and Data Structures*, second edition, Addison-Wesley, Reading, MA, 1984.

[4] T. H. Corman, C. E. Leiserson, and R. L. Rivest, *Introduction to Algorithms*, MIT Press/McGraw-Hill, Cambridge, MA, 1990.

[5] R. L. Graham, D. E. Knuth, and O. Patashnik, *Concrete Mathematics*, Addison-Wesley, Reading, MA, 1988.

[6] B. W. Kernighan and D. M. Richie, *The C Programming Language*, senond edition, Prentice-Hall, Englewood Cliffs, NJ, 1988.

[7] D. E. Knuth, *The Art of Computer Programming. Volume 1: Fundamental Algorithms*, second edition, Addison-Wesley, Reading, MA, 1973; *Volume 2: Seminumerical Algorithms*, second edition, Addison-Wesley, Reading, MA, 1981; *Volume 3: Sorting and Searching*, second printing, Addison-Wesley, Reading, MA, 1975.

[8] R. Sedgewick and P. Flajolet, *An Introduction to the Analysis of Algorithms*, Addison-Wesley, Reading, MA, 1996.

[9] J. van Leeuwen and R. E. Tarjan, "Worst-case analysis of set-union algorithms," *Journal of the ACM*, 1984.

第二部分 数据结构

第3章 基本数据结构

组织数据用于处理是开发程序的一个基本步骤。对于许多应用，选择合适的数据结构是其实现中涉及的惟一主要决定：一旦做出选择，所需的算法就很简单。对于同样的数据，某些数据结构要比其他数据结构需要更多或更少的空间。对于作用在数据上的相同操作，某些数据结构导致的算法要比其他数据结构产生的算法更高效或更低效。选择算法和数据结构是紧密交织在一起的，我们会通过正确的选择继续寻求节省时间或空间的方法。

数据结构不是一个被动的对象，我们还必须考虑在其上进行的操作（以及这些操作所用的算法）。这个概念可以形式化为数据类型（data type）。在这一章里，主要关注结构数据上所用基本方法的具体实现。我们讨论组织和操纵数据的基本方法，并通过大量特定例子说明每种方法的优点，讨论诸如存储管理有关的问题。第4章讨论抽象数据类型，其中把数据类型从实现中分离出来。

我们讨论数组、链表和串的性质。这些经典数据结构应用广泛。它们和第5章的树结构是书中所讨论的几乎所有算法的基础。我们还将讨论作用在这些数据结构上的各种基本操作，以便开发一组工具用于研制困难问题的复杂算法。

要研究如何把数据存为变长大小的对象和用链表数据结构存储数据，就需要对系统如何给程序分配存储数据的空间的管理进行深入理解。这里将不会详细介绍这个主题，因为许多重要因素是与系统和机器有关的。然而，我们会讨论存储管理的方法，以及几种基本的重要机制。我们还会讨论一些特定（程序化）的方式，其中程序中使用C语言的存储-分配机制。

本章最后讨论几个关于复合结构（compound structure）的例子，包括链表数组和多维数组。从较低级的数据结构构造更加复杂抽象的数据结构是一个不断重现的贯穿本书的主题。我们将讨论大量例子，它们是本书稍后讨论的更多高级算法的基础。

这一章中讨论的数据结构是重要的组件，它们可以很自然地应用到C语言和其他许多程序设计语言中。第5章讨论另一种重要的数据结构——树（tree）。数组、字符串、链表和树是本书中讨论的大多数基础算法的基本元素。第4章讨论用基本组件抽象数据类型研究的具体表示的应用，这些表示可以满足大多数应用的需要。本书其余部分利用本章讨论的各种基本工具，包括树和抽象数据类型，以构造能够求解更困难问题的算法，这些算法还可以作为各种应用中高级抽象数据类型的基础。

3.1 构建组件

这一节我们主要回顾C语言中存储信息和处理信息所用的低级结构。在计算机上处理的所有数据最终都分解到单个位，而编写只处理位的程序令人烦恼不堪。类型允许我们指定如何利用特定位的各种集合，函数允许我们指定在数据上所进行的操作。利用C结构（structure）

类型把各种不同类型的信息集成在一起，并利用指针（pointer）间接引用这些信息。在这一节里，我们讨论这些C语言中的基本机制，并提出组织程序的一般方法。主要目标是为本章其余部分以及第4章和第5章奠定基础，以便开发出用作本书讨论的大部分算法的基础的高级结构。

我们从对生活中事物的数学描述或者自然语言描述，编写处理信息的程序；因此，计算环境要对这些描述的基本组件提供内置支持，包括对数和字符的支持。在C语言中，我们的程序都是由几种基本数据类型构建的：

- 整数（ints）
- 浮点数（floats）
- 字符（chars）

尽管常常用整数、浮点数和字符称呼这些类型，但还是按照它们在C语言中的名字称为int、float和char。字符在高级抽象中最常使用，例如造字和造句。因而我们在3.6节再讨论字符，这里先讨论数。

我们利用固定的位表示数。所以int类型的整数按照需要会属于某个特定的范围，这个范围依赖于我们用来表示它们的位数。浮点数是实际数的近似，它们的位数用来表示对实际数的近似精度。在C语言中，如果是整数，可以选择int、long int或short int型的整数类型，如果是浮点数，可以选择float或double（双精度）型，以空间换精度。在多数系统中，这些类型都与基本的硬件表示相对应。尽管C语言提高了一定的保证度，但用于表示的位数，以及由此确定的值的范围（针对整数而言）或精度（针对浮点数而言）是依赖于机器的（参阅练习3.1）。在这本书中，除非特别强调讨论的问题需要使用大数，一般情况下使用int和float。

在现代程序设计中，我们更多都是根据程序的需要而不是机器的能力考虑数据的类型，这主要是为了使程序具有可移植性。因此，举例来说，我们把short int看作一个取值范围介于-32 768~32 767之间的对象，而不是看作一个16-位对象。此外，我们关于整数的概念还包括在其上执行的操作：加法、乘法等。

定义3.1 数据类型是值的集合和在这些值上的操作集。

操作关联类型，反之则不成立。当我们执行一个操作时，我们必须确保操作数和结果具有正确类型。忽略这一点是程序设计的常见错误。在某些情况下，C语言程序可以进行隐式的类型转换，而在其他一些情况下，我们利用显式的类型转换（cast）。例如，如果x和N是整数，则表达式

((float) x)/N

中包括两种类型转换：(float)是一种显式转换，把x的值转换为浮点类型，接着用C语言中隐式类型转换规则对N进行隐式转换，使除法操作符的两个参数都变成浮点数。

许多与标准数据类型有关的操作已内置在C语言中。例如算术操作。其他一些操作则定义为函数形式，可在标准函数库中找到；还有一些操作以C函数的形式定义在我们的程序中（见程序3.1）。也就是说，数据类型的概念不局限于内置的整数、浮点数和字符类型。作为一种组织软件的高效方式，我们还定义自己的数据类型。当定义C语言中的一个简单函数时，就高效地创造了一种新的数据类型，其中函数实现的操作添加到用该函数参数表示的数据类型所定义的操作中。实际上，每个C程序在某种意义上都是一种数据类型，也就是说，是数值集合（内置类型或其他类型）及其相关操作（函数）的一个列表。这种观点也许太广泛而没有多少实用价值，但我们会看到，如果根据数据类型来理解程序是有价值的。

程序3.1 函数定义

在C语言中用于实现对数据进行新操作的机制就是这里举例说明的函数定义。

所有函数都有一个参数列表和可能的一个返回值。这里的lg函数有一个参数和一个返回值，它们的类型都为int。main函数既没有参数也没有返回值。

我们通过给出函数名和它的返回值类型来声明（declare）那个函数。代码的第一行引用一个系统文件，其中包含了对printf这样的系统函数的声明。代码第二行是lg函数的声明。如果函数在使用之前已经定义（见下一段），则声明可省略。main函数就是这种情况。这个声明为其他函数利用正确类型的参数调用该函数提供了所需信息。调用函数可在表达式中使用被调函数，方法和使用该返回值类型的变量一样。

我们可用C代码定义函数。所有C程序都包括main函数的定义。这个代码中还定义了lg函数。在函数定义中，我们对变量命名（称为参数），并根据这些名字表达计算，把它们作为局部变量看待。当调用函数时，这些变量初始化为参数传递的值，接着执行函数代码。return语句是函数执行结束的指令，它还向调用函数返回值。原则上，调用函数不受其他函数的影响，但我们将会看到许多例外的情况。

定义和声明的分开为组织程序提供了灵活性。例如，定义和声明可在不同文件中（见正文）或者在这个简单程序中，我们可以把lg函数的定义放在main函数的定义之前，并省略lg函数的声明。

```
#include <stdio.h>
int lg(int);
main()
  { int i, N;
    for (i = 1, N = 10; i <= 6; i++, N *= 10)
      printf("%7d %2d %9d\n", N, lg(N), N*lg(N));
  }
int lg(int N)
  { int i;
    for (i = 0; N > 0; i++, N /= 2) ;
    return i;
  }
```

在写程序时我们的一个目标是组织程序，以使它们尽可能广泛用于各种情况。采用这样一个目标的原因是，即使是与程序原先要解决的问题完全无关，也可能使我们重用旧程序解决新问题。首先，通过仔细了解和准确确定程序所使用的操作，我们可以容易地把它扩展到支持这些操作的任意的数据类型上。其次，通过仔细了解和准确确定程序的作用，我们可以把它执行的抽象操作添加到求解新问题所用的操作中。

程序3.2利用typedef操作定义的简单数据类型和一个函数（其自身也由库函数实现），实现了对数的简单计算。主函数引用的数据类型，不是那个数的内置数据类型。通过不确定程序所处理的数的数据类型，延长了程序的潜在可用性。例如，这种方法就可能延长程序的使用寿命。当某些新的环境要求提供数的一种新的数据类型才能工作时，我们只需改变那个数据类型来更新程序。

程序3.2 数字类型

这个程序按照以下数学定义，计算由库函数rand产生的整数序列x_1, x_2, $\cdots$, x_N的平均值μ和标准方差σ。

$$\mu = \frac{1}{N} \sum_{1 \le i \le N} x_i, \text{ 以及 } \sigma^2 = \frac{1}{N} \sum_{1 \le i \le N} (x_i - \mu)^2 = \frac{1}{N} \sum_{1 \le i \le N} x_i^2 - \mu^2$$

注意，按照σ^2的定义直接实现需要一遍计算平均值的过程，以及一遍计算序列元素与平均值差的平方和的过程。但化简公式，可使我们在一遍过程之内计算出σ^2。

我们利用typedef声明使对数据类型int的引用局部化。例如，我们可以把typedef和函数randNum放在不同的文件（用include命令来引用）中，然后我们可以通过修改这个文件，利用这个程序测试不同类型的随机数（见正文）。

无论数据类型是什么，这个程序中使用int类型作为序列元素的下标，使用浮点数计算平均值和标准方差，并且只在该数据类型向浮点数的转换函数以合理方式进行时，这个程序才高效。

```
#include <math.h>
#include <stdlib.h>
#include <stdio.h>
typedef int Number;
Number randNum()
  { return rand(); }
main(int argc, char *argv[])
  { int i, N = atoi(argv[1]);
    float m1 = 0.0, m2 = 0.0;
    Number x;
    for (i = 0; i < N; i++)
      {
        x = randNum();
        m1 += ((float) x)/N;
        m2 += ((float) x*x)/N;
      }
    printf("        Average: %lf\n", m1);
    printf("Std. deviation: %lf\n", sqrt(m2-m1*m1));
  }
```

这个例子并不能说明关于开发一个用于计算平均值和标准方差问题的，不依赖类型的程序的一个完整解决方法，也不能表明这样做的目的。例如，这个程序在计算平均值和方差时，需要把类型为Number的数转换成float类型，因而我们可能还需要增加一个转换到那种数据类型的操作，而不是依赖于（float）显式类型转换，因为它只对数的内置类型高效。

如果要尝试进行算术操作以外的操作，很快就会发现需要向数据类型添加更多操作。例如，我们想要打印一些数字，可能要求实现，比如说，一个printNum函数。比起在printf中利用内置格式转换，这样的函数不太便利。只要我们尝试基于程序中的操作的同等重要性开发数据类型，就需要在操作选择、易于实现以及结果的可用性方面做出权衡。

通过改变数据类型以使程序3.2适合其他类型的数字（比如说float类型，而不是int类型）是值得考虑的。在C语言中有许多不同的机制可供使用，以便充分利用对该数据类型引用的局部化。对于这样一个小程序，最简单的方法是复制一份源文件，然后将typedef定义改为

```
typedef float Number
```

且将函数randNum定义改为

```
return 1.0*rand( )/RAND_MAX;
```

它将返回0和1之间的浮点数。即使这样一个小程序，这种方法也不十分便利，这是因为需要

两次复制主程序，而且我们必须保证以后对这个程序的任何修改都要在两份复制中反映出来。在C语言中有另一种可供选择的方法，就是把typedef和randNum放到一个独立的头文件（例如称为Num.h的文件）中，而在程序3.2中用以下指令取代这些部分：

```
#include "Num.h"
```

那么我们可以使用不同的typedef和randNum生成另一个头文件：通过重命名这些文件中的其中一个，或者另建一个Num.h。在程序3.2的主程序中调用其中任意一个，无须修改主程序。

第三种备受推荐的软件工程实践是把程序分为三个文件：

- 一个接口（interface），定义了数据结构以及声明用于操作这个数据结构的函数。
- 在接口中声明的函数的一个实现（implementation）。
- 一个客户（client）程序，调用接口中声明的函数，以便在更高抽象层次上使用。

通过这种安排，我们可以利用程序3.2中的具有整数或浮点数的主程序，或者扩展到其他类型的数据上，只需要把主程序与某个其他数据类型的特定代码一起编译。在以下的段落中，我们将考虑利用这种方法，把程序3.2变成一个更灵活实现所需的精确修改。

我们把接口看作数据类型的一个定义。它是客户程序和实现之间的契约。客户程序同意只通过定义在接口中的函数访问数据，而实现则同意交付允许的函数。

对于程序3.2中的例子，接口部分由以下声明组成：

```
typedef int Number;
Number randNum();
```

第一行指定了要被加工数据的类型，第二行指定了和该类型有关的操作。这个代码可保存在（例如名为Num.h的）文件中。

Num.h文件中接口的实现是randNum函数的实现，它可由以下代码组成：

```
#include <stdlib.h>
#include "Num.h"
Number randNum()
    { return rand(); }
```

第一行引用系统提供的描述rand()函数的接口，第二行引用我们所实现的接口（这一行作为一个核查，检查我们实现的函数是否与声明的函数类型相同），最后两行是这个函数的代码。可能把这些代码保存在（例如名为int.c的）文件中。rand函数的实际代码保存在标准C的运行时间库中。

与程序3.2对应的客户程序从接口的包含指令开始，这些接口声明了它们所使用的函数。代码如下：

```
#include <stdio.h>
#include <math.h>
#include "Num.h"
```

程序3.2中的main函数可以在这些行之后。这些代码可以保存在（例如名为avg.c）文件中。

把上面描述的程序avg.h和int.c一起编译后，就与程序3.2的功能相同，但它们代表一种更灵活的实现方法，这既是由于与数据类型关联的代码被封装，并且其他客户程序也可使用，也是由于无需修改avg.c就可将其应用于其他数据类型。

除了刚刚描述的客户-接口-实现的情形之外，还有很多支持数据类型的其他方法。但我们在算法设计的上下文中并不详述各种不同方法的差异，因为这样的差异在系统程序设计的上下文中已做了最好的描绘（见第二部分参考文献）。然而，我们的确常常利用这种基本的设计范型，因为它为我们提供了一种用改进实现替换旧有实现的方法，从而使我们可以比较同一应用问题的不同算法。第4章专门讨论这一主题。

我们常常希望构造一些可以处理数据集合的数据结构。数据结构可能很庞大，也可能应用范围很广，因而我们最感兴趣的是：确定作用在数据上的重要操作，以及如何高效实现那些操作。完成这些任务是逐步从低层次的抽象构建高层次的抽象的过程中的第一步。这个过程允许我们方便地开发出更强大的程序。C语言中有组织地集中数据的最简单的机制是数组（array，我们将在3.2节中介绍），以及接下来介绍的结构体（structure）。

结构体是集合类型，用于定义数据的集合，以便将整个集合作为一个单元来操纵，但我们仍可以通过一个给定数据集的个体成员的名字来引用它。结构体与内置数据类型（例如C语言中的int或float）不属于一个层次，因为那些内置类型只能进行复制和赋值。因此，我们可以利用结构体定义新的数据类型，可以利用它命名变量，还可以把变量作为参数传递给函数，但我们必须把想要进行的操作明确地定义为函数。

例如在处理几何数据时，可能想要利用平面上点的抽象概念。因此，以下语句表示，类型point代表浮点数对。

```
struct point { float x; float y; };
```

而语句

```
struct point a, b;
```

声明了两个这种类型的变量。我们可以通过一个结构的个体成员的名字引用它们。例如，语句

```
a.x = 1.0; a.y = 1.0; b.x = 4.0; b.y = 5.0;
```

设a表示点(1, 1)，b表示点(4, 5)。

我们还可以把结构体作为参数传递给函数。例如，以下代码

```
float distance(struct point a, struct point b)
  { float dx = a.x - b.x, dy = a.y - b.y;
    return sqrt(dx*dx + dy*dy);
  }
```

定义了计算平面上两点之间距离的函数。这个例子展示了如何使用结构体，在典型应用中把数据集中起来的方法。

程序3.3是一个具体化了平面上点的数据类型定义的接口：它用一个结构体表示点，并且包含计算两点之间距离的操作。程序3.4是实现这个操作的函数。我们利用像这样的接口-实现安排来定义可能的数据类型，因为它们以一种清晰明了的方式封装定义（在接口中）和实现。如果要在一个客户程序中使用这种数据类型，则只需要用包含指令调用该接口，并把实现与客户程序一起编译（或使用合适的分割编译的软件）。程序3.4利用typedef定义point数据类型，以便客户程序可以把点声明为point，而不是声明为struct point。并且不需作关于数据类型如何表示的任何假设。在第4章里，我们将看到如何使客户和实现之间的分割更进一步。

程序3.3　坐标点的数据类型接口

这个接口定义了一个由"一对浮点数"值组合成的数据类型，以及"计算两点之间距离"的函数的操作组成。

```
typedef struct { float x; float y; } point;
float distance(point, point);
```

程序3.4 坐标点数据类型的实现

实现部分为程序3.3中声明的坐标点的距离函数提供了定义。它利用了一个库函数来计算平方根。

```
#include <math.h>
#include "Point.h"
float distance(point a, point b)
  { float dx = a.x - b.x, dy = a.y - b.y;
    return sqrt(dx*dx + dy*dy);
  }
```

我们不能利用程序3.2处理point类型的数据项，这是因为没有定义点的算术运算和类型转换。现代语言（例如C++和Java）具有基本构造，这使我们可以利用先前定义的高级抽象操作运用到新定义的类型中。有了足够的一般接口，即使是在C语言中，我们也可以对这些接口进行安排。然而，在这本书里，尽管我们试图研制具有一般用途的接口，但我们仍然防止使算法过于晦涩，或是由于这个原因牺牲掉算法的良好性能。我们的主要目标是解释所引入算法学思想的效率。尽管我们常常进行一般性的论述，但我们确实关注精确定义的想要进行的抽象操作的过程，以及支持这些操作的数据结构和算法，这是因为这样做是研制高效算法和程序的核心。在第4章里，我们将详细论述这个主题。

刚刚才给出的结构体point的例子是一个简单的例子，只由两个类型相同的数据项组成。一般来讲，结构体可以混合不同类型的数据。在本章的其余部分我们将广泛地处理这样的结构体。

除了提供int、float和char这些特定的基本类型，以及提供用struct把它们构建成符合类型的能力外，C语言还提供了间接操纵数据的能力。指针（pointer）是对内存中对象的引用（通常实现为一个机器地址）。我们通过语句int *a把变量a声明为一个指向整数的指针，并且可以用*a引用这个整数自身。我们可以声明指针指向任何数据类型。一元操作符&给出一个对象的机器地址，它对于初始化指针很有用。例如*&a和a是完全相同的。限制符号&只用于此目的，因为在有可能情况下，我们更喜欢用高一级的抽象而不是用机器地址处理问题。

经由指针间接引用一个对象比直接引用对象更便利，也更高效，尤其对于较大的对象更是如此。从3.3节至3.7节我们会看到表明这个优势的许多例子。我们将会看到，更为重要的一点是指针有多种途径可使数据结构化，这些途径可以支持处理数据的更高效的算法。指针是多种数据结构和算法的基础。

当我们考虑一个返回多个值的函数定义时，会出现一个关于指针使用的简单而又重要的例子。例如，以下函数（调用来自标准库的函数sqrt和atan2）把笛卡尔坐标转换为极坐标。

```
polar(float x, float y, float *r, float *theta)
  {
    *r = sqrt(x*x + y*y);
    *theta = atan2(y, x);
  }
```

在C语言中，所有函数参数采用按值传递，也就是说，如果函数向参数变量赋一个新的值，该赋值作用只局限于函数内部，其调用函数不可见。这个函数不能改变指向浮点数r和theta的指针，但它可以通过间接引用改变这些数字的值。例如，如果一个调用函数有声明语句float a, b，那么以下函数调用将导致a值被设为1.414214（$\sqrt{2}$），b值被设为0.785398（$\pi/4$）。

```
polar(1.0, 1.0, &a, &b)
```
&操作符允许我们将a、b的地址传递给函数,而函数也会将那些参数作为指针对待。在scanf库函数中我们已经看到这个用法的一个例子。

到目前为止,我们主要讨论了如何定义程序中所处理的个体信息。在很多场合,我们关注的是如何处理潜在的巨型数据集合,而现在关注处理巨型数据集合的基本方法。一般来说,我们使用术语数据结构来组织信息,以提供访问和操纵它的方便、高效的机制。很多重要的数据结构都是以本章讨论的一、两种基本数据结构为基础的。我们可以用数组把对象按照一种固定有序的方式组织起来,这种方式更适合于访问而不是操纵,或者用表(list)把对象按照一种逻辑有序的方式组织起来,这种方式更适合于操纵而不是访问。

练习

▷ 3.1 在你的编程环境中,分别找出可以使用类型int、long int、short int、float和double表示的最大和最小的数字。

3.2 在你的系统中测试随机数产生器。针对$r = 10$,100和1000,$N = 10^3$,10^4,10^5和10^6的组合情况,用rand() % r产生0和$r-1$之间的随机数,并计算平均值和标准方差。

3.3 在你的系统中测试随机数产生器。针对$r = 10$,100和1000,$N = 10^3$,10^4,10^5和10^6的组合情况,生成N个0~1之间的double类型的随机数,通过和r相乘、舍去小数位将随机数转变为0~$r-1$之间的整数,并计算平均值和标准方差。

○ 3.4 对$r = 2$、4和16,重做练习3.2和3.3。

3.5 实现所需的函数,使程序3.2可用于随机位(取值只能为0或1)。

3.6 定义一个适用于表示纸牌的struct。

3.7 编写一个能够调用程序3.3和程序3.4中数据类型的客户程序,完成以下任务:从标准输入读取一系列的坐标点(浮点数组成的数对),找出距离第一个点最近的点。

• 3.8 向坐标点的数据类型添加一个函数(程序3.3和程序3.4),判断是否三个点共线,数值误差在10^{-4}以内。假设点都位于单位正方形内。

3.9 利用极坐标而不是笛卡尔坐标定义平面上点的数据类型。

• 3.10 为单位正方形内的三角形定义一个数据类型,包括计算三角形面积的函数。然后编写一个产生0~1之间的float类型的三元随机数对的客户程序,并计算所产生三角形的平均面积。

3.2 数组

也许最基本的数据结构是数组,在C语言和绝大多数其他编程语言中都把数组定义为一个基本元素。在第1章的例子中,我们已经看到使用数组作为编制一个高效算法的基础。在这一节里,我们还会看到更多这样的例子。

一个数组是一组相同类型数据的固定集合,它们的存储空间相邻,可通过索引访问。我们称数组a的第i个元素为a[i]。在引用a[i]之前,程序员需要把有意义的内容存储在a[i]中。在C语言中,程序员还必须保证使用的索引非负且小于数组大小。忽略这些责任是两种最常见的编程错误。

数组是最基本的数据结构,因为它实质上和所有计算机的存储系统有直接的对应关系。如果要用机器语言检索存储器中一个字的内容,就必须提供它的地址。因此,我们把整个计算机的存储系统想象成一个数组,存储器地址对应数组索引。大多数机器语言处理器都把涉及数组的程序翻译成高效的直接访问内存的机器语言程序。因而我们可以有把握地假设:诸如a[i]这样的数组访问操作可翻译成仅仅几条机器指令。

程序3.5给出了一个使用数组的简单例子，打印所有小于10000的素数。这个方法可追溯到公元前三世纪，被称为埃拉托色尼筛法（sieve of Eratosthenes）（见图3-1）。算法充分利用了事实：给定元素的索引，可以高效地访问数组中的任何元素。算法实现有四个循环，其中三个循环从头至尾顺序访问数组中的元素，第四个循环在数组中每次跳跃i个元素访问。在某些情况下，顺序处理是必要的，而在其他情况下，使用顺序排序的原因是它的性能和其他方法一样。例如我们可以把程序3.5的第一个循环改为：

```
for (a[1] = 0, i = N-1; i > 1; i--) a[i] = 1;
```

这样对计算没有任何影响。我们也可以用相似的方式使内层循环的次序逆转，或者可以把最后的循环改为按递减顺序打印素数。但我们不能改变主计算中外层循环的顺序，因为在完成a[i]是否为素数的测试之前，它需要用到小于所处理i的所有整数。

这里将不详细分析程序3.5的运行时间，因为这样做会使我们涉及数论的主题。不过很显然这个程序的运行时间和下式成正比：

$$N + N/2 + N/3 + N/5 + N/7 + N/11 + \cdots$$

上式小于$N + N/2 + N/3 + N/4 + \cdots = NH_N \sim N \ln N$。

C语言的一个与众不同的特色：数组名会产生一个指向数组首元素（索引0所指的元素）的指针。此外还支持简单的指针运算：如果p是一个指向某种类型对象的指针，那么我们在编写代码时，就可以假设那种类型的对象是顺序排列的，并且可以利用*p引用其第一个对象，*(p+1)引用第二个对象，*(p+2)引用第三个对象，以此类推。换句话说，在C语言中*(a+i)和a[i]是等价的。

i	2	3	5	a[i]
2	1			1
3	1			1
4	1	0		
5	1			1
6	1	0		
7	1			1
8	1	0		
9	1		0	
10	1	0		
11	1			1
12	1	0	0	
13	1			1
14	1	0		
15	1		0	
16	1	0		
17	1			1
18	1	0	0	
19	1			1
20	1	0		
21	1		0	
22	1	0		
23	1			1
24	1	0	0	
25	1			0
26	1	0		
27	1		0	
28	1	0		
29	1			1
30	1	0	0	0
31	1			1

图3-1 埃拉托色尼筛法

注：要计算小于32的素数，我们首先初始化数组中所有的元素为1（第二列），表明假定数组中的所有数都为素数（a[0]和a[1]不用，故未显示出）。然后我们把索引为2、3、5的倍数的数组元素设为0，因为这些倍数不是素数。最后索引对应的数组元素仍然为1的元素为素数（最右边的一列）。

程序3.5 埃拉托色尼筛法

这个程序的功能是：如果自然数i为素数，则设a[i]为1，否则设为0。首先把数组中的所有元素设为1，以表明没有任何数已被证明是非素数。然后，把数组中所对应索引处已证明是非素数（已知素数的倍数）的元素设为0。如果所有更小素数的倍数都已设为0，a[i]仍然为1，则可知它是素数。

因为程序中所用的数组由最简单的元素类型——0-1值组成的数组，所以直接使用由位组成的数组比整数组成的更省空间。另外，如果N值过大，某些编程环境可能要求把数组定义为全局变量，或者我们可以动态地为它分配空间（见程序3.6）。

```
#define N 10000
main()
  { int i, j, a[N];
```

```
    for (i = 2; i < N; i++) a[i] = 1;
    for (i = 2; i < N; i++)
      if (a[i])
        for (j = i; i*j < N; j++) a[i*j] = 0;
    for (i = 2; i < N; i++)
      if (a[i]) printf("%4d ", i);
    printf("\n");
  }
```

程序3.6 数组的动态存储分配

要改变程序3.5中计算的最大素数的值，需要重新编译程序。另一种方法是：程序从命令行获取期望的最大数，再通过 stdlib.c 中的库函数 malloc，在执行时利用该值为数组分配空间。例如，如果我们编译这个程序，并以1 000 000作为命令行参数，那么就可以得到小于100万的所有素数，条件是所用的计算机足够强大和快速，使计算可行。也可以用100进行调试，这不需太多的时间和空间。我们将经常使用这种做法，但为了简明起见，会省去低效的内存测试。

```
#include <stdlib.h>
main(int argc, char *argv[])
  { long int i, j, N = atol(argv[1]);
    int *a = malloc(N*sizeof(int));
    if (a == NULL)
      { printf("Insufficient memory.\n"); return; }
    ...
```

这种等价性为访问数组中的元素提供了另一种机制，而且有时比索引更方便。这种机制常用于字符数组。在3.6节我们再讨论它。

和结构体一样，指向数组的指针意义重大，因为它们允许我们把数组作为高级对象加以高效操纵。尤其是可以把一个指向数组的指针作为参数传递给函数，从而使该函数无需复制整个数组就能访问数组中的对象。在我们编写操纵大型数组的程序时，这种能力必不可少。例如，在2.6节讨论的搜索函数就利用了这种特性。我们将在3.7节看到其他例子。

程序3.5的实现假定数组的大小必须预先知道：要为不同的N值运行这个程序，就必须改变常数N的值，且在执行之前重新编译。程序3.6给出了另一种方法，程序的用户可以输入N值，程序返回小于N的素数。程序中利用了两个基本的C机制，它们都是把数组作为参数传递给函数。第一种机制是把大小为argc的数组argv通过命令行参数传递给主程序。数组argv是一个其对象由数组（字符串）组成的复合数组。因而我们把它推迟到3.7节详细讨论。目前只要确信：当程序执行时，变量N获得用户输入的数字。

程序3.6中使用的第二种机制malloc，是一个在执行时为数组分配所需内存空间的分配函数，并且返回一个专用的指向数组的指针。在一些编程语言中，为数组进行动态分配十分困难，或者不可能这样做。而在另一些编程语言中，内存分配是一种自动化机制。动态分配在那些操纵多个数组（也许其中一些数组规模巨大）的程序中是一种重要的手段。在没有动态内存分配的情况下，我们只好预先声明一个足够大的可以容纳用户输入大小的数组。而在一个大型程序中可能要用到多个数组，不可能对每个数组都这样做。由于程序3.6所提供的灵活性，因而在本书中一般使用类似的代码。然而在数组大小预先知道的特定应用中，像程序3.5

这样较简单的代码也是完全适合的。如果数组大小固定且很大，在某些系统中需要把它定义为全局数组。在3.5节我们讨论数组以外的其他几种内存分配的方法，并在14.5节讨论一种利用malloc支持数组抽象动态增长的机制。然而，正如我们将要看到的那样，这样的机制会有相关开销，因而我们一般认为数组具有这样的性质：一旦为它们分配了空间，其大小就是固定的，且不能被改变。

数组不仅更能反映出大多数计算机中访问内存数据的低层机制，而且还由于它们与应用中组织数据的自然方法直接地对应，因而得到了广泛应用。例如，数组也和表示对象索引列表的数学术语——矢量相对应。

程序3.7是一个使用数组模拟程序的范例。它模拟出伯努利实验（Bernoulli trial）的一个序列，这是概率论中一个熟悉的抽象概念。如果我们抛一枚硬币N次，那么看到k次正面的概率是

$$\binom{N}{k}\frac{1}{2^N} \approx \frac{e^{-(k-N/2)^2/N}}{\sqrt{\pi N/2}}$$

这种近似也成为正态近似，是我们所熟悉的贝尔型曲线。图3-2显示了程序3.7模拟抛一枚硬币32次的1000次实验的输出结果。可在任何一本关于概率论的书中找到伯努利分布和正态近似的详细资料，在第13章我们会再次接触到这些分布。目前，计算中主要关注的是：用这些数字作为数组的索引统计它们出现的频率。支持这类操作是数组的主要优点之一。

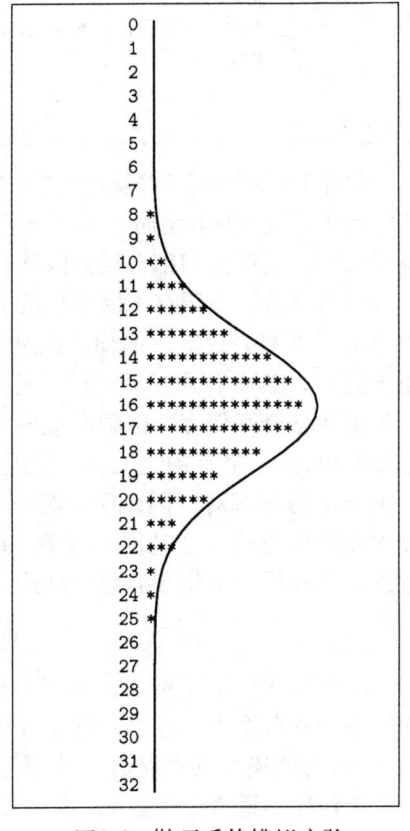

图3-2 抛硬币的模拟实验

注：这个表显示了程序3.7在$N=32$和$M=1000$时，模拟1000次的"抛硬币32次"的实验的运行结果。看到正面的次数近似正态分布函数，并根据数据绘出图形。

程序3.7 抛硬币的模拟

如果我们把一个硬币抛N次，期望得到N/2次正面，但从0~N次的每一种情况都可能发生。这个程序从命令行得到参数M和N的值，并在实验中运行M次。程序利用数组f记录"i次正面"的出现频率，$0 \leq i \leq N$，然后输出实验结果的条形图，图中每个星号代表10次出现。

这个基于计算出的值作为数组索引的操作的程序，对于许多计算过程的效率是至关重要的。

```
#include <stdlib.h>
int heads()
  { return rand() < RAND_MAX/2; }
main(int argc, char *argv[])
  { int i, j, cnt;
    int N = atoi(argv[1]), M = atoi(argv[2]);
    int *f = malloc((N+1)*sizeof(int));
    for (j = 0; j <= N; j++) f[j] = 0;
    for (i = 0; i < M; i++, f[cnt]++)
      for (cnt = 0, j = 0; j <= N; j++)
        if (heads()) cnt++;
    for (j = 0; j <= N; j++)
```

```
        {
          printf("%2d ", j);
          for (i = 0; i < f[j]; i+=10) printf("*");
          printf("\n");
        }
    }
```

程序3.5和程序3.7都从已有数据计算数组的索引值。在某种意义上，当我们使用计算出的值访问大小为N的数组时，只用一个操作就考虑了N种可能性。当我们实现这一点时，所获效益巨大。贯穿全书都会遇到以这种方式使用数组的算法。

利用数组组织所有不同类型的对象，不局限于整数类型。在C语言里可以声明内置类型或用户定义类型的数组。例如，把复合对象声明为结构。程序3.8展示了利用结构体数组表示平面上的点，其中利用了3.1节中讨论的结构体定义。这个程序还展示了数组的一种常用方法，就是把数据分开保存，以便在某些计算中通过一些有组织的方式快速访问它们。顺便提一提，程序3.8的另一个有趣之处在于它是一个典型的二次算法。该算法检查一个由N个数据项组成的集合中的所有对，因此所需时间和N^2成正比。在本书中，只要遇到这样一个算法，我们就寻求改进的方法，这是因为随着N的增大，这个二次算法会变得不可行。在3.7节中我们将会看到如何利用一个复合的数据结构，使运算在线性时间内得以完成的例子。

程序3.8 最近点对的计算

这个程序显示了结构体数组的使用。它是在某些计算中把数据项存储在数组中以便稍后处理的一种典型表示方法。这个程序对于N个随机产生的单位正方形中的点，统计可以被长度小于d的直线连结的点对数。其中使用3.1节描述的点的数据类型。因为运行时间为$O(N^2)$，因而这个程序不适合于大数N。程序3.20给出了一种快速解法。

```
#include <math.h>
#include <stdio.h>
#include <stdlib.h>
#include "Point.h"
float randFloat()
  { return 1.0*rand()/RAND_MAX; }
main(int argc, char *argv[])
  { float d = atof(argv[2]);
    int i, j, cnt = 0, N = atoi(argv[1]);
    point *a = malloc(N*(sizeof(*a)));
    for (i = 0; i < N; i++)
      { a[i].x = randFloat(); a[i].y = randFloat(); }
    for (i = 0; i < N; i++)
      for (j = i+1; j < N; j++)
        if (distance(a[i], a[j]) < d) cnt++;
    printf("%d edges shorter than %f\n", cnt, d);
  }
```

我们可以用类似方法创建一个任意复杂的复合类型：它们可以是结构体数组，还可以是数组组成的数组，或者是包含数组的结构体。在3.7节中我们将仔细考虑各种数组的使用。然而，在这之前我们先研究链表，这是除数组外的另一种组织对象集合的主要方法。

练习

▷ 3.11 假定a被声明为int a[99]。给出执行以下两条语句后数组中的内容。
```
for (i = 0; i < 99; i++) a[i] = 98-i;
for (i = 0; i < 99; i++) a[i] = a[a[i]];
```

3.12 修改埃拉托色尼筛法的实现（程序3.5）：分别使用元素为字符的数组和为位的数组。确定这些改变对程序中使用的空间和时间所产生的影响。

▷ 3.13 对于$N = 10^3$，10^4，10^5和10^6，利用埃拉托色尼筛法确定小于N的素数。

○ 3.14 利用埃拉托色尼筛法画出N与小于N的素数个数之间的一条曲线，其中N介于1~1000之间。

3.15 对于$N = 10^3$，10^4，10^5和10^6，通过实验确定从程序3.5的内层循环去掉测试 if (a[i]) 后所造成的影响。

• 3.16 分析程序3.5，并解释你在练习3.15中所观察到的结果。

▷ 3.17 编写一个程序，统计出现在输入流中小于1000的不同整数的个数。

○ 3.18 编写一个程序，对于小于1000的随机正整数，通过实验确定期望产生多少个数才能出现重复。

○ 3.19 编写一个程序，对于小于1000的随机正整数，通过实验确定期望产生多少个数才能使得每个数至少出现一次。

3.20 修改程序3.7，使其模拟抛出的硬币得到正面的概率为p的情况。对于硬币抛出32次得到正面的概率为1/6的实验，运行程序1000次，并把得到的输出结果和图3-2进行比较。

3.21 修改程序3.7，使其模拟抛出的硬币得到正面的概率为λ/N的情况。对于硬币抛出32次的实验，运行程序1000次，并把得到的输出结果和图3-2进行比较。这种情况就是经典的泊松（Poisson）分布。

○ 3.22 修改程序3.8，打印最近点对的坐标。

• 3.23 修改程序3.8，计算d维空间中的最近点对。

3.3 链表

当我们的主要目标是一个一个地顺序访问集合中的每个数据项时，可以把数据项组织为链表（linked list）。链表是一种基本的数据结构，每个数据项中都包含我们所需的到达下一个数据项的信息。链表比数组的优势在于，它可为提供高效地重排数据项的能力。这种灵活性的代价是不能快速访问表中任意数据项，因为访问链表中数据项的惟一方式是沿着链表，一个一个节点地访问，直到找到这个数据项。有很多种组织链表的方法，都从以下基本定义开始。

定义3.2 链表是一组数据项的集合，其中每个数据项都是一个节点的一部分，每个节点都包含指向下一个节点的链接。

我们通过引用节点来定义节点，因而链表有时也被称为自引用结构。此外，尽管一个节点的链接通常指向不同节点，但也可指向自身，所以链表也称为循环结构。当我们开始讨论链表的具体表示和应用时，这两个事实的含义就会变得更清晰。

一般来说，我们把链表看作一组元素的顺序排列的实现：从某个给定节点开始，其数据项被认为是序列中的第一个元素。然后我们沿着它的链接访问下一个节点，其数据项被认为是序列中的第二个元素。以此类推。因为链表可以是循环的，相应的序列似乎也是无限的。但通常所涉及的大部分链表都对应一个有限数据项集合的简单重排，对于链表中的末尾节点，约定：

• 将其置为不指向任何节点的空链接。

- 使其指向一个不包含元素节点的哑元节点。
- 使其指向第一个节点（首节点），使链表成为循环链表。

在每种情况下，从首节点出发，沿着链接访问到最后一个节点，定义了一个元素顺序排列。数组也定义了一组元素的顺序排列，但是其中数据的顺序组织是由数组中的位置隐含确定的。数组还支持用索引直接访问其中的任意元素，而链表则不支持。

我们首先考虑只有一个链接的节点。在绝大多数应用中，我们使用一维链表，链表中除了首节点和尾节点之外，其余所有节点均有一个指向它们的链接。这和最简单、也是最令我们感兴趣的情况相对应，就是链表对应元素的有限序列。我们将在以下的章节中讨论更复杂的情况。

链表在一些编程环境中定义为基本结构，但在C语言中却不是。然而，在3.1节中讨论的基本构建组件很适合于链表实现。明确地说，我们用指针表示链接，用结构体表示节点。typedef声明给出了一种引用链接和节点的方法，如下所示：

```
typedef struct node *link;
struct node { Item item; link next; };
```

这和定义3.2中的C代码没什么两样。链接是指向节点的指针，节点是由数据项和链接组成的。我们假设程序的另一部分使用typedef或者某些其他机制允许声明变量Item的类型。我们在第4章中还将看到更复杂的表示，这种表示可以提供更大的灵活性以及更高效地实现某种操作，但这种简单表示用来讨论表处理中的基本操作已经足够了。贯穿本书我们都对链接结构使用类似的约定。

要高效地使用链表结构，内存分配是关注的重要因素。尽管我们已经定义了一个单一结构体（结构体节点），但由于它对我们使用的每个节点都产生一个实例，因而记住众多这种结构体的实例也很重要。一般而言，我们在程序执行时才知道所需的节点数，而且程序的各部分可能还会调用可用内存，因而我们会利用系统程序记录程序对内存使用的情况。无论何时，只要我们需要一个新节点，就需要创建一个节点结构体的实例，并为它保留一定的内存。例如以下代码：

```
link x = malloc(sizeof *x);
```

使用stdlib.h中的malloc函数和sizeof算子为一个节点预留足够内存空间，并在x中返回一个指向该内存块的指针。这行代码并不直接指向一个节点，但是链接只能指向一个节点，因而sizeof和malloc含有所需的信息。在3.5节我们将更详细地讨论内存分配的过程。此时，为简化起见，我们把这一行的代码看作C语言中创建新节点的方式。实际上，贯穿本书我们都像这样使用malloc函数。

一旦创建一个表节点，如何引用它所包含的信息——它的数据项和它的链接呢？我们已经见过该任务所需的基本操作：只要先解除指针指向，然后利用结构体的成员名就可以了，也就是链接x所指向节点的数据项（类型为Item）(*x).item和链接（类型为link）(*x).next。然而这些操作极其常用，以至于C语言提供了与之等价的简洁形式x->item和x->next。同时，我们还常用短语"由链接x指向的节点"，因而简洁地说"节点x"，表示链接的确指定了节点。

链接和C指针之间的对应关系是至关重要的，但我们必须谨记前者是一种抽象，后者是一种具体表示。例如，在本节末尾我们将看到，也可以用数组索引表示链接。

图3-3和图3-4显示了我们在链表上所进行的两种基本操作。我们可以从链表中删除任何数据项，使链表长度减少1，也可以向链表插入一个节点，使链表长度增加1。为简单起见，假

设对于这些图链表是循环的,而且永远不会为空表。
和空表。如图所示,插入和删除每个操作各自需
要C中的两条语句。删除节点x后的下一节点使用
的语句是:

　　t = x->next; x->next = t->next;

更简单的语句是:

　　x->next = x->next->next;

把节点t插入链表中节点x后的下一位置,我们使
用语句:

　　t->next = x->next; x->next = t;

插入和删除的简单性是链表存在的理由。数组中
对应的操作既不自然也不方便,因为它们需要移
动数组中受到影响数据项后的所有元素。

相比之下,链表却不适合用于"查找第k个元素"(给定索引,查找某个元素)的操作。而这个操作刻画了在数组中高效访问的特点。在数组中,查找第k个元素只需简单访问a[k];而在链表中,我们必须遍历k个链接。单链表上另一个不常发生的操作是"查找给定数据项之前的元素"。

当我们利用x->next = x->next->next从链表中删除一个节点时,可能永远也不能访问它了。对于我们一开始讨论的例子那样的小程序而言,这还不会产生大的影响。但我们通常将使用free函数作为一个良好的编程习惯,free函数与malloc函数相对应,应用它可以删除我们不再打算使用的节点。更具体地说,以下指令序列:

　　t = x->next; x->next = t->next; free(t);

不仅从链表中删除了t,而且通知系统它所占据的内存空间可用于其他用途。当我们有庞大的链表对象或者链表对象数很大时,需要对free函数特别加以关注,但在3.5节之前都暂时忽略它。因此我们可以集中精力感受链表结构的好处。

在随后的几章里,我们将看到大量应用链表上的这些操作和其他操作的范例。因为这些操作仅涉及几个语句,所以我们通常都直接地操纵链表,而不为插入、删除之类的操作定义函数。作为一个例子,我们接下来讨论求解约瑟夫问题(Josephus problem)的程序。思想与埃拉托色尼筛法一样。

假设有N个人决定选出一个领导人,方法如下:所有人排成一个圆圈,按顺序数数,每隔第

在3.4节中我们将讨论空链接、哑元节点

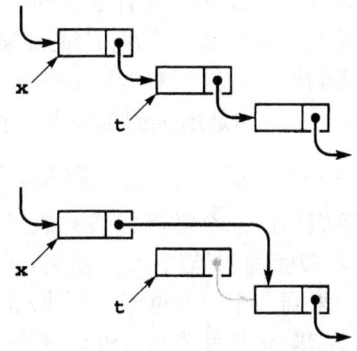

图3-3 链表的删除操作

注:要从一个链表中删除某个给定节点x后的下一节点,先使指针t指向要被删除的节点,然后使x的链接指向t->next。指针t用于引用被删除的节点(例如,把它返回给一个空表)。尽管被删节点的链接仍然指向链表中,但通常从链表中删除这个节点后,一般不再用这个链接。例外的情况是通过free函数通知系统,节点占用的内存可被回收。

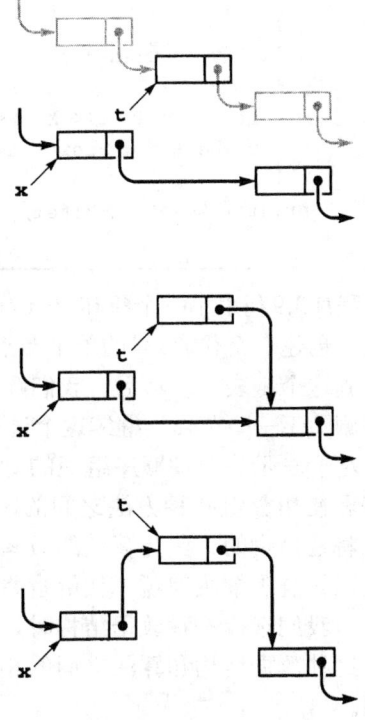

图3-4 链表的插入操作

注:要在一个链表中向某个给定节点x(上图)后的下一位置插入一个给定节点t,先使t->next指向x->next(中图),然后再使x->next指向t(下图)。

M 的人出局，此时，他两边的人靠拢重新形成圆圈。问题是找出哪一个人将会是最后剩下的那个人（一个数学上具有潜质的领导人应提前计算出他应站在圆圈中的哪一个位置）。所选出的领导人的号码是一个 N 和 M 的函数，我们称之为约瑟夫函数（Josephus function）。更为一般地，我们希望知道所有人出局的顺序。例如，如图3-5所示，如果 $N = 9$ 和 $M = 5$，出局顺序为 5 1 7 4 3 6 9 2，8 是所选的领导人。程序3.9读入 N 和 M，并打印出这个顺序。

程序3.9 循环链表范例（约瑟夫问题）

我们构造一个循环链表来表示排成圆圈的人。每人的链接指向圆圈内在他左边的人。整数 i 表示圆圈内的第 i 个人。在为1号构造一个节点的循环链表之后，再把 2~N 号插入到1号节点之后，得到一个 1~N 的环，并使 x 指向 N。然后从1号开始，跳过 $M-1$ 个节点，把第 $M-1$ 个节点的链接指向 $M+1$ 号节点，继续这个过程，直到剩下一个节点为止。

```c
#include <stdlib.h>
typedef struct node* link;
struct node { int item; link next; };
main(int argc, char *argv[])
  { int i, N = atoi(argv[1]), M = atoi(argv[2]);
    link t = malloc(sizeof *t), x = t;
    t->item = 1; t->next = t;
    for (i = 2; i <= N; i++)
      {
        x = (x->next = malloc(sizeof *x));
        x->item = i; x->next = t;
      }
    while (x != x->next)
      {
        for (i = 1; i < M; i++) x = x->next;
        x->next = x->next->next; N--;
      }
    printf("%d\n", x->item);
  }
```

程序3.9利用了一个循环（circular）链表来直接模拟这个选举过程。首先建立 1~N 的一个链表：创建一个代表1号的单个节点的循环链表，再利用图3-4描述的插入代码，把 2~N 号按序插入到这个链表中。然后，我们顺着链表向前遍历，数出 $M-1$ 个元素，并利用图3-3中描述的代码删除下一个节点，继续这个过程，直到剩下一个节点为止（这个节点指向它自身）。

对于表示一个按顺序组织的对象集合，约瑟夫问题和埃拉托色尼筛法清楚地阐明了使用链表和使用数组两种方法之间的区别。在埃拉托色尼筛法中如果用链表代替数组解决问题，代价将是昂贵的，因为算法的效率取决于能否快速访问任何位置。而在约瑟夫问题中如果用数组代替链表解决问题，代价也将是昂贵的，因为这个算法的高效取决于快速删除元素的能力。当我们选择一种数据结构时，必须清楚这个选择对用于处理数据的算法的效率有什么影响。这种数据结构和算法之间的相互影响是设计过程的核心，也是一个贯穿本书反复出现的主题。

在C语言里，指针为链表的抽象概念提供了一种直接而又便利的具体实现途径。但这个抽象的核心价值并不依赖于任何特定的实现。例如，图3-6显示了如何使用整数数组来实现解决约瑟夫问题的链表。也就是说，我们可以用数组索引而不是用指针实现链表，即使是在最简单的编程环境中，链表也是很有用的。在C这些高级语言提供指针结构以前，链表是相当有用的。即使在现代的计算机系统中，基于数组的实现有时也是十分方便的。

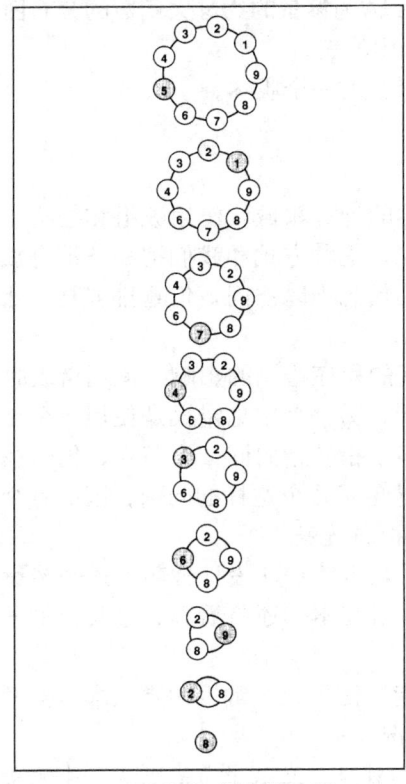

图3-5 约瑟夫选举示例

注：这个图显示了一个约瑟夫型的选举结果，所有人站成一个圈，然后按顺序数数，每数到第5的人出局，这个人两边的人靠拢形成圆圈。

```
        0 1 2 3 4 5 6 7 8
  item  1 2 3 4 5 6 7 8 9
  next  1 2 3 4 5 6 7 8 0

    5   1 2 3 4 5 6 7 8 9
        1 2 3 5 5 6 7 8 0

    1   1 2 3 4 5 6 7 8 9
        1 2 3 5 5 6 7 8 1

    7   1 2 3 4 5 6 7 8 9
        1 2 3 5 5 7 7 8 1

    4   1 2 3 4 5 6 7 8 9
        1 2 5 5 5 7 7 8 1

    3   1 2 3 4 5 6 7 8 9
        1 5 5 5 5 7 7 8 1

    6   1 2 3 4 5 6 7 8 9
        1 7 5 5 5 7 7 8 1

    9   1 2 3 4 5 6 7 8 9
        1 7 5 5 5 7 7 1 1

    2   1 2 3 4 5 6 7 8 9
        1 7 5 5 5 7 7 7 1
```

图3-6 链表的数组表示

注：这个图显示了一个用数组而不是用指针实现的约瑟夫问题（如图3-5）的链表。next[0]表示索引为0的元素的下一个元素的索引，以此类推。初始时（前三个元素），第i个人的索引为i-1，并设第i+1个人的索引为next[i]，next[8]=0形成一个循环链表，其中i=0~8。为了模拟约瑟夫选举过程，我们改变（next数组元素）链接，但并不移动元素项。每两行表示在链表中移动4步的结果（语句x = next[x]，然后通过语句next[x] = next[next[x]]删除第5个元素如左边所示）。

练习

▷ 3.24 编写一个返回循环链表中节点数的函数，给定指向循环链表中某个节点的指针。

3.25 给定两个指向循环链表中节点的指针x和t，编写一段代码，确定这两个节点之间的节点数。

3.26 给定两个指向不同循环链表的指针x和t，编写一段代码，把t指向的链表插入到x指向的链表中，插入点为x的下一个点。

• 3.27 给定两个指向循环链表中节点的指针x和t，编写一段代码，把t后的节点移到链表中x的下一节点后面的位置上。

3.28 在建立链表时，程序3.9为了保证插入每个节点之后维持这个链表是循环的，设置了双倍的实际需要的链接值。修改这个程序，使建立链表时无需做这些额外的工作。

3.29 在常数因子范围内，给出作为M和N函数的程序3.9的运行时间。

3.30 分别对于$M = 2$，3，5和10，$N = 10^3$，10^4，10^5和10^6，使用程序3.9确定约瑟夫函数的值。

3.31 分别对$M = 10$和$N = 2$~1000，使用程序3.9画出以N为参量的约瑟夫函数的分布图。

○3.32 以元素i最初处于数组中的N-i位置，重建图3-6中的表。

3.33 研制程序3.9的使用索引数组实现链表（如图3-6）的一个版本。

3.4 链表的基本处理操作

链表引领我们进入一个明显不同于数组和结构体的计算领域。使用数组和结构体，我们可以把元素保存在内存中，并通过名字或索引引用它，这种方式和我们把一条消息放在文件夹或地址簿中一样。而使用链表存储信息，使得它的信息难以访问，但重排容易。处理用链表组织的数据称为链表处理。

当使用数组时，我们容易受到涉及数组越界访问的程序错误的影响。使用链表时的错误也是类似的，最常见的错误是引用一个未定义的指针。另一个常见错误是使用一个无意中修改了的指针。出现这个问题的一种原因是，可能有多个指针指向同一个节点，但这些指针未必知道这种情况。程序3.9使用永不为空的循环链表避免了几个这样的问题，因而每个链表总是指向一个良定义的节点，并且每个链表也能解释为指向链表。

为链表处理应用研制正确且高效的代码是一种可获得的程序设计技巧。这一节讨论一些实例和练习，将使我们更轻松地面对表处理的代码。贯穿本书还将看到大量其他例子，因为链表结构是一些最成功算法的核心。

在3.3节已经提到过，对于链表中的头指针和尾指针使用大量常规约定。本节会考虑其中的一些常规约定，但还会用术语链表描述最简单的情况。

定义3.3 链表是一个空表，或是一个指向节点的链接，且这个节点包含一个元素和一个指向链表的链接。

这个定义比定义3.2更有限制性，但它和我们在编写表处理代码时的思维模型更密切。我们并不打算只使用这个定义而排出所有其他不同的常规定义，也不打算给出每种常规用法的特有定义，而是使两者共存。从内容中能够清晰地辨别我们使用哪种类型的链表。

在链表上执行的最常用的操作之一是遍历操作：按照顺序遍历链表中的元素，对每个元素都执行某种操作。例如，如果x是一个指向链表首节点的指针，尾节点中的指针为空，visit是一个元素为参量的函数，那么可用以下语句遍历链表

```
for (t = x; t != NULL; t = t->next) visit(t->item);
```

这个循环（或与之等价的while形式）在链表处理程序中非常普遍，就像在数组处理程序中对应的循环一样：

```
for (i = 0; i < N; i++)
```

程序3.10是一个简单的链表处理任务的实现，它使链表中的节点变成逆序。它的参数为链表，并返回一个由相同节点组成但排列顺序相反的链表。图3-7显示这个函数在它的主循环中对每个节点所作的改变。这个图解使我们更容易地检查程序的每条语句，从而确保代码按照我们的意图更改链接。程序员通常会用这些图理解表处理实现的操作。

程序3.10 链表求逆

这个函数把表中的链接逆序，并返回一个指向末尾节点的指针。这个指针指向倒数第二个节点，以此类推。而原链表的首节点的链接设为NULL。为了完成这个任务，需要维护链表

中连续三个节点的链接。

```
link reverse(link x)
  { link t, y = x, r = NULL;
    while (y != NULL)
      { t = y->next; y->next = r; r = y; y = t; }
    return r;
  }
```

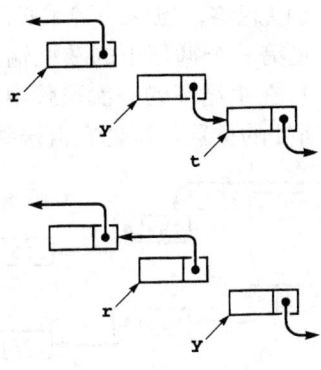

图3-7 链表求逆

注：要对一个表逆序，我们保持指向链表中已经处理完毕部分的指针r和指向链表中尚未处理部分的指针y。这个图显示了链表中每个节点的指针是如何变化的。我们先把指向y后节点的指针保存在t中，然后使y的链接指向r，再使r移到y，y移到t。

程序3.11是另一个表处理任务的实现：重新排列链表中的节点，使它们的元素有序。该程序产生N个随机整数，并按照它们产生的顺序放入一个链表中，重新排列链表中的节点使其中的元素有序，最后打印出这个有序序列。我们在第6章将表明：这个程序的运行时间与N^2成正比。因而程序对于太大的N没什么用。此外，我们还把对这个程序在排序方面的讨论推迟到第6章，因为从第6章至第10章将会学到许多排序的方法。这里只是给出一个具体实现，作为链表处理应用的一个例子。

程序3.11 链表插入排序

这个代码产生0~999之间的N个随机数，构建每个节点代表一个数的链表（第一个for循环），然后重新排列这些节点，使遍历链表时这些数按照顺序出现（第二个for循环）。要完成排序，需要保存两个链表，一个输入（无序）链表和一个输出（有序）链表。在循环的每次迭代过程中，从输入链表中取出一个节点，并把它插入到输出链表的适当位置。每个链表使用一个指向链表中首节点的头节点，以简化代码。如果不使用头节点，把节点插入到输出链表中需要从第一个节点开始，这需要额外的代码。

```
struct node heada, headb;
link t, u, x, a = &heada, b;
for (i = 0, t = a; i < N; i++)
  {
    t->next = malloc(sizeof *t);
    t = t->next; t->next = NULL;
    t->item = rand() % 1000;
  }
b = &headb; b->next = NULL;
for (t = a->next; t != NULL; t = u)
```

```
    {
      u = t->next;
      for (x = b; x->next != NULL; x = x->next)
        if (x->next->item > t->item) break;
      t->next = x->next; x->next = t;
    }
```

程序3.11中的链表阐述了另一种常见做法：在每个链表的开始保留一个称为头节点的哑元节点。链表的头节点的数据项域可以忽略，但它的链域必须是指向链表中第一个节点的指针。程序使用两个链表：一个用于收集第一个循环中的随机输入，另一个用于收集第二个循环中的有序输出。图3-8解释了程序3.11在主循环的一次迭代中所做的修改。从输入表中取出下一个节点，然后找出它在输出表中所处的位置，再把它链接到该位置。

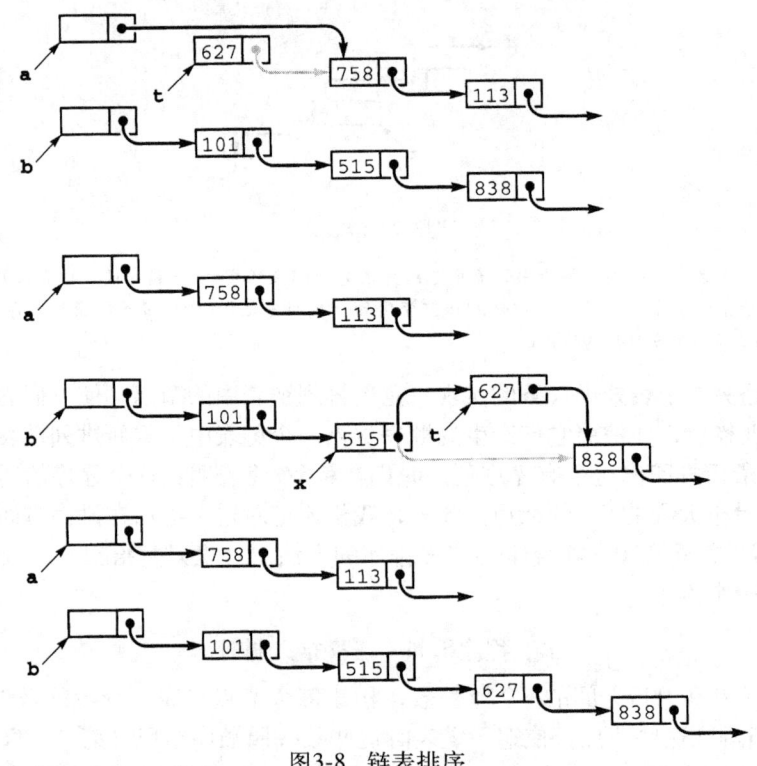

图3-8 链表排序

注：这个图描述了使用插入排序，把一个（由a指向的）无序链表转换为（由b指向的）有序链表过程中的一步。首先取出无序链表中的第一个节点，并把指向它的指针保存在t中（上图）。然后，我们遍历b，用语句 x -> next -> item > t-> item（或者x -> next = NULL）找到首节点x，并把t插入到链表中x后的位置（中图）。这些操作使得a的长度每次减少1，b的长度每次增加1。并使b保持有序状态（下图）。不断重复这个过程，最终a变为空，b中所有节点都有序。

在考虑向已排序链表添加首节点时，在链表开始使用头节点的主要原因就变得清楚了。这个节点是输入表中最小元素项的节点，而且可以处于链表的任何位置。所以我们有三种选择：

• 重复for循环，查找最小元素项，并用和程序3.9同样的方法建立一个节点的链表。
• 每当我们希望插入一个节点时，测试是否输出链表为空。
• 使用一个哑元头节点，它的链接指向链表中的首节点，和这里实现的过程一样。

第一种选择不完美，而且需要额外代码；第二种选择也不完美，而且需要额外时间。头节点的使用确实会导致某些开销（额外代码），而在许多常见的应用中可以避免头节点。

例如，程序3.10也可以只有输入链表（原始链表）和输出链表（已经逆序的表），因为所有向输出链表中的插入都在表的开始进行，因而那个程序中不需要使用头节点。我们还会看到其他一些应用，当在链表末尾使用哑元节点而不是空链表时，代码会更简洁。关于是否使用哑元节点没有硬性规定，做出选择的关键是把编程风格和对程序性能的影响结合考虑。优秀的程序员喜欢接受最大限度地简化手头工作的挑战。贯穿本书我们会看到几个这样的权衡。

表3-1列出了一些链表常规用法的备选方案，以供参考。其他一些用法在练习中讨论。在表3-1中的所有情况中，我们都使用指针head引用链表。我们的程序还使用用于不同操作的给定代码来管理指向节点的链接，以保持一致。对于所有常规用法，分配和释放节点的内存，填入节点中的信息都是一样的。实现相同操作且具有健壮性的函数需要额外代码来检查错误情况。这个表的目的在于展示各种选择方案之间的异同。

表3-1 链表中头和尾节点/指针的常规用法

这个表给出了基本链表处理操作的5种常规用法的实现。这类代码用于内嵌链表处理代码的简单应用中。

循环、永远非空
  头插入：head -> next = head;
  在x节点后插入t节点：t -> next = x-> next; x -> next = t;
  删除x后的节点：x -> next = x -> next -> next;
  遍历循环：t = head;
          do {... t = t -> next;} while (t != head);
  测试是否只有一个元素：if (head -> next == head)

头指针，尾节点为空
  初始化：head = NULL
  在x节点后插入t节点：if (x == NULL) {head=t; head -> next = NULL;}
                    else {t -> next = x -> next; x -> next = t;}
  删除x后的节点：t = x -> next; x -> next = t -> next;
  遍历循环：for (t = head; t != NULL; t = t -> next)
  测试表是否为空：if (head == NULL)

有哑元头节点，尾节点为空
  初始化：head = malloc (sizeof *head)
        head -> next = NULL;
  在x节点后插入t节点：t -> next = x-> next; x -> next = t;
  删除x后的节点：t = x -> next; x -> next = t -> next;
  遍历循环：for (t = head -> next; t != NULL; t = t -> next)
  测试表是否为空：if (head -> next == NULL)

有哑元头、尾节点
  初始化：head = malloc (sizeof *head)
        z = malloc(sizeof *z);
        head -> next = z; z -> next = z;
  在x节点后插入t节点：t -> next = x-> next; x -> next = t;
  删除x后的节点：x -> next = x -> next -> next;
  遍历循环：for (t = head -> next; t != z; t = t -> next)
  测试表是否为空：if (head -> next == z)

还有另一种使用头节点带来便利的情况，那就是当我们希望把链表指针作为参数传给函数，使函数可修改链表的时候。这和我们对数组进行的处理大致一样。使用头节点可使函数接受或返回一个空表。如果不使用头节点，我们就需要一种机制在函数返回空表时，通知调用程序。另一种机制，也是程序3.10中的函数使用的一种机制，是使链表处理函数把指向输入链表的指针作为函数的参数，并返回指向输出链表的指针。利用这种常规方法，则不需要使用头节点。而且它非常适合于递归链表处理，这种处理在本书中有广泛的用处（见5.1节）。

程序3.12声明了一组实现链表基本操作的黑盒函数，可以避免重复内嵌的代码。程序3.13是程序3.9中描述的约瑟夫选举问题的改造版本，可作为客户程序使用这个接口。识别出计算中使用的重要操作并在接口中定义它们，可使我们有更大的灵活性去考虑一些关键操作的具体实现，并测试它们的高效性。考虑3.5节中程序3.12中定义的操作的一种实现（见程序3.14），但我们可以不改变程序3.13而去尝试其他的方案（见练习3.52）。这个主题将会贯穿全书反复出现。我们将在第4章讨论更容易开发实现的机制。

程序3.12 链表处理接口

在以下代码中定义了节点和链接的类型，声明了可能对它们执行的操作，这个代码保存在接口文件 list.h 中。我们为链表节点分配和释放内存空间声明自己的函数。函数 initNodes 可使实现更方便。Node的Typedef、函数Next和Item可以确保客户使用链表而不依赖于实现细节。

```
typedef struct node* link;
struct node { itemType item; link next; };
typedef link Node;
void initNodes(int);
link newNode(int);
void freeNode(link);
void insertNext(link, link);
link deleteNext(link);
link Next(link);
 int Item(link);
```

程序3.13 约瑟夫问题的链表分配

这个针对约瑟夫问题的程序是一个客户程序的例子，它利用了程序3.12中声明的链表处理的基本操作并由程序3.14来实现。

```
#include "list.h"
main(int argc, char *argv[])
  { int i, N = atoi(argv[1]), M = atoi(argv[2]);
    Node t, x;
    initNodes(N);
    for (i = 2, x = newNode(1); i <= N; i++)
      { t = newNode(i); insertNext(x, t); x = t; }
    while (x != Next(x))
      {
        for (i = 1; i < M; i++) x = Next(x);
        freeNode(deleteNext(x));
      }
    printf("%d\n", Item(x));
  }
```

某些程序员喜欢利用像程序3.12中那样的接口为每个底层操作定义函数，把所有操作封装在底层数据结构（例如链表）中。实际上，正如我们将在第4章中看到的那样，C的类机制使得这种做法简便易行。然而这额外的抽象层次有时会掩盖只有一些底层操作被涉及的事实。在本书中我们实现高层接口时，通常直接在链式结构上写底层操作，可以清楚地揭示出算法和数据结构的核心细节。我们将在第4章看到大量的例子。

通过添加更多的链接，可以获得在链表中向后移动的能力。例如，我们可以使用一个双向链表来支持"寻找一给定元素的前一元素"，双向链表中的每个节点有两个链接，一个(prev)指向前一节点，另一个(next)指向后一节点。结合哑元节点或循环链表，我们可以确保对一个双向链表中的每一个节点，x，x -> next -> prev和x -> prev -> next表示同一个节点。图3-9和3-10表明了实现删除、向前插入和向后插入所需的基本链接操纵。注意对于删除操作，我们并不像在单链表中那样，需要链表中前一节点的额外信息（或者后一节点的额外信息），因为信息已经被节点自身所包含。

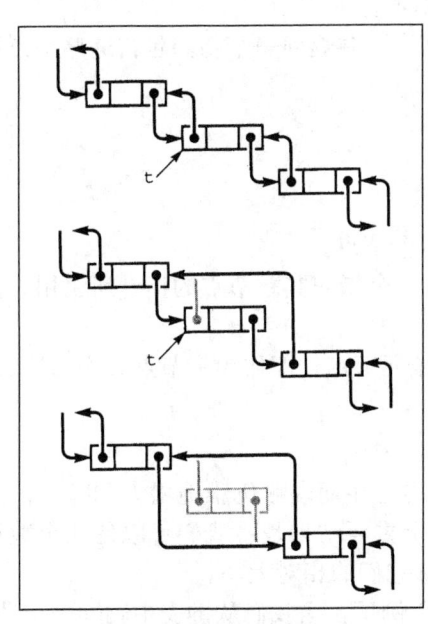

图3-9 双向链表中的删除操作

注：在双向链表中，一个指向节点的指针已为该节点的删除提供了足够的信息。给出t后，设t -> next -> prev = t -> prev（中图），并设t -> prev -> next = t -> next（下图）。

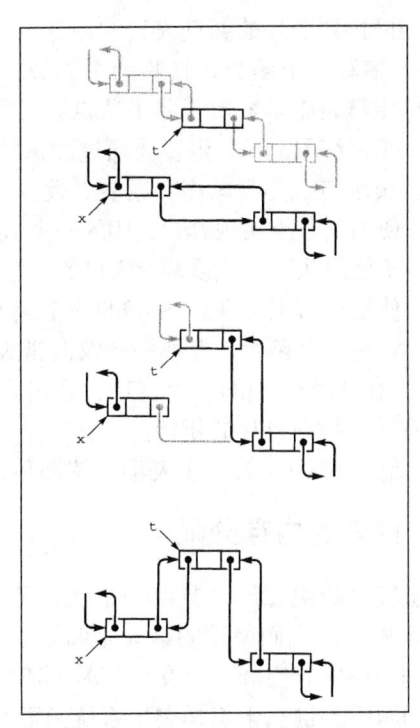

图3-10 双向链表中的插入操作

注：要把一个节点插入到双向链表中，我们需要设置4个指针。可以在一个给定的节点之后（如图例所示）或之前插入一个新节点。在给定节点x之后插入给定节点t的过程是：首先设置t -> next = x -> next和x -> next -> prev = t（中图），然后设置x -> next = t和t -> prev = x（下图）。

实际上，双向链表的主要意义在于：当只有一个指向节点的链接信息时，仍然可以删除这个节点。有两种典型的情况：一种是链接在函数调用中作为参数传递，另一种是节点中含有其他链接，并且是某个其他数据结构的一部分。为了提供这种额外能力，每个节点中链接所占用的空间要加倍，同时使每个基本操作的链接操纵数也要加倍。因而，除非有特别需要，一般不使用双向链表。我们把详细实现方法的讨论推迟到9.5节的例子。

贯穿本书我们使用链表，首先用于基本的ADT实现（参阅第4章），然后用做更复杂数据结构的组件。链表是许多程序员初次接触的、直接处于他们控制之下的一种抽象数据结构。我们将会看到，链表是为大量重要问题开发高级抽象数据结构使用的一种核心工具。

练习

▷ 3.34 编写一个函数，把给定链表中的最大数据项移到该表中的最后一个节点。

3.35 编写一个函数，把给定链表中的最小数据项移到该表中的第一个节点。

3.36 编写一个函数，重新排列链表，使在偶数位置上的那些节点排在奇数位置上的那些节点之后，并保持偶数节点和奇数节点的相对位置关系不变。

3.37 实现链表的一段代码，使两个给定链接t和u指向的节点互换位置。

○ 3.38 编写一个函数，以链表指针作为参数，并返回一个指向该链表副本（一个含有相同元素、相同排列顺序的新链表）的指针。

3.39 编写一个函数，接收两个参数——链表指针和以链表指针作为参数的函数作为参数。删除给定链表中函数对于其中节点返回非零值的数据项。

3.40 重做练习3.39，但要为通过测试的节点建立副本，并返回一个指向包含这些节点链表的指针。要求节点排列顺序和原表一致。

3.41 使用头节点实现程序3.10的一个版本。

3.42 不使用头节点实现程序3.11的一个版本。

3.43 使用头节点实现程序3.9的一个版本。

3.44 实现一个函数，互换一个双向链表中给定的两个节点。

○ 3.45 给出表3-1中的一个表项：该表永不为空，被一个指向其首节点的指针所引用，而且尾节点有一个指向自身的指针。

3.46 给出表3-1中的一个表项：该循环链表有一个哑元节点，即作为头节点又作为尾节点。

3.5 链表的内存分配

链表和数组相比，其中一个优点是链表在它们的生存期内可优雅地增大和缩小。尤其是不必预先知道它们使用的最大空间。这个观察的一个重要结果是：我们可以使几个数据结构共享同一块内存空间，而在任何时刻不需要特别注意它们的相对大小。

问题的关键在于怎样实现系统函数malloc。举个例子，当我们从链表中删除一个节点时，要做的一件事是重新排列链表，使节点不再挂接在链表中。但系统如何处理该节点占用过的空间呢？系统又如何循环利用空间，使得当一个节点调用malloc，并请求更多空间时，总能得到满足呢？这些问题背后的机制提供了利用基本的链表处理的另一个例子。

与malloc对应的系统函数是free。当我们使用完已分配的一块内存时，就调用free函数通知系统这块空间可以用作他用。动态内存分配就是一个管理内存，并响应来自客户程序的malloc和free调用的过程。

当我们像在程序3.9或者程序3.11这样的应用中直接调用malloc时，所有调用都请求相同大小的内存块。这是典型的情况，这马上令我们想到另一种记录可供分配的内存的方法，就是使用链表。可以通过一个单向链表，把所有不属于正被使用的链表中的节点放在一起。我们也称这个链表为空闲链表。当需要为一个节点分配空间时，就从空闲链表删除一个节点得到内存空间。当从任何一个链表中删除一个节点时，我们的处理办法是把它插入到空闲链表中。

程序3.14是程序3.12中定义的接口的一种实现，它包括了内存分配函数。当与程序3.13一起编译后，所产生的结果和我们在程序3.9中使用的直接实现的结果一样。

图3-11显示了空闲链表是如何随着节点释放而增大的过程。为简单起见，图中假设基于数组索引来实现链表（没有头节点）。

		0	1	2	3	4	5	6	7	8
	item	1	2	3	4	5	6	7	8	9
	next	1	2	3	4	5	6	7	8	0
		1	2	3	4	5	6	7	8	9
4		1	2	3	5		6	7	8	0
		1	2	3	4	5	6	7	8	9
0		4	2	3	5		6	7	8	1
		1	2	3	4	5	6	7	8	9
6		4	2	3	5		7	0	8	1
		1	2	3	4	5	6	7	8	9
3		4	2	5	6		7	0	8	1
		1	2	3	4	5	6	7	8	9
2		4	5	3	6		7	0	8	1
		1	2	3	4	5	6	7	8	9
5		4	7	3	6		2	0	8	1
		1	2	3	4	5	6	7	8	9
8		4	7	3	6		2	0	1	5
		1	2	3	4	5	6	7	8	9
1		4	8	3	6		2	0	7	5

图3-11 链表的数组表示（带有空闲链表）

注：图3-6的这个版本显示了维持从循环链表中删除节点所组成的空闲链表的结果，空闲链表中的首节点的索引在最左边给出。过程结束时，空闲链表是由所有被删除数据项组成的一个链表。从1开始顺着链接向前遍历，看到元素的顺序是2、9、6、3、4、7、1、5，与它们被删除的顺序正好相反。

程序3.14 表处理接口实现

这个程序给出了程序3.12中声明的函数的实现，并展示了一种固定大小节点的内存分配的标准方法。还建立了一个初始化为程序中使用的最大节点数的空闲链表，所有节点都链接在一起。那么，当客户程序分配一个节点时，我们从空闲链表中删除一个节点。当客户程序释放一个节点时，就把该节点链接到空闲链表中。

依照常规，客户程序除了通过函数调用外并不引用链表节点，而且返回给客户程序的节点有自身链接。这些常规提供了引用未定义指针时的某种保护措施。

```
#include <stdlib.h>
#include "list.h"
link freelist;
void initNodes(int N)
  { int i;
    freelist = malloc((N+1)*(sizeof *freelist));
    for (i = 0; i < N+1; i++)
      freelist[i].next = &freelist[i+1];
    freelist[N].next = NULL;
  }
link newNode(int i)
  { link x = deleteNext(freelist);
    x->item = i; x->next = x;
    return x;
  }
void freeNode(link x)
```

```
  { insertNext(freelist, x); }
void insertNext(link x, link t)
  { t->next = x->next; x->next = t; }
link deleteNext(link x)
  { link t = x->next; x->next = t->next; return t; }
link Next(link x)
  { return x->next; }
int Item(link x)
  { return x->item; }
```

在C环境中实现一个通用的内存分配程序，要比我们的简单例子所涉及的复杂许多。而标准库中 malloc 的实现也决不是程序3.14所显示的那样简单。两者之间的一个主要差别是：malloc 必须处理不同大小（范围从极小到极大）的节点请求的存储分配。为此，人们已经研究出几种聪明算法。某些现代系统采用的另一种方法是：使用"垃圾收集"（garbage-collection）算法自动删除不被任何链接引用的节点，解除了用户调用 free 释放节点的需要。沿着这些思路，人们已经研究出几种聪明的存储管理算法。我们不会更详细地讨论它们，是因为它们的性能特征依赖于特定系统和机器的属性。

能够利用关于一个应用的专用知识的程序，常常比用于同一任务的通用程序更高效。内存分配也遵从这条定律。一个必须处理不同大小的存储请求的算法不可能知道我们将一直请求某种大小的内存块，因此也不能利用这一点。矛盾的是，避免通用库函数的另一个原因是这样做使程序具有更高的可移植性。当库发生变化，或者移到一个不同的系统中时，可以防止出现意料之外的性能改变。许多程序员已经发现：使用简单、类似程序3.14的内存分配程序是一种开发高效、可移植地使用链表的程序的高效途径。这种方法将会应用到本书所讨论的大量算法中，这些算法对于内存管理系统做出了类似的要求。

练习

○ 3.47 编写一个程序，释放（用一个指向它们的指针调用 free）给定链表中的所有节点。

3.48 编写一个程序，释放链表中可以被5整除的位置上（第5个、第10个、第15个……）的节点。

○ 3.49 编写一个程序，释放链表中偶数位置上（第2个、第4个、第6个……）的节点。

3.50 实现程序3.12中的接口，在 allocNode 和 freeNode 中分别直接使用 malloc 和 free。

3.51 对程序3.13用 $M = 2$，$N = 10^3$，10^4，10^5 和 10^6 进行实验研究，用 malloc 和 free（见练习3.50比较程序3.14中内存分配函数的运行时间。

3.52 不用指针而用数组索引（不设头节点）实现程序3.12中的接口，按照图3-11的方式，跟踪你程序的操作。

○ 3.53 假定你有一组不带空指针的节点，也即每个节点指向自身，或者指向这组中的其他某个节点。证明如果从任一节点开始，沿着链接遍历，最终进入一个回路。

• 3.54 在练习3.53的条件下，编写一段代码，根据给定的指向某个节点的指针，找出从那个节点的链接遍历所到达的不同节点的数目，过程中不修改任何节点。限定使用额外的常数大小的内存空间。

•• 3.55 在练习3.54的条件下，编写一个函数，对于给定的两个链表，通过向前遍历确定最终是否会在同一个回路上结束。

3.6 字符串

我们使用术语字符串代表一个变长的字符数组，它由一个起始点和一个标志末尾的字符串终结符组成。字符串作为低层数据结构具有较大的价值。原因有二。第一，许多计算应用会涉及文本数据的处理，而文本可直接用字符串表示。第二，许多计算机系统支持对内存字节的直接高效的访问，而字节直接对应字符串中的字符。也就是说，在很多情况下，字符串的抽象与应用对机器性能的需求相吻合。

对于一个以串终结符结束的字符序列，其抽象表示可用多种方式实现。比方说，我们可以使用链表，尽管这种选择将会要求为每个字符花费一个指针。本节中讨论的基于数组的具体实现就是内嵌C的一个实现。在第4章中我们还将讨论其他的实现方法。

字符串和字符数组的区别在于长度。两者都表示内存中的连续区域，但是数组的长度在它创建时就已经确定，而字符串的长度在程序的执行过程中可能改变。这种区别具有值得注意的含义，我们很快就会探讨这一点。

我们需要为一个字符串保留内存，要么在编译期间声明一个固定长度的字符数组，要么在执行时间调用 `malloc`。一旦为数组分配空间，就可以填入字符，从头开始，以字符串终结符结束。如果没有字符串终结符，那么一个字符串完全等价于一个数组。有了字符串终结符，我们就可以在更高的抽象层次上处理数组，并且可以只考虑数组中从开始点到字符串终结符中所包含的有意义的信息。在C语言中，字符串终结符的值为0，也是大家所知的"\0"。

例如要找出字符串的长度，就需要计算出开始点和终结符之间的字符个数。表3-2给出了我们通常对字符串进行的简单操作。它们都涉及从头到尾扫描字符串的过程。许多这样的函数在 `<string.h>` 中被声明为库函数，可直接使用。然而，许多程序员在简单应用程序的嵌入代码中都会使用经过轻微修改的版本。实现同样操作的健壮的程序应该有额外的代码检查错误情况。我们在这里引入这些代码不仅要突出它的简单性，还要直接展示其性能特征。

表3-2　基本字符串处理操作

这个表使用两种不同的C语言基本函数，给出了基本字符串处理操作的实现。指针方法使代码更紧凑，而索引数组的方法是表达算法的一种更自然的途径，也使代码更容易理解。追加操作的指针版本和索引数组版本是相同的，前缀比较的指针版本可由标准比较操作而得，就和索引数组的版本相同，因而被省略了。进行所有实现、所花费的时间与字符串的长度成正比。

索引数组版本
  计算字符串的长度 (strlen(a))
    for (i = 0; a[i]!=0; i++); return i;
  复制 (strcpy(a, b))
    for (i = 0; (a[i]=b[i])!=0; i++);
  比较 (strcmp(a, b))
    for (i = 0; a[i]==b[i]; i++)
    if (a[i]==0) return 0;
    return a[i] - b[i];
  前缀比较 (strncmp(a, b, strlen(a)))
    for (i = 0; a[i]==b[i]; i++)
    if (a[i]==0) return 0;
    if (a[i]==0) return 0;
    return a[i] - b[i];
  追加 (strcat(a, b))
    strcpy(a+strlen(a), b)

(续)

等价的指针版本
  计算字符串的长度 (strlen(a))
    b = a; while (*b++); return b-a-1;
  复制 (strcpy(a, b))
    while (*a++ = *b++);
  比较 (strcmp(a, b))
    while (*a++ = *b++)
      if (*(a-1)==0) return 0;
    return *(a-1) -*(b-1);

我们在字符串上所进行的最重要的操作之一是比较（compare）操作，它可以告诉我们两个字符串中的哪一个在字典中先出现。为了讨论方便，我们假想出一本理想化的字典（因为实际中的字符串包含着标点、大小写字母、数字等，相当复杂），并且从头到尾逐个字符比较字符串。这个顺序称为字典顺序。我们也可以用比较函数确定字符串是否相等。依照常规，如果第一个参数字符串在字典中出现在第二个参数字符串之前，比较函数返回一个负数；如果这两个字符串相等，比较函数返回0；如果第一个参数字符串依照字典次序出现在第二个参数字符串之后，比较函数返回1。值得注意的是进行两个字符串的等同性测试与确定两个字符串指针是否相等并不一样。如果两个字符串指针相同，那么它们所指向的字符串也相同，但我们也可以使用不同的指针指向相同的字符串（相同的字符序列）。有许多应用都把信息保存为字符串，然后通过比较字符串处理或访问那些信息，所以比较操作是一个特别重要的操作。在3.7节和本书的很多其他地方，我们将会看到一个特别的例子。

程序3.15是一个简单的字符串处理任务的实现，如果一个短模式字符串出现在一个长字符串之内，该程序打印模式出现的位置。对于这个任务已有几种复杂的算法，但这个简单的算法展示了在用C语言处理字符串时所使用的几个常规做法。

程序3.15　字符串查找

这个程序从命令行接受一个单词，在一个（假设非常大的）文本字符串里找出出现这个单词的所有地方。我们把文本字符串声明为一个定长数组（就像在程序3.6中那样用malloc），并利用getchar()从标准输入设备读取。在调用此程序之前，系统为从命令行参数读取的字符串分配内存。我们从argv[1]中可以找到字符串指针。对于a中的每个开始位置i，我们都尝试将该位置处开始的子串与p进行逐个字符比较，测试其是否相等。当成功地到达p的末尾时，则打印该单词在文本中出现的起始位置i。

```
#include <stdio.h>
#define N 10000
main(int argc, char *argv[])
  { int i, j, t;
    char a[N], *p = argv[1];
    for (i = 0; i < N-1; a[i] = t, i++)
      if ((t = getchar()) == EOF) break;
    a[i] = 0;
    for (i = 0; a[i] != 0; i++)
      {
        for (j = 0; p[j] != 0; j++)
          if (a[i+j] != p[j]) break;
        if (p[j] == 0) printf("%d ", i);
```

```
    }
    printf("\n");
}
```

　　字符串处理为通晓库函数的性能提供了一个极具说明力的范例。问题是库函数的运行时间可能要比我们预期的时间多。例如，确定字符串的长度所需的时间与字符串的长度成正比。忽略这个事实会造成严重的程序性能问题。例如，快速浏览一下标准库以后，我们可能把程序3.15中的模式匹配实现为以下形式：

```
for (i = 0; i < strlen(a); i++)
    if (strncmp(&a[i], p, strlen(p)) == 0)
        printf("%d ", i);
```

　　不幸的是，不论在循环体中使用什么代码，这段代码所花费的时间至少与a的长度的平方成正比。因为每次循环都要遍历a以确定其长度。这个开销相当可观，甚至难以想象：运行这个程序检查本书（超过100万个字符）是否包含某个单词，将需要数万亿条指令。像这样的问题是难以检测的，因为调试小规模的字符串时，程序会运行得很好。但投入实际使用后，将会逐渐变慢，甚至永远不能完成。而且，我们只有知道这些问题的存在，才能避免这些问题。

　　这种错误称为性能错误，原因是可以验证其代码是正确的，但程序并不能像我们期望的那样高效地运行。在我们正式开始研究高效算法之前，必须确保已经消除了这类性能错误。虽然标准库有许多优点，但还应该意识到它们用于这种简单函数的危险性。

　　本书中反复提到的基本概念之一是同一抽象表示的不同实现，它可以导致差异极大的性能特征。举个例子，如果我们记录字符串的长度，可以支持这样一个功能，在常数时间内返回一个字符串的长度，但其他操作的运行会慢得多。一种实现可能适合于一种应用，另一种实现方法可能适合于另一种应用。

　　库函数时常不能保证为所有应用提供最佳的性能。即使（例如strlen）库函数的性能记录良好，我们也不能保证不涉及性能变化的未来的某些实现方法会对我们的程序产生负面的影响。这个问题在算法和数据结构的设计中至关重要。因此我们必须铭记在心。我们将在第4章讨论其他例子和更进一步的结果。

　　串其实是指向字符的指针。在一些情况下，这种实现可以使字符串处理函数的代码更紧凑。例如把一个字符串复制到另一个字符串，我们可以用：

```
while (*a++ = *b++) ;
```

代替

```
for (i = 0; a[i] != 0; i++) a[i] = b[i];
```

或用表3-2中给出的第三种选择。这两种引用字符串的方法是等价的，但在不同的机器上可能会产生不同性能的代码。一般而言，使用数组版本清晰明了，而指针版本可减少代码数量。对于特定应用中频繁执行的特定代码，需要不断进行细致地研究，才能确定哪一种版本更好。

　　由于串的大小可变，因而它的内存分配较之链表的内存分配更复杂。实际上，一种为串预留空间的完全通用的机制恰好就是系统提供的**malloc**函数和**free**函数。如3.6节所述，我们已经研究了这个问题的各种算法，这些算法的性能特征与系统和机器有关。内存分配问题在开始时可能显得相当严重，因为我们处理的是指向字符串的指针，而不是处理字符自身。实际上，在C语言的代码中我们并没有假设所有字符串都会有各自分配的一块内存。我们更倾向于假设每个字符串有一块不确定的内存空间，每块空间只能容纳字符串和它的终结符。当执行建立和延长字符串的操作时我们必须非常小心，保证有足够的分配空间。作为一个例子，我们将在3.7节中讨论读取字符串并操纵它们的一个程序。

练习

▷ 3.56 编写一个程序，接受一个字符串作为参数，并打印一张表。对于在字符串中出现的每个字符，该表给出该字符以及它出现的频率。

▷ 3.57 编写一个程序，检查一给定字符串是否是回文的程序（顺读和倒读都一样的字符串），不考虑空格。例如，对于字符串if i had a hifi，你的程序应该报告成功。

3.58 假定字符串的内存空间是各自分配的。编写函数strcpy和strcat的新版本，要求分配内存并返回一个指向新字符串的指针作为结果。

3.59 编写一个程序，从标准输入设备接受一个串作为参数，并读入一组单词的序列（字符序列之间由空格隔开），打印那些为参数串的子串的单词。

3.60 编写一个程序，在一个给定的字符串中用单个空格代替一个以上空格组成的子串。

3.61 实现程序3.15的指针版本。

○ 3.62 编写一个高效的程序，确定一个给定字符串中最长的空格序列的长度，要求在字符串中检查的字符尽可能的少。提示：随着空格序列长度的增加，你的程序的速度也应该加快。

3.7 复合数据结构

数组、链表和字符串都为顺序组织数据提供了简单途径。它们提供了我们可以使用的第一层抽象，使得我们可以按照高效处理对象的方式组织对象。确定了这些抽象之后，我们可以在层次模型中利用它们构建更复杂的结构。我们可以构造多维数组、链表数组、字符串数组等。在这一节里考虑这些结构的例子。

正如一维数组对应向量一样，有两个索引的二维数组对应矩阵，并在数学计算中具有广泛应用。例如，我们可以利用以下代码计算矩阵a和b的乘积，并把结果保存在矩阵c中。

```
for (i = 0; i < N; i++)
  for (j = 0; j < N; j++)
    for (k = 0, c[i][j] = 0.0; k < N; k++)
      c[i][j] += a[i][k]*b[k][j];
```

我们经常碰到数学上的一些计算，自然地表示成多维数组的形式。

除了数学应用之外，另一种组织信息的方法是利用行、列组成的表格。学生的课程成绩表就可以表示这样的结构：行表示学生、列表示科目。在C语言中这样的表就可以表示成一个二维数组，两个索引分别表示行和列。如果我们希望构造一个100个学生、10个科目的数组，可以用grades[100][10]声明这个数组，并用grades[i][j]引用第i个学生第j门课程的成绩。要计算其中一门课程的平均分，可以把一列中的元素相加，再除以行数即得。要计算某个学生课程的平均分，只要把那行中的元素相加，再除以列数即可，以此类推。二维数组在这种应用中的使用非常广泛。在一台计算机上，利用二维以上的数组非常便利和直接：教师可能在学生成绩表利用第三个索引记录年份。

二维数组的表示非常方便，而当这些数最终存储在计算机的内存中时，实际上是存储在一维数组中。在许多编程环境中，二维数组是以行为主序存储在一维数组中在数组a[M][N]中，它的第一行（a[0][0]~a[0][N-1]）占据一维数组的前N个位置，它的第二行（a[1][0]~a[1][N-1]）占据一维数组接下来的N个位置，以此类推。按照以行为主序的顺序，在本节开始的矩阵乘法代码中的最后一行完全等价于以下代码：

```
c[N*i+j] = a[N*i+k]*b[N*k+j]
```

同样的模式可推广到更高维，为数组提供便利。在C语言中多维数组可以用一种更一般的方式实现：我们可以把它们定义为符合数据结构（复合数组）。这样提高了数组的灵活性，比如说，复合数组大小不同。

我们在程序3.6中看到了一种动态分配数组空间的方法，它使我们可以把程序用于大小不同的问题，而无需重新编译程序。我们希望针对多维数组也有一种类似的方法。但如果在编译时，不知道多维数组的大小如何给它分配内存空间？也就是说，如果我们想要能够引用一个程序的数组中的元素，比如说a[i][j]，但还不能声明它为（举个例子）int a[M][N]，这是由于M和N的值未知。以行为主序时，像下面的语句：

```
int* a = malloc(M*N*sizeof(int));
```

程序3.16　二维数组分配

这个函数动态地为二维数组（复合数组）分配内存。我们首先分配一个指针数组，然后为每一行分配内存。通过这个函数，语句

```
int **a = malloc2d(M, N);
```

分配一个 $M \times N$ 的整型数组。

```
int **malloc2d(int r, int c)
  { int i;
    int **t = malloc(r * sizeof(int *));
    for (i = 0; i < r; i++)
      t[i] = malloc(c * sizeof(int));
    return t;
  }
```

将分配一个 $M \times N$ 的数组，但这个办法并不是在所有C语言环境下都可行，这是因为并不是所有实现都是以行为主序的。程序3.6基于数组的数组的定义，给出了二维数组的一种解决方法。

程序3.17显示了一种类似的复合结构的用法：字符串数组。乍一看，因为我们对字符串的定义是字符组成的数组，我们也许可以把字符串数组表示为多维数组。但是我们用于C语言中字符串的具体表示是一个指向字符数组起始地址的指针。因此字符串数组也可看作指针数组，如图3-12所示。我们仅仅通过重新排列数组中的指针，就可以得到重新排列字符串的效果。程序3.17使用了库函数qsort。实现这些函数是第6章到第9章的一般主题，而在第7章特别关注。这个例子显示了处理字符串的一种典型情况：把字符本身读入到一个巨大的一维数组中，保存指向单个字符串的指针（使用字符串终结符作为划分界线），然后操纵这些指针。

程序3.17　对字符串数组进行排序

这个程序显示了一个重要的串处理函数：重新排列一组字符串使其有序。我们把字符串读入一个可以容纳它们的足够大的缓冲区中，并把指向每个字符串的指针保存在一个数组中，然后重新排列这些指针，使指向最小字符串的指针放在数组中的第一个位置，指向次小字符串的指针放在数组中的第二个位置，以此类推。

实际进行排序的qsort库函数有4个参数：指向数组起始位置的指针、对象的个数、每个对象的大小和一个比较函数。程序通过盲目地重新排列表示对象（本例中是字符串指针）的

数据块,以及使用一个指向void的指针作为参数的比较函数,达到独立于所排序对象类型的目的。比较函数strcmp的代码返回结果,是一个指向char指针的指针类型。要真正访问串中的第一个字符进行比较,就需要三个指针:其一取得数组的索引(也是一个指针),其二取得指向字符串的指针(使用索引),其三取得该字符(使用指针)。

我们在排序中使用了一种不同的方法,使得排序函数和搜索函数与类型无关(见第4章和第6章)。

```
#include <stdio.h>
#include <stdlib.h>
#include <string.h>
#define Nmax 1000
#define Mmax 10000
char buf[Mmax]; int M = 0;
int compare(void *i, void *j)
  { return strcmp(*(char **)i, *(char **)j); }
main()
  { int i, N;
    char* a[Nmax];
    for (N = 0; N < Nmax; N++)
      {
        a[N] = &buf[M];
        if (scanf("%s", a[N]) == EOF) break;
        M += strlen(a[N])+1;
      }
    qsort(a, N, sizeof(char*), compare);
    for (i = 0; i < N; i++) printf("%s\n", a[i]);
  }
```

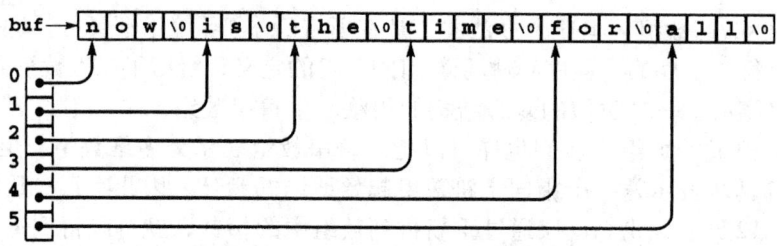

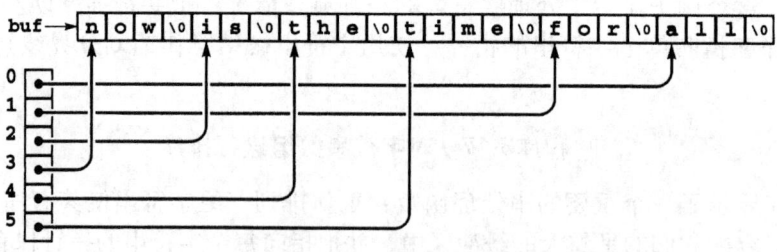

图3-12 字符串排序

注:在处理字符串时,我们通常使用一个指向包含那个字符串的缓冲区的指针(上图),因为指针要比长度大小可变的字符串自身更容易操纵。例如,一次排序的结果是把指针重新排列,使得顺序访问它们时可以给出字符串的字符表顺序(字典顺序)。

我们已经见过字符串数组的另一种应用：在C语言程序中，argv数组用于向main中传递参数字符串。系统把用户键入的命令行存储在一个字符串的缓冲区中，并向main传递指向那个缓冲区中字符串的指针数组的指针。我们使用转换函数来计算对应某些参数的数字，而其他一些参数直接作为字符串使用。

我们也可以只用链表来构造复合数据结构。图3-13显示了多重链表的例子：节点有多个链域并属于分别维持的链表。在算法设计中，我们经常会用多个链表构造复杂数据结构，但要保证它们可以高效处理数据。例如，一个双向链表就是多重链表，它满足以下的约束条件：x->l->r和x->r->l都等于x。在第5章我们会考察一个重要得多的数据结构，其中每个节点有两个链接。

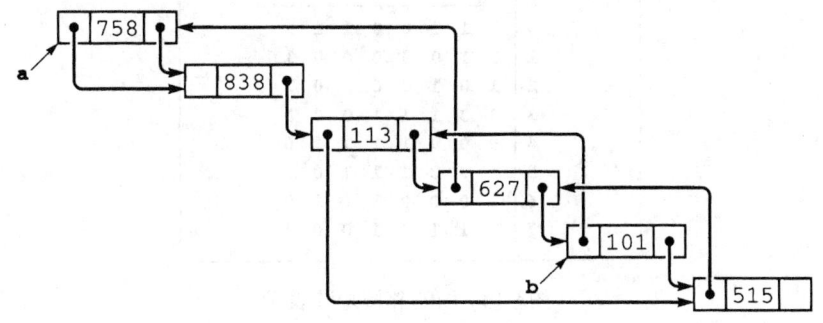

图3-13 多维链表

注：我们可以把带有两个链域的节点在两个独立链表中联系起来，其中每个链表使用一个属于自己的链域。这里右链域按照一个次序（例如可以是节点被创建时的次序）组织节点，而左链域按照另一个不同的次序（例如本例中的排序次序，可能是插入排序只使用左链域的结果）组织节点。沿着a的右链域，按照节点创建的次序访问节点；沿着b的左链域，我们以排序次序访问节点。

如果一个多维矩阵是稀疏的（相对较少元素非零），那么我们可以使用多维链表而不是多维数组来表示它。对于矩阵中的每个值可以使用一个节点代表，每一维用一个链接代表，该链接指向那一维中的下一个元素。这种安排降低了存储空间：从矩阵的最大索引的乘积降到和非零元素的个数成正比，但缺点是增加了许多算法的计算时间，因为它们必须遍历多个链表才能访问单个元素。

为了见识更多复合数据结构的例子，并突出索引数据结构和链表数据结构之间的差别，我们接下来讨论表示图的数据结构。图是一种基本的组合对象，由称为顶点的集合和顶点之间称为边的连接的集合组成。我们在第1章的连通问题中已经遇到过图了。

假设图有V个顶点和E条边。并用范围在0和V-1之间的E对整数集合定义这个图。也就是说，我们假设顶点的编号为整数0, 1, …, V-1，这些边分别由顶点对指定。像在第1章中一样，我们用对i-j来定义顶点i和j之间的连接，因而j-i和i-j的意义相同。由这样的边组成的图称为无向图。在第7部分将讨论其他类型的图。

一种表示图的直接方法是使用二维数组，也称为邻接矩阵（adjacency matrix）。通过邻接矩阵我们可以马上断定顶点i和j之间是否存在一条边，只需要检查邻接矩阵中行i和列j处是否非零值。对于正考虑的无向图，如果矩阵中行i和列j处存在一项，那么行j和列i处也存在一项，因而矩阵是对称的。图3-14显示了一个无向图的邻接矩阵的示例。程序3.18显示当给定一组边作为输入时，我们如何创建一个邻接矩阵。

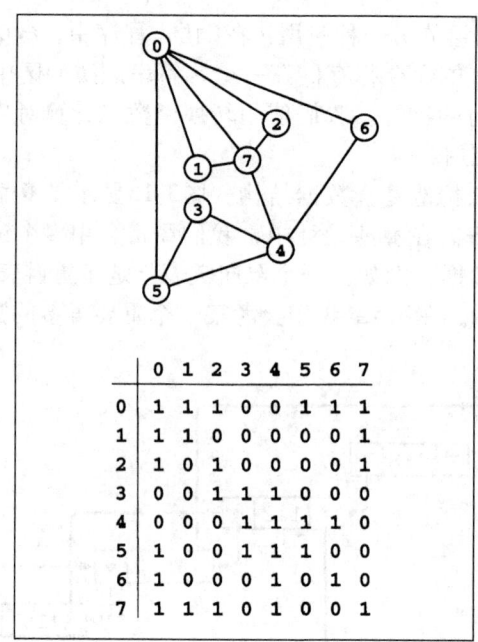

图3-14 图的邻接矩阵表示

注：图由一组顶点和一组连接顶点的边组成。为简单起见，我们对顶点指定索引（从0开始的连续非负整数）。一个邻接矩阵是一个表示图的二维数组：当且仅当顶点i和j之间存在边时，行i和列j处设为1。数组关于对角线对称。依照惯例，我们把对角线上的项都设为1（每个顶点都和自身连接）。例如第6行（和第6列）标明顶点6与顶点0、4和6连接。

程序3.18 图的邻接矩阵表示

这个程序读入定义无向图的一组边，并创建这个图的邻接矩阵表示。如果在图中顶点i和顶点j或者顶点j和顶点i之间存在一条边，就把a[i][j]和a[j][i]设置为1；如果不存在这样的边，则设置为0。这个程序假设顶点数V是一个编译时常数，否则需要动态分配表示邻接矩阵的数组（见练习3.72）

```
#include <stdio.h>
#include <stdlib.h>
main()
  { int i, j, adj[V][V];
    for (i = 0; i < V; i++)
      for (j = 0; j < V; j++)
        adj[i][j] = 0;
    for (i = 0; i < V; i++) adj[i][i] = 1;
    while (scanf("%d %d\n", &i, &j) == 2)
      { adj[i][j] = 1; adj[j][i] = 1; }
  }
```

另一种表示图的直接方法是使用链表数组，也称为邻接表（adjacency list）。我们为每个顶点保存一个链表，其中每个节点表示连接到该顶点的一个顶点。对于正考虑的无向图，如果在i的链表中存在节点j，那么在j的链表中必定存在节点i。图3-15显示了一个无向图的邻接表的示例；程序3.19显示了当给定一组边作为输入时，我们如何创建一个邻接表。

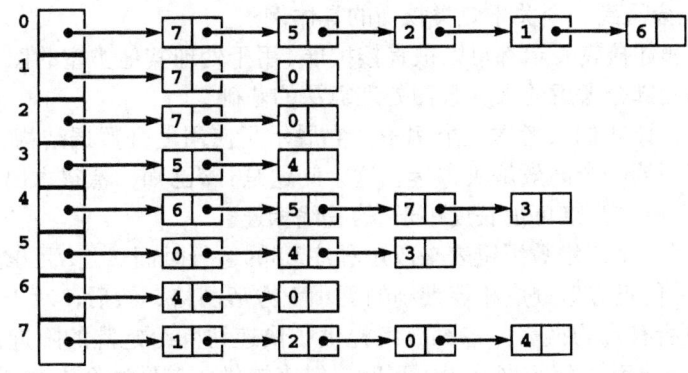

图3-15 图的邻接表表示

注：对于图3-14中的图，这里的表示方法使用了一个链表数组。所需的空间正比于节点数和边数的总和。为找出连接到给定顶点i的索引，我们考察数组的第i个位置，它包含了一个链表指针，链表中为每个和i连接的顶点保存一个节点。

程序3.19 图的邻接表表示

这个程序读入定义无向图的一组边，并创建这个图的邻接表表示。图的链接表是一个链表数组，每个元素表示一个顶点，其中第j个表是由所有连接到第j个顶点的顶点组成的链表。

```
#include <stdio.h>
#include <stdlib.h>
typedef struct node *link;
struct node
  { int v; link next; };
link NEW(int v, link next)
  { link x = malloc(sizeof *x);
    x->v = v; x->next = next;
    return x;
  }
main()
  { int i, j; link adj[V];
    for (i = 0; i < V; i++) adj[i] = NULL;
    while (scanf("%d %d\n", &i, &j) == 2)
      {
        adj[j] = NEW(i, adj[j]);
        adj[i] = NEW(j, adj[i]);
      }
  }
```

这两种图的表示方法都是简单数据结构的数组——都对每个顶点描述了依附该顶点的边。对邻接矩阵，这个简单数据结构实现为一个索引数组；对邻接表，则实现为一个链表。

因此当我们表示一个图时，就会直接面对空间权衡的问题。邻接矩阵使用的空间正比于V^2；邻接表使用的空间正比于$V+E$。如果边数较少（这样的图称为稀疏图，sparse graph），那么邻接表表示方法使用少得多的空间；如果大多数顶点对都由边相连（这样的图称为稠密图），那么邻接矩阵表示方法更可取，因为它不涉及链接。某些算法使用邻接矩阵表示更高效，因为它允许在常数时间内解决"顶点i和顶点j之间是否有边相连"的问题；其他算法则使用邻接表表示更高效，因为它允许我们在正比于$V+E$的时间内而不是V^2的时间内处理一个图的所有边。在5.8节中我们会看到一个关于此类权衡的具体例子。

图的邻接矩阵和邻接表表示都可以被直接扩展，用于处理其他类型的图（例如，练习3.71）。它们是我们将在第七部分考虑的大多数图处理算法的基础。

为了总结本章，让我们来考虑一个例子。它展示了使用复合数据结构，提供了在3.2节所讨论的简单几何问题的一个高效解决方案。这个问题是：d已知，希望求出在单位正方形内的N点组成的集合中，有多少点可被长度小于d的直线相连。

程序3.20使用了一个二维数组链表来改进程序3.8的运行时间，当N足够大时，它的改进为原来的$1/d^2$。它把单位正方形分成相等大小的更小正方形网格。然后，对于每个正方形建立一个落入该正方形中所有点的链表。二维数组提供了快速访问给定点的附近点集的能力。当我们预先不知有多少点会落入每个网格正方形时，链表提供了存储这个未知点集的灵活性。

程序3.20　二维链表数组

本程序阐述了为程序3.8的几何计算选择恰当的数据结构，可以提高它的效率。它把单位正方形划分成网格，并维持一个二维链表数组，使每个网格正方形对应一个链表。我们把网格划分得足够精细，以使距离任一给定点小于d的所有点要么落入同一个网格，要么落在相邻网格。函数malloc2d和程序3.16中的类似，但用于类型为link的对象，而不是类型int。

```c
#include <math.h>
#include <stdio.h>
#include <stdlib.h>
#include "Point.h"
typedef struct node* link;
struct node { point p; link next; };
link **grid; int G; float d; int cnt = 0;
gridinsert(float x, float y)
  { int i, j; link s;
    int X = x*G +1; int Y = y*G+1;
    link t = malloc(sizeof *t);
    t->p.x = x; t->p.y = y;
    for (i = X-1; i <= X+1; i++)
      for (j = Y-1; j <= Y+1; j++)
        for (s = grid[i][j]; s != NULL; s = s->next)
          if (distance(s->p, t->p) < d) cnt++;
    t->next = grid[X][Y]; grid[X][Y] = t;
  }
main(int argc, char *argv[])
  { int i, j, N = atoi(argv[1]);
    d = atof(argv[2]); G = 1/d;
    grid = malloc2d(G+2, G+2);
    for (i = 0; i < G+2; i++)
      for (j = 0; j < G+2; j++)
        grid[i][j] = NULL;
    for (i = 0; i < N; i++)
      gridinsert(randFloat(), randFloat());
    printf("%d edges shorter than %f\n", cnt, d);
  }
```

程序3.20使用的空间正比于$1/d^2 + N$，但运行时间为$O(d^2N^2)$，当d较小时，这个运行时间相对于程序3.8的蛮力算法有实质性的改进。例如$N = 10^6$，$d = 0.001$时，我们可以在高效的线性时间和空间内解决这个问题，而该问题的蛮力算法将花费不可接受的时间。我们也可以把这个数据结构作为解决其他几何问题的基础。例如，与第1章的合并-查找算法结合，可以给出求解平面上的N个随机点的集合是否能够用长度为d的直线连接起来的渐近线性算法，这是一个网络和电路设计中引起关注的基本问题。

正如在本节中我们已经看过的示例所显示的那样，从使用的基本抽象结构构建用于不同类型的结构数据的对象和序列的复合的复杂结构并没有止境，不论是隐含还是显式的连接。这些示例要用结构化的数据达到完全一般化还有一步之遥，我们将在第5章中看到。然而在迈出这一步之前，我们要考虑使用链表和数组可以建立的重要抽象数据结构——这些基本工具将有助于我们开发下一层的共性。

练习

3.63　编写程序3.16的另一个版本，使之能够处理三维数组。

3.64　修改程序3.17，单独处理输入字符串（从输入设备读入每个字符串以后就为它分配内存）。你可假设所有字符串都少于100个字符。

3.65　编写一个程序，用0或1填充一个二维数组，如果i和j的最大公因子为1，则设a[i][j]为1；否则设为0。

3.66　结合使用程序3.20和程序1.4，开发一个确定N个点的集合是否能被小于d的边连接起来的高效程序。

3.67　编写一个程序，把一个二维数组表示的稀疏矩阵，转换成为只有非零值的多重链表。

• 3.68　实现多维链表表示矩阵的矩阵乘法。

▷ 3.69　假定输入对为0-2，1-4，2-5，3-6，0-4，6-0和1-3，给出程序3.18建立的邻接矩阵。

▷ 3.70　假定输入对为0-2，1-4，2-5，3-6，0-4，6-0和1-3，给出程序3.19建立的邻接表。

○ 3.71　有向图是一个其顶点连接有方向的图：边是从一个顶点到另一个顶点。假设输入对表示有向图，i-j指定了从i到j的边，完成练习3.69和练习3.70。同时使用箭头表示边的方向把图画出来。

3.72　修改程序3.18，把顶点数作为命令行参数，然后动态分配邻接矩阵。

3.73　修改程序3.19，把顶点数作为命令行参数，然后动态分配链表数组。

○ 3.74　编写一个函数，使用图的邻接矩阵，对于给定的顶点a和b，计算满足以下条件的顶点c的个数：存在一条从a到c且从c到b的边。

○ 3.75　使用邻接表解答练习3.74。

第4章 抽象数据类型

为数据以及程序处理这些数据的方法开发抽象模型，是使用计算机解决这些问题的过程中的一个重要部分。在每天的程序设计中（例如在第3章讨论的数组和链表）会看到体现这一原理的较低层次的例子，也可以在求解问题的过程中看到体现这一原理的较高层次的例子（正如第1章所示，我们使用合并-查找森林来解决连通性问题）。在这一章里，我们考虑抽象数据类型（abstract data type，ADT），它允许使用高级抽象进行编程。通过使用抽象数据类型，可以将编程时对数据的概念转换为从任何特定的数据结构表示和算法实现中分离出来。

所有的计算机系统都基于抽象层次：首先采用位抽象模型，它可以从硅以及其他材料的某些物理属性中归纳出二进制值0和1；接着，采用抽象机器模型，它来自某些位集合值的动态属性；然后，采用程序设计语言的抽象模型，通过机器语言编程来控制机器去认识它；最后，采用算法的抽象概念，可用C语言编程实现。抽象数据类型允许我们将这一过程进行得更远，开发出某些计算任务在更高一级的抽象机制，它的层次要比C系统提供的更高一些，还允许开发出适合于各种应用领域解决问题的专有抽象机制，并使用这些基本的机制建立高级的抽象机制。抽象数据类型给了我们一个不断扩大的工具集合，我们可以利用它解决新的问题。

一方面，使用抽象的机制可以让我们从关心程序如何实现的细节上得到解放。另一方面，当程序的性能重要时，我们需要知道基本操作的开销。我们使用很多已经内置于机器内部的基本抽象，它们提供了机器指令的基础。我们用软件实现其他的抽象，或者仍然使用那些以前写好了的系统软件所提供的抽象机制。通常我们根据基本的抽象机制来建立更高级的抽象机制。所有的抽象层次均遵循同样的原则：我们想要确定程序中的关键操作和数据中的关键特征，以便在抽象层次中精确定义它们，并开发出支持它们的高效具体机制。本章将讨论体现这个原则的许多例子。

为了开发出新的抽象层，我们需要定义（define）想要操纵的抽象对象，以及在这些对象上执行的操作。我们需要使用一些数据结构来表示（represent）数据以及实现（implementation）操作。我们还需要保证那些对象能方便地用来解决应用问题（练习的要点）。这些评论同样适用于简单的数据类型，在第3章讨论的支持数据类型的基本机制做重要扩展之后，将可用于我们的目的。

定义4.1 **抽象数据类型**是指只通过**接口**进行访问的数据类型（一组值和值上的操作集合）。我们将那些使用ADT的程序叫做**客户**，将那些确定数据类型的程序叫做**实现**。

对数据类型是抽象的所做出的关键区别在于"只"这个字。对于ADT，客户程序除了通过接口中提供的那些操作外，并不访问任何数据值。数据的表示和实现操作的函数都在接口的实现里面，和客户完全分离。接口对于我们来说是不透明的：客户不能通过接口看到方法的实现。

举个例子，在3.1节的程序3.3数据类型的接口，显式声明了point的数据结构是浮点数对，它的成员函数分别为x和y。实际上，数据类型的这种使用方式在大型软件系统中非常普遍：我们开发一组关于如何表示数据的约定（并定义一组关联操作），而且在接口中实现了这些约定，客户程序可以使用它们构建一个大的系统。数据类型保证了系统的所有部分都与核心系统的数据结构的表示一致。尽管这种策略有价值，但有一个缺点：如果我们需要改变数据的表示，那么我们就需要改变所有客户程序。程序3.3又一次提供了一个简单的例子：开发数据类型的原因之一是使客户程序方便操作点，同时期望客户在需要时可以访问单独的坐标。但是如果不改变所有客户程序，就不可能把它变成不同的表示（例如极坐标，三维坐标，或者单个坐标的不同数据类型等）。

实现3.4节（程序3.12）的一个简单的表处理接口是朝着ADT的第一步。在我们考虑的客户程序（程序3.13）中，采用了只通过接口中定义的操作访问数据的约定，因而能够考虑改变表示，而不需改变客户程序（见练习3.52）。采用这种约定来使用数据类型，就好像它是抽象的，但却在接口中给我们留下可见的细微缺陷，因为客户仍然可用数据表示，即使偶然访问接口中的数据，我们也必须小心以保证客户不依赖于接口。采用真实的ADT，我们并不为客户提供任何数据类型的信息，因而我们可以随意改变它。

定义4.1并没有指定接口、数据类型以及要描述的操作。这种不精确性是必要的，因为指定这种信息的所有共性需要形式的数学语言，最终会导致难解的数学问题。这个问题在程序设计语言的设计中是重要的。我们将在讨论ADT示例之后进一步考虑这个规范问题。

ADT作为一种组织现代大型软件系统的高效机制而出现。它们为限制（潜在复杂的）算法和关联的数据结构以及使用算法和数据结构的（潜在大量）程序之间的接口大小及复杂性提供了一种途径。这样做令它较容易地理解作为整体的大型应用程序。此外，不像一些简单的数据类型，ADT为便于改变或改进系统中的基本数据结构和算法提供了所需的灵活性。最重要的是，ADT接口定义用户和实现的一种协议，为它们之间相互通信提供了一种精确手段。

我们在这一章详细考察ADT是因为它们还在数据结构和算法的研究中起着重要作用。实际上，对于本书中考虑的几乎所有算法，开发它们的基本动机是为了在许多计算任务中起着关键作用的某些基础性ADT的基本操作提供高效实现。设计ADT只是满足应用需求的第一步，我们还需要开发出相关操作的切实可行的实现，以及使实现可行的潜在数据结构。这些任务是本书的主题。此外，像在第1章中的示例那样，直接使用抽象模型开发和比较算法及数据结构的性能特征：一般而言，我们首先会开发使用ADT的应用程序来解决问题，然后开发这个ADT的多种实现，并比较它们的效率。在这一章里，我们通过许多例子详细讨论这个一般过程。

C程序员经常使用数据类型和ADT。在较低级，当只利用C提供给整数的操作来处理整数时，我们一般使用系统定义的整数的抽象操作。整数也可在某些新的机器上表示，而且可用其他方法实现操作，但只使用整数指定操作的程序才可在新机器上正确工作。在这种情况下，各种C对于整数的操作组成了接口，我们的程序就是客户，且系统的硬件和软件提供了这种实现。只要数据类型足够抽象，无需改变程序，我们就可以把它们移植到有不同整数或浮点数表示的新机器上（尽管这种想法并没有达到我们期望的那样）。

在较高级，如我们所见的，C程序员常常把接口定义为描述某个数据结构操作集的.h文件的形式，而其实现则定义为某个独立的.c文件。这种安排为用户和实现者提供了一种约定，而且是C编程环境中所找到的标准库的基础。然而，许多这样的库包含某种数据结构的操作，因此也可以构造数据类型，但不是抽象数据类型。例如，C的字符串库就不是ADT，因为使用字符串的程序知道字符串（字符数组）是如何表示的。一般都会通过数组索引或者指针运算直接访问字符串。举个例子，如果不改变客户程序，我们就不能转到字符串的链表表示。我们在3.4节和3.5节考虑的链表的内存分配接口和实现也具有这一性质。相比之下，ADT允许我们开发的实现，不仅可以使用操作的不同实现，而且还可以涉及潜在不同的数据结构。再次，表征ADT的关键差别是要求只通过接口访问数据类型。

4.1 抽象对象和对象集

应用中使用的数据结构常常包含大量各种类型的信息，其中某些信息可能属于多个独立的数据结构。例如，个人数据文件可能包含人名、地址和各种其他人员信息的记录，而每一个记录可能需要属于某个用于搜索特定雇员的数据结构，或者另一记录可能属于用于回答统计查询的数据结构，或者有其他的原因和方式。

尽管数据结构的多样性和复杂性，但是还有一大类计算应用涉及数据对象的普通操作，而且由于某些特定的原因，需要访问关联它们的信息。许多要求的操作是由基本计算过程发展而来，因此它们是大量应用所需的。许多在本书中讨论的基本算法，也可以高效地应用到建立抽象层的工作中，可以高效地为客户程序提供执行这些操作的能力。因此，我们将会详细考虑与此操作关联的大量ADT。它们定义了抽象对象集合上与对象类型无关的各种操作。

在第3章我们已经讨论了简单数据类型的用法，可以写出不依赖于对象类型的代码，其中我们使用typedef来指定项的类型。这种方法允许我们对于整数和浮点数使用同一代码，只需改变typedef即可。使用指针，对象类型可以任意地复杂。当我们使用这种方法时，我们就做了在对象上所执行的操作的隐含假设，而且我们没有隐含来自客户程序的数据表示。ADT为我们提供了使在数据对象上执行操作做出明确假设的一种方法。

我们将在4.8节详细考虑建立通用数据对象ADT的一般机制，它根据文件Item.h中定义的接口，为我们提供声明Item类型变量的能力，并且把这些变量用于赋值语句、函数参数以及函数返回值。在接口中，我们明确地定义了算法在通用对象上执行所需的操作。这种机制允许我们无需向客户程序提供关于数据表示的任何信息，也就真地给我们一个真实的ADT。

然而，对于许多应用我们想要考虑的不同的通用对象的类型既简单又类似，而且尽可能地高效实现也很重要，因而我们常常使用简单数据类型，而不是真的ADT。具体来说，我们常常使用描述对象自身的Item.h文件，而不使用接口。最常见的是，这种描述包含了定义数据类型的typedef和定义操作的若干个宏。例如，对于我们在数据（超出可由typedef定义的通用数据类型）上执行的惟一操作是eq的应用（测试两个项是否相等），我们会使用Item.h文件，它由以下两行代码组成：

```
typedef int Item
#define eq(A, B) (A == B)
```

在实现某个算法的代码中，任何带有行#include Item.h的客户程序都可以使用eq来测试两个项是否相等（也可在声明、赋值语句和函数参数及返回值中使用）。我们也可以使用字符串的客户程序，例如，把Item.h改变为

```
typedef char* Item;
#define eq(A, B) (strcmp(A, B) == 0)
```

这种安排并不包含ADT的使用。因为特定的数据表示可被任何包含Item.h文件程序使用。我们通常会增添对项所作的其他简单操作的宏调用或者函数调用（例如，打印项、读取项、或给它们设置随机值）。我们采用在客户程序中的约定，使用项就好像在ADT中定义了它们，允许我们在代码中不指定基本对象的类型，而没有任何性能惩罚。为此目的而使用真实的ADT，对于许多应用而言过于复杂，但在探讨过许多其他例子之后，我们仍会在4.8节讨论这样做的可能性。原则上，可以把这项技术应用于任何复杂数据类型，尽管类型越复杂，我们越希望考虑使用真实的ADT。

解决了通用对象数据类型的实现方法之后，我们就可以转到讨论对象集合上。本书中所

分析的许多数据结构和算法用于实现基本的ADT，它包括抽象对象集合，由以下两个操作构建：

- 向集合中插入（insert）一个新对象。
- 从集合中删除（delete）一个对象。

我们把这样的ADT称为广义队列。为方便起见，我们还常常包括明确初始化（initialize）数据结构的操作和统计（count）数据结构中项个数的操作（或者测试是否为空的操作）。或者我们会定义若干合适的返回值把这些操作包含进insert和delete操作中。我们还希望销毁（destroy）数据结构或者复制（copy）数据结构。4.8节将讨论这些操作。

当希望插入一个对象时，我们的目标明确。但是当从集合中删除一个对象时，我们会选择哪个对象呢？对象集合的不同ADT表示可用不同准则以及关联各种准则的不同约定来表征，这些准则可以决定delete操作中哪个对象被删除。此外，我们还会遇到除了insert和delete操作之外的大量其他自然操作。针对各种不同的删除准则和其他约定，我们在本书中考虑的许多算法和数据结构的设计，就是用于支持高效实现这些操作的各种子集。这些ADT概念上简单，应用广泛，并且它们是许多计算任务的核心，因而它们值得给予更多的关注。

我们讨论了几种基本的数据结构及其性质，并且给出了它们的应用示例。同时，使用这些基本数据结构作为示例，来说明用它们开发ADT的基本机制。在4.2节中，我们分析下推栈，它的规则是执行删除一个对象时删除那个最新插入的对象。在4.3节将讨论栈的应用，4.4节讨论栈的实现，包括使用特殊的方法来保证应用和实现的分离。在讨论完栈之后，我们讨论一个新的ADT的创建过程，结合第1章讨论的连通性问题中实现的合并-查找（union-find）抽象这一上下文来讨论。此后，我们回到抽象对象集合中去，讨论先进先出（First In First Out, FIFO）队列和广义队列（它和栈在抽象层面上惟一区别在于使用了一个不同的删除规则），在广义队列中不允许复制项。

正如在第3章中所看到的那样，数组和链表提供了基本机制，允许我们插入和删除特殊的项。实际上，链表和数组是我们讨论的某些广义队列实现的根本数据结构。大家都知道，插入和删除的开销依赖于我们使用的特定结构以及被插入或删除的特定项。对于给定的一个ADT，我们面临的挑战是如何选择数据结构，使我们可以高效执行所需要的操作。在这一章里，我们详细考察了几个ADT的例子，其中链表和数组提供了适当的解决方案。支持更强操作的ADT则要求更加复杂的实现，这是本书讨论的许多算法主要推动力。

由抽象对象集合组成的数据类型（广义队列）是计算机科学中研究的主要对象。因为它们直接地支持基本的计算范型。对于大量的计算而言，我们发现自己有太多的对象需要处理，但是一次只能处理一个对象。因此，我们需要在处理其中一个对象时保存好其他的对象。这个过程可能会引发检查对象是否已经保存，或者向集合中添加更多的信息，但是存储对象和根据某些准则检索对象是计算的基础。我们将会看到，许多经典的数据结构和算法都符合这一模型。

练习

▷ 4.1 给出用于浮点数的Item和eq的定义。如果两个浮点数差的绝对值除较大的数（绝对值）小于10^{-6}，则认为它们相等。

▷ 4.2 给出用于平面点集（见3.1节）的Item和eq的定义。

4.3 向书中描述的整数和字符串的通用对象类型定义中添加一个宏ITEMshow。这个宏能在标准输出上打印项的值。

▷ 4.4 给出Item和ITEMshow（见练习4.3）的定义，使其可用于玩牌游戏的程序中。

4.5 使用文件Item.h中的通用对象类型重写程序3.1。你的对象类型应该包括ITEMshow（见练习4.3）和ITEMrand，使程序可用于+和/所定义的任意类型的数。

4.2 下推栈ADT

在支持对象集合中的元素插入和删除操作的所有数据类型中，最重要的叫做下推栈（pushdown stack）。

栈的操作有点像一个工作繁忙的教授的收件箱：信件在栈里堆得老高，当教授有空处理时，会从顶部取信。一个学生的论文可能会在栈底呆上一两天，但一个尽责任的教授会在每个周末清空栈。我们将会看到，计算机程序通常就是按照这种方式组织的。它们频繁地延迟某些任务，因为正在执行其他任务；此外，它们会频繁地需要首先返回最近被延迟的任务。因此，下推栈成了许多算法的最基本的数据结构。

定义4.2 下推栈是一种ADT，它由两种基本操作组成，插入（**推进**）一个新的项，和移除（**弹出**）一个最近插入的项。

也就是说，当我们谈到下推栈ADT的时候，我们指的是这样一中描述：它有推进（push）和弹出（pop）操作，它非常好地指定了一个客户程序能够使用这些操作。对这些操作的某些实现来说，它强迫实行这样的规则来表征一个下推栈：项按照后进先出（last-in, first-out，LIFO）的规则来移除。我们最常用的一种最简单情况，就是客户和实现都指向某个栈（也就是说，数据类型中"值的集合"就是那个栈）；在4.8节中，我们将会看到如何建立支持多栈的一个ADT。

图4-1通过一系列的push和pop操作显示了一个栈的工作过程。每一次push操作使栈的大小增加1，每一次pop操作使栈的大小减少1。在图中，栈中的项按照它们推进栈的顺序列表，因此很清楚地看到表中最右端的项就是栈中最上面的项——如果下一个操作是pop，就会返回这个项。在实现中，我们可以按照自己的意愿自由地组织项，只要我们允许客户保持这样的感觉就行了：那就是项是按这种方式组织的。

为了编写使用下推栈抽象的程序，我们首先需要定义接口。在C语言中，一种方法是像程序4.1那样，声明客户程序中可能使用的4种操作。我们把这些声明保存在文件STACK.h中，在客户程序和实现中用包含文件引用它。

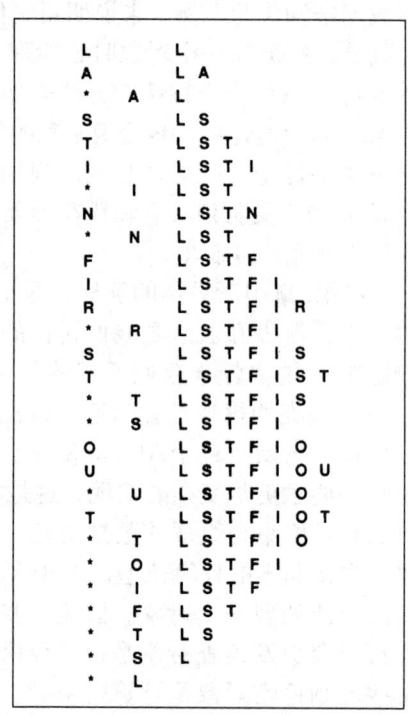

图4-1 下推栈（LIFO队列）示例

注：这个列表显示了左边列（从上到下）的一系列操作的结果，字母表明推进栈，星号表明弹出栈。每一行显示了操作、弹出操作的结果字符，以及操作之后栈中的内容，按照最先插入的在左边，最后插入的在右边的顺序。

程序4.1 下推栈ADT接口

这个接口定义了下推栈定义中使用的基本操作。假设在文件STACK.h中有四个声明。提供其代码的实现和使用这些函数的客户程序可以将该文件作为包含文件来引用，而且客户程序和实现中都定义了Item，可能都包含Item.h文件（该文件可能使用typedef，或者可能定义一个更一般的接口）。STACKinit的参数指定了栈中期望的最大元素数目。

```
void STACKinit(int);
 int STACKempty(void);
void STACKpush(Item);
Item STACKpop();
```

此外，我们期望在客户程序和实现之间没有其他关系。我们在第1章已经看到了识别一个计算所基于的抽象操作的价值。我们现在考虑使用这些抽象操作编写程序的机制。为了强调抽象性，我们隐含了客户的数据结构和实现。在4.3节中，我们讨论使用栈抽象的客户程序的例子；在4.4节讨论实现问题。

在一个ADT中，接口的作用是充当客户和实现之间的契约。函数声明保证了客户程序中的调用和实现匹配中的函数定义，但是接口并不包含如何实现函数的信息，甚至也没有关于它们如何运行的信息。那么我们如何向客户程序解释栈是什么呢？对于像栈这样的简单结构，一种可能性是去显示代码，但这一解决方案通常显然不高效。程序员更经常做的是，借助于语言文字的描述，把解释放在和代码一块的文档里面。

这种状况的严格处理，需要用一些形式数学的符号来完全描述函数应该具有的行为。有时把这样的描述称为规范。开发规范通常是一件挑战性的任务。它必须用数学上的元语言描述实现这些函数的任何程序，尽管我们习惯了在用编程语言编写的代码中指定函数的行为。实际上，我们用语言文字描述函数的行为。为了不在认识论问题上纠缠，我们继续讨论。在这本书中，我们给出了详细的例子，语言文字描述以及我们所讨论的大多数ADT的多种实现。

为了强调下推栈ADT的规范有足够信息编写有意义的客户程序，讨论实现之前，在4.3节先讨论两个使用下推栈的客户程序。

练习

▷ 4.6 在下面的序列中，字母表示push操作，星号表示pop操作

EAS*Y*QUE***ST***IO*N***.

给出pop操作返回的值的序列。

4.7 使用练习4.6中的约定，在序列EASY中的适当地方插入星号，使得由pop操作所返回的值的序列为(i)EASY; (ii)YSAE; (iii)ASYE；(iv)AYES；或者证明上述每种情况，不存在这样的序列。

•• 4.8 给定两个序列，给出算法用来判定是否可以在序列中添加星号，使得由第一个序列生成第二个序列。栈操作序列的含义由练习4.7来解释。

4.3 栈ADT客户示例

这一章将会看到非常多的栈的应用。作为一个入门性的例子，我们现在讨论栈在计算算术表达式中的应用。例如，假定我们需要计算出一个由整数的乘加运算组成的简单算术表达式的值，比如说

5 * (((9 + 8) * (4 * 6)) + 7)

这个计算包含了存储中间结果的过程。例如，如果我们首先计算9＋8，那么在计算4*6时就必须存储结果17。下推栈就是在这样的计算中存储中间结果的一种理想机制。

我们从考虑一个简单问题开始，我们需要求值的表达式的形式是：每个操作符跟在它的两个参数之后，而不是两个参数之间。我们将会看到，任何算术表达式都可以排列成这种形式，称为后缀表达式，与之对应的是中缀表达式，它是书写算术表达式的习惯使用方式。上一段中的表达式的后缀表示为：

5 9 8 ＋ 4 6 ＊ ＊ 7 ＋ ＊

与后缀表达式相反的是前缀表达式，又称波兰表示法（因为它是由波兰逻辑学家Lukasiewicz发明的）。

在中缀表达式中，我们需要加上括号来区别如下表达式

5 ＊ (((9 ＋ 8) ＊ (4 ＊ 6)) ＋ 7)

与

表达式

((5 ＊ 9) ＋ 8) ＊ ((4 ＊ 6) ＋ 7)

但是括号在后缀（或者前缀）表达式中是不需要的。想知道为什么，我们来看看下面一个将后缀表达式变换成中缀表达式的过程：我们把两个操作数后面跟着一个操作符的事件替换成对应的中缀表达式，加上括号来指出所得结果可以被看成新的操作数。也就是说，当表达式中出现ab*和ab+时，将它们分别替换成(a*b)和(a+b)。然后我们对结果表达式做同样的变换，一直继续下去直到所有的操作符都已经被处理过。在我们这一个例子中，变换的顺序如下：

5 9 8 ＋ 4 6 ＊ ＊ 7 ＋ ＊
5 (9 ＋ 8) (4 ＊ 6) ＊ 7 ＋ ＊
5 ((9 ＋ 8) ＊ (4 ＊ 6)) 7 ＋ ＊
5 (((9 ＋ 8) ＊ (4 ＊ 6)) ＋ 7) ＊
(5 ＊ (((9 ＋ 8) ＊ (4 ＊ 6)) ＋ 7))

用这种方法，我们能够决定后缀表达式中的操作数到底是跟哪个操作符关联，因此不需要任何括号。

借助于栈，我们实际上可以对任意的后缀表达式进行操作和求值，就像图4-2中说明的一样。我们从左到右解释每个操作数，把每个操作数解释为命令"把操作数推入栈中"，把每个操作符解释为命令"从栈中弹出两个操作数"，执行所示操作，把结果推入栈。程序4.2是这一过程的C实现。

后缀表示法和与之关联的下推栈给我们提供了组织一系列计算过程的自然途径。一些计算器和计算语言明确地使用后缀和栈的操作作为计算的方法——每一操作从栈中弹出它的参数，并向栈中返回它的结果。

PostScript语言是这种语言的一个例子。这本书就是用这种语言写的。它是一种完整的编程语言，程序用后缀写成，并借助一个内置栈解释执

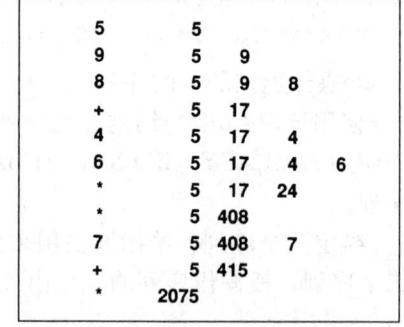

图4-2 后缀表达式求值

注：这个序列显示了使用栈求后缀表达式 5 9 8 ＋ 4 6 ＊ ＊ 7 ＋ ＊ 的值。从左至右扫描表达式，如果遇到一个数字，则把它推入栈中；如果遇到一个操作符，则弹出栈中两个数字，并把应用操作符的结果推入栈顶。

行,就像程序4.2一样。尽管在这里不能覆盖语言的所有方面(见第二部分参考文献),但是它非常简单使我们能够研究实际的程序,欣赏后缀表示和下推栈抽象的用途。例如,串

```
5 9 8 add 4 6 mul mul 7 add mul
```

是一个PostScript程序!PostScript中的程序由操作符(如add和mul)和操作数(如整数)组成。如在程序4.2中所作的那样,我们从左到右读取程序并加以解释:如果遇见一个操作数,则把它推入栈中;如果遇见一个操作符,则从栈中弹出它的操作数(如果有的话),然后把结果(如果有的话)推入栈中。因此,程序的执行在图4-2中详细描述。程序在栈中的最终值为2075。

程序4.2 后缀表达式求值

这是一个下推栈的客户程序,它读取任何由整数乘法和加法组成的表达式。然后计算表达式的值,并打印计算结果。

当遇见操作数时,我们把它们推入栈中;当遇见操作符时,从栈中弹出两个最顶端的整数,然后把它们的结算结果推入栈中。在这个C代码的表达式中,两个**STACKpop()**弹出操作的顺序没有指定,因而对于那些不可交换参数计算顺序的操作符,如减法和除法,它们的代码会稍微复杂一些。

程序假设每个整数之后至少有一个空格,但是程序根本不检查合法性。最后的**if**语句和**while**循环所执行的计算类似于C中的**atoi**函数,把整数ASCII值转换成整数来计算。当遇见一个新的数字时,我们把累计结果乘10再加上这个数字。

栈中包含整数——也就是说,我们假设在Item.h中Item被定义为int类型,Item.h也包含在栈的实现中(参阅程序4.4)。

```
#include <stdio.h>
#include <string.h>
#include "Item.h"
#include "STACK.h"
main(int argc, char *argv[])
  { char *a = argv[1]; int i, N = strlen(a);
    STACKinit(N);
    for (i = 0; i < N; i++)
      {
        if (a[i] == '+')
          STACKpush(STACKpop()+STACKpop());
        if (a[i] == '*')
          STACKpush(STACKpop()*STACKpop());
        if ((a[i] >= '0') && (a[i] <= '9'))
          STACKpush(0);
        while ((a[i] >= '0') && (a[i] <= '9'))
          STACKpush(10*STACKpop() + (a[i++]-'0'));
      }
    printf("%d \n", STACKpop());
  }
```

PostScript中有许多基本函数,都可用作抽象图形显示设备的指令;我们也可以定义自己的函数。这些函数在栈中带着参数被调用,和其他的函数一样。例如,PostScript代码

```
0 0 moveto 144 hill 0 72 moveto 72 hill stroke
```

表示这样的操作序列:"调用参数为0和0的**moveto**,然后调用参数为144的**hill**",以此类推。一些操作符直接指向栈自身。例如,操作符**dup**也像这样复制栈顶的元素。例如,PostScript代码

```
144 dup 0 rlineto 60 rotate dup 0 rlineto
```

表示这样的操作序列:"调用参数为144和0的函数dup,接着调用参数为60的函数rotate,然后调用参数为144和0的函数rlineto",以此类推。图4-3中的PostScript的程序定义并使用函数hill。PostScript中的函数就像宏:序列/hill {A} def使得hill等价于花括号中的操作序列。图4-3是一个PostScript程序的例子,它定义一个函数并画出一个简单图表。

通过一些示例,我们对PostScript的兴趣是:这一广泛应用的编程语言是基于下推栈的抽象。实际上,许多计算机在硬件层实现了基本的栈操作,这是因为它们很自然地实现了一种函数调用机制:在函数入口处,通过推入栈的操作把当前环境信息保存在栈中;退出函数调用时,通过弹栈操作恢复调用前的环境信息。正如我们在第5章中所看到的那样,下推栈和以函数调用组织成函数的程序之间的这种关系是计算的一个基本范型。

回到原来讨论的那个问题,我们也可以使用下推栈将一个加上完整括号的中缀表达式转换为后缀表达式,如图4-4所示。在这个计算中,我们把操作符推入栈中,并简单地把操作数传递到输出设备。然后,每一对括号表示最近操作符的两个参数已被输出,因此操作符自身也被弹出和输出。

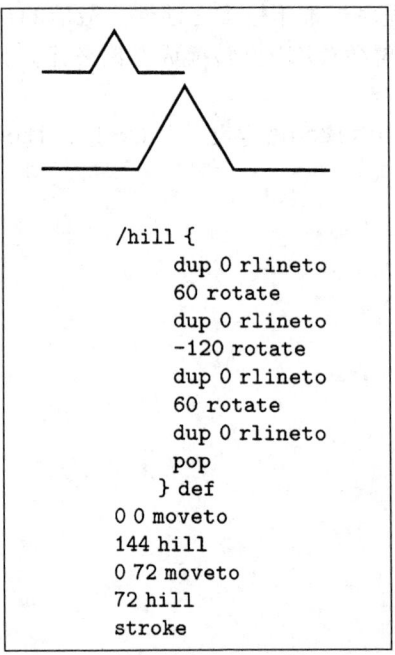

图4-3 PostScript程序示例

注:上图中的图表是用其下的PostScript程序画出的。程序是一个后缀表达式,它使用了内置函数 moveto、rlineto、rotate、stroke和dup;以及用户定义的函数hill(定义参阅正文)。画图命令是画图设备的指令:moveto指示设备移动到页面上的指定位置(象素点为其坐标,一个点表示1/72英寸);rlineto指示设备从当前位置移到指定的坐标位置,并在当前路径上划一条线;rotate指示设备向左转动指定的角度;stroke指示设备画出的路径的轨迹。

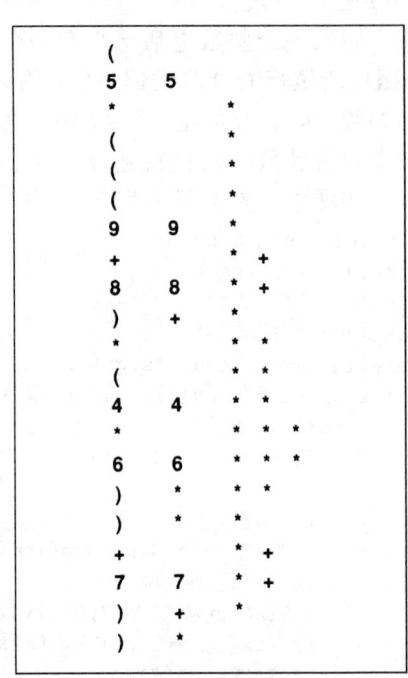

图4-4 中缀表达式到后缀表达式的转换

注:这个序列显示了栈在对中缀表达式(5*(((9+8)(4*6))+7))向其后缀表达式598+46**7+*的转换过程中的作用。我们从左至右处理表达式:当遇到数字时,直接输出;当遇到左括号时,忽略它;当遇到操作符时,将它推入栈中;当遇到右括号时,输出栈顶的操作符。

程序4.3是这个过程的一种实现。注意参数在后缀表达式中出现的次序与在中缀表达式中出现的一样。然而，如果有的操作符需要不同数量的操作数，则左括号是需要的（见练习4.11）。

程序4.3　中缀－后缀转换

这是程序是下推栈的另一个客户示例，在这一示例中，栈中元素是字符——我们假设Item定义为字符类型（也就是说，我们使用的Item.h文件不同于程序4.2中使用的文件）。为了将（A+B）转换到它的后缀形式AB+，我们忽略左括号，转换A到后缀形式，保存+符号在栈中，转换B到后缀形式，然后，由于遇到右括号，所以弹出栈中元素，并输出+。

```c
#include <stdio.h>
#include <string.h>
#include "Item.h"
#include "STACK.h"
main(int argc, char *argv[])
  { char *a = argv[1]; int i, N = strlen(a);
    STACKinit(N);
    for (i = 0; i < N; i++)
      {
        if (a[i] == ')')
          printf("%c ", STACKpop());
        if ((a[i] == '+') || (a[i] == '*'))
          STACKpush(a[i]);
        if ((a[i] >= '0') && (a[i] <= '9'))
          printf("%c ", a[i]);
      }
    printf("\n");
  }
```

除了提供两个使用下推栈抽象的不同例子，本节开发的计算中缀表达式值的完整算法自身也是关于抽象的一个练习。第一，将输入转换成一个中间表示形式（后缀表示）。第二，模拟了一个基于栈的抽象机器的操作，来解释和对这个后缀表达式求值。同样的做法在当代许多编程语言的解释器中都有应用，因为这一做法高效而且易于移植。为一台特定的计算机编译一个C程序的问题就分解为以中间表示为中心的任务，因此解释程序的问题就从执行那个程序的问题中分离出来，就像我们在这一节中所做的一样。在5.7节将看到一个相关但不同的中间表示。

这个应用同时也说明了ADT的确有其局限性。例如，我们常规所做的讨论中，并不为把程序4.2和程序4.3组合成一个程序提供一种简洁的方式，在它们之间使用相同的下推栈ADT。我们不仅需要两个不同的栈，而且其中一个栈存放单个字符（操作符），另一个栈存放数字。为了更好地理解这个问题，对数字做一假定，比如是浮点数不是整数。使用一种通用机制使得这两个栈共享同一实现（它是4.8节所讨论的一种方法的扩展）可能比使用两个不同栈（见练习4.16）问题还要多。实际上，我们会看到这种解决方法会是一种可选方法，因为不同实现性能有所不同。因而，我们不希望预先决定一个ADT会有两种用途。实际上，我们的重点在于实现及其性能，下面转到下推栈的主题。

练习

▷ **4.9**　将以下表达式转换成后缀表达式：
(5 * ((9 * 8) + (7 * (4 + 6)))).

▷4.10 按照与图4-2同样的方法，给出栈中的内容，如同程序4.2求值得到的以下表达式：
5 9 * 8 7 4 6 + + * 2 1 3 * + * + *。

▷4.11 扩展程序4.2和程序4.3，使它们能处理-（减法）和/（除法）操作。

4.12 扩展程序4.11中的解答，使其能处理一元操作-（负）和$（平方根）。然后，修改程序4.2中的抽象栈机制，使之可以使用浮点数。例如，给定以下表达式：

(-(-1) + $((-1) * (-1)-(4 * (-1))))/2

你的程序应该打印出结果值1.618034。

4.13 编写一个PostScript程序画出以下图案。

• 4.14 用归纳法证明程序4.2能够对任何后缀表达式正确求值。
○ 4.15 使用一个下推栈，编写一个程序，把一个后缀表达式转换成中缀表达式。
• 4.16 使用两种不同的栈ADT：整数栈和操作符栈，把程序4.2与程序4.3组合成一个模块。
•• 4.17 实现一个编程语言的编译器和解释器，用该编程语言写的程序包括一个简单算术表达式，之前有一系列算术赋值表达式语句，这些表达式由整数和以单个小写字母命名的变量组成。例如：

```
(x = 1)
(y = (x + 1))
(((x + y) * 3) + (4 * x))
```

你的程序应该打印出结果值13。

4.4 栈ADT的实现

本节我们讨论栈ADT的两种实现：一种使用数组实现，另一种使用链表实现。这两种实现都是我们在第3章所学的基本工具的直接应用。我们期望它们只在性能特性上有所不同。

如果我们使用数组表示栈，程序4.1中声明的每个函数对于实现来说微不足道，正如4.4中显示的一样。我们按照图4-1的方式把项放进数组中，记录栈顶位置的下标。进行进栈操作时，只要把项存放到栈顶下标所指示的数组位置即可，然后下标增1；进行弹栈（pop）操作时，使下标减1，并返回它所指示的项。初始（initialize）操作包括分配指定大小的数组，测试是否为空（empty）操作包括检查是否下标为0。和程序4.2或程序4.3这样的客户程序一起编译，这一实现提供了一个高效且实际的下推栈。

我们知道使用数组的一个潜在缺点是：就像通常基于数组的数据结构一样，在使用数组之前，需要知道数组的最大长度，这样才能给它分配内存。在这一实现中，我们将这个最大长度作为参数传递给初始化函数。这一限制是我们选择使用数组实现的人为因素；它不是栈ADT固有的部分。我们可能不是那么容易就能估计出程序放在栈中的最大元素数。如果我们选择一个任意大的数，这一实现对空间的使用将很低效，这在空间资源宝贵的应用中不会想要。如果我们选择的值太小，我们的程序将根本不能运行。通过使用ADT，我们才有可能考虑其他的选择，在其他实现中，不用改变任何客户程序。

例如，允许栈优雅地增长和收缩。我们还可以考虑使用一个链表，像在程序4.5中实现的那样。在这一程序中，我们把元素按照逆序排列，不同于数组实现，它从最近刚插入的元素到最初插入的元素，使得栈的基本操作易于实现，如同图4-5中描述的那样。对于pop操作，我们删除链表的表头元素，并返回它的项；对于push操作，我们创建一个新的节点，然后把它添加到链表头。因为所有的链表操作都是在表头进行，我们无需使用头节点。这种实现不需要使用STACKinit中的参数。

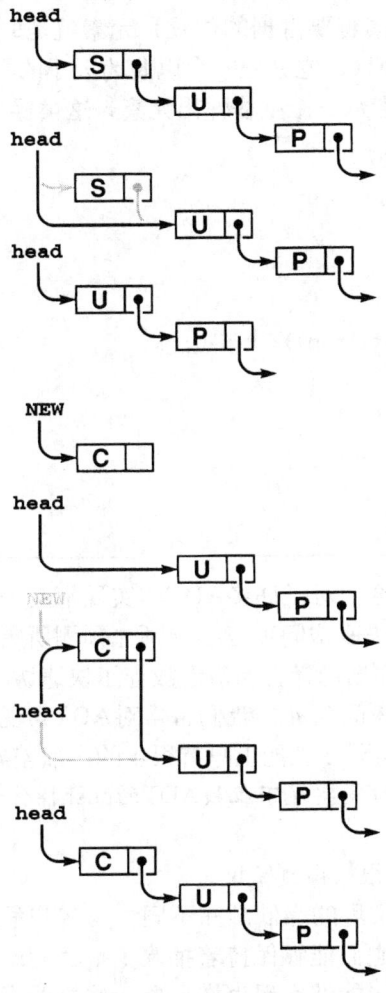

图4-5 链表下推栈

注：栈用指针头表示，它指向第一个（通常是最新插入的）元素，为了弹出栈顶元素，我们通过设置head的链接来删除链表的头元素。为了向栈中压入元素，我们把它链接到表头，并把它的link域设置为head，使head指向它。

程序4.4和程序4.5是同一个ADT的两种不同实现。我们可以用一个代替另一个，而不需对客户程序（例如那些我们在4.3节讨论过的程序）做任何改变。它们的区别仅仅在于性能特性的差异，也就是它们使用的时间和空间上的差异。例如，表实现使用较多时间执行进栈操作和弹栈操作，为每个push操作分配内存空间和每个pop操作释放内存空间。如果有些应用中要大量地执行这些操作，我们就会选用数组实现。另一方面，数组实现所使用的空间，是用来保存整个计算中的最大数量的项，而链表实现所需空间与项的个数成正比，但常常为每个项的一个链接使用额外空间。如果我们需要一个巨大但常常接近满的栈，我们可以选用数组实现；如果我们的栈的大小变化很大，而且其他数据结构可以在栈中只有少量项时使用未用的空间时，我们可以选择链表实现。

程序4.4 下推栈的数组实现

当栈中有N个项时,这一实现把这些项保存在s[0],...,s[N-1]中,按照最近插入的顺序排列。栈顶(下一个进栈的元素将要占据的位置)元素就是s[N]。客户程序将期望的项的最大数目作为参数传递给STACKinit,它分配一个以此为大小的数组。但是这段代码并未实现对诸如向一个满栈压入元素(或者从一个空栈弹出元素)这类操作的错误检测。

```
#include <stdlib.h>
#include "Item.h"
#include "STACK.h"
static Item *s;
static int N;
void STACKinit(int maxN)
  { s = malloc(maxN*sizeof(Item)); N = 0; }
int STACKempty()
  { return N == 0; }
void STACKpush(Item item)
  { s[N++] = item; }
Item STACKpop()
  { return s[--N]; }
```

这些对空间使用率上的讨论,对于许多ADT的实现都是一样的,正如我们在本书中将要看到的那样。我们通常需要在快速访问项但必须预先预测所需的最大项数和常常使用与所用项数成正比的空间的能力之间作出选择,而后者放弃了快速访问每个项的能力(链表实现)。

除了考虑基本的空间使用率问题外,我们常常对ADT实现的运行时间的性能差异最感兴趣。在这里,我们考虑的两种实现在性能上只有很少的一点差异。

性质4.1 可以在一个常数时间实现下推栈ADT的push操作和pop操作,不管使用的是数组还是链表。∎

这一事实在程序4.4和4.5中很快得到验证。

栈的项在数组实现和链表实现的存储顺序不同,与客户程序没有关系。这些实现可以自由地使用任何数据结构,只要它们能够保持着抽象下推栈的幻像。在这两种情况下,实现能够建立高效的抽象实体的幻像,能够实现也许只要一些机器指令就可以实现的所需操作。纵观全书,我们的目标是为其他重要的ADT找到数据结构和高效的实现。

程序4.5 下推栈的链表实现

这段代码实现了栈的ADT,如图4-5所示。它使用辅助函数NEW来为一个节点分配内存空间,利用函数参数设置它的域,并返回指向节点的指针。

```
#include <stdlib.h>
#include "Item.h"
typedef struct STACKnode* link;
struct STACKnode { Item item; link next; };
static link head;
link NEW(Item item, link next)
  { link x = malloc(sizeof *x);
    x->item = item; x->next = next;
    return x;
  }
void STACKinit(int maxN)
```

```
  { head = NULL; }
int STACKempty()
  { return head == NULL; }
STACKpush(Item item)
  { head = NEW(item, head); }
Item STACKpop()
  { Item item = head->item;
    link t = head->next;
    free(head); head = t;
    return item;
  }
```

链表实现支持栈的幻像，它能够无限地增长。这样一个栈在实际中是不可能的：在某些时候，当对更多的内存的需求得不到满足时，malloc操作将返回NULL。也可能对基于数组的栈的大小实行动态的增长和收缩：当队列已经有一半是满的时候，将队列长度加倍；或者当队列已经有一半是空的时候将队列的长度减半。我们将对这一实现的细节留到第14章的练习中去，那时我们将为更高级应用考虑这一过程的细节。

练习

▷ 4.18 使用程序4.4，执行完图4-1所示的操作后，给出s[0], ..., s[4]中的内容。

○ 4.19 假设你修改了关于下推栈中的关于测试是否为空的接口函数，改成使用count，它将返回数据结构中当前的项的数目。请你给出count在数组表示中的实现（程序4.4）以及链表表示中的实现（程序4.5）。

4.20 修改程序4.4的代码中基于数组的下推栈的实现，如果客户在栈为空时执行了pop操作，或者在栈满时执行了push操作，则调用STACKerror函数。

4.21 修改程序4.5的代码中基于链表的下推栈的实现，如果客户在栈为空时执行了pop操作，或者在栈满时执行了push操作，则调用STACKerror函数。

4.22 修改程序4.5的代码中基于链表的下推栈的实现，使用一个索引数组实现链表（见图3-4）。

4.23 编写一个基于链表的下推栈的实现，按照最先插入到最近插入的顺序存储项，你可能需要使用一个双向链表。

• 4.24 开发一个ADT，提供两种不同的下推栈给客户。使用数组实现。使其中一个栈使用数组前部，另一个使用数组尾部（如果客户程序使用两个栈，当一个增长的时候而另一个收缩，这一实现就会比其他的实现所使用的空间要小）。

• 4.25 为整数实现一个中缀表达式求值函数，这一函数包括了程序4.2和程序4.3，使用练习4.24中定义的ADT。

4.5 创建一个新ADT

4.2节至4.4节给出了一个完整的C代码例子，它捕获了我们最重要的一个抽象：下推栈。4.2节中的接口定义了基本的操作；4.3节中的客户程序可以使用这些操作，而不用依靠操作是如何实现的；4.4节中的实现提供了所需的具体表示以及实现这个抽象的程序代码。

要设计的一个新的ADT，我们常常遵循以下步骤。从开发解决一个应用问题的客户程序的任务开始，我们确定看上去是至关重要的操作：我们想要对数据做什么？然后，我们定义一个接口，编写客户程序来测试以下假设，假设存在ADT，使我们容易实现客户程序。接下来，我们考虑是否能够合理高效地实现ADT中的操作。如果不能，也许我们能够试着找出效率低下的原因。然后我们需要修改接口的设计，需要将那些适合高效实现的操作加到ADT中去。这些修正影响了客户程序，因此我们也要相应地修改它们。经过几次反复，我们得到了一个可以工作的客户程序和一个可以工作的实现，因此我们将冻结接口：我们的原则是再也不改变这个接口。这个时候，客户程序的开发和实现的开发就可以分开进行了：我们可以写另一个客户程序来使用同一个ADT（也许我们需要编写一些驱动程序来测试我们的ADT），我们可以编写其他的实现，而且可以比较不同实现之间的性能差异。

在其他情况下，我们可能会先定义ADT。这种方法可能需要问以下问题：客户程序处理即将到来的数据需要什么样的基本操作？我们知道的哪些操作可以高效地实现？开发完实现后，我们可能需要在客户程序上测试它的效率。我们可能修改这个接口，在最终冻结接口之前做更多的测试。

在第1章里，我们从抽象角度考虑问题，讨论了一个详细的例子，这有助于我们找出求解一个复杂问题的高效算法。接下来，我们考虑使用本章讨论的通用方法来封装我们在第一章开发的抽象操作。

程序4.6根据两个操作（除了*初始化*操作之外）定义了接口，这些操作似乎在更高一级的抽象表征了我们在第1章中讨论的连通性问题的算法，无论采用什么样的算法和数据结构，我们希望能够检查出两个节点是否是连通的，并能声明那两个节点是连通的。

程序4.6 等价关系ADT接口

ADT接口机制使我们可以根据三种抽象（*初始化，查找是否两个节点是连通的，以及进行合并操作，以此讨论它们的连通性。*）方便准确地编码连通算法中的决定。

```
void UFinit(int);
 int UFfind(int, int);
void UFunion(int, int);
```

程序4.7是一个客户程序，它使用了程序4.6的接口中为求解连通性问题而定义的ADT。使用ADT的一个好处是这个程序易于理解，因为它是根据抽象来编写的，这种抽象允许以更自然的方式表示计算。

程序4.7 等价关系ADT客户

程序4.6中的ADT把连通算法与合并－查找实现分开，使算法更容易理解。

```
#include <stdio.h>
#include "UF.h"
main(int argc, char *argv[])
  { int p, q, N = atoi(argv[1]);
    UFinit(N);
    while (scanf("%d %d", &p, &q) == 2)
      if (!UFfind(p, q))
        { UFunion(p, q); printf(" %d %d\n", p, q); }
  }
```

程序4.8是程序4.6中定义的合并－查找接口的一种实现，它使用了两个数组表示树的森林这一数据结构，这两个数组用作已知连通性信息的基本表示，正如在1.3节中描述的一样。第1章中讨论的各种算法表示了这个ADT的不同实现，我们可以测试它们，就像根本没有改变过客户程序一样。

程序4.8 等价关系ADT实现

第1章中的带权-快速-合并代码与程序4.6的实现,以一种形式封装了代码,使其便于应用。这一实现使用了局部函数find。

```c
#include <stdlib.h>
#include "UF.h"
static int *id, *sz;
void UFinit(int N)
  { int i;
    id = malloc(N*sizeof(int));
    sz = malloc(N*sizeof(int));
    for (i = 0; i < N; i++)
      { id[i] = i; sz[i] = 1; }
  }
static int find(int x)
  { int i = x;
    while (i != id[i]) i = id[i]; return i; }
int UFfind(int p, int q)
  { return (find(p) == find(q)); }
void UFunion(int p, int q)
  { int i = find(p), j = find(q);
    if (i == j) return;
    if (sz[i] < sz[j])
        { id[i] = j; sz[j] += sz[i]; }
    else { id[j] = i; sz[i] += sz[j]; }
  }
```

这个ADT所导致的程序比起第1章中用于连通应用的程序稍微有一些低效,因为它没有利用那个客户的性质,就是每次合并操作直接跟着一个查找操作。我们有时候会导致这一类额外的开销,这是为了得到一个更抽象的表示而付出的开销。在本例中,有很多种方法来避免低效性,但可能会付出另外一些开销:使接口或实现更复杂的开销(见练习4.27)。实际中,路径非常短(特别是当我们使用了路径压缩时),因此那些额外的开销在本例中是可以忽略的。

程序4.6至程序4.8的组合在操作上等同于程序1.3,但把程序分成三部分是一种更高效的方法,因为它

- 把求解高层次问题的任务(连通性)分解为求解低层次的任务(合并-查找),允许我们独立地解决这两个问题。
- 给我们一个自然的方式来比较解决这一问题的不同算法和数据结构。
- 提供给我们一个抽象,我们可以使用它来写其他的算法。
- 通过接口定义了一个方法来检查软件是否按照期望来操作。
- 提供了一种机制来允许我们升级到新的表示(新的数据结构或者新的算法),而完全不用更改客户程序。

当我们开发计算机程序时,这些好处广泛应用到我们面对的大量任务中,因此以这一基本原则为基础的ADT被广泛应用。

练习

4.26 修改程序4.8以便可以用二分法使用路径压缩。

4.27 解决程序中提及的低效率的问题,通过在程序4.6中添加一个操作,将合并和查找操作

组合在一起，提供程序4.8的一个实现，从而修改程序4.7。

○ 4.28 修改接口（程序4.6）和实现（程序4.8），提供一个可以返回与一给定节点连通的节点的个数的函数。

4.29 修改程序4.8，使用结构数组而非几个数组用于基本数据结构。

4.6 FIFO队列和广义队列

FIFO（First-in，First-out，先进先出）队列是另一个基本的ADT，它和下推栈有点相似，但在决定执行delete操作删除哪个元素的时候，它们的使用规则刚好相反。下推栈是删除最近插入的元素，而FIFO是删除那些呆在队列中时间最长的元素。

也许我们繁忙教授的收件箱操作起来就像一个FIFO队列，因为先进先出次序直观上看起来是决定下一步做什么的公平方法。然而，那个教授可能不及时回电话或上课！在栈里，一个备忘便条也许会埋在栈底，但当紧急事件出现时可以马上得到处理。在FIFO队列里，我们系统地处理那些任务，但是每一个任务都必须排队等待。

FIFO队列在日常生活中常见。当我们排队买票看电影或买杂货时，我们实际上遵循了FIFO原则处理事情。类似地，计算机系统中常用FIFO队列保存那些希望先来先得到服务的任务。另一个说明栈和FIFO队列差别的例子，就是杂货店商品易过期商品的存货表。如果杂货店主把新商品放在货架的前部分，且顾客从货架前面拿货物，那么就用到栈的原则。这将会给杂货店主带来一个问题，因为货架后头的商品也许会呆在那儿很长一段时间，因此很容易过期。如果把新到的商品放在货架的后面就不会有这个问题。因为杂货店主能够保证每一样货品呆在货架上的时间最长只能为顾客买完整个货架的货物所需的时间。FIFO这一基本原理应用到了许多类似的场合。

定义4.3 FIFO队列是这样一种ADT，包含两个基本操作：插入（put）一个新的项，删除（get）一个最早插入的项。

程序4.9是一个FIFO队列ADT的接口。这个接口与我们在4.2节讨论的栈的接口只在术语上有所不同，比如说，对于编译器而言，这两个接口是完全一样的！这一发现突出这样一个事实，抽象本身是ADT的基本组成部分，而程序员通常并没有形式定义抽象。对于可能包含许多ADT的大型应用问题，准确定义问题的ADT非常重要。本书中我们所论述的ADT只捕获了在书中所定义的基本概念，并没有用形式语言表示出来，更不用说通过了特定实现。我们需要讨论几个这种ADT应用的例子，并考察它们的特定实现。

程序4.9 FIFO队列ADT接口

除了结构的名字，这一接口和程序4.1的下推栈的接口完全相同。这两个ADT的区别仅仅在于它们的规范，它在接口代码中并没有提及。

```
void QUEUEinit(int);
 int QUEUEempty();
void QUEUEput(Item);
Item QUEUEget();
```

图4-6中的例子通过一系列的get操作和put操作，显示了一个FIFO队列变化的过程，每一个get操作使队列的大小减1，每一个put操作使队列的大小增1。图中，队列中项按照它们被插入队列的次序链成一个表，因此可以很清楚地看到列表中的第一个项将会是get操作要返回的项。进一步来说，在一个实现中我们可以随心所欲地按照我们的意愿组织安排这些项，只要

我们保持项的组织方式不变。

为了使用链表来实现FIFO队列ADT，我们需要把项按照从最早插入到最近插入的顺序组织成表，如图4-6所示。这个顺序与我们用于栈实现的顺序正好相反，但这个顺序可使队列操作更高效地实现。我们在链表上维持两个指针：一个在开始（从这里我们可以删除第一个元素），一个在末尾（从这里我们可以插入一个新元素到队列中）。如图4-7和程序4.10中的实现所示。

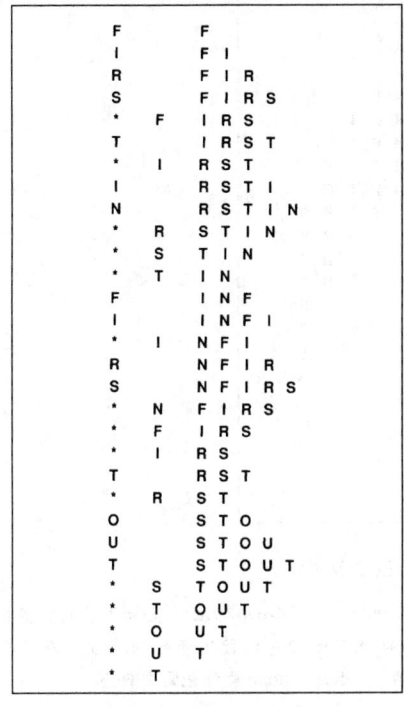

图4-6　FIFO队列示例

注：这个列表显示了左边一列元素的一系列操作（从上到下），其中字母表示put，星号表示get。每一行显示了操作、get操作返回的字母以及队列的内容，从左到右的顺序是最早插入到最近插入的顺序。

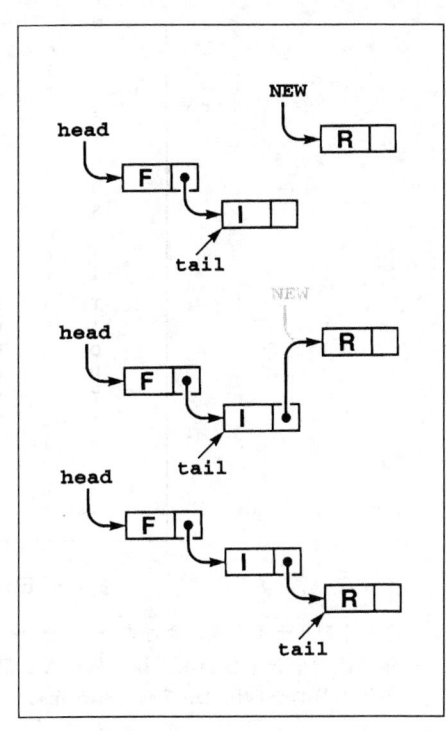

图4-7　链表队列

注：在这个链表表示的队列中，我们向表尾插入新的项，使得链表中的项从头到尾的顺序是从最早插入到最近插入的顺序。用两个指针head和tail表示队列，它们分别指向链表中的第一个项和最后一个项。为了从队列中get一个项，我们删除链表头的那个项，方法如我们在栈里所做的那样（见图4-5）。为了put一个新的项到队列中，我们把tail指针所指节点的链域指向那个新的节点（中间那个图），然后更新tail指针，让它也指向那个新的节点（下面那个图）。

我们也可以使用数组来实现一个FIFO队列，虽然我们不得不注意使put操作和get操作的运行时间保持为常数。这一性能要求表明我们不能随意移动数组内的队列元素，不像在图4-6中文字上的解释。因此，正如在链表实现中所做的那样，给数组维持两个索引的下标：一个在队列头，一个在队列尾。我们把队列的内容看做两个下标之间的元素。为了删除一个元素，我们把它从队列的开始（头部）删除，然后使头索引增1。为了插入一个元素，我们把它加到队列的最后（尾部），然后使尾索引增1。一系列的put和get操作使得队列看起来像在数组中移动，如图4-8所示。当它到达数组的末端时，我们使它回到数组的开始部分。这一计算的细节将在程序4.11的代码中说明。

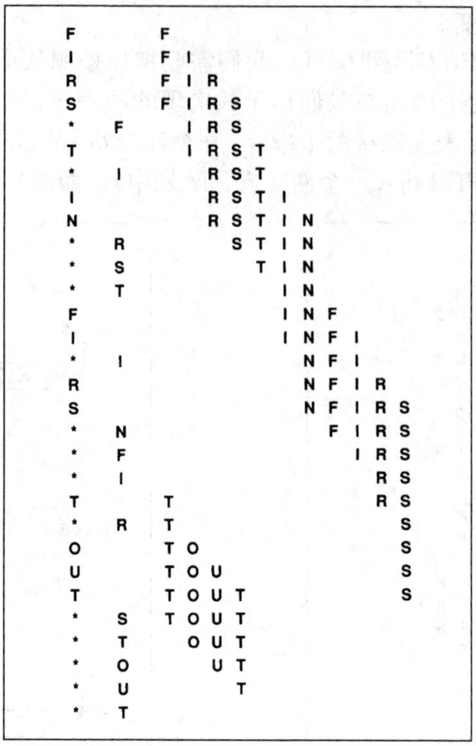

```
F         F
I         I
R         I
S         I R
T         F I R S
*         I I R S
T         I R S T
I         I R S T I
N         R S T I N
*         R S T I N
*         R S T I N
F         T I N
I         I N F
*         I N F I
R         N F I
S         N F I R
*         F I R S
T         I R S
*         R S
R         R S
O         T         S
U         T         S
T         T O       S
*         T O U     S
*         S T O U T S
*         T O U T
O         O U T
U         U T
T         T
```

图4-8 FIFO队列示例：数组实现

注：这一序列显示了当我们通过在一个数组中存储项来实现队列时，在图4-6中的抽象表示之下的数据操纵过程。保存队列中头下标和尾下标，然后当它们到达数组尾部时把下标回卷到数组开始的地方。在这个例子中，当插入第二个T时，tail下标回卷到开始的地方，当删除第二个S时，head索引也需要回卷。

程序4.10 FIFO队列链表实现

FIFO队列和下推栈（程序4.5）的区别在于新项的插入是在尾部，而不是在头部。

因此，这个程序保存一个指向链表中最后一个节点的尾指针tail，因此为了put一个新节点到队列中，函数QUEUEput可以把tail指针所指节点的链域指向那个新节点，然后更新tail指针，让它也指向那个新的节点。函数QUEUEget、QUEUEinit和QUEUEempty都与程序4.5下推栈的链表实现中与之相对应的函数完全一样。

```
#include <stdlib.h>
#include "Item.h"
#include "QUEUE.h"
typedef struct QUEUEnode* link;
struct QUEUEnode { Item item; link next; };
static link head, tail;
link NEW(Item item, link next)
  { link x = malloc(sizeof *x);
    x->item = item; x->next = next;
    return x;
  }
void QUEUEinit(int maxN)
  { head = NULL; }
int QUEUEempty()
```

```
    { return head == NULL; }
QUEUEput(Item item)
  {
    if (head == NULL)
      { head = (tail = NEW(item, head)); return; }
    tail->next = NEW(item, tail->next);
    tail = tail->next;
  }
Item QUEUEget()
  { Item item = head->item;
    link t = head->next;
    free(head); head = t;
    return item;
  }
```

性质4.2 我们可以在常数时间内实现FIFO队列ADT的get操作和put操作，不论使用数组还是链表。

考察程序4.10和4.11的代码可以直接清楚这一事实。∎

程序4.11 FIFO队列数组实现

队列中的内容是数组中从head到tail的所有元素，当tail遇到数组尾的时候将会回卷到0。如果head和tail重合，我们认为此时队列为空；但是如果put操作使它们相等，我们认为此时的队列为满。通常我们不检查这样的错误条件，但是我们设定数组长度时，会将它设为比客户将在队列中放置的元素最大数目大1，因此我们可以为这个程序加上这样的检查。

```
#include <stdlib.h>
#include "Item.h"
static Item *q;
static int N, head, tail;
void QUEUEinit(int maxN)
  { q = malloc((maxN+1)*sizeof(Item));
    N = maxN+1; head = N; tail = 0; }
int QUEUEempty()
  { return head % N == tail; }
void QUEUEput(Item item)
  { q[tail++] = item; tail = tail % N; }
Item QUEUEget()
  { head = head % N; return q[head++]; }
```

我们在4.4节中所讨论的同样内容可应用于FIFO队列使用的空间资源。数组表示需要我们为在计算中所期望的最大项数准备足够的空间。然而，链表表示使用与数据结构中元素数目成比例的空间，指针花费了额外的空间，每一次分配和释放内存的操作又花费了额外的时间。

因为栈和递归程序的基本关系（见第5章），我们遇到栈的机会比我们遇到FIFO队列的机会要多。尽管如此，我们也将遇到一些以队列作为自然基本数据结构的算法。正如我们已经注意到的，在计算应用中对队列和栈的使用之一就是延期计算。尽管许多包括一个不完全确定队列的应用程序能够正确地操作，而不需要管delete用的是什么规则，但总体运行时间和其他资源使用也许会由这一规则决定。如果这样一个应用程序包括大量的对数据结构的insert和delete操作，而且这些数据结构包括大量的项，那么性能差异就会变得极为重要。因此，我们在本书中特别关注这样的ADT。如果我们忽略性能，我们可以阐述一个包含insert和delete操作的单个ADT。既然我们不会忽略性能，那么从本质上说，每一条规则组成一个不同的ADT。为了评价一个特定ADT的高效性，我们需要考虑两类开销：实现开销，它依赖于我们实现中对算法和数据结构的选择；还有影响到客户性能方面特定的决策规则的开销。作为本节的总结，我们将描述一组此类ADT，并贯穿在本书的讨论中。

特别是，下推栈和FIFO队列都是一个更通用的ADT的特例：那就是广义队列（generalized queue）。广义队列的实例之间的差别仅仅在于删除项时使用的规则。对于栈来说，规则就是"删除最近插入的项"；对于FIFO队列来说，规则就是"删除最早插入的项"。当然还有很多其他的可能性，我们现在讨论其中的几个。

另一个简单但功能强大的队列是随机队列，其中使用的规则是"随机删除一个项"，因此客户程序就能够在等概率下得到队列的任一项。使用数组表示（见练习4.42），我们能够在常数时间内实现随机队列的操作。和栈以及FIFO队列一样，数组表示也需要我们预先保留空间。但是链表与栈和FIFO队列相比就没有那么吸引力了，因为高效地实现它的插入和删除都是一项复杂的任务（见练习4.43）。我们可以使用随机队列作为随机算法的基础，尽最大可能地避免最坏情况性能的发生（见2.7节）。

我们已经按照项插入队列的时间对栈和FIFO队列的区别作了描述。我们还可以按照次序列出项，以及从链表的开头和结尾进行的基本插入和删除操作来描述这些抽象的概念。如果我们在末尾插入的同时也是从末尾进行删除，那么我们得到一个栈（就和我们的数组实现一样）；如果我们在开头插入同时从开头删除，那么我们还是得到一个栈（就和我们的链表实现一样）；如果我们在末尾插入并从开头删除，那么我们得到FIFO队列（就和我们的链表实现一样）；如果我们在开头插入并从末尾删除，那么我们得到的还是FIFO队列（这种选择并没有和我们的任何一种实现相对应——我们当然也可以把数组实现修改一下然后精确地实现它，但是链表实现在此并不适用，因为当我们删除链表末尾的项时，我们需要备份链表尾部的指针）。根据这种观点来创建ADT的话，我们将会得到双端队列（dequeue）ADT，它允许我们在队列的任何一端进行插入和删除操作。我们把这一实现留作练习（见练习4.37至练习4.41），我们注意到基于数组的实现是程序4.11的直接扩展，而且链表实现需要一个双向链表，除非我们限制双端队列只允许在一端进行删除操作。

在第9章中，我们将讨论优先队列（priority queue），在优先队列里，每个项有一个键（key），并且删除规则是"删除有最小键的那个项"。优先队列ADT在大量的应用中很有用，而且多年来为这一ADT寻找一个高效的实现已经成了计算机科学的一个研究目标。在应用中确定并使用这一ADT已经成为研究工作的一个重要组成部分；我们可以马上指出一个新算法是否正确，只需用它代替一个大型复杂系统中的旧版实现，然后检查一下它们是否得到一样的结果就行了。进一步来说，不管一个新的算法是否比旧的算法要高效，我们很快就可得到指示：用新的实现来代替旧的版本改进了总的运行时间。我们在第9章为了解决这个问题而讨论的数据结构和算法有趣、有独创性而且高效。

从第12章至第16章，我们将讨论符号表（symbol table），它是一种广义队列，其中每个项都有键这一属性，删除规则是："删除那些键与给定键相等的项，如果存在这样的项"。这个ADT也许是我们所讨论到的所有ADT中最重要的一个，我们将会检查关于它的数十种实现。

这类ADT中的每一种又会引出许多与之相关联，又有所差别的ADT，那些ADT把自己看成是对客户程序和实现性能检查的副产品。在4.7节和4.8节中，我们将讨论大量关于对广义队列的规范的修改例子，引出更多不同的ADT，当然，这些都将在本书后面加以讨论。

练习

▷ 4.30 使用程序4.11，执行图4-6指示的操作，然后给出q[0]，…，q[4]的内容。假定图4-8中的maxN为10。

▷ 4.31 在以下序列中，字母表示put操作，星号表示get操作，这一系列操作在一个初始为空的FIFO队列中执行，给出每一次get操作返回的值的序列。

　　　E A S * Y * Q U E * * * S T * * * I O * N * * *.

4.32 修改程序4.11中的基于数组的FIFO队列实现，加上一个QUEUEerror函数，使得当一个客户试图从空队列进行get操作，或者向满队列进行put操作的时候调用它。

4.33 修改程序4.10中的基于链表的FIFO队列实现，加上一个QUEUEerror函数，使得当一个客户试图从空队列进行get操作，或者向队列进行put操作但没有内存可用于malloc的时候调用它。

▷ 4.34 在以下序列中，大写字母表示插入到开头，小写字母表示插入到结尾，加号表示从开头删除，星号表示从末尾删除。这一系列操作在一个初始为空的双端队列中执行，给出每一次删除操作返回的值的序列。

　　　E A s + Y + Q U E * * + s t + * + I O * n + + *.

▷ 4.35 使用练习4.34中的约定，给出一种方法，使得我们在序列E a s y中插入加号和星号后，该序列get操作返回：(i) E s a Y；(ii) Y a s E；(iii) a Y s E；(iv) a s Y E；或者证明不存在这样的序列。

• 4.36 给定两个序列，给出一个算法来确定是否可能通过加上加号和星号，使得第一个序列能够产生第二个序列，作为一个双端操作的序列，按照练习4.35所示的方法来解释。

▷ 4.37 写一个双端队列的ADT接口。

4.38 为你的双端队列接口（练习4.37）提供一个实现，使用一个数组作为基本数据结构。

4.39 为你的双端队列接口（练习4.37）提供一个实现，使用一个双链表作为基本数据结构。

4.40 为程序4.9中的FIFO队列接口提供一个实现，使用一个循环链表作为基本数据结构。

4.41 写一个客户程序来测试你的双端链表ADT（练习4.37），通过读取一个像练习4.34中的指令字符串，然后执行已指示的操作。字符串作为命令行的第一个参数。往接口和实现中加上一个函数DQdump，用来在每一次操作后打印出双端队列的内容，使用图4-6的风格。

○ 4.42 写一个接口和一个实现来建立一个随机序列ADT，使用数组作为基本数据结构。确保每一个操作都是常数时间复杂度。

•• 4.43 写一个接口和一个实现来建立一个随机序列ADT，使用链表作为基本数据结构。提供insert和delete操作的实现，尽你最大努力提高它们的效率，然后分析它们的最坏情况开销。

▷ 4.44 写一个客户程序，为抽奖抽取数字。通过把数字1~99放进一个随机队列中，然后打印删除它们中的五个数字得到的结果。

4.45 写一个客户程序从命令行的第一个参数中取一个整数N，然后打印出N个扑克牌局，方法是把N个项放到一个随机队列中（见练习4.4），然后打印出从队列中一次拣出五张牌的结果。

• 4.46 写一个程序解决连通性问题，通过把所有的对插入到一个随机队列中，然后又从队列中把它们拿出来。使用带权的快速查找算法（程序1.3）。

4.7 复制和索引项

对于很多应用来说，我们所处理的抽象项是独一无二的，它们的这个性质导致我们考虑改变栈、FIFO队列或者其他广义ADT的操作的问题。特别地，在这一节里，我们将讨论改变栈、FIFO队列和其他广义队列的规范使它们不允许数据结构的重复项所带来的影响。

例如，公司里有一个顾客的邮件列表，公司希望通过插入其他一些来源的列表这一操作使这个列表增长，但是不允许插入一个已经存在的顾客资料。我们可以看到在很多应用中都需要遵循同样的原则。我们考虑另一个例子，就是在一个复杂的通信网络中路由一条信息的问题。我们可能会试着同时穿越网络中的几条路径，但是信息只有一条，因此任何特定的网络节点在它的内部数据结构中都只能有这一信息的一个复制。

解决这一状况的在一种方法是让客户保证重复项不会出现在ADT中，这可能会使客户使用一些不同的ADT实现这一任务。但是ADT的设计目的是为客户的应用问题提供清晰的解决方案，因而我们应该把检测和解决重复性的问题作为ADT应该解决的问题的一个部分。

不允许重复项这个策略是抽象的一个变化：含有这个策略的ADT的接口、操作名字等和那些没有这一策略的ADT一样，但是它们的实现行为从根本上改变了。通常，不管我们如何修改一个ADT的规范，我们总是得到一个全新的ADT——一个和原来的ADT相比有着完全不同属性的ADT。这种状况也证明了ADT规范的不稳定性：保证客户和实现通过接口依附到规范中是完全不足够的，但是像这样强行符合一个高级策略又会带来新的问题。但是，我们仍然对能够实现这一策略的算法很感兴趣，因为客户能够利用这个属性采用新的方法来解决问题，并且实现也可以利用这样的条件提供更多高效的解决方案。

图4-9显示了一个修改后的无重复项栈ADT如何执行图4-1中所示的操作；图4-10显示了FIFO队列改变后的影响。

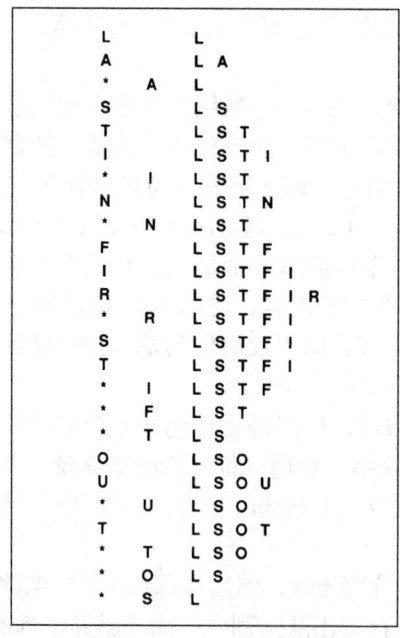

图4-9　无重复项的下推栈

注：这一序列显示了和执行图4-1中的操作一样后的结果，但是这里用的是对象不允许重复的栈。灰色正方形标志的状态表示栈在操作后没有改变，因为正要压入栈的项已经在栈中存在。栈中项的数目可能被不同的项的数目所限制。

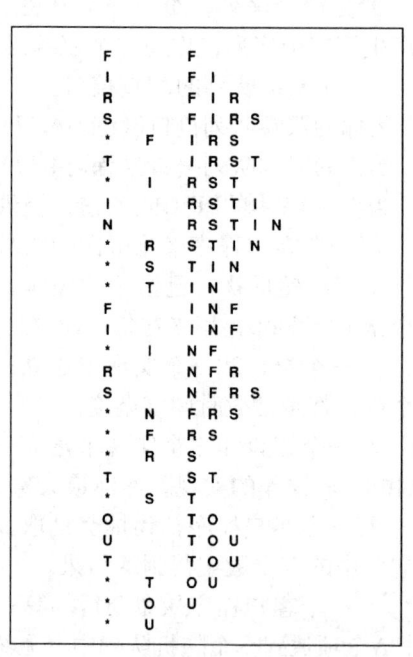

图4-10　无重复项的FIFO队列，忽略新项策略

注：这一序列显示了执行图4-6中操作后的结果，但这里用的是不允许重复项的队列。灰色正方形标志的状态表示队列在操作后没有改变，因为正要压入队列中的项已经在队列中存在。

通常，客户在为一个已存在于数据结构中的项提交插入请求时，我们要做出相应的对策。

但是我们应不应该执行起来就像这个请求从未发生过，或者说，我们应不应该执行起来像是在插入之后紧跟着一个删除？这一决定会影响到ADT中的项的顺序，尤其是栈和FIFO队列（见图4-11），这样的区别对于客户来说是很重要的。例如，使用这样的ADT来处理邮件列表的公司可能更喜欢使用新项（可能假设新项中有更多最新的顾客信息），而使用这样ADT的转换机制可能更喜欢忽略掉新项（可能它已经采取措施发送信息）。进一步来说，这一策略的选择影响了ADT的实现：忘掉旧的项则会比忘掉新的项更难实现，因为它需要我们修改数据结构。

为了实现广义队列的无重复项，我们假设有一个抽象操作来测试项的相等性，就像4.1节中讨论的一样。给定这样一个序列，我们仍然需要确定一个将要插入的新项是否已经在数据结构中。通常的做法是实现符号表（symbol table）ADT，因此我们可以在第12章至第15章里给出的实现中讨论这一ADT。

还有一种特别情况我们是可以直接解决的，那就是程序4.12中讨论的下推栈ADT实现。这一实现假设项都是0~M-1之间的整数。然后，它使用了第二个数组，用项本身作为下标索引，来检查一个项是否在栈中。当我们插入项i时，我们把第二个数组中的第i个项置为1；当我们删除项i时，我们把这个数组中的第i个项置为0。因此我

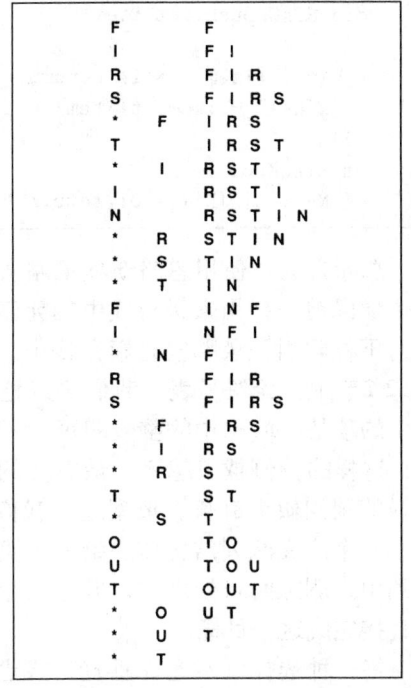

图4-11 无重复项的FIFO队列，忘掉旧项策略

注：这一序列显示了执行图4-10中操作后的结果，但使用了一个（更难实现的）策略，就是总是在队列尾添加新项。如果有重复，则删除它。

们可以像以前一样，使用同样的代码来插入项和删除项，只要增加一个测试操作：插入一个项之前，我们可以检测一下它是否已经在栈中。如果是，我们忽略push操作。这一操作不依赖我们使用数组还是链表（还是别的什么）来表示栈。实现一个忽略旧项的策略包括了更多的工作（见练习4.51）。

程序4.12 有下标且无重复项的栈

这一下推栈实现假设每一项都是0~maxN-1之间的整数，因此它可以维持一个数组t，这个数组中的非零值对应着栈中的每一项。这个数组使得STACKpush操作很快地检查出它的参数是否已经在堆栈中，如果在堆栈中，则忽略这个操作。我们在t中对每一个项只使用一个位的空间，因此如果需要，我们可以使用字符或者位代替整数来节省空间（见练习12.12）。

```
#include <stdlib.h>
static int *s, *t;
static int N;
void STACKinit(int maxN)
  { int i;
    s = malloc(maxN*sizeof(int));
    t = malloc(maxN*sizeof(int));
    for (i = 0; i < maxN; i++) t[i] = 0;
    N = 0;
```

```
      }
    int STACKempty()
      { return !N; }
    void STACKpush(int item)
      {
         if (t[item] == 1) return;
         s[N++] = item; t[item] = 1;
      }
    int STACKpop()
      { N--; t[s[N]] = 0; return s[N]; }
```

总而言之，使用忽略新项策略实现无重复项的栈的一种方法是：保持两个数据结构：第一个像以前一样用来保持栈中的元素，以记录元素插入时的顺序；第二个是一个数组，用项作为下标索引记录哪些元素在栈中。这样使用数组其实是符号表实现的一个特例，我们将会在12.2节中讨论符号表。我们可以把这个技术应用在任何广义队列ADT中，只要知道广义队列中的项是 0~$M-1$ 中的整数即可。

这样的特例越来越多。最重要的例子是数据结构中的项本身是数组的索引，因此我们把这样的项叫做索引项。典型地，我们有 M 个对象的一个集合，保存在另一个数组中，我们需要把一个广义队列结构传递给一个更加复杂的算法作为它的一部分。使用下标把对象存放在队列中，删除时可处理它，并且每个对象只能处理一次。在无重复的队列中使用数组下标可以直接完成这一目标。

每一种选择（不允许重复，或者允许；使用新项，或者不使用）都导致一个新的ADT。它们之间的差别很小，但如客户程序所看到的那样，它们显然会影响到ADT的动态行为，并影响选择何种算法和数据结构来实现各种操作，因此我们没有别的选择，只能够分别对待所有的这些ADT。进一步来说，我们有其他选择需要考虑：例如，我们也许希望修改接口，使得客户程序在试图插入一个重复项时能够通知客户程序，或者提供一个选择给客户程序，让它决定是否忽略新项或者忘掉旧项。

当我们非正式地使用一个项，例如下推栈（pushdown stack）、FIFO队列、双端队列、优先队列或者符号表的时候，隐含指的是一簇（family）ADT，每一种ADT都定义了不同的操作集以及关于这些操作含义的不同约定，对某些情形来说，每一种需要不同的、更复杂实现来高效地支持这些操作。

练习

▷ 4.47 对照着图4-9中栈的ADT，使用忘掉旧项策略，画一个无重复项栈的图表。

4.48 修改4.4节中标准的基于数组的栈实现（程序4.4），使用忽略新项策略，使之不允许重复项。使用扫描整个栈的蛮力方法。

4.49 修改4.4节中标准的基于数组的栈实现（程序4.4），使用忘掉旧项策略，使之不允许重复项。使用扫描整个栈的蛮力方法。可能需要重排整个栈。

• 4.50 修改4.4节中基于链表的栈实现（程序4.5）做练习4.48和4.49。

○ 4.51 开发一个无重复项下推栈的实现，为 0~$M-1$ 之间的整数项使用一个忘掉旧项策略，保证push和pop操作花费常数的时间。提示：使用一个双向链表表示栈，并且使指针指向基于项的索引数组中的节点，数组中的项值不只是0/1值。

4.52 对于FIFO队列ADT做练习4.48和4.49。

4.53 对于FIFO队列ADT做练习4.50。

4.54 对于FIFO队列ADT做练习4.51。

4.55 对于随机队列ADT做练习4.48和4.49。

4.56 对于练习4.55中的ADT写一个客户程序，实现一个无重复项的随机队列。

4.8 一级ADT

从4.2节到4.7节，我们讨论了栈和FIFO队列ADT，它们的接口和实现为客户提供了使用某种广义栈或队列的单个实例的能力，达到了隐藏客户在实现中使用特殊数据结构的重要目的。这样的ADT用途广泛，并可作为我们这本书中讨论的许多实现的基础。

然而当把这些对象考虑成ADT本身时是极其简单的，这是由于在给出的程序中只有一个对象出现。这种情况类似于操纵在只有一个整数上的程序。我们可以增加、减少和测试整数的值，但不能声明变量或者用它作为函数的参数或返回值，甚至也不能与另一个整数相乘。在这一节里，我们讨论如何构造ADT，使我们可以像在操纵客户程序中内置类型那样操纵这些ADT，同时仍然能够达到隐藏客户实现的目的。

定义4.4 一级数据类型是一种我们可以有多种潜在实例的类型，可以把它赋给那些能够声明为保存这些实例的变量。

举例说明，我们可以使用一级数据类型作为函数的参数和返回值。

我们使用的实现一级数据类型的方法可以应用到任何数据类型中：特别是，可以应用到广义队列中，这为我们提供了编写操纵栈和FIFO队列的程序的能力，方法和我们操纵C中其他数据类型是一样的。这种能力在算法的研究中非常重要，因为它为我们提供了表示涉及诸如ADT这样的高级操作的一种自然途径。例如，我们可以讨论联接两个队列的操作，也就是把这两个队列组合成一个队列。我们将会讨论在优先队列上（第9章）和符号表上（第12章）实现这些操作的算法。

某些现代语言提供构建一级ADT的特定机制，但是思想又超越了特定机制。能够像操纵内置数据类型如int或float类型那样操纵ADT的实例是设计许多高级编程语言的重要目标。因为它允许应用程序被编写成这样一种程序，它能操纵与应用相关的主要对象；允许程序员同时工作在大型系统中，所有这一切都使用精确定义的一个抽象操作集合；并为这些抽象操作的实现提供了多种途径，例如，对于新的机器和程序设计环境，无需改变应用程序的代码就可做到。某些语言甚至允许操作符重载，这允许我们使用基本的符号如+或*来定义操作符。C并不提供对构建一级数据类型的特定支持，但它的确提供达到那个目标所使用的基本操作。在C中有多种处理的方法。为了把重点放在算法和数据结构上，而不是程序设计语言的设计上，我们并不考虑所有其他的操作；而是，我们只描述并采用在本书中使用的一种便利操作。

为了描述基本的方法，我们先考虑一个一级数据类型的例子，然后讨论复数（complex-number）抽象的一级ADT。我们的目标是能够编写像程序4.13那样的程序，可以使用在ADT中所定义的操作对复数进行代数运算。我们实现了add操作和multiply操作，并作为标准C函数，因为C并不支持操作符重载。

程序4.13 复数驱动程序（单位根）

这一客户程序使用ADT实现了一个关于复数的计算，允许它们对那些直接定义的Complex类型变量进行计算，以及把这些变量作为函数参数和返回值。这个程序通过计算单位根的幂次来检查这一ADT的实现。程序打印出的表格显示在图4-12中。

```c
#include <stdio.h>
#include <math.h>
#include "COMPLEX.h"
#define PI 3.141592625
main(int argc, char *argv[])
  { int i, j, N = atoi(argv[1]);
    Complex t, x;
    printf("%dth complex roots of unity\n", N);
    for (i = 0; i < N; i++)
      { float r = 2.0*PI*i/N;
        t = COMPLEXinit(cos(r), sin(r));
        printf("%2d %6.3f %6.3f ", i, Re(t), Im(t));
        for (x = t, j = 0; j < N-1; j++)
          x = COMPLEXmult(t, x);
        printf("%6.3f %6.3f\n", Re(x), Im(x));
      }
  }
```

程序4.13利用了复数的一些数学性质，我们现在暂时离一下题，先简要讨论一下这些性质。换一种角度考虑，我们根本没有离题，因为思考把复数本身作为一种数学抽象和在计算机中表示这种抽象之间的关系将会很有趣。

数字 $i = \sqrt{-1}$ 是一个虚数。虽然作为实数来说 $\sqrt{-1}$ 没有意义，我们仅仅这样定义 i，并进行 i 上的代数操作，任何时候只要出现 i^2 就用 -1 代替。一个复数（complex number）由两部分组成，实部和虚部——复数能够写成 $a + bi$ 的形式，其中 a，b 都是实数。为了进行复数的乘法，我们应用常用代数法则，在 i^2 出现的时候替换成 -1。例如，

```
0  1.000  0.000 1.000  0.000
1  0.707  0.707 1.000  0.000
2 -0.000  1.000 1.000  0.000
3 -0.707  0.707 1.000  0.000
4 -1.000 -0.000 1.000  0.000
5 -0.707 -0.707 1.000 -0.000
6 -0.000 -1.000 1.000 -0.000
7  0.707 -0.707 1.000 -0.000
```

图4-12 复单位根

注：这一表格给出了当我们用8作为a.out的命令行参数时，程序4.13的运行结果。这8个复单位根分别为 ± 1，$\pm i$ 和 $(\pm \sqrt{2}/2)$ $(\pm \sqrt{2}/2)i$（左边两列）。这8个复数中的任何一个在做8次方幂运算后都得到结果 $1+0i$（右边两列）。

$$(a + bi)(c + di) = ac + bci + adi + bd\, i^2 = (ac - bd) + (ad + bc)i$$

当我们进行一个复数乘法的时候，实部或者虚部都有可能省略掉（值为0）。例如，

$$(1 - i)(1 - i) = 1 - i - i + i^2 = -2i$$
$$(1 + i)^4 = 4i^2 = -4$$
$$(1 + i)^8 = 16$$

把上一个的等式两边同时除以16，考虑到 $16 = (\sqrt{2})^8$，我们发现

$$\left(\frac{1}{\sqrt{2}} + \frac{i}{\sqrt{2}}\right)^8 = 1$$

通常来说，有很多的复数经过幂次操作之后会等于1。这些复数称为复单位根。实际上，对每一个整数 N，都恰好有 N 个复数 z 满足 $z^N = 1$。很容易就能够写出来这些数 $k = 0, 1, \cdots, N-1$，它们满足这个性质（见练习4.63）。例如：取 $k = 1$ 和 $N = 8$ 代入下式，就可以得到我们刚才发现的8次复单位根。

$$\cos\left(\frac{2\pi k}{N}\right) + i\sin\left(\frac{2\pi k}{N}\right),$$

程序4.13是复数ADT客户程序的一个例子，它使用定义在ADT中的乘法操作对每个N次单位根执行N次幂操作。程序的输出显示在图4-12中。我们希望每一个数经过N次幂后得到同样的结果1或者$1+0i$。

这个客户程序在这一点上与我们所考虑的那些客户程序的不同之处在于，它声明了类型Complex的变量，并向这些变量赋值，还包括使用这些变量作为函数的参数和返回值。因此，我们需要在接口中定义类型Complex。

程序4.14是一个我们所考虑使用的复数接口。它把类型Complex定义为由两个浮点数（一个是复数的实部，一个是复数的虚部）组成的struct，并声明了处理复数的4个函数：初始化函数、取复数实部、取复数虚部和复数乘法。程序4.15给出了这些函数的直接实现。并且这些函数中的两个函数提供了复数ADT的高效实现，我们可以在像程序4.14这样的程序中成功使用它们。

程序4.14　复数的一级数据类型

这个关于复数的接口包括一个typedef，它允许实现声明为Complex类型的变量，并使用这些变量作为函数参数和返回值。然而，数据类型不是抽象类型，因为这种表示没有隐藏客户。

```
typedef struct { float Re; float Im; } Complex;
Complex COMPLEXinit(float, float);
   float Re(Complex);
   float Im(Complex);
Complex COMPLEXmult(Complex, Complex);
```

程序4.15　复数数据类型的实现

这些复数数据类型的函数实现是直接的。然而，我们并不把它们从Complex类型的定义中分离出来，为了客户方便起见，这个类型定义在接口中。

```
#include "COMPLEX.h"
Complex COMPLEXinit(float Re, float Im)
   { Complex t; t.Re = Re; t.Im = Im; return t; }
float Re(Complex z)
   { return z.Re; }
float Im(Complex z)
   { return z.Im; }
Complex COMPLEXmult(Complex a, Complex b)
   { Complex t;
     t.Re = a.Re*b.Re - a.Im*b.Im;
     t.Im = a.Re*b.Im + a.Im*b.Re;
     return t;
   }
```

程序4.14中的接口确定了复数的一种特定表示——它是一种包括两个整数（复数的实部和虚部）的结构体。然而，通过把这个表示放在接口内，可以使它也能为客户程序所用。程序员常用这种方法组织接口。本质上说，这样的做法可以发表一种新的数据类型的标准表示，可以为许多客户程序所用。在这个例子中，客户程序可以直接调用任何类型为Complex的变量t.Re和t.Im。允许这样访问的优点是，可以确保没有出现在操作集中且需要直接实现其操纵的那些客户程序至少与标准表示一致。允许客户程序直接访问数据的缺点是如果要改变这种表示，必须改变所有客户程序。总而言之，程序4.14不是一种抽象数据类型。因为接口中没有隐藏这种表示。

即使对于这样简单的例子，改变这种表示的难度也是很大的，因为还有另外一种标准表示我们可能希望能够考虑使用的：极坐标（见练习4.62）。对于具有更复杂数据结构的一个应用，改变表示的能力是所要求的。例如，公司在处理邮件列表时，需要使用同一客户程序来处理不同格式的邮件列表。有了一级ADT，客户程序不需直接访问就可以操纵数据，而是通过操纵定义在ADT中的操作间接访问就可以了。像取得客户名这样的操作对于不同的列表格式就可有不同的实现。这种安排最重要含义是我们在改变数据表示时不必改变客户程序。

我们使用术语句柄（handle）来描述对抽象对象的引用。目标是使客户程序可以引用用于赋值语句中的抽象对象，以及像内置数据类型一样做为函数的参数和返回值，同时在客户程序中隐藏对象的表示。

程序4.16是达到此目标的复数接口的一个例子，例子中的一些约定的使用将会贯穿在本书中。句柄定义为指向结构体的一个指针，该结构体只有命名标志，没有明确定义。客户程序可以用任何其他方式使用这个句柄：它不能通过改变指针指向来访问结构体中的一个域，这是因为它没有这些域的任何名字。在接口中，我们所定义的函数，可以把句柄作为函数参数，也可以把句柄作为函数值返回；客户程序可以使用这些函数，所有这些不需知道任何关于这个数据结构的信息就可以用于实现这个接口。

程序4.16　复数的一级ADT

这个接口为客户程序提供复数对象的句柄，但它并没有给出关于这个表示的任何信息，除了它的标志名以外，它只是一个没有详细说明的struct。

```
typedef struct complex *Complex;
Complex COMPLEXinit(float, float);
  float Re(Complex);
  float Im(Complex);
Complex COMPLEXmult(Complex, Complex);
```

程序4.17是程序4.16的接口的一个实现。它定义了用于实现句柄和数据类型本身的特定数据结构；定义了可以为一个新的对象分配内存空间并初始化它的域的函数；还定义了能够访问这些域的一些函数（我们可以通过改变句柄指针来访问参数对象中的某些域来实现）及实现ADT操作的一些函数。所有关于所使用数据结构的特定信息都被封装在实现中，因为客户程序没有办法引用它。

程序4.17　复数ADT的实现

与程序4.15相比，这个复数ADT的实现包括了结构定义（它隐藏在客户程序中）以及函数实现。对象是指向结构的指针，因而我们使指针指向这个链域。

```
#include <stdlib.h>
#include "COMPLEX.h"
struct complex { float Re; float Im; };
Complex COMPLEXinit(float Re, float Im)
  { Complex t = malloc(sizeof *t);
    t->Re = Re; t->Im = Im;
    return t;
  }
```

```
float Re(Complex z)
   { return z->Re; }
float Im(Complex z)
   { return z->Im; }
Complex COMPLEXmult(Complex a, Complex b)
   {
      return COMPLEXinit(Re(a)*Re(b) - Im(a)*Im(b),
                        Re(a)*Im(b) + Im(a)*Re(b));
   }
```

在程序4.14和程序4.15中的关于复数数据类型和程序4.16和程序4.17中的关于复数ADT的差别是本质上的，因而值得仔细研究。我们可以使用这种机制开发和比较本书中的基本问题的高效算法。我们将不进一步详细论述在软件工程中使用这些机制的所有含义，但它是一种有力且通用的机制，我们将会用于算法和数据结构及其实现的研究中。

特别是，存储管理问题是软件工程中使用ADT的关键问题。当我们在程序4.13中说x = t的时候，变量x和t都是Complex类型的对象，我们简单地分配一个指针。另一种方法是分配内存给一个新对象，然后定义显式copy函数，把与t关联的对象中的值复制到新的对象中。这个copy语义的问题对于任何ADT的设计同样重要。我们通常使用指针赋值（因而并不考虑copy在ADT中的实现问题），因为我们强调效率——这种选择使我们在对大型数据结构进行操作时对于额外隐含开销不太敏感。C字符串数据类型的设计就是基于类似的考虑。

程序4.15中的COMPLEXmult的实现为此结果创建了一个新的对象。作为选择，更多的保留显式为客户程序创建对象操作的精髓，我们会在其中一个参数中返回这个值。正如它阐明的那样，COMPLEXmult有一个称为内存泄漏的缺点，这使得程序不适用于大量乘法操作。问题是每个乘法操作都为一个新的对象分配内存空间，但我们从不执行任何调用来释放这个空间。由于这个原因，ADT常常包含客户程序使用的显式销毁（destroy）操作。然而，仅有销毁操作不能保证客户程序将它用于每个所创建的对象。内存泄漏是细微的缺陷，困扰许多大型系统。由于这个原因，一些编程环境可以自动使系统调用destroy，而另一些系统可以自动分配内存空间，其中系统能够确认程序不再使用哪些内存空间，并回收这些空间。这些方案中没有一种方案令人完全满意。我们很少会把destroy实现放在ADT中，因为我们会把这些因素从算法的主要特性中去掉。

一级ADT在许多实现中起着主要作用，这是因为它们为我们在4.1节所讨论的泛型对象和对象集的抽象机制提供所需的支持，因此，我们使用Item来表示在广义队列ADT中所操纵的项的类型（包含Item.h接口文件），它的正确的适当实现可使我们的代码用于客户程序可能需要的任何数据类型。

为了进一步说明基本机制的泛型特性，我们使用刚才用于复数的同一基本模式，来讨论FIFO队列的另一个一级ADT。程序4.18是这个ADT的接口。它与程序4.9的不同之处在于，它定义了一个队列句柄（它是按标准方式的一个未指明结构的指针），且每个函数把队列句柄作为参数。有了句柄，客户程序可以操纵多个队列。

程序4.18 队列的一级ADT接口

我们为队列提供的句柄的方式与在程序4.16中为复数提供的句柄的方式完全一样。句柄是一个指向结构体的指针，除了标志名以外未加以详细说明。

```
typedef struct queue *Q;
void QUEUEdump(Q);
```

```
    Q QUEUEinit(int maxN);
  int QUEUEempty(Q);
 void QUEUEput(Q, Item);
 Item QUEUEget(Q);
```

程序4.19示范了这样一个客户驱动程序。它随机地把N个项赋给M个FIFO队列中的一个，然后一个一个地删除队列中的项，把队列中的内容打印输出，图4-13是这个程序所产生的输出结果的一个例子。我们对这个程序的兴趣在于说明一级数据类型机制如何允许它本身和队列ADT本身作为高级对象一起工作——可以容易地扩充程序用来测试各种组织队列以对顾客提供服务的方法，诸如此类。

程序4.19 队列客户程序（队列模拟）

可用对象句柄构建带有ADT对象的复合数据结构，比如在这个样板客户程序中的数组队列，这个客户程序模拟这样一种情况，客户随机地被赋给M个服务队列的其中一个服务队列，并等待服务。

```
#include <stdio.h>
#include <stdlib.h>
#include "Item.h"
#include "QUEUE.h"
#define M 10
main(int argc, char *argv[])
  { int i, j, N = atoi(argv[1]);
    Q queues[M];
    for (i = 0; i < M; i++)
      queues[i] = QUEUEinit(N);
    for (i = 0; i < N; i++)
      QUEUEput(queues[rand() % M], j);
    for (i = 0; i < M; i++, printf("\n"))
      for (j = 0; !QUEUEempty(queues[i]); j++)
        printf("%3d ", QUEUEget(queues[i]));
  }
```

程序4.20是程序4.18中所定义的FIFO队列ADT的一种实现，实现中使用链表作为基本的数据结构。这些实现和程序4.10中的那些实现的主要区别是变量head和tail。在程序4.10中，由于只有一个队列，因而我们可以在实现中简单地声明并使用这些变量。在程序4.20中，每个队列q都有它自己的指针head和tail，通过q->head和q->tail引用。在实现中struct队列的定义回答了针对那个实现的"队列是什么"的问题：在这种情况下，队列是指向结构体的指针，该结构体由链接到队列的头和尾的链接组成。在数组实现中，队列是指向struct的指针，该结构由指向数组的指针和两个整数组成，两个整数分别为数组大小和当前队列中元素个数（见练习4.56）。一般而言，结构体的成员就是一个对象的实现中的全局变量或静态变量。

```
 6 13 51 64 71 84 90
 4 23 26 34 38 62 78
 8 28 33 48 54 56 75 81
 2 15 17 37 43 47 50 53 61 80 82
12 25 30 32 36 49 52 63 74 79
 3 14 22 27 31 42 46 59 77
 9 19 20 29 39 45 69 70 73 76 83
 5 11 18 24 35 44 57 58 67
 0  1 21 40 41 55 66 72
 7 10 16 60 65 68
```

图4-13 随机队列模拟

注：这一个列表给出了用84作为程序4.19的命令行参数后得到的结果。这10个队列平均每个队列8.4项，最少为6项，最多为11项。

程序4.20 一级队列的链表实现

为对象句柄所提供的实现代码一般要比为单一对象提供的代码(见程序4.10)麻烦一些。这个代码并不检查当一个客户试图从空队列get,或者malloc返回不成功时的错误(见练习4.33)。

```c
#include <stdlib.h>
#include "Item.h"
#include "QUEUE.h"
typedef struct QUEUEnode* link;
struct QUEUEnode { Item item; link next; };
struct queue { link head; link tail; };
link NEW(Item item, link next)
  { link x = malloc(sizeof *x);
    x->item = item; x->next = next;
    return x;
  }
Q QUEUEinit(int maxN)
  { Q q = malloc(sizeof *q);
    q->head = NULL;
    return q;
  }
int QUEUEempty(Q q)
  { return q->head == NULL; }
void QUEUEput(Q q, Item item)
  {
    if (q->head == NULL)
      { q->tail = NEW(item, q->head);
        q->head = q->tail; return; }
    q->tail->next = NEW(item, q->tail->next);
    q->tail = q->tail->next;
  }
Item QUEUEget(Q q)
  { Item item = q->head->item;
    link t = q->head->next;
    free(q->head); q->head = t;
    return item;
  }
```

有了仔细设计的ADT,我们可以根据不同的兴趣在客户程序和实现之间分开使用它们。例如,我们在开发或调试ADT的实现时一般使用驱动程序。类似地,我们在构建系统来了解客户程序的属性时,常常会使用ADT的不完整的称为stub的实现,作为placeholder控件。但是,这项练习对于依赖ADT实现语义的客户程序而言很有技巧性。

正如我们在4.3节中看到的那样,使给定的ADT在单个程序中具有多个实例的能力可以导致复杂的情况。我们希望栈或队列允许有不同类型的对象操作在其上吗?同一队列中对象类型不同又如何?在我们知道性能差异的情况下,我们希望在单个客户程序中使用同一类型队列的不同实现吗?关于实现效率的信息应该包含在接口中吗?信息的格式又是什么?这些问题强调了理解基本算法和数据结构的特性以及客户程序如何高效使用它们的重要性,在某种意义上,它们是本书的主题。然而,完全实现它们却是软件工程的任务,不是算法设计的任务。因而,我们不再短期开发本书中通用的这些ADT(见第二部分参考文献)。

尽管一级ADT有这样多的优点，提供一级ADT的机制是以指针引用和稍微复杂一些的实现代码为代价的，因而我们只对要求在接口中用作参数或返回值的那些ADT使用这些完整机制。一方面，使用一级类型可能把大部分代码放在少量的大型应用系统中；另一方面，只有一个对象的安排，比如栈、FIFO队列以及4.2节至4.7节的广义队列，还有4.1节所描述的使用 **typedef** 说明对象的类型，这一切对于我们所编写的大部分程序都是很有用的技术。在本书中，我们介绍了后面所讨论的大部分算法和数据结构，然后在有保证的情况下把这些实现扩展为一级ADT。

练习

▷ 4.57 在程序4.16和程序4.17中，为复数的ADT添加函数COMPLEXadd。

4.58 把4.5节中的等价关系ADT转换为一个一级ADT。

4.59 创建一个一级ADT，使之用于处理扑克牌游戏的程序中。

•• 4.60 编写一个程序来经验性地测定各种扑克牌局发出来的可能性，使用练习4.59中定义的ADT。

4.61 创建一个平面上的点的ADT，使用你的ADT把第3章中程序3.16的最近点对程序改为一个客户端程序。

○ 4.62 为复数ADT的实现开发一个实现，复数的表示基于极坐标（也就是说，形式是$re^{i\theta}$）。

• 4.63 利用等式$re^{i\theta} = \cos\theta + i\sin\theta$来证明$e^{2\pi i} = 1$，以及证明$N$个$N$次复单位根是：

$$\cos\left(\frac{2\pi k}{N}\right) + i\sin\left(\frac{2\pi k}{N}\right), \quad k = 0, 1, \cdots, N-1$$

4.64 列出N从2~8的N次单位根。

4.65 开发书中（程序4.18）给出的FIFO队列一级ADT的一个实现，使用数组作为基本数据结构。

▷ 4.66 为一级下推栈ADT编写一个接口。

4.67 为你在练习4.66中的一级下推栈ADT开发一个实现，使用数组作为基本数据结构。

4.68 为你在练习4.66中的一级下推栈ADT开发一个实现，使用链表作为基本数据结构。

○ 4.69 修改4.3节中的后缀表达式求值程序，对整数系数组成的复数后缀表达式求值，使用程序4.16和4.17中的一级复数ADT。为简单起见，假设所有的复数的实部和虚部都是非零的整数，各部分之间没有空格。例如，当给出以下输入时，你的程序应该输出8 + 4i。

$$1+1i\ 0+1i\ +\ 1-2i\ *\ 3+4i\ +$$

4.9 基于应用的ADT示例

作为最后一个例子，我们在本节讨论一个特定于应用的ADT。这个ADT代表了应用领域与我们在本书中讨论的那些算法及数据结构之间的关系。我们将要讨论的例子是多项式ADT。它来自符号数学领域，在这个领域里，我们使用计算机来帮助处理抽象数学对象。

我们的目的是能够做像这样的计算：

$$\left(1 - x + \frac{x^2}{2} - \frac{x^3}{6}\right)(1 + x + x^2 + x^3) = 1 + \frac{x^2}{2} + \frac{x^3}{3} - \frac{2x^4}{3} + \frac{x^5}{3} - \frac{x^6}{6}$$

我们也希望能够在给出x之后对多项式求值，例如$x = 0.5$，该等式两边都得到同样的结果1.1328125。乘法操作、加法操作以及多项式求值，这些操作是大量数学计算中的核心问题。程序4.21是一个进行符号操作的简单例子，它能够处理以下的多项式等式：

$$(x+1)^2 = x^2 + 2x + 1$$
$$(x+1)^3 = x^3 + 3x^2 + 3x + 1$$
$$(x+1)^4 = x^4 + 4x^3 + 6x^2 + 4x + 1$$
$$(x+1)^5 = x^5 + 5x^4 + 10x^3 + 10x^2 + 5x + 1$$
...

同样基本的思想扩展到因式分解、积分、求导数，或者关于特殊函数的知识等的操作。

程序4.21　多项式客户程序（二项系数）

这一个客户程序使用了程序4.22接口中定义的多项式ADT来进行多项式的代数运算。它从命令行获得一个整数N和一个浮点数p，计算$(x+1)^N$，然后计算多项式在$x = p$处的值来验算计算结果。

```
#include <stdio.h>
#include <stdlib.h>
#include "POLY.h"
main(int argc, char *argv[])
  { int N = atoi(argv[1]); float p = atof(argv[2]);
    Poly t, x; int i, j;
    printf("Binomial coefficients\n");
    t = POLYadd(POLYterm(1, 1), POLYterm(1, 0));
    for (i = 0, x = t; i < N; i++)
      { x = POLYmult(t, x); showPOLY(x); }
    printf("%f\n", POLYeval(x, p));
  }
```

正如程序4.22里展示的接口一样，第一步是定义多项式ADT。对于一个众所周知的数学抽象，例如多项式来说，它的规范已经清楚到不需要再说的地步（就像在4.8节里讨论的复数一样）：我们需要这个ADT实例的表现和那些众所周知的数学抽象完全一样。

程序4.22　多项式的一级ADT接口

通常来说，多项式的句柄是指向结构体的指针，该结构除了标志名之外，没有进行其他详细说明。

```
typedef struct poly *Poly;
 void showPOLY(Poly);
 Poly POLYterm(int, int);
 Poly POLYadd(Poly, Poly);
 Poly POLYmult(Poly, Poly);
float POLYeval(Poly, float);
```

为了实现接口中所定义的函数，我们需要选择一个特定的数据结构来表示多项式，然后实现操纵数据结构的算法来提供客户程序期望ADT提供的行为。通常来说，数据结构的选择影响算法的潜在效率，我们将随意讨论几个。数据结构通常选择链表表示和数组表示。程序4.23是一个使用数组表示的实现；链表表示的实现留作练习（见练习4.70）。

程序4.23　多项式ADT的数组实现

在这个多项式的一级ADT实现中，多项式是一个结构，它由度（degree）和指向系数数组的指针组成。为简化代码，每次加法操作修改其中的一个参数。每次乘法操作创建一个新的对象。在某些应用中还需要另一个ADT操作用于销毁对象（释放相应的内存空间）。

```
#include <stdlib.h>
#include "POLY.h"
struct poly { int N; int *a; };
Poly POLYterm(int coeff, int exp)
  { int i; Poly t = malloc(sizeof *t);
    t->a = malloc((exp+1)*sizeof(int));
    t->N = exp+1; t->a[exp] = coeff;
    for (i = 0; i < exp; i++) t->a[i] = 0;
    return t;
  }
Poly POLYadd(Poly p, Poly q)
  { int i; Poly t;
    if (p->N < q->N) { t = p; p = q; q = t; }
    for (i = 0; i < q->N; i++) p->a[i] += q->a[i];
    return p;
  }
Poly POLYmult(Poly p, Poly q)
  { int i, j;
    Poly t = POLYterm(0, (p->N-1)+(q->N-1));
    for (i = 0; i < p->N; i++)
      for (j = 0; j < q->N; j++)
        t->a[i+j] += p->a[i]*q->a[j];
    return t;
  }
float POLYeval(Poly p, float x)
  { int i; double t = 0.0;
    for (i = p->N-1; i >= 0; i--)
      t = t*x + p->a[i];
    return t;
  }
```

要想进行两个多项式加法，我们只要把它们的系数加起来就行了。如果多项式用的是数组表示，加法函数是对数组进行单个循环，如在程序4.23中显示的那样。想要进行两个多项式的乘法，我们使用基于分配律的基本算法。我们用其中一个多项式的每一项乘以另一个多项式的每一项，按照x的次幂排列好结果，然后把同次幂的项加起来就得到最后结果了。以下表格总结了对多项式$(1 - x + x^2/2 - x^3/6)(1 + x + x^2 + x^3)$的计算过程：

$$
\begin{array}{r}
1 - x + \dfrac{x^2}{2} - \dfrac{x^3}{6} \\
+ x - x^2 + \dfrac{x^3}{2} - \dfrac{x^4}{6} \\
+ x^2 - x^3 + \dfrac{x^4}{2} - \dfrac{x^5}{6} \\
+ x^3 - x^4 + \dfrac{x^5}{2} - \dfrac{x^6}{6} \\
\hline
1 + \dfrac{x^2}{2} + \dfrac{x^3}{3} - \dfrac{2x^4}{3} + \dfrac{x^5}{3} - \dfrac{x^6}{6}
\end{array}
$$

这个计算过程看上去所需的时间与N^2成正比。为这个任务找一个更快的算法是一个重要的挑战。我们将在第八部分详细讨论这个主题，那时我们将看到，使用分治法可能找到时间复杂度正比于$N^{3/2}$的算法，以及使用快速傅里叶变换找到时间复杂度正比于$N \lg N$的算法来完成这个任务。

程序4.23里的求值函数的实现使用了一个传统的称为Horner的高效算法。这个函数的一个直观实现包括了一个用于计算x^N的函数。这种方法需要平方时间。一种不那么直观的实现需要把x^i的值存储在一个表中，然后在后面计算需要的时候直接读取就行了。这种方法需要线性的额外空间。Horner算法是一种直接优化的线性算法，它基于如下的加括号操作：

$$a_4x^4 + a_3x^3 + a_2x^2 + a_1x + a_0 = (((a_4x + a_3)x + a_2)x + a_1)x + a_0$$

Horner方法常常被认为是节约时间的小技巧，但它又的确是一个早期的精美而且高效的算法的杰出例子，它把这一基本计算任务的时间花费从二次减少到了线性。在程序4.2中进行的把ASCII字符串转换到整数的计算是Horner算法的一个版本。在第14章和第五部分，我们将再次遇到Horner算法，作为一个与特定的符号表以及字符串搜索实现相关联的重要计算的基础。

为简化和高效起见，`POLYadd`修改其中的参数；如果在应用中选择使用这个实现，应该注意到规范中的那个事实（见练习4.71）。进一步来说，我们还有内存泄漏问题，尤其是在`POLYmult`中的问题，它创建了一个新的多项式来存储这个结果（见练习4.72）。

通常来说，用数组表示来实现多项式ADT只是一种可能性而已。如果指数很大，而且项不多，链表表示也许更合适一些。例如，我们不会想用程序4.23来进行如下的乘法操作：

$$(1 + x^{1000000})(1 + x^{2000000}) = 1 + x^{1000000} + x^{2000000} + x^{3000000}$$

因为它将使用的数组将会有近百万个未曾使用的空间浪费。练习4.70详细讨论了链表实现的方法。

练习

4.70 提供一个程序4.22中给出的多项式ADT的实现，使用链表作为基本数据结构。你的链表不能含有任何系数为0的项的节点。

▷ 4.71 修改程序4.23中的`POLYadd`中的实现，使之操作类似于`POLYmult`的操作（不能修改其中任何一个的参数）。

○ 4.72 修改书（程序4.21到程序4.23）中多项式的ADT接口、实现以及客户程序，使其没有内存泄漏。要完成这项功能，需要定义新的操作`POLYdestroy`和`POLYcopy`，它们分别释放对象的内存空间和把对象的值复制到另一个对象中；修改`POLYadd`和`POLYmult`用来销毁它们的参数，并按常规返回一个新创建的对象。

○ 4.73 扩展书中给定的多项式ADT，使之包括多项式积分和多项式求导操作。

○ 4.74 修改练习4.73中的多项式ADT，使之忽略所有指数大于或等于整数M的项，M由客户初始化的时候提供。

•• 4.75 扩展练习4.73中的多项式ADT，使之包括多项式因式分解操作。

• 4.76 开发一个ADT，允许客户程序对任意长的整数执行加法和乘法操作。

• 4.77 修改4.3节中的后缀表达式求值程序，使之能够对任意长的整数组成的后缀表达式求值，使用你在练习4.76中开发的ADT。

•• 4.78 编写一个使用你在练习4.75开发的多项式ADT的客户程序来计算积分。使用泰勒级数（Taylor series）的近似函数，符号化地处理它们。

4.79 为客户程序开发一个ADT，使它能够处理浮点数向量的算术运算。

4.80 为客户程序开发一个ADT，使它能够对抽象对象的矩阵进行算术运算：其中加法、减法和除法已经定义。

4.81 为字符串ADT编写一个接口，该ADT包括创建字符串、比较两个字符串、连接两个字符串、把一个字符串复制到另一个字符串中，以及返回字符串长度等操作。

4.82 为你的练习4.81中的字符串ADT接口提供一个实现，在适当的时候使用C语言的string库。

4.83 为你的练习4.81中的字符串ADT接口提供一个实现，使用链表作为基本的表示方式，分析每种操作在最坏情况下的运行时间。

4.84 为一个索引集ADT编写一个接口和一个实现，处理0~$M-1$之间的整数集合（M是已定义的常数），包括以下操作：创建一个集合、计算两个集合的并集、计算两个集合的交集、计算一个集合的补集、计算两个集合的差集，以及打印输出一个集合的内容。在你的实现里面使用一个长度为$M-1$的0-1数组来表示每一个集合。

4.85 编写一个客户程序测试你在练习4.84中的ADT。

4.10 展望

我们在从事算法及数据结构的学习时，有三个主要原因让我们了解基本ADT的基本概念：

- ADT是一个广泛应用的重要的软件工程工具，我们学习的许多算法都是一些广泛使用的基本的ADT的实现。
- ADT帮助我们封装所开发的算法，这样我们就可以把同样的代码用于不同目的。
- ADT在我们开发和比较算法性能的过程中提供了一种方便使用的机制。

理想情况下，ADT实现了我们希望精确描述我们操纵数据方式的通用原理。我们在这一章里详细讨论的客户-接口-实现机制对C的这个任务来说是很方便的，而且这种机制以C代码的形式为我们提供了一些想要的特性。现代许多语言有着特别的支持来允许我们开发具有类似性质的程序，但是通用的方法超出了特定语言的范围——当我们没有指定语言支持的话，我们采用传统的编程习惯来保持客户、接口和实现之间的分离。

当我们讨论一个日益扩大的关于确定ADT行为的选择集合时，我们将会面对一个日益扩大的关于提供高效实现的挑战性问题的集合。我们讨论的大量例子展示了迎接这些挑战的方法。我们持续不断地努力，以达到高效地实现所有操作的目标，但是我们不可能有一个通用的实现能够为所有的操作集合达到这个目标。这种状况会与ADT为首要地位的原则相抵触，在许多情况下，ADT的实现需要知道客户程序的性质，才能确定哪种实现才会使客户程序最高效地运行；而客户程序的实现这又需要知道各种不同实现的性能特性，才能确定为特定应用选择哪种实现。一如既往，我们必须在其中找到平衡点。在这本书中，我们讨论了大量的方法来实现各种不同的基本ADT，所有这些都有很重要的应用。

我们可以根据一个ADT来构建另外一个ADT。我们使用C提供的指针和结构抽象来建立链表。然后使用C提供的链表或者数组抽象来建立下推栈，接着使用下推栈来获得计算算术表达式的能力。ADT的概念允许我们在不同的抽象层次上构造大型的系统，从计算机本身提供的机器语言指令到大量编程语言提供的各种能力，进行排序、搜索以及本书第三部分和第四部分讨论的算法所提供的其他高级能力，甚至是各种应用所要求的高级抽象层次，正如我们在第五部分至第八部分所讨论的那些抽象一样。ADT是不断开发甚至是更强有力的抽象机制的关键，而这一点又是使用计算机高效地解决问题的本质所在。

第5章 递归与树

递归（recursion）是数学与计算机科学中的基本概念。在编程语言中，递归程序可被简单定义为自我调用的程序（正如在数学中递归函数是根据自身定义的一样）。递归程序不能总是自我调用，否则会永不终止（类似于递归函数不能总是由自身定义，否则定义就会无限循环）。因此第二个基本要素就是，必须存在一个终止条件，让程序得以停止对自身的调用（就如数学函数不再根据自身来定义）。所有的实际计算都可以借助递归的框架表达出来。

递归与称为树的以递归方式定义的结构的研究是互相重合的。我们使用树既有助于理解和分析递归程序，也可以解释清楚这些数据结构。我们在第1章已经碰到过树的应用程序（尽管那不是递归形式的）。递归程序与树之间的联系是本书大量内容的基础。使用树来理解递归程序，同时也用递归程序来创建树，还利用二者的基本关系（递归关系）来分析算法。递归有助于为各种应用程序开发出精致高效的数据结构和算法。

本章的主要目的是从实用工具的角度考察递归程序与数据结构。首先，讨论数学递归方程与简单递归程序之间的关系，并考察大量的实际递归程序。接着考察称为分治法（divide-and-conquer）的基本递归模式，并会用它来解决在后续几章出现的基本问题。然后考察称为动态规划的实现递归程序的一般性方法，它能为一大类问题提供精致高效的解决方法。接下来我们详细研究树及其数学性质，还有与之相关的算法，包括树遍历（tree traversal）的基本方法，这些方法是递归树处理程序的基础。最后，我们再进一步考察处理图的相关算法，并将特别关注一种基本的递归程序——深度优先搜索（depth-first search），它是许多图处理算法的基础。

正如我们将要看到的，许多有趣的算法简单地使用递归程序来表达，许多算法设计者也喜欢以递归方式表达各种方法。我们同样详细研究非递归的方法，不仅是我们常常能简单设计那些基于栈的本质上与递归等价的算法，而且还能通过不同的计算序列找到得到同一结果的另一种非递归方法。因此递归公式为我们寻求其他更高效的方法提供了一个框架。

关于递归和树的完整讨论可以写成一本书，因为它们出现在计算机科学的诸多应用中，并且广泛存在于其他学科中。实际上，这本书就是关于递归和树的全面讨论，因为它们是以基础的方式出现在书中的每一章里。

5.1 递归算法

递归算法就是通过解决同一问题的一个或多个更小的实例来最终解决一个大问题的算法。为了在C语言中实现递归算法，常常使用递归函数，也就是说能调用自身的函数。C语言中的递归函数相当于数学函数的递归定义。我们研究递归就从考察直接求值数学函数的程序开始，并从它的基本机制扩展到一种通用的程序设计范型。我们将会看到这个范型。

递归关系（见2.5节）是递归定义的函数。一个递归关系定义一个函数，该函数的定义域是非负整数，可以赋初始值或以更小整数的递归方式实现。或许你最熟悉的函数是阶乘函数，它由以下递推关系定义：

$$N! = N \cdot (N-1)!\ N \geqslant 1\ \text{且}\ 0! = 1$$

该定义直接与程序5.1中的C递归函数对应。

> **程序5.1 阶乘函数（递归实现）**
>
> 这个递归函数使用标准的递归定义计算函数$N!$。当以足够小且非负的N调用并且$N!$可以表示为int类型值时，它返回正确值。
>
> ```
> int factorial(int N)
>   {
>     if (N == 0) return 1;
>     return N*factorial(N-1);
>   }
> ```

程序5.1等价于一个简单的循环。例如，以下的for循环实现了相同的计算：

`for ( t = 1, i = 1; i <= N; i++) t *= i;`

正如将要看到的，总是可能把递归程序转换成完成同样计算的非递归程序。反之，我们可以使用递归而不使用循环来表示任何涉及循环的计算。

我们使用递归是因为递归可以使我们用紧凑的形式表达复杂的算法，且不牺牲效率。例如，阶乘函数的递归实现避免了使用局部变量。递归实现的开销产生于程序设计系统中的机制，这种机制支持函数调用，而函数调用使用的是内置下推栈的等价物。大多数现代程序设计系统为了这一任务都精心设计了工程化的机制。除了这个优势，我们还会看到，很容易编写一个简单无效的递归函数，并且我们需要费尽心机去避免难以驾驭的实现。

程序5.1说明了一个递归程序的基本特征：它调用自身（参数的值更小），具有终止条件，可以直接计算其结果。我们可以使用数学归纳法来确信这一程序的工作过程：

- 计算0!（归纳基础）。
- 假设当$k < N$（归纳假设）时它计算出$k!$，在这一假设下它计算出$N!$。

这种推理过程，为我们开发解决复杂问题的算法提供了一条便捷的途径。

在像C这样的程序语言中，很少有对我们所写程序的种类限制，但是我们仍努力限制自己使用上面所列出的包括正确归纳证明的递归函数。虽然我们在本书中并不考虑形式化的正确性证明方法，我们还是很喜欢把复杂的程序组合起来去处理较为困难的任务，而且我们也需要保证这些任务的求解是正确的。诸如递归函数这样的机制能够为我们提供这样的保证，同时为我们提供紧凑的实现。就实际来说，与数学归纳法的联系让我们知道，我们可以保证，递归函数满足以下两个基本属性：

- 它们必须明确地解决归纳基础。
- 每一次递归调用，必须包括更小的参数值。

这些要点都是含糊不清的——它是说对于我们所写的每一个递归函数，都必须有一个有效的归纳证明。不过这些要点在我们开发实现的时候仍能提供有用的指导。

程序5.2是一个有趣的例子，它说明了对归纳参数的需求。这是一个递归函数，它违反了这样的原则：每一个次递归调用必须包括更小的参数值，因此我们不能用数学归纳法来理解它。实际上，对于每个N值，如果N的大小界限不确定，我们就不能确定这个计算是否会终止。对于能表示为int的小整数，我们能够检查程序是否终止（见图5-1与练习5.4），但对于大整数

```
puzzle(3)
  puzzle(10)
    puzzle(5)
      puzzle(16)
        puzzle(8)
          puzzle(4)
            puzzle(2)
              puzzle(1)
```

图5-1 递归调用链的例子

注：嵌套的函数调用序列最终停止，但我们不能证明程序5.2的递归函数没有为一些参数提供任意深度的嵌套。我们喜欢总是用更小的参数进行自我调用的递归程序。

(比如64位的字)，我们无法知道这个程序是否会进入无限循环中。

程序5.2　有问题的递归程序

如果参数N是奇数，这个函数用3N+1作为参数调用本身；如果N是偶数，函数用N/2作为参数调用本身。我们不能使用归纳法证明该程序能终止，因为并不是每一次递归调用都使用一个比给定参数更小的参数。

```
int puzzle(int N)
  {
    if (N == 1) return 1;
    if (N % 2 == 0)
        return puzzle(N/2);
    else return puzzle(3*N+1);
  }
```

程序5.3是欧几里得算法（Euclid's algorithm）的紧凑的实现，用于找出两个整数的最大公因子。它是基于这样一种观察：两个整数x和y且$x > y$的最大公因子等同于y与x mod y（x除以y的余数）的最大公因子。数t整除x和y当且仅当t整除y和x mod y，因为x等同于x mod y加上一个y的倍数。图5-2是该程序调用的示例。对欧几里得算法而言，递归的深度由参数的算术性质决定（深度已知为参数的对数）。

程序5.3　欧几里得算法

作为有2000年历史的最古老的著名算法之一，这是一个找出两个整数的最大公因子的递归方法。

```
int gcd(int m, int n)
  {
    if (n == 0) return m;
    return gcd(n, m % n);
  }
```

```
gcd(314159, 271828)
 gcd(271828, 42331)
  gcd(42331, 17842)
   gcd(17842, 6647)
    gcd(6647, 4458)
     gcd(4458, 2099)
      gcd(2099, 350)
       gcd(350, 349)
        gcd(349, 1)
         gcd(1, 0)
```

图5-2　欧几里得算法的例子

注：这一嵌套的函数调用序列说明了欧几里得算法的操作过程，它表明了314159与271828是互素的。

程序5.4是一个带有多重递归调用的例子。它是另一个表达式求值程序，实质上进行着与程序4.2相同的计算，但它是对前缀（而不是对后缀）表达式求值，并且用递归代替显式下推栈。在本章中，我们将看到递归程序的许多其他例子，以及使用下推栈的等价程序。我们将就几对这样的程序详细考察其特定的关系。

程序5.4 前缀表达式求值的递归程序

为了对前缀表达式求值，我们将一个数字的ACSII码转换为二进制值（在最后的while循环中），或者对两个操作数执行表达式中第一个字符指示的操作，并递归求表达式的值。这个函数是递归的，但它使用包含该表达式以及指向表达式的当前字符的索引的全局数组。该指针经过每一个求值的子表达式向前移动。

```
char *a; int i;
int eval()
  { int x = 0;
    while (a[i] == ' ') i++;
    if (a[i] == '+')
      { i++; return eval() + eval(); }
    if (a[i] == '*')
      { i++; return eval() * eval(); }
    while ((a[i] >= '0') && (a[i] <= '9'))
      x = 10*x + (a[i++]-'0');
    return x;
  }
```

图5-3显示出程序5.4在示例前缀表达式中的操作。该多重递归调用掩饰了一系列的复杂计算。像多数递归程序一样，该程序可以从归纳角度很好地理解：假设它对于简单表达式能正确工作，我们就可以确信它对于复杂表达式也能很好地工作。该程序是一个递归下降语法分析程序的简单例子，我们可以使用同样的过程将C程序转换成机器码。

写出程序5.4正确计算表达式的值的精确归纳证明比用我们一直讨论的用整数作参数的函数证明更具挑战性，我们在本书中也将继续碰到比这一程序更复杂的递归程序与数据结构。因此，为我们所写的每一个递归程序提供完整的正确的归纳证明，并不是我们所要追求的理想目标。在这种情况下，程序"懂得"如何把操作数从对应的操作符中分离出来的能力乍看之下显得不可思议（或许因为在顶层我们不能直接看到如何进行这个分离），但实际上这是简单明了的计算（因为要处理的每一个函数调用是由表达式中的第一个字符明确决定的）。

```
eval() * + 7 * * 4 6 + 8 9 5
  eval() + 7 * * 4 6 + 8 9
    eval() 7
    eval() * * 4 6 + 8 9
      eval() * 4 6
        eval() 4
        eval() 6
        return 24 = 4*6
      eval() + 8 9
        eval() 8
        eval() 9
        return 17 = 8 + 9
      return 408 = 24*17
    return 415 = 7+408
  eval() 5
  return 2075 = 415*5
```

图5-3 前缀表达式求值的例子

注：这个嵌套的函数调用序列，说明了递归的前缀表达式求值算法在示例表达式上的操作过程。为简化起见，这里显示的是表达式参数。算法本身并不显式地决定其参数串的范围，而是从字符串的开头根据需要获取。

原则上，我们可以用等价的递归程序来代替for循环。与for循环相比，递归程序常常是表达计算的更为自然的方式，所以要充分利用那些支持递归的程序设计系统提供的机制。然而，我们必须记住有一个潜在的开销。当实现一个递归程序时，我们进行嵌套函数调用，直到达到某一点，在这一点上我们不再进行递归调用，并且返回，从图5-1至图5-3考察的例子能明显地看到这一点。在大多数编程环境中，使用等价的内置下推栈来实现这样的嵌套函数调用。我们将通过这一章来考察这种实现的本质。递归的深度（depth of the recursion）就是在计算过程中嵌套函数调用的最大程度。一般来说，深度取决于输入。例如，在图5-2与图5-3所描述的例子中，递归的深度分别是9和4。在使用递归程序时，我们需要考虑编程环境必须能够保持一个其大小与递归深度成比例的下推栈。对于大型问题，这个栈所需要的空间可能妨碍我们使用递归的方法。

由带有指针的节点所构建的这种数据结构本质上是递归的。例如，我们在第3章中关于链表的定义就是递归的（定义3.3）。因此，递归的程序提供了操纵这些数据结构的许多常用函数的自然实现。程序5.5包含了4个例子。我们贯穿在本书中常常使用这样的实现，主要是因为它们比对应的非递归程序更容易理解。然而，当处理大型链表时，我们必须对使用的诸如程序5.5这样的程序加以注意，因为那些函数的递归深度与链表的长度成正比，因此，所要求的递归栈空间可能无法满足。

程序5.5 链表递归函数示例

这些用于简单链表处理任务的递归函数容易表达，但可能不能用于大型链表，这是因为递归的深度可能与链表的长度成正比。

第一个函数count计算链表中节点的个数。第二个函数traverse对链表中的每个节点从头至尾调用函数visit。这两个函数也都很容易用for循环或while循环来实现。第三个函数traverseR并没有一个简单的迭代可与之对应。它对链表中的每个节点调用函数visit，但以相反的顺序进行。

第四个函数delete从链表中删除给定数据项的节点，使链表结构发生变化。它返回一个指向结果链表（可能已经改变）的指针，即返回的链接是x；在x->item = v时，所返回的链接是x->next（此时递归终止）。

```
int count(link x)
  {
    if (x == NULL) return 0;
    return 1 + count(x->next);
  }
void traverse(link h, void (*visit)(link))
  {
    if (h == NULL) return;
    (*visit)(h);
    traverse(h->next, visit);
  }
void traverseR(link h, void (*visit)(link))
  {
    if (h == NULL) return;
    traverseR(h->next, visit);
    (*visit)(h);
  }
link delete(link x, Item v)
  {
    if (x == NULL) return NULL;
    if (eq(x->item, v))
      { link t = x->next; free(x); return t; }
    x->next = delete(x->next, v);
    return x;
  }
```

当函数的最后行为是递归调用的时候，一些编程环境会自动检测与消除尾递归，因为在这种情况下并不需要严格增加递归的深度。这种改进将高效地把程序5.5中的计数（count）、遍历（traversal）和删除（delete）函数转换为循环（loop），但它并不能应用到顺序相反的遍历函数中。

在5.2节和5.3节中，我们分析表示基本计算范型的两类递归算法。然后，在5.4节至5.7节，我们分析作为所讨论的大部分算法的基础的递归数据结构。

练习

▷ 5.1 编写一个递归程序来计算$\lg(N!)$。

5.2 修改程序5.1来计算$N! \bmod M$，以使溢出不再是问题。尝试对$M = 997$，$N = 10^3$，$N = 10^4$，$N = 10^5$和$N = 10^6$运行你的程序，并由此理解你的程序设计系统如何处理深层嵌套的递归调用。

▷ 5.3 对于每一个1~9之间的整数，当调用程序5.2时，给出运行结果的参数值序列。

• 5.4 找出程序5.2在$N < 10^6$时所导致的递归调用的最大数值。

▷ 5.5 给出欧几里得算法的非递归实现。

▷ 5.6 输入89和55，运行欧几里得算法，根据其结果给出对应于图5-2的图。

○ 5.7 当输入值是两个连续的斐波纳契数（F_N和F_{N+1}）时，给出欧几里得算法的递归深度。

▷ 5.8 当输入为+ * * 12 12 12 144时，给出递归前缀表达式求值结果与图5-2相对应的图。

5.9 编写一个后缀表达式求值的递归程序。

5.10 编写一个中缀表达式求值的递归程序。可以假定操作数总被置于括号中。

○ 5.11 编写一个把中缀表达式转换为后缀表达式的递归程序。

○ 5.12 编写一个把后缀表达式转换为中缀表达式的递归程序。

5.13 编写一个求解Josephus问题的递归程序（见3.3节）。

5.14 编写一个删除链表中最后节点的递归程序。

○ 5.15 编写一个逆转链表中节点顺序的递归程序（见程序3.7）。提示：使用一个全局变量。

5.2 分治法

我们在书中所考虑的许多递归程序都使用两个递归调用，每一个递归调用约处理输入一半的信息。这种递归模式也许就是算法设计中最著名的分治法范型的最重要的例子，这个范型是我们很多重要算法的基础。

作为一个例子，我们考察在存放于数组a[0], ···, a[N-1]的N个项中找出最大一项的任务。我们只要遍历数组一遍，就可以容易地完成这个任务。

```
for (t = a[0], i = 1; i < N; i++)
    if (a[i] > t) t = a[i];
```

在程序5.6中给出的递归分治法也是解决同一问题的另一简单（但完全不同）的算法；我们使用这个问题来阐述分治法的概念。

分治法是我们最常用的方法，是因为相对于那些使用简单迭代的算法，分治法能够提供更加快速的算法（我们将在本节的末尾集中讨论几个例子），同时分治法作为一种理解基本计算本质的途径，也值得我们深入考察。

图5-4显示了对于一个示例数组调用程序5.6时所产生的递归调用的结果。这个基本结构看似复杂，但是一般不需要担心，因为我们依靠归纳法证明来表明这个程序可以工作，并且使用递归关系来分析这个程序的性能。

```
          0 1 2 3 4 5 6 7 8 9 10
          T I N Y E X A M P L E

     Y max(0, 10)
      Y max(0, 5)
       T max(0, 2)
        T max(0, 1)
         T max(0, 0)
         I max(1, 1)
        N max(2, 2)
       Y max(3, 5)
        Y max(3, 4)
         Y max(3, 3)
         E max(4, 4)
        X max(5, 5)
      P max(6, 10)
       P max(6, 8)
        M max(6, 7)
         A max(6, 6)
         M max(7, 7)
        P max(8, 8)
       L max(9, 10)
        L max(9, 9)
        E max(10, 10)
```

图5-4 求最大元素的递归算法

注：这个函数调用的序列说明了用递归算法计算最大元素的动态过程。

程序5.6 使用分治法求最大值

这个函数将数组a[l],…,a[r]分成a[l],…,a[m]和a[m+1],…,a[r]两部分，分别求出每一部分的最大元素（递归地），并返回较大的那一个作为整个数组的最大元素。它假设Item是定义了>的一级数据类型。如果数组大小是偶数，则两部分大小相等；如果是奇数，第一部分比第二部分的大小大1。

```
Item max(Item a[], int l, int r)
  { Item u, v; int m = (l+r)/2;
    if (l == r) return a[l];
    u = max(a, l, m);
    v = max(a, m+1, r);
    if (u > v) return u; else return v;
  }
```

通常来说，代码本身能够通过归纳法给出进行所需计算的一种证明：
- 它明确直接地求解大小为1的数组中的最大元素。
- 对于$N > 1$，它把一个数组分成两个大小比N小的数组，使用归纳法假设找到两部分的各自最大元素，然后返回两个值中较大的一个，这个值必定是整个数组中的最大值。

进一步来说，我们可以使用程序的递归结构来理解其性能特征。

性质5.1 把一个大小为N的问题分解为两个独立的（非空）部分的递归函数，它递归调用自身进行求解的次数少于N次。

如果所分的两部分的大小分别是k和$N-k$，那么我们使用的递归函数调用的总数为：

$$T_N = T_k + T_{N-k} + 1, \quad N \geq 1, \quad 且 T_1 = 0$$

通过归纳法直接可得$T_N = N-1$。如大小加起来的值小于N，那么调用次数小于$N-1$的证明可由同一归纳参数直接而得。我们可以在一般的条件下证明类似的结果（见练习5.20）。■

程序5.6是许多分治算法的典型代表，它们具有完全相同的递归结构，但是其他的例子可能在两个基本的方面有所不同。首先，程序5.6在每一次函数调用上工作量为常量，所以它的总运行时间是线性的。其他的分治算法可能在每一次函数调用上进行更多的工作，就如我们将看到的，所以决定总的运行时间需要更复杂的分析。这种算法的运行时间取决于把问题分解为部分的精确方式。第二，程序5.6是分治算法的代表，在这种算法中部分总和构成总体。其他的分治算法可以分解成小于整个问题的更小部分，或者分解为总体大于整个问题的重叠部分。这些算法仍然是正确的递归算法，因为每一个部分都比整个问题要小，但分析这些算法比分析程序5.6要困难得多。我们将会在遇到这些算法时详细地分析它们。

例如，我们在2.6节中讨论的二分搜索算法就是一个分治算法，该算法把一个问题分为两半，并且只在其中的一半上工作。我们将在第12章考察二分算法的一种递归实现。

图5-5表明了由编程环境所保持的内部栈的内容来支持图5-4中的计算。图5-5所示的模型是理想化的，但它有助于我们深入理解分治法的计算结构。如果一个程序有两个递归调用，实际的内部栈包含了对应第一个函数调用的一个入口，此时该函数正在执行（它包含参数值、局部变量以及返回地址），接着还有对应第二个函数调用的一个类似入口，此时该函数正在执行。图5-5描述的两

```
0  10
0   5  6 10
0   2  5  6 10
0   1  2  2  5  6 10
0   0  1  1  2  5  6 10           6 10
1   1  2  2  5  6 10
2   2  5  6 10
3   5  6 10
3   3  5  6 10
3   3  4  5  6 10
4   5  6 10
5   5  6 10
6  10
6   7 10
6   6  7  8  9 10
6   6  7  8  9 10
7   8  9 10
8   9 10
9  10
9   9 10
10 10
```

图5-5 内部栈动态过程示例

注：该序列是在图5-4的示例计算中内部栈内容的一个理想表示。我们从栈中整个子数组的左右索引开始。每一行描述了弹出两个索引的结果，如果二者不相等，就压入四个索引，它们表明当弹出的子数组被分为两部分后，这些索引就是每一部分的左右边界。在实际中，该系统把栈的返回地址和局部变量保留在栈中，而不保留左右边界，但这种保留返回地址和局部变量的模型足以描述计算。

个递归调用的交替过程把两个入口一次放到栈中，使得要被执行的所有子任务显式地在栈中。这种安排明确地描述了计算，并且为更一般的计算模式做好铺垫，就如我们在5.6节和5.8节考察的那些模式一样。

图5-6描述了找出最大值的分治法的计算结构。它是一个递归的结构：顶部的节点包含了输入数组的大小，左子数组的结构画在了左边，右子数组的结构画在了右边。我们将形式地定义并讨论5.4节和5.5节中的树结构。这些结构对于理解任何包括了嵌套函数调用（特别是递归调用）的程序都很有用。在图5-6中显示的是同一棵树，但在树的每个节点上标有所对应的函数调用的返回值。在5.7节，我们将考察构建一个显式的链式结构的过程，该结构表示的树与此类似。

要是没有古老的汉诺塔问题，也就没有关于递归的讨论。我们有三个柱子和适合这些柱子的N个盘子。这些盘子大小不同，一开始都是安排在一个柱子上，顺序为底下的盘子最大顶端的盘子最小。任务就是要移动这些盘子到右边的一个位置（柱子）上，遵循以下的规则：(i) 一次只能移动一个盘子；(ii) 没有盘子可以放置到比其小的盘子上面。有一个传说，当

一群僧侣在寺庙里面，用40个金盘子和三个钻石柱子完成这个项时，世界末日就到了。

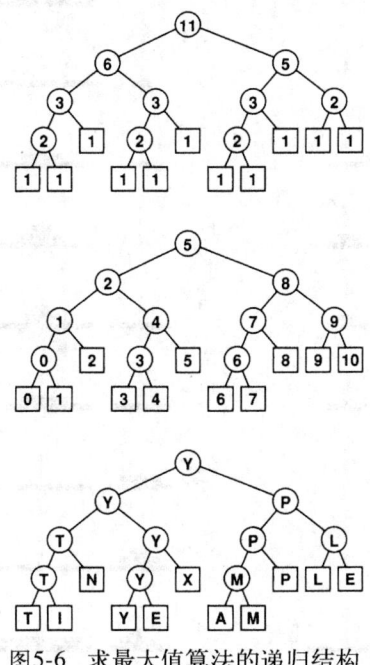

图5-6 求最大值算法的递归结构

注：分治法将一个大小为11的问题分成大小为6和5的问题，再将大小为6的问题分成两个大小为3的问题，如此分解下去，直到分成大小为1的问题（最上面的图）。图中的每个圆节点表示对递归函数的一次调用，调用的节点是其下连接的节点（方形是递归终止的调用）。中间的图显示了对文件分裂产生影响的中分文件的索引值。最下面的图显示了返回值。

程序5.7给出了关于这个问题一个递归解法，它详细说明了在每一步中移动哪个盘子，向哪个方向（+意味着把一个盘子移到右边柱子，若在最右边柱子上，就转到最左边的柱子；-也就是把一个盘子移到左边的柱子，若在最右边的柱子上，就转到最左边的柱子上）。这样的递归是基于以下的想法：要把一个柱子上的N个盘子移到右边，我们首先把柱子上最上面的$N-1$个盘子移到左边，然后把第N个盘子移到右边，再把其他$N-1$个盘子移到右边（在盘子N之上）。我们可以用归纳法来验证这种解法是否正确。图5-7显示了当$N = 5$时的移动过程，以及当$N = 3$时的递归调用。基本的模式是显然的，我们现在详细考察这种模式。

程序5.7 汉诺塔的解

我们把盘子（递归地）移到右边的方案是，将除了最下面的盘子之外的所有盘子移到左边，然后将最下面的盘子移到右边，然后（递归地）再将其他盘子移回到最下面的盘子上面。

```
void hanoi(int N, int d)
  {
    if (N == 0) return;
    hanoi(N-1, -d);
    shift(N, d);
    hanoi(N-1, -d);
  }
```

首先，这个解法的递归结构能够立即告诉我们这种解法所需的移动数目。

性质5.2 汉诺塔问题的递归分治算法产生一个$2^N - 1$步移动的解法。

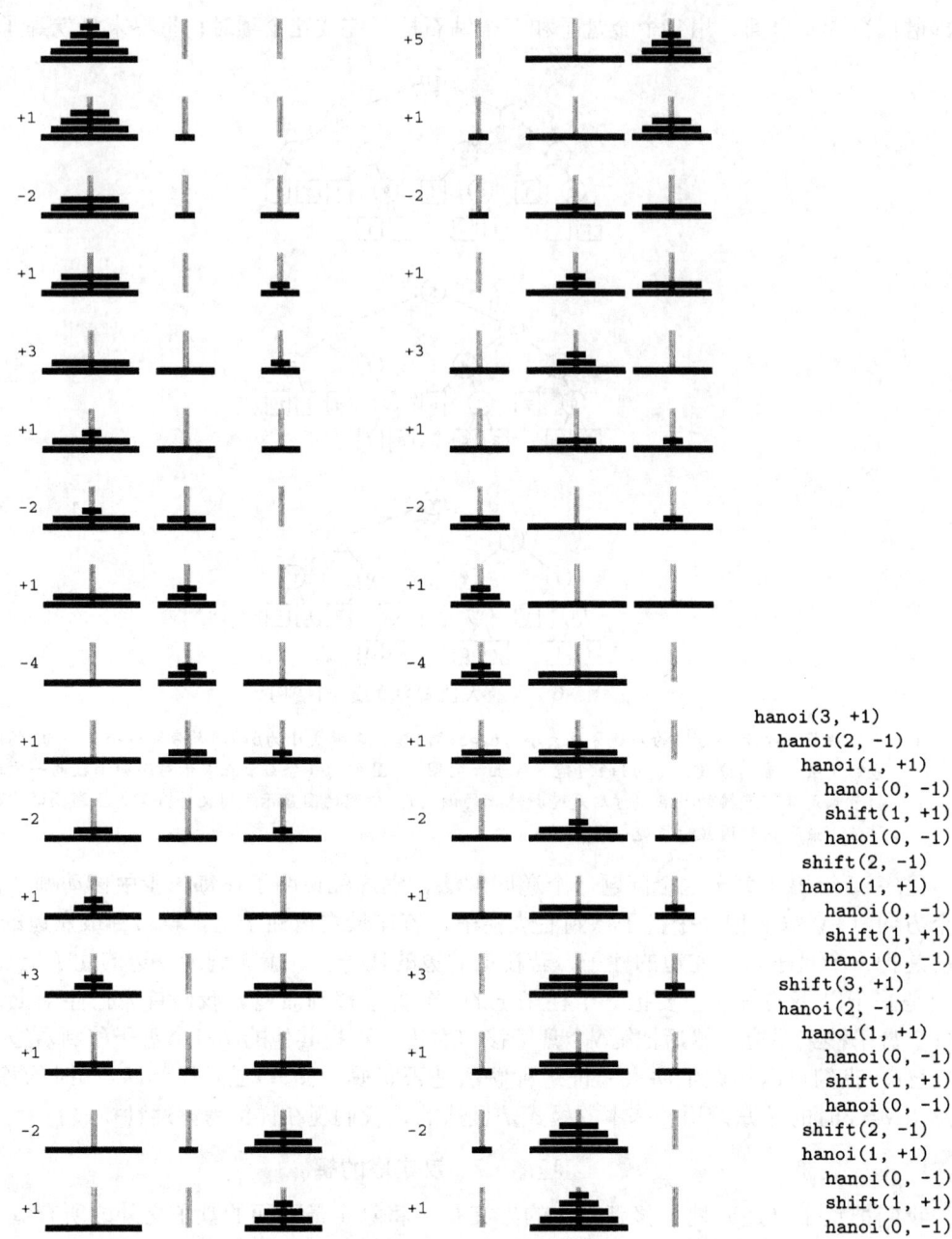

图5-7 汉诺塔

注：该图描述了有五个盘子的汉诺塔问题的解法。首先把柱子（左列）上最上面4个盘子移到左边的位置，然后将第5个盘子移到右边的柱子，然后把左边位置上的4个盘子移到右边（右列）。图右半部分的函数调用序列构成了三个盘子的计算序列。计算的移动序列是+1-2+1+3+1-2+1，该序列在解决方案中出现了四次（例如，前七次移动）。

通常来说，若移动的数目能满足一个递归方程，就可以直接得出这个性质。在这种情况下，盘子移动数满足的递归方程与公式2.5相似：

$$T_N = 2T_{N-1} + 1, \quad N \geqslant 2, \quad T_1 = 1$$

我们可以用归纳法直接验证所述结果：$T(1) = 2^1 - 1 = 1$；并且对于$k < N$，如果$T(k) = 2^k - 1$，那么$T(N) = 2(2^{N-1} - 1) + 1 = 2^N - 1$。

如果僧侣们每秒移动一个盘子，假设不犯一个错误，至少也要花34800年才能完成（见图2-1）。世界末日看起来要远得多，因为这群僧侣无法想象他们使用程序5.7的好处，也无法迅速算出下一步该移动到哪一个。我们现在考察一种方法的分析，这种方法导致了一种很容易做出正确决定的简单方法（非递归）。它与大量重要的实际算法相关，我们当然不想让这些僧侣知道这个秘密。

要理解汉诺塔的解法，考虑这样一个简单的任务：在一把尺子上画出一系列的刻度线。尺子上的每一英寸在1/2英寸处有一个刻度线，在每1/4英寸处刻度线短一些，在每1/8英寸处的刻度线再短一些，如此继续。我们的任务就是编写一个程序，以任意给定的细分程度画出这些刻度线，假设已有一个过程mark(x，h)，它的作用就是在位置x处画一条h高度的线。

如果需要的细分程度是$1/2^n$英寸，我们重定尺度，以使我们的任务可以在0到2^n之间的每个点上放一条线，不包括端点。因此，中间的刻度线应为n个单位的高度，在左半部分和右半部分的中间的刻度线应该是$n-1$个单位的高度，以此类推。程序5.8是完成此目标的直接分治算法；图5-8显示了较小示例的操作过程。就递归而言，方法之后的思想如下。要在任一间隔内画线，我们首先就把该间隔分成相等的两部分。然后，我们在左半部分画出短线（递归地），在中间位置画出长线，在右半部分画出短线（递归地）。就迭代而言，图5-8阐明了按从左到右的顺序画刻度线的方法——技巧在于计算长度。图中的递归树有助于我们理解计算过程：纵向读下去，可见对于每次递归函数调用，刻度线的长度减1；横向读过去，则得到按它们被画出顺序的刻度线，因为对于任何给定的节点，我们首先画出关联左边函数调用的刻度线，然后画出与节点有关的刻度线，最后画出关联右边函数调用的刻度线。

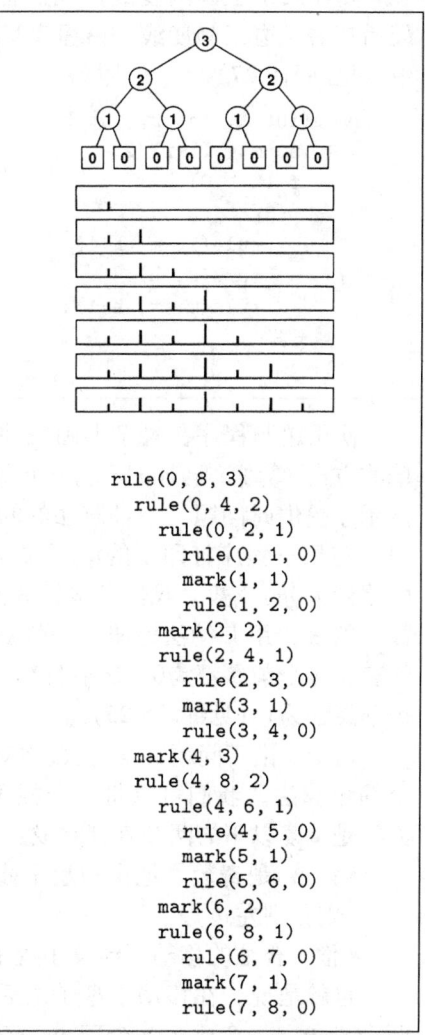

图5-8　尺子上画刻度线函数的调用

注：该函数调用序列是为长度为8的尺子画刻度的计算序列，画线长度序列为1，2，1，3，1，2和1。

我们马上看到这些长度序列与在汉诺塔问题中移动盘子的序列完全相同。实际上，关于它们是相同的简单证明就是证明它们的递归程序相同。换种方式，那些僧侣可以使用尺子上的刻度线来决定移动哪一个盘子。

此外，程序5.7中的汉诺塔的解法与程序5.8中的刻度尺画线程序是程序5.6示例的基本分治法模式的变型。三者都通过把大小为2^n的问题分解为2^{n-1}的两个子问题。对于求出最大值的问题，我们有为输入大小线性时间的解法；要划出一把尺子的刻度和解汉诺塔问题，我们有输出大小的具有线性时间的解法。对于汉诺塔问题，我们一般把该解法的时间设想为指数时间，原因在于我们根据盘子的数目n来衡量该问题的大小。

程序5.8 使用分治法在尺子上画刻度

要在尺子上画刻度线，我们首先在左半边画刻度线，然后在中间画一条最长的刻度线，最后在右半边画刻度线。该程序将应用$r-1$的2的幂次方的属性，该属性体现在它的递归调用中（见练习5.27）。

```
rule(int l, int r, int h)
  { int m = (l+r)/2;
    if (h > 0)
      {
        rule(l, m, h-1);
        mark(m, h);
        rule(m, r, h-1);
      }
  }
```

使用递归程序在尺子上画线并不难，但是否还有更简单的方式计算第i条线的长度，而无论给定的i是多少？图5-9显示了提供此问题另一种解法的简单计算过程。由汉诺塔程序与尺子程序打印出的第i个数目，就是i的二进制表示中尾缀为0的个数。我们可根据分治法公式，针对打印n位数字的表，用归纳法证明这个性质：打印$(n-1)$位数字的表，每个前缀都为0，然后打印$(n-1)$位数字的表，每个前缀都为1（见练习5.25）。

对于汉诺塔问题，与n位数字对应的涵义是该任务的一个简单算法。我们可以将一个柱子的所有盘子移到右边，方法是重复以下的两步直到完成：

• 如果n是奇数，把小的盘子移到右边（如果n是偶数，则移到左边）。
• 惟一合法的移动不涉及小盘子。

也就是说，在移动小盘子之后，其他两个柱子保持了两个盘子，一个比另一个更小。不涉及小盘子的惟一的合法移动就是要移动一个较小的盘子到一个较大的盘子上面。每隔一次移动就会涉及小盘子，这是出于同一个原因：每隔一个数目是奇数，且尺子上每隔一个刻度都是最短的。也许我们的僧侣的确知道这个秘密，否则我们就很难想象他们怎么去决定下一步该移动哪一个盘子。

用归纳法形式化证明在汉诺塔方案中每隔一步移动小盘子（开始和结束都是这样的移动）能让我们深感受益：当$n = 1$时，只有包括小盘子一次移动，因此性质成立。当$n > 1$时，假设在$n-1$时性质成立，由递归结构隐含着性质依然对n成立：对于$n-1$的第一次求解从移动一个小盘子开始，对于$n-1$的第二次求解从移动一个小盘子结束，因此对于n而言的解法都是从移动一个小盘子开始和结束的。我们把不涉及小盘子的移动放在这两个涉及小盘子的移动之间（即结束$n-1$个盘子的第一次求解和开始$n-1$个盘子的第二次求解），因此每隔一次移动就会涉及小盘

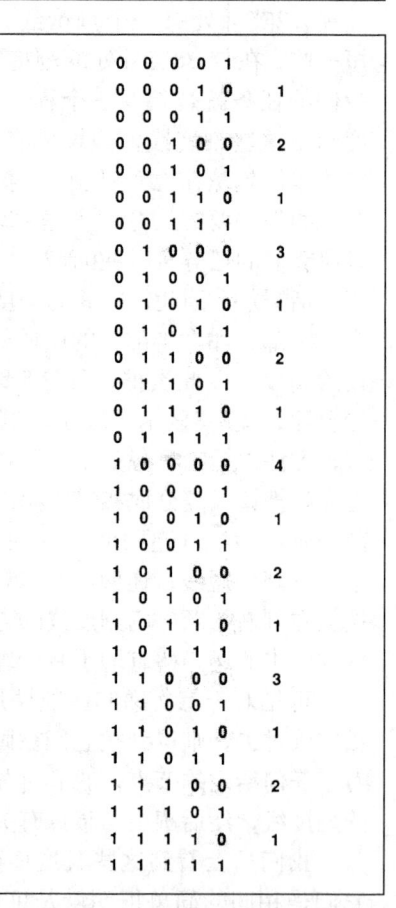

图5-9 二进制计数与刻度尺函数

注：计算刻度尺函数相当于计算在偶数N位数字中尾缀为0的个数。

子的性质成立。

程序5.9是另一种的画尺子的方法,受到对应的二进制数启发而得(见图5-10)。我们把算法的这个版本称为自底向上(bottom-up)的实现。它是一种非递归的方法,但它肯定受到了递归算法的启示。分治算法与数字的二进制表示之间的相关性常常为分析和开发改进版本的算法提供真知灼见,例如自底向上的方法。我们考虑这个观点,以便了解甚至可能去改进我们考察的每一个分治算法。

程序5.9 画一把尺子的非递归程序

与程序5.8相反,我们也可以首先画出所有长度为1的刻度线,再画出所有长度为2的刻度线,以此类推,通过这种方法就可以画出一把尺子。变量 t 表示刻度线的长度,变量 j 表示在两个连续的长度 t 的刻度线之间刻度线的数目。外层for循环对 t 进行增量运算,维持性质 $j = 2^{t-1}$。内层for循环画出所有长度为 t 的刻度线。

```
rule(int l, int r, int h)
  {
    int i, j, t;
    for (t = 1, j = 1; t <= h; j += j, t++)
      for (i = 0; l+j+i <= r; i += j+j)
        mark(l+j+i, t);
  }
```

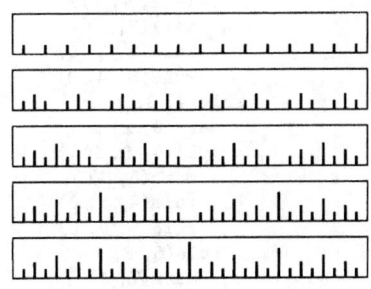

图5-10 自底向上画一把尺子

注:要非递归地画一把尺子,交替画长度为1的刻度线,跳过一些位置;然后交替画长度为2的刻度线,跳过保留的位置;交替画长度为3的刻度线,跳过保留的位置;以此类推。

当我们画一把尺子时,自底向上的方法涉及重新安排计算的顺序。图5-11显示了另一个例子,在其中我们重新安排了递归实现中的三个函数调用的顺序。它以我们前面描述的方式反映出递归计算:画出中间的刻度线,然后画左半部分,再画右半部分。画线的样式是复杂的,但却是简单交换程序5.8中两条语句的结果。就如我们将在5.6节看到的,图5-8与图5-11的关系和算术表达式的后缀与前缀间的区别实际上是类似的。

按照在图5-8中所示的顺序画刻度线刻,要比在程序5.9中包含进行重新安排计算顺序并在图5-11中指出计算相比可能更容易接受。原因在于只要想像出一种画线工具,它能够连续移动到下一条刻度线,我们就可以画一条任意长的尺子。类似地,要解决汉诺塔问题,我们就受限于按照它们被完成的顺序产生盘子移动的序列。总的来说递归程序依赖于按特定顺序解决的子问题。对其他计算来说(例如,可见程序5.6)我们解决这个子问题的顺序是不相关的。对于这一类计算,惟一的约束就是我们必须先解决子问题再解决主问题。理解什么时候有重排计算的灵活性,不仅是算法设计成功的秘密,而且在许多上下文中有直接的实际效果。比如说，我们考察在并行处理器上实现算法时，这就是至关重要的。

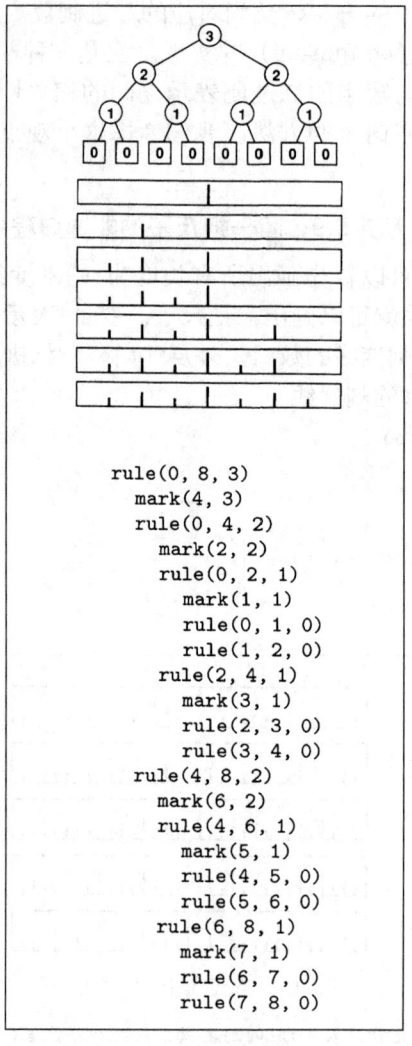

图5-11 画尺子函数调用（前序版本）

注：这一序列指示出在递归调用之前（而非它们之间）画刻度线的结果。

自底向上的方法符合算法设计的一般方法，在该算法设计中我们先解决平凡的子问题，然后把这些子问题的解组合起来解决稍大的子问题，以此类推，直到解决整个问题。这样的方法称为组合–分治法。

从画一把尺子到画图5-12所示的二维图案，只有一小步距离。该图显示了一个简单递归描述可以导致一个看上去很复杂的计算（见练习5.30）。

如图5-12所示的递归定义的几何图案，有时称为分形。如果使用更多复杂的画图元素，且涉及更多复杂的递归调用（特别是那些在复平面上和在实数上递归定义的函数），就能开发出显著多样性与复杂性的图案。图5-13所显示的另一个例子是Koch星，它的递归定义如下：0阶的Koch星是图4-3中的简单小山示例，n阶的Koch星是$n-1$阶的Koch星，其中每条线段都以0阶Koch星经适度扩展代替的Koch星。

如同画尺子和汉诺塔的解决办法，这些算法是步数的线性函数，但该步数在递归的最大深度上是指数级的（见练习5.29和练习5.33）。它们也能直接与适当数制系统中的计数相关（见练习5.34）。

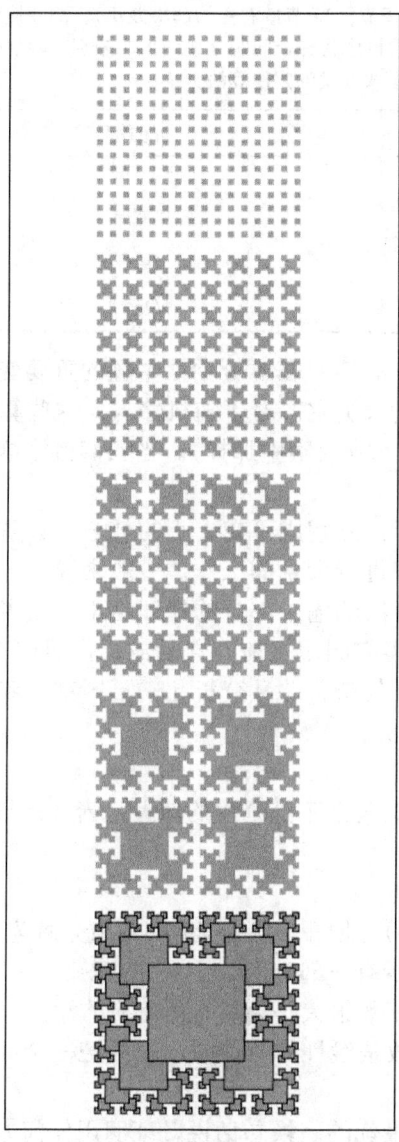

图5-12　二维分形星

注：这个分形是图5-10的二维版本。底部突出的方框突显了计算的递归结构。

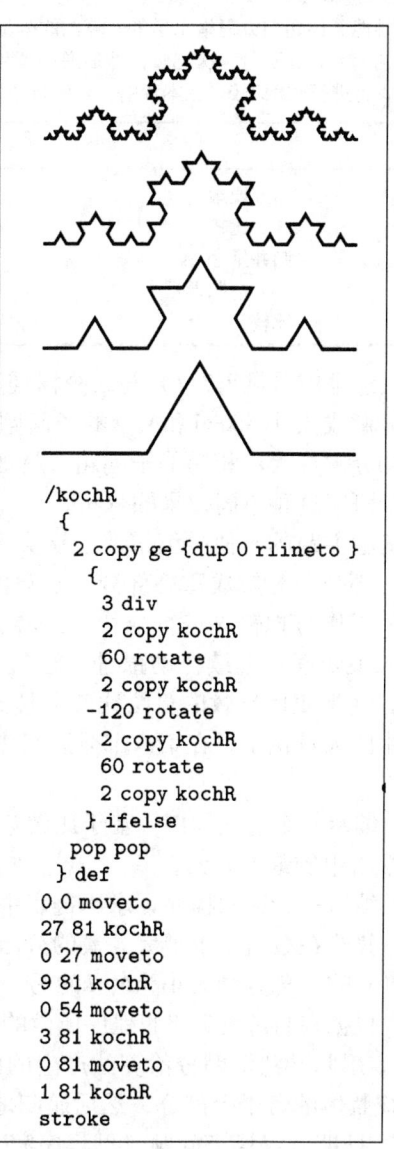

图5-13　Koch分形的递归PostScript

注：对于图4-3PostScript程序的修正，把输出转换成分形（见正文）。

汉诺塔问题、画尺子问题和分形都是很有趣的，而且与二进制数的联系也是令人惊异的，但是在所有这些主题中我们的主要兴趣在于，它们提供了理解这些基本算法设计范型的启示，这些分半的范型能独立解决一个或两个分半部分，这种技术也许是本书中所要考虑的最重要的技术。表5-1包括了关于二分搜索与归并排序的细节，它们不但是重要而广泛应用的实用算法，而且例示了分治法的算法设计范型。

表5-1 基本的分治算法

二分搜索（见第2章，第12章）与归并排序（见第8章）都是分治算法范型，分别提供用于搜索与排序的可保证的最优性能。该递归方程指示了每一算法的分治计算的本质（见2.5节、2.6节最右栏的解决办法）。二分搜索将一个问题分为两半，先进行一次比较，然后递归调用其中的一半。归并排序将一个问题分成两半，分别对两部分进行递归运算，再进行N次比较。在本章中，我们将考察大量用这些递归模式开发的其他算法。

	递归公式	近似解
二分搜索		
比较	$C_N = C_{N/2} + 1$	$\lg N$
归并排序		
递归调用	$A_N = 2A_{N/2} + 1$	N
比较	$C_N = 2C_{N/2} + N$	$N \lg N$

快速排序（见第7章）与二分树搜索（见第12章）代表了基本分治法主题的重要变体，问题被分解成大小为$k-1$和$N-k$的子问题，其中k值由输入决定。对于随机输入，这些算法把问题平均分解成大小相等的子问题（就如在归并排序或二分搜索中那样）。当我们讨论这些算法时，就研究这种不同效果的分析。

基本主题的其他也值得我们认真考虑的变体包括：分解成可变大小的部分、分解成多于两个的部分、分解成重叠部分、在算法的非递归部分进行大量的工作。一般来说，分治算法包括的工作有把输入进行分片，或者合并两个独立解决的输入部分的处理结果，或者在一半的输入被处理后继续协助跟进。也就是说，在两个递归调用之前、之后或之间可以有代码。自然，这类变体导致的算法比二分搜索与归并排序更复杂，并且分析起来更困难。我们考察本书中的大量例子；在第八部分返回到高级应用与分析。

练习

5.16 编写一个递归程序，基于比较数组中第一个元素与余下部分中的最大元素（递归计算），求出数组中的最大元素。

5.17 编写一个递归程序，求出链表中的最大元素。

5.18 修改在数组中求最大元素的分治程序（程序5.6），把一个大小为N的数组分解为大小为$k = 2^{\lceil \lg N \rceil - 1}$的一部分和大小为$N-k$的另一部分（以便至少有一部分的大小是2的幂）。

5.19 根据来自练习5.18的程序所做的递归调用，画出数组大小为11时所对应的树。

• 5.20 用归纳法证明分治算法产生的函数调用的次数是线性的，该分治算法把一个问题分解为构成整体的若干个部分，然后递归地解决每一部分。

• 5.21 证明：汉诺塔问题（见程序5.7）的递归解是最优的。换句话说，证明用任何方法至少需要2^N-1次移动。

▷ 5.22 编写一个递归程序，计算在一把有2^n-1个刻度的尺子上画出第i个刻度的长度。

•• 5.23 考察诸如图5-9所示的n位数字的表，寻找决定求解汉诺塔问题的第i步移动方向的第i个数字的性质（如图5-7的符号位指示的）。

5.24 编写一个程序，如同程序5.9那样，通过填充一个包括所有移动的数组，产生汉诺塔问题的解。

○ 5.25 编写一个递归程序，用0与1填充一个$n \times 2^n$数组，其中该数组如图5-9所述那样代表了所有n位二进制数字。

5.26 使用递归的画尺子程序（见程序5.8），画出这些任意的参数值，`rule(0,11,4)`，`rule(4,20,4)`和`rule(7,30,5)`的结果。

5.27 证明关于画尺子程序（见程序5.8）的下列事实：如果它开始两个参数之间的差是2的幂，那么它的递归调用也有这一性质。

○ 5.28 编写一个函数，可以高效计算一个整数的二进制表示中尾缀为0的数目。

○ 5.29 在图5-12中有多少个正方形（要数出被更大的正方形所覆盖的那些）。

○ 5.30 编写一个C递归程序，以使它能输出一个画出图5-12底下那个图的PostScript程序，调用一系列 x y r box 函数，在 (x, y) 处画一个边长为 r 的正方形。用PostScript实现 box（见4.3节）。

5.31 编写一个自底向上的非递归程序（类似于程序5.9），以练习5.30所述的方法画出图5-12中的底下那个图。

• 5.32 编写一个PostScript程序，画出图5-12中底下的那个图。

▷ 5.33 在 n 阶Koch星中有多少条线段？

•• 5.34 画出一个 n 阶Koch星，执行一系列的形如"旋转 α 度，再画一个长度为 $1/3^n$"的线段"的命令。找出与数字系统的对应关系，通过使计数器增1，再用计数器值计算 α 角，使你可以画出星图。

• 5.35 修正图5-13中的Koch星程序，产生另一种分形，它基于0阶的五边形，定义为能以东、北、东、南、东的顺序移动一个单位的分形。

5.36 编写一个递归分治法函数，给定端点，在整数坐标空间中画出一条线段的近似值。假设所有坐标在0和 M 之间。提示：先给出一个接近中间的点。

5.3 动态规划

我们在5.2节中考察的分治算法的一个本质特征就是这些算法把一个问题分解成独立的子问题。如果子问题并不独立，问题就会复杂得多，主要原因是即使是这种最简单算法的直接递归实现，也可能需要难以想像的时间。在这一节里，我们考察可用于一类重要问题的系统技术来避免这个缺陷。

例如，程序5.10是定义斐波纳契数（见2.3节）的递归方程的直接实现。千万不要使用这样的程序，因为它的效率极低。实际上，对于计算 F_N 的递归调用的次数正是 F_{N+1}。但是，F_N 大约是 ϕ^N，而 $\phi \approx 1.618$ 是黄金比率。糟糕的事实是程序5.10对于这个微不足道的计算是指数时间的算法。图5-14描述了一个小规模例子的递归调用，清晰地说明了所包含的重新计算的量。

```
8 F(6)
 5 F(5)
  3 F(4)
   2 F(3)
    1 F(2)
     1 F(1)
     0 F(0)
    1 F(1)
   1 F(2)
    1 F(1)
    0 F(0)
   2 F(3)
    1 F(2)
     1 F(1)
     0 F(0)
    1 F(1)
  3 F(4)
   2 F(3)
    1 F(2)
     1 F(1)
     0 F(0)
    1 F(1)
   1 F(2)
    1 F(1)
    0 F(0)
```

图5-14 斐波纳契数的递归算法的结构

注：使用标准递归算法计算 F_8 所需的递归调用图示，表明了对重叠的子问题的递归调用能够导致指数级的代价。在这个例子中，第二个递归调用忽略了第一次递归调用过程中所做的计算，这样导致了大量重复计算，因为这种效应使递归调用次数加倍。计算 $F_6 = 8$ 的递归调用（它在根的右子树和根的左子树的左子树中反映出来）如下所示。

程序5.10 斐波纳契数（递归实现）

这一程序虽然紧凑和精致，但却不可用，其原因在于它使用指数级时间计算F_N。计算F_{N+1}的运行时间ϕ约等于计算F_N的时间的1.6倍。比如说，由于$\phi^9 > 60$，如果我们注意到计算F_N需要一秒的时间，我们就会知道计算F_{N+9}的运行时间将会超过一分钟，计算F_{N+18}的运行时间将会超过一小时。

```
int F(int i)
  {
    if (i < 1) return 0;
    if (i == 1) return 1;
    return F(i-1) + F(i-2);
  }
```

相比之下，如果首先计算前N个斐波纳契数，并把它们存储在一个数组中，就可以使用线性时间（与N成正比）计算出F_N：

```
F[0] = 0; F[1] = 1;
for (i = 2; i <= N; i++)
    F[i] = F[i-1] + F[i-2];
```

该数目以指数级增长，因此这个数组太小，比如说$F_{45} = 1836311903$是一个32位整数所能表示的最大的斐波纳契数，所以大小为46的数组可以做到。

这一技术给了我们一个获取任何递归关系数值解的快速方法。在斐波纳契数的例子中，我们甚至能舍弃数组，只需保存前两个值（见练习5.37）；对于大量的其他经常遇到的递归方程（比如见练习5.40），我们需要用所有已知值来维持数组。

递归是一个有整数值的递归函数。我们在上一段中的讨论可以得出这样的结论：我们可以按从最小开始的顺序计算所有函数值来求任何类似函数的值，在每一步使用先前已经计算出的值来计算当前值。我们称这项技术为自底向上的动态规划。只要有存储已计算出的值的空间，就能把这项技术应用到任何递归计算中。这是一个算法设计的技术，已广泛成功应用于许多问题的求解中。我们必须注意一个简单技巧，以便能把算法从指数级运行时间向线性运行时间改进。

自顶向下的动态规划甚至是一个更简单的技术，这项技术允许我们执行递归函数的代价与自底向上的动态规划一样（或许更小），但它的计算是自动的。我们实现递归程序来存储它所计算的每一个值（正如它最末的步骤），并通过检查所存储的值，来避免重新计算它们中的任何项（正如它最初的步骤）。程序5.11是程序5.10的机械转换，通过自顶向下的动态规划将它的运行时间减少为线性。图5-15显示了由于自动转换使得递归调用的数目显著减少。自顶向下的动态规划有时也称为备忘录法（memoization）。

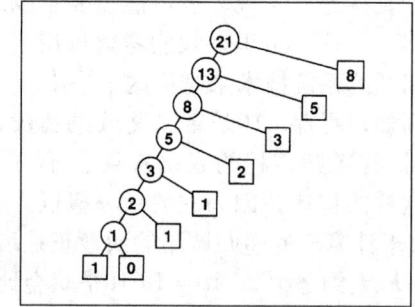

图5-15 计算斐波纳契数的自顶向下的动态规划

注：这一图解显示了使用自顶向下动态规划的递归算法来计算F_8时的递归调用的过程，显示出如何存储已计算的值，以使代价从指数级降到线性（见图5-14）。

程序5.11 斐波纳契数（动态规划）

通过把所计算的值存储在递归过程的外部数组中，明确地避免重复计算。这一程序计算

F_N的时间与N成正比,这个结果与程序5.10中的时间$O(\phi^N)$形成对比。

```
int F(int i)
  { int t;
    if (knownF[i] != unknown) return knownF[i];
    if (i == 0) t = 0;
    if (i == 1) t = 1;
    if (i > 1) t = F(i-1) + F(i-2);
    return knownF[i] = t;
  }
```

对于更复杂的程序例子,考察背包(knapsack)问题:一个小偷打劫一个保险箱,发现柜子里装满N类不同大小与价值的物品,但他只有一个容积为M的背包来装物品。背包问题就是要找出一个小偷该选择的物品组合——把所偷物品的最大价值拿走。如图5-16中的说明,背包大小为17,小偷拿走5个A(而不是6个),价值总共为20,或者D和E,总共为24,或是其他组合中的一种。我们的目标是对于任一给定项的集合与背包容量,找出一个高效的算法使得在众多可能性中价值最大。

在许多应用中,背包问题的求解方法非常重要。例如,一个航运公司希望知道装载一卡车或一货轮货物的最佳途径。在这类应用程序中,其他的类似问题也会产生:比如说,对于每一个高效的装载项会有一个限制数目。又或许,不是一部而是有两部卡车,大量的类似问题都能用同一办法解决,但我们只考察刚才所阐述的基本问题的求解方法;还有一些问题要困难得多。于是在这些问题的可行与不可行之间就有一条很好的界线,我们将在第八部分详尽讨论。

在一个背包问题的递归解法中,每次我们选择一个项,我们都假设可以(递归地)找到打包剩余背包的最优方式。对于大小为cap的背包,对于可用类型的每一项i,我们可以把i放入背包的同时使其他项有最优打包,来得到一种最优解。简单地说最优打包的方式就是已经找到(或将要找到)大小为cap-item[i].size的更小背包。这种解法利用了最优决策的原理,一旦做出决策,就不需要改变。一旦我们知道如何打较小容量的背包,并获得最优项的集合,不论考虑的下一个项是什么,我们都不需要重新检查这些问题。

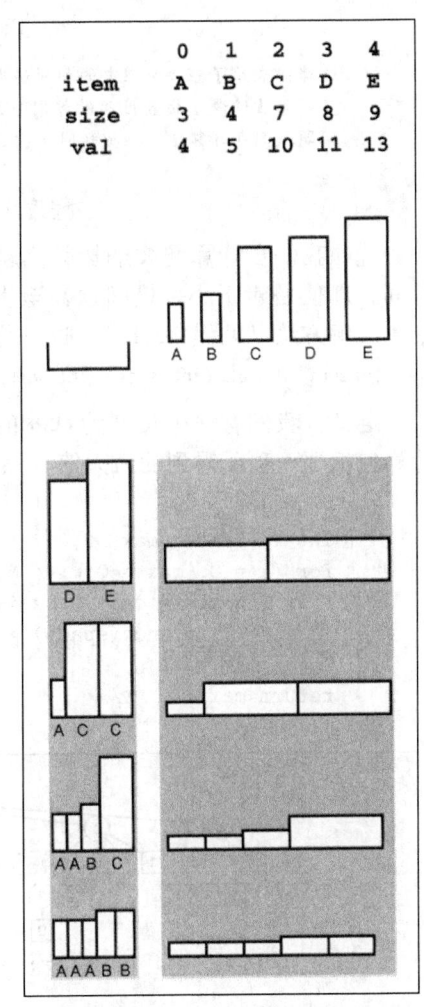

图5-16 背包问题示例

注:背包问题示例。上部表示背包容积大小和不同大小(水平)与值(垂直)的项构成。这个图显示了4种不同的方式以填充一个大小为17的背包,其中两个方式使最高的可能总值为24。

程序5.12是一个基于上述讨论的直接递归方法,进一步来说,这一程序不适用于解决实际问题,因为它大量的重新计算花费了指数级时间(见图5-17),但我们能自动运用自顶向下的动态规划来消除这一问题,如程序5.13所示。如前所述,这种技术消除了所有的重复计算,如图5-18所示。

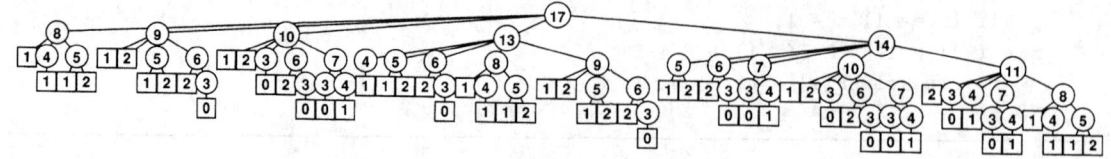

图5-17 背包算法的递归结构

注:这棵树表示了程序5.12中的简单递归背包算法的递归调用结构。每一个节点中的数代表了背包中的剩余容量。算法遭遇了指数性能的相同基本问题,原因在于处理重叠的子问题时进行了大量的重复计算,这些子问题我们在计算斐波纳契数时考虑过。

程序5.12 背包问题(递归实现)

就如我们在计算斐波纳契数问题的递归求解方法,不要使用这个程序。因为它花费指数时间,即使是对于小规模问题甚至也不能计算。但是它毕竟表明了一种我们可以很易改进的紧凑求解方法(见程序5.13)。这一代码假设那些项都是大小和值的结构,并由:

typedef struct {int size; int val;} Item;

定义。我们有一个类型为Item的N项组成的数组。对于每一个可能的项,我们(递归地)计算包括那一项所得到的最大值,然后找出所有这些值的最大值。

```
int knap(int cap)
  { int i, space, max, t;
    for (i = 0, max = 0; i < N; i++)
      if ((space = cap-items[i].size) >= 0)
        if ((t = knap(space) + items[i].val) > max)
          max = t;
    return max;
  }
```

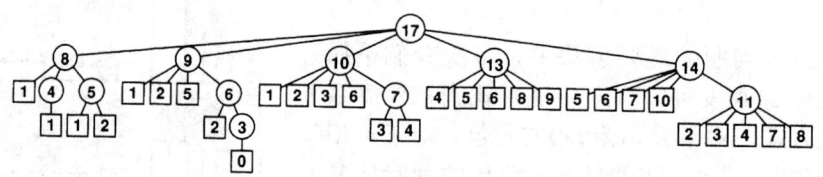

图5-18 背包算法的自顶向下的动态规划

注:像在计算斐波纳契数中所使用的方法一样,保存已经计算出的值的技巧使背包算法的代价从指数时间降为线性时间(见图5-17)。

程序5.13 背包问题(动态规划)

对于程序5.12的代码的改进,减少了运行时间,使时间从指数级变成线性。只需简单地保存所计算的函数值,然后在需要的时候检索已经保存的值(使用一个观察哨值来表达未知值),而不是进行递归调用。我们存储项的索引,以便能够在计算之后重建背包的内容,如果希望itemKnown[M]在背包中,那么余下的内容就跟大小为M-itemKnown[M].size的最优背包的内容一致，因此，itemKnown[M-item[M].size]在背包里，以此类推。

```
int knap(int M)
  { int i, space, max, maxi, t;
    if (maxKnown[M] != unknown) return maxKnown[M];
    for (i = 0, max = 0; i < N; i++)
      if ((space = M-items[i].size) >= 0)
        if ((t = knap(space) + items[i].val) > max)
          { max = t; maxi = i; }
    maxKnown[M] = max; itemKnown[M] = items[maxi];
    return max;
  }
```

通过设计，动态规划消除了任一递归程序中的所有重复计算，只要我们能够花费得起存储参数大小小于所调用问题的所有函数值这一条件。

性质5.3 动态规划降低了递归函数的运行时间，也就是减少了计算所有小于或等于给定参数的递归调用所要求的时间，其中处理一次递归调用的时间为常量。

见练习5.50。 ■

对于背包问题，性质5.3暗示了运行时间与MN成正比。因此，只要背包容积并非极其庞大，我们就能轻松地求解背包问题。对于极其庞大的背包容积，需要的时间和空间将可能大到被禁止的程度。

自底向上的动态规划同样应用于解决背包问题。实际上，我们可以随时在使用自顶向下的方法去使用自底向上的方法，当然我们需要谨慎地确保按照一个恰当的顺序计算函数值，以便在我们需要每一个函数值时它们已被计算出来。对于带有一个整型参数的函数，诸如我们已经考虑的那两个，我们一般是以参数递增的顺序来进行处理（见练习5.53）。对于更复杂的递归函数，要确定一个恰当的顺序也会是一个挑战的问题。

例如，我们不需要把递归函数限制到单整型参数的情形。当有一个带有多个整型参数的函数时，可以把较小的子问题的解存储在多维数组中，一个参数对应数组的一维。其他那些完全不涉及整型参数的情形，就使用抽象的离散问题公式，它能让我们把问题分解为一个个的小问题。我们将在第五部分至第八部分考察这类问题的例子。

在自顶向下的动态规划中，我们存储已知的值；在自底向上的动态规划中，我们预先计算这些值。我们通常选择自顶向下的动态规划而不选择自底向上动态规划，其原因如下：

- 自顶向下的动态规划是一个自然的求解问题的机械转换。
- 计算子问题的顺序能自己处理。
- 我们可能不需要计算所有子问题的解。

动态规划的应用在子问题的本质以及我们关于子问题的要存储的信息总量是不同的。

我们不能忽视的至关重要的一点是，当我们需要的可能的函数值的数目太大以至于不能存储（自顶向下）或预先计算（自底向上）所有值时，动态规划就会变得低效。例如，如果背包问题中的M和项是64位的或是浮点数，我们将无法通过索引数组去存储值。这一差别不仅导致了小麻烦，还带来了一个主要困难。然而，对这种问题，却没有好的求解方法。我们将在第八部分中看到，的确没有好的解法。

动态规划是一种算法设计技巧，基本适合于我们在第五部分至第八部分讨论的那类高级问题。我们在第二部分至第四部分考察的大多数算法都是分治法方法，并且都具有不重复的子问题。我们关注亚二次算法或亚线性算法，而不是亚指数算法的性能。然而，自顶向下的动态规划确实是开发高效的递归算法实现的基本技术,这类算法应归入任何从事算法设计与实现所需的工具箱。

练习

▷ 5.37 编写计算 $F_N \bmod M$ 的函数,要求对中间计算只使用一个常量的空间。

5.38 F_N 可以被表示为64位的整数时,最大的 N 是多少?

○ 5.39 在程序5.11中交换递归调用的情况下,画出对应图5-15的树。

5.40 编写一个函数,使用自底向上的动态规划来计算以下递归方程所定义的 P_N 的值:

$$P_N = \lfloor N/2 \rfloor + P_{\lfloor N/2 \rfloor} + P_{\lceil N/2 \rceil}, \quad \text{对于} N \geq 1 \text{且} P_0 = 0$$

画出一个 N 与 $P_N - N\lg N/2$ 之间的曲线图,其中,$0 \leq N \leq 1024$。

5.41 编写一个函数,使用自顶向下的动态规划求解练习5.40。

○ 5.42 当对参数 $N=23$ 调用函数时,为练习5.41中的函数画出一棵与图5-15对应的树。

5.43 画出 N 与练习5.41中的函数计算 P_N($0 \leq N \leq 1024$)所做的递归调用的数目之间的曲线图(要完成计算,你的程序中的每一个 N 的取值都从零开始)。

5.44 编写一个函数,使用自底向上的动态规划来计算以下递归方程所定义的 C_N 的值。

$$C_N = N + \frac{1}{N}\sum_{1 \leq k \leq N}(C_{k-1} + C_{N-k}), \quad N \geq 1 \text{且} C_0 = 1$$

5.45 编写一个函数,使用自顶向下的动态规划来求解练习5.44。

○ 5.46 当对参数 $N=23$ 调用函数时,为练习5.45中的函数画出一棵与图5-15相对应的树。

5.47 画出 N 与练习5.45中的函数计算 C_N($0 \leq N \leq 1024$)而做的递归调用的数目之间的曲线图(要完成计算,你的程序中的每一个 N 的取值都从零开始)。

▷ 5.48 根据图5-16中的数据项,给出程序5.13中调用 `knap(17)` 时所计算的 `maxKnown` 与 `itemKnown` 的数组中的内容。

▷ 5.49 假设要按照数据项的大小递减的顺序来考虑,画出与图5-18对应的树。

• 5.50 证明性质5.3。

○ 5.51 使用程序5.12的自底向上的动态规划版本,编写一个求解背包问题的函数。

• 5.52 使用自顶向下的动态规划方法,编写一个求解背包问题的函数。但使用递归求解方法,计算要基于在背包中包括特定项的最优数目,以及基于(递归地)知道没有那个特定项时打包背包的最优方案。

○ 5.53 使用练习5.52中所述的递归求解的自底向上的动态规划方法,编写一个求解背包问题的函数。

• 5.54 使用动态规划求解练习5.4。记录你保存的函数调用的总数。

5.55 编写一个程序,使用自顶向下的动态规划来计算二项系数 $\binom{N}{k}$,基于以下递归公式

$$\binom{N}{k} = \binom{N-1}{k} + \binom{N-1}{k-1},$$

其中 $\binom{N}{0} = \binom{N}{N} = 1$

5.4 树

树是一种数学上的抽象，在算法的设计与分析中起到了核心作用，原因如下：
- 我们使用树来描述算法的动态性质。
- 我们创建并使用显式的数据结构，这些数据结构都是树的具体实现。

我们已经看到上述用法的例子。我们为第1章的连通性问题设计了基于树结构的算法，并且在5.2节、5.3节我们使用树结构描述了递归算法的调用结构。

我们在日常生活中经常遇到树——这是一个熟悉的基本概念。例如，许多人用家族树来追踪祖先或后代信息；就如我们将看到的，我们的许多术语都是源于树的这种用法。另一个树的例子可在运动联赛的组织中找到；该用法由Lewis Carroll等人研究。第三个例子就是一个大型公司中的组织机构图；该用法对刻画分治算法的层次分解具有启示作用。第四个例子就是把英语句子转换为组成部分的词法分析树；如第五部分所讨论的那样，这一类树与计算机语言的处理密切相关。图5-19给出了一个树的典型例子——这棵树描述了本书的结构。此外，我们在本书中还接触到大量树的应用的其他例子。

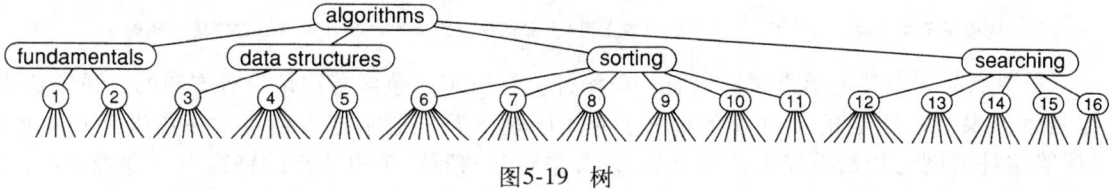

图5-19 树

注：这棵树描述了本书结构中的"部分"、"章"、"节"。对每一个实体，都有一个节点。每一个节点通过向下的链接连接它的组成成分，通过向上的链接连接它属于的更大的部分。

在计算机的应用程序中，其中我们最为熟悉的树的用法就是文件系统的组织。我们把文件放在目录（有时也称为文件夹）中，这些目录递归定义为目录与文件的序列。这种递归定义再次反映出一个自然的递归分解，而且与某种类型的树的定义相同。

有许多种树，而且理解树的抽象表示与用它来表示应用的具体表示之间的区别是极其重要的。因此，我们将详细考虑不同类型的树以及它们的表示。我们通过把树定义成抽象的对象，并引入大量基本的相关术语来开始我们的讨论。我们将按照所考虑的树的通用性的递减顺序非形式地讨论各种不同类型的树：
- 树。
- 有根树。
- 有序树。
- M叉树与二叉树。

在非形式的讨论树的一些概念之后，我们转向树的形式定义，并考虑它的表示法与应用。图5-20显示出许多我们讨论并定义的基本概念。

一棵树就是满足某种要求的节点与边的一个非空集合。一个顶点就是一个简单对象（也称作是节点），它可以有个名字，并且可以携带其他相关联的信息；一条边就是两个节点之间的连接。树中的一条路径就是一个不同节点的序列，在序列中连续的节点由树中的边连接。定义一棵树的性质就是任意两个节点只有一条惟一的路径。如果在几对节点中有不止一条的路径，或者在几对节点中没有路径，那样我们得到一个图；而不能得到一棵树。一组不相交的树称为森林。

一棵有根树就是我们在其中指派一个节点作为树的根节点的树。在计算机科学中，通常的树是指有根树，同时使用术语自由树来表示前几段中所提到的更一般的结构。在一棵有根树中，任何节点都是由该节点及其下面的节点组成的子树的根节点。

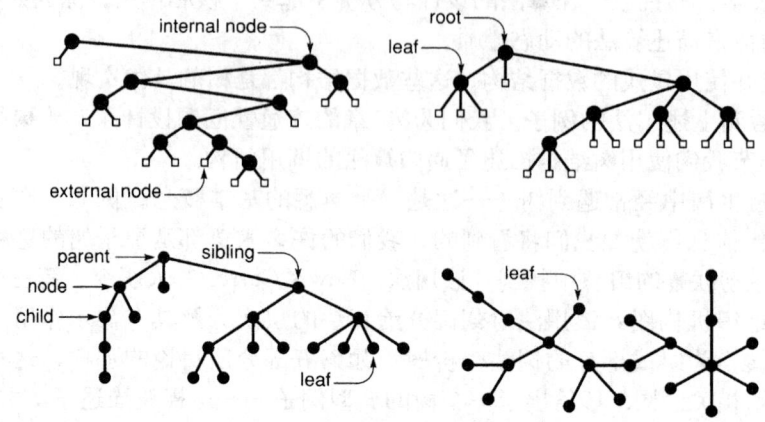

图5-20 树的类型

注：这些图是二叉树（左上图）、三叉树（右上图）、有根树（左下图）和自由树（右下图）的例子。

根节点与树中其他节点之间只有一条路径。这一定义蕴含着边是没有方向的；通常认为，边是远离根节点还是指向根节点取决于应用问题。我们通常把根节点放在顶端来画有根树（尽管这种惯例已开始看起来并不自然）。如果x在一条从y到根节点的路径上（也就是说，如果y在节点x的下面，并与x相连的路径不通过根节点，我们就说节点y在节点x的下面，或x在y的上面）。每一个节点（除了根节点）都只有一个节点在它的上面，这个节点称作父节点（parent），而直接在其下面的节点称为子节点（children）。我们有时需要对祖父节点（grandparent）或兄弟节点（sibling）进行研究，以类比家族树。

没有子节点的节点称为叶节点（leave）或终结节点（terminal node）。与后一种名称用法相对应，至少有一个子节点的节点称为非终结节点（nonterminal node）。我们已经在本章看到了区分这些不同类型节点的应用的例子。我们使用树来表达递归算法的调用结构（比如，见图5-14）时，非终结节点（环）表示带有递归调用的函数调用，终结节点（方形）表示没有递归调用的函数调用。

在特定的应用中，每一个节点的子节点排列的顺序是有重要意义的；而在另外一些应用中，其意义却并不大。一棵有序树就是其中每一个节点的子节点的顺序被确定的有根树。有序树是一种很自然的表示。比如说，在画一棵树时我们按照某种次序放置子节点。正如我们将看到的，当我们考虑在一台计算机中表示树时，这一区别就变得很有意义了。

如果每一个节点必须有一个特定数目的子节点并以特定的次序出现，我们就得到一棵M叉树。在这种树中，经常要把没有子节点的节点定义为特殊的外部节点。然后，外部节点可以作为哑元节点，由那些没有确定数目子节点的节点引用。特别是，最简单的M叉树类型就是二叉树。一棵二叉树就是由两种类型的节点组成的有序树：没有子节点的外部节点，只有两个子节点的内部节点。由于每一个内部节点的子节点都是有次序的，所以我们称它们为内部节点的左子节点与右子节点；每一个内部节点都必须有左子节点与右子节点，尽管其中一个或两个可能是外部节点。M叉树中的一个叶节点是一个内部节点，它们的子节点全部都是外部节点。

以上就是基本的术语，接下来，我们按照通用性递增的顺序考虑以下各种树的形式定义、表示及应用：

- 二叉树与M叉树。
- 有序树。
- 有根树。
- 自由树。

从最特定的抽象结构开始，我们将能够非常详尽地考虑具体的表达。

定义5.1 **二叉树**是外部节点或内部节点，与一对分别被称作该节点的左子树与右子树的二叉树相连。

该定义清楚表明二叉树本身是抽象的数学概念。但我们用计算机表示工作时，我们就在处理这一个抽象的具体实现。这种情形与用浮点数表示实数、用int表示整数等等类似。当我们画根部有节点的一棵树时，其根节点通过边与左边的左子树及右边的右子树相连，我们就选择一种惯用的具体表示。有许多不同的方法表示二叉树（例如，见练习5.62），二叉树起初很让人惊奇，但是在给定定义的抽象本质后，可以预想其反映的结果。

当我们实现那些使用和操纵二叉树的程序时，我们最常使用的具体表示就是一个内部节点带有两个链接（包括右链接与左链接）的结构（见图5-21）。这些结构与链表相似，但它们的每一个节点有两个链接，而不是一个。空链接与外部节点相对应。特别地，我们将一个链接加到来自3.3节的标准链表的表示上，如下：

```
typedef struct node *link;
struct node { Item item; link l, r; };
```

这是定义5.1的C语言代码。链接是对节点的引用，节点由数据项（item）和一对链接（link）组成。因此，我们可以用一个诸如x = x->l的指针引用来实现"移到左子树"的抽象操作。

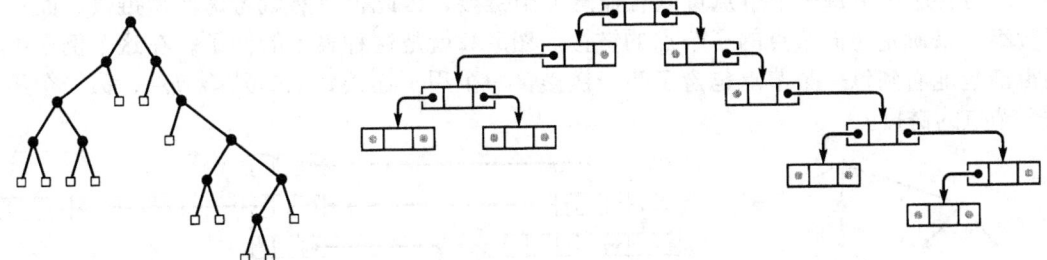

图5-21　二叉树表示

注：二叉树的标准表示使用带有两个链接的节点：左链接指向左子树，右链接指向右子树，空链对应外部节点。

这种标准表示允许高效地实现在树中从根节点下移的调用操作，但是不能高效地实现在树中从子节点到其父节点的上移的调用操作。对于要求这类操作的算法，我们可以给每一个节点添加指向父节点的第三个链接。这一可供选择的方案与双向链表类似。利用链表（见图3-6），我们使树节点保持在数组中，并在一些情形中使用索引代替指针作为链接。在12.7节中研究一个类似实现的特定例子。使用其他二叉树表示某些特定的算法，在第9章中尤其值得注意。

由于可能存在各种不同的表示，我们也许可以开发出一个二叉树ADT，它把我们所要进行的重要操作封装进去，并且将这些操作的使用与实现分离开来。我们在本书中不采取这一途径，因为，

- 我们通常使用的都是双向链表的表示。
- 我们使用树来实现更高级ADT，并将重点放在这些部分。
- 我们使用效率依靠于特定表示的算法——一个可能在ADT中丢失的事实。

这些原因也是我们在数组与链表的具体表示时使用的类似原因。在图5-21中描述的二叉树表示是一个基础的工具，我们现在把它加到这个短链表中。

对于链表，我们从考察基本的操作开始，这些操作有插入或删除节点（见图3-3和图3-4）。对于二叉树的标准表示，这样的操作并非必要的基本要素，因为有第二个链接存在。如果要删除二叉树的一个节点，必须弄清基本问题，就是节点消失后我们可能有两个子节点要处理，但只有一个父节点要处理。于是可有三个自然的操作：在底部插入一个新的节点（用一个新节点的链接代替null链接）；删除一个叶节点（用一个null链接代替与它的链接）；创建一个新的根节点把两棵树组合成一棵树，其中根节点的左链接指向一棵树，右链接指向另一棵树。当要操作二叉树时，大量使用这些操作。

定义5.2 M叉树或者是一个外部节点，或者是连接到M棵有序树的一个内部节点，这些树也是M-叉树。

我们通常把M叉树中的节点表示为M个已命名链接的结构（就如二叉树中的一样）或者表示为M个链接的数组。例如，第15章中，我们考虑三叉（或三重的）树，其中使用三个命名为左、中、右链接的结构。每一个结构对于相关联的算法都有特定的含义。否则，使用数组保存链接就是恰当的，因为M的值是固定的，尽管我们将看到，在使用这样一种表示时我们必须关注对空间的过度占用。

定义5.3 树（也称为有序树）是连接到不相交树序列的一个节点（也称为根节点）。这样的树序列称为森林。

有序树与M叉树的区别在于：有序树中的节点可以有任何数目的子节点，而M叉树的节点只有M个子节点。我们有时根据上下文使用一般树这一术语把有序树从M叉树中区别开来。

因为有序树中每一个节点可以有任意多个链接，因此很自然就考虑使用链接，而不是使用数组，来确定通向节点的子节点的链接。图5-22就是这种表示的例子。在这个例子中，我们很清楚地看到每一个节点包含了两个链接，一个用于连接到它的兄弟节点，另一个用于它的子节点的链接。

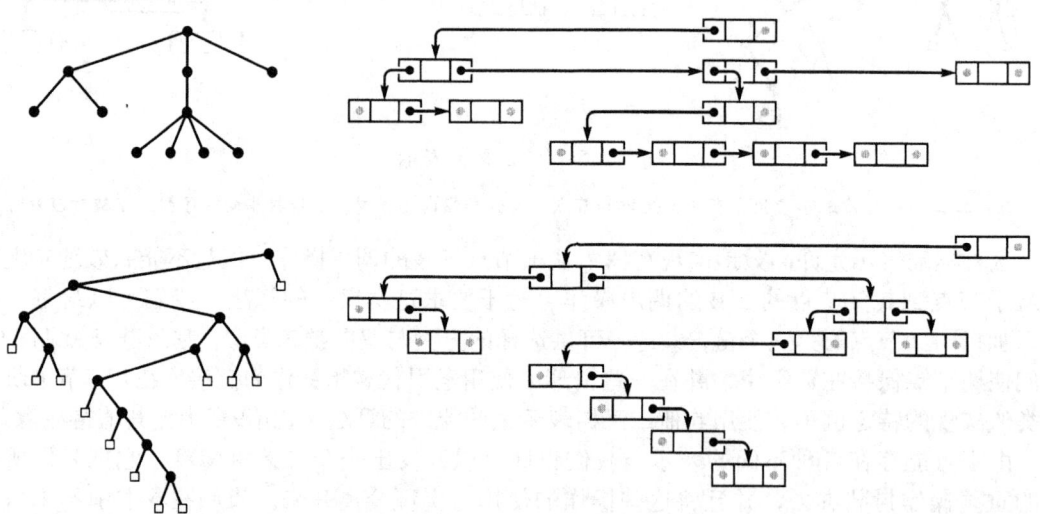

图5-22　树的表示

注：通过把每一节点的子节点保存在链表中来表示一棵有序树，相当于把它表示为一棵二叉树。在右上图显示了一个在左上方的树的链表孩子表示法，带有节点的右链接所实现的表，并且每一个节点的左链接指向其子节点的链表中的第一个节点。在右下图显示了一个对上方图进行细微的重新安排的版本，并且非常清晰地表示左下方的二叉树。也就是说，在表示树时我们可以考虑二叉树。

性质5.4 在二叉树与有序森林之间，存在一一对应的关系。

这种对应关系在图5-22中详细描述，通过使每一个节点的左链接指向最左的子节点，使每一个节点的右链接指向右边的兄弟节点，我们可以把任何一棵森林表示为一棵二叉树。∎

定义5.4 一棵**有根树**（或**无序树**）是一个连接到有根树组成的多集的一个节点（称为根节点）（这样的多集称为**无序森林**）。

我们在第1章中遇到的关于连通性问题的树就是无序树。这一类树可以被定义为有序树，其中节点的子节点被考虑的顺序是不重要的。我们同样选择把无序树定义为由节点间父子关系组成的集合。这一选择似乎与我们正在考察的递归结构没有关系，但它却是对抽象观念的真实具体的表示。

我们可以在计算机中选择用一棵有序树来表示无序树，并认识到许多不同的有序树或许表示了同一棵无序树。实际上，反过来要确定是否两个不同的有序树表示同一棵无序树（树同构问题）是一个难以解决的问题。

最一般的树类型是没有根节点区别的树。例如，在第1章的连通性算法导致的生成树就有这一性质。要恰当地定义无根树、无序树或自由树，我们就要从图的定义开始。

定义5.5 一个**图**由节点集合和连接不同节点对的边的集合组成（任何一对节点至多有一条边相连）。

我们可以想象从某个节点开始，沿着一条边到这条边的构成节点，然后沿着一条边从一个节点到另一个节点，以此类推。按照这种方式，从一个节点到另一个节点的边的序列（且没有任何节点出现两次）称为**简单路径**。如果存在一条简单路径连接任何节点对，则称该图是**连通**的。开头与末尾节点相同的一条简单路径称为**环路**（cycle）。

每棵树都是一个图，但哪一些图是树呢？如果一个图满足以下四个条件之一，我们就认为它是树：

- G有$N-1$条边，并且没有环路。
- G有$N-1$条边，并且是连通的。
- 只有一条简单路径连接G中的每一对节点。
- G是连通的，但在任意一条边被删除后不再保持连通。

上述条件的任意一条对于证明其他三个条件都是充要条件。形式地说，我们应该挑选其中一个条件作为自由树的定义。非形式地说，我们应该让这些条件都用于定义。

我们简单地把一个自由树表示为边的集合。如果选择把一个自由树表示为无序树、有序树甚至二叉树，一般而言，需要认识到表示一个自由树有许多不同的方法。

树的抽象概念经常出现，在这一节中所讨论的区别极其重要，因为了解不同树的抽象常常是为给定问题寻找有效算法和相应数据结构的重要成分。我们常常直接用树的具体表示，而不考虑特定的抽象，但我们也常常因为使用恰当的树抽象而受益，由此再去考虑各种不同的具体表示。我们将在本书中看到这个过程的大量例子。

在讨论算法与实现之前，我们先考虑一些树的基本数学性质；这些性质将在树算法的设计与分析中用到。

练习

▷ 5.56 作为有根树与二叉树，给出图5-20中的自由树的表示。

• 5.57 在表示图5-20中的自由树为有序树，有多少种不同的办法？

▷ 5.58 画出三棵与图5-20中的有序树同构的有序树。也就是说，你必须能够通过交换子节点来将这四棵树相互转换。

- 5.59 假设有树包含一些数据项，eq是为这些数据项定义的。编写一个递归程序来删除二叉树中所有与给定数据项相等的数据项的叶节点（见程序5.5）。
- 5.60 改变用于找出数组中最大值（见程序5.6）分治法函数，把数组分解为k个部分，每部分的大小至多差1，递归地找到每一部分的最大值，再返回多个局部最大值中的最大值。

  5.61 对于11个元素的数组，画出在练习5.60中提示的递归构造中使用的$k = 3$与$k = 4$所对应的3叉树和4叉树（见图5-6）。
- 5.62 二叉树与二进制字符串等价，二进制字符串中0位比1位多一个，由于这个额外的约束，在任何位置k，严格出现在k的左边的0位的个数不大于严格出现在k的左边的1位的个数。一棵二叉树或是0或两个这样的字符串连接在一起，前面是1。画出与下面的字符串相对应的二叉树：

  1 1 1 0 0 1 0 1 1 0 0 0 1 0 1 1 0 0 0.
- 5.63 有序树等价于平衡的圆括号字符串：一棵有序树或者为空或是由圆括号包围的有序树的序列。画出与下面字符串相对应的有序树：

  ((( ) ( ) ( )) ( ) (( ) ( ) ( )))
- • 5.64 编写一个程序确定介于0与N−1之间的整数的两个数组是否表示同构的无序树，当被解释为带有在0与N−1之间编号的节点的树（就如第1章那样）中的父−子链接时。也就是说，你的程序必须确定是否存在给一棵树中节点编号方法，满足一棵树的数组表示与另一棵树的数组表示相同。
- • 5.65 编写一个程序确定两个二叉树是否表示同构无序树。
- ▷ 5.66 画出所有能由边集0-1、1-2、1-3、1-4、4-5所定义树的所有表示的有序树。
- • 5.67 证明：如果一个包含N个节点的连通图有删除任何边就使图不连通的性质，则该图有N−1条边，并且没有环路。

5.5 树的数学性质

在开始考虑树处理算法之前，我们通过考虑树的很多基本性质继续在数学方面的讨论。我们把重点放在二叉树上，因为我们在本书中经常要用到它们。深刻理解它们的基本性质，将为我们很好地理解遇到的不同算法的性能特征打下基础，不仅仅是那些我们使用二叉树作为显式数据结构的算法，而且还有分治递归算法以及其他类似的应用。

性质5.5 一棵有N个内部节点的二叉树有$N + 1$个外部节点。

我们通过归纳法来证明这个性质：一棵有0个内部节点的二叉树有1个外部节点，由此当$N = 0$时性质成立。当$N > 0$时，任何有N个内部节点的二叉树，就有k个内部节点在它的左子树上，有$N−1−k$个内部节点在它的右子树上，其中k介于0与$N−1$之间，因为根节点是一个内部节点。通过归纳假设，左子树有$k + 1$个外部节点，右子树有$N−k$个外部节点，总计$N + 1$个外部节点。■

性质5.6 一棵有N个内部节点的二叉树有2N个链接：$N−1$个链接到内部节点，$N + 1$个链接到外部节点。

在任何有根树中，除了根节点，每个节点都有惟一的一个父节点，每一条边连接一个节点到它的父节点上，所以有$N−1$个链接与内部节点连接。类似地，$N + 1$个外部节点的每一个都有一个连接到惟一父节点的链接。■

许多算法的性能特征不只是依赖于相关树的节点数目，而且依赖于各种结构性质。

定义5.6 在一棵树中节点的层数比其父节点的**层数**要高一层（根节点在第0层），树的**高度**（height）就是树中节点层数中的最大值。树的**路径长度**是所有树节点的层数的总和。一棵二叉树的**内部路径长度**是树的所有内部节点的层数的总和。一棵二叉树的**外部路径长度**是树的所有外部节点的层数的总和。

一种计算树的路径长度的方便方法，就是对于所有的k，求k与在层数k上节点的数目的乘积的和。

这些数量同样有简单的递归定义，这些定义直接来自树与二叉树的递归定义。例如，树的高度比树根的子树的高度的最大值还大1，有N个节点的树的路径长度就是树根的子树的路径长度的总和加$N-1$。这些量同样与递归算法的分析直接相关。例如，对于许多递归计算，相应树的高度正好是递归深度的最大值，或者是需要支持计算的栈的大小。

性质5.7 任何带有N个内部节点的二叉树的外部路径长度比内部路径长度大$2N$。

我们通过归纳法来证明这个性质，但另一种证明方法是有启发性的（该方法对性质5.6同样有效）。注意到任何二叉树都能通过以下的过程创建。从包含一个外部节点的二叉树开始，然后重复以下步骤N次：挑选一个外部节点，并且用把两个外部节点作为子节点的一个新内部节点来代替该外部节点。如果所选的外部节点的层数是k，内部路径长度增加了k，但是外部路径长度增加了$k+2$（去掉了一个层数为k的外部节点，增加了两个层数为$k+1$的外部节点）。整个过程从内部路径长度和外部路径长度都为0的树开始，对于N个步骤的每一步，外部路径长度比内部路径长度多增加2。∎

性质5.8 带有N个内部节点的二叉树的高度至少是$\lg N$，至多是$N-1$。

最坏情况是只有一个叶节点的退化树，$N-1$个链接从根节点到叶节点（见图5-23），最好的情况是平衡树，在每一个层数i上有2^i个内部节点（底部层数除外）（见图5-23），如果高度是h，因为有$N+1$个外部节点，那么我们必定有下式成立

$$2^{h-1} < N+1 \leqslant 2^h$$

这个不等式隐含着我们阐述的性质：最好情况的高度正好等于向上取整所得的整数$\lg N$。∎

性质5.9 带有N个内部节点的二叉树的内部路径长度至少是$N\lg(N/4)$，至多是$N(N-1)/2$。

最坏情况和最好情况是由在性质5.8的讨论和在图5-23中描述的同一棵树得到的。最坏情况的树的内部路径长度是$0+1+2+\cdots+(N-1) = N(N-1)/2$。最好情况的树有$(N+1)$个外部节点，高度不超过$\lfloor\lg N\rfloor$。把这些数乘起来并应用性质5.7，我们得到界限$(N+1)\lfloor\lg N\rfloor - 2N < N\lg(N/4)$。∎

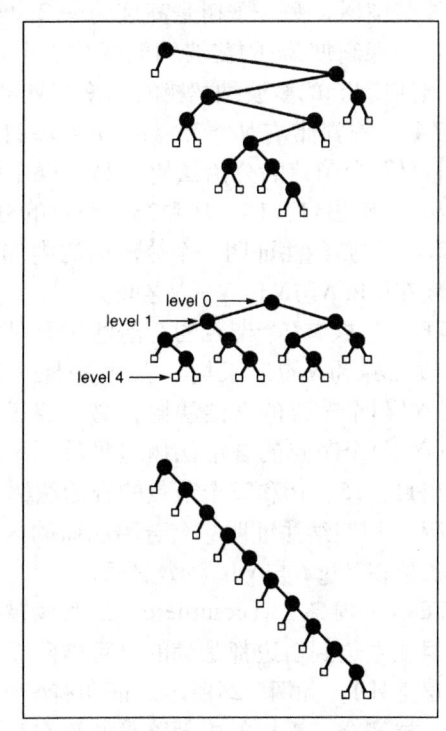

图5-23 三棵都有10个内部节点的二叉树

注：在上面显示的二叉树的高度是7，内部路径长度为31，外部路径长度为51。中间的完全平衡二叉树有10个内部节点，高度为4，内部路径长度为19，外部路径长度为39（没有带10个节点的二叉树有比以上数量更小的值）。底部退化的二叉树有10个内部节点，高度为10，内部路径长度为45，外部路径长度为65（没有带10个节点的二叉树有比以上数量更大的值）。

就如我们将看到的那样，二叉树广泛地出现在计算机应用中，而且当二叉树完全平衡（或接近平衡）时性能最佳。例如，我们用于描述分治算法的树，如二分搜索与归并排序都是（见练习5.74）性能最佳的方法。在第9章与第13章，我们将考察基于平衡树的显式数据结构。

树的基本性质为我们要开发一些用于求解实际问题的高效算法提供了信息。对于我们将遇到的特定算法的更详尽分析，需要进行复杂的数学分析，虽然我们用诸如在本节中用到的简明的归纳参数，常常能得到有用的估计。在后面章节中需要时，我们会更进一步讨论树的数学性质。就这点来说，我们准备回到关于算法问题上来。

练习

▷ 5.68 在一棵有N个内部节点的M叉树中有多少个外部节点？使用你的回答来给出要表示这样的树所需的内存量，假设每一个链接与数据项需要一个字的内存。

5.69 给出有N个内部节点的M叉树的高度的上限与下限。

○ 5.70 给出有N个内部节点的M叉树的内部路径长度的上限与下限。

5.71 给出有N个节点的二叉树的叶子数目的上限与下限。

• 5.72 证明：如果二叉树中的外部节点的层数之差为常量，那么该树高度是$O(\log N)$。

○ 5.73 高度$n > 2$的斐波纳契树（Fibonacci tree）是一棵二叉树，其中一棵子树是高度为$n-1$的斐波纳契树，另一子树是高度为$n-2$的斐波纳契树。一棵高度为0的斐波纳契树是一个外部节点；一棵高度为1的斐波纳契树是一个带有两个外部节点为子节点（见图5-14）的内部节点。给出高度为n的斐波纳契树的高度与外部路径长度作为树中节点个数N的函数。

5.74 一棵带有N个节点的分治法树是一棵根节点标为N的二叉树，其中一棵子树中是有$\lfloor N/2 \rfloor$个节点的分治法树，另一棵子树是有$\lceil N/2 \rceil$个节点的分治法树（图5-6描述了一个分治树）。画出11、15、16和23个节点的分治法树。

○ 5.75 用归纳法证明一个分治树的内部路径长度在$N \lg N$与$N \lg N + N$之间。

5.76 一棵有N个节点的合治法树，是一个根节点标为N的二叉树，其中一棵子树是有$\lceil N/2 \rceil$个节点的合治法树，另一棵子树是有$\lfloor N/2 \rfloor$个节点的合治法树（见练习5.18）。画出11、15、16和23个节点的合治法树。

5.77 用归纳法证明一个合治法树的内部路径长度在$N \lg N$与$N \lg N + N$之间。

5.78 一棵完全（complete）二叉树就是所有层从左边到右边都是满的（可能除了最后一层之外），如图5-24所示。证明有N个节点的一棵完全二叉树的内部路径长度在$N \lg N$与$N \lg N + N$之间。

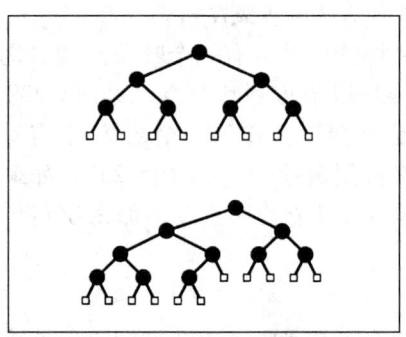

图5-24 有7个和10个内部节点的完全二叉树

注：当外部节点的数目是2的幂（上图）时，完全二叉树中的内部节点都在同一层数。否则（下图）外部节点出现在两个层数，其中在次底层上的内部节点在外部节点的左方。

5.6 树的遍历

在考虑构造二叉树与树的算法之前，我们考虑用于的树处理功能的最基本算法：树的遍历，即给出一个指向树的指针，我们打算系统地访问树中的每一个节点。在一个链表中，我们跟随单一链接从一个节点移到下一个节点；然而，对于树来说我们要做如何访问的决定，因为可能会有很多链接可以使用。

我们从考虑二叉树的过程开始，对于链表，我们有两个基本的选项（见程序5.5）：处理节点，然后沿着链表访问（在这种情况下，我们按顺序访问节点），或者沿着链表，然后处理节点（在这种情况下，我们按相反顺序访问节点）。对于二叉树，我们有两个链接，由此我们有三种基本的访问节点的顺序：
- 前序（preorder），我们访问该节点，然后访问该节点的左子树和右子树；
- 中序（inorder），我们访问该节点的左子树，然后访问该节点，再访问该节点的右子树；
- 后序（postorder），我们访问该节点的左子树和右子树，然后访问该节点。

我们可以容易地用递归程序实现这些方法，如程序5.14所示。这是程序5.5中的链表遍历程序的直接推广。要按照其他顺序实现遍历，我们以适当的方式排列程序5.14中的函数调用。对于每种情况，图5-26显示了我们访问一棵示例树的节点顺序。图5-25显示了当我们在图5-26的示例树上调用程序5.14时执行函数调用的顺序。

```
traverse E
  visit E
  traverse D
    visit D
    traverse B
      visit B
      traverse A
        visit A
        traverse *
        traverse *
      traverse C
        visit C
        traverse *
        traverse *
    traverse *
  traverse H
    visit H
    traverse F
      visit F
      traverse *
      traverse G
        visit G
        traverse *
        traverse *
    traverse *
```

图5-25 前序遍历函数调用

注：对于图5-26的示例树，这个函数调用的顺序构成前序遍历。

程序5.14 递归树遍历

这个递归函数取指向树的链接作为参数，并且用树上的每一个节点作为参数调用函数visit。也就是说，该函数实现一个前序遍历；如果对visit的调用移动到递归调用之间，我们就得到中序遍历；如果对visit的调用移到递归调用之后，我们就得到后序遍历。

```
void traverse(link h, void (*visit)(link))
  {
    if (h == NULL) return;
    (*visit)(h);
    traverse(h->l, visit);
```

```
    traverse(h->r, visit);
}
```

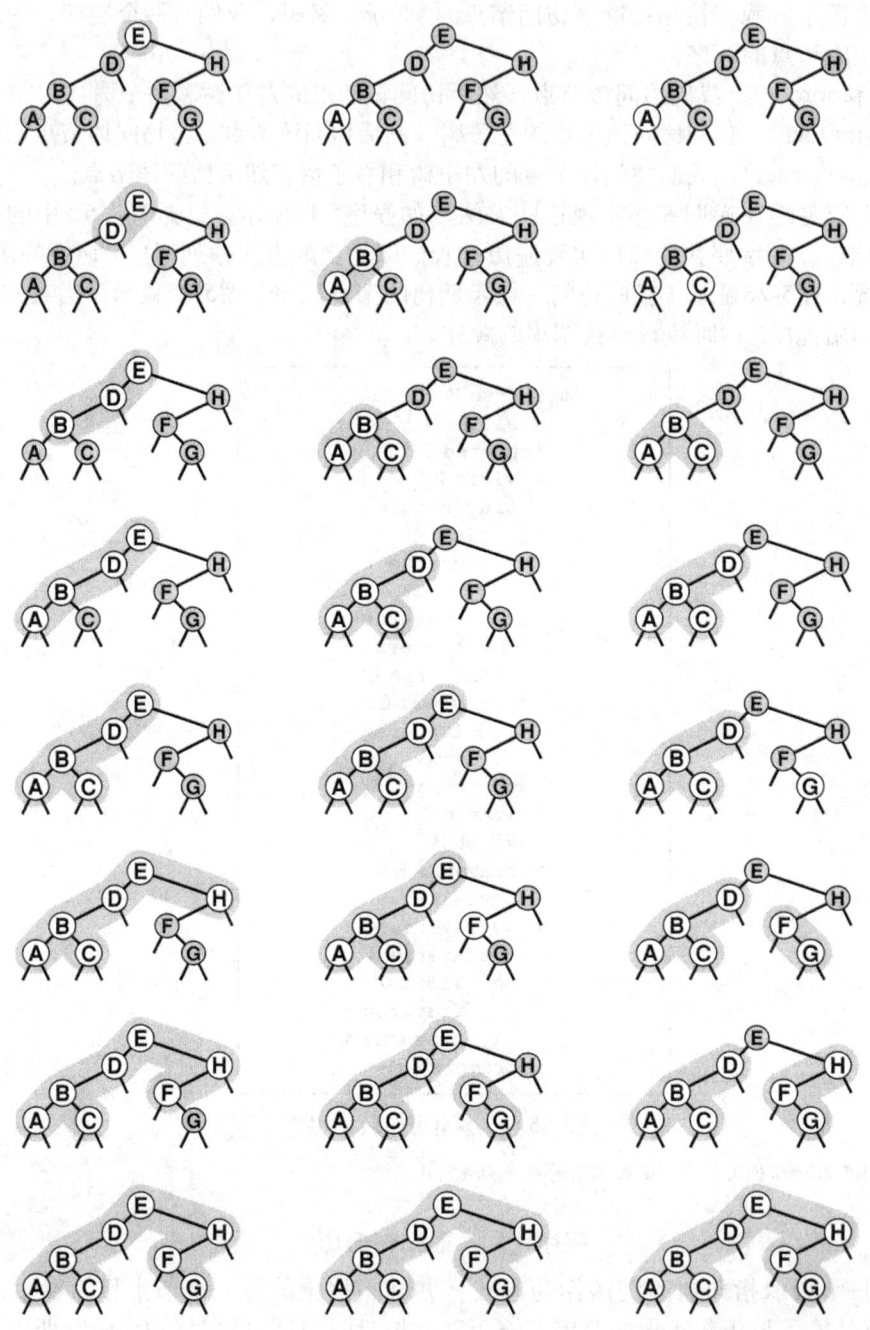

图5-26 树遍历的顺序

注：这些序列表明了按照前序遍历、中序遍历和后序遍历访问树中的节点的顺序。

我们已经在基于分治递归程序（见图5-8与图5-11）以及算术表达式的各种树遍历算法中遇到相同的基本递归过程。例如，首先根据前序遍历在尺子上画线，然后进行递归调用（见图5-11）；在求解汉诺塔问题中，在两次递归调用移动其他所有盘子之间，首先进行中序遍历移动最大的盘子；对于后缀表达式求值，先进行后序遍历，等等。这些对应关系使我们对于隐含在树遍历之后的机制有了直观的认识。例如，我们知道在中序遍历中每隔一个节点就是外部节点，出于同样的道理，在汉诺塔中每隔一次移动都涉及了最小的盘子。

考虑那些使用显示的下推栈的非递归实现同样很有好处。为简单起见，我们从一个抽象栈开始考察，这个栈能够保存数据项或树，以将被遍历的树初始化。然后，我们进入一个循环，在这个循环中我们弹出并处理在栈顶的元素，如此继续，直到栈空为止。如果弹出的元素是一个数据项，就访问它；如果弹出的元素是一棵树，就按照希望的顺序执行一系列的入栈操作：

- 对于前序，我们压入右子树，然后是左子树，最后是节点。
- 对于中序，我们压入右子树，然后是节点，最后是左子树。
- 对于后序，我们压入节点，然后是右子树，最后是左子树。

把空树压入到栈中并不难。图5-27显示了我们使用三种方法遍历图5-26中的示例树时栈中的内容。我们通过归纳法可以容易地证实这个方法可以得出与二叉树的递归方法同样的输出结果。

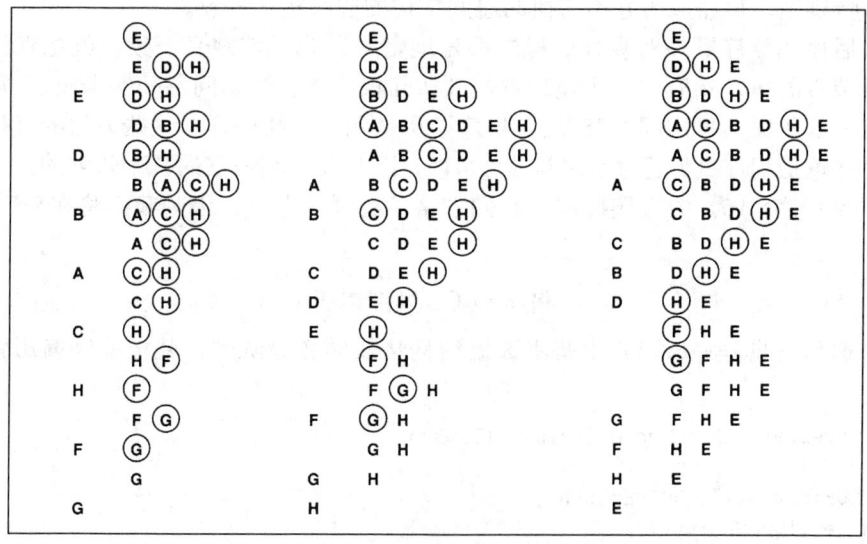

图5-27 树遍历算法的栈内容

注：这些序列表明了按照前序（左图）、中序（中图）和后序（右图）遍历树时的栈中内容。（见图5-26），对于一个理想化的计算模型，类似于我们在图5-5中使用的模型，我们可以按照指示的顺序把数据项以及它的两棵子树放到栈中。

在前一段中描述的模式是概念性的，包括了三种遍历的方法，但在我们的实际实现中要稍微简单一些。例如，对于前序，我们不需要把节点推到栈上（我们访问弹出来的每一棵树的根节点），这样的话，我们就能使用一个仅包含一种类型数据项（树链接）的简单栈，类似于在程序5.15中的非递归实现。支持递归程序的系统栈包括返回地址与参数值，而不是数据项或节点，但是实际进行计算（访问节点）的顺序对于递归方法和基于栈的办法来说是一样的。

程序5.15 前序遍历（非递归）

非递归的基于栈的函数与相应的程序5.14中的递归函数在功能上是相同的。

```
void traverse(link h, void (*visit)(link))
```

```
    {
      STACKinit(max); STACKpush(h);
      while (!STACKempty())
        {
          (*visit)(h = STACKpop());
          if (h->r != NULL) STACKpush(h->r);
          if (h->l != NULL) STACKpush(h->l);
        }
    }
```

第四种自然的遍历策略简单来说就是当节点出现在页面上时，从上到下从左到右访问树中的节点。这种方法称为层序（level-order）遍历，因为在每一层上的节点都按顺序出现。图5-28显示了图5-26中树的节点是如何按层序被访问的。

值得注意的是，我们可以使用队列代替程序5.15中的栈来进行层序遍历，如同程序5.16所示。对于前序遍历，我们使用LIFO（后进先出）数据结构；对于层序遍历，我们使用FIFO（先进先出）数据结构。这些程序值得认真研究，因为它们表示了对实质不同的待完成工作的组织方法。特别地，层序遍历并不与树的递归结构的递归实现一致。

前序、后序和层序顺序对森林同样很好地定义。为了使定义一致，就把森林设想为一棵有假想根节点的树。然后，前序规则就是"访问根节点、再访问每一棵子树。"后序规则就是"访问每一棵子树，再访问根节点。"层序遍历就和二叉树一样。这些方法的直接实现是对基于栈的前序遍历程序（见程序5.14与程序5.15）以及我们刚考察的基于队列的二叉树的层序遍历程序（见程序5.16）的直接推广。我们省略了实现的考察，因为我们将在5.8节考察更一般的过程。

程序5.16　层序遍历

把前序遍历（见程序5.15）中基本数据结构从栈转变为队列，就把前序遍历转变成层序遍历。

```
void traverse(link h, void (*visit)(link))
  {
    QUEUEinit(max); QUEUEput(h);
    while (!QUEUEempty())
      {
        (*visit)(h = QUEUEget());
        if (h->l != NULL) QUEUEput(h->l);
        if (h->r != NULL) QUEUEput(h->r);
      }
  }
```

练习

▷ 5.79　给出下列二叉树的前序、中序、后序和层序遍历。

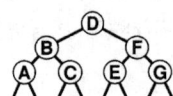 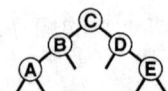 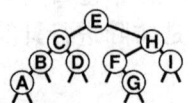

▷ 5.80　按图5-27的风格显示出图5-28中描述的层序遍历中队列的内容。

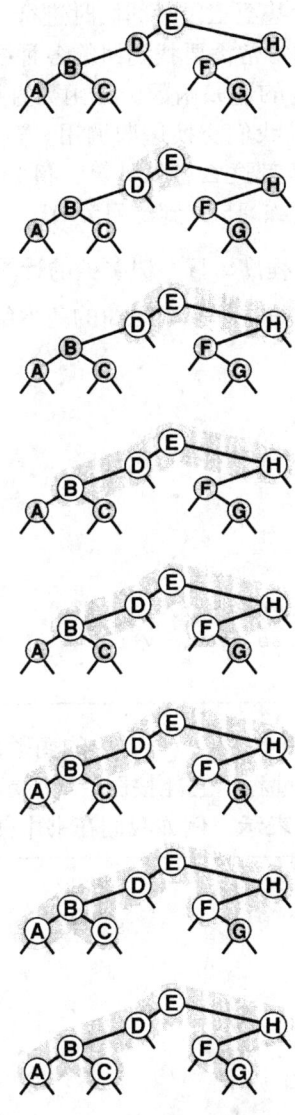

图5-28 层序遍历

注：这个顺序描述了按照从上到下从左到右顺序访问节点的结果。

5.81 证明森林的后序遍历与对应的二叉树的前序遍历相同（见性质5.4），森林的后序遍历与二叉树的中序遍历相同。
○5.82 给出一个中序遍历的非递归实现。
•5.83 给出一个后序遍历的非递归实现。
•5.84 编写一个程序，取二叉树的前序遍历和中序遍历作为输入，输出树的层序遍历。

5.7 递归二叉树算法

我们在5.6节中考虑的二叉树遍历算法是我们要考虑二叉树的递归算法的例证，因为作为递归结构本质的树具有这些性质。许多任务允许直接递归分治算法，这些算法在本质上对遍历的算法进行了推广。我们通过处理根节点和（递归地处理）它的子树来处理整棵树；我们可以在递归定义之前、之间、之后甚至三段时间同时进行计算。

给定指向树的一个链接，我们常常需要找到树的各种结构参数的值。例如，程序5.17包含了计算给定树的节点的个数和高度的递归函数。该函数直接可由定义5.6而得。这些函数均不依靠于处理递归调用的次序：如果我们交换递归调用，这些函数也处理树上的所有节点并返回相同的答案。并非所有的树参数都这么容易计算：例如，一个能高效计算二叉树的内部路径长度的程序就是较大的挑战（见练习5.88到练习5.90）。

程序5.17　树参数的计算

我们可以使用下面的简单的递归过程来学习树的基本结构的性质。

```
int count(link h)
  {
    if (h == NULL) return 0;
    return count(h->l) + count(h->r) + 1;
  }
int height(link h)
  { int u, v;
    if (h == NULL) return -1;
    u = height(h->l); v = height(h->r);
    if (u > v) return u+1; else return v+1;
  }
```

当我们编写一个处理树的程序时，另一个有用的函数就是能输出这棵树或画出这棵树的函数。例如，程序5.18是个递归的过程，它能按图5-29所示的格式输出一棵树。我们可以使用同样的递归方法画出更详细的树的表示，例如我们在书中使用的那些树（见练习5.85）。

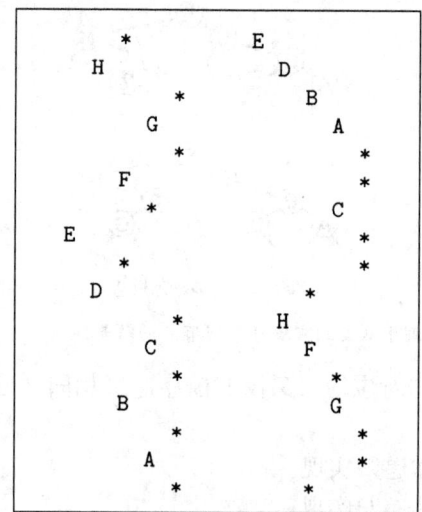

图5-29　（中序和前序）打印一棵树

注：左边的结果来自对图5-26中的示例树执行程序5.18所得的输出，显示树的结构类似于图的表示方式（其中的图我们已经使用过，转了90度）。右边的结果来自同一程序的输出，但打印语句被移到了开头；它以一种熟悉的简要格式显示了树的结构。

程序5.18是一个中序遍历——如果我们在递归调用之前输出该数据项，就得到一个前序遍历，该遍历同样在图5-29中显示出。我们可能要用到这种格式，例如对于一族树，或是列出基于树的文件系统的文件，或者概要列出打印的文档。例如，对图5-19中的树进行前序遍历给出本书的框架结构。

程序5.18　快速打印树的函数

该递归程序记录树的高度并使用该信息确定打印出树的表示，我们可用它调试树处理程序（见图5-29）。假设节点中的数据项是字符型的。

```
void printnode(char c, int h)
  { int i;
    for (i = 0; i < h; i++) printf("   ");
    printf("%c\n", c);
  }
void show(link x, int h)
  {
    if (x == NULL) { printnode('*', h); return; }
    show(x->r, h+1);
    printnode(x->item, h);
    show(x->l, h+1);
  }
```

第一个程序的例子是构建一棵显式二叉树结构，它与5.2节讨论的找最大值应用问题有关。我们目标是构建一个联赛（tournament）：二叉树的每个内节点中的数据项是其两个孩子节点的数据项中较大者的副本。特别是，根节点的数据项是联赛中最大数据项的副本。叶节点（没有孩子节点的节点）中的数据项构成了我们感兴趣的数据，树的其余部分是一个数据结构，我们可以通过它有效地找出最大的数据项。

程序5.19是一个递归程序，该程序对数组中的数据项构造了一个联赛。程序5.6的改版使用了一种分治递归策略，构造一个数据项的联赛，需创建（并且返回）一个叶节点，该叶节点就包括了那个数据项。要为$N > 1$的数据项构造一个联赛，我们使用分治策略，把数据项分解成两半，为每一半构造一个联赛，并创建一个新的节点，该节点具有到两个联赛的链接，并且有一个数据项，该数据项是两个联赛的根节点的较大数据项的副本。

程序5.19　联赛的构造

该递归函数是把数组a[l]，…，a[r]分解成两个部分a[l]，…，a[m]和a[m+1]，…，a[r]，且为这两部分递归地构造联赛，并在新节点中设置指向递归创建的联赛的链接，同时把其数据项设置为两个递归创建的联赛的根节点的数据项的较大者。

```
typedef struct node *link;
struct node { Item item; link l, r };
link NEW(Item item, link l, link r)
  { link x = malloc(sizeof *x);
    x->item = item; x->l = l; x->r = r;
    return x;
  }
link max(Item a[], int l, int r)
  { int m = (l+r)/2; Item u, v;
    link x = NEW(a[m], NULL, NULL);
    if (l == r) return x;
    x->l = max(a, l, m);
    x->r = max(a, m+1, r);
```

```
    u = x->l->item; v = x->r->item;
    if (u > v)
      x->item = u; else x->item = v;
    return x;
  }
```

图5-30是一个可由程序5.19构建的显式树结构的例子。构造一个诸如这样的递归数据结构，在某种情况下可能最好是通过扫描数据来找到最大值，如同在程序5.6中所做的，其原因是树结构给我们完成其他操作提供了灵活性。我们用于构造联赛的这个操作是一个重要的例子：给定两个联赛，我们可以在常量时间把它们组合为一个联赛，方法是创建一个新的节点，并且令它的左链接指向其中一个联赛，右链接指向另一个联赛，挑出两个数据项（两个给定联赛的根节点）中较大的一个作为组合联赛中的最大数据项。我们同样可以考虑那些支持增加数据项、删除数据项以及进行其他操作的算法。我们并不打算在这里详细考虑这些操作，原因在于我们要在第9章的内容中考虑类似的有这种灵活性的数据结构。

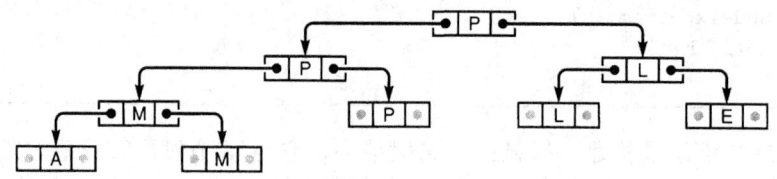

图5-30 找最大值的显式树

注：这个图描述了以ＡＭＰＬＥ作为输入的程序5.19所构造的显式树的结构。该数据项是在叶节点中。每一个内部节点都包含其两子节点数据项的较大者的副本，因此通过归纳法，最大数据项在根节点中。

实际上，我们在4.6节讨论过的几种广义队列ADT中的基于树的实现是这本书中所要讨论的主题。特别是，从第12章至第15章中的许多算法都是基于二叉搜索树的，它们是与二叉搜索相对应的显式树，类似于图5-30的显式结构和图5-6的递归找最大值算法的关系。实现和使用这类结构的挑战是要保证算法在一系列的插入、删除以及其他操作后仍然高效。

构建二叉树的第二个程序实例是修改5.1节中的前缀表达式求值程序（程序5.4），以便构造一个表示前缀表达式的树形表示，而不只是对它求值（见图5-31）。程序5.20使用了和程序5.4一样的递归方法，但是程序5.20的递归函数返回指向树的一个链接，而不是一个值。我们为表达式中的每个字符创建一个新的树节点：对应操作符的节点都有指向操作数的链接，叶节点含有变量（或常量），它们是表达式的输入。

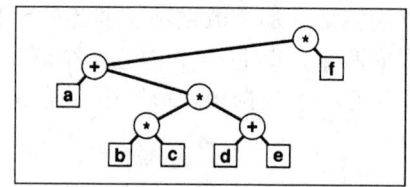

图5-31 分析树

注：这棵树由程序5.20构造，前缀表达式是* + a * * b c + d e f。它是一种表示表达式的自然方法：每个操作数都在叶节点中（在图中我们画作外部节点），每个操作符都应用到包含该操作符的节点的左子树和右子树表示的表达式中。

程序5.20 分析树的构造

使用与我们用于前缀表达式求值（见程序5.4）的同样策略，这个程序从一个前缀表达式构建一棵分析树。为简单起见，假设操作数是一个字符。每一个递归函数的调用都创建一个新的节点，其中以输入的下一个字符作为记号。如果该记号是操作数，则返回到新的节点；如果该记号是操作符，则设置左指针和右指针指向为两个参数（递归地）创建的那棵树上。

```
char *a; int i;
typedef struct Tnode* link;
struct Tnode { char token; link l, r; };
link NEW(char token, link l, link r)
  { link x = malloc(sizeof *x);
    x->token = token; x->l = l; x->r = r;
    return x;
  }
link parse()
  { char t = a[i++];
    link x = NEW(t, NULL, NULL);
    if ((t == '+') || (t == '*'))
      { x->l = parse(); x->r = parse(); }
    return x;
  }
```

诸如编译器这样的翻译程序经常使用内部树表示程序，因为树有很多用处。例如，我们可以把取值的变量想象为操作数，我们也可以产生机器代码使用后序遍历来计算树所表示的表达式的值。或者，我们可以使用中序遍历以树形式打印出表达式的中缀形式，或是用后序遍历打印出表达式的后缀形式。

我们在这几节中考察的一些例子是为了引入一个概念，我们可以用递归程序构建并处理显式的链接树结构。要高效地做到这一点，我们需要考察各种算法的性能，可选表示、非递归可选方案的操作以及许多的其他细节。然而，我们将推迟对树处理程序的更为详尽的考察，直到第12章再考虑，理由是我们在第7章至第11章使用树基本上是为了描述的目的。我们在第12章返回到显式树的实现，因为这些实现形成了我们要考察的第12章至第15章的大量算法的基础。

练习

○ 5.85 修改程序5.18输出一个画树的PostScript程序，格式就像图5-23中那样的，但不用方框表示外部节点。使用moveto和lineto来画线，并且使用用户定义的操作符

/node {newpath moveto currentpoint 4 0 360 arc fill} def

来画节点。定义之后，调用node在栈的坐标上画一个黑点（见4.3节）。

▷ 5.86 编写一个计算二叉树中叶节点个数的程序。

▷ 5.87 编写一个计算二叉树中节点个数的程序，该二叉树有一个外部节点与一个内部子节点。

▷ 5.88 编写一个使用定义5.6计算二叉树中内部路径长度的程序。

5.89 当计算二叉树的内部路径长度时，确定你的程序所做的函数调用的数目。通过归纳法证明你的答案。

• 5.90 编写一个计算二叉树中内部路径长度的递归程序，这个程序的运行时间与树的节点数目成正比。

○ 5.91 编写一个从联赛中删除带有给定关键字的所有叶节点的递归程序（见练习5.59）。

5.8 图的遍历

对于本章最后一个递归程序，我们考虑所有递归程序中最为重要的一个程序：递归图的遍历，即深度优先搜索。系统地访问图中所有节点的方法是我们在5.6节考虑的树的遍历方法的直接推广，它是很多处理图的基本算法的基础（见第七部分）。它是一个简单的递归算法。

从任意节点v开始，

- 访问v。
- （递归地）访问每一个依附于v的（未访问过的）节点。

如果图是连通的，我们最终可以到达所有的节点。程序5.21是该递归过程的一种实现。

程序5.21 深度优先搜索

要访问图中与节点k相连的所有节点，我们将它标记为访问过的，然后（递归地）访问k的邻接表中的所有未访问过的节点。

```
void traverse(int k, void (*visit)(int))
  { link t;
    (*visit)(k); visited[k] = 1;
    for (t = adj[k]; t != NULL; t = t->next)
      if (!visited[t->v]) traverse(t->v, visit);
  }
```

例如，假设我们使用邻接表表示图3-15中描述的示例图。图5-32显示出在对此图执行深度优先搜索的过程中所做的递归调用，图5-33中的左边图示描述了我们在图中沿着边遍历的序列。我们沿着图中的边遍历，有两种可能的结果之一：如果边把我们带到一个已经访问过的

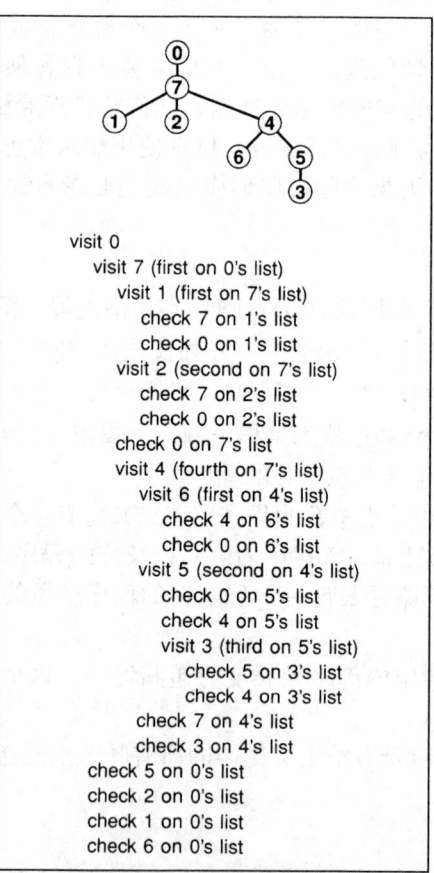

图5-32 深度优先搜索的函数调用

注：这个函数调用序列构成了图3-15的示例图的深度优先搜索过程。描述了递归调用结构（上图）的树被称为深度优先搜索树。

节点，则忽略它；如果边把我们带到一个还未访问的节点，则通过该节点进行递归调用。我们用这种方式遍历的所有边的集合形成图的一棵生成树。

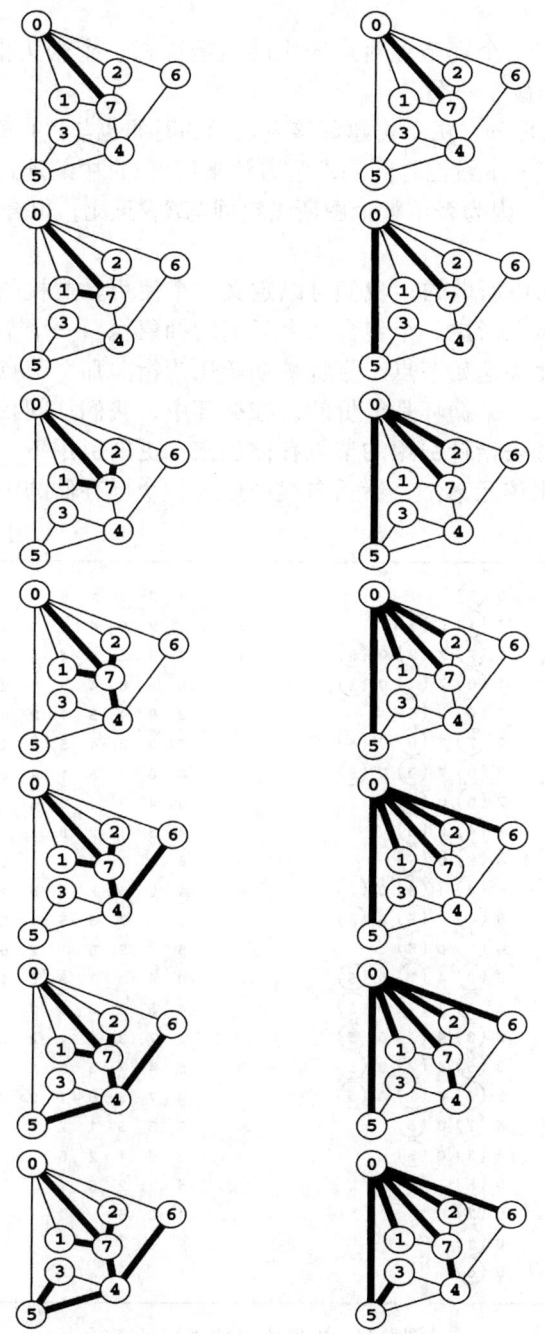

图5-33 深度优先搜索与广度优先搜索

注：深度优先搜索（左图）从节点移到节点，当它对于给定节点尝试过每一种可能性后，就退到前一节点来尝试下一个位置。宽度优先搜索（右图）在尝试一个节点的所有可能性后，才移到下一个节点。

深度优先搜索和一般树的遍历之间的区别（见程序5.14）是我们需要显式地保证不会访问我们已经访问过的节点。在一棵树中，我们不会遇到这样的节点。实际上，如果这个图是一棵树，从根节点开始的递归深度优先搜索就与前序遍历等价。

性质5.10 在一个V个节点、E条边的图中，使用邻接表表示图，深度优先搜索所需时间与V + E成正比。

在邻接表表示中，一个表节点对应图中的一条边，一个表头指针对应图中的一个节点。深度优先搜索访问它们最多一次。■

对于一个边的输入序列，由于构建邻接表表示的时间也与V + E成正比（见程序3.19），因而深度优先搜索给我们一个线性时间的求解方法来解第1章中的连通性问题。对于大型图，合并-查找方法更为可取，因为表示整个图所需空间与E成正比，但合并-查找方法所需空间与V成正比。

就如我们在树遍历中所做的，我们可以定义一个使用显式栈的图遍历方法，如同图5-34所描述的那样。我们可以考虑一个包含两个元素的抽象栈：一个节点和一个指向该节点邻接表的指针。栈被初始化为起始节点，指针被初始化为指向那个节点邻接表的第一个节点，深度优先搜索算法与进入一个循环是等价的。在循环中，我们访问栈顶节点（如果该节点还未被访问）；把当前邻接表指针引用的节点存储起来；更新引用下一个节点的邻接表（如果节点在邻接表尾，则弹出该元素）；然后向栈中压入一个已存储的节点，并指向其邻接表的第一个节点。

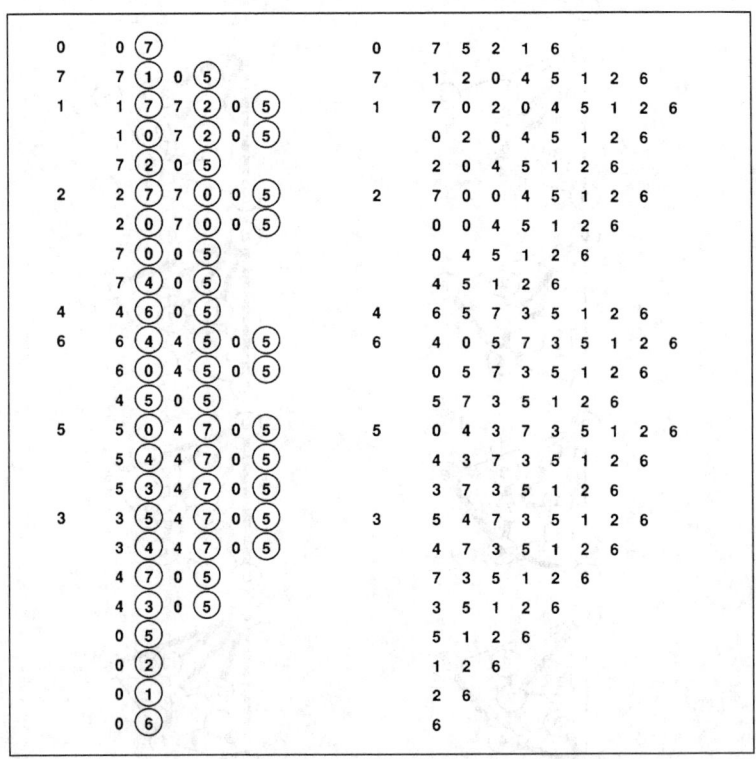

图5-34 深度优先搜索栈动态行为

注：我们可以把支持深度优先搜索的下推栈想象由一个节点和指向该节点的邻接表（由一个带圈的节点指示）的引用组成。因此，我们就从栈中节点0及指向其邻接表的第一个节点的引用开始，即节点7的引用。每一行中指示弹出栈的结果，把对下一个节点的引用压入已经被访问的节点表中，再把一个元素压入到未被访问的节点的栈中。另一种思路是，我们可以把这个过程简单地看作把所有与任何未被访问的节点邻接的节点压入栈中（右图）。

如同我们在树遍历时所做的，另一种方法是我们可以考察只含指向节点链接的栈。栈被初始化为起始节点，指针初始化为指向那个节点邻接表的第一个节点，深度优先搜索算法与进入一个循环是等价的，在循环中我们访问栈顶的节点（如果该节点还未被访问），然后把与它相邻的所有节点压入栈中。图5-34描述了这两种方法对于示例图执行深度优先搜索是等价的，而且等价性对于一般情况成立。

访问栈顶节点并压入其所有邻接节点的算法是一个简单的深度优先搜索的方法，但从图5-34清楚地看到这有一个缺点，即在栈中留下每个节点的多个副本。即使是我们去测试每一个将到栈中的节点是否已被访问过，若被访问过就禁止把节点放到栈中，也是如此。要避免这个问题，我们可以使用一个栈实现，该实现通过使用一个"忘记旧项"的策略来避免重复，因为最接近栈顶端的副本常常是最先被访问的，所以其他的就很容易被弹出。

在图5-34中说明了用于深度优先搜索的栈的动态行为依靠于每一个邻接表上的节点，该邻接表在栈中结束的顺序就和它们在表中出现的顺序一样。当一次推入一个节点时，为了得到给定邻接表的这个顺序，我们将必须首先把表中最后的节点压入栈，然后是次后的节点，以此类推。更进一步，把栈的大小限制为节点的数目，而同时按与深度优先搜索中相同的顺序访问节点，我们需要用"忘记旧项"策略以使用相同的栈原则。如果按与深度优先搜索中相同的顺序访问节点对我们来说并不重要，我们可以避免以上的复杂方法，并直接形式化为一个非递归的基于栈的图遍历的方法：使用开始节点初始化栈，我们进入一个循环，在这个循环中，我们访问栈顶节点，然后通过它的邻接表继续该过程，把每一个节点压入栈顶（如果该节点还未被访问），用"忽略新项"策略使用一个不允许重复的栈实现。该算法以一种类似于深度优先的方式访问图中所有的节点，但它不是递归的。

前几段中的算法是值得我们注意的，原因是我们可以使用任意的广义队列ADT，并且访问图中的每一个节点（并产生一棵生成树）。例如，如果我们使用队列而不是栈，那么我们就得到广度优先搜索（bread-first search），该搜索可与树的层序遍历类比。程序5.22就是这个方法的实现（假设我们使用类似于程序4.12的一个队列实现）；操作中的一个算法的例子在图5-35中描述。在第六部分，我们将考察大量的基于更复杂的广义队列ADT的图算法。

程序5.22 广度优先搜索

要访问图中与节点k相邻的节点，我们把k放到一个FIFO队列中，然后进入一个从这个队列中得到下一节点的循环，并且如果它未被访问，那么就访问它并把所有未访问的节点压入到它的邻接表中，如此继续，直到队列为空。

```
void traverse(int k, void (*visit)(int))
  { link t;
    QUEUEinit(V); QUEUEput(k);
    while (!QUEUEempty())
      if (visited[k = QUEUEget()] == 0)
        {
          (*visit)(k); visited[k] = 1;
          for (t = adj[k]; t != NULL; t = t->next)
            if (visited[t->v] == 0) QUEUEput(t->v);
        }
  }
```

```
0                              0
0   7  5  2  1  6              0   7  5  2  1  6
7   5  2  1  6  1  2  4        7   5  2  1  6  4
5   2  1  6  1  2  4  4  3     5   2  1  6  4  3
2   1  6  1  2  4  4  3        2   1  6  4  3
1   6  1  2  4  4  3           1   6  4  3
6   1  2  4  4  3  4           6   4  3
    2  4  4  3  4                  4  3
    4  4  3  4                     3
4   4  3  4  3
    3  4  3
3   4  3
    3
```

图5-35 广度优先搜索队列动态行为

注：我们从队列中的0开始，然后得到0，访问它，并且把节点按照它们在邻接表7 5 2 1 6中的顺序放入队列中。然后我们得到7，访问它，并且把节点放到它的邻接表中，如此继续。用一个"忽略新项"策略（右图）避免重复，我们得到同一结果，没有任何无关的队列元素。

广度优先搜索和深度优先搜索都访问图中所有的节点，但是它们的实现方式大相径庭，如图5-36中所示的那样。广度优先搜索类似于一直搜索军队铺开来覆盖领土；深度优先搜索

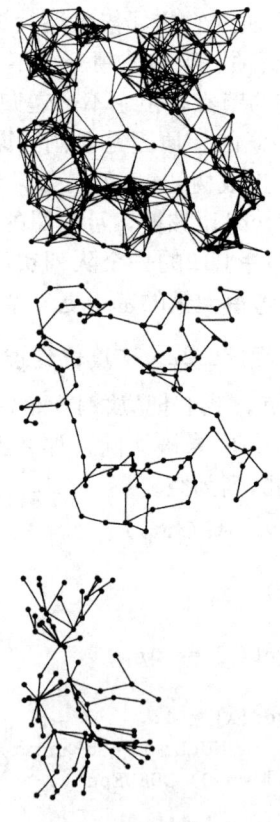

图5-36 图遍历树

注：该图显示了深度优先搜索（中间图）和广度优先搜索（下图），以及在一个大型图搜索到一半的状态（上图）。深度优先搜索从一个节点蜿蜒到另一个节点，所以大部分的节点都与另外两个节点相连。与之相对，广度优先搜索扫过整个图，访问与一个给定节点相连的所有节点，再移动，所以若干节点都与多个节点相连。

类似于一个搜索者尽可能深入地去调查未知的地域，只有在碰到死胡同时才回头。这些都是有意义的解决问题的基本范型，应用于许多计算机科学领域，而不仅仅是图搜索。

练习

5.92 通过画出与图5-33（左图）与图5-34（右图）对应的图，显示递归深度优先搜索如何访问由边序列0-2，1-4，2-5，3-6，0-4，6-0和1-3（见练习3.70）所构造的图中的节点。

5.93 通过画出与图5-33（左图）与图5-34（右图）对应的图，显示基于栈的深度优先搜索如何访问由边序列0-2，1-4，2-5，3-6，0-4，6-0和1-3（见练习3.70）所构造的图中的节点。

5.94 通过画出与图5-33（右图）与图5-35（左图）对应的图，显示基于队列的广度优先搜索如何访问由边序列0-2，1-4，2-5，3-6，0-4，6-0和1-3（见练习3.70）所构造的图中的节点。

∘ 5.95 为什么在性质5.10中运行时间被引作$V+E$，而不是一个简单的E？

5.96 通过画出与图5-33（左图）与图5-35（右图）对应的图，显示当实施一个"忘记旧项"策略时，基于栈的深度优先搜索如何访问图3-15中的文本的示例图的节点。

5.97 通过画出与图5-33（左图）与图5-35（右图）对应的图，显示当实施一个"忽略新项"策略时，基于栈的深度优先搜索如何访问图3-15中的文本的示例图的节点。

▷ 5.98 对于邻接表表示的图实现一个基于栈的深度优先搜索。

∘ 5.99 对于邻接表表示的图实现一个递归的深度优先搜索。

5.9 综述

递归位于早些时候的对计算本质的理论研究的核心。研究如何去把可用计算机解决的问题从不可用计算机解决的问题分离出来，递归函数与程序就在这种数学研究中起到了一个中心作用。

当然，要在如此简短的讨论中达到如同对树与递归的讨论一样深远的程度，这是不可能公平处理到的。许多最佳的递归程序的例子都将是我们整本书中的焦点所在——分治算法与递归数据结构，它们都已经成功运用于求解广泛的问题。对于许多的应用来说，没有理由要去超出一个简单直接的递归实现；对于其他的应用，我们将考察候选的非递归实现和自底向上实现的来源出处。

在本书中，我们的兴趣在于递归程序与数据结构的实际运用方面。我们的目标是开发一种能产生精致高效实现方案的递归。要实现这一目标，我们需要对某些简单程序的危险特别关心，这种简单程序能导致函数调用指数级的数目或是不可能的深度嵌套。除去这些缺陷，递归程序与数据结构都是很有吸引力的，因为它们常常为我们准备了归纳的参数，这些参数能够使我们相信我们的程序是正确且高效的。

我们在整本书中使用树，既能帮助理解程序的动态性质，又能帮助理解动态数据结构。第12章至第15章，集中了关于显式树结构的控制内容。在本章中描述的性质为我们提供了基础的信息，如果我们要高效使用显示树结构就需要这些信息。

除了它在算法设计的中心作用，递归并非一种万用的方法。就如我们在树遍历和图遍历中所发现的那样，当我们有多重的计算任务要完成时，基于栈的（固有递归）算法不是惟一选择。一种用于许多问题的高效的算法设计技巧就是使用广义队列而不是栈实现来给我们根据主观标准而非就近选择来挑选下一个任务的自由。高效支持这类操作的数据结构和算法是第9章的首要主题，当我们考察第七部分的图算法时，我们将遇到许多关于它们的应用例子。

第二部分参考文献

有大量的关于数据结构的入门性教科书。比如，Standish所著的书以一种比本书更为从容的风格介绍了链接结构、数据抽象、栈和队列、存储分配以及软件工程概念。当然，Kernighan-Ritchie和Strousstrup经典著作分别是关于C语言实现和C++语言实现的详尽信息的无价的来源。由Meyes所著的书同样提供了关于C++语言实现的有用信息。

PostScript的设计者也许并未预想到他们的语言成为学习基础算法与数据结构的人员的极大的兴趣。但是，该语言并不难学，而且参考手册是完整的和易得的。

在Hanson所著的书中，详尽地描述了客户接口实现范型，而且伴有大量的例子，要是编程者想为大型系统编写出既没有bug又可移植的代码，这本书是不可忽视的。

Knuth的书，特别是第一卷到第三卷，保持了关于基础数据结构的性质的权威来源。Baeza-Yates和Gonnet有更新的信息，有广泛的参考书目作支持。Sedgewick和Flajolet详尽地介绍了树的数学性质。

[1] Adobe Systems Incorporated, *PostScript Language Reference Manual, second edition*, Addison-Wesley, Reading, MA, 1990.

[2] R.Baeza-Yates and G.H.Gonnet, *Handbook of Algorithms and Data Structures*, second edition, Addison-Wesley, Reading, MA, 1984.

[3] D.R.Hanson, *C Interfaces and Implementations : Techniques for Creating Reusable Software*, Addison-Wesley, 1997.

[4] B.W.Kernighan and D.M. Ritchie, *The C Programming Language, second edition*, Prentice-Hall, Englewood Cliffs, NJ, 1988.

[5] D.E.Knuth, *The Art of Computer Programming. Volume 1 : Fundamental Algorithms*, second edition, Addison-Wesley, Reading, MA, 1973; *Volume 2 : Seminumerical Algorithms*, second edition, Addison-Wesley, Reading, MA, 1981; *Volume 3 : Sorting and Searching*, second printing, Addison-Wesley, Reading, MA, 1975.

[6] P. J. Plauger, *The Standard C Library*, Prentice-Hall, Englewood Cliffs, NJ, 1992.

[7] R.Sedgewick and P. Flajolet, *An Introduction to the Analysis of Algorithms*, Addison-Wesley, Reading, MA, 1996.

[8] T.A.Standish, *Data Structures, Algorithms, and Software Principles in C*, Addison-Wesley, 1995.

[9] S. Summit, *C Programming FAQs*, Addison-Wesley, 1996.

第三部分 排 序

第6章 基本排序方法

在研究排序算法之前,我们先学习几种基本的排序方法,这些排序方法适用于一些小规模文件或者具有特殊结构的文件。详细学习这些基本的排序算法有几点原因。第一,通过学习这些基本排序方法,可以了解排序算法的相关术语和基本机制,从而为学习更复杂的算法打下坚实的基础。第二,在许多排序应用中,这些简单的排序方法比那些强大通用的排序方法更有效。第三,一些简单的排序方法能扩展成更普遍适用的排序方法,或者有利于改进更复杂算法的效率。

本章的目的不只是简单地介绍这些基本方法,还要为后面章节学习的排序算法构建框架。我们将考察各种不同情况在应用排序算法中的重要因素,观察不同类型的输入文件,比较各种排序方法的其他方式以及学习它们各自的特性。

我们从测试排序算法的一个简单驱动程序开始,来了解应该遵循的约定。我们还要讨论各种排序方法的基本特性,这对于评价特定应用程序中所选的算法是很重要的。本章将首先观察以下三种排序方法的实现:选择排序、插入排序和冒泡排序,详细讨论这些算法的性能特性。接下来,考察希尔排序。这个排序可能不是基本排序方法,但它很容易实现,并且与插入排序有很大关系。在论述希尔排序法的数学特性之后,我们将沿着第3章、第4章的讨论思路,深入研究开发数据类型接口和实现的主题,通过对练习中的数据文件进行排序来扩展基本算法。然后,我们讨论不与数据和链表排序直接相关的排序方法。本章还会讨论一种特殊的排序方法,这种排序方法适用于关键字值限制在一个很小范围的情况。

在许多排序应用程序中,都会选择一个简单的算法。首先,我们常常只使用一次或几次排序程序。一旦我们对一组数据进行了排序,在应用中就不再需要使用这个排序程序来处理这些数据了。如果一个基本的排序方法不比其他数据处理,如数据读入和读出要慢,就没必要寻找一个更快的方法。如果需要排序的元素不是很多(例如,只有几百个元素),我们宁愿实现并运行一个简单的方法,而不是将精力耗费在系统排序方法的接口或实现以及调试复杂的方法上。其次,基本方法通常适用于小型文件(例如,几十个元素),复杂的方法会导致很高的开销,甚至比简单的方法更慢。因此除非我们处理相对大量的小文件,否则这个问题是不值得考虑的,不过有这种需求的应用程序也是常见的。另一种相对容易排序的文件是那些已经基本排序好的(或者已经排序好了!)或者那些包含大量重复关键字的文件。我们将会看到,有几种基本方法在对这些结构很好的文件进行排序时特别有效。

通常,在这里讨论的基本排序方法,对N个随机组合的数据进行排序的运行时间与N^2成正比。如果N比较小,运行时间就会比较适中。正如刚才所说的,对于小型文件和其他一些特殊情况,基本方法的效率要比复杂方法高。不过本章讨论的方法不适用于大型随机组合的文件,因为即使是用最快的计算机,运行时间仍然会巨大。例外的是希尔排序算法(见6.6节),在对N个数据进行排序时，如果N较大，则这种排序算法只需要开销比N^2少得多的步骤，并且可以证明它适用于中等大小的文件和其他一些特殊情况。

6.1 游戏规则

在讨论特定排序方法之前，了解排序算法的一般术语和基本假设非常有用。我们将讨论包含关键字（key）的元素（item）的排序文件方法。这些概念都是从现代编程环境中抽象出来的。关键字是元素的一部分（通常是一小部分），用于控制排序。排序方法的目的是重新组合元素，使其关键字根据一些定义良好的排序规则（通常是数字或字母顺序）整齐排列。关键字和元素随着不同应用会有不同的特征，但是排序程序只关心如何将关键字和相关信息排列整齐。

如果被排序的文件适合放在内存中，则排序方法称为"内部排序"。从磁带或磁盘上对文件进行排序称为"外部排序"。这两种方法的主要区别在于，内部排序可以很容易地访问任何元素，而外部排序必须顺序访问元素，或至少在大的数据块中是如此。我们将在第11章中介绍几种外部排序方法，但是我们所讨论的大部分算法都属于内部排序方法。

我们将讨论数组和链表。数组排序和链表排序同样重要：在开发算法时，一定会遇到一些适合顺序分配的基本任务，同样也会遇到适合链式分配的任务。一些典型排序方法在处理数组和链表时同样高效抽象，而一些就只适合于其中一种。其他一些访问上的限制也值得关注。

我们首先讨论数组排序。程序6.1举例说明了我们在实现时所要使用的一些约定。包括一个驱动程序，它通过读取标准输入数据或产生随机整数列（由某一整数生成规则指定）来填充数组；然后调用一个排序函数，将数组中的数据排好顺序；接着输出排好序的结果。

程序6.1 使用驱动程序的数组排序的例子

本程序举例说明了实现基本数组排序时的约定。`main`函数中初始化了一个整型数组（使用随机数或读取标准输入），接着调用`sort`函数来对数组排序，最后输出已排好的结果。

排序函数是一种插入排序法（见6.3节的详细描述、例子和改进实现）。假设待排序的元素的类型为`Item`，定义在其上的操作符有`less`（比较两个关键字）、`exch`（交换两个元素）和`compexch`（比较两个元素，如果需要，可使第二个元素不小于第一个元素）。本代码中使用`typedef`和简单宏实现整型的`Item`。在6.7节讨论了其他的类型，都不影响`sort`。

```
#include <stdio.h>
#include <stdlib.h>
typedef int Item;
#define key(A) (A)
#define less(A, B) (key(A) < key(B))
#define exch(A, B) { Item t = A; A = B; B = t; }
#define compexch(A, B) if (less(B, A)) exch(A, B)
void sort(Item a[], int l, int r)
  { int i, j;
    for (i = l+1; i <= r; i++)
      for (j = i; j > l; j--)
        compexch(a[j-1], a[j]);
  }
main(int argc, char *argv[])
  { int i, N = atoi(argv[1]), sw = atoi(argv[2]);
    int *a = malloc(N*sizeof(int));
    if (sw)
```

```
      for (i = 0; i < N; i++)
        a[i] = 1000*(1.0*rand()/RAND_MAX);
    else
      while (scanf("%d", &a[N]) == 1) N++;
    sort(a, 0, N-1);
    for (i = 0; i < N; i++) printf("%3d ", a[i]);
    printf("\n");
  }
```

由第3章和第4章可知,有很多机制可用于调整排序程序,使之适用于其他类型的数据。我们将在6.7节中详细讨论如何使用这些机制。程序6.1所用的sort函数使用了4.1节讨论的一个简单内联数据类型,它通过其参数引用待排序的元素,并对数据进行一些简单操作。通常,这种方法可以使我们使用同一代码对其他类型的元素进行排序。例如,如果程序6.1的main函数中产生、存储、打印随机数列的代码改为处理浮点数而不是整数,在main函数之外我们只需把对Item的typedef定义从int型改为float型(对sort函数不需作任何改变)。为了提供这种灵活性(同时要明确地声明那些存储元素的变量),我们的sort实现将对待排序的未定义的元素类型作为Item处理。在这里,我们可以将Item当作整型int或者浮点型float;在6.7节,我们将详细讨论数据类型的实现,使用在第3章和第4章讨论过的机制来使排序程序可适用于任意类型的元素,包括浮点数、字符数组和其他不同类型的关键字。

我们可以用本章不同的数组排序函数或第7章至第10章的数组排序函数取代sort函数。这些函数中都假定待排序的元素类型是Item类型,都包括三个参数:数组、待排序子数组的左边界和右边界。它们都使用less来比较元素中的关键字,并使用exch或compexch函数来交换元素。为了区分排序算法,我们会对不同的排序算法使用不同的名字。对它们重新命名,修改驱动程序或者在像程序6.1那样的客户端程序中用函数指针调用排序算法都很简单,无需改变排序算法实现中的任何代码。

这些约定使我们可以检查多种简练的数组排序算法的实现。在6.7节和6.8节中,我们将讨论一个示例程序,它说明了如何更一般性地使用这个实现和使用各种不同数据类型。虽然我们要讨论许多方面的内容,但我们把重点将放在算法学问题上,我们现在开始讨论。

程序6.1中所使用的排序函数是插入排序的一种变型,我们将在6.3节中详细讨论。因为它只使用了比较-交换操作,它是非适应性排序的一个例子,即它所执行的操作序列是独立于数据的顺序。对比之下,自适应的排序执行不同的操作序列,与比较的结果(less操作)有关。我们关注非适应性的排序的原因是这些方法适合于硬件实现(见第11章),但我们考虑的大多数一般目的的排序方法都是适应性的。

通常,我们所感兴趣的性能参数是排序算法的运行时间。在6.2~6.4节中讨论的选择排序、插入排序和冒泡排序对N个元素进行排序时,执行时间均与N^2成正比,这点会在6.5节中讨论。而在第7章至第10章进一步讨论的排序方法的执行时间与$N \log N$成正比,对于小规模的N或在某种特殊情况下,这些排序算法的效率通常比不上我们这里讨论的基本方法。在6.6节中,我们将介绍一个更先进的方法(希尔排序),它的执行时间可与$N^{3/2}$成正比或更低。在6.10节中,将介绍一种特别的方法(关键字-索引排序),对某些类型的关键字,这种方法的执行时间与N成正比。

上一段的分析结果是通过列举算法所执行的基本操作(比较和交换)而得到的。如2.2节所讨论的,我们还需要考虑这些操作的开销,一般集中在执行最频繁的操作上(算法的内部循环)。我们的目的是开发高效合理的实现的有效算法。为此,我们不仅要避免内部循环中不必要的开销，还要在可能时设法减少内部循环中的指令。一般地，减少应用程序开销的最好方法是改用一种更高效的算法，另一种方法是缩短内部循环。对于这两种方法，我们在排序算法中都会详细讨论。

排序算法所要消耗的额外内存空间是我们需要讨论的第二个重要因素。基本上，可把算法分为三种类型：一种是在原位进行排序的算法，它除了使用一个小堆栈或表外，不需要使用任何额外内存空间；一种是使用链表表示或指针、数组索引来引用数据，因此需要额外的内存空间存储这N个指针或索引；一种是需要足够的额外空间来存储要排序的数组的副本。

我们经常会对一些有多个关键字的元素进行排序——我们还可能对同一组元素按不同关键字进行多次排序。在这种情况下，我们需要知道所使用的排序方法是否具有以下特性：

定义6.1 如果排序后文件中具有相同关键字的元素的相对位置保持不变，称一个排序方法是**稳定的**。

例如，将一个按字母顺序的包含毕业年份的学生名册重新按年份进行排序，稳定的排序方法得到的列表中，在同一个班级的学生仍然按字母顺序排列，而一个不稳定的排序方法所得到的列表可能没有丝毫原来按字母顺序排列的痕迹。图6-1就是这样的一个例子。通常，不熟悉稳定性的人第一次碰见这种情况时，会很惊讶于不稳定的排序算法似乎把数据弄得很乱。

本章所讨论的基本排序方法有几种（不过不是所有）是稳定的。相反，我们在以后章节讨论的较复杂的排序方法中大部分（不是所有的）是不稳定的。如果稳定性是必需的，我们可以通过在排序前为各关键字添加小索引或使用其他方法加长排序的关键字，以此强制排序方法稳定。这样做相当于结合图6-1的两个关键字进行排序；改用一个稳定的算法会比较好。我们很容易会把算法的稳定性当作是必然的，事实上，如果不使用额外的时间或空间，后面章节中讨论的排序方法很少是稳定的。

如上面提过的，排序程序通常使用两种方法之一来访问元素：访问关键字来进行比较；或者访问整个元素来移动。如果需要访问的元素比较大，通过间接排序方法来避免混洗是比较明智的：我们不是直接对元素进行重新安排，而是使用一个指针数组（或索引），使第一个指针指向最小的元素，第二个指针指向次小的元素，以此类推。我们可以将关键字保存在元素中（如果关键字比较

```
Adams       1
Black       2
Brown       4
Jackson     2
Jones       4
Smith       1
Thompson    4
Washington  2
White       3
Wilson      3

Adams       1
Smith       1
Washington  2
Jackson     2
Black       2
White       3
Wilson      3
Thompson    4
Brown       4
Jones       4

Adams       1
Smith       1
Black       2
Jackson     2
Washington  2
White       3
Wilson      3
Brown       4
Jones       4
Thompson    4
```

图6-1 稳定排序示例

注：可以对任一关键字进行排序。假设开始时按第一关键字排序（顶部列表）。对第二个关键字进行不稳定排序不会保持带有重复关键字的记录的相对顺序（中间列表）。而稳定的排序方法能够保持它们的相对位置（底部列表）。

大）或者保存在指针中（如果关键字比较小）。我们可以在排序后重新安排元素，不过通常不需要这样，因为我们已经可以按顺序（间接地）访问这些数据了。我们会在6.8节中讨论间接排序。

练习

▷ 6.1 一种儿童排序玩具包含 i 张卡，每张卡可一一对应挂在某个钉子上，i 从1~5。编写一个算法把卡片挂到合适的钉子上，假设不可以从卡上看出它与哪个钉子对应（必需通过尝试是否适合判断）。

6.2 一种纸牌游戏要求将桌上的纸牌按花色排序（按黑桃、红心、梅花、方块这样的顺序），每种花色中又按大小排序。叫几个朋友来玩这个游戏（相互洗牌），记下他们所使用的方法。

6.3 思考如何对一堆牌排序，条件是所有牌正面朝下排成一行，允许做的是检查两张牌的值，必要时就交换它们的位置。

○ 6.4 思考如何对一堆牌排序，条件是所有牌叠成一堆，允许做的是能察看最上面两张牌的值，必要时进行交换，然后将最上面一张牌移到牌底。

6.5 列出对三个数据进行排序时所进行的三个比较–交换操作序列（见程序6.1）。

○ 6.6 列出对四个数据进行排序时所进行的五个比较–交换操作序列。

• 6.7 编写一个客户端程序来检查所使用的排序方法是否稳定。

6.8 在sort操作后检查数组是否排了序并不能保证排序算法正确，为什么？

• 6.9 编写一个性能驱动客户程序，对不同大小的文件多次运行sort排序，计算每次运行所使用的时间，然后将平均运行时间打印出来或图示出来。

• 6.10 编写一个练习驱动客户端程序，对于在实际应用中可能出现的复杂或特殊的数据执行sort程序。例子包括原来已排好序的文件、逆序文件、所有关键字都相同的文件、只有两种不同值组成的文件和大小为0或1的文件。

6.2 选择排序

最简单的一种排序算法的工作过程如下。首先，选出数组中最小的元素，将它与数组中第一个元素进行交换。然后找出次小的元素，并将它与数组中第二个元素进行交换。按照这种方法一直进行下去，直到整个数组排完序。这种排序方法叫做选择排序，因为它是通过不断选出剩余元素中最小元素来实现的。图6-2显示了该算法的一个示例。

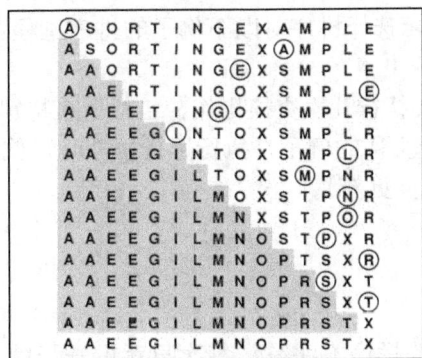

图6-2 选择排序示例

注：本例的第一遍结果不变，因为数组中没有一个元素比在左边的A小。第二遍中，另一个A是剩余元素中最小的元素，所以将它与在第二位的S交换位置。接着，第三遍中接近中间的E与第三位的O交换位置，然后，第四遍，另一个E与在第四位的R交换位置，以此类推。

程序6.2是依照先前约定的一个选择排序程序。内部循环只是执行了将当前元素与先前找到的最小元素进行比较的操作（加上其他必需的代码，包括将当前元素索引增1和检查它是否超出了数组界限的操作）；要更简单不太可能。移动元素的操作是在内部循环以外执行的：每次交换都将一个元素放在它最终的位置上，所以交换的次数是$N-1$（最后一个元素不需要交换），因此，执行的时间由比较操作的数目决定。在6.5节中，我们会得到这个数目与N^2成正比，并且会进一步讨论如何预知整个运行时间和如何将选择排序与其他基本排序方法进行比较。

程序6.2　选择排序

对于1~r-1内i值，将a[i]与a[i]，…，a[r]中最小的元素交换位置。随着索引i从左到右的遍历，在它左边的元素均已处在数组正确的位置中（而且不再会被访问），所以当i到达了最右边时数组就排好序了。

```
void selection(Item a[], int l, int r)
  { int i, j;
    for (i = l; i < r; i++)
      { int min = i;
        for (j = i+1; j <= r; j++)
          if (less(a[j], a[min])) min = j;
        exch(a[i], a[min]);
      }
  }
```

选择排序有一个缺点，它的运行时间对文件中已有序的部分依赖较少。从文件中选出最小元素的每遍操作过程，并没有给出下一遍要找的最小元素的位置的相关消息。例如，使用该排序方法的用户可能会很奇怪地发现，该程序对已排好序的文件或各元素都相同的文件排序所花的时间与对随机排列的文件排序所花的时间基本相同。我们以后会看到，其他方法会比较好地利用了输入文件中元素的已有顺序。

虽然选择排序比较简单并且执行时间上具有强迫性，但它对某一类重要文件的排序效率要比其他方法好：对于元素比较大，关键字又比较小的文件，应该选择该方法，而其他算法移动数据的步数都比选择排序要多（见6.5节的性质6.5）。

练习

▷ 6.11 按照图6-2的风格，显示选择排序对以下例子的排序过程：
E A S Y Q U E S T I O N

6.12 选择排序中，最多需要执行几次交换操作，包括所有特别的数据。平均次数又是多少？

6.13 给出一个含有N个元素文件的例子，执行选择排序时，使a[j] < a[min]的检测结果为false的次数最大化（因此min要更新）。

○ 6.14 选择排序是否稳定？

6.3 插入排序

在桥牌中人们通常使用的排序方法是，每次只考虑一张牌，将牌插入已经排好了序的牌的适当位置中（保持有序）。在计算机应用中，为了插入新数据，先将较大的元素一个一个向右移动，然后将新数据插入空位中。程序6.1中的sort程序就是使用了这种方法，这种排序方法称为插入排序。

和选择排序一样，排序过程中当前索引左边的元素都是排好序的，不过它们不是处于最终的位置上，因为之后它们还需要进行移动来为更小的数据腾出空间。不过当索引移到最右边时，数组就完全排好序了。图6-3显示了该方法作用在一个示例上的过程。

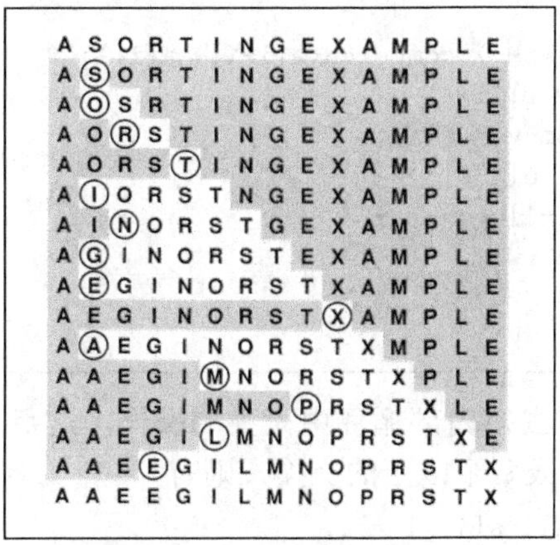

```
A S O R T I N G E X A M P L E
A S O R T I N G E X A M P L E
A O S R T I N G E X A M P L E
A O R S T I N G E X A M P L E
A O R S T I N G E X A M P L E
A I O R S T N G E X A M P L E
A I N O R S T G E X A M P L E
A G I N O R S T E X A M P L E
A E G I N O R S T X A M P L E
A E G I N O R S T X A M P L E
A A E G I N O R S T X M P L E
A A E G I M N O R S T X P L E
A A E G I M N O P R S T X L E
A A E G I L M N O P R S T X E
A A E E G I L M N O P R S T X
A A E E G I L M N O P R S T X
```

图6-3 插入排序示例

注：在插入排序的第一遍中，在第二位的S比A大，所以它不需要移动。第二遍，第三位的O与S交换位置，AOS成为排好序的序列，以此类推。图中，既没有打阴影也没有打圈的元素都向右移了一位。

程序6.1中的插入排序实现是很直接的但不高效。我们现在考虑三种方法来对它进行改善，以举例说明在执行时常会碰见的问题：我们希望代码既简洁又高效，不过有时是很难兼顾两者的，所以我们必须尽量得出一个平衡。首先编辑一个普通的程序，然后通过一系列修改来尝试着改进它，测试每次修改的效率（和正确性）。

首先，当碰到一个关键字，它不大于正被插入的数据项的关键字时，就停止执行compexch操作，因为数组左边子序列是已排好序的。明确地说，当条件less(a[j-1], a[j])为真时，我们可以中断程序6.1中的sort函数的内部for循环过程。这个修改使插入排序成为一种适应性的排序方法，并对随机排序关键字的排序时间降低了大约1/2（见性质6.2）。

根据前一段所描述的改进方法，我们在两种情况下可终止内部循环——我们可以使用while循环改写代码，更清晰地反映该特性。一个更细致的改进是，j > 1判断通常是无用的：实际上，它只有当所要插入的元素目前是最小的且要插入数组最前端时才为真。通常的改进方法是将要排序的关键字放在a[1]到a[N]中，a[0]中存放一个观察哨关键字（sentinel key），并设它为数组中最小的元素。这样，测试是否遇到一个较小关键字同时就测试了这两个条件，使内部循环更小，程序运行得更快。

观察哨关键字有时难以使用：也许是最小可能值难于定义，也可能调用程序没有空间包含这个额外的关键字。程序6.3显示了一个关于这两个问题的插入选择示例：第一步直接将关键字最小的元素放在第一位。接着，对剩下的数组进行排序，将数组中第一个且最小的元素当作了观察哨。我们在代码中尽量避免使用观察哨，因为显式测试更容易理解，但使用观察哨可以使程序更简单和效率更高时，我们也要注意。

程序6.3 插入排序

这段代码是对程序6.1的sort实现的一种改进，包括：(i)首先将数组中最小的元素放在第一位，这元素可以当作是观察哨；(ii)在内部循环中，它只是做一个简单赋值，而不执行交换操作；(iii)当元素插入到正确的位置后就终止内部循环。对每个i，通过将a[1]，…， a[i-1]中比a[i]元素要大的元素向右移动一位，将a[i]插入正确的位置，这样来实现对a[1]，…，a[i]的排序。

```
void insertion(Item a[], int l, int r)
  { int i;
    for (i = r; i > l; i--) compexch(a[i-1], a[i]);
    for (i = l+2; i <= r; i++)
      { int j = i; Item v = a[i];
        while (less(v, a[j-1]))
          { a[j] = a[j-1]; j--; }
        a[j] = v;
      }
  }
```

第三个改进方法是考虑去掉内部循环中无关的操作。这点中注意的是对相同元素的多次交换是低效的。如果有两个或两个以上的交换，则有

t = a[j]; a[j] = a[j-1]; a[j-1] = t;

接着是

t = a[j-1]; a[j-1] = a[j-2]; a[j-2] = t;

等等。t的值在两次操作序列间并没改变，对它存储是浪费时间，又在接下的交换中将它读出。程序6.3将较大的元素一个个向右移一位而不是进行交换，这样就避免了在这点上浪费时间。

程序6.3的插入排序法比程序6.1中的效率要高（在6.5节，我们会了解到几乎是两倍的效率）。本书中，我们既关心优雅高效的算法，也关心优雅高效的执行过程。在这点上，基本算法差别不大——我们可将程序6.1的sort函数当作非适应性插入排序。对算法特性的清楚了解是对应用程序执行高效算法的最佳指导。

和选择排序不同的是，插入排序的运行时间和输入文件数据的原始排列顺序密切相关。例如，如果文件较大，并且关键字已经排好序（或几乎排好序），插入排序比选择排序要快。我们会在6.5节中更详细地比较这两种算法。

练习

▷ 6.15 按照图6-3的风格，显示使用插入排序对下列文件进行排序的过程。

E A S Y Q U E S T I O N

6.16 编写插入排序执行程序，其中内部循环使用while语句，并且按书中描述的那样在两种条件之一成立时终止循环。

6.17 对练习6.16中while循环的每种条件，描述一个有N个元素的文件，使当循环结束时条件总为假。

○ 6.18 插入排序是否稳定？

6.19 给出非适应性选择排序的一种实现，使用程序6.3中第一个for循环语句来寻找最小的元素。

6.4 冒泡排序

冒泡排序是许多人首先学习的第一个排序算法，因为它非常简单：遍历文件，如果近邻的两个元素大小顺序不对，就将两者交换，重复这样的操作直到整个文件排好序。冒泡排序最重要的特点是容易实现，不过它是否比插入排序或选择排序更容易实现还没有定论。冒泡排序的执行速度比另外两种排序方法要慢，不过为了完整性我们还是对它进行简要的讨论。

假设我们都是将文件元素从右移到左的。第一遍中，当遇到最小的元素时，将它与左边元素逐个交换，直到将最小的元素移到队列的最左边。然后第二遍中，将第二小的元素放到队列左边第二位中，以此类推。因此，一共需要N遍。冒泡排序实际上是一种选择排序，但需开销更多工作将每个元素放到合适的位置。程序6.4是一个示例，图6-4显示了一个例子的执行过程。

程序6.4 冒泡排序

对于1~r-1内的i值，内部循环（j）通过从右到左遍历元素，对连续的元素执行比较-交换操作，实现将a[i]，…，a[r]中最小的元素放到a[i]中。在所有的比较操作中，最小的元素都要移动，所以它就像是泡泡那样"冒"到最前端。和插入排序类似，随着索引i从左到右，在i左边的元素都已处在最后的正确位置上。

```
void bubble(Item a[], int l, int r)
  { int i, j;
    for (i = l; i < r; i++)
      for (j = r; j > i; j--)
        compexch(a[j-1], a[j]);
  }
```

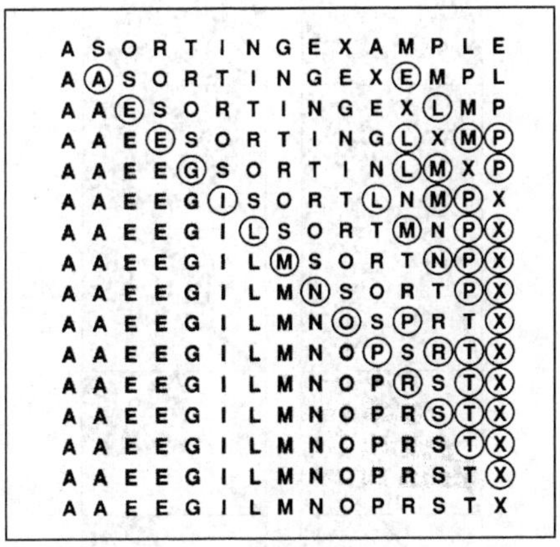

图6-4 冒泡排序示例

注：在冒泡排序中，关键字值小的元素移到了左边。随着从右到左排序，每个关键字和左边的进行交换直到遇见一个更小的。第一遍中，E和L，P，M交换，直到遇见A；接着，A移到文件的开始处，在已经在第一位的A前停住。冒泡排序中，第i遍后，大小排序i的元素到达了它最终的位置，这点和插入排序一样，而其他的元素也不断地向它们最终的位置移近。

我们可以像在6.3节中对插入排序那样（见练习6.25），通过对内部循环进行改进来加快程序6.4的执行速度。实际上，通过比较代码，可以发现程序6.4和程序6.1中的非适应性插入排序方法很像。两者不同的是，内部for循环中，插入排序是从左边（已排好的序列）向右移动，冒泡排序是从右边（未排好序的序列）向左移动。

程序6.4只使用了compexch操作，因此它是非适应性的。不过我们可以对它进行改进使它运行得更高效率：通过测试文件是否已排好序，当其中一步中已没有进行任何交换操作，即文件已经排好序，就可以终止外部循环。做了这项改进后，就会提高冒泡排序对某类数据的运行效率，不过通常它的效率提高比不上能中断内部循环的插入排序，如6.5节中详细讨论的那样。

练习

▷ 6.20 按照图6-4的风格，显示使用冒泡排序对下列文件进行排序的过程。
E A S Y Q U E S T I O N

6.21 给出一个例子，使执行冒泡排序时，所需要执行的交换操作的次数达到最大。

○ 6.22 冒泡排序是否稳定？

6.23 解释冒泡排序为什么比练习6.19中描述的非适应性选择排序更好。

• 6.24 进行实验来确定，当在冒泡排序中加入一个测试来终止排好序的文件时，对随机N个数据项进行排序可以节省多少遍。

6.25 开发冒泡排序的一种有效实现，使在内循环中执行尽可能少的指令。确信你对程序的"改进"不会降低程序的速度。

6.5 基本排序方法的性能特征

选择排序、插入排序和冒泡排序在最坏和平均情况下都是二次算法，而且它们都不需要额外的内存空间。因此，它们的执行时间只相差一个常数因子，不过它们执行上有很大差别，如图6-5至图6-7所示。

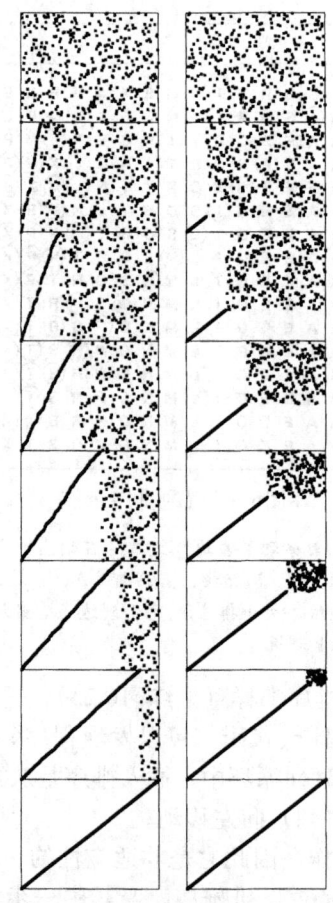

图6-5 插入排序和选择排序的动态特性

注：在随机排列上执行插入排序（左图）和选择排序（右图）的这些快照说明了每种方法的执行过程。这里用小点表示要排序的a[i]元素，在排序前，小点是均匀分布的；排序后，形成了一条从左下方到右上方的对角线。插入排序不能预知各点在数组中的最终位置；而选择排序则不会改变已排好序的点的位置。

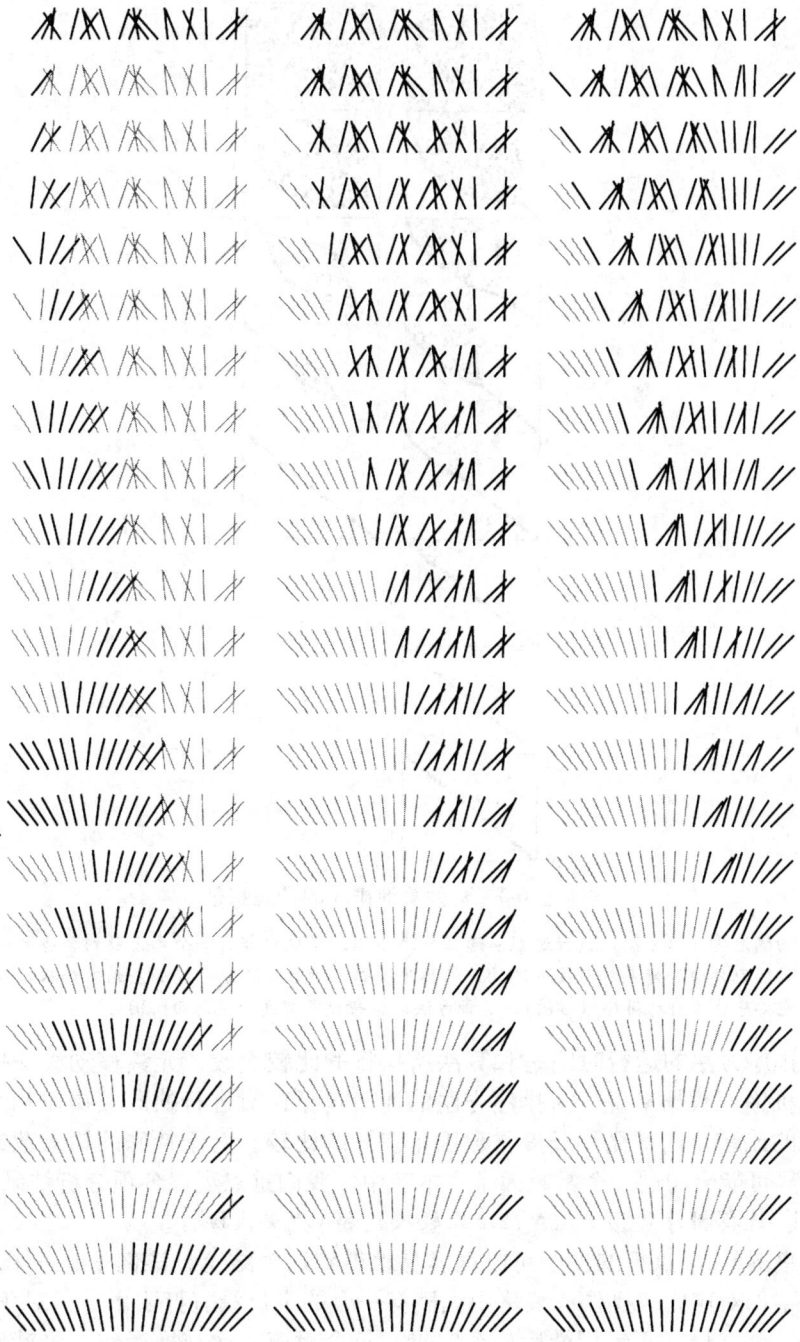

图6-6 基本排序的比较操作和交换操作

注：该图显示了插入排序、选择排序和冒泡排序在对文件进行排序的过程中的差别。用线段集合表示要排序的文件，根据线段角度进行排序。每步中黑线表示需要访问的元素，灰线表示不需要访问的元素。对于插入排序（左边），每步中要插入的元素平均要向前移动已排好序的数列的一半长度。选择排序（中间）和冒泡排序（右边）每步中都要访问所有尚未排序的数据来找出下一个最小的数据；两者不同的地方是冒泡排序将所遇见的相邻的顺序不对的元素进行交换，而选择排序只是将最小的元素交换到相应位置。这点不同使冒泡排序中尚未排序的数列逐渐趋向排好序。

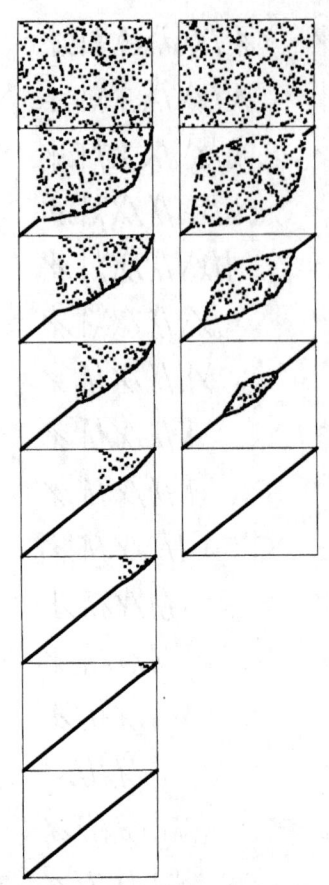

图6-7 两种冒泡排序的动态特征

注：标准的冒泡排序（左图）执行过程和选择排序相似，每步中都将一个元素放到合适的位置中，不过它还对数组的其他部分进行某种程度的不均匀的排序。如果对数组不断替换从左到右和从右到左的扫描方向，这种冒泡排序称为抖动排序（右图），这种方法的执行效率更高（见练习6.30）。

通常，排序方法的运行时间是和算法所执行的比较次数、元素移动或交换的次数成正比的。对于随机输入数据来说，对排序方法的比较包括：对进行的比较操作和交换操作数目常数因子差异的比较及内部循环长度常数因子差异的比较。对于特殊的输入数据，排序方法运行时间的差异可能会超过一个常数因子。本节中，我们重点观察各项分析结果。

性质6.1 选择排序使用大概$N^2/2$次比较操作和N次交换操作。

通过观察图6-2中执行的例子可以很容易地得到这个结论。该例子是一个N-N的表格，没有打阴影的字母对应比较操作。表格中大概有一半的字母没有打阴影——对角线以上的字母。对角线上$N-1$个字母（不包括最后一个字母）每个对应一次交换操作。更精确地，通过检查程序代码可以知道，对于从1到$N-1$的每个i，需要执行一次交换操作和$N-i$次比较操作，因此一共执行$N-1$次交换操作和$(N-1) + (N-2) + \cdots + 2 + 1 = N(N-1)/2$比较操作。这些结论与输入数据无关；选择排序中惟一与输入数据有关的是更新min的次数。在最坏情况下，该数目也是输入的二次函数。但在平均情况下，它是$O(N \log N)$（见第三部分参考文献），因而我们可以期望选择排序的执行时间对输入数据不敏感。■

性质6.2 在平均情况下，插入排序执行大约$N^2/4$次比较操作和$N^2/4$次交换（移动）操作，而在最坏情况下需要两倍的数量。

如程序6.3执行过程，比较操作的数目和移动操作的数目是一样的。和性质6.1一样，这个结论可以很容易地通过图6-3的$N-N$表格中算法的执行过程得出。这里，最坏情况下，对角线以下的所有元素是要统计在内的。对于随机的输入，平均情况下，我们期望每个元素要向后移动一半路程，所以对角线以下一半的元素要计算在内。∎

性质6.3 在平均情况和最坏情况下，冒泡排序执行大约$N^2/2$次比较操作和$N^2/2$次交换操作。

冒泡排序中，第i遍需要执行$N-i$次比较-交换操作。证明的过程和选择排序一样。算法修改为当发现文件已排好序时终止，运行的时间由输入决定。如果文件是已经排好序的，就只需这一步；但如果文件是逆序的，第i遍就需要执行$N-i$次比较和交换操作。最坏情况下的效率和平均情况下的效率差别不大，虽然要证实这个结论的分析很复杂（见第三部分参考文献）。∎

虽然需要在对已基本排好序的文件进行操作时才能体现插入排序和冒泡排序的效率，但这两种排序方式对于实际情况下经常会碰见的某些类型文件是很高效的。而一般的排序方式则不适用于这些文件。例如，使用插入排序对一个已排好序的文件进行操作。每个元素都能直接确定在文件中的最终位置，整个执行时间是线性的。这一结论对于冒泡排序同样成立，但选择排序的运行时间依然是二次的。

定义6.2 文件中一对顺序不对的元素称为一个逆序。

要统计文件中的逆序数，我们可以对每个元素左边比它大的元素的数目进行累加（该数目表示了该元素所对应的逆序数）。而在插入排序中，这个累加数目就是元素要插入文件时所要向前移动的步数。有一点顺序的文件的逆序数要比完全混乱的文件的少。

在某种部分有序的文件中，每个元素都接近于它排序后的最终位置。例如，某些人在打牌时，先按花色组织好牌，使牌接近于最终的位置，然后对牌一张张地进行考虑。我们会讨论一些使用同样方法的排序算法——这些算法在最先的步骤中产生一个部分排好序的文件，使各个元素都接近于它的最终位置。插入排序和冒泡排序（不包括选择排序）是对该类型文件非常合适的方法。

性质6.4 对于逆序数是常数级的文件，插入排序和冒泡排序所要进行的比较和交换操作的数目是输入的线性函数。

如刚才所讨论的，插入排序的运行时间与文件中的逆序数直接相关。对于冒泡排序（这里，我们指的是程序6.4，进行了一点修改，当文件已排好就终止操作），证明的方法比较复杂（见练习6.29）。每遍冒泡排序中，将每个元素右边比它小的元素的个数均减1（除非个数已经为0），因此对于这种文件，冒泡排序的执行遍数最多是一个常数级的，因而，所执行的比较和交换操作是线性的。∎

对于另外一种部分有序的文件，可能是对已排好序的数添加一些元素或者对已排好序的数列的一些元素进行了修改。该类文件在应用中算是很常见的。对这种类型的文件，使用插入排序的效率比较好；而选用冒泡排序和选择排序的效率就不高。

性质6.5 如果文件中有固定部分的元素的逆序数超过常数级，插入排序所执行的比较和交换操作仍是线性的。

插入排序的运行时间是由文件的总逆序数决定的，而与逆序数的分布情况无关。∎

要根据性质6.1~6.5对算法的运行时间进行总结，我们需要分析比较和交换操作的相对开销，该特性与元素和关键字的大小有关（见表6-1）。例如，如果元素是单字关键字，这样，交换操作（访问四个数组）的开销是比较操作的两倍。在这种情况下，选择排序和插入排序的运行时间差不多，而冒泡排序要比较慢。不过，在相对于关键字来说元素比较大的情况下，选择排序是效率最高的。

表6-1　基本排序算法的实验性研究

对于小型文件的排序，插入排序和选择排序的效率是冒泡排序的两倍，但运行时间呈平方级增长（当文件大小增长2倍，运行时间则以4倍增长）。对于大型随机有序的文件，这些方法都不适用。例如，使用6.6节的希尔排序法，表中的相应数目将小于2。当比较操作的开销较大时，比较的关键字是字符串类型——这时，插入排序比其他两种方法要快，因为它使用的比较次数要少得多。这里没有包括交换操作开销较大的情形，在这种情况下，选择排序是最好的算法。

N	32位整型关键字					字符串类型关键字		
	S	I*	I	B	B*	S	I	B
1000	5	7	4	11	8	13	8	19
2000	21	29	15	45	34	56	31	78
4000	85	119	62	182	138	228	126	321

其中：
S 选择排序（程序6.2）
I* 插入排序，基于交换（程序6.1）
I 插入排序（程序6.3）
B 冒泡排序（程序6.4）
B* 抖动排序（练习6.30）

性质6.6 对数据项较大、关键字较小的文件，选择排序的运行时间是线性的。

设M表示数据项大小相对于关键字大小的比例。假设比较操作的开销为1个单位时间，交换操作为M单位的时间。选择排序在比较操作上所占用的时间大约是$N^2/2$，而在交换操作上所占用的时间大约是NM。如果M比N的常数倍要大，则NM这一项控制着N^2这项，因而，运行时间与NM成正比，即与移动所有元素所需要的时间总量成正比。■

例如，对1000个包含单字关键字且每个关键字由1000单词组成的数据项进行排序，而且必须对数据项进行重新安排，这时，选择排序的效率最高，因为运行时间由移动所有1百万数据所需要开销决定。在6.8节中，我们会讨论重新安排数据的另一种方法。

练习

▷ 6.26　对所有关键字都相同的文件，哪一种基本的排序方法（选择排序、插入排序或者冒泡排序）运行得最快？

6.27　对于逆序文件，哪一种基本排序方法运行得最快？

6.28　给出一个包含10个元素的文件（关键字由A到J），使冒泡排序算法所使用的比较操作要比插入排序算法所使用的少，或者证明不存在这样的文件。

• 6.29　证明在冒泡排序的每一遍中，都使每个元素左边比自己大的元素个数减1（除了个数已经为0）。

6.30　实现冒泡排序的一种版本：执行过程中不断地更改从左到右和从右到左的数据扫描顺序。这个算法（更快但更复杂）称为抖动排序（shaker sort）（见图6-7）。

• 6.31　证明性质6.5对抖动排序不成立（见练习6.30）。

•• 6.32　在PostScript（见4.3节）中实现选择排序，利用你的实现画出类似图6-5到图6-7的图示。你可以使用递归实现，或者阅读PostScript的手册学习关于循环和数组的相关用法。

6.6 希尔排序

插入排序运行效率较低的原因是它所执行的交换操作涉及近邻的元素，使得元素每次只能移动一位。例如，如果关键字最小的元素刚好在数组的尾端，就需要N步将该元素放到数组最前端。希尔排序法是插入排序的扩展，它通过允许非相邻的元素进行交换来提高执行效率。

该算法的思想是将文件重新排列，使文件具有这样的性质，每第h个元素（从任何地方开始）产生一个排好序的文件。这样的文件称为h-排序的。换句话说，h-排序的文件是h个独立的已排好序的文件，相互交叉在一起。对h值较大的h-排序文件，可以通过移动相距较远的元素，比较容易地使h值较小时进行h-排序。通过对直到1的h值的序列进行操作，就会产生一个排好序的文件：这就是希尔排序的本质。

实现希尔排序的一种方法是，对每个h，对每个h子文件单独使用插入排序。虽然这个过程看起来较为简洁，但因为子文件的独立性，我们可以使用一个更简单的方法。在使文件变成h-有序时，通过将较大的元素右移，把元素插入在h-子文件中某些元素的前面（见图6-8）。我们使用插入排序的代码来做这项工作，但在扫描文件时，把移动的增量或减量由原来的1变成了h。这一观察表明希尔排序只是一种像插入排序那样对于每个增量扫描文件的过程，如程序6.5。该程序的执行过程如图6-9表示。

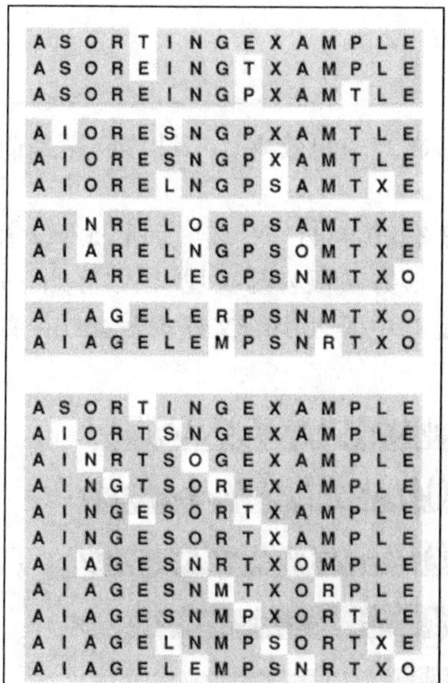

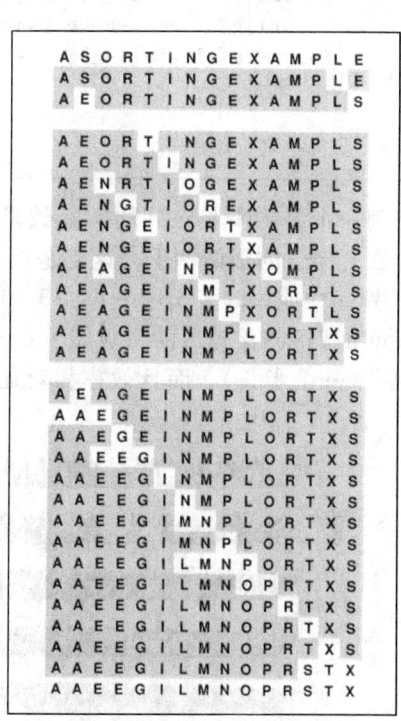

图6-8 交叉4-排序

注：该图的上部分表示了对包含15个元素的文件进行4-排序的执行过程。首先对0、4、8、12位置的子文件进行插入排序，接着对1、5、9、13位置的子文件进行插入排序，接着对2、6、10、14，最后对3、7、11位置的子文件进行插入排序。不过这四个子文件是独立的，所以我们可以通过将每个元素插入到它所在的子文件中获得相同的结果，每次向后退4步（下图）。将上图中每块的第一行取出，接着取出每块的第二行，以此类推，就得出了下图。

图6-9 希尔排序示例

注：对一个文件依次进行13-排序（上图）、4-排序（中图）和1-排序（下图）。执行中所进行的比较操作不多（没有打阴影的元素）。最后一遍只是单纯的插入操作，也没有元素需要移动很大距离，因为通过前两遍文件已基本有序。

那么如何决定所选用的步长序列呢？一般很难回答这个问题。步长序列的不同特征在文献中已有讨论，有一些在实际中也运用得很好，但是还没证明最好序列已经找到。在实际中，我们通常使用以几何级别减少的序列。这样，不同步长的数目是文件大小的对数级。例如，如果每次的步长是上一次的一半，那么对一个包含1百万数据的文件进行排序，大概只需要20种步长；如果该比例是1/4，就只需10种步长。尽量使用较少数量的步长是很明显的——我们还需要考虑步长间的数值影响，如它们的公因子大小和其他一些性质。

程序6.5 希尔排序

如果在插入排序中，我们不使用观察哨，并且用"h"代替"1"，结果就得到h-排序的文件。增加一个外部循环来改变步长就实现了希尔排序方法，这里使用的步长序列是1 4 13 40 121 364 1093 3280 9841…

```
void shellsort(Item a[], int l, int r)
  { int i, j, h;
    for (h = 1; h <= (r-1)/9; h = 3*h+1) ;
    for ( ; h > 0; h /= 3)
      for (i = l+h; i <= r; i++)
        { int j = i; Item v = a[i];
          while (j >= l+h && less(v, a[j-h]))
            { a[j] = a[j-h]; j -= h; }
          a[j] = v;
        }
  }
```

得到一个好的步长序列的实际效果最多大概能提高25%的效率。不过该问题是简单问题存在内在复杂性的很好例子，这点是很吸引人的。

程序6.5中使用的步长序列1 4 13 40 121 364 1093 3280 9841…，步长间的比例大概是1/3，是由Knuth在1969年提出的（见第三部分参考文献）。该方法很容易实现（从1开始，通过乘3加1得到下一个步长），而且效率相对还可以，即使是对中等大小的文件也是如此，如图6-10所示。

图6-10 对一个随机序列进行希尔排序

注：希尔排序中每步都使整个文件更接近于排好序。该文件中首先进行40-排序，然后进行13-排序、4-排序，最后进行1-排序。每步都使文件更接近于排好序。

其他的步长序列可以得到效率更高的排序，不过相对程序6.5中的序列很难将效率提高20%，即使是对相对较大的N。其中一种可以提高效率的步长序列是1 8 23 77 281 1073 4193 16577…，序列$4^{i+1} + 3 \cdot 2^i + 1$，$i > 0$，可以证明在最快情况下使用该序列运行得更快（见性质6.10）。图6-12显示该序列及Knuth的序列以及其他一些序列对大文件有类似的动态性质。事实上的确可能存在更好的步长序列。练习中将会提出几种对步长序列进行改进的思想。

另一方面，有一些不好的步长序列，如1 2 4 8 16 32 64 128 256 512 1024 2048…（1959年当Shell提出算法时给出的序列，见第三部分参考文献），因为直到最后一遍在奇数位置的元素才会与偶数位置的元素进行比较，这样使这个序列的效率变得很低。对于随机文件，该特性是显著的，而对于最坏的情况，简直是灾难：该方法将退化到需要二次的运行时间，如偶数位置中保存的是较小的一半元素，而奇数位置上保存的是较大的一半元素（见练习6.36）。

在初始化确保总是使用同一序列后，程序6.5通过对步长除以3得到下一个步长。另一种方法是从h = N/3或者其他N的函数开始。最好避免这种做法，因为在上段所举的不好的序列就是从N的某种函数中得到。

我们对希尔排序法的效率的描述是不精确的，因为还没有人能对该算法进行精确的分析。由于这点，我们不仅很难对不同的步长序列进行比较，也不能将希尔排序法和其他排序法进行分析性比较。希尔排序法的运行时间公式也还未得出（该公式与步长序列有关）。Knuth发现公式$N(\log N)^2$和公式$N^{1.25}$都较合适，而晚些的研究又发现，对某些序列，一个更复杂的公式同样适用：$N^{1+1/\sqrt{\lg N}}$。

我们通过对一些希尔排序已知的特性进行讨论来对本节进行总结。这样做的基本目的是要表明表面简单的算法也会有复杂的特性，并且对算法进行分析不仅是实际运用中的重要工作，还是一种智力上的挑战。有兴趣寻找一个新的效率更好的希尔排序法步长序列的读者会觉得以下信息很有用，而另外一些读者可能会希望直接跳到6.7节。

性质6.7 对已k-有序的文件进行h-排序所得结果是一个既h-有序又k-有序的文件。

该特性似乎显而易见，但证明起来很复杂（见练习6.47）。■

性质6.8 对既h-有序又k-有序的文件进行g-排序时所需比较操作数小于$N(h-1)(k-1)/g$，假设h和k是互素的。

图6-11中图示这一事实的基本特性。对任意的元素x，在它左边超过$(h-1)(k-1)$位置的数没有一个比x大，如果h和k是互素的（见练习6.43）。当进行g-排序时，对于这些元素我们最多每g个元素检查其中一个元素。■

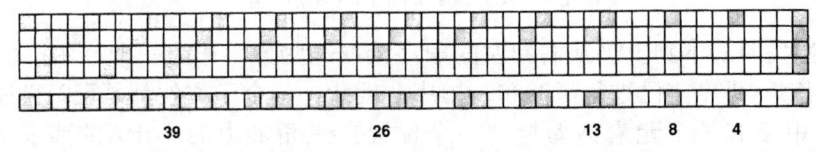

图6-11 已4-和13-有序的文件

注：最后一行表示一个数组，如果已4-排序和13-排序，则阴影格中描述的数据项必定小于或等于远右边的某个数据项。上面4行表示了该数列的原始状态。假设右边元素所在位置为i，那么数组4-有序就意味着在i-4，i-8，i-12…位置上的元素比它要小或等（最上面一行）；13-有序，再加上原来进行的4-排序，在i-13，i-17，i-21，i-25，…位置的元素比它小或相当（第二行）；同样，在i-26，i-30，i-34，i-38，…位置的元素也较小或相等（第三行）；以此类推。而没有打阴影的元素表示可能比在它左边的数要大。最多有18个这样的元素（其中最远的是在i-36位置的元素）。因此，对于大小为N，已进行了13-排序和4-排序的文件进行插入排序时最多需要执行18N次比较操作。

性质6.9 对步长序列为1 4 13 40 121 364 1093 3280 9841…希尔排序使用少于$O(N^{3/2})$次的比较操作。

对于较大的步长，有h个大小约为N/h的子文件，最坏情况下需要的开销约为N^2/h。对于较小的步长，性质6.8表明了该开销约为Nh。如果我们对每个步长更好地利用这些上限，结果仍然成立。它对任意以指数倍数增长的互素序列都成立。■

性质6.10 对步长序列为 1 8 23 77 281 1073 4193 16577…希尔排序使用少于 $O(N^{4/3})$ 的比较操作。

要证明这个性质可沿用证明性质6.9的思路。和性质6.8类似，该性质表明了对较小的步长，开销大约为 $Nh^{1/2}$。要精确地证明这点，需要一系列的数学理论，这些已经超出了本书的范围（见第三部分参考文献）。■

我们刚才所讨论的步长数列中各步是互素的。另外一些高效的步长数列的步长不一定是互素的。

特别是，性质6.8表明，如果一个文件已经进行了2-排序和3-排序，则在最后的插入排序中，每个元素至多移动一位。也就是说，这样的文件可通过一遍的冒泡排序即可使序列有序。如果一个文件是4-有序和6-有序的，那么如果我们对它进行2-排序，则在最后的插入排序中，文件中每个元素也最多只需移动一位（因为每个子串都是已2-排序和3-排序的）。同样，如果一个文件已6-排序和9-排序，对它进行3-排序后，则在最后的插入排序中，文件中每个元素也最多只需移动一位。按照这一思路可得以下结论，它是由Pratt在1971年提出的（见第三部分参考文献）。

性质6.11 对步长序列为 1 2 3 4 6 9 8 12 18 27 16 24 36 54 81…，希尔排序使用少于 $O(N(\log N)^2)$ 的比较操作。

考虑使用以下三角形数列作为步长序列，其中三角形中每个数据是右上方数字的两倍，同时也是左上方数字的三倍。

```
                    1
                  2   3
                4   6   9
              8  12  18  27
           16  24  36  54  81
         32  48  72  108 162 243
       64  96  144 216 324 486 729
```

如果我们按照从下到上、从右到左的顺序读取这些数字作为一个希尔排序的步长序列，那么进行步长为 x 排序前已进行了 $2x$ 和 $3x$ 排序，因此，每个子文件都是已2-排序和3-排序的，即整个排序中没有一个元素移动超过一个位置！三角形中的小于 N 的步长数目必定少于 $(\log N)^2$。■

由于数量太多，实际运用中Pratt的步长序列的效率比不上其他序列。我们可以使用同样原理，根据两个互素的数 h 和 k 来构造一个步长序列，在实际运用中，这样的数列的效果较好，因为在最坏情况下的开销相当于根据性质6.11对随机文件开销的过高估计。

为希尔排序法设计一个好的步长序列这个问题，是简单算法也会有复杂特性的一个很好的例子。我们当然不能对所遇到的问题都进行这种程度的详细讨论（我们不仅是没有这样的环境，而且，如我们在对希尔排序法进行讨论时那样，我们会遇见一些超出本书范围的数学分析或研究问题）。然而，本书的许多算法是过去几十年里由许多研究人员进行了广泛的分析和实验后得到的成果，我们可以从中获益。这点表明了改进算法的研究是一项智力挑战又是可以得到实际运用成果回报的工作，即使只是对很简单的算法进行研究。表6-2的研究结果表明，对步长序列进行设计的一系列方法在实际运用中是高效的；其中，序列 1 8 23 77 281 1073 4193 16577…是希尔排序法使用的最简单步长之一。

表6-2　对希尔排序的步长序列的实验性研究

即使只是使用2的幂作为步长序列，希尔排序也比其他基本排序方式要快很多，但某些步长序列可使排序效率提高5倍以上。本表中列出的三个最好的序列在设计中是完全不同的。即使对于大型文件，希尔排序文件也是很实用的方法，特别是和选择排序、插入排序和冒泡排序相比时（见表格6.1）。

N	O	K	G	S	P	I
12 500	16	6	6	5	6	6
25 000	37	13	11	12	15	10
50 000	102	31	30	27	38	26
100 000	303	77	60	63	81	58
200 000	817	178	137	139	180	126

其中：
O　1 2 4 8 16 32 64 128 256 512 1024 2048…
K　1 4 13 40 121 364 1093 3280 9841…（性质6.9）
G　1 2 4 10 23 51 113 249 548 1207 2655 5843…（练习6.40）
S　1 8 23 77 281 1073 4193 16577…（性质6.10）
P　1 7 8 49 56 64 343 392 448 512 2401 2744…（练习6.44）
I　1 5 19 41 109 209 505 929 2161 3905…（练习6.45）

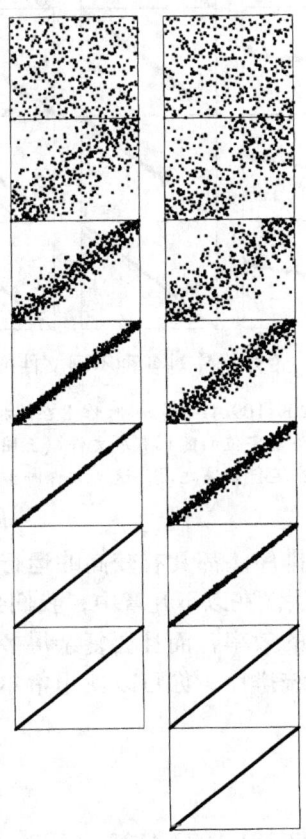

图6-12　希尔排序的动态特性（两种不同的步长序列）

注：在本例中，希尔排序就好像将一个固定在四角的橡皮带，拉向对角线方向。所使用的两个步长序列分别为：121 40 13 4 1（左图）和209 109 41 19 5 1（右图）。第二种方法执行的步骤比第一种方法多一遍，但它更快，因为每遍的执行效率更高。

图6-13表示了希尔排序法对不同类型的文件进行操作时效率较好，而不只适用于随机文件。事实上，如何构造一个文件，使希尔排序算法对于给定的增长序列其执行效率慢是一项有挑战性的练习（见练习6.42）。正如我们已经提到的那样，存在一些坏的增长序列，使希尔排序最坏情况下需要二次函数的比较次数（见练习6.36），但对于大量各种不同的序列，希尔排序算法也显示了更低的下界。

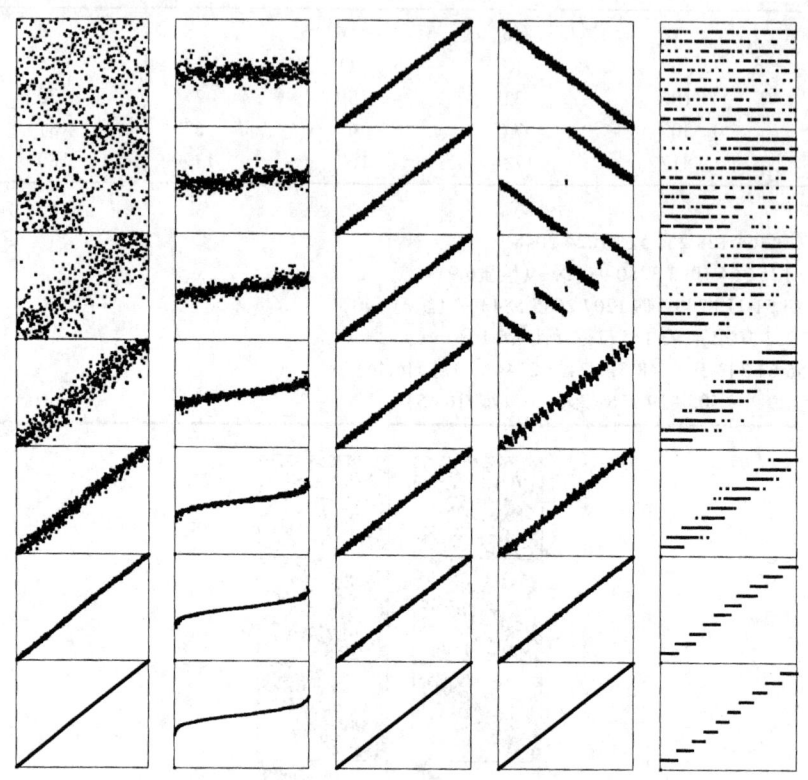

图6-13 希尔排序对各种不同文件的动态特性

注：这些图显示了希尔排序增量为209 109 41 19 5 1时作用在随机文件、高斯分布的文件、几乎有序的文件、几乎逆序的文件以及10个不同关键字值的随机有序文件（上图从左到右）的情况。每遍的运行时间取决于在开始时，文件有序的程度。在运行几遍之后，这些文件都似乎有序了。因此，运行时间对于输入并不很敏感。

由于即使对于大文件，希尔排序法都具有较高的运行效率以及代码简单容易执行，很多排序应用程序都选择了希尔排序法。在以下几章中，我们会讨论一些更高效的算法，但除非N很大，它们也最多只是提供两倍的效率，而且要复杂得多。简而言之，如果你需要快速解决一个排序问题，而且不会涉及系统排序，你可以使用希尔排序法，然后稍候再考虑是否需要用一个更完备的算法代替它。

练习

▷6.33 希尔排序是否稳定？

6.34 显示使用步长序列1 8 23 77 281 1073 4193 16577…如何实现希尔排序，参照Knuth序列的代码，使用直接的计算公式得出连续的步长序列。

▷6.35 对于关键字E A S Y Q U E S T I O N，给出对应图6-8和图6-9的图表。

6.36 计算对奇数位置数据为1，2，…，N，偶数位置数据为$N+1$，$N+2$，…，$2N$的文件使用序列1 2 4 8 16 32 64 128 256 512 1024 2048…进行希尔排序时所需的运行时间。

- 6.37 编写一个驱动程序来比较希尔排序的步长序列。从标准输入中读入序列，每行一个序列，然后用它们来对10个大小为N的随机文件进行排序，N = 100，1000和10000。统计比较操作的数目和测量实际的运行时间。
- 6.38 进行实验证明对N = 10000的随机文件，是否可以通过增加一个步长或减少一个步长来提高步长序列1 8 23 77 281 1073 4193 16577…的运行效率。
- 6.39 进行实验证明对N = 10 000的随机文件，在步长序列1 4 13 40 121 364 1093 3280 9841…中如果用x代替13，那么x为多少时排序时间最短？

6.40 进行实验证明对N = 10 000的随机文件，使用步长序列1, $\lfloor\alpha\rfloor$, $\lfloor\alpha^2\rfloor$, $\lfloor\alpha^3\rfloor$, $\lfloor\alpha^4\rfloor$, …进行排序时，α为多少时运行时间最短？

- 6.41 对包含1000个元素的随机文件，寻找一个包含3-步长的序列，使需要进行的比较操作次数最少。
- 6.42 构造一个包含100个元素的文件，使得使用步长序列1 8 23 77进行希尔排序时，所要执行的比较操作次数最多。

6.43 证明如果h和k互素，那么比(h−1)(k−1)大或相等的任意数可以表示为h和k的线性组合（系数非负）。提示：如果k的前h−1个倍数中有任意两个数除以h的余数相等，那么h和k必然有公因子。

6.44 进行实验确定，用基于h和k的类Pratt序列对包含10000个元素的随机文件进行希尔排序，h和k为何值时，运行时间最短。

6.45 步长序列1 5 19 41 109 209 505 929 2161 3905…是基于将序列9*4^i ($9*2^i$ + 1和序列4^i − 3*2^i + 1，i > 0，归并得到的。对包含10000个元素的随机文件进行排序，比较单独使用这些序列和使用归并序列的结果。

6.46 序列1 3 7 21 48 112 336 861 1968 4592 13776…起源于一个互素基本序列，如1 3 7 16 41 101，接着像Pratt序列中那样构造一个三角形，通过将第i−1行的第一个元素与基本序列中的第i个元素相乘，即将第i−1行中所有元素分别与基本序列中的第i+1个元素相乘，得出三角形中第i行数据。做实验求出一个基本序列，使对10000个数据进行排序时效率有所提高。

- 6.47 完成对性质6.7和6.8的证明。
- 6.48 实现一个基于练习6.30中的抖动方法的希尔排序，并与标准算法进行比较。注意：所使用的步长要和标准算法中所使用的不同。

6.7 对其他类型的数据进行排序

尽管在学习大多数的排序算法时，只是简单认为将数值按大小排列或将字符按字母顺序排列是合理的，但认识到排序算法其实与数据类型没有太大关系也是很重要的，而且做出更一般的设置并不困难。我们已经详细地讨论过如何将程序分成独立的部分来实现数据类型和抽象数据类型（见第3章和第4章）；在本节中，我们将考虑如何利用已有的结论，使排序实现适用于各种类型的数据。

特别地，我们考虑以下问题的实现、接口和客户端程序：

- 元素，或者要排序的一般对象。
- 数据项的数组。

Item数据类型为我们提供一种把排序代码用于定义了基本操作的任何数据类型的方式。该过程对简单的数据类型和抽象的数据类型同样适用，而我们需要考虑众多的实现。数组接口没么重要。我们调用它的目的是给出一个使用多样数据类型的多模块程序的例子。我们只考虑数组接口的一种（直接）实现方式。

程序6.6是一个客户端程序，它和程序6.1的main程序的功能大致相同，但加入了把操纵数组和数据项的操作封装到独立模块的代码。特别地，通过替换不同的模块，不必修改客户端程序，就能够支持对各种不同类型数据的测试。为了完成实现，我们需要精确地定义array和item数据类型接口，然后提供它们的实现。

程序6.6　数组的排序驱动程序

这个对基本数组排序的驱动程序使用了两个显式接口：第一个是用于初始化和输出（且排序）数组的函数，第二个是封装了对数据项所进行操作的数据类型。第一个允许对用于数组的函数分开编译；第二个允许对具有同一排序代码的其他数据类型进行排序。

```
#include <stdlib.h>
#include "Item.h"
#include "Array.h"
main(int argc, char *argv[])
  { int i, N = atoi(argv[1]), sw = atoi(argv[2]);
    Item *a = malloc(N*sizeof(Item));
    if (sw) randinit(a, N); else scaninit(a, &N);
    sort(a, 0, N-1);
    show(a, 0, N-1);
  }
```

程序6.7中的接口定义了一系列会对数组进行的高级操作的例子。我们希望能够用关键字值对数组进行初始化，或者是通过随机或者是从标准输入来初始化。我们希望能对数据进行排序（这是当然的！），而且能输出结果。这只是其中一些例子。在特定的应用中，我们可能希望定义其他一些操作。使用这种接口，我们可以替换各种操作的不同实现，而不需要修改使用这个接口的客户端程序，在这里，是指程序6.6中的main程序。我们正在研究的各种排序方法都可以当作sort函数的实现。程序6.8有一些用于其他功能的简单实现。我们还希望替换其他的实现，这与应用有关。例如，我们可能在用大型数组测试排序时，使用show的实现，只输出数组的一部分。

程序6.7　数组数据类型接口

该Array.h接口为包含抽象元素的数组定义了高层次的函数：初始化随机值，通过读取标准输入进行初始化，输出数据，及对数据进行排序。元素类型由独立接口定义（见程序6.9）。

```
void randinit(Item [], int);
void scaninit(Item [], int *);
void show(Item [], int, int);
void sort(Item [], int, int);
```

程序6.8　数组数据类型实现

本代码是对程序6.7中所定义的函数的实现过程，使用item类型和在独立的接口中定义的基本功能（见程序6.9）。

```
#include <stdio.h>
#include <stdlib.h>
#include "Item.h"
#include "Array.h"
```

```
void randinit(Item a[], int N)
  { int i;
    for (i = 0; i < N; i++) a[i] = ITEMrand();
  }
void scaninit(Item a[], int *N)
  { int i = 0;
    for (i = 0; i < *N; i++)
      if (ITEMscan(&a[i]) == EOF) break;
    *N = i;
  }
void show(itemType a[], int l, int r)
  { int i;
    for (i = l; i <= r; i++) ITEMshow(a[i]);
    printf("\n");
  }
```

使用类似的方法，要使用某些特殊类型的数据项或关键字，我们就定义它们的类型，并以显式接口声明其上的所有相关操作，然后提供了在数据项接口中定义的操作的实现。程序6.9是该接口用于浮点类型关键字的一个例子。这个代码中定义了我们一直使用的关键字的比较操作和数据项的交换操作，以及产生随机关键字的函数，从标准输入读取关键字和输出关键字值。程序6.10给出了基于这个简单例子的这些函数的实现。其中一些操作在接口中定义为宏，这是一种更高效的方法；其他操作使用C代码实现，这是一种更灵活的方法。

程序6.9　元素数据类型接口示例

程序6.6和程序6.8中包含的文件Item.h定义了所要进行排序的数据项的数据表示和相关操作。本例中，元素是浮点型的关键字。在排序程序中我们使用宏来表示key、less、exch和compexch数据类型操作；我们还把它们分别定义为实现的函数，像ITEMrand（返回一个随机关键字），ITEMscan（从标准输入读取关键字）和ITEMshow（打印关键字值）这三个函数一样。

```
typedef double Item;
#define key(A) (A)
#define less(A, B) (key(A) < key(B))
#define exch(A, B) { Item t = A; A = B; B = t; }
#define compexch(A, B) if (less(B, A)) exch(A, B)
Item ITEMrand(void);
 int ITEMscan(Item *);
void ITEMshow(Item);
```

程序6.10　元素数据类型实现示例

本代码实现了程序6.9中声明的三个函数ITEMrand，ITEMscan和ITEMshow。在本代码中，我们直接引用double数据类型，在scanf和printf的选项中使用显式的浮点类型，以此类推。我们包含接口文件Item.h，从而可以在编译时发现接口和实现之间的任何差异。

```
#include <stdio.h>
#include <stdlib.h>
#include "Item.h"
double ITEMrand(void)
      { return 1.0*rand()/RAND_MAX; }
  int ITEMscan(double *x)
```

```
        { return scanf("%f", x); }
void ITEMshow(double x)
        { printf("%7.5f ", x); }
```

程序6.6至程序6.10再加上6.2节到6.6节介绍的排序算法,提供了对浮点数排序的一种测试。通过为其他类型的数据提供类似的接口和执行程序,我们可以实现对不同类型的数据进行排序,如长整数(见练习6.49)、复数(见练习6.50)或者矢量(见练习6.55),而不需要对排序代码进行任何修改。对于类型更复杂的数据项,接口和实现会更复杂,但是这个实现工作和我们一直讨论的算法设计问题是完全分离的。我们可以用同样的机制使用本章中所讨论的大部分排序算法,以及我们将在第7章至第9章学习的那些排序算法。在6.10节,我们会详细讨论一个重要的例外,它引出一类重要的必需单独讨论的算法体系,这也是第10章的主题。

本节中所讨论的方法,是程序6.1和包括错误检查、内存管理和其他更普遍能力的工业化实现的完整集合的一个过渡。这种类型的封装在一些现代编程和应用环境中越来越重要。对某些问题,我们不去解答,我们的主要目的是要表明,只需一些相对简单的机制,就能使得排序算法的实现应用广泛。

练习

6.49 编写通用数据项的数据类型的接口和实现(类似程序6.9和程序6.10),使排序方法支持对长整型数据的排序。

6.50 编写通用数据项的数据类型的接口和实现(类似程序6.9和程序6.10),使排序方法支持对复数 $x + iy$ 的排序,并使用复数大小 $\sqrt{x^2 + y^2}$ 作为关键字。注:忽略平方根可能会提高效率。

∘6.51 编写一个接口程序,定义通用元素的一级抽象数据类型(见4.8节),并给出其中数据项为浮点数的一个实现。使用程序6.3和程序6.6测试你的程序。

▷6.52 向程序6.8和程序6.7中的数组数据类型添加一个函数 *check*,用于测试数组是否有序。

•6.53 向程序6.8和程序6.7中的数组数据类型添加一个函数 *testinit*,它可根据类似图6-13中的说明的分布产生测试数据。为客户端提供整型参数来确定这个分布。

•6.54 修改程序6.7和程序6.8,实现一个抽象数据类型。(你的实现应该负责分配数组和管理数组,就像第3章中栈和队列的实现那样)。

6.55 编写通用元素数据类型的一个接口和实现,使排序方法能够对 d 维整数的多维向量排序,首先对第一维排序,如果第一维相等,则根据第二维排序,如果第一维和第二维都相等,则根据第三维排序,依次类推。

6.8 索引和指针排序

对与程序6.9和程序6.10类似的字符串类型数据的实现研究是很重要的,因为字符串被广泛用作排序的关键字。此外,使用C的字符串-比较库函数,我们可以把程序6.9中的前三行改为

```
typedef char *Item;
#define key(A) (A)
#define less(A, B)  (strcmp(key(A), key(B)) < 0)
```

把它转换为字符串的接口。

这一实现比起程序6.10更具有挑战性,这是因为当使用C中的字符串时,我们必须注意对字符串的内存分配。程序6.11使用我们在第3章中(程序3.17)考查过的方法,维持数据类型实现的一个缓冲区。其他选择还有为每个字符串动态分配内存,或者在客户端程序保持一个缓冲区。我们可以使用这个代码(以及上一段中描述的接口)来对字符串进行排序,只要使

用我们所讨论的任何一种排序实现。因为在C中字符串表示为指向字符数组的指针，这个程序是指针排序的一个例子，我们很快就会讨论它。

程序6.11 字符串元素的数据类型实现

这个实现允许我们使用排序程序来对字符串排序。字符串是一个指向字符的指针，因而，排序将处理的是指向字符的指针数组，重排字符串使得显示的字符串是按照字母顺序有序。在这个模块中，静态分配存储空间来存放字符串；动态分配也许更合适。省略了ITEMrand的实现。

```
#include <stdio.h>
#include <stdlib.h>
#include <string.h>
#include "Item.h"
static char buf[100000];
static int cnt = 0;
int ITEMscan(char **x)
   { int t;
     *x = &buf[cnt];
     t = scanf("%s", *x); cnt += strlen(*x)+1;
     return t;
   }
void ITEMshow(char *x)
   { printf("%s ", x); }
```

只要我们模块化程序，就会面临这种类型的内存管理的问题。谁应该为具体实现某种类型的对象的内存管理负责？是客户、数据类型实现还是系统呢？对于这个问题没有硬性的答案。当这个问题提出来时，一些程序设计语言的设计者就变成了福音。某些现代程序设计系统（不是C）包含自动处理内存管理的一般机制。我们在第9章讨论更复杂的一种抽象数据类型时，再研究这个问题。

（中间）不移动元素的一种更简单的排序方法是维持一个索引数组，其元素中的关键字仅在比较时访问。假定要排序的元素存放在数组data[0]，…，data[N-1]中，由于某个原因，我们并不希望频繁移动这些元素（可能它们数量巨大）。为了获得排序的效果，我们使用元素下标的第二个数组，初始化a[i]为i，i = 0，…，N-1。也就是说，a[0]的值为第一个元素的下标，a[1]为第二个元素的下标，以此类推。排序的目标是重排数组下标，使得a[0]中存放具有最小关键字值的元素的下标，a[1]中存放具有次小关键字值的元素的下标，以此类推。然后，可以通过下标访问关键字值，来达到排序的效果。例如，我们可以按照这种方法，输出排序后的数组。

我们利用了一个事实，我们的排序例程只通过less和exch来访问数据。在元素类型的接口定义中，我们用typedef int Item，指定了所要排序的元素的类型为整型（a中的下标）；而交换同前，但通过下标使less指向数据

```
#define less(A, B) (data[A] < data[B])
```

为简化起见，讨论中假设数据是关键字，而不是元素。对于大型、更复杂的元素可以使用相同的原则，通过修改less来访问元素中的某些关键字。排序例程重排a中的下标，其携带着我们访问关键字需要的信息。重排的一个例子，用两个不同的关键字值对相同的元素排序，如图6-14所示。

0	10	9	Wilson	63
1	4	2	Johnson	86
2	5	1	Jones	87
3	6	0	Smith	90
4	8	4	Washington	84
5	7	8	Thompson	65
6	2	3	Brown	82
7	3	10	Jackson	61
8	9	6	White	76
9	0	5	Adams	86
10	1	7	Black	71

图6-14 索引排序示例

注：通过操纵下标，而不是记录本身，可以同时按几个关键字值对数组进行排序。对于这个可能表示学生名字和分数的示例数据，第二列就是按照名字排序的索引结果，第三列就是按照分数排序的索引结果。例如，Wilson按字母顺序应排在最后，按成绩排在第10位，而Adams按字母顺序排在第一位，按照分数排在6位。

对小于N的N个不同的非负整数的重排在数学上称为排列（permutation）：下标排序计算一种排列。数学上，排列通常被定义为1到N之间整数的重排；我们使用0到$N-1$来强调排列和C语言数组下标的直接关系。

这种下标-数组的间接方法适用于任何支持数组的程序设计语言。在C中尤为吸引人的另一种可能性就是使用指针。例如，定义数据类型

```
typedef dataType *Item;
```

并如下初始化a

```
for (i = 0; i < N; i++) a[i] =  &data[i];
```

使用下式进行间接比较

```
#define less(A, B)  (*A < *B)
```

它等价于上面段中所作的描述。这种方法称为指针排序。刚才所讨论的（程序6.11）字符串数据类型的实现是指针排序的一个例子。对于定长元素的数组排序，指针排序实际上等价于下标排序，但把数组的地址添加到每个索引中。但指针排序更具一般性，因为指针可以指向任何地方，而且待排序的元素的大小也不需固定。因为在索引排序中这是正确的。如果a是一个指向关键字的数组，那么对sort的调用将会导致指针被重排，以使对它们的顺序访问将会按序访问关键字。我们通过以下指针实现比较操作，并通过交换指针实现交换操作。

标准C排序库函数qsort是一个指针排序（见程序3.17）。该函数有4个参数：数组；待排序的元素数；元素的大小和一个指向比较两个元素的指针，给定指向元素的指针。例如，如果Item为char*，那么以下代码实现了以上规定的字符串排序：

```
int compare(void *i, void *j)
  { return strcmp(*(Item *)i, *(Item *)j); }
void sort(Item a[], int l, int r)
  { qsort(a, r-l+1, sizeof(Item), compare); }
```

虽然基本算法并没有在接口中指定，但快速排序（见第7章）被广泛使用。在第7章中，我们将分析许多导致这种情况的原因。在本章和第7章至第11章里，我们还研究一些适合特定应用的其他方法，在时间成为应用的关键要素时，探索加快计算时间的方法。

使用下标或指针的主要原因是避免扰乱所要排序的数据。我们可以对一个只读访问的文件进行"排序"。此外，对于多下标或指针数组，可以只对一个文件的多关键字值（见图6-14）排序。这种操纵数据而又不改变数据的灵活性在许多应用中非常有用。

操纵下标的第二个原因是我们可以避免移动整个记录。对于大型记录（和小关键字值）所节省的开销是巨大的，因为比较操作只访问一小部分记录，在排序过程中，大部分记录是不相邻的。间接方法使得交换的开销几乎和平均情况下涉及任意记录的比较操作的开销一样（需要额外的下标或指针空间）。实际上，如果关键字较长，交换比比较的代价小。当我们估计方法对整型文件的运行时间时，常常假设比较和交换的开销绝然不同。基于这一假设的结论可以应用到更广一类的应用问题，如果我们使用指针排序或下标排序。

在典型应用中，指针可用于访问含有几个可能关键字的记录。例如，访问由学生名字和分数或是雇员名字和年龄组成的记录：

```
struct record { char[30] name; int num; }
```

程序6.12和程序6.13给出了一个指针排序接口和实现的例子，允许域作为关键字值进行排序。记录也可以使用指针数组、less也可声明为函数，而不只是一个宏。因此对于不同的排序应用，我们可以给出less的不同实现。例如，如果我们使程序6.13与包含以下程序段的文件一起编译：

```
#include "Item.h"
int less(Item a, Item b)
  { return a->num < b->num; }
```

那么我们得到元素的类型，任意sort实现都将会基于这种类型在整型域上进行指针排序。否则，我们会选择记录的字符串域对关键字值排序。如果我们使程序6.13与包含以下程序段的文件一起编译

```
#include <string.h>
#include "Item.h"
int less(Item a, Item b)
  { return strcmp(a->name, b->name) < 0; }
```

那么我们得到元素的类型，任意sort实现都将会基于这种类型在字符串域上进行指针排序。

对于许多应用，数据不需要在物理上重排成与下标指示的顺序，我们可以简单地使用索引数组按顺序访问它们。如果这种方法还不满足实际应用，我们就做经典程序设计的练习：如何使用索引排序重排一个有序的文件？代码：

```
for (i = 0; i < N; i++) datasorted[i] = data[a[i]];
```

虽简单，却要求额外足够内存空间来存储数组的一个复制。当没有足够的空间时，情况会如何？我们不能盲目设置data[i] = data[a[i]]，这是因为它们会过早地覆盖掉以前的data[i]值。

程序6.12　记录数据项的数据类型接口

每个记录有两个关键字值：第一个域是字符串关键字（例如，名字），第二个域是整型关键字（例如，分数）。比较操作less被定义为函数，而不是一个宏，因而我们可以通过改变实现来改变排序的关键字。

```
struct record { char name[30]; int num; };
typedef struct record* Item;
#define exch(A, B) { Item t = A; A = B; B = t; }
#define compexch(A, B) if (less(B, A)) exch(A, B);
  int less(Item, Item);
Item ITEMrand();
  int ITEMscan(Item *);
void ITEMshow(Item);
```

程序6.13 记录元素的数据类型实现

记录操作中函数ITEMscan和ITEMshow的实现方式类似于程序6.11中字符串数据类型的实现方式,它们都为记录分配内存空间并维持这个空间。我们把less实现放在另外的文件中,因而我们无需改变任何其他代码,就可以替换不同的实现,改变排序关键字。

```
struct record data[maxN];
int Nrecs = 0;
int ITEMscan(struct record **x)
  {
    *x = &data[Nrecs];
    return scanf("%30s %d\n",
          data[Nrecs].name, &data[Nrecs++].num);
  }
void ITEMshow(struct record *x)
  { printf("%3d %-30s\n", x->num, x->name); }
```

图6-15描绘了如何扫描一遍文件解决这个问题。为了移动所属的第一个元素,我们把那个位置的元素移动到它应到的位置,等等。继续这个推理过程,我们最终会找到移动到第一个位置的元素,在那一点上,我们已经把元素移动了一圈。接着,我们移到第二个元素,并执行循环的相同操作,等等(我们遇到的已在位置a[i] = i上的元素是在长为1的循环上,且不需移动)。

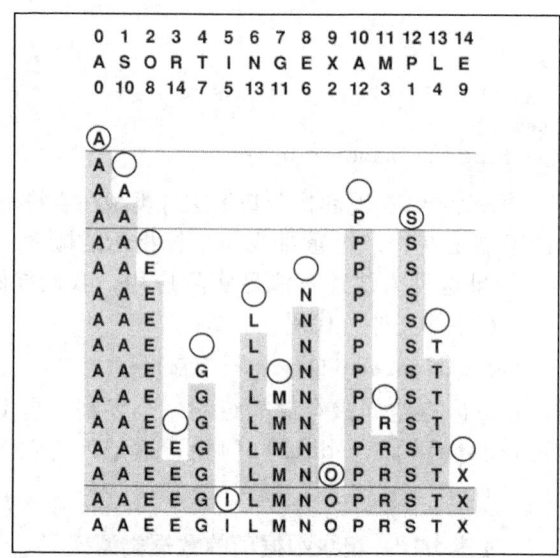

图6-15 原位排序

注:在原位上重排数组,从左到右移动元素。可以循环移动元素。这里,有四种循环:第一种和最后一种是单个元素的退化的情形。第二种循环从1开始。S变为临时变量,在位置1留下一个洞。移动第二个A在位置10留下一个洞。这个洞由P来填充,但它在位置12留下一个洞。这个洞被位置1处的元素填充,因而所保留的S填充那个洞,完成循环1 10 12把那些元素放到位上。类似地,循环2 8 6 13 4 7 11 3 14 9完成排序。

特别是,对于每个值i,我们存储数据data[i]的值,并初始化下标变量k为i。现在,考虑数组i处的一个洞,并寻找一个元素来填充这个洞。这个元素是data[a[k]],换句话说,赋值data[k] = data[a[k]]把洞移到了a[k]。现在洞是在data[a[k]],因而我们设置k为a[k]。反复地,我们最终得到洞需要data[i]来填充的这样一种情况,它是我们已经存储过的。当我们把一个元素移到位置上后,我们更新数组a来表明。任何在位元素都有a[i] = i,并且所列出的过程只是那种情况的一部分。继续访问数组,每当遇到尚未移动的一个元素时,就做一次新的循环操作,每个元素至多移动一次。程序6.14是这个过程的一种实现。

程序6.14 原位排序

数组data[0], ⋯, data[N-1]被重排后直接放在a[0], ⋯, a[N-1]。任何a[i] == i的元素已被放在位,不再需要参与排序过程。否则,执行a[i], a[a[i]], a[a[a[i]]], ⋯,等等,使data[i]存储v,直到再次碰到下标i为止。对于下一个不在位的元素再次执行如下的过程,继续这一过程,直到整个文件有序,每个记录只移动一次。

```
insitu(dataType data[], int a[], int N)
  { int i, j, k;
    for (i = 0; i < N; i++)
      { dataType v = data[i];
        for (k = i; a[k] != i; k = a[j], a[j] = j)
          { j = k; data[k] = data[a[k]]; }
        data[k] = v; a[k] = k;
      }
  }
```

这个过程称为合适置换,或文件的原位重排。虽然这个算法很有趣,但在多数应用中不需要使用。因为间接地访问数据已经足够了。同样地,如果记录相对于其数目巨大,最高效的选择是使用常规选择排序简单地对它们重新排列(见性质6.5)。

间接排序要求额外空间来存储下标或指针数组,以及额外时间进行间接比较。在许多应用中,比起根本不需移动数据的灵活性,这些开销不大。对于由大型记录组成的文件,我们几乎总是选择使用间接排序,对于许多应用,我们发现不需移动数据。在本书中,我们通常直接访问数据。然而,在少数应用中,我们的确使用指针或索引数组来避免数据移动,和这里提到的原因完全一样。

练习

6.56 给出元素类型的一种实现,其中元素是记录,不是指向记录的指针。这种重排可能是适合于程序6.12和程序6.13中的小型记录。(记住C支持结构赋值。)

○6.57 显示如何使用qsort解程序6.12和程序6.13中强调的排序问题。

▷6.58 对关键字值为E A S Y Q U E S T I O N进行索引排序,给出得到的索引数组。

▷6.59 对关键字值为E A S Y Q U E S T I O N进行索引排序,把它们放到位置上,给出需要移动的数据序列。

6.60 描述大小为N的一个排列(一组数组值),使程序6.14中a[i] != i的个数达到最大。

6.61 证明在程序6.14中移动关键字并留下洞时,保证能回到此关键字开始的地方。

6.62 实现像程序6.14那样的一个程序,相当于指针排序。假设指针指向类型为Item的N个记录的数组。

6.9 链表排序

由第3章可知,数组和链表为我们提供了两种最基本的数据结构,在第3.4节中我们考虑了插入排序的一种实现(程序3.11),使用链表作为表处理的例子。在排序实现中考虑的一点是，都假设待排序的数据是在数组中，这不能直接应用，因为我们所在的系统使用链表来组织数据。在某些情况下，只有在处理数据能够按照高效支持链表操作的顺序方式时，算法才会有用。

程序6.15给出了链表数据类型的一个类似程序6.7的接口。有了程序6.15，与程序6.6对应的驱动程序只有一行代码：

```
main(int argc, char *argv[])
  { show(sort(init(atoi(argv[1])))); }
```

大多数工作（包括内存分配）留给了链表和sort实现。和数组驱动程序一样，我们希望（或者通过标准输入，或者通过随机值）初始化链表，显示表中的内容，当然还有排序。通常，我们使用Item来表示待排序的元素的类型，如同在6.7节那样。实现这一接口的例程的代码对于链表类是标准的，我们在第3章中分析过，且留作练习。

程序6.15　链表类型接口定义

可以把链表的这个接口与程序6.7中关于数组的接口进行对比。init函数创建链表，包括存储分配。show函数打印表中的关键字值。排序程序使用less来比较元素，并操纵指针来重排元素。这里我们并没有指定链表是否有头节点。

```
typedef struct node *link;
struct node { Item item;  link next; };
link NEW(Item, link);
link init(int);
void show(link);
link sort(link);
```

操纵许多应用中关键的链式结构有一条基本规则，但在这个代码中不那么明显。在更复杂的环境中，可能是这样一种情况，指向我们正在操纵的表节点的指针是由应用系统的其他一些部分来维护的（即它们是多重链表）。通过在排序之外所维护的指针引用节点的可能性意味着，我们的程序只能改变节点中的链接，而不能改变关键字值或其他信息。例如，当我们想要进行交换时，似乎是最简单的，只需交换元素（如在排序数组中那样）。但是指向带有某个其他链接的节点的引用可能会发现值被改变了，可能导致不想要的结果。我们需要改变链接本身，以使经由链接访问来遍历链表时，节点是按照顺序出现的，同时经由其他链接访问时不影响它们的顺序。这样做会使实现过程更困难，但通常是必须的。

我们可以修改插入排序、选择排序和冒泡排序，使其适合于链表实现，虽然每种修改都是很有趣的挑战。选择排序很直接：维持一个输入表（初始时含数据）和一个输出表（用于收集排序结果），并简单地扫描表来找出输入表中的最大元素，然后从表中去除，把它添加到输出表的前面（见图6-16）。实现这个操作是链表操纵的一个简单练习。对于短列表排序很高效。程序6.16给出了它的一种实现。我们把其他方法留作练习。

程序6.16　链表选择排序

链表选择排序简单，但与数组版本的排序稍有不同，因为它在链表之前易于插入。我们维持一个输入的列表（用h->next指向这个列表），和一个输出列表（out指向它）。当列表非空时，我们扫描这个输入列表，找出表中剩余的最大元素，然后从输入表中去除这个元素，并把它插入到输出表的前面。这一实现使用了辅助的例程findmax，它返回一个指向节点的链接，该节点的链接指向表中的最大元素（见练习3.34）。

```
link listselection(link h)
  { link max, t, out = NULL;
    while (h->next != NULL)
      {
        max = findmax(h);
        t = max->next; max->next = t->next;
        t->next = out; out = t;
      }
    h->next = out;
    return(h);
  }
```

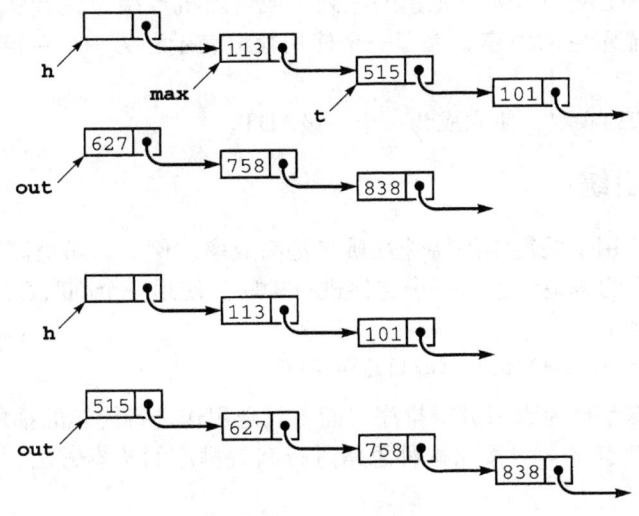

图6-16 链表选择排序

注：该图描述了链表选择排序中的一步。我们维持一个输入列表，通过指针h ->next指向，及一个输出列表，通过out（上图）指向。遍历该输入链表，使max指针指向包含最大元素节点（t指针指向）的前一个节点。将t所指向的节点从输入列表中删除（长度减1），将它加到输出列表的最前端（长度加1），使输出列表保持按顺序排列（下图）。重复这样的操作，直到输入列表为空，节点在输出列表中按顺序排列。

在某些表处理中，我们可能不需要详细地实现排序的过程。例如，我们可以像插入排序那样，通过向表中插入新元素始终使表有序。如果在某种情况，如插入不多或者列表较小时，这种方法带来的额外开销不大。例如，由于某些原因（也许检查重复元素）我们可能在插入新节点之前，需要扫描整个列表。我们将在第14章讨论一个使用有序表的算法，并且在第12章和第14章我们会看到很多数据结构从有序性获得了高效率。

练习

▷ 6.63 给出使用程序6.16对关键字值 A S O R T I N G E X A M P L E 进行操作时，输入列表及输出列表中的内容。

6.54 给出程序6.15中链表接口程序的一种实现。

6.65 实现链表排序的一种性能驱动的客户程序（见练习6.9）。

6.66 实现对链表的冒泡排序。注意：交换链表中的两个相邻元素要比乍看起来难。

▷ 6.67 封装程序3.11中的插入排序代码，使其和程序6.16有同样的功能。

6.68 程序3.11中使用的插入排序方法，使链表插入排序在某些输入文件中要比数组类型的文件运行慢得多。描述一个这样的文件，并解释原因。

• 6.69 实现基于链表的希尔排序，使其对于大型随机文件，比起基于数组的希尔排序所开销时间或空间没有明显的增加。提示：使用冒泡排序。

•• 6.70 实现序列（sequence）的ADT，允许使用单个驱动程序来调试链表和数组程序，例如，使用以下代码：

```
#include "Item.h"
#include "SEQ.h"
main(int argc, char *argv[])
  { int N = atoi(argv[1]), sw = atoi(argv[2]);
    if (sw) SEQrandinit(N); else SEQscaninit(&N);
    SEQsort();
    SEQshow();
  }
```

也就是说，客户程序创建一个N个元素的序列（或者随机产生，或者从标准输入文件读入），对序列排序，或者显示它的内容。编写一个使用数组表示和另一个用链表表示的实现。使用选择排序。

•• 6.71 扩展练习6.70的实现，使它成为一个一级ADT。

6.10 关键字索引统计

许多排序算法使用了关键字的特殊性质来提高效率。例如，考虑以下问题：对N个位于0到$N-1$的不同关键字的整型元素的一个文件进行排序。使用一个临时数组b，可以很快解决这个问题，数组声明如下

```
for (i = 0; i < N; i++) b[key(a[i])] = a[i];
```

也就是说，使用关键字作为索引进行排序，而不只是用作进行比较的抽象元素。在这一节里，我们考虑一种使用关键字索引按照这种思路进行高效排序的基本方法，其中关键字是在一个小范围内的整数。

如果所有关键字为0，排序是平凡的。现假设有两个不同的关键字0和1。这种排序问题会发生在希望把元素从一个文件中分离出的情况，满足某些（可能是复杂的）接受测试：取关键字的值为0表示"接受"，关键字的值为1表示"拒绝"。一种方法是计算0的个数，然后再次扫描输入a，使用两个表示统计数的一个数组，把元素分布在临时数组b中。从cnt[0] = 0开始，cnt[1]中保存值为0的关键字的个数，这说明文件中没有关键字的值小于0，有cnt[1]个关键字的值小于1。显然，数组b中，开始时填入0（从b[cnt[0]]或b[0]），而从b[cnt[1]]开始填1，代码如下：

```
for (i = 0 ; i < N; i++) b[cnt[a[i]]++ ] = a[i] ;
```

负责把a中的元素分发到b中。因此，使用关键字作为索引（在cnt[0]和cnt[1]之间选择），我们得到一种快速排序方法。在这种简单的情况下，我们可以使用一条if语句在两个统计数之间做出选择，但是使用关键字作为索引的方法可以直接推广到处理多于两个关键字的值的情况（只需多于两个统计数）。

明确地说，一个具有相同思想的更实际的问题是：对N个键值在$0\sim M-1$之间的元素进行排序。我们可以将上一段所讨论的算法扩展成为一个称为关键字索引统计的算法，当M不是很大时，该算法可以高效地解决这个问题。和只包含两种关键字值的情况类似，思路是先统计各种不同值的个数，然后根据统计数将元素分布到各位置上。首先，统计各关键字的数目，然后，统计等于及小于各值的关键字的数目。最后，和只有两个值的情况一样，根据这些统计数分配元素。对于每个关键字，我们把它相关的统计数看作索引，指到有同一值的关键字

的块的末尾，使用索引把关键字分布到b中，每次统计数减1。算法高效的一个原因是不需要遍历if语句的链来确定访问哪一个统计数，使用关键字作为索引，我们很快就能找到正确的位置。这个过程在图6-17中描述。程序6.17给出了它的一种实现。

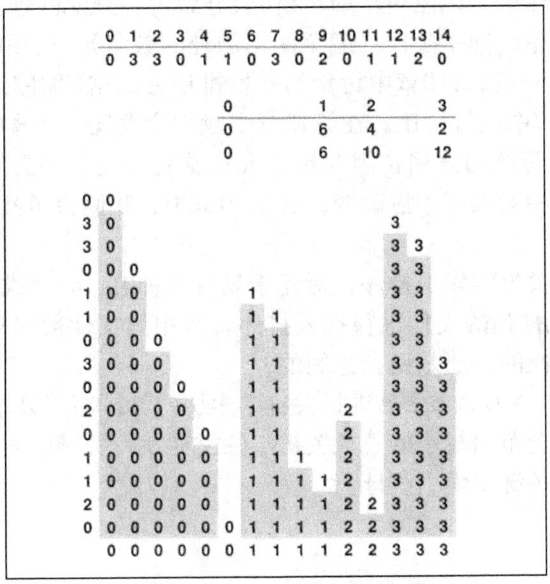

图6-17 关键字索引统计排序

注：首先，我们测定文件中不同值的关键字的个数分别是多少：本例中有6个0，4个1，2个2和3个3。接着，进行局部统计，得出比其他关键字小的关键字的数目，0个关键字比0小，6个关键字比1小，10个关键字比2小，12个关键字比3小（中间的表格）。接着，我们把这些统计数作为索引将关键字放到合适的位置：在文件的开头的0放到位置0；根据0，增加指针值，使之指向下一个0应该到的位置。接着，文件左边第二位的3放到位置12（因为有12个关键字比3要小）；它相应的数增加，以此类推。

程序6.17 关键字索引统计

第一个for循环将总量初始化为0；第二个for循环将第二个统计数设为数目0，将第三个统计数设为数目1，以此类推。接着，第三个for循环只是将这些数目相加，根据统计，分别计算比某关键字要小或相等的关键字的总数。这些数目显示了关键字在文件中所属的结尾处的索引。第四个for循环根据这些索引将关键字移到了辅助数组b中，而最后一个循环将已排好序的文件写回到a中。该代码中，关键字必须是小于M的整数，我们可以对它进行修改，使它可以从更复杂的元素中提取这样的关键字（见练习6.75）。

```
void distcount(int a[], int l, int r)
  { int i, j, cnt[M];
    int b[maxN];
    for (j = 0; j <  M; j++) cnt[j] = 0;
    for (i = l; i <= r; i++) cnt[a[i]+1]++;
    for (j = 1; j <  M; j++) cnt[j] += cnt[j-1];
    for (i = l; i <= r; i++) b[cnt[a[i]]++] = a[i];
    for (i = l; i <= r; i++) a[i] = b[i-l];
  }
```

性质6.12 假如不同关键字值的范围位于文件大小的常数因子内，关键字索引统计是一种线性排序算法。

每个元素移动两次：一次是对元素进行分布；一次是将元素移回到原来的数组中；每个关键字被引用两次，一次是进行统计，一次是进行分布。算法中的两个for循环包括构建统计数，而除非统计的个数比文件的大小要大得多，否则这两个循环不会影响到整个运行时间。∎

如果进行排序的文件很大，使用辅助数组b会导致内存分配问题。我们可以通过修改程序6.17来使用恰当的空间完成排序操作（避免使用额外的数组），使用的方法和程序6.14中的方法相似。该操作与在第7章和第10章中讨论的基本排序方法密切相关，因此我们推迟到12.3节的练习12.16和练习12.17中进行讨论。在第12章中我们会发现，节省空间的操作牺牲了算法的稳定性，这样就限制了算法的效用，因为包含大量重复关键字的文件经常还带有其他相关的关键字，这些关键字的相对顺序不应改变。在第10章中，我们会考察一个非常重要的例子。

练习

○ 6.72 编写一个特殊的关键字索引排序，对元素只有三种值（a、b或c）的文件进行排序。

6.73 假设对一个随机排列的文件进行插入排序，其中该文件数据只能具有三种值之一。该运行时间是线性的、二次的，还是两者之间的？

▷ 6.74 对文件ABRACADABRA进行关键字索引统计排序，显示其执行过程。

6.75 对元素较大、包含范围较小的整数关键字的文件执行关键字索引统计。

6.76 按指针排序实现关键字索引统计。

第7章 快速排序

本章讨论排序算法中应用最广泛的快速排序算法。最基本的快速排序算法是由C.A.R. Hoare在1960年提出的，从那时起，这一算法被许多人作了进一步研究（见第三部分参考文献）。快速排序算法之所以这样通用是因为它易于实现，它可以处理多种不同的输入数据，许多情况下它所需要的资源也比其他排序算法少。

快速排序算法具有一些理想特征，如原位排序（只使用一个小的辅助栈），对N个数据项排序的平均时间只与$N \log N$成正比，并且它内部的循环很小。它的缺点是它是不稳定的排序算法，在最坏情况下执行N^2次操作，而且它很脆弱，如果实现上有一个小错误未被察觉，就会使它的性能对于某些文件变得很差。

快速排序算法的性能很好理解，已对它进行过完全的数学分析，而且我们可以对它的性能作出精确的陈述。算法的分析也经过广泛的实验验证，快速排序经过多次精炼，已经是许多实际排序应用中所选择的算法。因此，值得更好地研究高效实现快速排序的各种算法。类似的实现还可以用于其他算法。我们可以放心地使用快速排序算法，因为我们可以肯定它对性能的影响。

对快速排序算法的改进一直是诱人的尝试：一个更快的排序算法是计算机科学领域的"更好的捕鼠器"，快速排序算法就是需要修正的首选方法。几乎从Hoare第一次发表这个算法的时候起，它的改进版本就不断出现。其中很多方法都经过实验和分析，人们很容易被这些改进版本所蒙骗，因为这些算法将程序的某一部分性能提高的同时往往将另一部分性能降低。我们将详细地讨论三个改进版本。

一个经过仔细调整的快速排序算法应该在大多数计算机上运行得比其他排序算法要快得多，而且快速排序算法已经作为一个库排序实用程序用于其他排序领域。实际上，标准C库中的排序程序被称为qsort，因为快速排序是实现中的最基本的算法。然而，快速排序的运行时间取决于输入，从待排序的输入数据项的线性关系到平方关系，人们常常对一些输入数据的意想不到的结果感到吃惊，尤其是在一些改进较大的版本中。如果一个应用程序不能确定使用快速排序算法是否正确，那么它最好使用希尔排序，因为希尔排序在实现时不需要太多的分析调查。然而对于大型文件，快速排序算法的性能是希尔排序的5倍到10倍，它还可以更高效地处理在实际问题中可能遇到的其他类型的文件。

7.1 基本算法

快速排序算法是一种分治排序算法。它将数组划分为两个部分，然后分别对两个部分进行排序。我们将看到，划分的准确位置取决于输入文件中元素的初始位置。关键在于划分过程，它重排数组，使得以下三个条件成立：

- 对于某个i，a[i]在数组的最终位置上。
- a[l]，…，a[i-1]中的元素都比a[i]小。
- a[i+1]，…，a[r]中的元素都比a[i]大。

我们通过划分来完成排序，然后递归地应用该方法处理子文件，如图7-1所示。因为划分的过程至少将一个元素放到它最终所在的位置,不难用归纳法证明递归排序是一种正确的排序方法。程序7.1是实现这个想法的递归程序。

程序7.1 快速排序

如果数组中有一个或者更少的元素,就什么也不做。否则,数组先经过一个划分例程(见程序7.2),它将a[i]放在l和r之间的某个位置i上,然后对数组元素重排,递归调用该过程完成排序。

```
int partition(Item a[], int l, int r);
void quicksort(Item a[], int l, int r)
  { int i;
    if (r <= l) return;
    i = partition(a, l, r);
    quicksort(a, l, i-1);
    quicksort(a, i+1, r);
  }
```

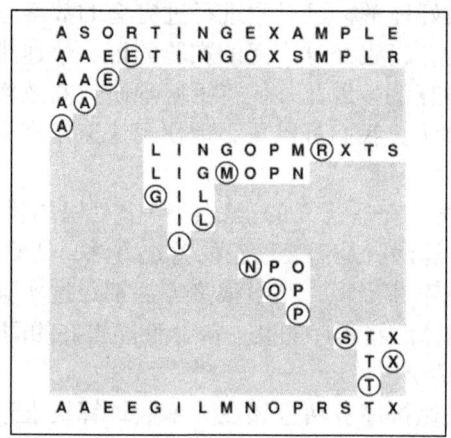

图7-1 快速排序示例

注:快速排序是一个递归划分过程。我们对一个文件进行划分,划分的原则是将一些元素(划分元素)放在它们最终应该在的位置上,对数组进行重排使比划分元素小的元素都在划分元素的左边,比划分元素大的元素都在划分元素的右边。然后分别对左右两部分分别递归处理。图中的每一行表示划分后的子文件中的内容。最终结果是一个全排序的文件。

我们使用一般策略来实现划分。首先,我们任选一个a[r]作为划分元素(partition element),这个元素在划分后将在最终的位置上。然后,从数组的左端开始扫描,直到找到一个大于划分元素的元素;同时从数组的右端开始扫描,直到找到一个小于划分元素的元素。使扫描停止的这两个元素,显然在最终的划分数组中的位置相反,于是交换这两个元素。继续这一过程,我们就可以保证数组中位于左侧指针左侧的元素都比划分元素小,位于右侧指针右侧的元素都比划分元素大,如下图所示。

小于或等于v		大于或等于v	v
↑ l	↑ i	↑ j	↑ r

图中,v表示划分元素的值,i表示左侧指针,j表示右侧指针。从图中不难看出,左侧指针i在遇到大于等于划分元素的元素时停止扫描,右侧指针j在遇到小于等于划分元素的元素

时停止扫描，这一策略看似产生了许多对等于划分元素的元素的不必要交换（我们将在这一节的后面解释这一策略的原因）。当扫描指针相遇时，我们需要做的就是完成划分过程，将a[r]与右侧子文件的最左端的元素交换（左指针所指向的元素）。程序7.2是这样一个过程的实现，图7-2和图7-3都描述了这个例子。

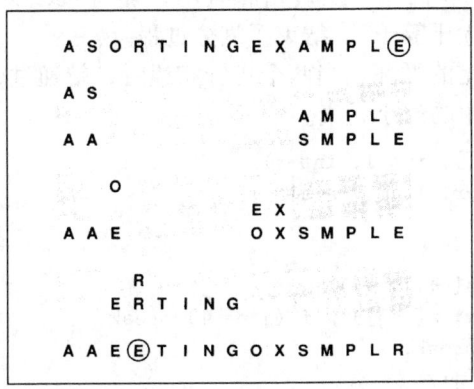

图7-2 快速划分

注：快速排序划分从选择划分元素开始。程序7.2选择最右边的元素E作为划分元素。然后从左扫描那些小的元素，从右扫描那些大的元素，交换那些使扫描停止的元素，反复进行这样的过程直到两个指针相遇。首先我们从左边开始扫描，在S处停止，接着从右边开始扫描，在A处停止，然后交换S和A。然后，继续从左侧扫描，在O处停止，再从右扫描，在E处停止，然后交换O和E。其后扫描指针相遇；继续从左向右扫描，在R处停止，再从右继续扫描（经过R）直到到达元素E。交换R和划分元素E（最右边的），至此，划分过程结束。

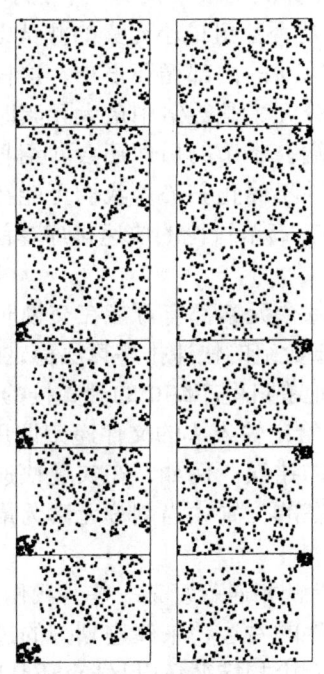

图7-3 快速排序划分过程的动态性质

注：划分过程将一个文件分成两个子文件，这两个子文件可以分别独立地排序。扫描指针左侧没有元素比划分元素大，所以左上方没有点；因为扫描指针右侧没有元素比划分元素小，所以右下方没有点。从这两个例子中可以看出，划分过程将一个随机顺序的数组划分为两个较小的随机顺序的数组，同时一个元素（划分元素）位于对角线上。

程序7.2 划分

变量v保存了划分元素a[r]所在的位置，i和j分别是左扫描指针和右扫描指针。划分循环使得i增加j减小，while循环保持一个不变的性质——i左侧没有元素比v大，j右侧没有元素比v小。一旦两个指针相遇，我们就交换a[i]和a[r]，即将v赋给a[i]，这样v左侧的元素都小于等于v，v右侧的元素都大于等于v，结束了划分过程。

划分循环是一个不确定的循环，当两个指针相遇时，就通过break语句结束。测试j ==1用来防止划分元素是文件中的最小元素。

```
int partition(Item a[], int l, int r)
  { int i = l-1, j = r; Item v = a[r];
    for (;;)
      {
        while (less(a[++i], v)) ;
        while (less(v, a[--j])) if (j == l) break;
        if (i >= j) break;
        exch(a[i], a[j]);
      }
    exch(a[i], a[r]);
    return i;
  }
```

快速排序算法的内部循环增加了一个指针并将数组中元素与某个固定值比较。这一简化操作加速了快速排序算法：在排序算法中很难找到一个更小的内部循环。

程序7.2中增加了对划分元素是否数组最小元素的测试以停止扫描。其实可以使用一个标志来避免这样的检测：快速排序算法的内部循环很小，这样一个多余的检测可能会对性能带来影响。在这一实现过程中当划分元素是数组中最大元素时标志没有用，因为划分元素本身在停止扫描时就位于数组的最右端。本节的后面还会介绍划分过程的另一个实现。在本章的其他地方我们在遇到划分元素时并不停止扫描，我们可能在这样的实现中增加一个是否到达数组最右端的测试。另一方面，在7.5节讨论的快速排序算法的改进方案中既没必要检测也不需要在两端增加标志。

划分过程是不稳定的，因为每个元素都有可能在交换时被移到大量与它相等的元素（未经检测）后面。至今还没有使基于数组的快速排序算法稳定的方法。

划分过程的实现很重要。保证递归程序终止的最直接的方法就是：(i)不对大小小于等于1的文件进行递归调用；(ii)只对比给定输入小的文件递归调用。这两个策略很明显，但使人容易疏忽输入数据的特征而造成大的错误。例如，在实现快速排序中的一个普遍错误是不能保证一个元素总是被放在它应该所在的位置，当划分元素为最大元素或最小元素时，会使递归陷入无限递归过程。

当文件中有相同的元素时，指针相遇就复杂一些。我们在j<i结束扫描后，使用j代替i-1来确定第一次递归调用的左侧文件的右边，来改进划分的过程。这种情况使循环迭代增加了一次，但改进了程序，这是因为无论扫描循环以j结束还是以i结束，都指向同一元素，我们使两个元素都位于它们的最终位置上：结束两个扫描的元素，必定是与划分元素相等的元素，以及划分元素自身。这种情况可能发生，例如在图7-2中，如果R是E。这一改变可能是值得的，因为在特殊情况下，程序中给出的输入文件中最右边的元素是最小的，这样第一步递归调用quicksort(a, i+l, r)就相当于不执行（退化）。程序7.2中的划分实现更容易理解，然而，

我们认为它是一种基本的快速排序划分过程。如果输入文件中有大量的重复元素，就会有一些其他因素影响算法。我们接下来将考虑这些因素。

我们对与划分元素相等的元素可以采用三种基本的策略来处理：两个扫描指针遇到它时都停止（如程序7.2）；只有一个指针停止，另一个指针扫描；或者两个指针都扫描。在这些策略中哪个策略是最好的已经在数学上经过仔细研究，结果表明两个指针都停止的策略是最好的，这是因为这一策略对有多个重复元素的文件，可以平衡划分。而另外两种策略对于某些文件可能导致极度不平衡的划分。我们将在7.6节讨论更复杂、更高效的处理重复元素的方法。

根本上说，排序算法的效率取决于对文件的划分结果，而这个结果又依赖于划分元素的值。图7-3显示了划分过程把一个大的顺序随机文件划分为两个较小的顺序随机文件，但实际的分割却可能在文件中的任何位置。我们希望选择的元素位于文件的中间，但我们却没有这方面的信息来保证这样的性质。如果文件的顺序是随机的，那么选择a[r]作为划分元素和选择文件中任意位置的元素的效果是一样的，平均而言会在中间分割。在7.5节中，我们通过分析来考虑划分元素的选择，这样会使算法更高效。

练习

▷ 7.1 按前面例子的风格，给出快速排序算法应用于文件内容为 E A S Y Q U E S T I O N 每一步的排序结果。

7.2 给出文件 1 0 0 1 1 1 0 0 0 0 0 1 0 1 0 0 是如何划分的，分别使用程序7.2和前面正文中建议的修改。

7.3 实现一个不含break语句和goto语句的划分算法。

• 7.4 为链表实现一个稳定的快速排序算法。

○ 7.5 对于N个元素的文件，给出快速排序算法执行过程中最大元素被移动的最大次数。

7.2 快速排序算法的性能特征

尽管基本的快速排序算法已经很有用处，但它对于在实际中可能出现的某些文件极其低效。例如，如果它调用一个大小为N的有序文件，那么所有的划分将会退化，程序会调用自身N次，每次调用减少一个元素。

性质7.1 快速排序最坏情况下使用大约$N^2/2$次比较。

根据上面的论述，对于一个已有序的文件的比较次数为：

$$N + (N-1) + (N-2) + \cdots + 2 + 1 = (N+1)N/2$$

所有划分对于逆序文件以及实际中不太可能出现的其他类型的文件都是退化的（见练习7.6）。■

这种行为表明快速排序所需要的时间约为$N^2/2$，而且处理递归过程所要求的空间约为N（见7.3节），这些对于大型文件是不可接受的。幸运的是，还有一些相对简单的方法可以降低在实际的应用中发生这种最坏情况的可能性。

快速排序算法的最好情况是每次划分过程都恰好把文件分割成两个大小完全相等的部分。这一情况使得快速排序算法的比较次数满足分治算法：

$$C_N = 2C_{N/2} + N$$

$2C_{N/2}$是对两个子文件排序所需要的时间，N是使用分割指针来检查每个元素需要的时间。由第5章可得，我们知道这个递归方程的解为：

$$C_N \approx N \lg N$$

尽管情况不一定总是这样好,但平均而言每次划分的位置都在中间。如果考虑各种可能的划分位置,那么递归方程会更加复杂,更难求解,但最终结果是类似的。

性质7.2 快速排序平均情况下使用大约$2N \lg N$次比较。

对于随机顺序的N个不同元素,使用快速排序算法,比较次数的递归方程为:

$$C_N = N + 1 + 1/N \sum_{1 \leq k \leq N}(C_{k-1} + C_{N-k}) \quad N \geq 2$$

其中$C_1 = C_0 = 0$。项$N+1$表示划分元素与其他元素比较的时间(指针相遇时多比较两次);每个元素k以概率$1/k$成为划分元素,划分之后两个随机文件的大小分别为$k-1$和$N-k$,这些作序的时间为上式中的其余项。

尽管看起来相当复杂,这个递归方程实际上是易于求解的,分三步进行。首先,$C_0 + C_1 + \cdots + C_{N-1} = C_{N-1} + C_{N-2} + \cdots + C_0$,因而可得

$$C_N = N + 1 + 2/N \sum_{1 \leq k \leq N} C_{k-1}$$

其次,我们可以将等式两边同乘N,并把N换成$N-1$,使得两式相减,可得

$$NC_N - (N-1)C_{N-1} = N(N+1) - (N-1)N + 2C_{N-1}$$

化简得:

$$NC_N = (N+1)C_{N-1} + 2N \quad N \geq 3$$

最后,两边除以$N(N+1)$,给出递归公式:

$$\begin{aligned}\frac{C_N}{N+1} &= \frac{C_{N-1}}{N} + \frac{2}{N+1} \\ &= \frac{C_{N-2}}{N-1} + \frac{2}{N} + \frac{2}{N+1} \\ &= \vdots \\ &= \frac{C_2}{3} + \sum_{3 \leq k \leq N} \frac{2}{k+1}\end{aligned}$$

这个式子的解近似地等于一个求和,它可用积分来近似(见2.3节):

$$\frac{C_N}{N+1} \approx 2 \sum_{1 \leq k \leq N} \frac{1}{k} \approx 2 \int^N \frac{1}{x} dx = 2 \ln N$$

这蕴含着结论成立。因为$2N \ln N \approx 1.39 N \lg N$,因而平均比较次数大约比最好情况高39%。∎

上面的分析是在假定待排序的文件由键值不同且顺序随机的记录组成的情况下进行的,但程序7.1和程序7.2的实现在元素值不是完全不同以及顺序不完全随机的一些情况下,执行的速度变慢,如图7-4所示。如果要大量使用排序算法,或者使用它对大型文件排序(特别是,当它用做通用的库例程时,所要排序的文件特征未知),那么我们需要在7.5节和7.6节讨论集中改进的版本,使得它在实际应用中减少最坏情况出现的概率,同时还会降低20%的平均运行时间。

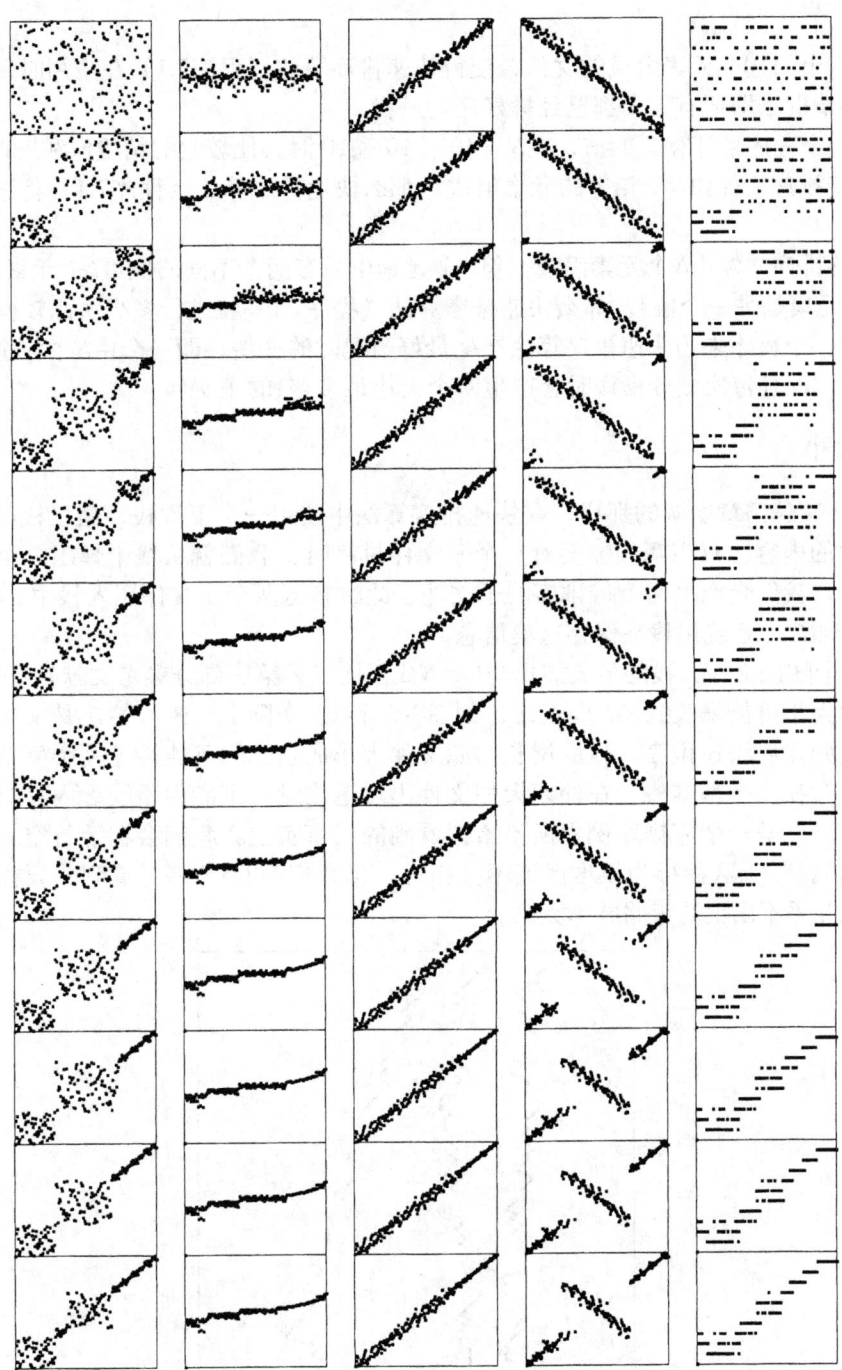

图7-4 处理不同类型文件时快速排序算法的动态特性

注：在快速排序算法中随机选择划分元素对于不同类型的文件结果截然不同。这些图说明元素的初始位置分别是随机的，满足高斯分布的、几乎有序的、几乎逆序的和只有10个不同的值的随机顺序的文件的结果（从左到右），对于小的子文件使用相对较大的值来终止。不参与划分的元素在接近对角线的地方结束，剩下的数组可以用插入排序来解决。几乎有序的文件需要过多的划分操作。

练习

7.6 给出六个由10个元素组成的文件，使得快速排序算法（程序7.1）在应用时所需要比较的次数和最坏情况（即所有元素都已经排好序）一样。

7.7 编写一个程序来计算C_N的值，在$N = 10^3$，10^4和10^5时，比较它的精确值和近似值$2N \ln N$。

∘ **7.8** 如果待排序文件由N个相等的元素组成，那么快速排序算法（程序7.1）将进行多少次比较操作。

7.9 如果待排序文件由N个元素组成，但N个元素中只有两个不同的值（k个元素是同一个值，另外$N-k$个元素是另一个值），那么快速排序算法（程序7.1）将进行多少次比较操作？

• **7.10** 编写一个程序来为快速排序算法产生最好情况时的文件，即一个由N个完全不同的元素组成的文件，而且每次划分操作时会产生两个大小最多差1的子文件。

7.3 栈大小

如同我们在第3章所做的那样，在快速排序算法中使用一个下推栈，假设栈中包含了待排序的子文件的内容。每当我们需要对一个子文件排序时，我们就从栈中弹出一个子文件。在划分结束时，我们会产生两个待排序的子文件，此时将这两个子文件压入栈中。在程序7.1中递归实现的部分，系统用栈来保存这类信息。

对于一个随机文件，栈的最大规模与$\log N$成正比（见第三部分参考文献），但对于退化的情况，栈的大小可能增长到与N成正比，如图7-5所示。实际上，最坏情况是文件已经是有序的。如果递归实现快速排序，栈的增长与源文件大小成正比的可能性是一个复杂而又真正的难题：总是存在一个基本栈，在处理大型文件出现退化时，可能由于缺乏内存空间，引起程序异常中止。这是一个库排序例程所不希望看到的（事实上，我们会在运行空间溢出之前运行时间溢出）。对于这种行为很难保证不会出现，但我们在7.5节将会看到，要提供一种使这种退化情况几乎不出现的策略并不太难。

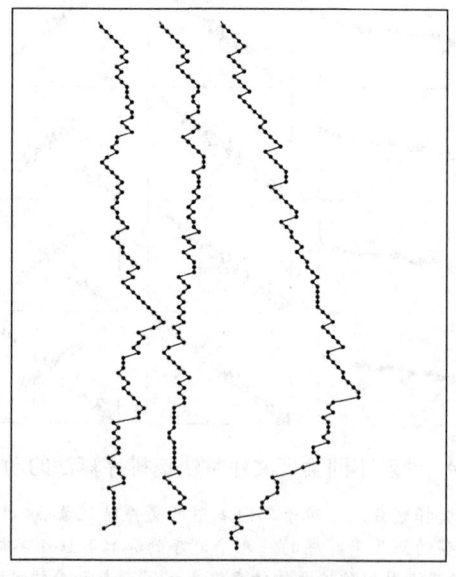

图7-5 快速排序的栈大小

注：对于随机文件，快速排序的递归栈增长不大，但对于退化文件可能需要过多空间。两个随机文件（左边、中间）、以及部分有序的文件（右边）的栈的大小在图中绘出。

程序7.3是一种解决这个问题的非递归实现，它检查两个文件的大小，然后先把较大者压入栈中。图7-6描绘了这一策略。与图7-1中的例子比较，我们会看到子文件并没有因为这一策略而改变，只是它们处理的顺序发生了变化。因此，我们节省了空间但时间开销却没有受到影响。

程序7.3 非递归快速排序

快速排序的非递归实现（见第5章）使用了一个显式的下推栈，使用向栈中压入参数和过程调用/退出不断地从栈中弹出参数来替代递归调用，这个过程继续直到栈为空。我们把两个子文件中的较大者压入栈中来确保最大栈的深度为lg N，如果对N个元素进行排序（见性质7.3）。

```
#define push2(A, B)  push(B); push(A);
void quicksort(Item a[], int l, int r)
  { int i;
    stackinit(); push2(l, r);
    while (!stackempty())
      {
        l = pop(); r = pop();
        if (r <= l) continue;
        i = partition(a, l, r);
        if (i-l > r-i)
          { push2(l, i-1); push2(i+1, r); }
        else
          { push2(i+1, r); push2(l, i-1); }
      }
  }
```

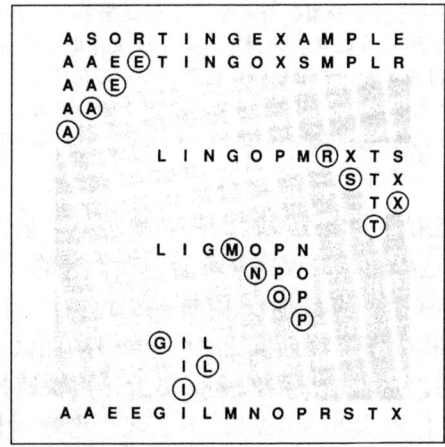

图7-6 快速排序示例（首先对较小子文件排序）

注：子文件处理的次序并不影响快速排序的正确操作和所花费的时间，但可能影响递归结构中基本下推栈的大小。这里划分之后优先处理较小的子文件。

把较大的子文件压入栈中的策略保证了栈中的每个元素不会超过它下面元素大小的一半，因而栈只需要容纳大约lg N个元素的空间。这个最大栈空间的使用在划分总是落入文件的中间时出现。对于随机文件，实际最大栈的大小要小得多；对于退化文件栈的大小可能就更小了。

性质7.3 如果两个子文件的较小者首先是排好序的，那么在使用快速排序对N个元素进行排序时，栈中元素不会超过lg N个。

最坏情况下栈的大小必定小于T_N，T_N满足递归方程$T_N = T_{\lfloor N/2 \rfloor} + 1$，且$T_1 = T_0 = 0$。这个递归方程是第5章所讨论的一种标准的方程（见练习7.13）。■

这项技术并不需要真正递归实现，因为它取决于是否能够消除尾递归。如果过程的最后一步是去调用另一个过程，某些程序设计环境会做出安排，在调用过程之前，先清除栈中的局部变量。如果没有消除尾递归，就不能保证快速排序有较小的栈大小。例如，调用有序且大小为N的文件的快速排序会导致对大小为N-1的文件的调用，接着会导致对大小为N-2的文件的调用，等等，最终导致栈的深度与N成正比。这一观察表明，使用非递归实现来保证栈大小的过快增长。另一方面，某些C编译器会自动消除尾递归，而且很多机器的硬件直接支持函数调用，在这样的环境中，非递归程序7.3的实现实际上可能要比递归程序7.1的实现要慢。

图7-7进一步说明了非递归方法处理同样的子文件（按照不同顺序）就像递归方法处理任何文件一样。它表明划分元素在根节点的树结构，树的左右孩子分别对应左子文件和右子文件。使用快速排序的递归实现对应前序访问这棵树中的节点；非递归实现对应访问较小子树优先遍历的规则。

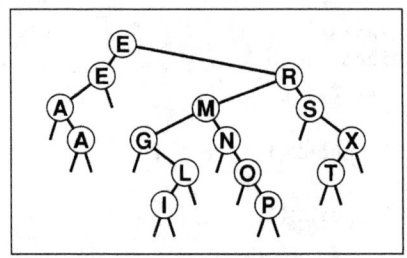

图7-7　快速排序划分树

注：如果我们修改图7-1和图7-6中的划分图，将每个划分元素与它两个子文件的划分元素相连，就得到划分过程的静态表示（两种情况下）。在这棵二叉树中，每个子文件由它的划分元素表示（如果大小为1，则由自身表示），每个节点的子树还是树，表示划分后的子文件。为简明起见，尽管算法的递归版本在划分元素是文件中的最小元素或最大元素时，对于r < l的确进行了递归调用，这里还是没有显示出空的子文件。树自身与子文件划分的次序无关。快速排序的递归实现相当于前序访问树中的节点，快速排序的非递归实现相当于优先访问较小子树。

当我们像程序7.3那样使用一个显式栈时，我们就避免了某些递归实现中隐含的开销，然而现代的程序设计系统对于这样简单的程序并不会导致太大的开销。程序7.3可以进一步改进。例如，它把两个子文件压入栈中，直接把栈顶的子文件弹出；我们可以把它直接变成设置变量l和r。同时，在子文件从栈中弹出时，执行对r <= l的测试，尽管不把这些子文件压入栈中效率会更高（见练习7.14）。这种情况看似意义不大，但快速排序的递归性质实际上保证了在排序过程中一部分的子文件的大小为0或1。下面我们考察对快速排序的一种重要的改进，通过扩展这种思想可以获得较高的效率，它是用一种更加高效的方式处理所有较小的子文件。

练习

▷ 7.11　使用程序7.3对如下关键字的文件进行排序：

　　E A S Y Q U E S T I O N

按照图5-5的样子，给出每一对push和pop操作完成之后，栈中的内容。

▷ 7.12　当每次先压入右边子文件，然后再压入左边的子文件时（就像递归实现中的情况）。回答练习7.11中的问题。

7.13　使用归纳法证明性质7.3。

7.14 修改程序7.3,使其不将r <= 1的子文件压入栈中。

▷ 7.15 给出$N = 2^n$时程序7.3所需要的栈的最大大小。

7.16 给出$N = 2^n - 1$和$N = 2^n + 1$时程序7.3所需要的栈的最大大小。

○ 7.17 在快速排序算法非递归的实现中,可以使用队列替代栈吗?解释你的答案。

7.18 确定并报告你的程序设计环境是否实现了尾递归消除。

• 7.19 对于N个元素的随机文件,$N = 10^3$,10^4,10^5和10^6,实际运行来确定基本递归快速排序算法所使用的平均栈的大小。

•• 7.20 使用快速排序对N个元素的随机文件排序,求出大小分别为0,1,2的子文件的平均数目。

7.4 小的子文件

通过观察可见,递归程序调用自身的许多小的子文件,因而在遇到小的子文件时尽可能使用好的方法,来对快速排序进行改进。一种显然的方法就是将递归程序开始前的测试,由return改为调用插入排序,如下:

```
if (r-1 <= M) insertion(a, l, r);
```

M是某个参数,其精确值与实现有关。我们可以通过分析或者实验研究来确定M的最佳值。研究表明,如果M取值范围从5至25,运行时间变化不大。M在此范围内运行时间的数量级要比$M=1$时的运行时间少10%(见图7-8)。

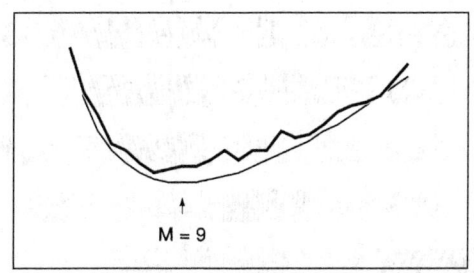

图7-8 小的子文件的阈值

注:选择小的子文件的最优阈值可以导致平均运行时间约10%的改进。精确地选择该值不是关键;选择范围在5至20内的值在多数实现中都高效。粗线(上图)是通过实验得出的;细线(下图)是通过分析得出的。

一种比调用插入排序更高效的解决这类小的子文件的方法,就是将开始的测试改变为

```
if (r-1 <= M) return;
```

也就是说,在划分过程中简单地忽略小的子文件。在一个非递归实现中,就是不把小于M的文件压入栈中,或者说,忽略栈中找到的所有小于M的文件。划分之后,所剩下的是几乎有序的文件。如在6.5节中所讨论的,插入排序是这类文件所选的方法。即,插入排序运行这类文件几乎和直接将这些小文件合并差不多。这一方法使用时要注意,因为快速排序有错误时会导致插入排序不再起作用。如果出现错误情况,就只能多做一些额外的工作。

图7-9说明对大文件执行这一过程的情况。即使在子文件的阈值相对较大时,快速排序部分运行得也很快,因为只有极少数文件执行了划分操作。插入排序部分执行得也很快,因为它操作的对象是几乎有序的文件。

无论何时我们处理一个递归算法,这一技术都会带来很多好处。这是因为其本质所在,我们可以确信所有递归算法在执行小的问题实例时占据时间的较大部分;我们通常对算法中

那些小的部分采用低开销的蛮力算法，因而采用一些混合算法可以改进算法的总运行时间。

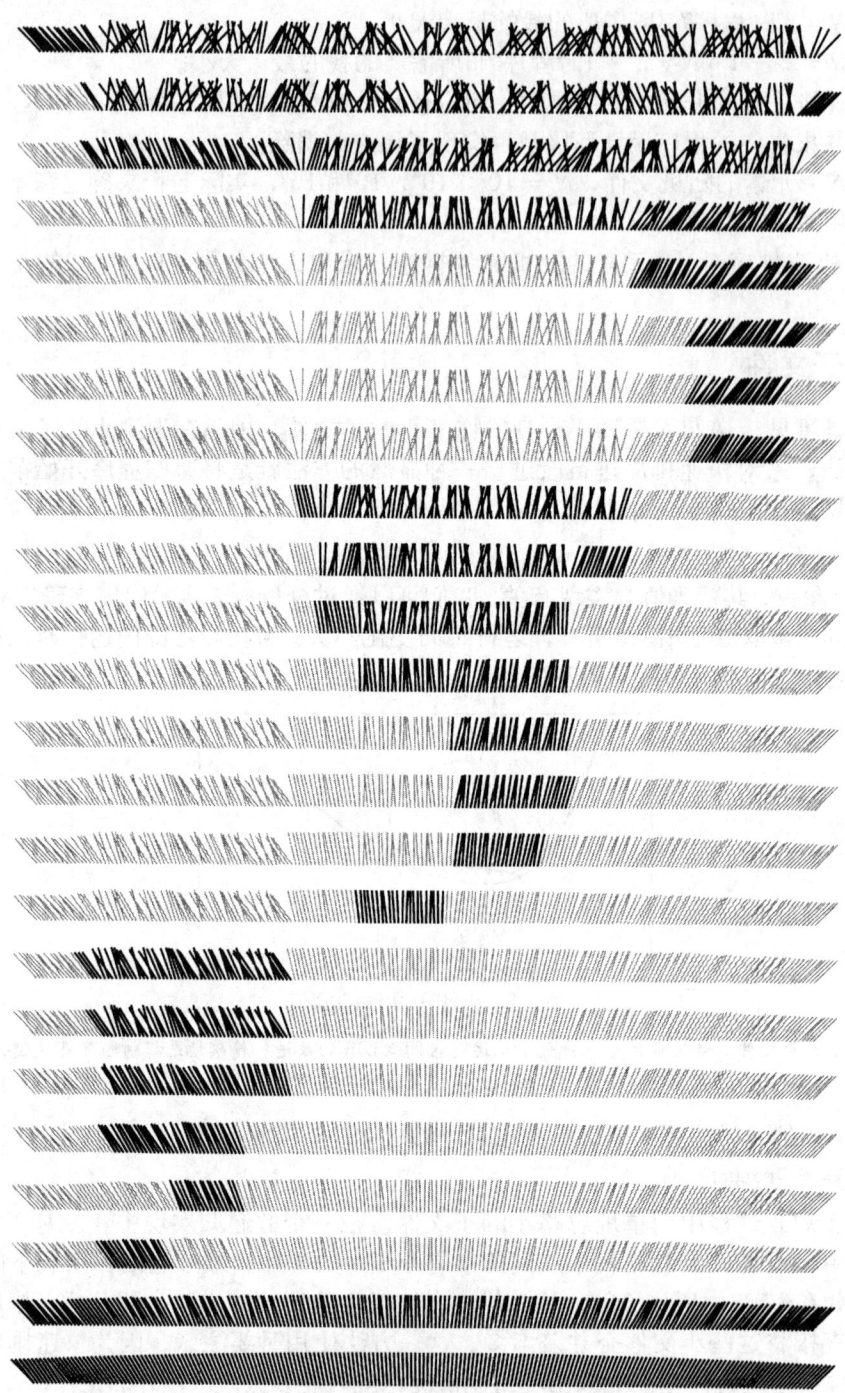

图7-9　快速排序算法中的比较操作

注：快速排序子文件是独立处理的。这张图显示了阈值为15或更小时对200个元素的文件排序时，划分得到的子文件的情况。我们数出那些竖直的线，就可以计算出比较操作的次数。在这个例子中，数组中的每个位置在排序中大约参与了6~7个子文件。

练习

○ 7.21 如果在快速排序内直接调用插入排序,需要设置观察哨吗?

7.22 改进程序7.1,给出划分文件大小为10,100和1000时,比较操作所占的比例,并输出对N个元素的随机文件进行排序时的比例,$N = 10^3$,10^4,10^5和10^6。

○ 7.23 实现带有阈值的递归排序,处理小的子文件用插入排序,阈值小于M,对N个元素的随机文件排序,通过实验确定程序7.4中运行最快的M值,$N = 10^3$,10^4,10^5和10^6。

7.24 实现带有阈值的非递归排序,求解练习7.23。

7.25 当待排序的记录中包含一个键值和指向其他信息的指针b时(但不使用指针排序),求解练习7.23。

• 7.26 编写一个输出直方图的程序(见程序3.7):假定文件大小为N,阈值为M,运行快速排序算法时,小于阈值的子文件使用插入排序。对于$M = 10$,100和1000,$N = 10^3$,10^4,10^5和10^6运行你的程序。

7.27 在阈值为M时,对一个由N个元素组成的随机文件,通过实验运行快速排序算法来确定栈的平均大小,其中$M = 10$,100,1000,$N = 10^3$,10^4,10^5和10^6。

7.5 三者取中划分

对快速算法的另一种改进就是使用一个尽可能在文件中间划分的元素。这有几种可能性。一个安全的选择就是避免最坏情况,使用数组中的一个随机元素作为划分元素。这样最坏情况发生的可能性就相对很小。这种方法是概率算法的一个简单例子。概率算法使用随机性来取得较大可能性的性能。我们将在本书后面看到大量应用概率的算法设计,这些算法常常依赖输入。例如快速排序算法,在实际应用中你不可能用随机数生成器来产生数据供它使用:简单的随意选择可能也是高效的。

另一种选择划分元素的方法,就是从文件中取出三个元素,使用三个元素的中间元素作为划分元素。取数组中的左边元素、中间元素和右边元素,对这三个数排序(可以利用第6章中的三交换方法来排序),用a[r-1]与中间元素交换、然后对a[l+1],…,a[r-2]进行划分。这一改进称为三者取中法。

三者取中法在以下几个方面改进了快速排序算法。首先,它使得最坏情况在实际排序中几乎不可能发生。如果排序需要N^2时间,被检测的三个元素中有两个必定在文件的最大元素中,或者在文件的最小元素中。这种情况在大多数划分中都会出现。其次,它减少了划分对观察哨的需要,因为在划分之前这个函数被所考虑的三个元素中的一个使用。最后,它使总的平均运行时间大约减少了5%。

三者取中法和小的子文件的阈值结合起来可以将原始的递归实现的快速算法运行时间提高20%~25%。程序7.4是结合了这些改进方法后的实现。

程序7.4 改进快速排序

选择第一个、中间和最后一个元素的中值作为划分元素,去掉小的子文件的递归调用,这一系列操作改进了快速算法。实现中取数组中第一个、中间和最后一个元素的中间元素作为划分元素(否则将这些元素排除在划分过程之外)。大小为11或更小的文件在划分过程中被忽略,然后使用第6章中的插入排序来完成排序。

```
#define M 10
void quicksort(Item a[], int l, int r)
  { int i;
```

```
    if (r-l <= M) return;
    exch(a[(l+r)/2], a[r-1]);
    compexch(a[l], a[r-1]);
      compexch(a[l], a[r]);
        compexch(a[r-1], a[r]);
    i = partition(a, l+1, r-1);
    quicksort(a, l, i-1);
    quicksort(a, i+1, r);
  }
void sort(Item a[], int l, int r)
  {
    quicksort(a, l, r);
    insertion(a, l, r);
  }
```

我们还可以消除递归、用内嵌代码代替函数调用、使用观察哨等继续改进程序。然而在现代机器上,这样的过程调用一般都很高效,它们并不在循环内部。更重要的是,对小的子文件使用阈值已经代替了那些可能造成的额外开销(在内部循环的外部)。使用带栈的非递归程序实现的主要原因是在限制栈大小方面给予保证(见图7-10)。

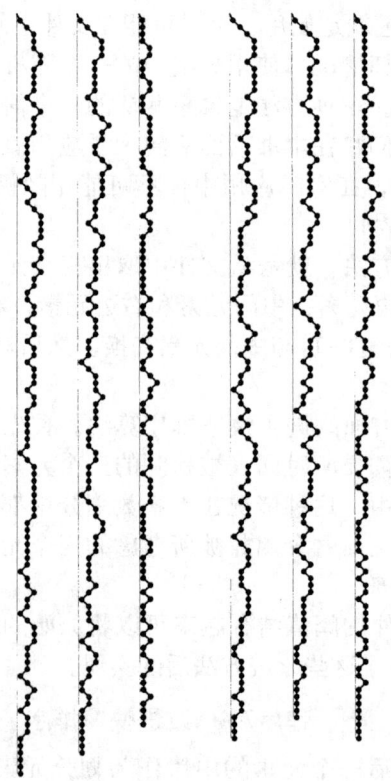

图7-10 改进版本的快速排序算法的栈大小

注:先排序小的子文件保证了栈的长度是最坏情况的对数。这里显示的栈大小对应的子文件与图7-5是相同的,在先排序小的子文件(左边)的基础上增加了使用三个元素的中间元素(右边)。该图没有给出运行时间,运行时间依赖于栈中的文件的大小,而不是文件的数目。例如,第三个文件(已经排好序)不需要太多的栈空间,但运行时间却很长,因为待排序的子文件通常很大。

进一步对算法改进是可能的（例如，我们可以使用5个或者更多元素的中间元素），但获得的时间收益对于随机文件来说微乎其微。我们会意识到用汇编语言或机器语言对内部循环的编码（或者是整个程序的编码）可以更节省时间。这些观察已经被专家证明，在大多数情况下对重要的排序应用程序都高效（见第三部分参考文献）。

对于随机顺序文件，程序7.4的第一个交换操作是多余的。我们使用这一交换操作不仅是因为它将对排好序的文件进行优化划分，还因为它保证在实际应用中不会出现异常情况（例如，见练习7.33）图7-11说明了对于大量不同类型的文件，在划分时选择中间元素的情况。

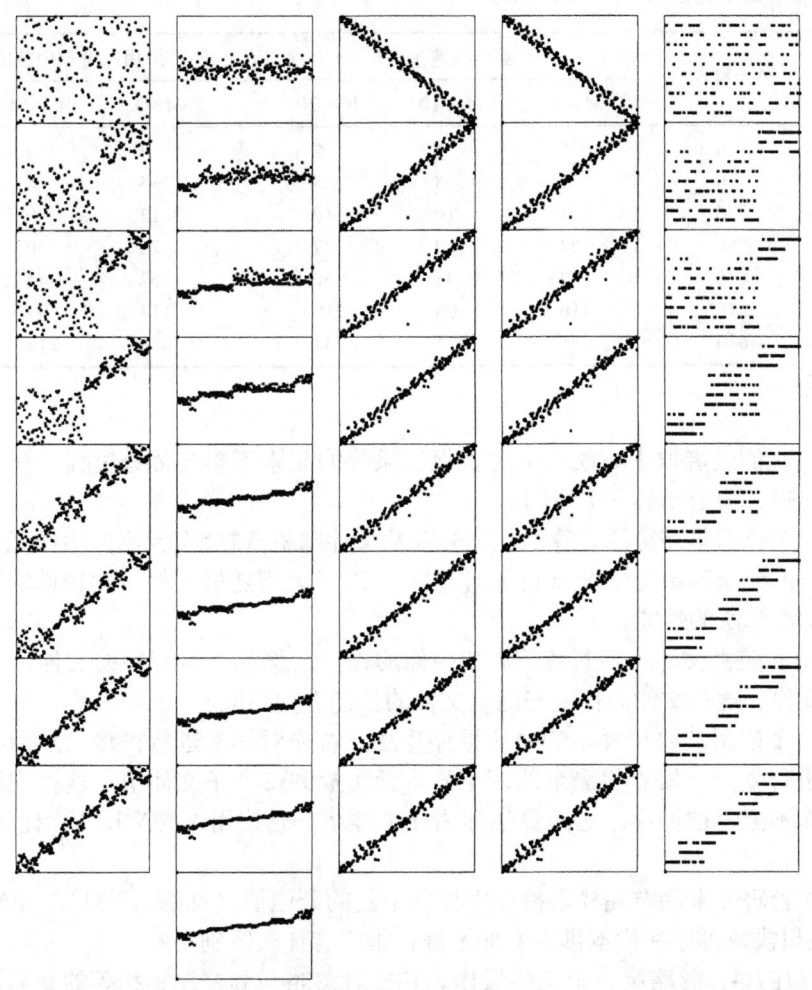

图7-11　对于不同的文件类型采用三者取中法的快速排序算法的动态特性

注：将快速排序算法修改为使用三者取中法使划分过程更加健壮。图7-4所示的退化类型的文件在这里运行得很好。另一个达到这一目标的是使用随机的划分元素。

使用三者取中法是一般意义下的一种特殊情况：我们对未知文件进行采样，用样本元素的性质来估计整个文件的性质。对于快速排序算法，我们希望通过估计一个中间值来使划分平衡。算法的这一特性使我们不必要有一个很好的估计（如果这样的估计需要计算很长时间，则不需要进行估计），如果只想避免太坏的估计。如果使用只有一个元素的一个随机样本，那么无论输入是什么我们都会得到一个实际上运行很快的随机算法。如果我们随机地从文件中选取3个或5个元素，然后使用样本的中间值来划分，我们就会得到一个较好的划分，但改进的时间被采样的时间抵消了。

快速排序算法之所以得到了广泛应用是因为它在很多情况下都能运行得很好。其他方法可能更适合解决某些特定的情况，而快速排序算法可以比其他方法处理更多的排序问题，而且它通常会比其他可选择的方案更快。表7-1给出了一些支持这一结论的实验数据。

表7-1 基本排序算法的实验研究

对于大型随机顺序文件，快速排序（程序7.1）比希尔排序快两倍（程序6.6）。使用对小的子文件使用阈值法和三者取中法的改进算法分别使运行时间较少了10%（程序7.4）。

N	希尔排序	基本快速排序			采用三者取中法的快速排序		
		$M=0$	$M=10$	$M=20$	$M=0$	$M=10$	$M=20$
12500	6	2	2	2	3	2	3
25000	10	5	5	5	5	4	6
50000	26	11	10	10	12	9	14
100000	58	24	22	22	25	20	28
200000	126	53	48	50	52	44	54
400000	278	116	105	110	114	97	118
800000	616	255	231	241	252	213	258

练习

7.28 我们实现的三者取中方法不能完全保证采样的元素不参与划分过程。一个原因是它们可能作为观察哨。请给出另一个原因。

7.29 实现一个快速排序算法，算法在划分前从文件随机选择5个元素的中间元素作为划分元素。确信采样的元素不参与划分（见练习7.28）。对于大型随机文件，比较你的算法与三者取中法的快速排序算法的性能。

7.30 在大型非随机文件上运行练习7.29中你的程序，例如，排好序的文件、逆序文件、或键值相等的文件。这些文件的性能与随机文件的性能有何不同？

•• 7.31 实现一个使用2^k-1个样本的快速排序算法。首先对样本进行排序，然后在样本的中间元素基础上进行划分，接着将剩余的两个样本元素放到每个子文件中，这样它们可以在子文件中使用，而不会再被排序。这个算法称为样本排序，它使用大约$N \lg N$次比较，k约为$\lg N - \lg \lg N$。

• 7.32 进行实验研究来确定在样本排序中样本个数的最佳值（见练习7.31），令$N = 10^3$，10^4，10^5和10^6。使用快速排序和样本排序对样本进行排序有什么区别吗？

• 7.33 修改程序7.4，忽略第一个交换操作，扫描时忽略与划分元素相等的元素，说明修改后的程序处理逆序文件时的运行时间为二次时间。

7.6 重复关键字

带有大量重复排序关键字值的文件在实际应用中经常出现。例如，我们可能希望按照出生年来排序一个人员信息文件，甚至用排序来分辨性别。

当有许多重复关键字值出现在文件中时，我们前面所考虑的快速排序算法的性能就变得极其低效。但对它们可作实质性的改进。例如，如果一个文件完全由相等的值（只有一个值）构成，它就不需要再进行任何排序。但我们前面的算法仍然进行划分直至得到小的子文件，无论文件有多大（见练习7.8）。在输入文件中有大量重复关键字值时，快速排序算法的递推特性保证子文件只由频繁出现的重复关键字值组成,这是可以改进的地方。

一个直接的想法是将文件分成三个部分:一部分是比划分元素小的;一部分是比划分元素大的;还有一部分是等于划分元素的。

小于v	等于v	大于v
↑	↑ ↑	↑
l	j i	r

完成这样的划分过程比完成两路划分过程更复杂,目前已经有很多方法用于解决这一问题。Dijkstra的这个经典习题作为"荷兰国旗问题"很流行,因为三种可能的范围对应着国旗上的三种颜色(见第三部分参考文献)。对于快速排序算法,我们增加一个限制——扫描一次文件就完成这项工作,而不是两次扫描完成。两次扫描会使快速排序算法的速度慢两倍,即使完全没有重复关键字值。

Bentley和McIlroy于1993年发明了一种三路划分方法:它仅仅将标准的划分过程做如下改动:扫描时将遇到的左子文件中与划分元素相等的元素放到文件的最左边,将遇到的右边子文件与划分元素相等的元素放到文件的最右边。在划分过程中,我们保证了这样一种情形:

等于	小于		大于	等于	v
↑	↑	↑ ↑		↑	↑
l	p	i j		q	r

然后,当两个扫描指针相遇时,相等值的关键字的精确位置就知道了,我们只要将所有关键字值与划分元素相等的元素交换即可。这一方法不是十分满足三路划分方法中要求的一遍扫描的要求,但对于重复关键字值的额外工作量只与找到的重复关键字值的个数成线性。这一事实蕴含着:第一,即使在没有重复关键字值的情况下,该方法也会运行得很好,因为没有额外的开销。第二,当只有常数个关键字的值时,该方法为线性时间;每个划分阶段都将与划分元素值相等的值去掉,所以每个关键字值至多参与的划分次数为常数。

图7-12说明了三路划分算法的一个例子,程序7.5是基于这一方法的快速排序算法的实现。这个实现只需要在交换循环中增加两个if语句以及两个for循环,for循环主要是将与划分元素相等的元素放到应该在的位置来完成划分。看起来在保证三路划分上,它似乎比其他方法用了更少的代码。更重要的是,它不仅尽可能高效地处理重复关键字值的文件,而且在没有重复关键字值时它的额外开销也很少。

程序7.5 三路划分的快速排序算法

这个程序基于将数组划分为三部分:比划分元素小的元素(在a[1],…,a[j]中),与划分元素相等的元素(在a[j+1],…,a[i-1]中),比划分元素大的元素(在a[i],…,a[r]中)。然后排序算法以两个递归调用结束,一个是对较小关键字值的调用,另一个是对较大关键字值的调用。

为了达到目的,程序把在左边与划分元素相等的元素保存在l到ll的位置,在右边与划分元素相等的元素保存在r到rr的位置。在划分循环中,每当扫描指针停止,则交换i和j处的元素,它会检查这两项是否等于划分元素。如果左边的元素与划分元素相等,那么就将它交换到数组的左边,如果右边的元素与划分元素相等,就将它交换到数组的右边。

指针相遇之后,数组两端等于划分元素的元素被交换到中间。这些元素已在应该在的位置,可从递归调用的子文件中去除它们。

```
#define eq(A, B) (!less(A, B) && !less(B, A))
void quicksort(Item a[], int l, int r)
  { int i, j, k, p, q; Item v;
    if (r <= l) return;
    v = a[r]; i = l-1; j = r; p = l-1; q = r;
    for (;;)
      {
        while (less(a[++i], v)) ;
        while (less(v, a[--j])) if (j == l) break;
        if (i >= j) break;
        exch(a[i], a[j]);
        if (eq(a[i], v)) { p++; exch(a[p], a[i]); }
        if (eq(v, a[j])) { q--; exch(a[q], a[j]); }
      }
    exch(a[i], a[r]); j = i-1; i = i+1;
    for (k = l   ; k < p; k++, j--) exch(a[k], a[j]);
    for (k = r-1; k > q; k--, i++) exch(a[k], a[i]);
    quicksort(a, l, j);
    quicksort(a, i, r);
  }
```

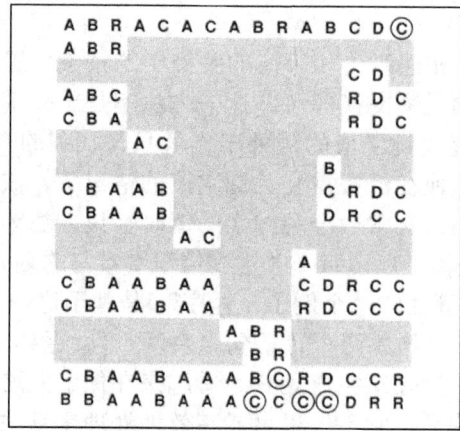

图7-12 三路划分

注：该图显示了把所有与划分元素相等的元素放到应该在的位置的过程。如图7-2所示，我们从左开始扫描直至找到一个不小于划分元素的元素，从右开始扫描直至找到一个不大于划分元素的元素，然后进行交换。如果左边的元素与划分元素相等，那么我们将它们交换到数组的最左边，对右边做类似处理。当两个指针相遇时，我们和前面一样将划分元素放到它应该在的位置，然后交换两侧所有与它的值相等的元素，使得它们在应该在的位置。

练习

▷ 7.34 解释当一个顺序随机文件具有以下两个特性时运行程序7.5会出现什么情况：(i)只有两个不同的值；(ii)有三个不同的值。

7.35 修改程序7.1，使得它在遇到子文件中所有值相等时返回。在有 t 个不同的值的大型顺序随机文件上运行你的程序，比较你的程序与程序7.1的性能，$t = 2$，5和10。

7.36 假设我们在程序7.2中跳过那些与划分元素相等的元素，而不是在遇到它们时就停止扫描。证明程序7.1的运行时间在这种情况下是平方时间。

- 7.37 有$O(1)$个不同值的文件，证明练习7.36中程序的运行时间是平方量级。

  7.38 编写一个确定出现在文件中的不同关键字值的个数的程序。使用你的程序统计范围在0到$M-1$之间的N个整数的随机文件中不同值的个数，其中$M = 10$，100和1000，$N = 10^3$，10^4，10^5和10^6。

7.7 字符串和向量

当排序的元素是字符串时，我们可以像程序6.11实现快速排序那样，使用一个抽象字符串类型实现。虽然这种方法提供了一种正确且高效的实现（对于大型文件，该方法比目前所看到的其他任何方法都快），但仍有一个隐藏的开销值得考虑。

问题就是**strcmp**函数的开销，它总是从左到右依次比较两个字符串，它所需要的时间与两个字符串中匹配的主要字符个数成正比。对于快速排序算法后面的划分过程，当那些关键字值很接近时，这个匹配时间就相对长一些。又因为快速排序算法的递归特性，算法的所有开销几乎都花在后一阶段上，因而在那里进行改进是值得的。

例如，我们考虑了一个大小为5，内容为discreet、discredit、discrete、discrepancy和discretion的文件。对这些关键字排序时每次比较的字符数至少是7，如果我们知道前6个字符相等的额外信息，我们完全可以从第7个字符开始比较。

在7.6节讨论的三路划分过程提供了利用这一观察的好方法。在每次划分时，我们只检查一个字符（假设在位置d），假设待排序的键值从0到d-1都是相等的。我们在执行三路划分时，只要把小于划分元素的第d个字符的关键字放在左边，把等于划分元素的第d个字符的关键字放在中间，把大于划分元素的第d个字符的关键字放在右边。然后，如前继续这一过程，只是对中间子文件的排序从d+1开始。不难看出，这种排序方法很适合于字符串排序，运行效率很高（见表7-2）。我们在这里有一个关于这种思维的一个令人信服的例子。

表7-2 不同的快速排序算法的实验研究

这个表中给出了在对Moby Dick中的前N个单词排序时，几个不同版本的快速排序算法的相对开销。对小的子文件直接使用插入排序，或者暂时忽略它们，在文件排好序后再调用插入排序，是两种等价的策略，但对整数关键字排序时开销更小，这是因为字符串的比较更费时。如果我们在划分过程中遇到重复关键字时不停止，那么对一个所有关键字都相等的文件排序时间是平方级的；这一结果在这个例子中很明显，因为数据中有大量出现频繁的单词。因为同样的原因，三路划分很高效，它比系统的排序算法快30%～35%。

N	V	I	M	Q	X	T
12500	8	7	6	10	7	6
25000	16	14	13	20	17	12
50000	37	31	31	45	41	29
100000	91	78	76	103	113	68

其中：
V 快速排序（程序7.1）
I 对小的子文件的插入排序
M 忽略小的子文件，然后插入排序
Q 系统qsort
X 扫描重复关键字值（当关键字值全部相等时，复杂度为平方级的）
T 三路划分（程序7.5）

为了实现排序算法，我们需要一个更一般化的抽象类型，允许访问关键字中的字符。在C语言中处理字符串的方法使得这种方法的实现更为直接。然而，我们到第10章才会详细考虑这个问题，在第10章中会考虑大量排序的技术，它们使用了排序关键字被分解成较小部分的事实。

这种方法可以处理多维排序问题，也就是说被排序的关键字可能是向量，按照向量中的第一个部分来排序，如果第一个部分相等，再比较第二部分，如此下去。如果每个部分没有重复的值，问题就变成了对第一部分的排序。然而，在一个典型的应用程序中，每一个部分可能只有几个不同的值，三路划分（在中间划分时比较下一个部分）是适合的。这一情况由Hoare在他的原始论文中就有讨论，而且是一个重要的应用。

练习

7.39 讨论改进选择排序、插入排序、冒泡排序和希尔排序等算法对字符串排序的可能性。

○ 7.40 标准的快速排序程序（程序7.1，使用程序6.11中的字符串类型）在对一个由长度为 t 的 N 个完全相同的字符串组成的文件时，需要比较几个字符？根据文中建议的修改回答相同的问题。

7.8 选择

一个与排序有关但又不需要完全排序的应用是找出一组数中的中间数的操作。这一操作是统计学和各种数据处理应用中的常见计算。一种方法是对数据进行排序，然后直接得中间数，但我们可以使用快速排序的划分过程做得更好。

寻找中间元素是选择操作的一个特例，即选择一组数中的第 k 个最小元素。因为算法只有在检查并确定 $k-1$ 个较小元素和 $N-k$ 个较大元素之后，才能确定出第 k 个最小元素。多数选择算法无需大量额外计算，就能返回文件中的所有第 k 个最小元素。

选择问题在数据处理中有许多应用。使用中间值和顺序统计量将文件分成较小分组是很常见的。通常情况下，只需存储一个大文件的一小部分用于进一步处理；在这种情况下，程序可以选择，比如说文件中的前10%的元素，而不需要对整个文件排序。另一个重要的例子是将使用关于中间元素的划分过程作为许多分治算法的第一步。

我们已经看到了一个适合直接用于选择的算法。如果 k 很小，那么选择排序（见第6章）就可以工作得很好，它的运行时间与 Nk 成正比：首先寻找最小的元素，然后通过找余下元素的最小元素来找第二小的元素，如此下去。对于稍大些的 k，我们将在第9章看到一些运行时间与 $N \log k$ 成正比的算法。

对于任何 k 值，选择算法的平均运行时间为线性时间，可由快速排序中使用的划分过程直接而得。回忆快速排序的划分方法重排数组 a[l]，…，a[r]，返回一个整数 i，满足 a[l]，…，a[i-1] 都小于或等于 a[i]，a[i+1]，…，a[r] 都大于或等于 a[i]，如果 k 等于 i，那么我们的工作就完成了。否则，如果 k 小于 i，那么继续对左子文件进行处理；如果 k 大于 i，那么继续对右子文件进行处理。这种方法即为程序7.6的选择问题的递归程序。图7-13给出了该程序对一个小的文件的操作过程。

程序7.6 选择算法

这个过程划分数组来寻找第 (k-1) 个最小元素（在a[k]中）：它重排数组，使a[l]，…，a[k-1]小于或等于a[k]，a[k+1]，…，a[r]都大于或等于a[k]。

例如，我们可以调用select(a, 0, N-1, N/2)来根据中间元素划分数组，中间元素位于a[N/2]。

```
select(Item a[], int l, int r, int k)
  { int i;
    if (r <= l) return;
    i = partition(a, l, r);
    if (i > k) select(a, l, i-1, k);
    if (i < k) select(a, i+1, r, k);
  }
```

```
A S O R T I N G E X A M P L E
A A E Ⓔ T I N G O X S M P L R
      L I N G O P M Ⓡ X T S
      L I Ⓜ G O P N
A A E E L I G Ⓜ O P N R X T S
```

图7-13　中间元素的选择

注：对于排序示例中的关键字，基于划分的选择只使用了三次递归调用来找出中间元素。对于第一次递归调用，我们找出大小为15的文件中的第8个最小元素，接着划分给出第4个最小元素（E）；第二次递归调用，我们找出大小为11的文件中的第4个最小元素，然后划分给出第8个最小元素（R）；第三次递归调用，我们找出大小为7的文件中的第4个最小元素，并找出所要元素（M）。文件被重排以使中间元素在位置上，较小元素在其左边，较大元素在其右边（相等元素可在两边），但文件并不是完全有序的。

程序7.7是递归程序7.6的非递归版本，因为程序总是以调用自身结束，我们只是简单重新设置参数，就回到开始。也就是说，不需要栈就把递归消除了，同时把k作为下标，消除了计算k的问题。

程序7.7　非递归选择算法

选择算法的非递归实现只是做了划分，如果划分落在寻找位置的左边，就移动左指针；如果划分落在寻找位置的右边，就移动右指针。

```
select(Item a[], int l, int r, int k)
  {
    while (r > l)
      { int i = partition(a, l, r);
        if (i >= k) r = i-1;
        if (i <= k) l = i+1;
      }
  }
```

性质7.4　基于快速排序的选择算法平均时间复杂度为线性时间。

如同我们在快速排序算法中所做的那样，我们可以粗略地论述这个问题，对于大型文件，每次粗略地把数组划分为两部分，因而整个处理过程大致需要 $N + N/2 + N/4 + N/8 + \cdots = 2N$ 次比较。并且如同在快速排序中那样，像这样粗略地论述接近事实。在7.2节中给出的一种类似但更复杂的关于快速排序的讨论可得，比较的平均次数大约为

$$2N + 2k\ln(N/k) + 2(N-k)\ln(N/(N-k))$$

它是任何允许k值的线性函数。对于 $k = N/2$，这一公式的计算结果为，大约需要 $(2 + 2\ln 2)N$ 次比较来找出中间值。∎

图7-14描绘了根据这种方法找出大型文件中的中间元素的过程。只有一个子文件，每次调用时其大小减去一个常数因子，因而过程在 $O(\log N)$ 步完成。我们可以通过采样，加速这一

过程。但这样做需要仔细考虑（见练习7.45）。

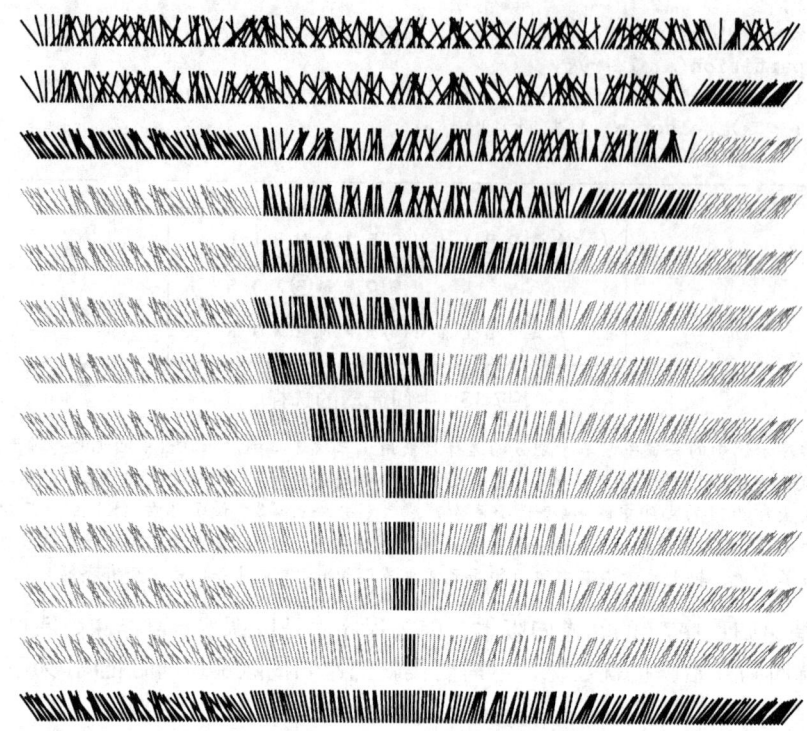

图7-14 通过划分选择中间元素

注：这个选择过程划分含有所寻找元素的文件，并根据划分落入所找元素的那个部分来决定左指针向右，还是右指针向左。

最坏情况大致和快速排序一样。使用这种方法查找一个有序的文件中的最小元素，将会导致二次运行时间。可以修改基于快速排序的选择过程，使其运行时间为可保证的线性时间。这些改进虽然在理论上是正确的，但极其复杂并不实用。

练习

7.41 使用select，平均大约需要多少次比较找出N个元素中的最小元素？

7.42 使用select，平均大约需要多少次比较找出N个元素中的第αN个最小元素，其中$\alpha = 0.1, 0.2, \cdots, 0.9$？

7.43 使用select，最坏情况需要多少次比较找出N个元素中的中间元素。

7.44 编写一个高效的重排文件的程序，使所有关键字等于中间元素的元素放在其位置上，小于中间元素的元素放在左边，大于中间元素的元素放在右边。

•• 7.45 研究使用采样思想来改进选择过程。提示：使用中间元素并不总是有用的。

• 7.46 对于有t个不同关键字值的大型随机文件，实现一个基于三路划分的选择算法，其中$t = 2, 5$和10。

第8章 归并与归并排序

我们在第7章所研究的快速排序算法集是以选择操作为基础的：找出文件中的第k个最小元素。我们发现进行选择操作类似于将文件划分为两部分，k个最小元素和$N-k$个最大元素。在这一章里，我们研究一组基于互补过程的排序算法，归并（merging）：将两个排好序的文件组合成一个较大的有序文件。归并是直接分治（见5.2节）排序算法的基础，并且也是自底向上的基础，这两种策略都很容易实现。

在某种意义上，选择和归并操作是互补的，因为选择操作将一个文件分解成两个独立的文件，而归并操作则将两个独立的文件合并成一个文件。当我们在应用分治范型来创建一种排序方法时，这两种操作的对比也就明显了。在文件的两部分有序时，我们可以重排文件以使整个文件有序；另一种方法，可以将文件分为两部分来排序，然后对这两部分有序的文件进行组合，以使整个文件有序。我们已经看到第一种方法的过程：即为快速排序，包括一个选择操作过程，后跟两个递归调用，在本章中，我们将研究归并排序，它的执行过程和快速排序相反，两个递归调用之后是一个归并过程。

归并排序最引人注目的特性之一是，无论是什么样的输入，它对N个元素的文件的排序所需时间与$N \log N$成正比。在第9章里，我们将看到另一种排序算法，其所需时间与$N \log N$成正比；这种排序算法被称为堆排序。归并排序的主要缺点是在算法的直接实现中，所需的空间与N成正比。我们可以克服这个缺点，但这样做非常复杂且开销巨大。在实际中不值得这样做。归并排序并不比堆排序编码要困难，且它的内循环的长度介于快速排序和堆排序的内循环之间，因而如果速度不是主要问题，它也没有最坏情况下的性能，还有足够的空间可以使用，归并排序是值得考虑的。

要保证$N \log N$的运行时间可能会是一个缺点。例如，在第6章中，我们讨论了一些在某种情况下有线性时间的排序方法，如文件中有大量有序的部分，或只有几个不同的关键字的情况。相反，归并排序的运行时间主要取决于输入关键字的个数，实际上对关键字的顺序不太敏感。

归并排序是一种稳定的排序方法，这一特性使它对于某些稳定性重要的应用成为可选的方法。有竞争力的方法，如快速排序和堆排序都不是稳定的排序算法。各种使这些方法稳定的技术都需要额外的空间；归并排序对额外空间的要求已经不是那么重要，如果稳定性只是考虑的主要因素。

在某种情况下，归并排序的另一个重要特性是通常实现时，它顺序地访问数据。例如，对链表进行排序时选择归并排序，其中只能通过顺序方式来访问数据。类似的原因有，如在第11章所看到的，归并常常被选为在专用和高性能计算机上排序的基础，因为在这些环境中，顺序访问数据更快。

8.1 两路归并

给定两个已排好序的文件，通过记录下每个文件中的最小元素，且当两个文件中的最小元素的较小者被移到输出文件时，进入循环，继续这一过程直到两个文件中的元素都已输出，这样就可以简单地将它们组合为一个有序的输出文件。在本节和下一节中，我们将会讨论这个基本抽象操作的几种实现。假设执行找文件中下一最小元素的操作为常数时间，那么归并操作的运行时间是输出元素数的线性函数。这正是文件有序的情况，其中使用的数据结构如数组或链表，支持常数时间顺序访问文件中的元素。这个过程称为两路归并。在第11章中，我们将详细讨论多路归并，其中有两个以上的文件要归并。多路归并最重要的应用是外部排序，也将在第11章详细讨论。

开始时，假设a[0]，…，a[N-1]和b[0]，…，b[M-1]是两个不相交的有序整型数组，我们希望把它们归并为数组c[0]，…，c[N+M-1]。显然易实现的策略是，成功地从a和b的剩余元素中为c选择最小元素，如程序8.1所示。这种实现是简单的，但我们现在要讨论它的两个重要特征。

程序8.1 归并

为了将两个已有序的数组a和b合并为一个有序的数组c，我们使用一个for循环，并在每次迭代过程中，把一个元素放入c中。如果a中元素为空，就从b中取元素。如果b中元素为空，就从a中取元素，如果a和b中都有元素，a和b中剩余元素的最小者放入c中。这个过程假设了a和b是有序的，还假设了数组c与a和b是不相交的（也就是说，彼此间不共享元素和存储空间）。

```
mergeAB(Item c[], Item a[], int N, Item b[], int M )
  { int i, j, k;
    for (i = 0, j = 0, k = 0; k < N+M; k++)
      {
        if (i == N) { c[k] = b[j++]; continue; }
        if (j == M) { c[k] = a[i++]; continue; }
        c[k] = (less(a[i], b[j])) ? a[i++] : b[j++];
      }
  }
```

首先，实现假设数组是不相交的。特别是，如果a和b是大型数组，那么第三个（大型）数组c就需要保存输出。不是使用与归并文件大小成线性的额外空间，希望有一种原位的方法，例如，能通过a[l]，…，a[r]内的元素移动，把有序文件a[l]，…，a[m]和a[m+1]，…，a[r]合并成一个有序的文件，而不使用大量额外的空间。这个问题值得我们停下来想想如何做到。这个问题看起来容易解决，但实际上，已有的方法，特别是与程序8.1比起来是很复杂的。实际上，研制一个胜过已有原位排序算法的算法是不容易的。我们将在8.2节回到这个问题的讨论。

归并具有自己独特的应用领域。例如，在一个典型的数据处理环境中，我们可能需要维护一个大型（有序）的数据文件，并向文件中有规律地添加新的数据项。一种方法是将每组新的数据项批量地添加到主文件中，然后对整个文件进行重新排序。这种情况正好适合于归并。更高效的策略是，将新的一组数据项（较小的部分）进行排序，然后将结果小文件与大型主文件进行归并。归并还有其他一些类似的应用，值得对它进行研究。在本章我们主要关注的是基于归并的排序方法。

练习

8.1 假设要将一个大小为N的排好序的文件与大小为M的排好序的文件合并，其中M比N要小得多。对于$N = 10^3$，10^6和10^9，与重新排序操作相比，基于归并算法的方法可以快多少倍？结果用M的函数表示。假设对于大小为N的文件，排序程序的运行时间为$c_1 N \lg N$秒，对大小为N和M的文件，归并程序的运行时间是$c_2(N+M)$秒，其中$c_1 \approx c_2$。

8.2 与练习8.1中的两种方法相比，使用插入排序的策略结果如何？（假设小文件是随机的，因而每次插入要在遍历大文件中的一半元素，运行时间约为$c_3 MN/2$，c_3约等于其他两个常数）。

8.3 如果在程序8.1试图使用原位归并，描述对序列A E Q S U Y E I N O S T调用merge(a, a, N/2, a+N/2, N-N/2)的过程。

• **8.4** 按照练习8.3中描述的调用方法，调用程序8.1时，产生正确的输出，当且仅当两个输入的子数组是有序的吗？证明你的结论，或给出一个反例。

8.2 抽象原位归并

虽然执行归并排序需要额外的内存空间，我们仍然会在这里讨论用于排序方法实现的抽象原位归并算法。在下一个归并实现中，将使用接口程序merge(a, l, m, r)来表明merge子过程，将数组a[l], …, a[m]和a[m+1], …, a[r]合并成一个排好序的文件，结果保存在a[l], …, a[r]。在实现中，我们可以首先将所有数据复制到一个辅助数组中，接着使用程序8.1中的基本方法；我们还须考虑对该过程进行改进。尽管辅助数组需要的额外空间是固定的开销，但在8.4节考虑进一步的改进，可以避免复制数组需要的额外时间。

基本归并算法中值得注意的第二个特性是内循环中包括了两个测试操作，用于确定对两个输入数组访问是否已到了结尾。当然，这两个测试通常为假，这种情况下，就可以改用观察哨，以去掉测试操作。也就是说，如果在数组a和辅助数组aux的最后加上一个包含比其他关键字都要大的关键字的数据项时，就可去掉测试操作，因为当数组a（b）访问完后，该观察哨使后面要加入数组c的元素一定是从数组b（a）中取出，直到完成整个合并操作。

然而，如我们在第6章和第7章所看到的，并不总是那么容易使用观察哨，因为可能很难确定最大关键字的值或者存储空间不够来存储观察哨。对归并操作，有一个简单的补救方法，如图8-1所示。该方法使用了以下基本思路：要复制数组来执行原位归并排序，只需要在复制时将第二个数组变成倒序（不需要额外的开销），因此相关的指针从右向左移动。这样的安排使最大的元素成为了另一个数组的观察哨——不管实际在哪个数组。程序8.2是基于该思路的抽象原位归并的高效实现；它会作为本章迟些讨论的排序算法的基础。它仍然会使用一个大小与归并输出文件大小成正比的额外数组，不过效率比直接执行程序的要高，因为避免了测试数组是否到尾部。

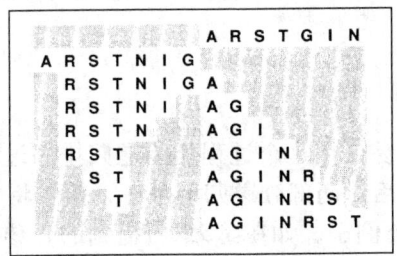

图8-1 不使用观察哨的归并

注：要归并两个按照递增次序排列的文件，首先将它们复制到一个辅助数组中，将第二个文件按照逆序的方式紧跟在第一个文件后面。接着，按照以下简单的规则操作：将左边或右边关键字较小的项移到输出文件中。最大的关键字当作了观察哨，而不管它在哪个数组中。本图显示了文件ARST和GIN归并的过程。

程序8.2 抽象原位归并算法

本程序没有使用观察哨来进行归并,而是将第二个数组按倒序方式复制到辅助数组aux中,紧跟在第一个数组后面(使辅助数组aux变成bitonic顺序)。第一个for循环移动第一个数组,并使i指向l,为开始归并做好准备。第二个for循环移动第二个数组,让j指向r。接着,在归并操作中(第三个for循环),将最大的元素当作观察哨,不管它在哪个数组。程序的内循环都较短(移到aux中比较,移回到数组a中,增加i或j的值,每次k值增1并测试k)。

```
Item aux[maxN];
merge(Item a[], int l, int m, int r)
  { int i, j, k;
    for (i = m+1; i > l; i--) aux[i-1] = a[i-1];
    for (j = m; j < r; j++) aux[r+m-j] = a[j+1];
    for (k = l; k <= r; k++)
      if (less(aux[j], aux[i]))
        a[k] = aux[j--]; else a[k] = aux[i++];
  }
```

关键字序列先递增,再递减(或先递减再递增),称为bitonic序列。对bitonic序列进行排序等价于归并操作,有时很容易将归并问题转化为bitonic排序问题。不使用观察哨的方法很简单。

程序8.1中的一个重要特性是归并算法是稳定的。它保持了重复关键字中的相对顺序。该特性很容易验证,而当执行抽象原位归并时,保持算法的稳定性是很重要的,因为稳定的归并立刻可以得到稳定的排序方法,我们会在8.3节中看到这点。要保持稳定性并不容易,例如,程序8.2就不稳定(见练习8.6)。对这点的考虑使构造一个真正合适的原位归并算法的问题更复杂。

练习

▷ 8.5 显示使用程序8.2如何对关键字A E Q S U Y E I N O S T序列进行归并,使用图8-1中示例的图表风格。

○ 8.6 解释为什么程序8.2是不稳定的,并编写一个稳定的版本。

8.7 显示使用程序8.2对序列E A S Y Q U E S T I O N进行操作的结果。

○ 8.8 当且仅当两个输入子数组已排好序,程序8.2产生正确的输出吗?证明你的结果,或给出一个反例。

8.3 自顶向下的归并排序

一旦完成归并过程,很容易使用这个过程作为递归排序过程的基础。要对给定的文件排序,首先将它分成两部分,然后对两部分递归地排序,接着将它们归并。程序8.3是其中的一种实现方法,图8-2图示了一个例子。如在第5章所提到的,该算法是使用分治范型进行高效算法设计的一个著名示例。

程序8.3 自顶向下归并排序

基本归并排序方法是一个基本的分治法的递归程序。通过将数组a[l],…,a[r]分成两部分a[l],…,a[m]和a[m+1],…,a[r]来排序,对它们独立地进行排序(使用递归调用),然后将得到的排好序的文件合并,得到最终的排好序的文件。merge函数需要一个辅助数组,该数组必须足够大以保存输入文件的副本,然而可以将该抽象操作看做是原位归并(见正文)。

```
void mergesort(Item a[], int l, int r)
  { int m = (r+l)/2;
    if (r <= l) return;
    mergesort(a, l, m);
    mergesort(a, m+1, r);
    merge(a, l, m, r);
  }
```

图8-2 自顶向下归并排序示例

注：图中每一行显示了自顶向下归并算法中一次调用merge操作的结果。首先，将A和S归并到AS，接着归并O和R得到OR；接着，将OR与AS合并，得AORS。然后，将IT和GN合并，得到GINT，接着将该结果与AORS合并，得到AGINORST，以此类推。该方法递归地将小记录文件合并成大文件。

自顶向下的归并排序算法类似于自顶向下的管理风格，将一个大的任务分成几个可以独立解决的部分，将它们分配给各下属人员解决。如果只是将任务简单地平分成两部分，然后将下属得到的结果合并，将它传送给上级，该过程就与归并排序类似。没有太多实际工作要做，直到没有下属的人员获得了任务（在这种情况下，是对两个大小各为1的文件进行归并）；然而，管理机构做了大部分的工作，将各结果合并。

归并排序很重要，因为它是最理想的直接排序方法（运行时间与$N \log N$成正比），执行过程具有稳定性。这些特性可以比较容易地证明。

如我们在第5章所提到的（以及第7章介绍的快速排序），可以使用树型结构来使递归算法的递归调用过程形象化，帮助我们理解算法的变量，加快对算法的分析。对于归并排序，递归调用结构依赖于输入的大小。对任何给定的N值，我们可以定义一棵树，称为分治树，它描述了程序8.3在执行过程中，所处理的子文件的大小（见练习5.73）：如果N为1，该树仅含标号为1的单个节点；否则，该树中包括一个标号为文件大小N的根节点，一个标号为$\lfloor N/2 \rfloor$的树作为左子树，一个标号为$\lceil N/2 \rceil$的树作为右子树。树中每个节点对应归并排序中一个递归调用。当N是2的幂时，该构造方法会产生一个完全平衡的树，所有的节点都是2的幂，而外部节点标号为1。当N不是2的幂时，树的结构更复杂。图8-3中对两种情况都举了例子。在5.2节，当讨论与归并算法使用同一种递归调用过程的算法时，我们已见到过这样结构的树。

分治树的结构性质与归并排序的分析直接相关。例如，算法中使用的比较操作数目正是所有节点标号的大小之和。

性质8.1 对任何包含N个元素的文件进行排序，归并排序需要执行大约$N \lg N$次比较操作。

在8.1和8.2节的实现中，每个N/2与N/2的归并要求N次比较（该数量可能会差1到2次，与如何使用观察哨有关）。可用标准的分治方程描述整个排序的比较总次数：$M_N = M_{\lfloor N/2 \rfloor} +$

$M_{\lceil N/2 \rceil} + N$,其中$M_1 = 0$。该递归表达式还描述了节点标号的总和和含有$N$个节点分治树的外部路径长度(见练习5.73)。当$N$是2的幂时,这里所述的结果很容易得到验证,并且对于一般N的情形可用归纳法证明。练习8.12至8.14描述了一种直接证明方法。

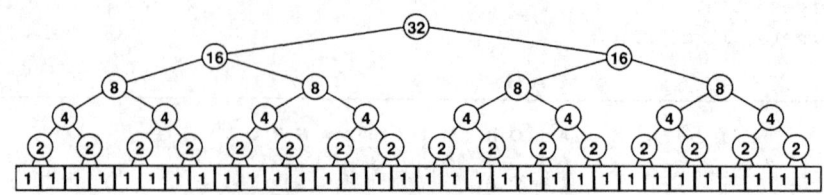

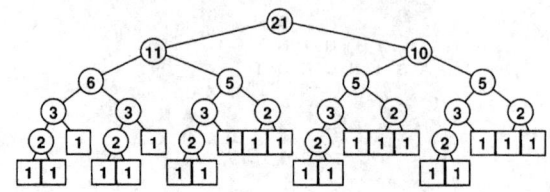

图8-3 分治树

注:这些树以图示的形式描述了自顶向下归并排序所创建的子问题的大小。例如,与快速排序所对应的树不同,这些模式只依赖于初始文件的大小,与文件中关键字的值无关。上图显示了对32个元素的文件排序的过程。我们(递归地)对16个元素的两个文件排序,然后对它们进行归并。通过(递归地)对8个元素的两个文件进行排序来进行对16个元素的排序,以此类推。对于大小不是2的幂的文件,这种模式更为复杂,如下图所示。

性质8.2 归并排序使用与N成正比的额外内存空间。

这一事实由8.2节中的讨论可得。我们可以执行一些步骤使算法更复杂来减低所使用内存空间(例如,见练习8.21)。如在8.7节中所讨论的,当待排序的文件组织成为链表时,归并排序同样高效。在这种情况下,性质8.2仍然成立,但链表需要额外空间。对于数组,如在8.2节和将在8.4节讨论的那样,可能执行原位归并,虽然在实际中不值得使用这一策略。■

性质8.3 如果所使用的归并算法是稳定的,那么归并排序是稳定的。

这一事实很容易使用归纳法验证。对于程序8.1中的归并实现,容易看出,重复关键字的相对位置在归并过程中没有变化。然而,算法越复杂,稳定性就越可能遭到破坏(见练习8.6)。■

性质8.4 归并排序所需资源与输入初始顺序无关。

在实现中,输入决定了元素在归并中被处理的顺序。每一遍所需空间和执行步数与子文件的大小成正比,这是因为元素移到辅助数组所带来的开销。在编译过的代码中,if语句的两个分支所占时间可能稍有不同,使得在运行时间里含有一个与输入相关的小变量,但是比较次数和其他针对输入的操作与它的顺序无关,要注意的是,这并不等同于说,该算法不是适应性的(见6.1节),但比较序列的确与输入顺序有关。

练习

▷ 8.9 显示程序8.3对于关键字E A S Y Q U E S T I O N进行排序时的归并过程。

8.10 对于$N = 16, 24, 31, 32, 33$和39,画出其分治树。

• 8.11 在数组上实现递归归并排序,使用三路归并的思想,不使用两路归并的思想。

○ 8.12 证明分治树中标号为1的所有节点都在树中的底部两层上。

○ 8.13 证明大小为N的分治树中每层节点的标号之和为N,最后一层可能不成立。

○ 8.14 使用练习8.12和8.13，证明归并排序所需的比较次数介于 $N \lg N$ 和 $N \lg N + N$ 之间。

• 8.15 求出并证明归并排序所使用的比较次数和小于N的 $\lceil \lg N \rceil$ 位正数的关系。

8.4 基本算法的改进

如在快速排序所讨论的，我们可以通过对小文件处理来改进大多数递归算法。因此，像在快速排序中所作的那样，对于小文件使用插入排序可以改进典型归并排序的实现时的运行时间，改进达10%至15%。

对归并排序所做的第二种改进，是消除归并时把元素复制到辅助数组所花费的时间。为了做到这一点，我们排列递归调用，切换每层输入数组和辅助数组的作用。一种方法是实现两个版本的例程，一个版本的例程负责把输入放入aux中，把输出放入a中，另一个版本的例程负责把输入放入a中，把输出放入aux中，然后使两个版本互相调用。另一种方法显示在程序8.4中，在一开始对数组作一次复制，接着使用程序8.1，并切换递归调用中的变量，来消除显式数组复制操作。事实上，我们是在将归并好的输出文件放在辅助数组中和把它放在输入数组之间进行切换（程序有复杂技巧）。

程序8.4 没有复制的归并排序

递归程序对b排序，把结果放在a中。因此，递归调用的结果放在b中，我们使用程序8.1把b中的这些文件归并，放入a中。用这种方法，在归并过程中进行所有数据的移动。

```
Item aux[maxN];
void mergesortABr(Item a[], Item b[], int l, int r)
  { int m = (l+r)/2;
    if (r-l <= 10) { insertion(a, l, r); return; }
    mergesortABr(b, a, l, m);
    mergesortABr(b, a, m+1, r);
    mergeAB(a+l, b+l, m-l+1, b+m+1, r-m);
  }
void mergesortAB(Item a[], int l, int r)
  { int i;
    for (i = l; i <= r; i++) aux[i] = a[i];
    mergesortABr(a, aux, l, r);
  }
```

消除数组复制操作的代价是在内循环中放置测试输入数组是否到末尾的操作。（回忆在程序8.2中的复制中把数组变成bitonic序列，来消除这些测试的技术。）通过运用相同思路的递归实现，来弥补该损失：在归并和归并排序中实现了这些例程。一是使数组递增排列，一是使数组递减排列。使用这种方法，可以重新生成bitonic数组，因此不需要在内循环中使用观察哨。

给定这种方法使用了4个基本例程的副本，它只被一些专家（或学生）所使用，不过它确实可以明显提高归并排序的效率。在8.6节讨论的实验结果表明，结合这些改进方法，归并排序的效率可以提高40%，然而归并排序要比快速排序慢25%。这个结论是和实现及机器有关的，但在不同的情况下都会得到类似的结果。

另一种归并实现方法，包括一个检测第一个文件是否到末尾的显式操作，运行时间根据输入文件大小有较大的差别，但差别也不是很大。对于随机文件，当一个子文件已读完时，其他子文件的大小也已很小，而移动到辅助数组的开销仍然与子文件的大小成正比。当文件中已基本排好序时，可以这样对归并算法进行改进，如果文件已经完全排好序了，就跳过`merge`调用操作，但对大部分类型的文件来说，这一策略并没有太大的效用。

练习

8.16 实现一个抽象的原位归并程序，使用与两个待归并的数组中较小的那个数组的大小成正比的额外空间（你的方法为归并排序节省一半的空间）。

8.17 对大的随机文件运行归并排序程序，当某个子文件访问完成后，将其他子文件中未访问的数据项平均数表示为N（归并中两个子文件的大小的总和）的函数。

8.18 假设对程序8.3进行修改，使`a[m] < a[m+1]`时，跳过对`merge`的调用。在待排序的文件已经有序时，这种方法要节省多少比较次数？

8.19 对大的随机文件运行练习8.18中提到的修改过的算法。将节省的`merge`操作的平均数表示成N（原始排序文件的大小）的函数。

8.20 假设归并排序运行在h-排序文件上，h值较小。如何改变`merge`过程以利用输入文件的特性。用希尔排序和归并排序结合的算法。

8.21 研制一个归并算法的实现，使所使用的额外内存空间减少到$\max(M, N/M)$，该算法使用了以下思想：将数组分成大小为M的N/M块（为简化描述，假设N是M倍数）。接着以记录的第一个关键字作为排序关键字，使用选择排序对各块的记录进行排序，然后将数组的第一块归并到第二块中，接着将第二块归并到第三块中，以此类推。

8.22 证明练习8.21中的方法的运行时间是线性的。

8.23 实现无复制操作的bitonic归并排序。

8.5 自底向上的归并排序

正如我们在第5章中所讨论的，每个递归程序都有一个等价的非递归程序与之对应，而计算顺序不同。作为分治法的算法设计范型，归并排序的非递归实现很值得详细研究。

考虑递归算法中所调用的归并序列。在图8-2的例子中，对大小为15的文件进行排序时，所执行的归并序列如下：

```
1-1    1-1    2-2    1-1    1-1    2-2    4-4
1-1    1-1    2-2    1-1    2-1    4-3    8-7
```

这一递归顺序由算法的递归结构决定。然而，子文件是独立处理的，归并操作可以以不同的序列进行。对同一个例子，图8-4显示了自底向上的方法，所使用的归并序列如下：

```
1-1    1-1    1-1    1-1    1-1    1-1    1-1
2-2    2-2    2-2    2-1    4-4    4-3    8-7
```

在每种情况下，有7次1-1的归并，3次2-2的归并，1次2-1的归并，1次4-4的归并，1次4-3的归并及1次8-7的归并。只是归并的顺序不同。自底向上的策略是将其余最小的文件进行归并，从数组的左边向右边进行访问。

递归算法中的归并序列是由图8-3中所示的分治树决定的：按后序遍历访问整棵树。如第3章所讨论的，非递归算法可以通过使用显式栈来得到相同的归并序列。但不一定要求使用后序遍历：任何一种遍历树的方法，只要在它访问节点自身之前先访问它的子树，都可以产生正确的算法。惟一的限制是待归并的文件必须是有序的。对于归并排序而言，首先执行所有1-1的归并，然后执行所有2-2的归并，接着执行所有4-4的归并，以此类推。这一序列对应层序遍历，从递归树的底层开始访问。

```
A S O R T I N G E X A M P L E
A S
    O R
        I T
            G N
                E X
                    A M
                        L P
A O R S
        G I N T
                A E M X
                        E L P
A G I N O R S T
                A E E L M P X
A A E E G I L M N O P R S T X
```

图8-4 自底向上归并排序示例

注：每行显示了自底向上归并过程中调用merge的结果，首先进行1-1归并：A和S归并成AS；接着O和R归并成OR；以此类推。因为文件大小为奇数，因而最后的E没有包含在归并中。第二遍归并中，进行2-2归并：AS与OR归并为AORS，以此类推，以一次2-1归并完成这一遍的归并过程。然后进行一次4-4归并，一次4-3归并，最后进行一次8-7归并，完成排序。

在第5章中我们讨论的几个例子表明，当按照自底向上的方式思考时，值得按照组合-求解策略求解问题，即先求出小的子问题的解，再把它们组合成较大问题的解。特别是在程序8.5中得到归并排序的组合-求解的递归版本，方法如下：将文件中的所有元素看作大小为1有序子表，接着遍历这些表进行1-1归并，产生大小为2的有序子表；然后遍历文件列表进行2-2归并，产生大小为4的有序子表；然后进行4-4归并，产生大小为8的有序子表，以此类推，直到整个表有序。

程序8.5 自底向上的归并排序

通过在整个文件上进行多遍的m-m的归并，完成自底向上的归并排序，在每一遍中m加倍。仅当文件大小是m的偶数倍时，最终子文件的大小为m，因而最后的归并是m-x的归并，x小于或等于m。

```
#define min(A, B) (A < B) ? A : B
void mergesortBU(Item a[], int l, int r)
  { int i, m;
    for (m = 1; m <= r-l; m = m+m)
      for (i = l; i <= r-m; i += m+m)
        merge(a, i, i+m-1, min(i+m+m-1, r));
  }
```

如果文件大小为2的幂，自底向上归并排序所进行的归并集恰好是递归归并排序所执行的归并集，但归并的顺序有所不同。自底向上归并排序对应分治树从底层向上的层序遍历。相反，我们称递归算法为自顶向下的归并排序，因为后序遍历是从树的顶层向下的。

如果文件大小不为2的幂，自底向上归并排序会执行不同的归并集，如图8-5所示。自底向上算法对应一棵组合-求解树（见练习5.75），这棵树不同于自顶向下算法对应的分治树。可能重排递归方法产生的归并序列，使其与非递归方法产生的序列一样，但是没有特殊理由要这样做，因为对于整体开销，这个差异是微小的。

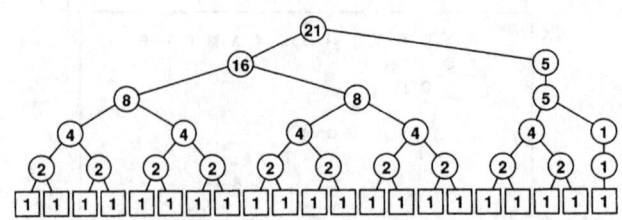

图8-5 自底向上归并排序文件大小

注：在文件大小不是2的幂时，自底向上归并排序的归并模式完全不同于自顶向下归并排序（图8-3）的归并模式。对于自底向上的归并排序，除了最后一个文件之外，其他的文件大小都是2的幂。这些差别在理解算法的基本结构时非常有用，但对性能影响不大。

性质8.1至性质8.4对于自底向上的归并排序成立。还有以下一些性质：

性质8.5 自底向上归并排序每一遍中的所有归并包含的文件大小为2的幂，除了最后一个文件的大小。

用归纳法易证这一性质。■

性质8.6 N个元素的自底向上归并排序执行的遍数正好是N的二进制表示（忽略最前面的0的位）的位数。

在自底向上归并排序中，每一遍会使有序文件的大小加倍，因而在经过k遍之后子文件的大小为2^k。因此，对N个元素的文件排序的遍数是使$2^k \geq N$成立的最小k值，即为$\lceil \lg N \rceil$，也即N的二进制表示的位数。我们也可以用归纳法或分析组合−求解树的结构性质来证明这一结论。■

图8-6中给出了在较大文件上执行自底向上归并排序时的操作。

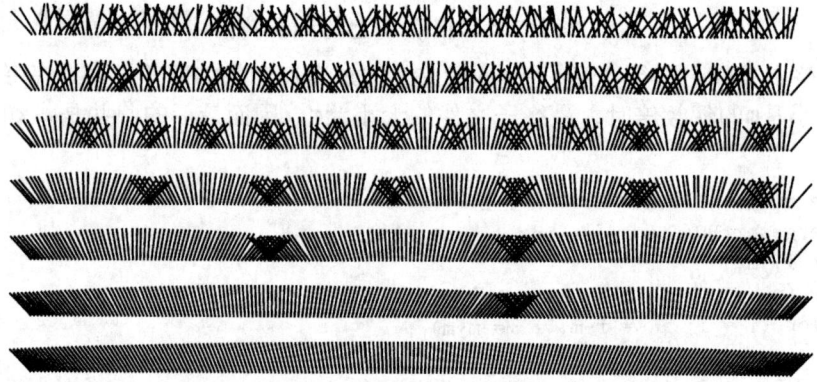

图8-6 自底向上归并排序

注：对于一个200个元素的排序，利用自底向上的归并排序，我们只需要执行7遍。每一遍将有序的子文件数减半，而使子文件的长度加倍（除了最后一个文件）。

总之，自底向上归并排序和自顶向下归并排序是两种基于归并的直接排序算法，归并操作把两个有序的子文件组合成一个有序输出文件。在文件大小为2的幂时，这两种算法非常相近，执行相同的归并操作集。图8-7针对大型文件描述了它们的不同的动态性能特性。在空间不是主要问题，且需要有可保障的最坏情况下的运行时间时，这两个算法都可以用在实际中。这两个算法经常作为分治法和组合−求解算法设计范型的原型例子。

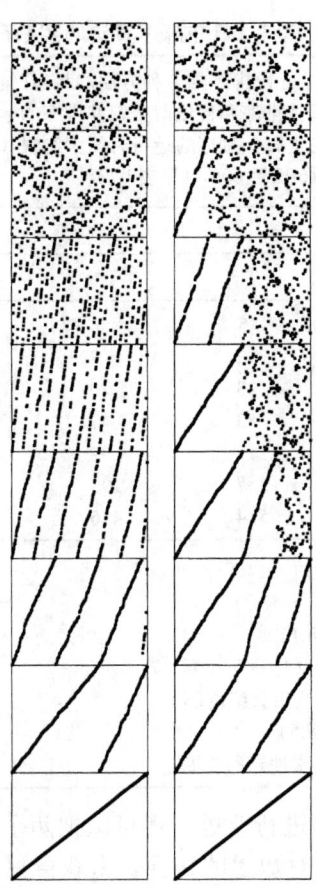

图8-7 自底向上归并排序与自顶向下归并排序

注：自底向上归并排序（左图）包括遍历文件的若干遍，在每一遍中把有序的子文件归并在一起，直到只剩一个文件。除了在文件最后的几个元素，文件中的每个元素都包括在每一遍中。而自顶向下的归并排序（右图）首先把文件的左半部分排序，才处理文件的右半部分（递归），因而它的执行模式肯定是不同的。

练习

8.24 显示自底向上归并排序对于关键字 E A S Y Q U E S T I O N 排序时的归并过程。

8.25 实现一个自底向上的归并排序程序，开始时用插入排序对M个元素的块进行排序。对于$N = 10^3$，10^4，10^5和10^6个元素的随机文件，通过实验确定使程序运行最快的M。

8.26 对于$N = 16$，24，31，32，33和39，画出程序8.5执行中表示归并的树。

8.27 编写一个递归归并排序程序，它与自底向上归并排序有相同的归并序列。

8.28 编写一个自底向上归并排序程序，它与自顶向下归并排序有相同的归并序列（这个练习要比练习8.27复杂得多）。

8.29 假定文件大小为2的幂。从自顶向下归并排序中去掉递归，来得到一个非递归归并排序，它执行的归并序列不变。

8.30 证明自顶向下归并排序执行的遍数也是N的二进制表示的位数（见性质8.6）。

8.6 归并排序的性能特征

表8-1显示了对算法所作的各种改进的效果。这是经常出现的情况。这些研究表明了通过对算法的内循环进行改进，我们可以把运行时间降低一半或更多。

表8-1 归并排序算法的实验研究

对于不同 N 值，对浮点数的随机文件进行排序的各种方法的相对时间表明了标准快速排序是标准归并排序时间的两倍；增加阈值的小文件使自底向上归并排序和自顶向下归并排序的运行时间降低了大约15%；对于这些文件，使自顶向下的归并排序的运行时间比自底向上归并排序的运行时间大约快10%；对于随机有序文件，即使去掉文件复制的开销，归并排序也比一般快速排序要慢50%到60%（见表7-1）。

		自顶向下			自底向上	
N	Q	T	T*	O	B	B*
12500	2	5	4	4	5	4
25000	5	12	8	8	11	9
50000	11	23	20	17	26	23
100000	24	53	43	37	59	53
200000	52	111	92	78	127	110
400000	109	237	198	168	267	232
800000	241	524	426	358	568	496

其中：
Q 快速排序，标准（程序7.1）
T 自顶向下归并排序，标准（程序8.1）
T* 自顶向下归并排序，使用小的子文件进行中断
O 自顶向下归并排序，有中断且不使用数组复制
B 自底向上归并排序，标准（程序8.5）
B* 自底向上归并排序，使用小的子文件进行中断

除了对8.2节中所讨论的问题进行改进，还可以把两个数组中的最少元素保存在简单变量或机器寄存器中，避免不必要的对数组的访问，来获得更好的效果。因此，归并排序的内循环可以减低到一次比较（有条件分支）、两个指针增量（k和i或j），以及一次测试循环是否结束的条件分支操作。内循环中的指令总数稍微要比快速排序要高一些，但是指令只执行 $N \lg N$ 次，而快速排序通常要多执行39%（或用三者取中法时多执行29%）。在实际环境中对于更精确的比较算法，需要进行仔细实现和详细分析，因为我们知道，归并排序的内循环的确比快速排序的内循环运行时间要长些。

如常，不断地改进程序对于很多程序员是不可抗拒的，有时可以得到一些临界好处。因而在进行更多考虑之后再执行。在这种情况下，归并排序比快速排序具有显著优势。因为它是稳定的排序算法，且可保证运行很快（与输入无关），它的缺点是使用的空间与数组大小成正比。当倾向使用归并排序（速度是重要因素时），就需要考虑提到的改进方法，还要仔细考虑编译器所生成的代码，机器结构的特性等等。

另一方面，还必须指出，程序员应该着眼于性能，以避免不必要的开销。所有程序员（和作者）都有过对控制实现其他复杂机制的实现特性忽视而导致的尴尬。当对程序进行仔细考察后，运行时间提高两倍是可能的。不断地进行检测操作是最高效的改进方法。

我们在第5章中用较大篇幅讨论了这些观点，但是受到过早优化的吸引，使我们每次都想要在这个层面上研究改进性能的技术。对于归并排序，我们进行了优化，因为性质8.1至性质8.4所表征的特性，对于我们考虑过的所有情况都成立：它们的运行时间与 $N \lg N$ 成正比，与输入无关（见图8-8）；它们使用额外空间；可以稳定实现。保持这些特征同时改进运行时间一般来说是不难的。

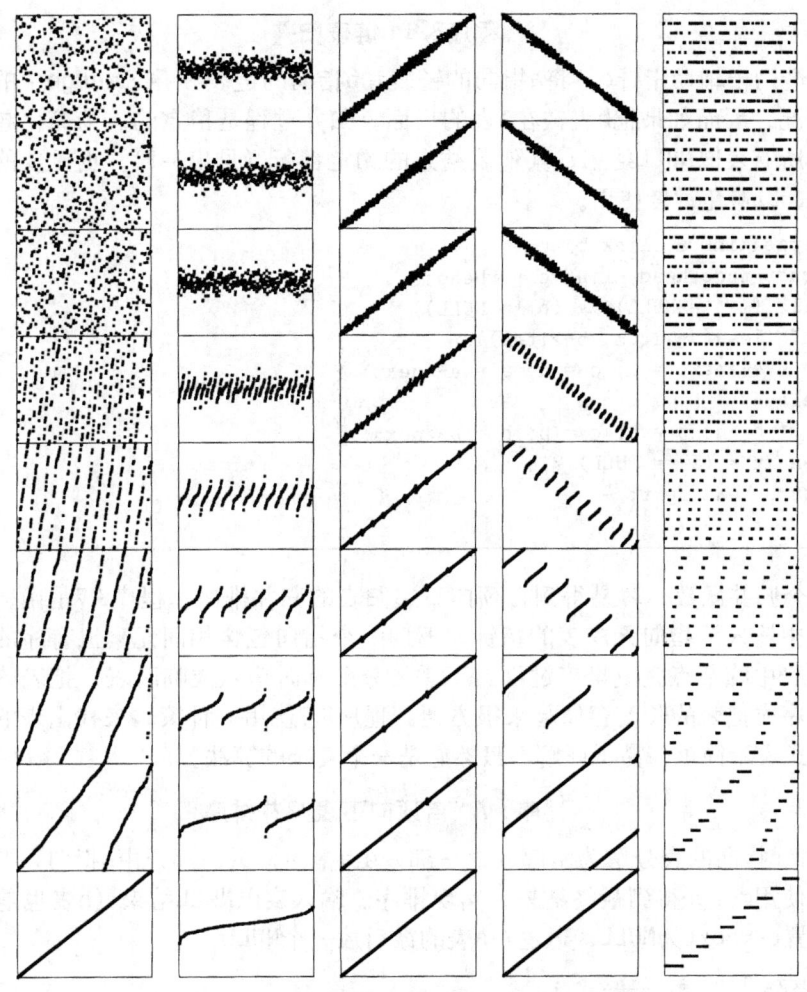

图8-8 使用自底向上归并排序对各种类型文件进行排序

注：归并排序的运行时间和输入文件无关。本图显示了对随机文件、高斯序列文件、基本有序序列文件、逆序文件及随机按10个关键字排列的文件进行自底向上归并排序的操作过程。显示了只与文件大小有关，而与文件的输入值无关。这个特性与快速排序及其他很多算法都不同。

练习

8.31 不使用数组复制，实现自底向上的归并排序。

8.32 使用快速排序、归并排序和插入排序算法，开发一个三层混合排序算法，使它的效率和最好的快速排序算法一样（即使对于小的文件），但可以保证它的性能比最坏情况下的二次时间性能要好。

8.7 归并排序的链表实现

在归并排序的实际实现中需要额外的内存空间，所有我们可以考虑使用链表来实现。也就是说，不使用辅助数组占用额外空间，而是使用链表。或者我们需要解决如何对链表进行排序（见6.9节）。事实上，归并排序是很适合用链表的。程序8.6给出了一个对链表进行归并操作的完整执行过程。注意所使用的归并操作代码和基于数组的归并操作代码（程序8.2）一样简单。

程序8.6 链表归并

该程序借助于辅助指针c，将a指向的链表和b指向的链表归并。merge中的关键字比较包括相等的情况，因而如果把b表链在a表的后面，归并过程是稳定的。为简化起见，我们采用常规约定，所有表以NULL结束。其他表结束的约定都行（见表3-1）。更重要的是，我们没有使用头节点，以避免过度使用。

```
link merge(link a, link b)
  { struct node head; link c = &head;
    while ((a != NULL) && (b != NULL))
      if (less(a->item, b->item))
        { c->next = a; c = a; a = a->next; }
      else
        { c->next = b; c = b; b = b->next; }
    c->next = (a == NULL) ? b : a;
    return head.next;
  }
```

给定这个归并函数，容易得到自顶向下递归表的归并排序。程序8.7是函数的一种直接递归实现，其中输入为指向无序表的指针，返回一个指向包含相同元素但有序的表的指针。程序重新排列表中的节点完成排序过程：不需要分配临时节点或临时表。把表的长度作为参数传给递归程序或把表的长度存储起来很方便；程序8.7使用一种策略来找出表的中值。这个程序用递归公式表示简单、易于理解，虽然它是一个复杂的算法。

程序8.7 自顶向下表归并排序

该程序把c指向的表分解为两部分，一部分由a指向，另一部分由b指向，并对两部分递归排序，然后使用merge得到最终结果，实现排序。输入表以NULL结束（b表也是以NULL结束），显式指令设置c->next为NULL，通过在a表的最后放一个NULL。

```
link merge(link a, link b);
link mergesort(link c)
  { link a, b;
    if (c == NULL || c->next == NULL) return c;
    a = c; b = c->next;
    while ((b != NULL) && (b->next != NULL))
      { c = c->next; b = b->next->next; }
    b = c->next; c->next = NULL;
    return merge(mergesort(a), mergesort(b));
  }
```

我们也可以使用自底向上的组合-求解方法来对链表进行归并排序，虽然记录链表的细节使得它的实现更具挑战性。如同我们在8.3节中讨论的自底向上基于数组的方法，在开发自底向上的表归并排序时，没有必要一定要执行递归版本或者基于数组的版本的归并集。

在这种情况下，还有一种简单的易于解释的方法，并不难实现。把数据项放在循环（circle）表中，然后访问该表，把有序子文件对归并为一个有序文件，直到只剩一个文件。这种方法在概念上是简单的，但是（如同大多数涉及链表的低级程序一样）实现起来比较复杂（见练习8.36）。程序8.8给出的另一种方法，是把所有待归并的表保存在一个队列ADT中。这种方法在概念上也是简单的，但是（如同许多涉及ADT的高级程序一样）实现起来较复杂。

程序8.8 自底向上表归并排序

该程序使用队列ADT（程序4.18，用标识符Q代替QUEUE）来实现自底向上的归并排序。队列元素是有序的链表。初始化表长为1的队列之后，程序简单地从队列中去除两个表，归并这两个表，并把归并结果放回队列中，继续这一过程直到只有一个表。这相应于对所有元素进行一个遍历的序列。在每一遍中，都使有序表的长度加倍，如同在自底向上的归并排序中。

```
link mergesort(link t)
  { link u;
    for (Qinit(); t != NULL; t = u)
      { u = t->next; t->next = NULL; Qput(t); }
    t = Qget();
    while (!Qempty())
      { Qput(t); t = merge(Qget(), Qget()); }
    return t;
  }
```

该方法的一种重要的特性是，它利用了可能出现在文件中的任何顺序。实际上，对表进行的遍数不是 $\lceil \lg N \rceil$，而是 $\lceil \lg S \rceil$，其中 S 为原数组中有序子文件的个数。这种方法有时称为自然归并排序。对于随机文件，这种方法没有大的优势，因为只可能节省一遍到两遍（实际上，这种方法很可能要比自顶向下的方法还慢，因为检查文件的顺序需要开销），但对于含有有序子文件的块，它并不罕见。在这种情况下，这种方法是高效的。

练习

- 8.33 开发一个自顶向下表归并排序的实现，它以链表长度作为递归过程的参数，并使用该长度决定如何分裂链表。
- 8.34 开发一个自顶向下表归并排序的实现，它把链表长度放在头节点中，并使用该长度决定如何分裂链表。
  8.35 在程序8.7中，对小的子文件增加一个中断。确定选择合适的中断值，以使程序加速。
○ 8.36 使用正文中描述的循环链表实现自底向上的归并排序。
  8.37 在练习8.36的使用循环链表实现的自底向上的归并排序程序中，增加对小子文件的中断。确定选择合适的中断值，以使程序加速。
  8.38 在程序8.8中增加对小子文件的中断。确定选择合适的中断值，以使程序加速。
○ 8.39 画出能够概述程序8.8所进行的归并过程的合治树，N = 16，24，31，32，33和39。
  8.40 画出能够概述循环链表归并排序（练习8.38）所进行的归并过程的合治树，N = 16，24，31，32，33和39。
  8.41 对包含N个随机的32位整数文件中已排好的子文件数目进行研究。
- 8.42 对随机的包含64位关键字的文件进行自然归并排序，当N = 10^3，10^4，10^5和10^6时，判断所要运行的遍数。提示：完成该练习不需要执行排序算法（甚至不需要完整的生成64位关键字）。
- 8.43 把程序8.8转换成自然的归并排序，初始化时将输入文件中出现的有序子文件组成序列。
○ 8.44 实现基于数组的自然归并排序。

8.8 改进的递归过程

本章的程序以及上一章中的快速排序是分治法的典型实现。在后面的章节中我们会看到具有类似结构的几个算法,因而值得对这些实现的基本特征进行详细的研究。

快速排序更合适称为分治算法:在一个递归实现中,大多数工作是在递归调用之前完成的。而递归归并排序的本质是分治法:首先,文件被分成两部分;然后分别解决每一部分。归并排序处理的第一个问题是一个小问题;结束时处理最大的子文件。快速排序从处理最大的子文件开始,以处理最小的子文件结束。在本章开始时提到的管理上的类比性,来比较这两种方法是很有趣的:快速排序对应每个管理者要付出努力做出正确决策进行任务划分,因而在子任务完成后任务才完成。而归并排序对应每个管理者做出快速任意的决策,把任务分半,然后在子任务完成后,需要合并结果。

在这两种方法的非递归实现中,差异是很明显的。快速排序必须使用栈,因为它保存了大的子问题,然后根据数据的情况进行分解。归并排序可以有非递归程序,因为它划分文件的方式与数据无关,因而我们可以通过重排对子问题的处理顺序,来得到更简单的程序。

对于快速排序,更自然的是将它看作一个自顶向下的算法,因为它从递归树的顶端开始,接着向下处理直到完成整个排序。我们可以设计一个非递归的快速排序过程,使它按照从上到下的层次顺序来遍历递归树。因此,排序可以在数组中进行很多遍,把文件分成更小的子文件。对于数组,这种方法是不切实际的,因为记录子文件需要一定的开销;而对于链表,则类似于自底向上的归并排序。

我们注意到归并排序和快速排序在稳定性方面有所不同。对于归并排序,如果我们假设子文件已经稳定地排好序,那么我们只需要确信进行稳定归并过程,这是容易做到的。算法的递归结构可以归纳得出它的稳定性。对于基于数组的快速排序实现,将数组进行稳定的划分是不容易的,因而在执行递归之前,稳定性已经被破坏。然而,对链表进行的直接快速排序是稳定的(参看练习7.4)。

如我们在第5章所看见的,包含一个递归调用的算法通常可以简化成一个循环过程,但包含两个递归调用的算法,像归并排序和快速排序,使用分治算法和树结构,很多最好的算法都使用这种方式。归并排序和快速排序值得仔细的研究,不仅因为它们重要的实用价值,还因为它们本身具有的递归特性,使我们可以更好地研究和理解其他递归算法。

练习

- 8.45 假设归并排序将文件按随机方式进行划分,而不是恰好平分。使用这样的方法对包含 N 个元素的文件进行排序,平均需要使用多少次比较?
- 8.46 研究使用归并排序算法对字符串操作的情况。对大文件进行排序时,平均需要进行多少次比较?
- 8.47 比较对链表进行快速排序(见练习7.4)和对链表进行自顶向下归并排序(见程序8.7)的情况。

第9章 优先队列和堆排序

许多应用问题要求我们按照关键字的次序来处理记录，但关键字不需要完全有序或一次全部有序。通常，我们处理一个记录集，然后处理关键字最大的一个记录，接着可能加入更多的记录，然后处理当前关键字最大的记录……在这样的环境下，有一种数据结构支持插入新元素和删除最大元素的操作。这样的数据结构称为优先队列。使用优先队列类似于使用队列（先进先出）和栈（后进先出），但是高效实现它们更具挑战性。优先队列是我们在4.6节讨论的广义队列ADT最重要的例子。实际上，优先队列是栈和队列的推广，因为我们可以通过设置合适的优先级，使用优先队列来实现这些数据结构（见练习9.3和练习9.4）。

定义9.1 **优先队列**是一种数据结构，其数据项中带有关键字，它支持两种基本操作：向优先队列中插入一个新的数据项，删除优先队列中关键字最大的数据项。

优先队列的应用包括：模拟系统——其中关键字对应事件的时间，按照年代顺序处理关键字；计算机系统中的作业调度——其中关键字对应用户被服务的优先级；数值计算——关键字对应计算误差，最大的误差应优先处理。

我们可以使用优先队列作为排序算法的基础。先插入所有的记录，然后逐个去除最大元素来得到逆序的记录。这本书的后面，我们将会看到如何使用优先队列作为更高级算法的积木块。在第5部分，我们将使用本章的子例程开发文件压缩算法；在第7部分，我们将看到优先队列作为一种抽象，来帮助我们更好地理解几个基本的图查找算法。这是优先队列作为算法设计基本工具发挥重要作用的几个例子。

实际上，优先队列要比刚才给出的定义更复杂，因为还有几个需要执行的操作，这些操作用来维持使用优先队列时所需的一些条件要求。当然，使用优先队列的主要原因之一是它们具有很好的灵活性，可使客户程序在包含关键字的记录上执行各种操作。我们希望构建并维持的数据结构，它包含数值关键字的记录，支持下列操作：

- 根据N个数据项构造一个优先队列。
- 插入一个数据项。
- 删除最大值的数据项。
- 改变任意给定的数据项的优先级。
- 删除任意给定的数据项。
- 把两个优先队列合并为一个大的优先队列。

如果记录中有重复关键字，我们取"最大"的意思是取"含有最大关键字值的记录"。如同许多数据结构，我们也需要给这个集合添加标准的初始化、测试是否为空和销毁及复制操作。

这些操作之间有重叠，有时定义其他的类似操作更方便。例如，某些客户可能需要频繁地在优先队列中执行找最大（find the maximum）数据项的操作，而不删除它。或者我们可能执行用一个新的数据项替换最大（replace the maximum）数据项的操作。我们可以使用用作积木块的两个基本操作来实现这些操作：find the maximum操作可以先执行delete the maximum操作，然后执行insert操作，replace the maximum操作可以先执行insert，然后执行delete the maximum或者先执行delete the maximum操作，然后执行insert操作。然而我们通常直接实现这些代码，得到更高效的代码，如果需要且定义明确。精确规范并不总是像它看上去的那么直接。例如，对于刚才给出的replace the maximum的两种选择绝然不同：前者总是使优先队列暂时增加一个新的数据项，后者总是把新数据项放到队列中。类似地，change priority操作可用delete操作后跟一个insert来实现。construct可用反复执行insert来实现。

对于某些应用，可能是用最小优先队列更方便，而不是使用最大优先队列。我们主要使用最大优先队列。当需要另一种类型的优先队列时，我们会说明使用最小优先队列（使我们可以执行delete minimum数据项的优先队列）。

优先队列是一种原型的抽象数据类型（ADT）（见第4章）：它表示一种良定义的对数据的操作集，提供了一种方便的抽象，使得我们可以把应用程序（客户）从本章将要讨论的各种实现中分离出来。程序9.1中给出的接口定义了最基本的优先队列操作；我们在9.5节将考虑一种更复杂的接口。严格来讲，我们所包含的各种操作的不同子集可以得到不同的抽象数据结构，但是优先队列中的基本操作有delete-the-maximum操作和insert操作，我们主要讨论这两种操作。

程序9.1 基本优先队列ADT

这个接口定义了最简单优先队列的操作：初始化、测试队列是否为空、插入一个新的数据项以及删除最大数据项。这些基本函数的实现使用了数组和链表，在最坏情况下的时间为线性时间，但我们将在本章看到可用于队列中的数据项数成对数时间的所有操作。PQinit指定队列中期望的最大数据项数。

```
void PQinit(int);
 int PQempty();
void PQinsert(Item);
Item PQdelmax();
```

优先队列的不同实现对于要执行的各种操作具有不同的性能特征。不同的应用问题需要高效的不同操作集的性能。实际上，原理上性能差异是抽象数据类型所造成的惟一差异。这种情况导致开销权衡。在这一章里，我们考虑大量接近这些开销权衡的方法，在理想情况下，可以达到用对数时间执行delete the maximum操作，用常量时间执行其他操作。

首先，我们在9.1节中讨论了几种实现优先队列的基本数据结构，来说明这个结果。接下来，在9.2节至9.4节我们讨论经典数据结构堆，它可以高效实现除join之外的所有操作。在9.4节我们还讨论一个重要的排序算法，它可以按照这些实现自然而得。此后，在9.5节和9.6节，我们更详细讨论在开发复杂优先队列ADT中涉及的一些问题。最后在9.7节，我们考察一种更高级的数据结构，称为二项队列（binomial queue），使用这种数据结构我们可以在最坏情况下的对数时间实现包括join的所有操作。

在研究各种数据结构的过程中，我们将铭记两个基本的权衡策略，那就是链表内存分配和顺序内存分配（第3章介绍），以及应用程序所使用的软件包的问题。特别是本书后面介绍的一些高级算法使用了优先队列的客户程序。

练习

▷ 9.1 在序列中字母代表插入（insert），星号代表删除最大值（delete the maximum）：

$$\text{PRIO*R**I*T*Y***QUE***U*E}$$

给出删除最大操作返回值的序列。

▷ 9.2 在练习9.1中，添加"+"号表示连接（join），"括号"表示操作创建的优先队列的界限。

给出以下序列的优先队列中的内容。

$$(((PRIO^*)+(R^*IT^*Y^*))^{***})+(QUE^{***}U^*E)$$

○ 9.3 解释如何使用优先队列ADT来实现栈的ADT。
○ 9.4 解释如何使用优先队列ADT来实现队列的ADT。

9.1 基本操作的实现

我们在第3章中讨论的基本数据结构给出了很多实现优先队列的方法。程序9.2是使用无序数组作为潜在数据结构的一种实现。find the maximum操作是通过扫描数组找出最大元素,接着将最大元素与最后元素交换,并使队列大小减1来实现的。图9-1显示了一个具体操作序列中数组的内容。基本实现与我们在第4章中看到的栈和队列的实现(程序4.4和程序4.11)类似,对于小的队列很有用。重要的差别是性能上的差别。对于栈和队列,我们能够在常量时间实现所有操作,对于优先队列,易于在常量时间实现它的插入操作或删除最大元素的操作,但要在常量时间实现插入和删除最大元素的操作是一项更困难的事情,这也是本章的主题。

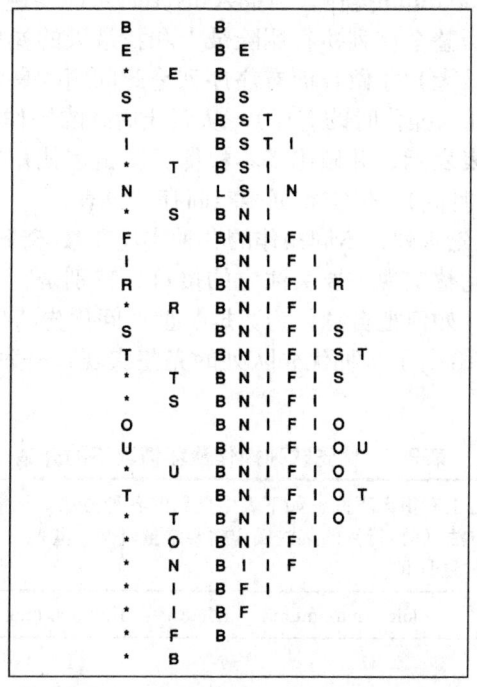

图9-1 优先队列示例(无序数组表示)

注:这个序列显示了对左列(从上到下)进行操作的序列,字母表示插入,星号表示删除最大。每一行展示了操作、执行delete the maximum操作所删除的字母,以及执行操作后数组中的内容。

程序9.2 优先队列数组实现

这个实现可以与我们在第4章讨论过的栈和队列的数组实现进行比较(见程序4.4)。把记录存储在一个无序数组中。从数组的末尾插入和删除数据项,就如同栈一样。

```
#include <stdlib.h>
#include "Item.h"
static Item *pq;
static int N;
```

```
void PQinit(int maxN)
  { pq = malloc(maxN*sizeof(Item)); N = 0; }
 int PQempty()
  { return N == 0; }
void PQinsert(Item v)
  { pq[N++] = v; }
Item PQdelmax()
  { int j, max = 0;
    for (j = 1; j < N; j++)
      if (less(pq[max], pq[j])) max = j;
    exch(pq[max], pq[N-1]);
    return pq[--N];
  }
```

我们可以使用无序序列或有序序列，作为链表或数组的实现。在保持数据项无序还是有序这之间所做的基本权衡，若维持一个有序的序列可允许使用常量时间进行delete the maximum操作和find the maximum操作，但插入insert时可能要遍历整个表；而无序序列允许常量时间的插入，但要遍历整个序列执行删除最大和找最大的操作。无序序列是此问题的懒方法，直到需要做时（找最大）才做；而有序序列是此问题的良性方法，因为我们尽量提前做很多的事情（保持表在插入操作时的有序），从而让后续的操作更高效。任何情况下，我们都可以使用数组表示或链表表示，并做出基本权衡，双链表使用常量时间进行删除（且对于无序情况，join操作为常量时间），但需要更多空间存储链表。

对于一个大小为N的优先队列，不同操作的各种实现在最坏情况下的开销概括在表9-1中。

开发一种优先队列的完整实现需要关注它的接口，特别是，客户程序如何访问节点进行删除和改变优先级的操作，如何把自身作为数据类型访问优先队列以进行连接操作。在9.4节和9.7节讨论这些问题，并给出了两种优先队列的完整实现：一种是使用双向无序链表实现，另一种使用二项队列实现。

表9-1　优先队列操作最坏情况下的开销

优先队列ADT的实现在性能上有很大不同，如下表中显示的各种方法最坏情况下的运行时间（对于较大的N，其中含有一个常量因子）。基本方法（前4行）的某些操作需要常量时间，其他一些操作是线性时间；高级方法的大多数操作有可保证的对数时间或常量时间。

	insert	delete maximum	delete	find maximum	change priority	join
有序数组	N	1	N	1	N	N
有序表	N	1	1	1	N	N
无序数组	1	N	1	N	1	N
无序表	1	N	1	N	1	1
堆	$\lg N$	$\lg N$	$\lg N$	1	$\lg N$	N
二项队列	$\lg N$	$\lg N$	$\lg N$	$\lg N$	$\lg N$	$\lg N$
理论上最佳值	1	$\lg N$	$\lg N$	1	1	1

使用优先队列的客户程序的运行时间不仅与关键字有关，而且与使用的各种操作有关。在实际应用中，谨记使用简单实现，因为它们常常胜过更复杂方法。例如，对于只进行少量delete the maximum操作的应用问题，使用无序表的实现更合适，因为不需面对大量插入操作。如果要进行大量find the maximum操作，或者所插入的数据项要比优先队列中的数据项大，使用有序表更合适。

练习

▷ 9.5 评论以下想法:要在常量时间内实现find the maximum操作,为什么不保存到目前为止插入的最大值,然后作为find the maximum的返回值?

▷ 9.6 给出执行图9-1描述的操作序列后数组中的内容。

9.7 使用一个有序数组作为底层数据结构,给出基本优先队列接口的一种实现。

9.8 使用一个无序链表作为底层数据结构,给出基本优先队列接口的一种实现。提示:参考程序4.5和程序4.10。

9.9 使用一个有序链表作为底层数据结构,给出基本优先队列接口的一种实现。提示:参考程序3.11。

○ 9.10 考虑"懒"(lazy)实现,其中仅当执行delete the maximum或find the maximum操作时,链表是有序的。插入操作从上一次排序就被保存在另一个链表里,然后在需要的时候排序与归并。讨论基于无序表和有序表的这样实现时的优点。

• 9.11 编写一个性能驱动客户程序,执行PQinsert填充优先队列,接着执行PQdelmax删除一半的关键字,然后再执行PQinsert填充优先队列,执行PQdelmax删除所有关键字,对长短不一的随机序列执行多次这些操作;度量每次运行的时间;打印或画出平均运行时间。

• 9.12 编写一个性能驱动客户程序,执行PQinsert填充优先队列,接着在1秒内执行尽可能多的PQdelmax操作和PQinsert操作。对长短不一的随机序列执行多次这些操作;打印或画出所能执行的PQdelmax操作的平均次数。

9.13 使用练习9.12的客户程序,将程序9.2中无序数组实现与练习9.8中的无序链表实现进行比较。

9.14 使用练习9.12的客户程序,将练习9.7和9.9中的基于数组的实现和基于链表的实现进行比较。

• 9.15 编写一个练习驱动客户程序,在实际应用程序可能遇到的困难和病态情况下使用我们程序9.1中优先队列接口的函数。简单的例子包括关键字已经有序、逆序、所有关键字相同和序列里的关键字只有两个值。

9.16 (本练习看上去是24个练习)证明表9-1给出的四种基本实现的最坏情况下的界限,参考程序9.2、练习9.7到练习9.9执行insert操作和delete the maximum操作的实现;非形式地描述其他几个操作的方法。对于delete操作,change priority以及join,假设你有办法可以直接访问某个位置。

9.2 堆数据结构

本章主要的主题是称为堆的简单数据结构。它能高效地支持基本优先队列的操作。在一个堆中,记录存在数组中,满足每个关键字必定比在其他两个指定位置上的关键字要大。依次地,这些关键字中的每个关键字都会大于另两个关键字,以此类推。由此次序可得,如果我们把关键字看作二叉树结构,其中每个关键字都有两条边指向比它更小的已知关键字。

定义9.2 如果一棵树中每个节点的关键字都大于或等于所有子节点中的关键字(如果子节点存在),就称树是堆有序的。同样地,一棵堆有序树中节点的关键字小于等于那个节点父节点的关键字(如果父节点存在)。

性质9.1 在一棵堆有序树中,不存在关键字大于根节点关键字的节点。

我们可以对任何一棵树增加堆有序的限制。使用一棵完全二叉树却更方便。在第3章中我们可以画出一棵这样结构的树,先画出根节点,接着从上到下,从左到右进行这个过程,把下层的两个节点与上层的父节点连接起来,直到所有N个节点都已放好位置。我们可以用数组把完全二叉树顺序地表示出来,只要简单把根节点放在数组中的位置1,它的子节点放在位置2和位置3,再下一层的节点放在位置4、位置5、位置6和位置7,依次类推。如图9-2所示。

定义9.3 堆是一个节点的集合,表示为数组,其中关键字按照堆有序的完全二叉树的形式排列。

我们可以使用链表来表示堆有序的树,但完全二叉树给了我们使用压缩数组表示的一个机会,我们可以容易地从一个节点得到它的父节点,它的子节点,而不需维持明确的链接。在位置i处节点的父节点的位置为$\lfloor i/2 \rfloor$,两个子节点的位置分别为$2i$和$2i+1$。比起链表表示来实现树,这种安排方式使得对树的遍历更简单。因为在链表表示中,每

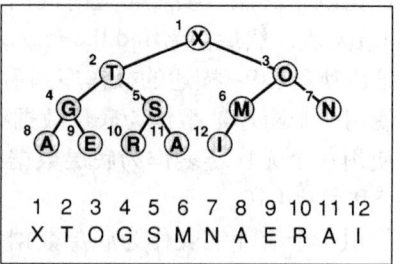

图9-2 堆有序的完全二叉树的数组表示

注:考虑数组中位置i处的父节点位置$\lfloor i/2 \rfloor$处的元素,$2 \leq i \leq N$(或等价于,考虑第i个元素为第$2i$和$2i+1$个元素的父节点),对应把元素表示为树。这种对应关系等价于在完全二叉树中对节点按层序编号(最低一层的节点尽可能靠左)。如果任何给定节点的关键字大于或等于那个节点子节点的关键字,则树是堆有序的。堆就是完全堆有序的二叉树的数组表示。堆中第i个元素大于或等于第$2i$个元素和第$2i+1$个元素。

个关键字需要关联三个链接,使其可以在树的上下进行遍历(每个元素有一个指向父节点的指针,还有两个指向子节点的指针)。虽然把完全二叉树表示为数组是非常严格的结构,但它们还是有足够的灵活性,来实现高效的优先队列算法。

在9.3节中,我们将看到使用堆可以实现优先队列的除join外的所有操作,这些操作最坏情况下的时间为对数时间。所有操作的实现是沿着堆内的某条路径(从父节点到子节点向下,或从子节点到父节点向上,但方向不会改变)。如在第3章中所讨论的,N个节点的完全二叉树中的每条路径约有$\lg N$个节点:最底一层约有$N/2$个节点,有子节点的最低层约有$N/4$个节点,有孙子节点的最低层约有$N/8$个节点,以此类推。每一代节点数大约是下一代的节点数的一半,至多有$\lg N$代。

我们也可以使用明确的链表来表示树结构,以开发优先队列操作的高效实现。例子有三链堆有序的完全树(见9.5节),联赛(见程序5.19),以及二项队列(见9.7节)。至于简单栈和队列,考虑链式结构的一个重要原因是我们可以预先知道队列的最大值,就像用数组表示一样。在某种情况下,我们也可以使用链表结构的灵活性来开发高效的算法。没有使用明确树结构经验的读者可以阅读第12章,学习基本方法甚至是学习更重要的符号表ADT的实现,然后再来处理本章和9.7节的练习中讨论的树链表表示方法。然而,对链表结构的仔细考虑可以放到第二遍阅读时再进行,因为本章主要的主题是堆(堆有序的完全二叉树的无链数组表示)。

练习

▷ 9.17 按照降序排列的数组是一个堆吗?

○ 9.18 堆中的最大元素必定在位置1,第二个最大元素必定在位置2或位置3。给出第k个最大元素在大小为15的堆中的位置列表:(i)可能出现;(ii)不可能出现,$k=2,3,4$(假设元素值不同)。

• 9.19 对于任意k,已知堆大小为N,回答练习9.18,结果为N的函数。

• 9.20 对于第k个最小元素,回答练习9.18和练习9.19。

9.3 基于堆的算法

基于堆的优先队列都是先做一点简单的修改，可以侵犯堆的条件，然后通过遍历堆，在需要的时候修改堆使其满足堆的条件。有时把这个过程称为堆化或只是修正堆。有两种情况需要对堆进行修正。当某个节点的优先级增加时（或新的节点被添加到堆底时），我们必须向上遍历堆以恢复堆的条件。当某个节点的优先级降低时（例如，如果我们用一个新节点代替根节点时），我们必须向下遍历堆以恢复堆的条件。首先，我们考虑如何实现这两个基本的函数，然后我们再看如何使用它们来实现各种优先队列的操作。

如果由于一个节点的关键字大于那个节点父节点的关键字，堆的性质受到侵犯，那么我们可以交换该节点与它的父节点来修正堆。交换之后，节点大于它的两个子节点（一个是原父节点，另一个小于原父节点，因为它是那个父节点的子节点），但可能仍会大于它的父节点。我们可以用同样的方法修正它，以此类推。沿堆向上进行，直到到达一个较大关键字的节点，或者到达根节点。图9-3显示了这个过程的一个例子。因为堆中位置k处节点的父节点的位置为k/2，代码很直接。程序9.3通过在堆中向上的一个过程，对在增加堆中某个给定节点的优先级时可能侵犯堆性质进行修正的函数的实现。

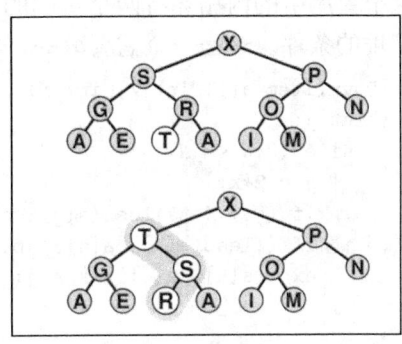

图9-3 自底向上堆化

注：除了底层的节点T，上方所描述的树是一棵堆有序的树。如果我们交换T与它的父节点，且T不比它的新父节点大，则树是堆有序的。继续交换T与其父节点的过程，直到遇到根节点，或遇到从T到根的路径上的一个大于T的节点，对于整棵树我们可以确定堆的条件。我们可以使用这个过程作为基本操作，进行堆上的插入操作，在向堆中（底层最右端的位置，如果需要从下一个新层开始）添加一个新的元素时，来重新确立堆的条件。

程序9.3 自底向上堆化

在增加一个节点的优先级时，为了恢复堆的条件，我们在堆中向上移动，需要时交换位置k处的节点与其父节点（位置k/2），只要a[k/2] < a[k]就继续这一过程，或到达堆顶。

```
fixUp(Item a[], int k)
  {
    while (k > 1 && less(a[k/2], a[k]))
      { exch(a[k], a[k/2]); k = k/2; }
  }
```

如果由于节点的关键字比它的一个或两个子节点的关键字要小，使堆性质受到侵犯，那么我们可以交换该节点与它的较大的一个子节点，来修正这个侵犯。这种交换可能会引起子节点不满足堆的性质；我们可以使用同样的方法修正它，以此类推。在堆中向下进行，直到到达一个其两个子节点都小的节点，或到达堆底。图9-4显示了这个过程的一个例子。代码再次直接由事实，堆中位置k处节点的子节点的位置为2k和2k+1而得。程序9.4通过在堆中向下移的一个过程，对在堆中增加某个给定节点的优先级时可能侵犯堆性质进行修正的函数的实现。这个函数需要知道堆的大小（N），以便能够测试它何时到达了堆底。

程序9.4 自顶向下堆化

在降低一个节点的优先级时,为了恢复堆的条件,我们在堆中向下移动,需要时交换位置k处的节点与其子节点中较大的一个节点,如果在k处的节点不小于它的任何一个子节点,或到达树底,则停止这一过程。注意,如果N是偶数,k为N/2,那么k处的节点只有一个子节点,必须准确处理这种情况。

这个程序中的内循环有两个不同的出口:一个是到达堆底的情况,另一是在堆内的某处,满足了堆的条件。这是一个需要break构造的原型例子。

```
fixDown(Item a[], int k, int N)
  { int j;
    while (2*k <= N)
      { j = 2*k;
        if (j < N && less(a[j], a[j+1])) j++;
        if (!less(a[k], a[j])) break;
        exch(a[k], a[j]); k = j;
      }
  }
```

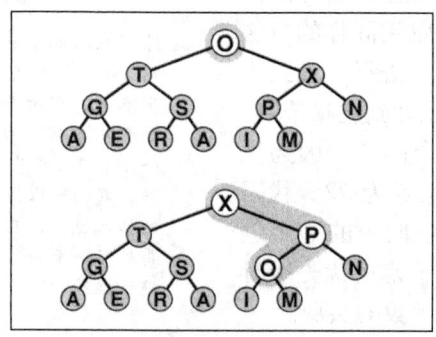

图9-4 自顶向下堆化

注:上方所描述的树除根节点外是一棵堆有序的树。如果我们交换O与其子节点中较大者(X),除了以O为根的子树外,树就变成了堆有序的。继续交换O与其子节点中较大者的过程,直到到达堆底,或者到达O大于其子节点的那个节点,此时确定了整棵树的堆有序的条件。我们可以使用这个过程作为在堆上执行"删除最大值"操作的基础,在用底层最右边的关键字代替根节点的关键字后重新建立堆的条件。

这两种操作独立于树结构的表示方式,它们都能够(按照自底向上的方式)访问任何节点的父节点和(按照自顶向下的方式)访问任何节点的子节点。对于自底向上的方法,我们向树的上面移动,交换给定节点的关键字与其父节点的关键字,直到到达树的根节点,或到达较大(或相等)关键字的一个父节点。对于自顶向下的方法,我们向树的下面移动,交换给定节点的关键字与其子节点中较大一个节点的关键字,向下移动该子节点处,继续向树的下方执行这个过程,直到到达树底,或到达不存在较大关键字的节点。推广这一过程,这些操作不仅可以应用到完全二叉树中,也可用于任何树结构中。高级的优先队列算法通常使用更一般的树结构,但使用同样这些基本操作来维持访问结构中的堆顶最大关键字。

如果我们想象用堆来表示一个社团的结构,其中节点的每个子节点表示其下属(其父节点表示直接上司),那么这些操作的解释很有趣。自底向上的方法对应着一个有希望的新的经理走马上任,发号施令的链发生变化(通过与较低资格的老板交换工作),直到新人遇到更高资格的老板。自顶向下的方法的情况是类似的,当公司的总经理被一个较低资格的人取代。

如果总经理的最有力的下属要比新人更强,他们交换工作,而我们从支配链向下,把新人降级的同时提升其他人,直到新人到达相应能力的水平,再没有更高资历的下属了(这种理想情节在现实生活中的确存在),对比这种情景,我们常把一个堆中的上移称为"晋升"。

这两个基本操作允许基本优先队列ADT的高效实现,就如程序9.5给出的那样。把优先队列表示成一个堆顺序的数组,insert操作相当于在数组末尾加入新元素,然后把该元素由堆的底部往上移,从而重构堆;delete the maximum操作相当于把最大元素从堆顶移走,然后把最后的元素移到堆顶,再把它从堆顶往下移,从而重构堆。

程序9.5 基于堆的优先队列

为了实现PQinsert,我们使N每次增1,在堆尾加入新元素,然后使用fixUp来恢复堆的条件。对于PQdelmax,堆的大小必须减1,因而我们取pq[1]所返回的值,接着把pq[N]移到pq[1]。使用fixDown来恢复堆的条件。PQinit和PQempty的实现很简单。数组中的第一个位置pq[0]未用,但在某些实现中可用作观察哨。

```
#include <stdlib.h>
#include "Item.h"
static Item *pq;
static int N;
void PQinit(int maxN)
  { pq = malloc((maxN+1)*sizeof(Item)); N = 0; }
 int PQempty()
  { return N == 0; }
void PQinsert(Item v)
  { pq[++N] = v; fixUp(pq, N); }
Item PQdelmax()
  {
    exch(pq[1], pq[N]);
    fixDown(pq, 1, N-1);
    return pq[N--];
  }
```

性质9.2 优先队列抽象数据类型的insert和delete the maximum操作可用堆有序的树实现,满足对于N个元素构成的优先队列,insert操作所需的比较次数不超过$\lg N$,delete the maximum操作所需的比较次数不超过$2 \lg N$。

这两个操作都包括沿着根节点与堆底之间的路径移动。大小为N的堆中的路径上的元素数不超过$\lg N$个(见性质5.8和练习5.77)。对于每个节点,delete the maximum操作需要两次比较,一次是找关键字更大的子节点,另一次是决定子节点是否需要晋升。∎

图9-5和图9-6显示了通过把一个一个元素插入初始为空的堆中,来构造堆的一个例子。在我们使用的数组表示中,它通过在数组中顺序移动,把数组变成堆有序的数组。考虑每次移动一个新的数据项时堆的大小增1的过程,使用fixUp来恢复堆序性质。这个过程最坏情况下所需时间为$N \lg N$(如果每个数据项是到目前为止所见的最大数据项,它遍历整个堆),但这个过程平均情况下为线性时间(一个随机新元素只遍历几层)。在9.4节中,我们会看到最坏情况下线性时间构造堆的一种方法(把数组变成堆有序的数组)。

程序9.3和程序9.4中的基本fixUp和fixDown操作可以直接用于实现change prioity和delete操作。为了改变堆中间某个数据项的优先级,如果数据项的优先级增加,我们使用fixUp向堆上方移动;如果数据项的优先级降低,我们使用fixDown向堆下方移动。完全实现这些操作,涉及特定的数据项，仅当在数据结构中每个数据项有一个指向数据项位置的指针时才有意义。我们将会在9.5节至9.7细考虑这样做的细节。

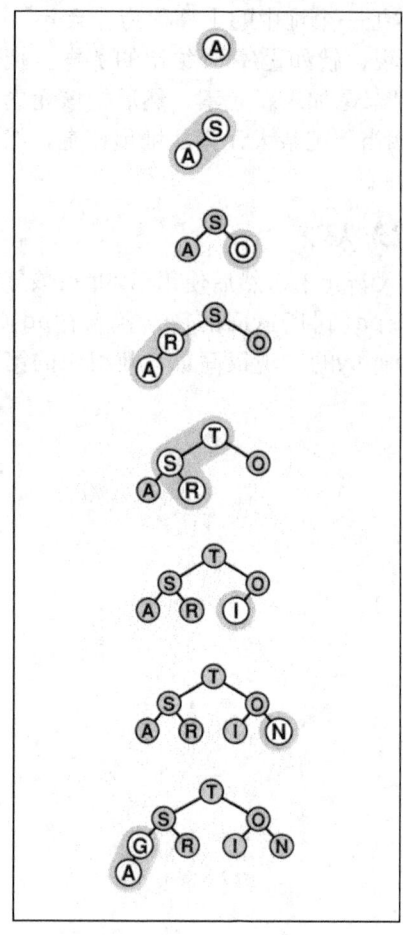

图9-5 自顶向下构造堆

注：这个序列描述了把关键字ＡＳＯＲＴＩＮＧ插入一个初始空堆的过程。新的数据项被添加到堆底，沿堆底从左向右添加。每次插入只影响插入节点和根节点之间路径上的节点，因而，这个开销为最坏情况下堆的大小的对数时间。

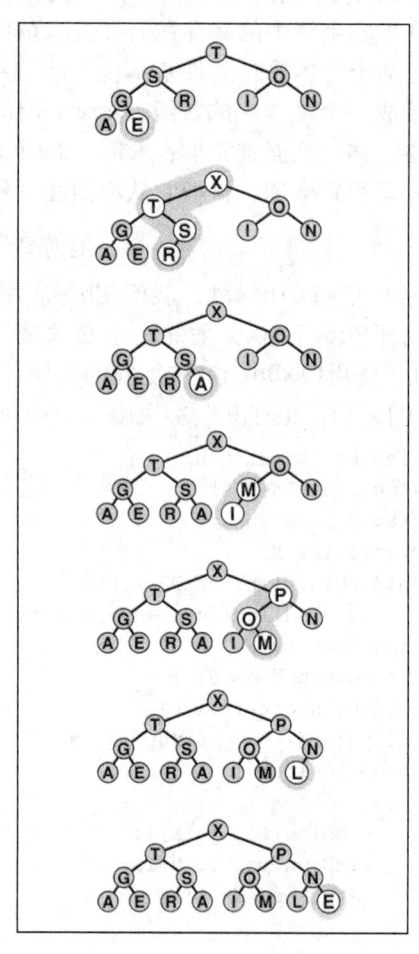

图9-6 自顶向下构造堆（续）

注：这个序列描述了把关键字ＥＸＡＭＰＬＥ插入图9-5开始的堆的过程。构造大小为N的堆的总开销小于$\lg 1 + \lg 2 + \cdots + \lg N$，即小于$N \lg N$。

性质9.3 优先队列抽象数据类型的change priority、delete及replace the maximum操作可用堆有序的树来实现，满足对于N个元素的优先队列，上述的任何操作所需的比较次数不超过$2\lg N$。

因为这些操作需要指向数据项的句柄，我们把支持这些操作的实现推迟到9.6节考虑（见程序9.12和程序9.14）。它们都包含在堆中的路径上的移动，这些移动在最坏情况下可能是自顶向下或自底向上的。■

注意，join操作没有包括在这些操作中。把两个优先队列高效地组合在一起似乎要求更复杂的数据结构。我们将在9.7节详细地讨论这样的数据结构。此外，这里给出的简单的基于堆的方法对于广泛的应用足够应对。除了出现大量join操作的情形，基于堆的方法都使用了最少的额外空间。

如我们已经提到的那样，我们可以使用任何优先队列来研制一种排序方法，如程序9.6所示。我们简单地把所有待排序的关键字插入优先队列中，然后重复使用delete the maximum按照递减的顺序把它们都去除。使用表示为无序表的优先队列与选择排序对应；使用表示为有序表的优先队列与插入排序对应。

程序9.6 使用优先队列进行排序

为了使用优先队列ADT对子数组a[1]，…，a[r]进行排序，我们简单使用PQinsert把所有元素放入优先队列中，然后按照递减顺序使用PQdelmax删除这些元素。该排序算法的运行时间与$N \lg N$成正比，但使用的额外空间与（优先队列中）待排序的元素数成正比。

```
void PQsort(Item a[], int l, int r)
  { int k;
    PQinit();
    for (k = l; k <= r; k++) PQinsert(a[k]);
    for (k = r; k >= l; k--) a[k] = PQdelmax();
  }
```

图9-5和图9-6给出了使用基于堆的优先队列实现时的第一步的示例（构造过程）；图9-7和图9-8显示了基于堆的实现的第二步（我们称为向下排序过程）。对于实际应用，这种方法相对粗糙，因为它对待排序的数据项进行了额外复制（在优先队列中）。同时，对于给定的N个元素，使用N次连续插入不是最高效的建堆方法。在下一节里，我们针对这两点，考虑堆排序算法的一种经典实现。

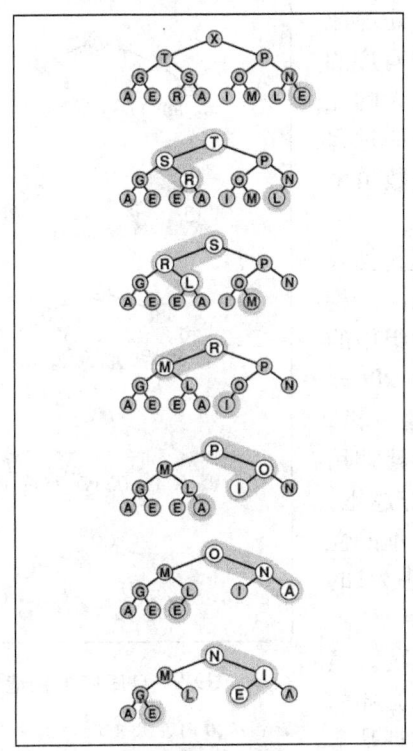

图9-7 堆排序

注：用堆中底层最右端的元素替代堆中的最大元素，我们可以通过沿着从根到底层的路径向下移动来恢复堆序性质。

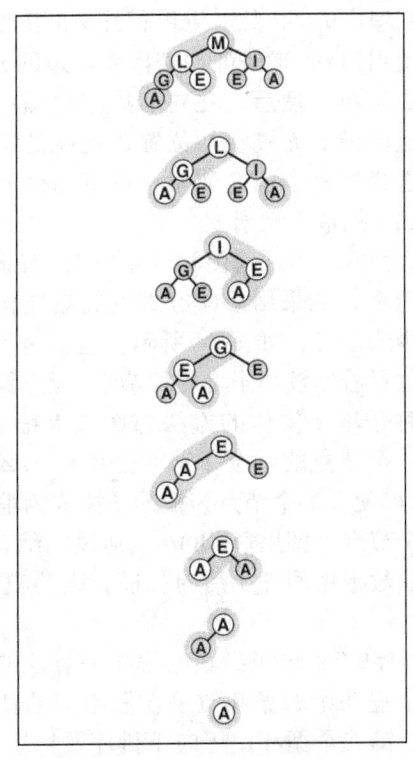

图9-8 堆排序（续）

注：这个序列描述了从图9-7的堆中删除其余关键字的过程。即使每个元素都沿着路径到达底部，排序步的总开销小于$\lg N + \cdots + \lg 2 + \lg 1$，即小于$N \log N$。

练习

▷ 9.21 把关键字EASYQUESTION插入到初始为空的堆中，给出堆中的结果。

▷ 9.22 使用练习9.1中的约定，给出在初始为空的堆中执行如下操作后所产生的堆的序列：
PRIO*R**I*T*Y***QUE***U*E

9.23 因为exch基本操作被用于堆化的过程，需要将数据项装入并存储两次。给出避免这个问题的更高效的实现。

9.24 为什么我们在fixDown中不使用观察哨来避免j<N测试？

○ 9.25 向程序9.5的基于堆的优先队列实现中添加replace the maximum操作。确信考虑了所添加的值大于队列中的所有值。注意：使用pq[0]得到一个优雅的解。

9.26 在堆中执行一次delete the maximum操作，必须移去的最少关键字个数是多少？给出大小为15的堆所达到的这个最小数。

9.27 在堆中连续执行三次delete the maximum操作，必须移去的最少关键字个数是多少？给出大小为15的堆所达到的这个最小数。

9.4 堆排序

我们可以改变程序9.6的基本思想，不需任何额外空间可对数组排序，把堆维持在待排序的数组内。也就是说，针对排序任务，我们放弃了隐含优先队列表示的想法，不受优先队列ADT接口的限制，我们直接使用fixDown来完成。

在程序9.6中直接使用程序9.5相当于从左到右处理数组，使用fixUp来保证扫描指针左边的元素构成了堆有序的完全二叉树。然后，在向下排序过程中，我们把最大的元素放进堆缩减而腾空的位置。也就是说，向下排序的过程就像选择排序，但它使用一种更高效的方法来找出数组中无序部分的最大元素。

这种方法不是像图9-5和图9-6那样向堆中连续进行插入来构造堆，它采用后向方式更高效地构造堆，自底向上构造较少的子堆，如图9-9所示。也就是说，我们把数组中的每个位置看作较小子堆的根节点，然后利用事实，fixDown在这种子堆上操作的方法与在较大堆上的操作方法一样。如果一个节点的两个子节点是堆，那么在那个节点处调用fixDown使在那个节点为根的子树成为堆。通过后向穿越堆，在每个节点上调用fixDown，通过归纳我们可以保证堆的性质。从数组中间开始后向扫描，因为我们跳过了大小为1的子堆。

程序9.7给出了经典的堆排序算法的一个完整实现。虽然这个程序中的循环似乎在做不同的任务（第一个循环构造堆，第二个循环由于向下排序毁坏堆），这些操作都是基于同一基本过程。使用数组表示完全树，除了根节点之外，可以恢复堆序性质。图9-10说明了与图9-7至图9-9对应的例子中的数组内容。

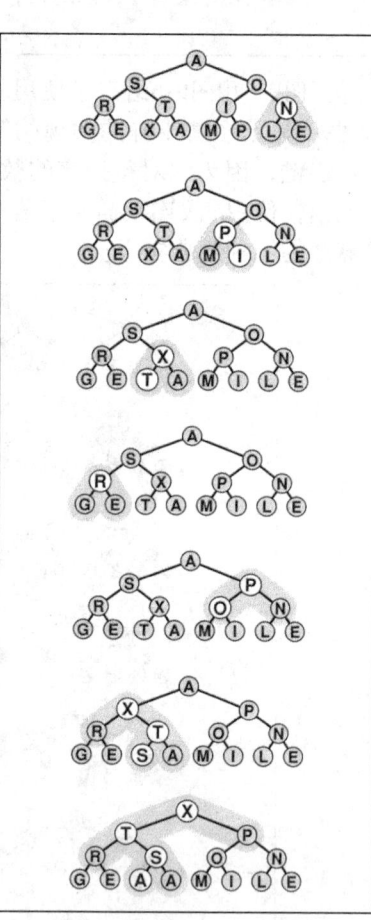

图9-9 自底向上构造堆

注：从右向左且自底向上来构造一个堆，并保证在当前节点下的子树是堆有序的。最坏情况下的总开销是线性的。因为多数节点在底部的附近。

程序9.7 堆排序

使用fixDown直接给出经典的堆排序算法。for循环构造堆；接着while循环交换最大元素与数组中的最后一个元素，并修正堆。继续这一过程直到堆为空。指到a[l-1]的指针pq允许代码把传给它的子数组看作其第一个元素在下标1处的数组，它可表示为一棵完全二叉树（见图9-2）。一些程序开发环境也许不允许这种用法。

```
void heapsort(Item a[], int l, int r)
  { int k, N = r-l+1; Item* pq = a+l-1;
    for (k = N/2; k >= 1; k--)
      fixDown(pq, k, N);
    while (N > 1)
      { exch(pq[1], pq[N]);
        fixDown(pq, 1, --N); }
  }
```

```
A S O R T I N G E X A M P L E
A S O R T I N G E X A M P L E
A S O R T P N G E X A M I L E
A S O R X P N G E T A M I L E
A S O R X P N G E T A M I L E
A S P R X O N G E T A M I L E
A X P R T O N G E S A M I L E
X T P R S O N G E A A M I L E

T S P R E O N G E A A M I L X
S R P L E O N G E A A M I T X
R L P I E O N G E A A M S T X
P L O I E M N G E A A R S T X
O L N I E M A G E A P R S T X
N L M I E A A G E O P R S T X
M L E I E A A G N O P R S T X
L I E G E A A M N O P R S T X
I G E A E A L M N O P R S T X
G E E A A I L M N O P R S T X
E A E A G I L M N O P R S T X
E A A E G I L M N O P R S T X
A A E E G I L M N O P R S T X
A A E E G I L M N O P R S T X
```

图9-10 堆排序示例

注：堆排序是一种高效的基于选择的算法。首先，我们自底向上原位构造一个堆。图中上面8行与图9-9对应。接下来，我们不断地移去堆顶的最大元素。上图下面没有阴影的部分对应着图9-7和图9-8；阴影部分包含着不断增大的排好序的文件。

性质9.4 自底向上构造堆所需时间为线性时间。

观察可得这一事实，所处理的大多数堆是小堆。例如，为了构建一个127个元素的堆，我们处理大小为3的32个堆，大小为7的16个堆，大小为15的8个堆，大小为31的4个堆，大小为63的2个堆，大小为127的1个堆，因而最坏情况下需要$32\times 1 + 16\times 2 + 8\times 3 + 4\times 4 + 2\times 5 + 1\times 6 = 120$次晋升。对于$N = 2^n - 1$，晋升的上界数为

$$\sum_{1\leqslant k\leqslant n} k2^{n-k-1} = 2^n - n - 1 < N$$

在$N + 1$不是2的幂时，类似证明成立。■

这个性质对于堆排序并不重要，因为对于向下排序过程它的时间仍为$N \lg N$。但这个性质

对于其他优先队列的应用却很重要，那些应用中线性时间的构造操作可以得到线性时间的算法。如在图9-6所示的，用N次连续插入操作构造一个堆最坏情况下所需总步数为N lg N（对于随机文件，即使总步数平均来说是线性的）。

性质9.5 对N个元素进行排序，堆排序使用不超过2N lg N次比较。

由性质9.2直接可得3N lg N次的比较次数。这里给出的这个界限是根据性质9.4经过仔细推导得出。■

性质9.5和原位性质是堆排序实用的两个基本原因。它可以保证对N个元素的原位排序时间与N lg N成正比，与输入的实例无关。不存在最坏情况下使堆排序的运行时间特别慢的输入实例（而对快速排序，则有某些输入使它的运行时间特别的慢），而且堆排序并不使用额外空间（而归并排序需要使用额外空间）。这种可保证的最坏情况下的性能是有一定代价的：例如，算法的内循环（每次比较的开销）中的基本操作比快速排序内循环中的操作要多，对于随机文件它使用的比较操作次数比快速排序多，因而对于一般文件或随机文件，堆排序很可能比快速排序慢。

堆在找N个数据项中的第k个最大元素的选择问题中也是很有用的（见第7章），特别是，如果k很小时，我们可以简单地在从堆顶取得k个数据项后，停止使用堆排序算法。

性质9.6 如果k小于或近似于N，基于堆的选择找N个数据项中的第k个最大元素的时间与N成正比，否则所用时间与N lg N成正比。

一种方法是，构造一个堆所用的比较次数少于2N次（由性质9.4得），移去k个最大元素所用的比较次数少于2k lg N次（由性质9.2得），共需要2N + 2k lg N次比较。另一种方法是先构造一个大小为k的小顶堆，然后用剩下的元素执行k次replace the minimum操作（insert后跟delete the minimum操作），至多共使用2k + 2(N−k) lg k次比较（见练习9.35）。这种方法使用的空间与k成正比，因而在k较小且N很大时（或N大小事先未知），对于找N个元素中的第k个最大元素是很有吸引力的。对于随机关键字以及其他情况，在第二种方法中堆操作的上界lg k在k相对于N较小时可能为O(1)（见练习9.36）。■

各种改进堆排序的方法有很多。一种思想是Floyd提出的，在向下的过程中，把元素重新插入堆中通常要遍历到堆底层，如果能够不检查元素是否到达了其位置，只是简单地提升两个子节点中的较大者，直到到达底层，接着沿堆向上到达合适位置，这样可以节省时间。这种思想使得比较次数降低大约2倍，近似为lg N! ≈ N lg N−N / ln 2。这是任何排序算法所需的最少比较次数（见第八部分）。这种方法需要额外的记录信息，实际中仅当比较的开销相对大时（例如，我们对大的字符串或其他类型的长关键字排序时），它才有用。

另一种建堆方法是根据完全堆有序的三叉树的数组表示来建立堆。对于N个元素的数组，其中的1至N个位置，位置k处的节点大于或等于位置3k−1，3k和3k+1的节点，小于或等于位置$\lfloor (k+1)/3 \rfloor$的节点。在降低树的高度所带来的较低开销和求每个节点上三个子节点中较大者的较大开销之间有一个权衡问题。这个权衡与实现的细节有关（见练习9.30）。进一步增加每个节点上的子节点数目效果不大。

图9-11显示了对随机有序文件进行堆排序的过程。首先，这个过程似乎没有排序，因为随着堆的构造，大的元素被移到文件的开始。然而，如所预料到的，这个方法看上去更像是选择排序的一个镜像。图9-12显示了不同类型的输入文件可以产生具有独特特征的堆，但随着排序过程的进行，它们看上去更像是随机堆。

自然地，我们对为某个应用程序在堆排序、快速排序和归并排序之间进行选择感兴趣。堆排序和归并排序的选择主要归结于排序的不稳定性（见练习9.28）和需要额外空间之间的选择；堆排序和快速排序的选择主要归结于平均情况下和最坏情况下速度之间的选择。人们已经广泛地改进了快速排序和归并排序的内部循环，我们把对堆排序的改进放到本章的练习中。使得堆排序比快速排序快是不可能的，如表9-2给出的实验研究结果。但那些对自己机器上的快速排序感兴趣的人们会发现这个练习具有启发性。通常，不同机器的特性和编程环境会起着重要的作用。例如，快速排序和归并排序具有局部特性，这使它们在某些机器上很有优势。当比较的代价非常高时，就会选择Floyd的版本，在这些情况下，按照时间和空间开销来看，它几乎是最优的。

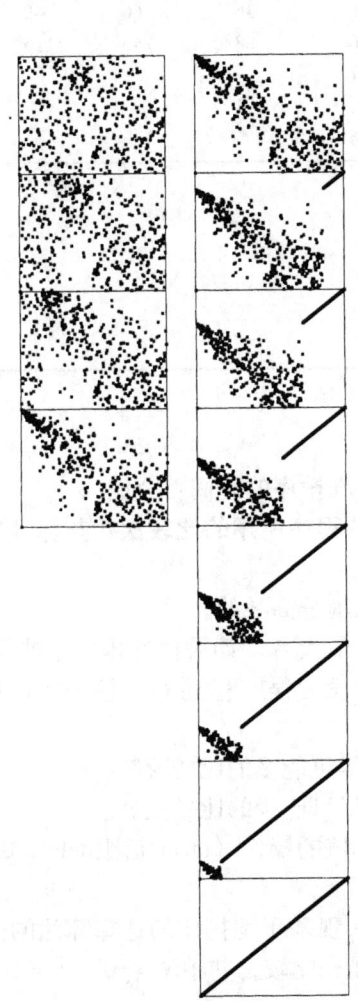

图9-11 堆排序的动态特性

注：（左边的）构造过程似乎没有对文件排序，把大的元素放在起始位置附近。然后，（右边的）向下排序过程像选择排序的过程，一开始保持一个堆，并在文件的最后构建了有序的数组。

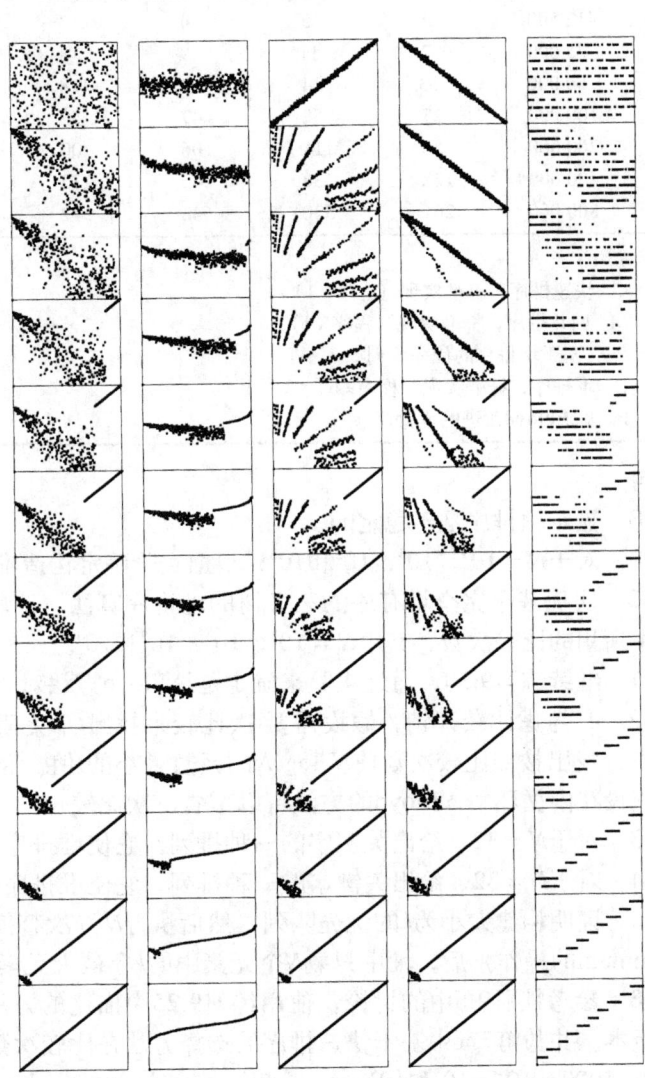

图9-12 堆排序在不同类型文件中的动态特性

注：堆排序的运行时间对输入不太敏感。无论什么输入，最大的元素都会在$\lg N$步内找到。这些图表显示的文件是随机文件、高斯文件、几乎有序文件、几乎逆序文件和10个不同关键字的随机有序文件（从最上面开始，从左到右）。顶部的第2幅图显示了使用自底向上的算法所构造的堆。其余的图显示了对每个文件进行向下排序的过程。堆有时是把初始文件在开始做一个镜像，但随着过程的继续，随机文件就更像是堆了。

表9-2 堆排序算法的实验研究

表中左边部分对随机文件进行排序的相对时间证实了我们对堆排序的内循环比快速排序的内循环要慢的期望，但它可与归并排序相比。表中右边部分的Moby Dick的前N个字的时间显示了Floyd方法是对堆排序的一种高效改进，当比较次数很费时间的时候。

	32位整型关键字					字符串关键字		
N	Q	M	PQ	H	F	Q	H	F
12 500	2	5	4	3	4	8	11	8
25 000	7	11	9	8	8	16	25	20
50 000	13	24	22	18	19	36	60	49
100 000	27	52	47	42	46	88	143	116
200 000	58	111	106	100	107			
400 000	122	238	245	232	246			
800 000	261	520	643	542	566			

其中：
Q 快速排序，标准实现（程序7.1）
M 归并排序，标准实现（程序8.1）
PQ 基于堆排序的优先队列
H 堆排序，标准实现（程序9.6）
F 基于Floyd改进的堆排序

练习

○ 9.28 显示堆排序是不稳定的。

• 9.29 对于$N = 10^3$，10^4，10^5和10^6，根据实验确定构造堆所占堆排序的时间百分比。

• 9.30 实现基于完全堆有序的三叉树的堆排序算法，比较你的程序所用的比较次数与标准实现中所用的比较次数，其中$N = 10^3$，10^4，10^5和10^6。

• 9.31 继续练习9.30，通过实验来确定是否Floyd方法对于三叉堆是高效的。

○ 9.32 只考虑比较开销，假设需要t次比较来找出t个元素中的最大者，如果在堆排序中使用t叉堆，找出按照比较次数使$N \log N$的系数最小的t值。首先假设对程序9.7进行直接推广；然后假设在内循环中，Floyd的方法可以节省一次比较。

○ 9.33 对于$N = 32$，给出关键字的一种排列，它使堆排序使用尽可能多的比较次数。

•• 9.34 对于$N = 32$，给出关键字的一种排列，它使堆排序使用尽可能少的比较次数。

9.35 证明构建大小为k的优先队列，然后执行$N-k$次替换最小值的操作（insert后跟delete the minimum的操作）后，堆中只剩N个元素中的k个最大元素。

9.36 参考性质9.6中的讨论，使用练习9.25中描述的方法，实现基于堆排序的选择算法的两种版本。并与第7章中基于快速排序的选择方法在比较次数上作一比较，其中$N = 10^6$，$k = 10$，100，1000，10^4，10^5和10^6。

• 9.37 把堆有序的树表示成前序的形式，而不是层序的形式，实现堆排序算法。并与堆排序的标准实现在比较次数上进行比较，随机关键字$N = 10^3$，10^4，10^5和10^6。

9.5 优先队列ADT

对于大多数的优先队列的应用，我们希望有优先队列的例程，而不是通过运行delete the maximum返回值，告诉我们哪个记录有最大的关键字，而且在其他应用中的过程也类似。也就是说，我们赋予优先级，惟一目的是使用优先队列来访问按照合适次序组织的其他数据。

这种安排很像第6章描述使用了间接排序或指针排序的概念。特别是，这种方法要求change priority或delete这样的操作有意义。我们在这里详细考察这种思想的实现，是因为我们稍候要用这种形式的优先队列，还因为这种情况是我们设计优先队列抽象数据类型接口时要面对的问题。

当我们希望从优先队列中删除一个元素时，如何确定是哪个元素？当我们希望连接两个优先队列时，如何把优先队列像数据类型那样维持？诸如这样的问题是第4章中的主题。程序9.8给出了我们在4.8节讨论的那种优先队列的一种通用接口。它支持这样的情况，客户有关键字及其相关信息，同时主要对访问具有最大关键字的相关信息感兴趣，可能还有很多其他数据处理的操作要在数据项上执行，如我们在本章一开始讨论的那样。所有操作都通过句柄（指向尚未确定的一个结构）引用特定的优先队列。插入操作由客户程序为添加到优先队列的每个对象返回一个句柄。对象句柄不同于优先队列的句柄。在这种安排之下，客户程序要保存句柄，它们稍候可能用来确定哪个对象会受到delete操作和change priority操作的影响，哪个优先队列会受到所有这些操作的影响。

程序9.8　一级优先队列ADT

这个优先队列ADT的接口提供了引用数据项的句柄（它允许客户程序删除数据项并改变优先级），还提供优先队列的句柄（允许客户维持多个优先队列，并把队列合并到一起）。这些类型PQlink和PQ都是指向结构的指针，它们在实现中已经指定（见4.8节）。

```
typedef struct pq* PQ;
typedef struct PQnode* PQlink;
    PQ PQinit();
   int PQempty(PQ);
PQlink PQinsert(PQ, Item);
  Item PQdelmax(PQ);
  void PQchange(PQ, PQlink, Item);
  void PQdelete(PQ, PQlink);
  void PQjoin(PQ, PQ);
```

这种安排给客户程序和实现都带来了约束。除了接口之外，客户程序没有给出通过句柄访问信息的方式。它有责任正确使用句柄的信息：例如，不存在一种好的实现方式，来检查一种非法行为，如客户使用句柄引用一个已删除的元素。对于这一部分，实现不能使信息自由的移动，因为客户程序拥有以后可能使用的句柄。这一点在我们考察实现的细节时将变得更清楚。如常，无论我们在实现中选择哪个级别的细节，像程序9.8那样的抽象接口是权衡应用需求和实现需求的有用的起点。

使用一个无序双向链表表示，直接实现基本优先队列的操作在程序9.9中给出。这一代码说明了接口的本质；使用其他基本表示，很容易开发其他类似直接的实现应用。

程序9.9　无序双链表优先队列

程序9.8接口中的initialize、test if empty、insert和delete the maximum例程的实现只使用了基本操作来维持一个带有头节点和尾节点的无序表。我们指定结构PQnode为双链表节点（一个关键字和两个指针组成），结构pq指向表头和表尾的指针。

```
#include <stdlib.h>
#include "Item.h"
#include "PQfull.h"
```

```
struct PQnode { Item key; PQlink prev, next; };
struct pq { PQlink head, tail; };
PQ PQinit()
  { PQ pq = malloc(sizeof *pq);
    PQlink h = malloc(sizeof *h),
           t = malloc(sizeof *t);
    h->prev = t; h->next = t;
    t->prev = h; t->next = h;
    pq->head = h; pq->tail = t;
    return pq;
  }
int PQempty(PQ pq)
  { return pq->head->next->next == pq->head; }
PQlink PQinsert(PQ pq, Item v)
  { PQlink t = malloc(sizeof *t);
    t->key = v;
    t->next = pq->head->next; t->next->prev = t;
    t->prev = pq->head; pq->head->next = t;
    return t;
  }
Item PQdelmax(PQ pq)
  { Item max; struct PQnode *t, *x = pq->head->next;
    for (t = x; t->next != pq->head; t = t->next)
      if (t->key > x->key) x = t;
    max = x->key;
    x->next->prev = x->prev;
    x->prev->next = x->next;
    free(x); return max;
  }
```

正如我们在9.1节所讨论的那样，程序9.9和程序9.10给出的实现适合于优先队列较小且delete the maximum或find the maximum操作频繁的应用；对于其他情况，基于堆的实现是首选。实现堆有序的树的具有显式链接的fixUp和fixDown操作同时又保持句柄的完整性是一项挑战性的任务，我们留作练习，因为我们将会在9.6节和9.7节考虑两种可选的方法。

程序9.10　双链表优先队列（续）

维持双向链表的开销已由change priority、delete和join这些操作实现的常量时间得到证实。其中只使用了表上的基本操作（见第3章关于双向链表的细节）。

```
void PQchange(PQ pq, PQlink x, Item v)
  { x->key = v; }
void PQdelete(PQ pq, PQlink x)
  {
    x->next->prev = x->prev;
    x->prev->next = x->next;
    free(x);
  }
void PQjoin(PQ a, PQ b)
  {
    a->tail->prev->next = b->head->next;
    b->head->next->prev = a->tail->prev;
```

```
    a->head->prev = b->tail;
    b->tail->next = a->head;
    free(a->tail); free(b->head);
  }
```

一级ADT诸如程序9.8有很多优点，但有时考虑其他安排也有好处，对于客户程序和实现有不同的约束。在9.6节，我们考虑一个客户程序负责维持记录和关键字的例子，并且优先队列例程间接引用记录和关键字。

在接口中的稍微改变也许更合适。例如，我们可能希望一个函数返回队列中优先级最大的关键字的值，而不只是返回引用那个关键字及其相关信息的方式。同时，我们在4.8节中考虑的关于内存管理和复制语义的问题开始生效。我们并没有考虑destroy或真正的copy操作，只是选择了join（见练习9.39和练习9.40）中使用的几种可能之一。

很容易把这些过程添加到程序9.8的接口中，但开发一种保证所有操作有对数性能的实现更具挑战性。在优先队列不会增长太大或是insert操作和delete the maximum操作混合具有某些性质的应用中，可能需要完全灵活的接口。另一方面，在队列增长太大和性能成10倍或百倍增加受到关注或欣赏的应用中，可能值得把操作集限制到保证高效性能的方面。大量研究已经进入优先队列算法设计的领域，混合了各种操作。9.7节中描述的二项操作是一个重要的例子。

练习

- 9.38 要找出10^6个随机数的前100个最小元素，你选择哪种优先队列实现？证实你的结果。
- 9.39 在程序9.9和9.10的优先队列ADT中增加copy和destroy操作。
- 9.40 改变程序9.9和程序9.10中的join操作的接口和实现，使其返回一个PQ（join操作的结果），并且还有销毁变量的效果。
- 9.41 提供类似程序9.9和程序9.10的实现，使其使用有序双向链表。注意：因为客户拥有指向数据结构的句柄，你的程序只能改变节点中的指针（而不是关键字）。
- 9.42 使用带有显式节点和指针表示的完全堆有序的树，提供insert和delete the maximum操作的实现（程序9.1中的优先队列的接口）。注意：因为客户没有指向数据结构的句柄，你要利用这样的事实，交换节点中的信息域要比交换节点自身容易。
- 9.43 使用带有显式指针表示的堆有序的树，提供insert、delete the maximum、change priority和delete操作的实现（程序9.8中的优先队列的接口）。注意：因为客户有指向数据结构的句柄，这项练习比练习9.42难得多。不仅因为节点具有三叉链接，还因为你只能交换节点中的链接，而非关键字。
- 9.44 在练习9.43的实现中，添加join操作的（蛮力法）实现。
- 9.45 使用联赛（见5.7节）提供能够支持构造（construct）和删除最大值（delete the maximum）操作的优先队列的接口和实现。程序5.19作为construct操作的基础。
- 9.46 把练习9.45的解转换成一个一级ADT。
- 9.47 在练习9.45中增加insert操作。

9.6 索引数据项的优先队列

假设优先队列中所要处理的记录已在数组中。在这种情况下，可以使优先队列例程通过数组下标指向数据项。此外，我们可以使用数组下标作为句柄来实现优先队列的所有操作。程序9.11中说明了这些接口的定义。图9-13显示了这种方法如何应用到我们在第6章讨论的索引排序的例子中。无需复制或对记录进行特别修改，我们可以保存包含记录子集的优先队列。

程序9.11 索引数据项的优先队列ADT接口

不是由数据项自身来构造一种数据结构,这个接口提供了使用客户数组中的下标来构造优先队列的方法。insert例程、delete the maximum例程、change priority例程和delete例程都使用数组下标构成的句柄。客户程序支持less例程对两个记录的比较操作。例如,客户程序可能把less(i,j)定义为比较data[i].grade和data[j].grade的结果。

```
 int less(int, int);
void PQinit();
 int PQempty();
void PQinsert(int);
 int PQdelmax();
void PQchange(int);
void PQdelete(int);
```

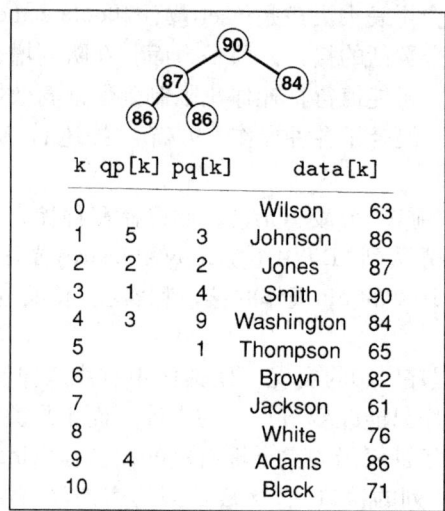

图9-13 索引堆数据结构

注:不是维持记录自身,而是维持其索引,我们可以根据记录子集用数组构建优先队列。这里给出的例子中,数组pq中的堆的大小为5,它包含着分数在前5个的学生的索引。因此,data[pq[1]].name为Smith,得分最高的学生的名字,以此类推。逆数组qp允许优先队列例程把数组索引处理为句柄。例如,如果我们要把Smith的分数改为85分,只要改变data[3].grade即可,然后调用change(3)。优先队列实现访问记录pq[qp[3]](或pq[1],因为qp[3]=1)和新的关键字data[pq[1]].name(或data[3].name,因为pq[1]=3)。

在已有数组中使用下标是一件自然的事情,但它会导致与程序9.8的目标相反的实现。现在是客户程序不能自由地移动信息,因为优先队列例程把下标作为客户程序维持的数据。对于它的这部分,如果客户程序没有给优先队列的下标,它的实现就一定不能使用下标。

为了开发实现,我们使用和在6.8节中索引排序使用的完全一样的方法。我们操纵下标并重新定义less,使比较指向客户程序的数组。这样增加了复杂度,因为优先队列需要保持对象,以使客户程序通过句柄(数组下标)引用这些对象时能够找到它们。为此,我们增加第二个索引数组来记录关键字在优先队列中的位置。为使数组的维护局部化,我们只在exch操作中移动数据,因而要合适地定义exch。

程序9.12中给出了使用堆对这一方法的完整实现。这个程序与程序9.5稍有不同,但它仍然值得研究,这是因为它在实际中非常有用。我们把这个程序中建立的数据结构称为索引堆。我们将使用这个程序作为积木块用于第五部分至第七部分的其他算法中。通常,我们并不进行检查,我们假设(例如)索引总是在合适的范围内,用户并不对满队列执行插入操作,也不对空队列执行删除操作。可以直接添加这些检查的代码。

程序9.12 基于索引堆的优先队列

使用程序9.11的接口,优先队列例程可把数组索引的pq变为某个客户数组。例如,如同注释的那样,如果less在程序9.11之前被定义,那么当fixUp使用less(pq[j], pq[k])时,需要时它会比较data.grade[pq[j]]和data.grade[pq[k]],数组qp保持第k个数组元素在堆中的位置。这种机制提供索引句柄,允许把change priority和delete操作(见练习9.49)包含在接口中。对于堆中的所有索引k,代码维持不变式pq[qp[k]] = qp[pq[k]] = k(见图9-13)。

```
#include "PQindex.h"
typedef int Item;
static int N, pq[maxPQ+1], qp[maxPQ+1];
void exch(int i, int j)
  { int t;
    t = qp[i]; qp[i] = qp[j]; qp[j] = t;
    pq[qp[i]] = i; pq[qp[j]] = j;
  }
void PQinit() { N = 0; }
 int PQempty() { return !N; }
void PQinsert(int k)
  { qp[k] = ++N; pq[N] = k; fixUp(pq, N); }
 int PQdelmax()
  {
    exch(pq[1], pq[N]);
    fixDown(pq, 1, --N);
    return pq[N+1];
  }
void PQchange(int k)
  { fixUp(pq, qp[k]); fixDown(pq, qp[k], N); }
```

我们可以对数组表示的优先队列使用同样的方法(例如,见练习9.50和9.51)。使用间接法的主要缺点是要占用额外空间。索引数组的大小必定是数据数组的大小,而优先队列的最大值要小得多。在数组中已有数据的顶部构建优先队列的另一种方法是让客户程序使记录包含关键字,同时用数组索引作为关联索引,或者使用的索引关键字带有客户提供的less函数。因而,如果实现使用诸如,程序9.9和程序9.10的链表分配表示,那么优先队列所使用的空间就会与队列中的最大元素个数成正比。这样的方法对于空间必须节省且优先队列只涉及数据数组的一小部分的情况,首选程序9.12。

把这个方法与9.5节中提供的优先队列完整的实现方法相比,这种方法在抽象数据类型的设计上有着本质上的不同。在第一种情况下(如程序9.8),优先队列实现负责分配和销毁关键字的内存空间,改变关键字的值,等等。ADT为客户程序提供访问数据项的句柄,而且客户只通过调用优先队列例程来访问数据项,其中例程以句柄作为参数。在第二种情况下(如程序9.12),客户程序负责管理关键字和记录,优先队列例程通过用户提供的句柄(如程序9.12是数组索引)访问这些信息。这两种情况都需要客户程序和实现之间合作。

注意,在本书中,通常我们对协作的兴趣超过鼓励使用编程语言所支持的机制。特别是,我们希望实现的性能特性适应客户所需要操作的动态组合。确定这种适应性的一个方法是寻找有确定最坏情况性能极限的实现，但我们能够更容易地通过简单的实现来匹配客户对性能的需求，可以解决很多问题，如图9-14所示。

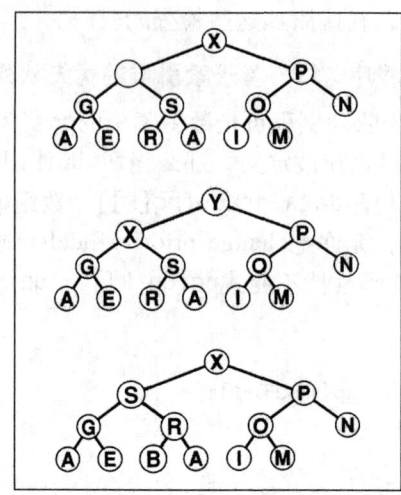

图9-14 改变堆中一个节点的优先级

注：上图描述了一个堆有序的堆，除了某个给定节点处。如果节点比其父节点大，那么它必定向上移动，正如在图9-3中描述的那样。这种情况如中间的图示，Y向树的上方移动（一般地，它可能在到根节点之前就停止了）。如果节点小于其两个孩子节点中的较大者，那么它必定向下移动，正如在图9-3中描述的那样，这种情况如下图所示。B向树的下方移动（一般地，它可能在到叶节点之前就停止了）。我们可以使用这个过程作为改变堆中优先级操作的基本操作，在改变节点关键字之后，重新确立堆条件；或者使用这个过程作为堆中删除操作的基础；在用底层最右边的关键字替换掉一个节点中的关键字后，重新确立堆的条件。

练习

9.48 假定数组中的关键字为EASYQUESTION。使用程序9.12，给出把这些关键字插入到初始为空的堆中，**pq**数组和**qp**数组中的内容。

○ 9.49 在程序9.12中，添加delete操作。

9.50 使用优先队列的有序数组表示，实现索引数据项（见9.11）的优先队列ADT。

9.51 使用优先队列的无序数组表示，实现索引数据项（见9.11）的优先队列ADT。

○ 9.52 编给定N个元素的数组，考虑2N个元素的完全二叉树（表示为数组**pq**），其中元素下标具有如下性质：(i)对于i从0到N−1，有pq[N+i] = i；(ii)对于i从1到N−1，如果a[pq[2*i]] > a[pq[2*i+1]]，有pq[i] = pq[2*i]；否则pq[i] = pq[2*i+1]。称这样的结构为联赛索引堆（index heap tournament），因为这种结构结合了索引堆和联赛（见程序5.19）的特点。给出对应EASYQUESTION的联赛索引堆。

○ 9.53 使用联赛（见练习9.45）索引堆实现对索引数据项（见程序9.11）的优先队列ADT。

9.7 二项队列

我们考虑的join、delete the maximum和insert的实现在最坏情况下并不都是高效的。无序链表上实现了快速的join操作和insert操作，但实现了较慢的delete maximum操作；有序表上实现了快速的delete the maximum操作，但实现了较慢的join操作和insert操作；堆上有快速的insert操作和delete the maximum操作，但较慢的join操作，等等。（见表9-1）在那些有大量或频繁的join操作的应用中，我们需要考虑更高级的数据结构。

在本文中，高效的意义是指最坏情况下的运行时间不超过对数时间。这一界限似乎统治着数组的表示法，因为我们可以通过只移动至少其中一个数组中的元素来完成两个大型数组的join操作。程序9.9中的无序双向链表的表示在常量时间完成了join操作，但要求我们遍历整个表来完成delete the maximum操作。使用有序双向链表（见练习9.41）可在常量时间完成delete the maximum操作，但需要线性时间来归并表进行join操作。

大量数据结构已被开发出来，支持优先队列所有操作的高效实现。其中大多数操作是基于堆有序树的有向链表表示，其中需要两个指针用于向树的下方移动（可以是二叉树中的两个孩子节点域，或是一般二叉树树结构中指向第一个孩子节点的域以及指向下一个兄弟节点的域），一个指向父节点的指针用于在树中向上移动。开发用于任何（堆有序的）树形结构且显式表示节点和指针的堆有序操作的实现是一项直接的工作。难点在于需要修改树结构的insert、delete和join这些动态操作。不同数据结构基于不同的策略来修改树结构同时又保持树的平衡。一般地，算法使用的树要比完全二叉树灵活，但保持树足够平衡以保证对数时间界限。

维持一个三个链域结构的开销可能是较大的。保证在任何情况下，一个正确的特定实现维持着三个指针是一项挑战性任务（见练习9.42）。此外，在许多实际应用中，难以表明需要高效地实现所有的操作，因而我们应该在这样一个实现之前暂停一下。另一方面，要证实不需要高效实现也是困难的，保证优先队列的所有操作快速的投资也是合理的。不考虑这些因素，在下一步高效地实现从堆到允许join、insert和delete the maximum操作的数据结构也很吸引人，值得深入研究。

即使用链表来表示树，堆的条件和堆有序的二叉树是完全的条件也太强，因此不能高效实现join操作。给定两棵堆有序的树，如何把它们归并为一棵树？例如，如果其中一棵树有1023个节点，另一棵树只有255个节点，不涉及10或20个以上的节点，如何把它们归并为一棵有1278个节点的树？一般地，如果树是堆有序的和完全的，似乎不可能归并堆有序的树，但已设计出各种高级数据结构，削弱了堆有序和平衡条件以获取设计高效join操作所需的灵活性。下一步，我们会考虑针对此题的一种独创性的解决方法，称为二项队列（binomial queue），它是由Vuillemin在1978年研制的。

开始之前，我们注意到join操作对于放松堆有序限制的那些树是平凡的。

定义9.4 称带有关键字的节点所组成的一棵二叉树为**左有序的堆**，如果每个节点中的关键字大于或等于该节点左子树（如果子树存在）中的所有关键字。

定义9.5 一棵2次幂堆是一棵左有序的堆，由右子树为空和左子树为完全二叉树构成的根组成。这棵树对应左子节点表示的2次幂堆，对应的右兄弟称为**二项树**。

二项树和2次幂堆是等价的。我们使用这两种表示，因为二项树非常容易可视化，而2次幂堆的实现更简单，直接由定义可得：

- 2次幂堆中的节点个数为2的幂次。
- 不存在其关键字大于根节点的节点。
- 二项树是堆有序的。

二项队列算法所基于的平凡操作是把两个有相同节点数的2次幂堆连接起来。其结果是一个节点数加倍且容易创建的堆，如图9-16所示。具有最大关键字的根节点成为结果堆的根节点（另一个根节点作为结果树的左子节点），最大关键字的左子树作为另一个根节点的右子树。给定树的链表表示，join就是常量的操作：我们简单地调整顶部的两个指针。程序9.13给出了一种实现。这个基本操作是Vuillemin的不含慢操作的优先队列实现的方法的核心。

程序9.13 连接两个大小相等的2次幂堆

我们只需要改变几个指针，就可把两个大小相等的2次幂堆组合成一个大小加倍的2次幂堆。这个过程是二项队列算法效率的关键所在。

```
PQlink pair(PQlink p, PQlink q)
  {
    if (less(p->key, q->key))
        { p->r = q->l; q->l = p; return q; }
    else { q->r = p->l; p->l = q; return p; }
  }
```

定义9.6 二项队列是2次幂堆的一个集合，其中不存在相等大小的堆。二项队列的结构是由那个队列的节点数目来确定的，对应于整数的二进制表示。

与定义9.5和9.6对应，我们把2次幂堆（即数据项的句柄）表示为含有关键字和两个指针的节点（就像图5-10中联赛的显式树表示）；并且我们把2项队列表示为2次幂堆的数组，如下所示：

```
struct PQnode { Item key; PQlink l, r; };
struct pq { PQlink *bq; };
```

如果数组规模不大而且树不高，这种表示法非常灵活，可在lg N内实现优先队列上的所有操作，我们将会看到这一点。

对于N个元素的二项队列，N的二进制表示中每一位包含一个2次幂堆。例如，一个13个节点的二项队列包含一个8-堆、一个4-堆和一个1-堆，如图9-15所示。在大小为N的一个二项队列中，至多有lg N个2次幂堆，其中堆的高度不超过lg N。

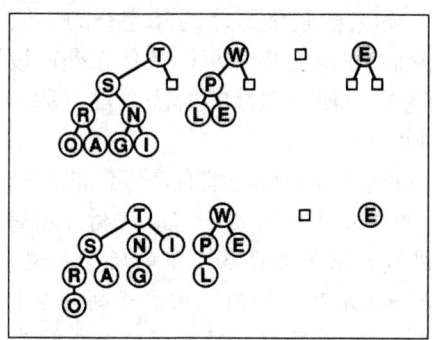

图9-15 大小为13的二项队列

注：大小为N的二项队列是一个左堆有序的2次幂堆的列表，在N的二进制表示中，每一位表示一个这样的堆。因此，大小为13的二项队列13 = 1101_2是由一个8-堆、一个4-堆和一个1-堆组成的。这里显示的例子是同一个二项队列的左堆有序的2次幂堆的表示（上图）和堆有序的二项树表示（下图）。

首先，我们考虑insert操作。向二项队列中插入一个元素的过程和二进制增1完全一样。要使二进制数增1，我们从右向左移动，当关联1 + 1 = 10_2（表示二进制的10）的进位时，就把1变为0，直到找到最右边的0，把它变为1。类似的方法，要把一个新的数据项添加到二项队列中，我们从右向左移动，合并对应1位的堆与进位堆，直到找到最右边的空位置来放置进位堆。

特别是，那一个新的数据项插入在二项队列时，我们先把新数据项变成1-堆。接着，如果N是偶数（最右边位为0），我们只要把这个1-堆放入二项队列最右边的空位置上。如果N是基数（最右边位为1），我们把对应这个新数据项的1-堆与二项队列最右边位置的1-堆连接起来，形成一个进位2-堆。如果二项队列中对应2的位置为空，我们把进位堆放入；否则，把进位2-堆与二项队列中的2-堆合并，形成一个进位4-堆，以此类推，继续这一过程直到到达二项队列中的一个空位置。图9-17描述了这个过程；程序9.14是一种实现。

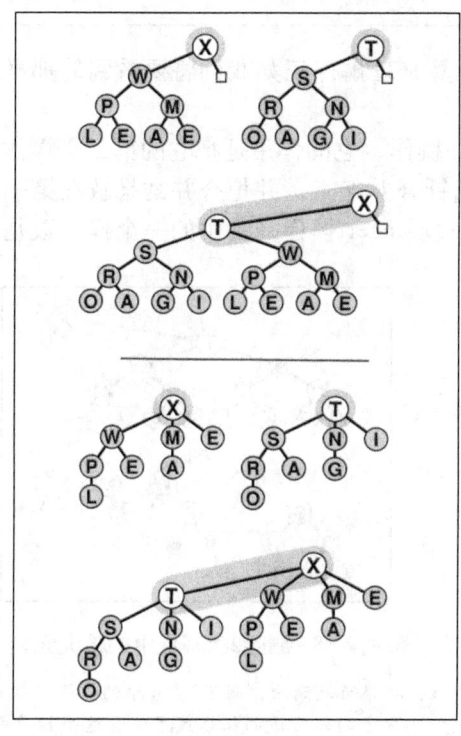

图9-16　连接两个大小相等的2次幂堆

注：把两个2次幂堆连接在一起时，把两根较大者作为结果堆的根，该根的（左）子树作为原来另一根的右子树。如果操作数有2^n个节点，那么结果堆中有2^{n+1}个节点。如果操作数左堆有序的，那么结果堆也是左堆有序的，且最大关键字在堆顶。直线下显示了同一操作的堆有序的二项树的表示。

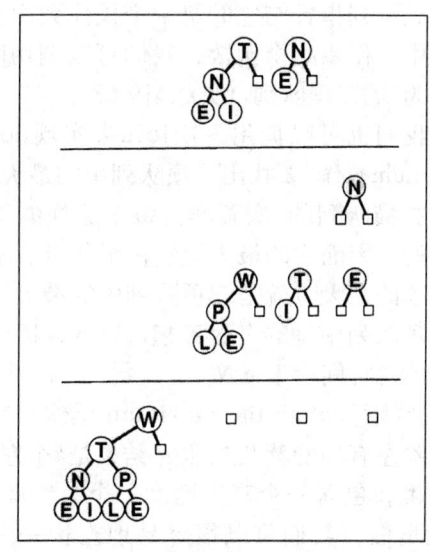

图9-17　把一个新元素插入到二项队列中

注：把一个元素添加到7个节点的二项队列中的过程，与执行二进制加法$111_2 + 1 = 1000_2$类似。在每一位上进位。结果是下图的二项队列，包含一个8-堆，其他4-堆、2-堆和1-堆为空。

程序9.14　二项队列中的插入操作

要向二项队列插入一个节点，首先把这个节点变成一个1-堆，并把它作为一个进位1-堆，然后从$i = 0$开始，执行如下迭代过程。如果二项队列中没有2^i-堆，就把进位2^i-堆放入队列。如果二项队列中有2^i-堆，就把它与进位堆组合，形成一个2^{i+1}-堆，并使i增1，重复这个过程直到在二项队列中找到一个空堆位置。通常，按惯例用z表示空链接，它可以定义为NULL或者作为观察哨节点。

```
PQlink PQinsert(PQ pq, Item v)
  { int i; PQlink c, t = malloc(sizeof *t);
    c = t; c->l = z; c->r = z; c->key = v;
    for (i = 0; i < maxBQsize; i++)
```

```
        {
          if (c == z) break;
          if (pq->bq[i] == z)
            { pq->bq[i] = c; break; }
          c = pair(c, pq->bq[i]); pq->bq[i] = z;
        }
      return t;
    }
```

二项队列的其他操作也很容易用二进制算术运算来理解。正如我们将要看到的那样，实现join对应于实现二进制数的加法。

现在，假设我们有一个（高效的）函数进行join操作，它的作用是把它的第二个操作数中的优先队列指针与它的第一个操作数中优先队列指针合并起来，并把合并结果放在第一个操作数中。使用这个函数，我们可以调用join函数来实现insert操作，其中的一个操作数是一个大小为1的二项队列（见练习9.63）。

我们也可以调用一次join来实现delete the maximum操作。要找出二项队列中的最大数据项，我们扫描队列的2次幂堆。每个这样的堆是左堆有序的，因而它的最大元素在根节点。根节点中数据项的最大者就是二项队列中的最大元素。因为二项队列中堆的个数不超过lg N，因而找最大元素的总时间少于lg N。

要执行delete the maximum操作，我们注意到删除左有序的2^k-堆的根，结果是k个左有序的2次幂堆，包含一个2^{k-1}-堆、一个2^{k-2}-堆，……，以此类推，我们可以很容易地重构一个大小为2^k-1的二项队列，如图9-18所示。然后，我们可以使用join操作把这个二项队列与原队列中的其余堆组合起来，以完成delete the maximum操作。程序9.15中给出了它的实现。

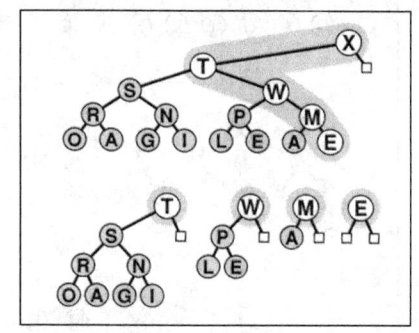

图9-18 删除2次幂堆中的最大元素

注：把根节点删除，剩下2次幂堆的森林，都是左堆有序的，右边的根张成了树。这个操作导致了一种删除二项队列中最大元素的方法：首先删除包含最大元素的2次幂堆的根节点，然后使用join操作把结果二项队列与原二项队列中其余2次幂堆合并起来。

程序9.15 二项队列中删除最大元素的操作

我们首先扫描根节点找出最大元素，并从二项队列中删除包含最大元素的2次幂堆。然后从它的2次幂堆中删除包含最大元素的根节点，并暂时构建一个包含2次幂堆其余部分的二项队列。最后，我们使用join操作把这个二项队列合并为原来的二项队列。

```
Item PQdelmax(PQ pq)
  { int i, max; PQlink x; Item v;
    PQlink temp[maxBQsize];
    for (i = 0, max = -1; i < maxBQsize; i++)
      if (pq->bq[i] != z)
        if ((max == -1) || less(v, pq->bq[i]->key))
          { max = i; v = pq->bq[max]->key; }
    x = pq->bq[max]->l;
    for (i = max; i < maxBQsize; i++) temp[i] = z;
    for (i = max ; i > 0; i--)
```

```
    { temp[i-1] = x; x = x->r; temp[i-1]->r = z; }
  free(pq->bq[max]); pq->bq[max] = z;
  BQjoin(pq->bq, temp);
  return v;
}
```

如何连接两个二项队列？首先，我们注意到如果这两个二项队列不含等大小的两个2次幂堆，这个连接操作就是平凡的，如图9-19所示：我们简单合并二项队列中的堆，形成一个二项队列。大小为10的队列（由一个8-堆和一个2-堆组成）与大小为5的队列（由一个4-堆和一个1-堆组成）简单合并为一个大小为15的队列（由一个8-堆、一个4-堆、一个2-堆及一个1-堆组成）。更一般的例子与两个二进制数相加、进位的过程类似，如图9-20所示。

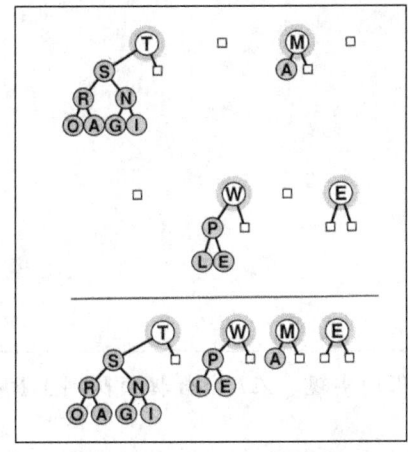

图9-19 两个二项队列的连接（无进位）

注：当要连接的两个二项队列不含等大小的2次幂堆时，join操作很简单。进行这个操作就类似于进行两个二进制数的加法，且不会遇见1 + 1这样的进位。这里，10个节点的二项队列与5个节点的二项队列合并，形成一个15个节点的二项队列，对应于 $1010_2 + 0101_2 = 1111_2$。

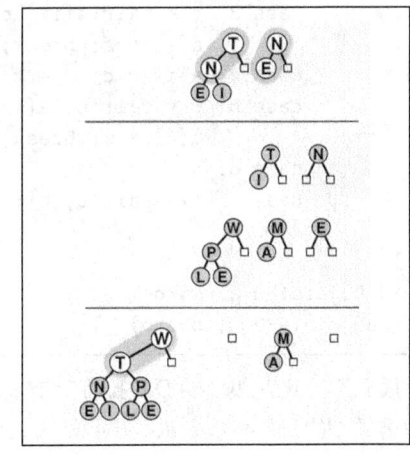

图9-20 两个二项队列的连接

注：一个3个节点的二项队列与一个7个节点的二项队列相加，得到一个10个节点的二项队列。这个过程类似于二进制相加的过程 $011_2 + 111_2 = 1010_2$。把N加到E上得到一个空的1-堆和一个包含N和E的进位2-堆。把三个2-堆相加得到一个2-堆和一个包含T N E I的进位4-堆。这个4-堆被加到另一个4-堆上，产生下图的二项队列。整个过程只涉及少数节点。

例如，当我们把大小为7的队列（由一个4-堆、一个2-堆及一个1-堆组成）加到大小为3的队列（由一个2-堆及一个1-堆组成）上时，得到一个大小为10的队列（由一个8-堆及一个2-堆组成）；要做进行相加操作，我们需要把一个1-堆和一个进位2-堆合并，接着把一个2-堆和一个进位4-堆合并，然后把两个4-堆合并得到一个8-堆，这个过程类似于二进制加法 $011_2 + 111_2 = 1010_2$。图9-19的例子要比图9-20中的例子简单。因为它类似于 $1010_2 + 0101_2 = 1111_2$，且无进位。

直接类比于二进制算术进位可以自然地实现join操作（见程序9.16）。对于每一位，根据所涉及的3位（进位和操作数中的两位）可能的不同值，考虑8种情况。代码要比简单加法复杂，因为我们处理的是不同的堆，而不是不同的位。但每种情况都是直接的。例如，如果所有3位都是1，我们需要在结果二项队列中保留一个堆，连接其他两个堆，进位到下一个位置上。实际上，这个操作执行了我们抽象数据类型的所有操作：我们只是抵抗住把程序9.16看成一个纯抽象二进制加法过程的诱惑，二项队列只不过是一个客户程序使用比程序9.13更为复杂的位加法过程的实现。

程序9.16 两个二项队列中的连接（合并）操作

这个代码模仿了两个二进制数相加的过程。从右到左进行，初始进位为0。我们直接处理8种可能的情况（所有可能的操作数的值和进位）。例如，情形3对应操作数位都是1且进位为0的情况。然后，结果为0，但进位为1（操作数位相加的结果）。

```
#define test(C, B, A) 4*(C) + 2*(B) + 1*(A)
void BQjoin(PQlink *a, PQlink *b)
  { int i; PQlink c = z;
    for (i = 0; i < maxBQsize; i++)
      switch(test(c != z, b[i] != z, a[i] != z))
        {
          case 2: a[i] = b[i]; break;
          case 3: c = pair(a[i], b[i]);
                  a[i] = z; break;
          case 4: a[i] = c; c = z; break;
          case 5: c = pair(c, a[i]);
                  a[i] = z; break;
          case 6:
          case 7: c = pair(c, b[i]); break;
        }
  }
void PQjoin(PQ a, PQ b)
  { BQjoin(a->bq, b->bq); }
```

性质9.7 优先队列ADT上的所有操作可用二项队列实现，在N个数据项队列上执行的任何操作需要$O(\lg N)$步来完成。

这些性能界限是设计数据结构的目标。其直接结果就是只有一层或两层循环迭代通过二项队列的树的根节点。为简便起见，我们实现的循环穿越了整棵树，因而其运行时间是二项队列的最大规模的对数关系。对于没有太多数据项的队列，我们可以使它们满足这个阐述的界限，只要记录下这个队列的大小，或者使用观察哨指针值来标记循环终止的结束点（见练习9.16和练习9.62）。在很多情况下这种改变是不值得的，因为最大队列大小要比循环迭代最大次数大指数倍。例如，如果我们设置最大大小为2^{16}，队列中一般有数千条数据项，那么我们的简单实现使循环迭代15次，而更复杂的方法只需要迭代11或12次，为了保持大小或观察哨，引入了额外开销。另一方面，盲目地设置大量最大可能引起我们的程序比微小队列期望的时间运行更慢。■

性质9.8 在一个初始为空的二项队列上，执行N次插入操作来构造二项队列，最快情况下需要$O(N)$次比较操作。

对于一半的插入不需要比较操作（在队列大小为偶数，且不含1-堆的情况）；对于剩下的一半插入操作（在没有2-堆时），只需要1次比较操作；在没有4-堆时，只需要2次比较操作；以此类推。因此，比较操作的总数少于$0 \cdot N/2 + 1 \cdot N/4 + 2 \cdot N/8 + \cdots < N$。由于性质9.7，我们还需要对练习9.61和练习9.62所讨论的进行一些修改，来得到所声称的线性最坏情况的时间下界。■

正如在4.8节所讨论的那样，在程序9.16的join实现中没有考虑内存分配的问题，所以它有一个内存泄漏，在某些情况下，就不能用了。为了改正这个缺陷，我们需要对参数的内存分配和实现join的函数的返回值给予注意（见练习9.65）。

二项队列提供了一种快速性能保证，但如果对于某些操作有可保证的常量时间的性能，所设计的数据结构就有更好的理论特征。这个问题是有趣的问题,而且是数据结构设计的一个活跃的领域。另一方面,这些深奥的数据结构的实用性受到怀疑,可以肯定仍有性能瓶颈存在,在深入研究复杂数据结构解决方法之前,可以通过降低某些优先队列操作的运行时间来改进这些瓶颈。实际上,除非需要快速join操作,对于实际的应用问题,我们喜欢使用简单结构对小规模数据进行调试,然后使用堆来加速操作;最后,我们应该使用二项队列来保证所有操作的对数性能。然而考虑所有结构,基于二项队列的优先队列包是值得添加到软件库中的。

练习

▷ 9.54 使用二项树表示法,画出大小为29的二项队列。

• 9.55 给定大小 N(只有边连接的节点,没有关键字),编写一个程序画出二项树表示的二项队列。

9.56 给出把关键字 E A S Y Q U E S T I O N 插入到初始为空的二项队列后的结果。

9.57 给出把关键字 E A S Y 插入到初始为空的二项队列后的结果。给出把关键字 Q U E S T I O N 插入到初始为空的二项队列后的结果。然后给出在每个二项队列中执行 delete the maximum 后的结果。最后,给出在两个结果队列上执行 join 操作后的结果。

9.58 使用练习9.1中的约定,给出在初始为空的二项队列上执行以下操作

PRIO*R**I*T*Y***QUE***U*E

所产生的二项队列的序列。

9.59 使用练习9.2中的约定,给出在初始为空的二项队列上执行以下操作

(((PRIO*)+(R*IT*Y*))***)+(QUE***U*E)

所产生的二项队列的序列。

9.60 证明 2^n 个节点的二项树第 i 层有 $\binom{n}{i}$ 个节点,$0 \leq i \leq n$。(这个事实是二项树命名的由来。)

○ 9.61 修改二项队列数据类型使它包含队列大小,然后使用这个大小来控制循环,来实现二项队列使性质9.7成立。

○ 9.62 使用一个观察哨指针来表明循环终止,实现二项队列使性质9.7成立。

• 9.63 通过只显式使用join操作,实现二项队列的insert操作。

•• 9.64 实现二项队列的change priority操作和delete操作。注意:你需要增加第三个指针,用于指向树中的节点。

• 9.65 修改优先队列ADT接口(程序9.8)和二项队列的实现(程序9.13到程序9.16),使其不存在内存泄漏(见练习4.72)。

• 9.66 对于随机有序关键字 $N = 1000$,10^4,10^5 和 10^6,像程序9.6那样,实际比较作为排序基础的二项队列和堆。注意:见练习9.61和练习9.62。

• 9.67 研制一种像堆排序那样的原位排序算法,但是基于二项队列。提示:见练习9.37。

第10章 基数排序

对于许多排序的应用问题，用于定义文件中记录顺序的关键字可以是很复杂的。例如，电话簿或图书馆目录中使用的关键字就很复杂。为了从研究过的排序方法的基本性质分离出这种复杂特性，在第6章至第9章中，我们使用比较两个关键字、交换两个记录（在这些函数中隐藏操纵关键字的所有细节）这些基本操作作为排序方法及其应用的抽象接口。在这一章里，我们考察排序关键字的另一种抽象方法。例如，通常不需要在每一步对完整的关键字进行处理：在电话簿中查找某个人的电话号码，我们常常只检查名字的前几个字母就会找到包含这个号码的页码。为了在排序算法中得到类似的效果，我们把关键字比较的抽象操作变成把关键字分解成一系列定长大小的块，这里指字节（byte）。二进制数可分解为一系列位，字符串可分解为一系列字符，十进制数可分解为一系列数字，还有许多其他（不是所有）类型的关键字可以按这种方式分解。每次只对关键字的一块进行处理的排序方法称为*基数排序*。这些方法并不比较关键字：它们处理并比较关键字的每一块。

基数排序算法把关键字看作以R为基数的数制系统所表示的数字，对于各种不同的R值（基），算法处理这些数字的独立位。例如，当邮局的机器处理一堆邮包时，包裹上有一个5位的十进制数字，就把包裹分放到十堆中：一堆保存以0开头的包裹，一堆保存以1开头的包裹，一堆保存以2开头的包裹，以此类推。如果必要的话，可以对每堆进行单独处理，对于下一位数字使用同样的方法，或者如果只有几个包裹，可以使用一些简单的方法处理。如果我们按照从0到9的顺序挑拣包裹，并在处理后使每堆中的包裹有序，我们就可以按顺序提取包裹。这个过程是基为10的基数排序的一个简单例子，对于5到10位的十进制数字的排序应用可以选择这种方法。这样的十进制数有邮政编码、电话号码等。我们将在10.3节详细分析这种方法。

不同的应用基数值不同。在这一章里，我们主要讨论整数类型或字符串类型的关键字，其中基数排序得到广泛应用。对于整数类型的关键字，在计算机中把它们表示为二进制数，我们最常使用$R = 2$或2的某个幂，因为这样可以把关键字分解成为独立的部分。对于字符串类型的关键字，我们使用$R =128$或$R = 256$，按照字节大小把基对齐。除了这些直接的应用外，我们实际上可以处理能够表示成数字计算机的二进制数的任何类型。使用其他类型的关键字，我们可以重新构造许多排序应用，使其能够使用基数排序对二进制数字进行操作。

基数排序算法是基于提取操作"从一个关键字提取出第i个数字"。幸运的是，C语言提供了底层的操作函数，可以用直接且高效的方式实现这样的操作。这是重要的事实，因为许多其他语言（如Pascal语言）鼓励我们编写与机器无关的程序，故意使编写与机器表示数字的方法有关的程序很难实现。在这些语言中，很难实现很多位-位操纵类型的技术，而这些技术实际上是最适合计算机的。特别是基数排序一度无法实现。但C语言的设计者认识到直接对位的操纵很有用，因此我们可以使用C语言的底层功能来实现基数排序。

好的硬件设备也是需要的，而且不能将此视为理所当然，有些（包括旧的和新的）机器提供了高效的方法对小数据进行操作，但另外一些（包括旧的和新的）机器，如果使用这样的操作，运行效率明显降低。尽管基数排序可以简单地称为抽取数字的操作，但要使基数排序算法达到最好的效率，它和硬件及软件环境是密切相关的。

基数排序中有两种基本的实现方法，这两种方法差别很大。第一种方法从左到右检查关键字的位数，首先处理最高位的数字。这些方法通常称为最高位优先（most-significant-digit, MSD）基数排序。MSD基数排序是很吸引人的，因为完成工作时，它所需检查的信息量最少（参见图10-1），MSD基数排序和快速排序类似，因为它们都根据关键字开始的几位将文件进行划分，然后递归地对各子文件进行相同的操作。事实上，当基数为2时，MSD基数排序的执行情况和快速排序类似。第二种基数排序方法就不同：它们按照从右到左的顺序来检查关键字的位数，首先处理最不重要的数字。这些方法通常称为最低位优先（least-significant-digit, LSD）基数排序。LSD基数排序有些违反常规，因为它花费了时间来检查一些不会影响结果的信息，不过很容易对这个问题进行改进，并且在很多应用中可以选择这种方法。

.396465048	.015583409	.0
.353336658	.159072306	.1590
.318693642	.159369371	.1593
.015583409	.269971047	.2
.159369371	.318693642	.31
.691004885	.353336658	.35
.899854354	.396465048	.39
.159072306	.538069659	.5
.604144269	.604144269	.60
.269971047	.691004885	.69
.538069659	.899854354	.8

图10-1　MSD基数排序

注：虽然这11个0和1之间的小数（左边）中，每个有9位数字，共有99位数字，但只需检查其中22位数字（右边），就可以将它们排好序（中间）。

10.1　位、字节和字

理解基数排序的关键在于：(i)计算机可处理称为机器字中的位。它通常由一些小块组成，这些小块称为字节；(ii)排序关键字通常组织成字节序列；(iii)小的字节序列同样可以充当数组的索引或者物理地址。因此，使用以下定义进行操作是很简便的。

定义10.1　**字节**是一个固定长度的位序列；**字符串**是一个可变长度的字节序列；**字**是一个固定长度的字节序列。

在基数排序中，根据实际情况，关键字可以是字或字符串。本章中讨论的一些基数排序算法是基于固定长度关键字的（字），另一些则是用于关键字的长度不定的情况（字符串）。

典型机器的字节长度是8位，而字的长度是32位或64位（实际值可在头文件<limits.h>中查到）。不过也可以很方便地将字节和字的位数设置为其他值（通常是内置机器位数大小的倍数或分数）。我们使用与机器及应用相关的常数来声明每个字的位数和每个字节的位数，例如，

```
#define bitsword 32
#define bitsbyte 8
#define bytesword 4
#define R (1 << bitsbyte)
```

上述声明中还包含了基数排序中所使用的常数R，它表示字节的位数，可以有不同的值。使用这些声明时，通常假设bitsword是bitsbyte的倍数，每个机器字的位数不小于（典型的是等于）bitsword，并且字节可以单独地设定地址。不同的机器有不同的约定引用它们的位和字节；为讨论便利，我们将考虑字中的位是从左到右编了号的，编号为0到bitsword-1，字中的字节是从左到右编了号的，编号为0到bytesword-1。在这两种情况下，我们假设编号是从最高位到最低位的。

大多数机器支持and操作和shift操作。我们可以使用它们提取字中的字节。在C语言中，我们可以直接通过以下操作从二进制字A中提取第B个字符：

```
#define digit(A, B)
(((A) >> (bitsword-((B)+1)*bitsbyte)) & (R-1))
```

例如，这个宏通过向右移动32-3*8 = 8位，将一个32位数的字节2（第三个字节）提取出来，接着使用掩码00000000000000000000000011111111将其他位清0，只留下希望读取的字节，右边的八位。

许多机器中还有另一选项就是进行排列，使基数与字节大小对准，这样只需一步就可以获得所需位数。C语言中的字符串直接支持这样的操作：

```
#define digit(A, B) A[B]
```

虽然不同的数字表达方式可能使该代码不可移植，但这种方法仍可用于数字类型。不管是哪种情况，我们都需要知道，在一些情况下，这种访问字节的操作可以使用基本的移动-掩码操作完成，这些操作与上一段提到的某种计算环境下的某些操作类似。

在稍微不同的抽象级上，我们可以把关键字看做数字，把字节看做阿拉伯数字。给定表示为数字的关键字，基数排序所需的基本操作是从数字中提取出一位。如果我们选择基为2的幂，那么数字就由位组成，我们可以使用刚才讨论的宏，很容易地直接访问这些位。实际上，我们使用基为2的幂的原因是访问每组中的位的代价较低。在这样的计算环境中，我们也可以使用其他基数。例如，假如a是一个正整数，a的基为R的表示的第b位数字为：

$$\lfloor a / R^b \rfloor \bmod R$$

在一台内嵌高性能数值计算元件的机器中，这种计算对于一般基R和R= 2的效果是一样的。

然而，另一种观点认为把关键字看做0和1之间的数字，默认小数点在左边，如图10-1所示。在这种情况下，a的第b位数字（从左开始）为：

$$\lfloor aR^b \rfloor \bmod R$$

如果我们使用可以高效进行这些操作的机器，那么我们就能把它们作为基数用于基数排序，这一模型可用于有变长的关键字的应用中，如字符串。

因此，本章其余部分，我们把关键字作为基数为R的数字（R未指定），并利用抽象digit操作来访问关键字中的数字，并确保在某些计算机上可以开发digit的快速实现。

定义10.2 关键字是基数为R的数字，其各位数字从左边开始编号（从0开始）。

根据我们刚才讨论的例子，最好假设这种提取操作可以让许多程序在大部分机器上高效的实现，不过我们还是注意在一个给定的硬件环境和软件环境中，某一特定类型的程序是比较高效的。

假设关键字的长度都不短，因而提取它们的位是值得的。如果关键字较短，我们可以使用第6章中的关键字索引统计方法。该方法可以在线性时间中对N个介于0和R−1之间的关键字进行排序，需要使用一个大小为R的辅助表来存放统计数，和另一个大小为N的表来重排记录。因此，如果我们有足够的空间存放2^w大小的表，就可以容易地在线性时间内对w位关键字进行排序。实际上，关键字索引统计是基本MSD和LSD基数排序方法的关键所在。当关键字足够长时（比如说w = 64），基数排序使用大小为2^w的表是不可行的。

练习

▷ 10.1 当把32位的数量看做基数为256的数字时，它有多少位？描述如何提取出各位。同样对基数为2^{16}回答同一问题。

▷ 10.2 对于$N = 10^3$，10^6和10^9，当把任何一个介于0和N之间的数字表示为一个4字节的字时，所需的最小字节长度是多少？

○ 10.3 使用digit抽象实现less函数（这样，我们就可以使用同一数据，将第6章和第9章的算法和本章的算法进行实际比较）。

○ **10.4** 设计并执行一个程序，比较使用位移动和算术运算进行提取位操作时的开销。对两种算法，每秒可以提取多少位数字？注意：编译器可能会将算术操作转换成位移动操作，或者相反！

• **10.5** 编写一个程序，对均匀分布在0和1之间的N个随机十进制小数（$R = 10$）进行排序，统计排序过程中所要进行的位比较操作的总数，按照图10-1示例的那样。对于$N = 10^3$，10^4，10^5和10^6运行程序。

• **10.6** 如果$R = 2$，使用随机32位的量，回答练习10.5的问题。

• **10.7** 当数字按照高斯分布时，回答练习10.5的问题。

10.2 二进制快速排序

假设我们可以重新整理文件的记录，使所有以0开始的关键字出现在所有以1开始的关键字的前面。然后，我们可以使用递归排序方法，是一种快速排序（见第7章）：将文件划分为两个子文件，然后对这两个子文件单独进行排序。为了重排文件，从左开始扫描找出以1开始的一个关键字，从右开始扫描找出以0开始的一个关键字，然后交换这两个关键字，继续这一过程，直到扫描指针相遇。在文献中（包括该书的早期版本）这种方法通常为基数交换排序（radix-exchange sort）；这里，我们使用二进制快速排序来强调它只是Hoare发明的快速排序的一种简单变型，即使它在快速排序算法发现之前就已存在（见第三部分参考文献）。

程序10.1是这种方法的一个完整实现。划分过程和程序7.2完全相同，除了数字2^b用作划分元素，而不是文件中的某个关键字用作划分元素。因为2^b可能不在文件中，不能保证在划分过程中把一个元素放到它的最终位置上。算法与通常快速排序不同还有，递归调用是对少于1位的关键字调用的。这种差异对于实现性能有重要影响。例如，对于N个元素的一个文件，当出现一个退化的划分时，对于少于1位的关键字就会导致大小为N的子文件。因此，这种调用的次数局限在关键字中的位数。相反，在标准快速排序中一直使用不在文件中的划分值会导致无限的递归循环。

程序10.1 二进制快速排序

本程序按关键字的最高位对文件进行划分，接着递归地对子文件进行排序。变量w记录正被检查的位，从0开始（最左边）。当i = j时，划分结束。这时，a[i]右边所有的元素第w位的值是1，而a[i]左边所有的元素第b位的值是0。元素a[i]有一位的值是1，除非文件中所有关键字第w位的值都是0。这里，划分循环后跟一个测试操作。

```
quicksortB(int a[], int l, int r, int w)
  { int i = l, j = r;
    if (r <= l || w > bitsword) return;
    while (j != i)
      {
        while (digit(a[i], w) == 0 && (i < j)) i++;
        while (digit(a[j], w) == 1 && (j > i)) j--;
        exch(a[i], a[j]);
      }
    if (digit(a[r], w) == 0) j++;
    quicksortB(a, l, j-1, w+1);
    quicksortB(a, j, r, w+1);
  }
```

```
void sort(Item a[], int l, int r)
  {
    quicksortB(a, l, r, 0);
  }
```

和标准快速排序一样，在实现内层循环中有多种选择。在程序10.1中，测试指针是否相遇包含在两个内层循环中。这种安排对于 $i = j$ 的情况，会导致额外的交换。这可以通过采用与程序7.2相同的办法，使用一个 break 语句来避免这种情况发生。虽然这里将 a[i] 与自身交换没什么影响。另一种可选方法是使用观察哨关键字。

图10-2描述了程序10.1对小文件的执行情况，跟图7-1的快速排序进行比较。该图显示了数据的移动，但没有显示进行不同移动的原因，这点和关键字的二进制的表示法有关。图10-3将对同一个例子进行更为详细的讨论。这个例子假设字母是由一个5位代码表示的，字母表中的第 i 个字母表示为二进制数字 i。这种编码是实际字符编码的一个简化版本。在实际中，使用更多的位数（7、8，甚至16）表示更多的字符（大小写字母、数字和特殊符号）。

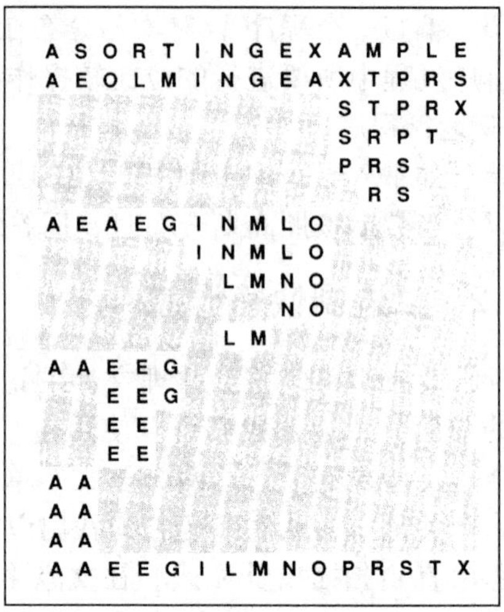

对包含随机位的完全关键字，程序10.1的开始指针必须指向字的最左位，或者位0。通常，开始指针是根据实际应用设定的，与硬件中每个字的位数及整数和负数的表示方法有关。对于图10-2和图10-3中的5位关键字，在32位机器中，开始指针将是位27。

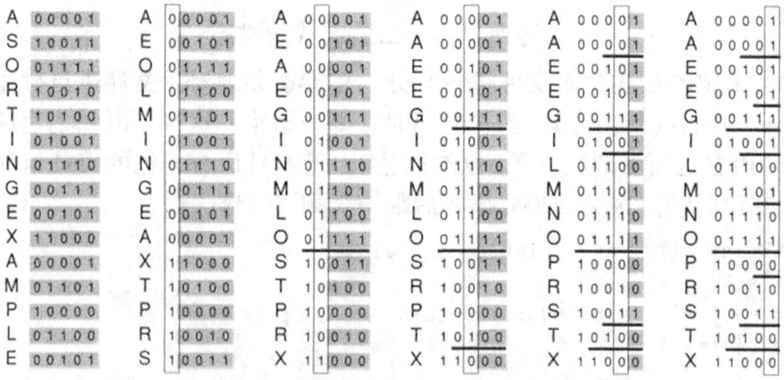

```
A S O R T I N G E X A M P L E
A E O L M I N G E A X T P R S
                S T P R X
                S R P T
                P R S
                R S
A E A E G I N M L O
        I N M L O
        L M N O
              N
              L M
A A E E G
    E E G
    E
    E
A A
A A
A A
A A E E G I L M N O P R S T X
```

图10-2 二进制快速排序示例

注：按最高位划分不能保证任何数据项被放到合适位置中；它只能保证所有以0开始的关键字排在所有以1开始的关键字之前。我们可以把这个图与快速排序的图7-1进行比较，虽然不知道二进制的关键字的表示法时，划分操作是不清晰的。图10-3更详细地解释了进行划分操作的精确位置。

图10-3 二进制快速排序示例（现实关键字的各位）

注：将关键字转换成二进制编码，就可以将图10-2改画成图10-3，对表格进行压缩以显示各子文件的独立排序操作，并将行和列调换。第一步中，将文件拆分为两个子文件，一个所有的关键字以0开头，另一个以1开头。接着第一个子序列拆分成一个以00开头的子文件和另一个以01开头的子文件；独立地，在运行的某个时刻，将另一个子文件拆分成一个以10开头的子文件和另一个以11开头的子文件。当所有的位数都处理后（如对重复关键字），或者到子文件的大小为1时，就停止这一过程。

这个例子强调了二进制快速排序在实际应用中的一个潜在的问题：退化的划分（划分所有关键字中，正在讨论的所有位的值都相等）操作可能会频繁发生。在关键字的构成字符间也会产生同样的问题，例如，将四个字符进行8位编码，接着将它们放在一起就组成了32位关键字。这样，在每个字符的开始处都可能会产生退化的划分，因为，例如，在大部分字符编码中，所有小写字母都使用同样的开始位值，这个问题使我们在对编码数据进行排序时要进行地址编码，在其他基数排序中也有类似的问题。

一旦一个关键字通过它的左边几位可以和其他关键字区分后，就不需要再检查更多位数的值了。这种特性在某些场合具有独特优点，而在某些场合则是缺点。当关键字是完全随机数时，对每个关键字只需检查$\lg N$位值，这个可以比关键字中的位数要小得多。在10.6节中会讨论这个观点，也可以参看练习10.5和图10-1。例如，对一个具有1000个数据项的随机文件进行排序，可能只需对每个关键字检查10或11个位的值（即使这些是64位的关键字）。另一方面，相同的关键字间要检查所有位的值。基数排序不适用于那些包含许多重复的长关键字的文件。对关键字完全由随机值组成的文件，二进制快速排序和标准的快速排序的运行效率都较高（两者的区别由抽取位的操作和比较操作的效率决定），但对非随机的关键字值，标准的快速排序算法的效率要较高，当有大量重复关键字时适合使用三路快速排序。

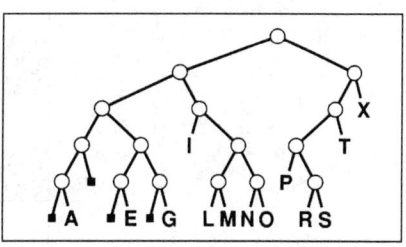

图10-4　二进制快速排序划分trie

注：这棵树描述了与图10-2和图10-3对应的二进制快速排序划分结构。因为没有数据项一定在合适的位置，关键字与树的末节点对应。该结构有以下特性：从根节点开始访问到关键字，0代表左分支，1代表右分支，给出了关键字的控制位。这些位在排序过程中把该关键字与其他关键字区分开。黑色的小方块表示空的划分部分（如果所有关键字的控制位都相同，关键字就会出现在同一边）。本例中，这种情况只发生在接近树的底部，也可能发生在树的较高位置；例如，如果关键字中不包含I或者X，它们的节点就会被一个空节点代替。注意，重复的关键字（A和E）不可以被划分（当检查了所有的位后，排序操作将它们放到同一个文件中）。

和快速排序一样，使用二叉树可以方便地描述划分的结构（如图10-4所示）：根节点对应于一个要进行排序的子文件，它的两个子树对应于划分后的两个子文件。在标准的快速排序中，我们知道划分过程中至少将一个记录放到了合适的位置中，所以将关键字放在树的根节点；在二进制快速排序中，只有当子文件的大小为1时或者已经遍历了关键字中各位的值后，才能知道关键字放在了合适的位置，所以将关键字放在树的底部。这样的结构称为二进制trie（binary trie）——第15章将详细讨论二进制trie的特性。其中一个重要的特性就是，树的结构完全由关键字的值决定，而不是它们的顺序。

二进制快速排序的划分界线由待排序的数据项的范围及数目的二进制表示法决定。例如，如果文件是小于$171 = 10101011_2$的整数的随机排列的文件，那么对第一位的划分等于大致对值128的划分，因此子文件是不相等的（一个大小为128，一个大小为43）。图10-5中的关键字是随机的8位值，所以不会有这样的情况发生，但我们要知道在实际应用中有这样的情况。

通过消除递归和对小的子文件进行特殊处理，可以改进程序10.1的递归实现效率，跟我们在第7章中对快速排序所做的类似。

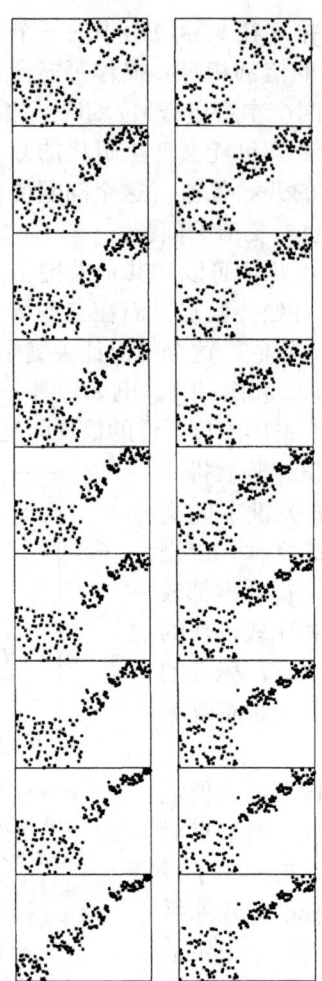

图10-5 二进制快速排序对于大规模文件的动态特性

注：在二进制快速排序中的划分界限对于关键字的顺序，没有标准快速排序中对于关键字的顺序敏感。这里，两个不同的随机8-位文件所导致的划分概貌实际一样。

练习

▷10.8 按图10-2的方法，对序列 E A S Y Q U E S T I O N 进行基数快速排序，并画出相应于划分步骤地线索。

10.9 对3位二进制数字文件：001，011，101，110，000，001，010，111，110，010，比较二进制快速排序中使用的交换操作数和普通快速排序中使用的交换数。

○10.10 为什么在二进制快速排序中不像普通的快速排序那样，强调先对两个子文件中较小的那个进行操作？

○10.11 使用二进制快速排序对一个小于171的非负整数随机排列进行排序，描述第二层的划分操作的情况（当对左边子文件进行划分时和右边子文件进行划分时）。

10.12 编写一个程序，经过一遍的预处理过程，区分出关键字相等处的控制位的数目。接着调用修改的二进制快速排序进行排序，排序时忽略掉那些位数。比较你的程序的运行时间与标准程序的运行时间，$N = 10^3$，10^4，10^5，10^6，设输入是32位字，具有如下格式：最右边16位是随机均匀分布的，最左边16位是都是0，除了位置i之外，此时i的右边有i个1。

10.13 修改二进制快速排序，检查是否所有的关键字都相等。使用练习10.12中的数据类型，对 $N = 10^3$, 10^4, 10^5, 10^6，将该程序的运行时间与使用标准二进制快速排序程序的运行时间进行比较。

10.3 MSD基数排序

在基数排序中只使用1位，将关键字当作是基数为2（二进制）的数字，并且先考虑最高位。一般而言，假定先考虑最高位来对基R的数进行排序。这样做，需要将数组划分成R部分，而不只是划分成两部分，是划分成多个部分。传统上，划分的部分称为桶（bin或bucket），并认为算法使用R个桶进行排序，每个桶包含第一位的一个可能的值，如下图所示：

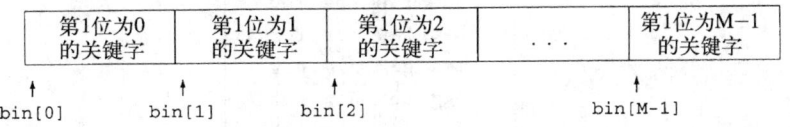

我们对关键字进行访问，将它们分配到相应的桶中，接着递归地对桶中那些少于1字节关键字的内容进行排序。

图10-6显示了一个对随机整数序列进行MSD基数排序的例子。和二进制快速排序算法不同，这个算法对于基本有序的文件排序相当快，如果基数足够大，即使在第一次划分中排序也很快。

如同在10.2节中提到的那样，基数排序最吸引人的特性之一就是可以对字符串类型的关键字进行快速的操作。这一观察可在C语言和对处理字符串提供直接支持的其他程序设计语言中看到。对MSD基数排序来说，我们简单地使用一个与字节大小相关的基数。要提取某一位，就读入该位；要移到下一位，就将字符串指针加1。这里，我们讨论固定长度的关键字；稍后就会看到变长的关键字，它们的处理机制是一样的。

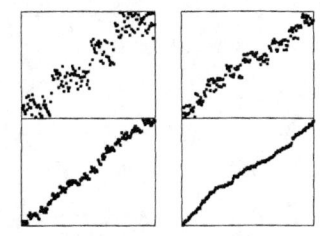

图10-6　MSD基数排序的动态特征

注：MSD基数排序可能只需一步就能完成整个排序任务，如这里显示的随机8位数的例子。MSD排序的第一步，考虑左边最高两位，把文件划分成4个子文件。接下来的一步又将每个子文件划分成4个子文件。3位的MSD排序（右边）在每一步中把文件划分成8个子文件。第二步中，每个子文件又被划分成8部分，每个只包含几个数据。

图10-7显示了对包含3个字母的单词进行MSD基数排序的例子。为了简便起见，途中假设基数为26，而在大部分应用程序中会根据字符的编码，使用一个更大的基数。首先，对单词进行划分，使以a开头的单词在以b开头的单词前，等等。接着，对以a开头的单词进行递归排序，接着对以b开头的单词进行排序，以此类推。如本例所表明的，排序中的大部分工作依赖于对第一个字母进行的划分；从第一个划分得到的子文件已经很小。

如同第7章和10.2节中讨论的快速排序及在第8章提到的归并排序那样，我们可以通过使用一些针对小规模情况的简单算法来改进递归程序。在基数排序中，对小的子文件（包含数量较少的元素的桶）使用另一种排序方法是非常高效的，因为有很多这样的小文件。另一方面，通过调整R的值也可以对算法进行改进，因为如果R太大，初始化和检查桶的代价会很高；如果R太小，就不能很好地利用将文件分得精细小的潜在效率。在本节最后和10.6节我们会接着讨论这个问题。

now	ace	ace	ace
for	ago	ago	ago
tip	and	and	and
ilk	bet	bet	bet
dim	cab	cab	cab
tag	caw	caw	caw
jot	cue	cue	cue
sob	dim	dim	dim
nob	dug	dug	dug
sky	egg	egg	egg
hut	for	few	fee
ace	fee	fee	few
bet	few	for	for
men	gig	gig	gig
egg	hut	hut	hut
few	ilk	ilk	ilk
jay	jam	jay	jam
owl	jay	jam	jay
joy	jot	jot	jot
rap	joy	joy	joy
gig	men	men	men
wee	now	now	nob
was	nob	nob	now
cab	owl	owl	owl
wad	rap	rap	rap
caw	sob	sky	sky
cue	sky	sob	sob
fee	tip	tag	tag
tap	tag	tap	tap
ago	tap	tar	tar
tar	tar	tip	tip
jam	wee	wad	wad
dug	was	was	was
and	wad	wee	wee

图10-7　MSD基数排序示例

注：根据第一个字母，把单词划分到26个桶中。然后，用同样的方法从第二个字母开始对所有的桶的内容进行排序。

要实现MSD基数排序，我们需要对第7章中实现快速排序相关的划分数组的方法进行推广。对于这些基于指针的方法，指针从数组两端开始，并在中间相遇，在只有两到三次划分时工作得很好，但并不能够直接推广。幸运的是，第6章用于对小范围关键字进行排序，基于关键字索引的计数方法，可以很好地满足我们的要求。我们使用一个计数表格和一个辅助数组；在第一次对数组的遍历中，统计每个起着控制位作用的位的出现次数。这些统计数告诉我们在哪里进行划分。接着，对数组的第二次遍历中，使用这些统计数将数据项移到辅助数组的合适位置中。

程序10.2实现了这一过程。它的递归结构推广了快速排序算法，因而需要对在7.3节中考虑的同一问题进行讨论。为了避免过度递归，是否需要最后处理最大的子文件？当然是不需要的，因为递归的深度由关键字的长度限制。是否应使用简单方法如插入排序对小的子文件进行排序？当然需要，因为有大量这样的文件。

程序10.2 MSD基数排序

这个程序是从程序8.17（关键字索引计数排序）导出的，将对关键字引用操作改为对关键字各位进行操作，在最后添加一个循环，来对从同一数字开始的关键字的每个子文件进行递归调用。对变长的以0结束的关键字（如C语言的字符串），省略第一条if语句和第一个递归调用。这一实现使用了一个足够大的可以保存输入文件副本的辅助数组（aux）。

```
#define bin(A) l+count[A]
void radixMSD(Item a[], int l, int r, int w)
  { int i, j, count[R+1];
    if (w > bytesword) return;
    if (r-l <= M) { insertion(a, l, r); return; }
    for (j = 0; j < R; j++) count[j] = 0;
    for (i = l; i <= r; i++)
      count[digit(a[i], w) + 1]++;
    for (j = 1; j < R; j++)
      count[j] += count[j-1];
    for (i = l; i <= r; i++)
      aux[count[digit(a[i], w)]++] = a[i];
    for (i = l; i <= r; i++) a[i] = aux[i-l];
    radixMSD(a, l, bin(0)-1, w+1);
    for (j = 0; j < R-1; j++)
      radixMSD(a, bin(j), bin(j+1)-1, w+1);
  }
```

为了进行划分，程序10.2使用了一个和待排序数组的大小一样的辅助数组。同样，我们可以选择使用原位关键字索引统计方法（见练习10.17和练习10.18）。我们要特别注意空间问题，因为递归调用可能使局部变量占用大量空间。在程序10.2中，移动关键字（aux）需要的临时缓冲区可能会很大，但是保存统计量和划分位置（count）的数组必须是局部的。

辅助数组所需的额外空间并不是涉及长关键字和记录的许多基数排序应用中所关注的主要问题。因为对这样的数据，通常会使用指针排序。因此，额外的空间是用于调整指针的，和关键字及记录项的大小相比较是较小的（但这个问题也不是毫无意义的）。如果空间上允许，而且运行效率很重要（在使用基数排序时的通常情况），我们也可以通过递归参数转换来消除数组复制的开销，和10.4节中对于归并排序所作的处理类似。

对于随机关键字，在每个桶中的关键字的个数（子文件的大小）在第一次遍历后平均为N/R个。实际上，关键字可能不是随机的（如当关键字是英语单词字符串时，我们知道只有一些是x开头的，而没有单词是xx开头的），因此，许多桶将会是空的，而许多非空桶中的关键字要比其他一些桶中的关键字多很多（如图10-8），虽然有这样的影响，多路的划分过程还是能高效地将待排序的大文件划分成许多小的文件。

实现MSD基数排序的另一种方法是使用链表。对每个桶使用一个链表：在对待排序数据项的第一次遍历中，按照每个数据项的控制数字的值，把它插入到合适的链表中。然后，对子表进行排序，并把所有链表连接到一起形成完整有序序列。这种方法提出了一个挑战性的程序设计问题（见练习10.36）。要把所有链表连接到一起，需要保存所有链表的开始位置和结束位置，当然，还有许多链表是空链表。

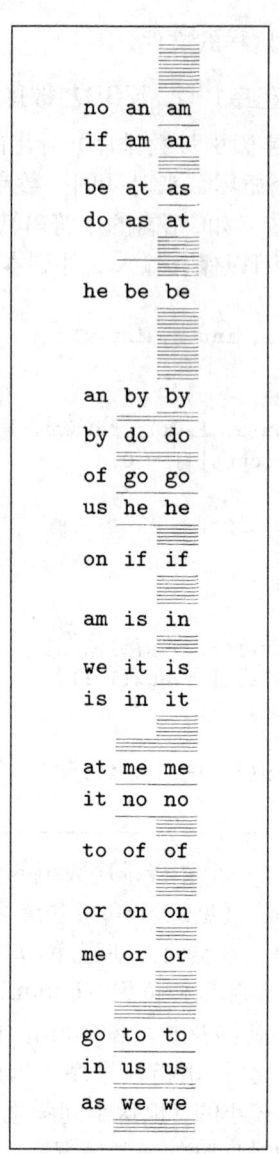

图10-8　MSD基数排序示例（包含空桶）

注：即使在第二步中对于小的文件，也会遇到太多的空桶。

要使基数排序对于某种应用有好的效率，可以通过选择合适的基数以及划分小文件的值来限制遇到的空桶数目。作为一个具体例子，假定要对2^{24}个64位的整数排序，为了使统计表较之文件较小，必须选择基数$R = 2^{16}$，这相当于检查关键字的16位。但在第一次划分之后，文件的平均大小只有2^8，对于这样的小文件基数为2^{16}过大。更坏的是，可能有很多这样的文件，本例中大概只有2^{16}个。对于这2^{16}个文件中的每个文件，排序过程会产生2^{16}个空的统计数，而只有2^8个是非空的，等等，且至少花费2^{32}次算数操作。程序10.2的实现中假设大多数桶是非空的。对每个空桶执行了一些算数操作（例如，它对空桶执行递归调用），因而，对于本例而言它的运行时间是巨大的。在第二层上合适的基数可能为2^8或2^4。简言之，我们可以肯定在MSD基数排序中，对于小文件不使用大基数。在10.6节，当仔细考察不同方法的性能时，会考虑这一点。

如果我们设置 $R = 256$，并消除对空桶的递归调用，那么程序10.2就能高效地对C语言字符串排序。如果我们知道所有字符串的长度比某个固定长度要小，我们可以将变量bytesword设为该长度，或者可以消除对标准变长的字符串进行排序时对bytesword的测试。对于字符串，我们通常可以执行位提取操作，像单个数组那样，如我们在10.1节讨论的。通过调整 R 和 bytesword（并对它们的值进行测试），我们可以修改程序10.2，使它可用于处理包含非标准字母或有限制长度或其他约定格式不标准的字符串。

字符串排序再次说明了正确处理空桶的重要性。图10-8显示了与图10-7类似的划分过程，不过清晰地显示了两个字母的单词和空桶。在本例中，使用基数26对两个字母的单词进行基数排序，因此每步中有26个桶。在第一步中，没有太多的空桶，而在第二步中，大部分桶是空的。

MSD基数排序函数按关键字的第一位对文件进行划分，接着根据各个值对子文件进行递归调用。图10-9显示了图10-8中的例子的MSD基数排序的递归调用结构。该调用结构和一个多路trie（multiway trie）对应，是图10-4中二进制快速排序trie结构的直接推广。每个节点对应一个对某个子文件进行MSD排序的一个递归调用。例如，树根标以o的根的左子树对应着对三个关键字of、on和or组成的子文件的排序。

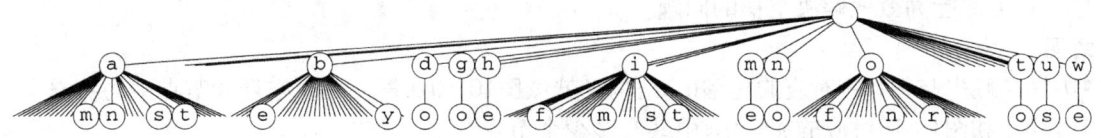

图10-9 MSD基数排序递归结构

注：本树对应于使用程序10.2的方法对图10-8的例子进行MSD基数排序的递归操作过程。如果文件的大小是0或1，就没有任何递归调用。否则，有26个调用；每个对应当前字节的一个可能的值。

这些图表明：在对字符串进行排序时，会产生大量的空桶。在10.4节中，我们将研究一种解决的方法。在第15章中，我们会仔细研究字符串处理程序中的树结构的用途。通常，我们都对数据结构进行简化，不包括与空桶对应的节点和将标志从边缘移到下端的节点。如图10-10所示，与图10-7中的三个字母的MSD基数排序的递归调用结构（忽略空桶）相对应。例如，根节点标以j的根的子树对应着对四个关键字jam、jay、jot和joy组成的桶的排序。我们会在第15章中详细地讨论这种树结构的特性。

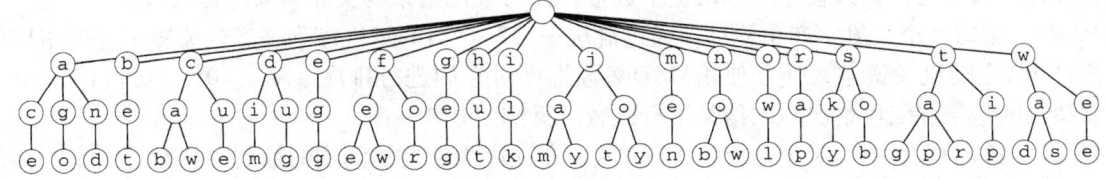

图10-10 MSD基数排序的递归结构（忽略空的子文件）

注：这里的MSD基数排序递归结构比图10-9的更复杂。树中的每个节点标以某个关键字的第 $i-1$ 位的值，i 是从节点到根的距离。树中的每个从根到底部的路径代表了一个关键字；将路径中的节点组合起来就形成了关键字。这棵树对应于图10-7中的三个字母的MSD排序示例。

对于关键字是长字符串的实际应用使用MSD基数排序，得到最大效率所面临的挑战是处理缺乏随机性的数据。特别是，关键字中包含长的相等或不需要的数据，或者它们中的一部分局限在某个小范围中。例如，在一个学生数据信息处理程序中，可能包含毕业年份（4个字节，但是四个不同值之一）、州的名字（可能是10个字节，不过是50个不同的值之一）、性别

(一个字节，两个给定值之一)以及姓名(比较像随机字符串，但可能比较长，不均匀的字母分布，在定长域内会有空格)。所有这些不同的限制在用MSD基数排序时产生大量的空桶(见练习10.23)。

　　解决这个问题的一种实用方法是，研制一种访问字节抽象操作的更复杂的实现，将所有字符串排序情况的信息都考虑进去。另一个容易实现的方法是桶跨度启发式法，在统计过程中，保存非空桶的范围的最大值和最小值，然后只使用在此范围的桶(可能还有一些特殊情况，如0或空桶)。这种安排对于上面描述的例子很适合。例如，对基数256的文字数字数据，关键字中有一部分数字，与各位对应的非空桶只有10个，对关键字另一部分的大写字母，只有26个非空桶与它们对应。

　　有很多其他方法试图对桶跨度启发式法进行扩展(见第三部分参考文献)。例如，我们可以将非空的桶保存在辅助数据结构中，只保存对这些桶的统计及递归调用。这样做(即使是桶跨度启发式法自身)在这种情况下可能太过了，因为除非基数很大或文件很小，否则所节省的消耗是很少的，而对这两种情况，我们可以通过使用一个较小的基数或使用另一种排序方法来提高效率。我们所能节省的开销和通过调整基数或对小文件转换的方法所节省的开销是一样的，但实现起来没有这两种方法简单。在10.4节中，我们会讨论另一个版本的快速排序，该方法能高效地解决空桶的问题。

练习

▷ 10.14　画出与图10-9对应的压缩trie结构(就像图10-10那样，不含空桶和节点中的关键字)。

▷ 10.15　和图10-10对应的完全trie中共有多少个节点?

▷ 10.16　显示使用MSD基数排序对序列now is the time for all good people to come the aid of their party进行划分的关键字集。

• 10.17　编写一个执行4路原位划分的程序，如在关键字索引统计中那样，统计每个关键字出现的频率，然后使用类似程序6.14中的方法来移动关键字。

•• 10.18　编写一个解决R路划分问题的程序，使用练习10.17中描述的方法。

10.19　编写一个随机产生80字节关键字的程序。使用该程序来产生N个随机关键字，然后使用MSD基数排序对这些关键字排序，$N = 10^3$, 10^4, 10^5, 10^6。输出每次排序中所检查的关键字的总字节数。

○ 10.20　在练习10.19的程序中，对于每个给定的N值，所期望访问最右边的位数是多少?如果已经作了该练习，修改程序来记录这个数量，并将理论结果与实际结果进行比较。

10.21　编写一个关键字产生程序，通过混洗一个80字节的随机序列来产生关键字。使用该程序产生N个随机关键字，接着使用MSD基数排序对它们进行排序，$N = 10^3$, 10^4, 10^5, 10^6。将得到的结果和随机情况下的结果进行比较(见练习10.19)。

10.22　练习10.21中，对于每个给定的N值，在程序中所要访问到的最右的位数是多少?如果已做了该练习，将理论结果与实际结果进行比较。

10.23　编写一个程序产生30字节的随机字符串的关键字，这些字符串由三部分组成：一个4字节的域，值是10个给定的字符串之一；一个10字节的域，值是50个给定的字符串之一；一个单字节点的域，值是2个给定值之一；而剩下的15个字节保存随机的左对称字符串，可以看作是第4个域。使用该程序产生N个随机关键字，接着使用MSD基数排序对它们进行排序。$N = 10^3$, 10^4, 10^5和10^6。输出所检查的总字节数。将得到的结果和使用随机数的结果进行比较(见练习10.19)。

10.24　修改程序10.2，实现桶跨度启发式算法。使用练习10.23中的数据测试你的程序。

10.4 三路基数快速排序

另一种使用快速排序进行MSD基数排序的方法是，对关键字控制字节进行三路划分，只在中间子文件移动到下一个字节（关键字的控制字节与划分元素的相同）。这种方法很容易实现（实际上，一条描述语句加上程序7.5中三路划分的代码就足够了），而它适合于不同的环境。程序10.3是该方法的一个完整实现。

程序10.3　三路基数快速排序

这个MSD基数排序的代码和三路划分的快速排序的基本相同（程序7.5），但有如下变化：(i) 对关键字的引用变成对关键字的各位的引用；(ii) 当前字节作为参数加入到递归程序中；(iii) 对中间子文件的递归调用移到下一个字节。在进行移到下一个字节的递归之前，通过检测划分值是否为0来避免移动越过了字符串的结尾。当划分值为0时，左子文件为空，中间子文件对应于程序已找到的那些相同的关键字，右边子文件对应于那些较长的需要进一步处理的字符串。

```
#define ch(A) digit(A, D)
void quicksortX(Item a[], int l, int r, int D)
  {
    int i, j, k, p, q; int v;
    if (r-l <= M) { insertion(a, l, r); return; }
    v = ch(a[r]); i = l-1; j = r; p = l-1; q = r;
    while (i < j)
      {
        while (ch(a[++i]) < v) ;
        while (v < ch(a[--j])) if (j == l) break;
        if (i > j) break;
        exch(a[i], a[j]);
        if (ch(a[i])==v) { p++; exch(a[p], a[i]); }
        if (v==ch(a[j])) { q--; exch(a[j], a[q]); }
      }
    if (p == q)
      { if (v != '\0') quicksortX(a, l, r, D+1);
        return; }
    if (ch(a[i]) < v) i++;
    for (k = l; k <= p; k++, j--) exch(a[k], a[j]);
    for (k = r; k >= q; k--, i++) exch(a[k], a[i]);
    quicksortX(a, l, j, D);
    if ((i == r) && (ch(a[i]) == v)) i++;
    if (v != '\0') quicksortX(a, j+1, i-1, D+1);
    quicksortX(a, i, r, D);
  }
```

根本上，三路基数快速排序包括根据关键字的开始字符对文件进行排序（适用快速排序），接着对剩下的关键字递归地执行这一方法。对字符串进行排序时，该方法的效率类似于普通的快速排序和MSD基数排序。事实上，它可以看作是两个算法的混合物。

为了比较三路基数排序与标准的MSD基数排序，我们注意到三路基数排序只把文件划分成三部分，并没有获得快速多路排序的好处，特别是在排序的早期阶段。而另一方面，对于稍后的阶段，MSD基数排序会含有大量空桶，而三路基数排序非常适合处理重复关键字、关键字位于小的范围，小文件以及一些MSD基数排序可能运行慢的情况。更重要的是，划分操作适合于在关键字的不同部分含有非随机的不同类型的关键字。而且不需要使用辅助数组。如果子文件的数目很多，这种方法需要额外的交换操作来通过三路划分得到多路划分的效果。

图10-11显示了使用该方法对图10-7的3字母单词排序问题进行操作的示例。图10-13显示了递归调用结构。每个节点恰好对应于三个递归调用：第一位较小的关键字（左子树），第一位相等的关键字（中间子树），第一位较大的关键字（右子树）。

```
now gig ace ago ago
for for bet bet ace
tip dug dug and and

ilk ilk cab ace bet

dim dim dim cab
tag ago ago caw
jot and and cue

sob fee egg egg
nob cue cue dug
sky caw caw dim

hut hut fee
ace ace for
bet bet few

men cab ilk
egg egg gig
few few hut

jay jay jam
owl jot jay

joy joy joy
rap jam jot

gig owl owl men
wee wee now owl
was was nob nob
cab men men now

wad wad rap

caw sky sky sky sky
cue nob was tip sob

fee sob sob sob tip tar
tap tap tap tap tap tap
ago tag tag tag tag tag
tar tar tar tar tar tip

dug tip tip was
and now wee wee
jam rap wad wad
```

图10-11 三路基数快速排序

注：我们把文件划分成三部分：开始字母是从a到l的单词、从j开始的单词及从k到z开始的单词。接着递归执行排序操作。

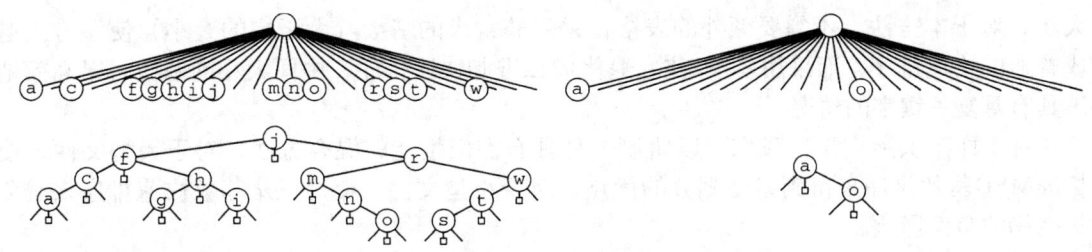

图10-12　三路基数快速排序的trie节点示例

注：三路基数快速排序通过执行三路划分来减少一个字节和递归地对其他位的操作，来解决MSD基数排序中的空桶问题。将每个描述MSD基数排序（见图10-9）递归结构的trie中的M-路节点替换成为其内部节点表示每个非空桶的三叉树。对于完整的树（左边），这样的改变会花费些时间，却不能节省更多的空间，但对空树（右边）来说，减少了消耗的时间和所用的空间。

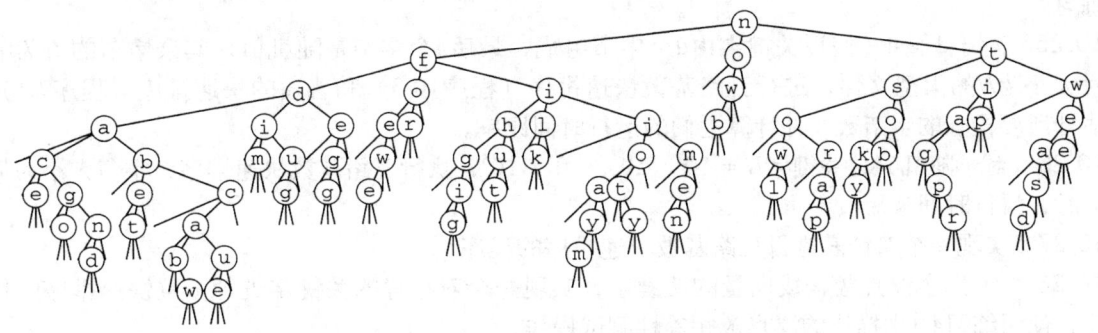

图10-13　三路基数快速排序的递归结构

注：本树结合了图10-10树的26路节点及三叉二进制搜索树，如图10-12所示。从树的根部到结束于中间链接的树的底部的路径定义了文件的一个关键字。图10-10包含了1035个没有描述的空链接；而本例中显示了所有的155个空链接。每个空指针对应一个空的桶。因此两图的差别表明了三路划分算法如何大幅度地减少MSD基数排序中遇到的空桶数目。

当排序关键字与10.2节中的提取数符合时，标准的快速排序（以及第6章至第9章的其他排序程序）可以看作是MSD基数排序，因为比较操作首先访问关键字的最高位（见练习10.3）。

例如，如果关键字是字符串，关键字不同时，比较函数应该只访问那些控制位，如果关键字的第一个字节相同，第二个字节不同，则比较函数访问控制前2位，以此类推。因此，标准的算法可以自动获得一些与MSD基数排序相同的好处（见第7.7节）。最重要的区别是，当控制位相等时，标准算法不能采取一些特殊的相应措施。事实上，程序10.3可以看作是某种快速排序算法，在进行多重划分后，保存数据项控制位的相关信息。在小的子文件中，在执行了排序中的大部分比较操作后，关键字可能有很多相等的控制位值。标准算法每个比较操作中，都必须访问所有的字节；三路算法则不需这样做。

考虑关键字较长（简化起见，假设定长）但大部分控制字节完全相同的情况。对这种情况，普通快速排序的运行时间与字长度和$2N \ln N$的积成正比，然而基数排序的运行时间与N和字长的积（找出所有控制位相等的那些）再加上$2N \ln N$（对剩余的较短关键字进行排序）的和成正比。也就是说，这种方法可以比普通的快速排序快$\ln N$倍，只统计了比较操作。在实际排序应用中，有很多关键字具有类似这个构造例子的特征（见练习10.25）。

三路基数快速排序的另一个有趣特性是它和基数大小没有直接关系。对其他基数排序方法来说，需要一个大小由基数值决定的辅助数组，而且要确保数组的大小不会远远大于文件大小。对于本方法，不需要额外的表格，采用非常大的基数（大于字的大小）使该方法退化成普通的快速排序，而采用基数2使它退化成二进制快速排序，中间大小的基数可以高效地处理具有重复关键字的情况。

对于许多实际应用，我们可以研制一种具有杰出性能的混合方法，对于大型文件，使用标准MSD基数排序来得到多路划分的优点，对于小型文件，使用三路基数快速排序来避免大量空桶的负面影响。

三路基数排序同样适合于待排序的关键字是向量的情况。也就是说，如果关键字是由独立的部分（每一个是由一个抽象的关键字）组成的。我们希望关键字先按照第一个部分排序，如果第一部分相等，再按第二部分排序，以此类推。我们可以将向量排序看作基数排序的推广，其中R可取任意大小。当对程序10.3进行修改以适应这种情况的时候，这个程序被称为多关键字快速排序。

练习

10.25 对于d > 4，假设关键字由d个字节组成，最后4个字节是随机值，其余字节的值为0。对大小为N的大型文件，进行三路基数快速排序（程序10.3）和普通的快速排序（程序7.1），估计所要检查的字节数，并计算它们的运行时间比率。

10.26 对于随机64位关键字$N = 10^3$，10^4，10^5，10^6，执行三路基数快速排序，字节大小为何值时，执行时间最短？

• 10.27 实现一个对链表进行三路基数快速排序的程序。

10.28 对于t个浮点数构成向量的关键字，实现一个对这样的关键字进行多重快速排序的程序，使用练习4.1中描述的浮点数相等性测试操作。

10.29 使用练习10.19的关键字产生器，对于$N = 10^3$，10^4，10^5，10^6，执行三路基数快速排序。并把它的性能与MSD基数排序的性能进行比较。

10.30 使用练习10.21的关键字产生器，对于$N = 10^3$，10^4，10^5，10^6，执行三路基数快速排序。并把它的性能与MSD基数排序的性能进行比较。

10.31 使用练习10.23的关键字产生器，对于$N = 10^3$，10^4，10^5，10^6，执行三路基数快速排序。并把它的性能与MSD基数排序的性能进行比较。

10.5 LSD基数排序

另一种基数排序方法是从右到左检查字节。图10-14显示了如何扫描文件3遍对3个字母的单词进行排序。根据最后的字母对文件进行排序（使用关键字索引统计），接着根据中间字母对文件进行排序，最后根据第一个字母进行排序。

乍看起来，不容易使得该方法便利可行。事实上，只有当使用的排序方法稳定时，该方法才可行。一旦确保稳定的排序方法，就可以容易地证明LSD基数排序的高效性：在根据i次试验字节将关键字排好序后（以一种稳定方法），我们知道文件中的任何两个关键字都处于正确的顺序，或是因为i个试验字节的第一位是不同的，对该位进行排序就能将它们放到合适的位置；或是因为第i个试验字节的第一位是相同的，在这种情况下根据稳定性就能断定关键字在合适的位置。换一种解释法，如果一对关键字中$w-i$位未检查的值相等，关键字之间的差别就由i个已检查的i位决定。反之，如果$w-i$位未检查的值不相等，那么已经检查的i位没有影响，稍后的一遍会根据更明显的差异来正确的排序。

```
now  sob  cab  ace
for  nob  wad  ago
tip  cab  tag  and
ilk  wad  jam  bet
dim  and  rap  cab
tag  ace  tap  caw
jot  wee  tar  cue
sob  cue  was  dim
nob  fee  caw  dug
sky  tag  raw  egg
hut  egg  jay  fee
ace  gig  ace  few
bet  dug  wee  for
men  ilk  fee  gig
egg  owl  men  hut
few  dim  bet  ilk
jay  jam  few  jam
owl  men  egg  jay
joy  ago  ago  jot
rap  tip  gig  joy
gig  rap  dim  men
wee  tap  tip  nob
was  for  sky  now
cab  tar  ilk  owl
wad  was  and  rap
tap  jot  sob  raw
caw  hut  nob  sky
cue  bet  for  sob
fee  you  jot  tag
raw  now  you  tap
ago  few  now  tar
tar  caw  joy  tip
jam  raw  cue  wad
dug  sky  dug  was
you  jay  hut  wee
and  joy  owl  you
```

图10-14 LSD基数排序示例

注：使用LSD基数排序在三遍内完成对由3个字符构成的字的排序。

稳定性要求意味着，例如二进制快速排序中使用的划分方法不能用于这个从右到左的二进制快速排序版本。相反，关键字索引统计是稳定的方法，可以用它直接得到经典而高效的算法。程序10.4是这种方法的一个实现。似乎需要额外的数组用于进行分配，练习10.17和练习10.18中用于原位分布的技术是以牺牲稳定性来避免使用辅助数组。

程序10.4 LSD基数排序

该程序对字中的字节进行关键字索引统计，从右向左移动。关键字索引统计实现必须是稳定的。如果R=2（这样bytesword和bitsword相等），该程序是直接基数排序，它从右向左，一位一位的基数排序（见图10-15）。

```
void radixLSD(Item a[], int l, int r)
  {
    int i, j, w, count[R+1];
    for (w = bytesword-1; w >= 0; w--)
```

```
    {
      for (j = 0; j < R; j++) count[j] = 0;
      for (i = l; i <= r; i++)
        count[digit(a[i], w) + 1]++;
      for (j = 1; j < R; j++)
        count[j] += count[j-1];
      for (i = l; i <= r; i++)
        aux[count[digit(a[i], w)]++] = a[i];
      for (i = l; i <= r; i++) a[i] = aux[i-l];
    }
}
```

LSD基数排序是老式卡片排序机上所使用的方法。那样的机器可以根据所选列上的孔的式样，将一叠卡片分布到10个桶中。如果卡片中有些数字在列的一个特殊集合中穿孔，可以通过对卡片的最右一位进行检查来对卡进行排序，接着收集卡片并按顺序堆放，然后移到下一个最右位的地方，以此类推，直到访问到第一位。实际上卡片的堆放是一个稳定的过程，关键字索引统计排序就是模仿这个操作。这个版本的LSD基数排序不仅在20世纪50年代和60年代的商业应用中很重要，它还被许多谨慎的程序员所使用，他们把程序卡片组的最后几列的序列号在卡片上穿孔，以使出现意外时，可以机械地将卡片组按顺序复原。

图10-15描述了二进制LSD基数排序在样本关键字上的操作，并与图10-3进行比较。对这些5位的关键字，使用了5遍排序算法来完成，从右到左遍历关键字。含有单个关键字的排序记录表明了对于文件的划分结果，使所有0关键字的记录排在所有1关键字的记录之前。如前所述，我们不能使用本章一开始在程序10.1中讨论的划分策略。即使它看起来能解决同一问题，但是不稳定。以2为基的排序方法值得一看，因为它适合于高性能的机器和特殊用途的硬件（见练习10.38）。在软件中，我们使用尽可能多的位数来减少操作的遍数，只受统计中所用数组大小的限制（见图10-16）。

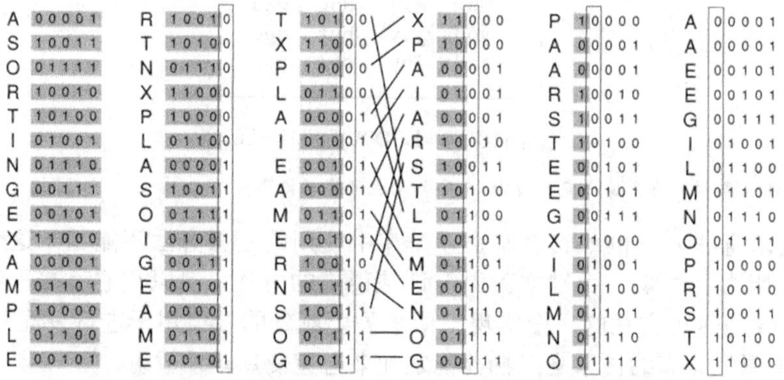

图10-15 LSD（二进制）基数排序示例（显示了关键字的位）

注：该图显示了对示例文件进行从右到左、一位接一位的基数排序过程。通过对第（$i-1$）列进行提取操作（稳定的），将所有第i位为0的关键字调到所有第i位为1的关键字前，这样就产生了第i列。如果操作前第（$i-1$）列是按第（$i-1$）位的值进行排序的，那么在操作后，第i列是按尾i位的值进行排序的。第三步中明确显示了关键字的移动过程。

由于字符串中有变长的关键字，一般很难将这个LSD过程应用到字符串排序中。对于MSD排序，可以根据关键字的开始位进行区分；但LSD排序是基于固定长度关键字的，控制关键字只在最后一遍中涉及。即使是对于（长的）固定长度关键字，LSD基数排序仍然对关键字的右部分做了不必要的工作。因为如我们所看到的，排序中只有关键字的左边部分是真正有用的。在10.7节中，我们在详细讨论了基数排序的特性后，会给出这个问题的一种解决方法。

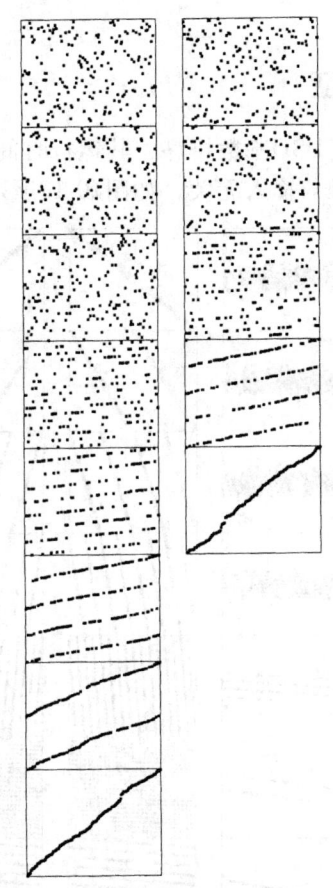

图10-16　LSD基数排序的动态特性

注：该图显示了对随机8位关键字进行LSD基数排序的过程，基数为2（左边）和4（右边），基数为4的排序中包含了基数2中的所有步骤。例如，当剩下两位时（左边倒数第3个，右边倒数第2个），该文件包含了以00、01、10、11开头的四个混合的有序子文件。

练习

10.32　使用练习10.19的关键字产生器，对于$N = 10^3$，10^4，10^5，10^6，执行LSD基数排序。并把它的性能与MSD基数排序的性能进行比较。

10.33　使用练习10.21和10.23的关键字产生器，对于$N = 10^3$，10^4，10^5，10^6，执行LSD基数排序。并把它的性能与MSD基数排序的性能进行比较。

10.34　对于图10-15中的例子，显示使用基于二进制快速排序划分方法的LSD基数排序的结果（未排序）。

▷10.35　对关键字now is the time for all good people to come the aid of their party，使用LSD基数排序，对关键字的头两位控制位进行操作，显示操作结果。

• 10.36　研制一个使用链表进行LSD基数排序的程序。

• 10.37　寻找一个高效的方法：(i) 对文件中记录进行重新整理，使所有以0开始的关键字排在所有以1开始的关键字的前面；(ii) 使用与记录数目平方根成比例的额外空间（或者更少）；(iii) 是稳定的。

- **10.38** 实现对32位字数组进行排序，只能使用以下抽象操作：给定某位的位置i，和指向数组a[k]的指针，稳定地对a[k]，a[k+1]，…，a[k+63]进行重排，使所有第i位是0的字排在第i位是1的字之前。

10.6 基数排序的性能特征

对于w-字节的N个记录执行LSD基数排序，其运行时间与Nw成正比，因为算法对所有N个关键字执行w遍。这一分析结果与输入无关，如图10-17所示。

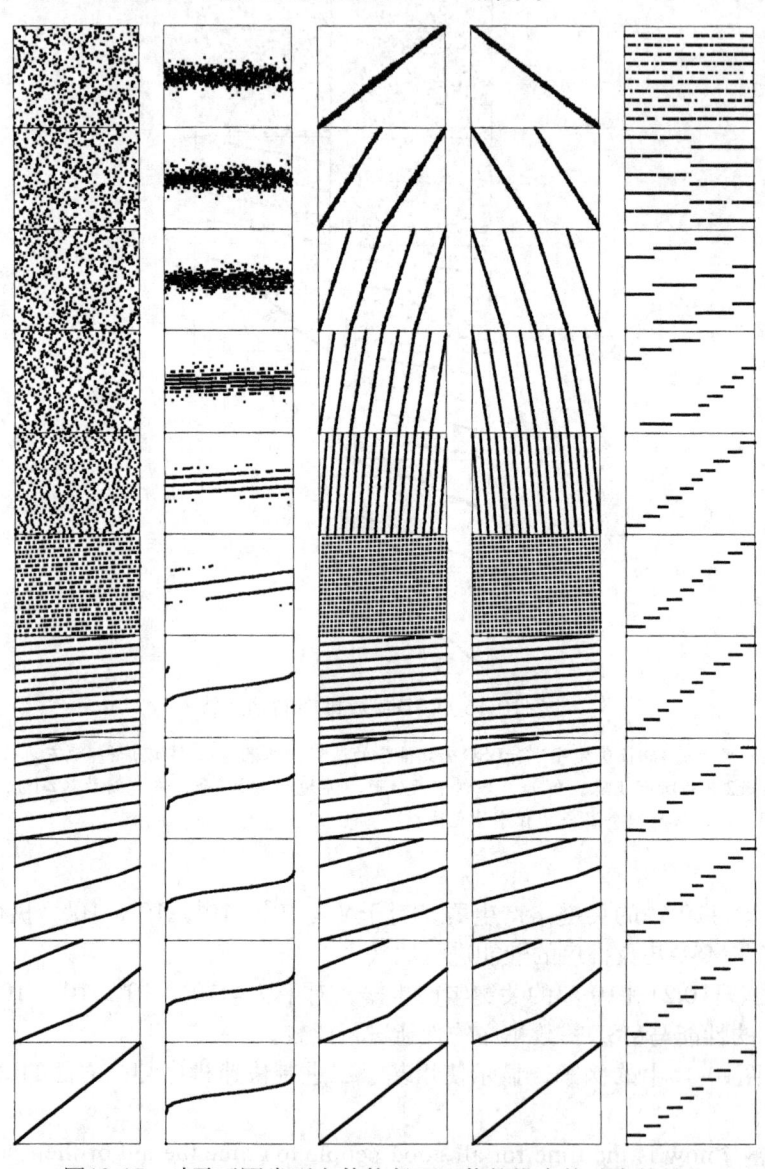

图10-17 对于不同类型文件执行LSD基数排序的动态特性

注：该图描述了使用LSD基数排序对包含700个数据项的随机文件、高斯序列、接近有序序列、几乎有序序列、几乎逆序序列和随机只有10个关键字的文件进行操作的情况（从左到右）。运行时间与输入的初始顺序有关。包含相同关键字的三个文件（第一、第三和第四都是1到700之间的整数的排列，在排序接近完成时，具有类似的特征。

对于长的关键字和短的字节，这个运行时间可与$N \lg N$相比。例如，如果我们使用二进制LSD基数排序对10亿个32位的关键字进行排序，那么w和$\lg N$都约为32。对于长的字节和短的关键字，运行时间都约为N。例如，如果64位的关键字使用16位的基数，那么w为4，这是一个小的常数。

为了合理地比较基数排序与基于比较的排序算法的性能，我们需要详细说明关键字中的字节数，而不只是关键字的数目。

性质10.1 基数排序最坏情况下要检查所有关键字中的所有字节。

换句话说，由于它所花费的时间至多与输入的数位成正比，因而基数排序的运行时间是线性的。这一观察直接可由考查程序而得：每位数字至多检查一次。对于我们考察的程序，当所有关键字相等时，发生最坏情况。■

如上所见，对于随机关键字以及其他很多的情况，MSD基数排序的运行时间可以是数据总位数的亚线性时间，因为不需要检查关键字的所有位。对于任意长的关键字以下经典结果成立：

性质10.2 当排序的关键字是随机数时，二进制快速排序平均检查约$N \lg N$位。

如果文件大小是2的幂，而且位是随机的，那么我们期望一半的控制位是0，一半的控制位是1，因而递归方程$C_N = 2C_{N/2} + N$描述了这一性能，如我们在第7章论述快速排序那样。并且这种描述并不完全准确，因为划分位于中心只在平均意义下成立（还由于关键字中的位数是有限的）。然而，二进制快速排序的划分要比标准快速排序更接近于中心，因而对运行时间起着决定作用的项就等同于划分最完美的情况。证明这一结果的详细分析是算法分析中的一个经典例子，首先由Knuth在1973年首次提出（见第三部分参考文献）。■

这一结果推广了MSD基数排序的应用范围。然而，因为我们关心的是总的运行时间，而不只是所检查的关键字数，我们必须注意，MSD基数排序部分运行时间是和基数R的大小成正比，而与关键字无关。

性质10.3 对于大小为N的文件，运行基为R的MSD基数排序，至少需要$2N + 2R$步。

MSD基数排序至少包含一次遍历关键字索引统计，而关键字索引统计至少包含对记录扫描两遍（一遍是统计，一遍是分布），总共至少$2N$步，还有两遍对统计数的访问（一遍是将统计数初始化为0，另一遍是确定子文件结束的位置），总共至少$2R$步。■

这一特性非常明显，不需阐述。但它是我们理解MSD基数排序的根本。特别是，它说明不能因为N值较小就断定运行时间较短，因为R可能比N要大得多。简而言之，对小的子文件应该使用一些其他方法。这个观察结果是我们在10.3节最后讨论的空桶问题的解决方法。例如，如果R是256，N是2，只进行元素比较的基本方法就比MSD基数排序要快128倍。MSD基数排序的递归结构确定了递归程序会对于很多小文件调用自己。因此，在本例中，如果忽略空桶问题，会使整个基数排序的效率降低128倍。对于中间情况（例如，假设$R = 256$，$N = 64$），开销情况没这么巨大，但依然很显著。使用插入排序并不明智，因为它期望的比较次数$N^2/4$开销太高。忽略空桶也不明智，因为空桶数量巨大。解决这个问题最简单的方法是使用小于文件大小的基数。

性质10.4 如果基数总是小于文件大小，MSD基数排序的所需的平均步数在$N \log_R N$的一个小的常数因子内（关键字由随机字节组成），在最坏情况下，步数在关键字总字节数的一个常数因子之内。

最坏情况下的结果直接可从之前的讨论得出，而性质10.2的分析可归纳出平均情况下的结果。对大R，因子$\log_R N$较小，因此总的运行时间和N成正比。例如，如果$R = 2^{16}$，那么对于所有$N < 2^{48}$，$\log_R N$小于3，该值几乎包含了所有大小的实际文件。

在性质10.2中所做的，由性质10.4可得到重要的实际特性：对于较长的关键字，MSD基数排序实际上是随机关键字的总位数的亚线性函数。例如，对100万个64位随机关键字进行排序，大约只需要检查关键字的20至30的控制位，或者少于一半的数据。

性质10.5 对任意长的N个关键字，三路基数快速排序平均使用$2N \ln N$次字节比较。

有两种有益的方式来理解这个结果。第一种，假设该方法与对控制位进行划分的快速排序相同，接着（递归地）对子文件使用相同的操作，因此整个操作的运行时间和普通快速排序的相同——但是是对单个位值的比较，而不是对整个关键字的比较。第二种，假设使用图10-12中提到的方法，由性质10.3，算法的期望运行时间为$N \log_R N$乘上一个因子$2 \ln R$，因为对于R个字节的排序，快速排序所需步数为$2R \ln R$，这与用trie表示的相同字节需R步形成对照。完整的证明省略（见第三部分参考文献）。

性质10.6 对于w位的N个记录进行排序，LSD基数排序需要$w/\lg R$遍，使用额外空间存放R个统计数（和重排文件的缓冲区）。

由实现直接可得这个事实的证明结果。特别是，如果我们取$R = 2^{w/4}$，要进行4遍线性排序。

练习

10.39 假设输入文件中1到1000的数字每个有1000个，每个是32位字。描述如何利用文件的特点编写一个快速基数排序程序。

10.40 假设输入文件中，有1000个不同的32位数字，每个数字有1000个。描述如何利用文件的特点编写一个快速基数排序程序。

10.41 使用三路基数快速排序对定长的字节字符串进行排序，在最坏情况下，最多需要检查多少字节数？

10.42 对于$N = 10^3$，10^4，10^5，10^6，对于同一长字符串的文件，比较使用三路基数快速排序和标准快速排序所检查的总字节数。

∘**10.43** 对包含N个关键字的文件A，AA，AAA，AAAA，AAAAA，AAAAAA，……执行MSD基数排序和三路基数快速排序，给出所要检查的字节数。

10.7 亚线性时间排序

从10.6节得到的分析结果的主要结论是，基数排序的运行时间可以是关键字总位数的亚线性时间。在这一节里，我们考虑这一事实蕴含的实际结果。

10.5节中给出的LSD基数排序的实现使得bytesword遍历文件。使R很大，我们得到一种高效的排序方法，只要N也是很大，且有空间存储R个统计数。如在性质10.5中证明所提到的那样，一种合理的选择是使$\lg R$（每字节的位数）为字大小的1/4，以使基数排序执行4遍关键字索引统计过程。检查每个关键字的每个字节，但每个关键字只有4个数字。这个例子直接对应着很多计算机的组织结构：一个结构有32位字，每个字包含4个8位字节。我们从字中提取字节，而不是位，这种方法在很多计算机上很高效。现在，每个关键字索引统计遍历是线性的，而且是因为只执行4遍，整个排序是线性的——这肯定是我们在排序中希望得到的最好性能。

事实上，只执行两遍关键字索引统计就可以了。可以这样做是因为我们利用了事实，如果只使用w-位的关键字的$w/2$个控制位，文件已基本有序了。正如我们在快速排序中所做的那样，在文件基本有序时，使用插入排序，可以高效地完成快速排序任务。这种方法是对程序10.4的一种细小修改。为了使用关键字的一半控制位从右到左进行排序，我们只需简单地将外部for

循环从bytesword/2-1开始,而不是从bytesword-1开始。接着,我们使用常规插入排序对得到的基本有序的文件进行排序。图10-3和图10-18有力地说明了一个控制位有序的文件使用插入排序的很好结果。在图10-3的第4列中,插入排序只使用了6次交换实现对文件的排序。图10-18表明,对于一个其一半控制位有序的大型文件,使用插入排序也能进行高效的排序。

对于某些文件大小,需要使用辅助数组,还使用一些额外空间,来获得执行一遍关键字索引统计的过程。例如,对100万个32位随机关键字进行排序,可以先执行一遍对20个控制位的关键字索引统计过程,接着使用插入排序完成排序。要做到这样,只需要(1百万)计数器的空间——这要比辅助数组所需的空间少得多。使用这种方法等价于使用标准的基$R=2^{20}$的MSD基数排序,虽然本质上对小文件应使用小基数(见性质10.4之后的讨论)。

基数排序中的LSD方法被广泛使用,因为它的控制结构非常简单,而且它的基本操作适合机器语言实现,这点可以直接改编到有特殊用途的高性能硬件中。在这种环境中,运行完整的LSD基数排序可能是最快的。如果使用指针,就需要存放N个链域(及R个统计数)的空间来执行LSD基数排序,这点投资可以产生一个对随机文件只执行3到4遍排序的方法。

在常规编程环境中,基数排序所基于的关键字索引统计程序的内循环中所包含的指令比快速排序或归并排序的内循环中的指令要多很多。该特性的实现表明在很多情况下,我们所描述的亚线性时间方法可能不比快速排序的运行时间少很多。

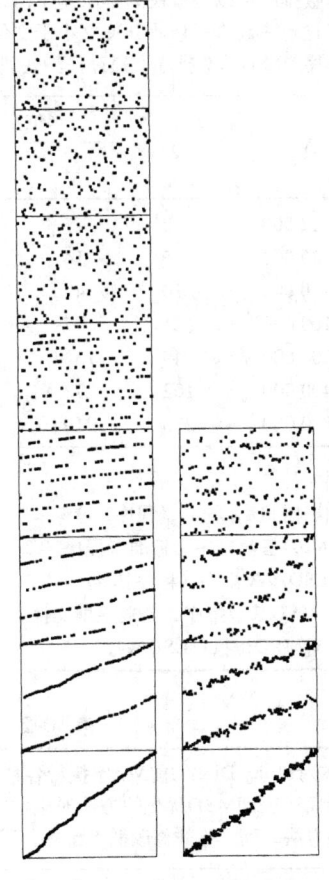

图10-18 对MSD位执行LSD基数排序的动态特征

注:如果关键字是随机的位,根据关键字的控制位对文件进行排序可以使整个文件接近有序。对包含6位关键字的随机文件,该图将执行6遍LSD基数排序(左边)和执行3遍LSD基数排序后跟一个插入排序(右边)进行比较。后者的策略几乎快两倍。

通用的算法如快速排序比基数排序要应用的广泛,因为它们适用于各种应用问题。阐述这一点的主要原因是,基数排序基于的关键字提取方法没有我们在第6章至第9章使用的算法(比较操作)那么普遍。例如,为排序实用程序安排接口程序的一个基本方法是让客户端提供比较函数。这是C语言库中qsort使用的接口程序。这样的安排不仅让客户端可以使用关于复杂关键字的特定信息来实现一个快速比较操作,还可以使用不包含关键字的顺序关系来进行排序。在第21章中,我们会讨论这样的一个算法。

当可以使用任意算法时,是使用快速排序还是使用本章所讨论的各种基数排序算法(及相关版本的快速排序),这点就不仅和应用程序的特点有关(如关键字、记录和文件大小),还和编程及机器环境的特性有关,这些特性与访问的效率和位及字节的使用有关。表10-1和10-2的实验结果验证了我们提出的各种基数排序的线性或亚线性时间的性能,这些结果使这些排序方法适合于各种实际应用中。

表10-1 基数排序算法的实验研究（整数关键字）

对N个32位随机整数的文件，这些基数排序（都包含一个当N小于16时改为执行插入排序的中断）的相关运行实践表明基数排序可以是最快的排序程序，如果小心使用的话。当我们对小文件使用大基数时，MSD基数排序的效率很低，不过对基数进行修改，使之小于文件大小就可以解决这个问题。对整数关键字操作最快的方法是对一般控制位进行排序的LSD基数排序，通过仔细处理内部循环还可以进一步提高效率（见练习10.45）。

N	Q	4位字节		8位字节			16位字节		
		M	L	M	L	L*	M	L	M*
12 500	2	7	11	28	4	2	52	5	8
25 000	5	14	21	29	8	4	54	8	15
50 000	10	49	43	35	18	9	58	15	39
100 000	21	77	92	47	39	18	67	30	77
200 000	49	133	185	72	81	39	296	56	98
400 000	102	278	377	581	169	88	119398	110	297
800 000	223	919	732	6064	328	203	1532492	219	2309

其中：
Q 快速排序，标准（程序7.1）
M MSD基数排序，标准（程序10.2）
L LSD基数排序（程序10.4）
M* MSD基数排序，基数根据文件大小设置
L* 对MSD位执行LSD基数排序

表10-2 基数排序算法的实验研究（字符串）

这些对Moby Dick的前N个字执行各种排序算法（除了堆排序之外，在N小于16时，都包含一个插入排序的中断）的相对时间，表明MSD优先的方法对于字符串数据是高效的。在三路排序中对小子文件执行插入排序的效果不如其他的排序方法，而且除非修改插入排序，避免访问关键字的控制位部分，否则没有任何效果（见练习10.46）。

N	Q	T	M	F	R	X	X*
12 500	7	6	9	9	8	6	5
25 000	14	12	18	19	15	11	10
50 000	34	26	39	49	34	25	24
100 000	83	61	87	114	71	57	54

其中：
Q 快速排序，标准（程序7.1）
T 使用三路划分的快速排序（程序7.5）
M 归并排序（程序8.2）
F 使用Floyd改进的堆排序（见9.4节）
R MSD基数排序（程序10.2）
X 三路基数快速排序（程序10.3）
X* 三路基数快速排序（包含中断程序）

练习

▷ **10.44** 对关键字的控制位执行LSD基数排序，然后使用插入排序完成排序任务的主要缺点是什么？

• **10.45** 编写一个程序，对32位关键字执行LSD基数排序，在内循环中使用尽可能少的指令。

10.46 实现三路基数快速排序，对小文件使用插入排序，在比较中不使用那些已知是相等的控制位。

10.47 给出100万个随机32位的关键字，确定关键字的大小，使总的运行时间最短，其中对前两个字节执行LSD基数排序，接着使用插入排序来完成任务。

10.48 对于10亿个64位的关键字，回答练习10.47。

10.49 执行3遍LSD基数排序，回答练习10.48。

第11章 特殊用途的排序方法

　　排序方法是许多应用系统的关键组件。通常需要采取特别措施，使排序尽可能快或者能够处理大型文件。我们可能遇到高性能增强的计算机系统，或者遇到专门为排序设计的具有特殊用途的硬件，或者遇到基于某种新型结构设计的计算机系统。在这些情况下，我们对待排数据所做的操作的相对开销，其隐含假设可能无效。在这一章里，我们分析几个可在各种机器上高效运行的排序方法的例子，还将分析强加在高性能硬件上的几个不同限制的例子，以及实际中有利于实现高性能排序的几种方法。

　　任何新的计算机结构最终都要支持高效的排序方法。实际上，排序在历史上是作为评价新结构的基准测试方法，因为它既重要又很好理解。我们希望不只是了解哪种已知算法在新机器上运行最快和为什么快，还要知道新型机器的特定特征能否被某种新算法利用。为了开发一种新的算法，我们定义一种封装了实际机器的主要属性的抽象机器，接着在抽象机上设计和分析算法，然后实现、测试算法，并对最佳算法和模型进行求精。我们利用以往的经验，包括我们在第6章至第10章所看到的一般机器上的许多方法。但是抽象机强加的限制有助于我们把注意力放到真正的开销上，并清楚认识到不同算法适合不同的机器。

　　一方面，我们会考虑只允许比较-交换操作的低层模型。另一方面，我们会考虑在较慢的外部介质上或者独立的并行处理器上读写大块数据的高级模型。

　　首先，我们分析Batcher奇偶归并排序（odd-even mergesort）。它是归并排序的一种版本，基于分治归并算法，只使用比较-交换操作，用完美混洗（perfect-shuffle）和完美逆混洗（perfect-unshuffle）操作进行数据移动。这些方法很有趣，除了排序还可用于解决许多问题。接下来，我们分析作为排序网的Batcher方法。排序网（sorting network）是一种低层排序硬件的简单抽象。网络由互连的比较器（comparator）组成，它是能够执行比较-交换操作的模块。

　　另一种重要的抽象排序问题是外部排序（external sorting）问题，其中待排序的文件太大而不能放入内存。访问每个记录的开销是巨大的，因此，我们将使用抽象模型，记录按照大块形式写入外部设备和从外部设备读出。我们考虑外部排序的两种算法，并使用这个模型比较这两种算法。

　　最后，我们考虑并行排序（parallel sorting）。这种情况下，待排序的文件分布在几个独立的并行处理器中。我们定义一种简单的并行机模型，然后分析Batcher方法在其上的高效解决方案。我们使用同一基本算法来解决一个高层问题和一个低层问题，使抽象能力令人信服。

　　本章中的抽象机很简单，但是值得研究，因为它们封装了特定排序应用中最关键的特定约束。低层的排序硬件必须由简单组件构成；外部排序一般要求按块访问大型数据文件，因为串行访问要比随机访问更高效；并行排序会涉及处理器之间的通信约束。一方面，我们不能确定机器模型完全对应某种实际机器；另一方面，我们考虑的抽象不仅使我们从理论上得到关于性能方面的局限性的基本信息，而且给出了实际使用的有趣算法。

11.1 Batcher奇偶归并排序

　　开始之前，我们考虑只基于两种抽象操作的排序方法，这两种操作是比较-交换操作和完美混洗操作（以及它的逆操作，完美逆混洗）。算法是由Batcher于1968年研制的，称为

Batcher奇偶归并排序。使用混洗操作、比较-交换操作和双递归实现算法是很简单的任务。但要理解算法为什么能运行，以及混洗和递归算法如何进行低层操作却是一项挑战性的任务。

我们在第6章遇到的比较-交换操作，这里讨论的某些基本排序方法可以根据这个抽象操作更简明地表达出来。现在，我们对那些只对数据进行比较-交换操作的方法感兴趣。标准的比较操作去掉了：比较-交换操作并不返回结果，因而程序无法采取依赖于具体数据值的行动。

定义11.1 非适应性排序算法是这样一种算法，它所执行的操作序列只依赖于输入的个数，而不依赖于关键字的值。

在这一节里，我们的确执行一些只进行数据重排的操作，比如交换和完美混洗，正如在11.2节看到的那样，但它们不是主要的。非适应性的方法等价于排序的直线（straight-line）程序：它们可以简单表示为所要执行的比较-交换操作序列。例如，序列

```
compexch(a[0], a[1])
compexch(a[1], a[2])
compexch(a[0], a[1])
```

是对三个元素排序的一个直线程序。我们在算法表示中使用循环、混洗和其他高级操作以体现简洁和经济，但研制算法的目标是定义compexch操作的一个固定序列，它能对N个关键字排序。不失一般性，我们可以假设关键字是1至N之间的整数（见练习11.4）。要知道一个直线程序是否正确，我们必须证明它对这些值的每种可能排列进行排序（见练习11.5）。

第6章至第10章考虑的排序算法中，没有几个是非适应性的算法。它们都使用less或其他方法比较关键字的大小，因而依赖关键字的值采用不同行为。一个例外是冒泡排序（见6.4节），它只使用了比较-交换操作。Pratt的希尔排序算法（见6.6节）是另一种非适应性的方法。

程序11.1给出了其他抽象操作的实现，包括完美混洗和完美逆混洗，图11-1给出了完美混洗和完美逆混洗的例子。完美混洗重排数组的方式与专家重排一堆牌的方式相同：牌被分成相同的两半，然后从各半堆牌中交替地取出牌进行混洗。我们总是从一堆牌中的上半部分取第一张牌。如果牌的张数是偶数，那么两部分的牌数相同；如果牌的张数是奇数，那么多余的那张牌在上半部分的最后。完全逆混洗正相反：我们进行逆混洗的过程是交替地把一半牌的上部与另一半牌的底部进行混洗。

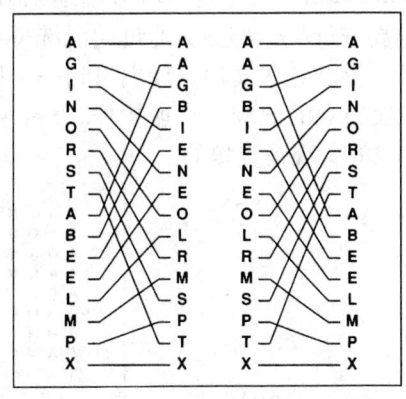

图11-1 完美混洗和完美逆混洗

注：要进行完美混洗（左图），我们首先取文件中的第一个元素，接着取另一半的第一个元素，然后取文件的第二个元素，再取另一半的第二个元素，以此类推。自顶向下考虑从0开始编号的元素。前一半的元素到偶数编号的位置，后一半的元素到奇数编号的位置。要进行一个完美逆混洗（右图），操作正好相反：偶数编号位置上的元素到前半部分，奇数编号位置上的元素到后半部分。

程序11.1 完美混洗和完美逆混洗

shuffle函数通过子数组分裂，然后交替每一半中的元素，实现对子数组a[l]，…，a[r]进行重排：前半部分的元素到结果中偶数编号的位置，后半部分的元素到结果中奇数编号的位置。

unshuffle函数的操作正相反。偶数编号位置上的元素到结果中的前半部分，奇数编号位置上的元素到结果中的后半部分。我们仅在偶数个元素的子数组上使用这些函数。

```
shuffle(itemType a[], int l, int r)
  { int i, j, m = (l+r)/2;
    for (i = l, j = 0; i <= r; i+=2, j++)
      { aux[i] = a[l+j]; aux[i+1] = a[m+1+j]; }
    for (i = l; i <= r; i++) a[i] = aux[i];
  }
unshuffle(itemType a[], int l, int r)
  { int i, j, m = (l+r)/2;
    for (i = l, j = 0; i <= r; i+=2, j++)
      { aux[l+j] = a[i]; aux[m+1+j] = a[i+1]; }
    for (i = l; i <= r; i++) a[i] = aux[i];
  }
```

Batcher的排序方法就是8.3节自顶向下的归并排序；差别是不采用第8章的适应性的归并实现，而是使用Batcher奇偶归并，它是一种非适应性的自顶向下的递归归并。程序8.3并没有访问数据，因而我们使用非适应性的归并隐含着整个排序是非适应性的。

我们在这一节中及11.2节中隐含假设：待排序的数据项数是2的幂。接着，我们总是使用$N/2$，而不管N是奇数还是偶数。这一假设是不切实际的，当然，程序和例子涉及其他文件的大小，但是大大简化了讨论。我们在11.2节的末尾回到这个问题。

Batcher归并自身是一种分治递归方法。要进行1-1归并，我们使用一次比较-交换操作。否则，要进行$N-N$归并，通过逆混洗得到两个$N/2-N/2$的归并问题，然后递归求解得到两个有序文件。混洗这些文件，我们得到一个接近有序的文件，所需要的是在元素$2i$和$2i+1$之间进行$N/2-1$次独立的比较-交换操作，$1 \leq i \leq N/2-1$。图11-2说明了这一过程。从这个描述可见，程序11.2的实现是直接的。

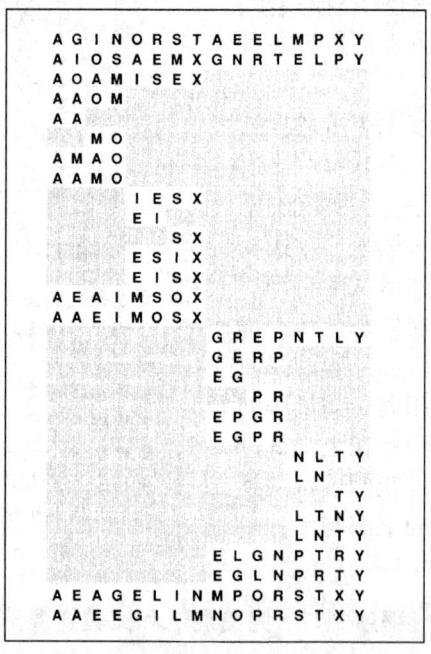

图11-2 自顶向下Batcher奇偶归并示例

注：要归并AGINORST与AEELMPXY，我们从一个逆混洗操作开始，它建立两个约为一半规模的独立的归并问题（第二行显示）：我们必须在数组的前一半归并AIOS与AEMX，在数组的后一半归并GNRT与ELPY。递归地解决这些子问题后，我们混洗这些问题的解（倒数第二行显示），通过E与A、G与E、L与I、N与M、P与O、R与S，以及T与X的比较-交换操作完成排序。

程序11.2 Batcher奇偶归并（递归版本）

这个递归程序实现了一种抽象的原位归并，使用程序11.1中的shuffle和unshuffle操作，尽管它们不是关键所在。程序11.3是该程序的一个自底向上的非递归版本，并去掉了混洗操作。我们这里主要感兴趣的是这个实现为Batcher算法提供了一种文件大小为2的幂时的简短描述。

```
mergeTD(itemType a[], int l, int r)
  { int i, m = (l+r)/2;
    if (r == l+1) compexch(a[l], a[r]);
    if (r < l+2) return;
    unshuffle(a, l, r);
    mergeTD(a, l, m);
    mergeTD(a, m+1, r);
    shuffle(a, l, r);
    for (i = l+1; i < r; i+=2)
      compexch(a[i], a[i+1]);
  }
```

程序11.3 Batcher奇偶归并（非递归版本）

Batcher奇偶归并的实现简洁而神秘（它假设文件大小N是2的幂）。我们可以通过与它的递归版本（见程序11.2和图11-5）进行对照来理解它完成归并的过程。它在lg N次遍历内完成归并过程，这些遍历由统一且独立的比较-交换指令组成。

```
mergeBU(itemType a[], int l, int r)
  { int i, j, k, N = r-l+1;
    for (k = N/2; k > 0; k /= 2)
      for (j = k % (N/2); j+k < N; j += (k+k))
        for (i = 0; i < k; i++)
          compexch(a[l+j+i], a[l+j+i+k]);
  }
```

为什么这种方法可以对所有可能输入排列进行排序？答案不是那么明显的。经典证明方法是一种间接方法，它依赖于非适应性排序程序的一般特征。

性质11.1 （0-1原理）如果输入全为0或1时，一个非适应性的程序产生排好序的输出，那么对于输入是任意的关键字的情况，仍然可以产生排好序的输出。

见练习11.7。 ∎

性质11.2 Batcher奇偶归并（程序11.2）是一种高效的归并方法。

使用0-1原理，我们只检查当输入都是0或1时，该方法进行正确地归并。假设第一个子文件中有i个0，第二个子文件中有j个0。这一性质的证明需要检查4种情况，取决于i和j是奇数还是偶数。如果它们都是偶数，那么两个归并子问题都有$i/2$个0的一个文件和$j/2$个0的一个文件，因而这两个归并结果中都有$(i + j)/2$个0。混洗后，得到一个排好序的0-1文件。当i为偶数，j为奇数时，或者当i为奇数，j为偶数时，这个0-1文件在混洗后也是有序的。但当i和j都是奇数时，我们把$(i+j)/2+1$个0的文件和$(i+j)/2-1$个0的文件混洗后结束，因而混洗后的0-1文件有$i+j-1$个0，一个1，一个0，接着是$N-i-j-1$个1（见图11-3），在最终阶段期间其中一个比较器完成排序过程。 ∎

我们实际上并不需要混洗数据。而是对于N，通过改变compexch和shuffle的实现来维持下标并间接引用数据（见练习11.12），可以使用程序11.2和程序8.3输出直线排序程序。或者，我们可以让程序输出比较-交换指令来利用原始输入（见练习11.13）。我们可以把这些技术应用到任何非适应性的排序方法，用交换、混洗或类似操作达到重排数据的目的。对于Batcher归并，算法的结构是如此简单，以至于我们可以直接开发一种自底向上的实现，正如我们在11.2节中看到的那样。

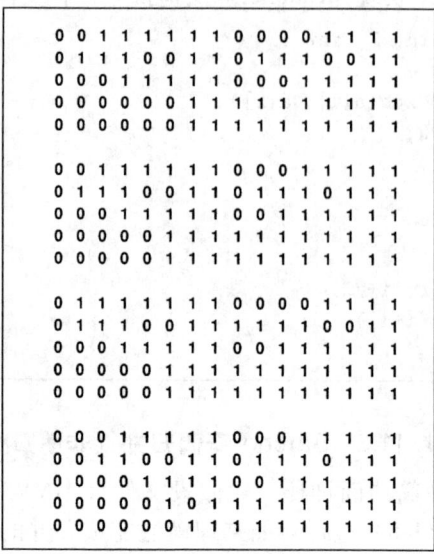

图11-3　0-1归并的四种情况

注：这4个例子每个都由5行组成，它们是：0-1归并问题；逆混洗操作的结果，产生两个归并问题；递归完成归并的结果；混洗结果；基-偶比较结果。最后阶段仅当0的个数在两个输入文件中是基数时才执行交换操作。

练习

▷ 11.1　给出混洗操作和逆混洗操作在关键字E A S Y Q U E S T I O N上的结果。

11.2　归纳程序11.1实现h-路混洗和逆混洗。对于文件大小不是h倍数时，解释你的策略。

• 11.3　不使用辅助数组，实现混洗和逆混洗操作。

• 11.4　显示对N个不同关键字排序的直线程序可以对有相同元素的N个关键字排序。

▷ 11.5　显示课本中给出的直线程序如何对整数1、2和3组成的6个排列中的每个排列进行排序。

○ 11.6　给出对4个元素排序的直线程序。

• 11.7　证明性质11.1。提示：证明如果程序不能对某些具有任意关键字的输入数组进行排序，那么存在某个它不能排序的0-1序列。

▷ 11.8　使用程序11.2，显示对关键字A E Q S U Y E I N O S T进行归并的过程，风格如同图11-2中的示例。

▷ 11.9　对于关键字A E S Y E I N O Q S T U，回答练习11.8。

○ 11.10　对于关键字1 0 0 1 1 1 0 0 0 0 0 1 0 1 0 0，回答练习11.8。

11.11　实验比较Batcher归并排序的运行时间与标准的自顶向下的归并排序（程序8.3和程序8.2）的运行时间，$N = 10^3$，10^4，10^5和10^6。

11.12　给出compexch、shuffle和unshuffle的具体实现，使程序11.2和程序8.3成为一个间接排序操作。

○ 11.13　给出compexch、shuffle和unshuffle的具体实现，使程序11.2和程序8.3对于给定的N值，输出对N个元素排序的直线程序。你可以使用辅助全局数组来记录下标。

11.14 如果我们把归并的第二个文件逆序，我们就得到一个bitonic序列，如8.2节中的定义。改变程序11.2中的最后循环，使其从l开始，而不是l+1开始，把这个程序变成一个对bitonic序列排序的程序。使用这种方法显示对关键字A E S Q U Y T S O N I E归并的过程，风格如同图11-2中的示例。

• **11.15** 证明练习11.14中描述的修改过的程序11.2可对任何bitonic序列进行排序。

11.2 排序网

研究非适应性排序算法的最简单的模型是只能通过比较-交换操作访问数据的抽象机。这样的机器称为排序网。排序网包括原子比较-交换模块或称做比较器，它们连在一起，能够实现进行完全排序的能力。

图11-4显示了4个关键字的一个排序网。通常我们把N个数据项的排序网画成N条水平线的一个序列，用比较器把这些线对连接起来。我们认为待排序的关键字从右到左扫描过网络，无论何时遇到比较器，如果需要则交换，把数值较小的放在上面。

在按照这种模型构造实际的排序机之前，先要解决很多细节的问题。例如，对输入进行编码的方法尚未明确。一种方法是把图11-4中的每列看作一组直线，每条直线保存数据的1位，因而一个关键字的所有位同时流过一列。另一种方法是让比较器沿着一条直线一次读取输入的一位（首先读最高位）。同时时间尚未确定：这些机制必须保证在比较器的输入准备好之前，比较器不能开始操作。排序网是一种很好的抽象，因为它们允许我们把实现因素从高级设计的考虑中分离出来，如最小化比较器数目。此外，正如我们在11.5节中看到的那样，排序网抽象不仅在电路实现中应用，还有许多其他用处。

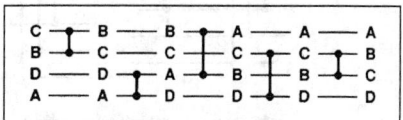

图11-4 排序网

注：关键字在网络的直线中从左到右移动。如果需要，它们遇到的比较器就交换关键字，并把较小的关键字放在上面那条线上。在这个例子中，B和C在上面的两条线上交换，A和D在下面的两条线上交换，接着是A和B，以此类推，使关键字从上到下按有序方法排列。在这个例子中，除了第4个比较器，其他比较器都进行了交换。这个网络可对任何4个关键字的任何排列进行排序。

排序网的另一种重要的应用就是作为并行计算的模型。如果两个比较器没有使用相同的输入线，我们假设它们可在同一时刻操作。例如，图11-4的网络显示了4个元素可在3个并行步内完成排序。在第一步0-1比较器和2-3比较器可同时执行，在第二步0-2比较器和1-3比较器可同时执行，在第三步1-2比较器完成排序过程。给定任一网络，不难把比较器分成并行阶段（parallel stage）的一个序列，每一阶段由一组能同时执行的比较器组成（见练习11.17）。对于高效的并行计算，我们的挑战是设计一个并行阶段尽可能少的网络。

对于每个N，程序11.2直接对应一个归并网络，但考虑一种直接的自底向上构造也是有好处的，如图11-5所示。为了构造一个大小为N的归并网络，我们使用大小为$N/2$的两个相同网络；一个网络表示偶数编号的直线，另一个网络表示奇数编号的直线。因为比较器的两个集合并不相交，我们可以重排它们来交替扫描两个网络。最后我们完成网络的构造，比较器在1和2、3和4等之间。奇偶交替替代了程序11.2的完美混洗。这些网络可以正确归并的证明如同性质11.1和性质11.2给出的证明，使用了0-1原理。图11-6显示了归并操作的示例。

程序11.3是一个没有混洗的Batcher归并的自底向上实现，它对应图11-5的网络。这个程序是一个简洁而精致的原位归并函数，它最好理解为网络的一种可选表示，虽然正确地完成了归并任务的直接证明很有趣。我们将在本节结尾分析这样的一种证明。

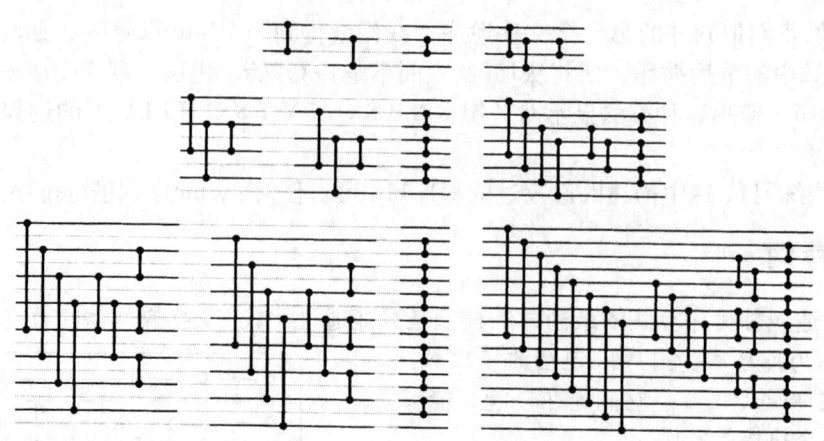

图11-5 Batcher奇偶归并网络

注：对于4条直线（上图）、8条直线（中图）和16条直线（下图）的不同网络表示显示出网络的递归结构。左图是大小为N的网络构造的直接表示，它由大小为$N/2$的两个网络（一个网络表示偶数编号的直线，另一个网络表示奇数编号的直线）及线1和2、3和4、5和6等之间的比较器序列组成。右图是由左图的网络导出的简单网络，把相同长度的比较器分为一组；这样的分组是可能的，因为我们可以移动奇数编号直线上的比较器穿过偶数编号的直线，而不产生任何影响。

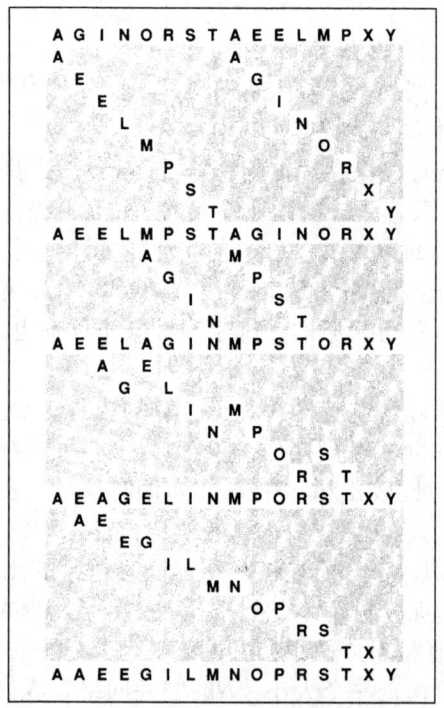

图11-6 自底向上Batcher归并示例

注：当去掉所有混洗后，对于我们的例子，Batcher归并可达25个比较-交换操作，这里已描述出这些操作。比较-交换操作分成独立的4个阶段，每个阶段之间有固定的偏移量。

图11-7显示了Batcher奇偶排序网。它是使用标准递归归并排序构造方法，由图11-5中的归并网构建而成。这个构造过程有两个递归过程：一次递归用于归并网，另一次递归用于排序网。虽然它们不是最优的（我们将简明地讨论最优网络），但这些网络都是高效的。

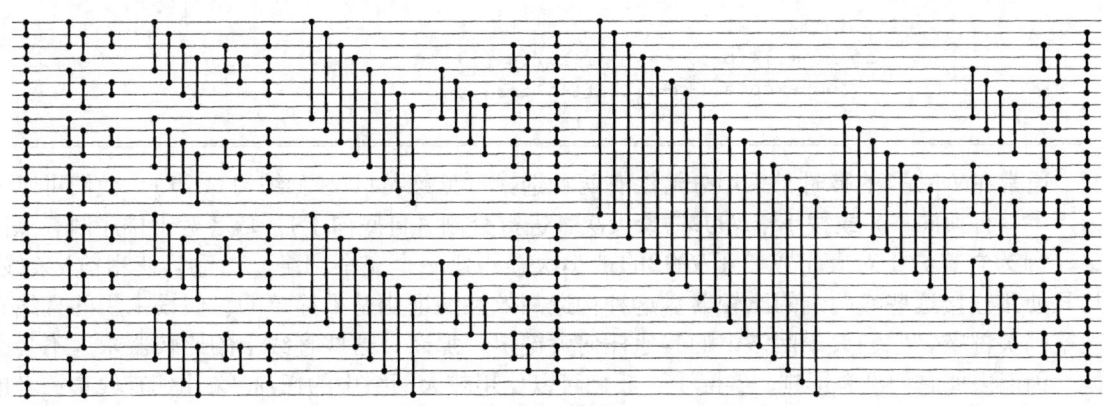

图11-7 Batcher奇偶排序网络

注：这个32条线的排序网络由两个16条线的相同网络组成，由4个8条线的相同网络组成，以此类推。从右向左读取，我们可以按自顶向下的方式看这个结构：32条线的排序网由一个16-16归并网络，后跟两个16条线的排序网（一个表示上半图，另一个表示下半图）组成。16条线的每个网络由一个8-8归并网络，后跟两个8条线的排序网组成，以此类推。从左向右读取，我们可以按自底向上的方式看这个结构：比较器的第一列创建了大小为2的有序子文件；接着，我们得到2-2归并网络，它创建了大小为4的有序子文件；然后，4-4归并网络创建了大小为8的有序子文件，以此类推。

性质11.3 Batcher奇偶排序网大约有$N(\lg N)^2/4$个比较器，可在$(\lg N)^2/2$个并行步内完成排序。

归并网络需要大约$\lg N$个并行步，排序网需要$1 + 2 + \cdots + \lg N$步，或大约需要$(\lg N)^2/2$个并行步。比较器的步数留作练习（见练习11.23）。■

在程序8.3的标准归并排序内使用程序11.3中的归并函数给出一种简洁原位排序方法，它是非适应性的，并使用$O(N(\lg N)^2)$个比较-交换操作。我们还可以选择把递归从归并排序中去掉，实现一个直接完全排序的自底向上版本，正如程序11.4中显示的那样。程序11.3，这个程序很好理解，可看作图11-7的网络的另一种表示。程序11.3的实现中增加了一个循环和一个测试，因为归并和排序具有同样的递归结构。为了按照自底向上的方式把长为2^k的有序文件序列归并成为长为2^{k+1}的有序文件序列，我们使用完全归并网络，但只包含那些完全落入子文件内的比较器。这个程序可能获得了最简洁非平凡的排序实现奖，它很可能是我们想要使用高性能结构特性来开发小文件的高速排序算法（或构建一个排序网）所选择的方法。如果我们不能看到我们所考虑的递归实现以及网络的结构，要理解程序如何排序和怎样排序会是一件艰巨的任务。

程序11.4 Batcher奇偶排序（非递归版本）

Batcher奇偶排序的实现直接对应图11-7表示的网络。它分成若干阶段，用变量p表示。当p为N时，最后阶段是Batcher奇偶归并。当p为N/2时，倒数第二阶段是奇偶归并，它消除了第一阶段和所有跨越N/2值的比较器。当p为N/4时，倒数第三阶段是奇偶归并，它消除前两阶段和所有跨越N/4值的倍数的比较器，以此类推。

```
void batchersort(itemType a[], int l, int r)
  { int i, j, k, p, N = r-l+1;
    for (p = 1; p < N; p += p)
      for (k = p; k > 0; k /= 2)
        for (j = k%p; j+k < N; j += (k+k))
          for (i = 0; i < k; i++)
```

```
          if (j+i+k < N)
            if ((j+i)/(p+p) == (j+i+k)/(p+p))
              compexch(a[l+j+i], a[l+j+i+k]);
      }
```

通常在N不是2的幂时，采用分治法有两种选择（见练习11.24和练习11.21）。我们可以分为两半（自顶向下）或按小于N的2的最大次幂进行分割（自底向上）。后者对于排序网有点简单，因为它等价于对大于或等于N的2的最小次幂构建一个完全网络，然后只使用前N条线，且只使用连接这些线两端的比较器。这种构造高效性的证明是很简单的。假设未用的直线有观察哨关键字，它们大于网络中的其他任何关键字。那么，这些直线上的比较器永远不会交换，因而去掉它们没有影响。实际上，我们可以使用较大网络中的任何N条相邻直线集：考虑在顶部忽略掉的直线，它们有较小的观察哨，还有底部忽略掉的直线，它们有较大的观察哨。所有这些网络大约有$N(\lg N)^2/4$个比较器。

排序网的理论有一个有趣的历史（见第三部分参考文献）。找出比较器尽可能少的网络的问题是由Bose在1960年之前提出的，称为Bose-Nelson问题。Batcher归并网络是关于这个问题的第一种解决方法，一度，人们猜测这种方法是最优的。Batcher归并排序网是最优的，因而任何潜在具有较少比较器的排序网必定不是用递归归并排序构造出来的。直到1983年Ajtai、Komlos和Szemeredi证明了$O(N \log N)$个比较器的排序网的存在性，科学家们才阐明了找最优排序网的问题。然而，AKS网络是一种数学上的构造，根本不实用。Batcher网络仍然是最好的实用网络。

完美混洗和Batcher网络的联系可使我们通过考虑算法的另一种版本来完善对排序网的研究。如果我们混洗Batcher奇偶归并的直线，我们就得到由所有比较器连接相邻直线的网络。图11-8说明的这个网络，对应程序11.2混洗实现的网络。有时称这种互联模式为蝶形网络。图中显示的还有相同直线图的另一种表示法，它甚至提供了一种更为统一的模式；它只涉及全混洗。

图11-9显示了说明潜在结构的方法的另一种解释。首先，我们把一个文件写在另一个文件的下方；接着我们比较这些垂直相邻的元素，并在需要把较大者放在较小者的下面时进行交换。接下来，我们把每行一分为二，隔离出一半，然后对第二行的数和第三行的数执行比较-交换操作。比较不会涉及其他的行，因为已经进行了排序。分裂-隔离操作使表中的行和列都是有序的。一般而言，这个性质保持在操作中：每一步使行数加倍，列数

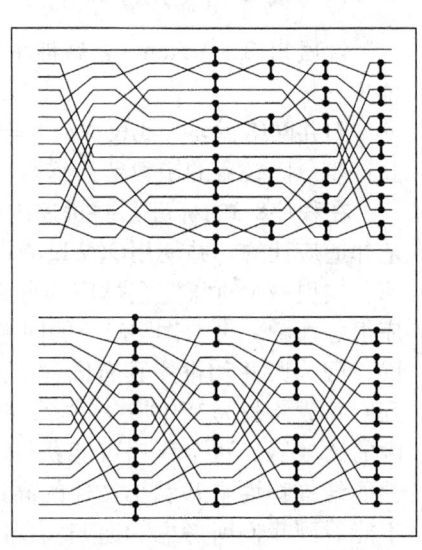

图11-8 在Batcher奇偶归并中混洗

注：把程序11.2的直接实现作为排序网可得到有很多混洗和递归逆混洗的一个网络（上图）。等价实现（下图）只涉及全混洗。

减半，并且还保持行列有序；最终我们以1列N行结束，它是一个完全有序的序列。图11-9中图形和图11-8下图的网络之间的联系是：当我们以列为主序编写这个表格时（第一列中的元素，后跟第二列中的元素，以此类推），我们看到了它从一步到下一步所需要的置换正是完美混洗。

图11-10显示了一个内嵌了完美混洗互连方式的抽象并行机。我们能够直接实现像图11-8下图的网络。在每一步中，机器如算法阐述的那样，在某些相邻的处理器对之间执行比较-交

换操作,然后执行对数据的完美混洗。在机器上编程需要确定在每一周期中,哪些处理器对应该执行比较-交换操作。

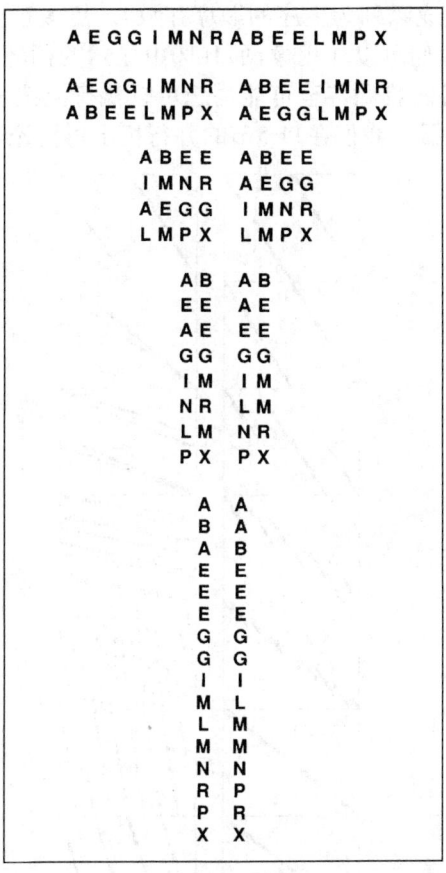

图11-9 分裂-隔离归并

注:从一行中的两个有序文件开始,我们反复使用以下操作归并它们:每行一分为二,隔离出一半(左图),对来自不同行现在处于垂直相邻的数据项执行比较-交换(右图)。开始有16列和1行,接着有8列和2行,然后是4列和4行,再就是2列和8行,最后是1列和16行。它是有序的。

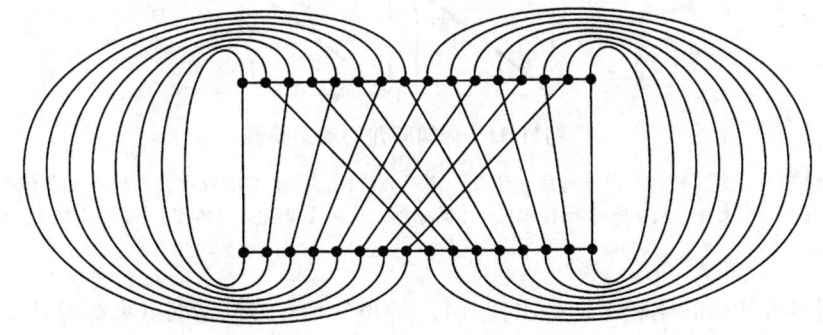

图11-10 完美混洗机

注:这里画出的互连结构的机器能够高效执行Batcher算法(以及许多其他算法)。某些并行计算机的互连结构就像这些。

图11-11显示了自底向上方法与Batcher奇偶归并的全混洗版本两者的动态特性。

在分治算法中，混洗是一种用于描述数据移动的重要抽象，它引出了除排序问题外的大量问题。例如，如果一个2^n-2^n的方阵按照以行为主序的方法保存，那么n次完美混洗就可完成矩阵的转置（把矩阵转换成以列为主序的顺序存放）。更多重要例子有快速傅里叶变换和多项式求值（见第8部分），我们可以使用像图11-10中显示的循环完美混洗机解决这样的问题，但是需要更多强大的处理器。我们甚至可能构想可以执行混洗和逆混洗（一些实际机器嵌入了这种类型）的通用的处理器；我们在11.5节的并行机上再讨论这个问题。

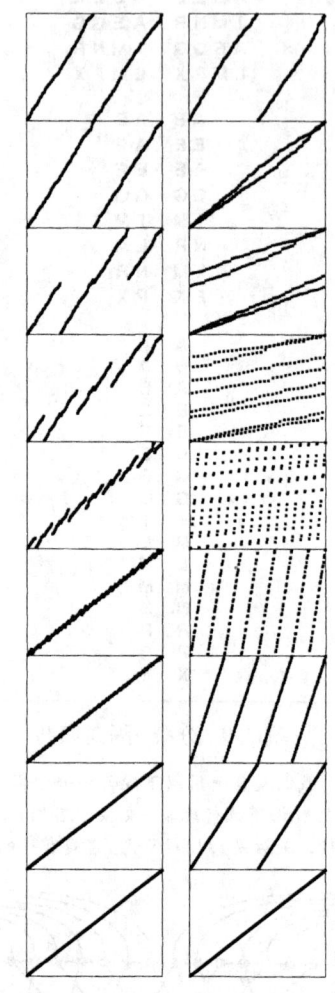

图11-11 奇偶归并的动态特性

注：奇偶归并（左图）的自底向上的版本涉及一系列的阶段，在这些阶段中，我们对一个有序的子文件的较大一半与下一子文件的较小一半执行比较-交换操作。使用全混洗后（右图），算法具有完全不同的特征。

练习

11.16 使用尽可能少的比较器，给出针对4、5和6个元素的排序网（见练习11.6）。

∘ **11.17** 编写一个程序，计算任一给定直线程序所需要的并行步数。提示：使用以下标记策略。把输入线标记为第0步，然后对每个比较器执行以下过程：如果两条输入线中的一条编号为i，另一条编号不大于i，那么就把两条输出线标记为第$i+1$步的输入。

11.18 对于随机有序关键字$N=10^3$，10^4，10^5和10^6，比较程序11.4与程序8.3的运行时间。

▷ **11.19** 画出执行10-11归并的Batcher网络。

- 11.20 证明图11-8给出的递归逆混洗和递归混洗之间的关系。
- 11.21 根据本节的论述，图11-7中隐含着对21个元素排序的11个网络。画出其中比较器数最少的一个网络。
- 11.22 对于$2 \leq N \leq 32$，给出Batcher奇偶排序网中比较器的数目，当N不是2的幂时，网络由最接近2的最大次幂的网络的前N条线构成。
- 11.23 对于$N = 2^n$，导出Batcher奇偶排序网中使用的比较器数的精确表达式。注意：使用图11-7检查你的答案，对于$N = 2, 4, 8, 16$和32，显示出网络分别有1，3，9，25和65个比较器。
- 11.24 构造一个排序网，使用自顶向下的递归风格对21个元素排序，这个大小为N的网络是由大小为$\lfloor N/2 \rfloor$的网络和大小为$\lceil N/2 \rceil$的网络，并后跟一个归并网组成。（使用你从练习11.19得到的答案作为网络的最终部分。）
- 11.25 根据练习11.24中的描述所构造的排序网，使用递归关系计算该排序网中的比较器数，其中$2 \leq N \leq 32$。将该结果与练习11.22中得到的结果进行比较。
- 11.26 使用比Batcher网络更少的比较器，找出一个16-线的排序网。
- 11.27 使用练习11.14中描述的模式，画出对应图11-8的bitonic序列的归并网络。
- 11.28 对于$N=32$，画出对应于具有Pratt增量的希尔排序的归并网络。
- 11.29 对于$N = 16, 32, 64, 128$和256，画一个表，包含练习11.28中所描述的网络的比较器数以及Batcher网络中的比较器数。
- 11.30 设计一个排序网，对于3-有序的和4-有序的N个元素的文件进行排序。
- 11.31 使用练习11.30中的网络，基于3的倍数和4的倍数，设计一个类似Pratt的模式。对于$N=32$，画出你的网络，并针对你的网络回答练习11.29中的问题。
- 11.32 对于$N=16$，画出Batcher奇偶排序网的一个版本，该网络在连接相邻线的独立比较器的阶段之间具有完美混洗。（该网络的最后4个阶段应该来自图11-8中底部的归并网。）
- 11.33 使用以下约定，为图11-10的机器编写一个归并程序。指令是包含15位的一个序列，其中第i位（$1 \leq i \leq 15$）如果是1，表明处理器i和处理器$i-1$应该执行比较-交换操作。程序是指令的序列，机器在每条指令之间执行一次完美混洗。
- 11.34 使用练习11.33中描述的约定，为图11-10的机器编写一个排序程序。

11.3 外部排序

下面，我们讨论另一种抽象的排序问题。当待排序的文件太大以致不能装入计算机的主存时，就会用到这个问题。我们使用术语外部排序来描述这种情况。有很多不同类型的外部排序设备，它们可能对实现排序所用的原子操作施加各种限制。但是，使用两种基本原始操作的排序方法仍然是有用的：把数据从外部存储器读入内存中，把内存中的数据写入外部存储器中。我们假设这两个操作的开销要比基本计算操作的开销大得多，因而，我们可以完全忽略掉后者。例如，在这个抽象模型中，我们忽略掉内存排序的开销！对于巨大的内存和低效的排序方法，这种假设可能不合理，但如果需要，可以作为估计实际情况下的真实开销的因素。

外部存储设备的各种类型和开销使得开发外部排序方法高度依赖于当前的技术。这些方法可能很复杂，许多参数影响它们的性能。由于技术上的简单改变导致一种良好的方法不被欣赏和使用，在外部排序研究中是有这种可能的。由于这个原因，在本节中我们将集中回顾一般的方法，而不是开发特定的实现。

由于在外部设备上的读-写开销巨大，常常对访问进行严格限制，这与机器有关。例如，对于大多数类型的设备，主存和外部设备之间的高效读写操作一般是以连续数据块为单位进行的。同时，当我们顺序访问数据块时，大容量的外部设备在设计上常常能够达到它的峰值性能。例如，如果我们开始不扫描磁带，就不能读取在磁带末尾的数据项。基于实用目的，我们访问磁带上的数据项是受最近访问的数据项的附近某个位置限制的。几种现代技术具有这种性质。因此，在这一节里，我们专注讨论那些顺序读写大块数据的方法，对于我们的隐含假设，使用这种访问数据的方式可以在感兴趣的机器和设备上达到快速访问数据的目的。

当我们处于读写不同文件的过程时，假设它们是在不同的外部设备上。很早以前的机器，文件是存储在分置的外部磁带上，这种假设是必须的。当在磁盘上工作时，可能只用一个外部设备就可实现我们所讨论的算法，但使用多个设备会更高效。

对于某个人而言，最高效地实现大型文件的排序程序的第一步是实现一个高效的文件复制程序。第二步可能是实现一个使文件逆序的程序。解决这些任务所遇到的困难肯定是在实现一个外部排序时必须强调的。（排序必须解决其中的问题。）使用抽象模型的目的是把实现问题从算法设计问题中分离出来。

我们将讨论的排序算法组织为对数据进行许多遍处理的过程，一般通过简单地计算这个遍数来度量一个外部排序方法的开销。典型地，我们需要相对少的遍数，也许是十遍或更少。这一事实隐含着，消减到即使是一遍也能带来性能上的巨大改进。我们的基本假设是外部排序方法的运行时间由输入和输出来控制，因此，可以用读写整个文件所需要的时间乘以所使用的遍数来估计外部排序的运行时间。

总之，我们用于外部排序的抽象模型涉及一个基本假设，就是待排序的文件太大，不能一次装入计算机主存中。该抽象模型还涉及两个其他资源：运行时间（扫过数据的遍数）和可用的外部设备数。假设：

- 在外部设备上有待排序的 N 个记录。
- 存放 M 个记录的内存空间。
- 排序中可用的 $2P$ 个外部设备。

我们把包含输入的外部设备从 0 开始标记，其他设备依次标记为 1，2，$\cdots$，$2P-1$。排序的目标是把记录按顺序放回设备 0。正如我们将要看到的那样，在 P 和总运行时间之间存在一个折中方案，我们希望量化这个折中方案，以使我们能够比较各种策略。

有很多种原因可以解释为什么这个模型不现实。但是，就像任何好的抽象模型一样，它抓住了问题的本质，并提供了一个精确的框架。在这个框架之内，我们能够探索算法思想，其中很多思想直接可用于实际中。

大多数外部排序方法使用以下的一般性策略。首先对待排序的文件进行一遍扫描，把它分成若干个等于内存大小的数据块，接着，对这些块进行排序。然后，如果需要，对文件进行若干遍的扫描，逐渐创建较大的文件块，直到整个文件有序。把有序块归并在一起。这种方法称为排序-归并，自从 20 世纪 50 年代计算机在商业上得到广泛应用以来，这种方法一直得到高效的应用。

最简单的排序-归并方法称为平衡多路归并方法，如图 11-12 所示。该方法由初始分布遍和紧跟其后的几次多路归并遍组成。

在初始分布遍中，我们把输入分布到外部设备 P，$P+1$，$\cdots$，$2P-1$ 上，每个设备都是 M 个记录的有序块（如果 N 不是 M 的倍数，可能最后一块要小一些）。这种分布容易做到。我们首先从输入读取前 M 个记录，对它们排序，并把有序块写到设备 $P+1$ 中，以此类推。在写到设备 $2P-1$ 时，如果仍有很多的输入（即如果 $N > PM$），我们就把第二个有序块写到设备 P 中，接着第二个有序块写到设备P+1中，以此类推。继续这一过程直到穷尽输入。分布以后，每个设备上的有序块数为N/PM的向上或向下取整的数。如果N是M的倍数，那么所有块的大小为M（否则，除了最后一块都为M）。对于较小的N，可能有不到P个块，一个或多个设备可能为空。

```
A S O R T I N G A N D M E R G I N G E X A M P L E W I T H F O R T Y F I V E R E C O R D S · $

A O S · D M N · A E X · F H T · E R V · $
I R T · E G R · L M P · O R T · C E O · $
A G N · G I N · E I W · F I Y · D R S · $


A A G I N O R S T · F F H I O R T T Y · $
D E G G I M N N R · C D E E O R R S V · $
A E E I L M P W X · $


A A A D E E E G G I I I L M M N N N O P R R S T W X · $
C D E E F F H I O O R R R S T T V Y · $
· $


A A A C D D E E E E E F F G G G H I I I I L M M N N N O O O P R R R R R S S T T T V W X Y · $
```

图11-12 三路平衡归并示例

注：在初始分布遍中，我们从输入中取元素ASO并对它们排序，把排好序的序列AOS放在第一个输出设备上。接下来，我们从输入中取元素RTI，对它们排序，并把有序的序列IRT放在第二个输出设备上。继续这一过程，在输出设备上循环执行。最终得到15个序列，每个输出设备上有5个序列。在第一阶段的归并中，我们归并AOS、IRT和AGN，得到AAGIORST，把它放到第一个输出设备上；然后，在输入设备上归并第二轮的序列，得到DEGGIMNNR，把它放到第二个输出设备上，以此类推，并使数据平衡的分布，或者分布在三个设备上。再进行两遍的归并过程，就完成了排序。

在第一遍多路归并中，我们把设备P到设备2P−1看作输入设备，设备0到设备P−1为输出设备。我们进行P-路归并，把在输入设备上的大小为M的有序块归并为大小为PM的有序块，然后，以尽可能平衡的方式把它们分布到输出设备上。首先，我们把来自每个输入设备上的第一个块归并在一起，并把结果放到设备0上；然后，把来自每个输入设备上的第二个块的归并结果放到设备1上，以此类推。继续这一过程，直到穷尽输入。分布之后，每个设备上的有序块数是$N/(P^2M)$的向上或向下取整的数。如果N是PM的倍数，那么所有块的大小为PM（否则，最后一块要小一些）。如果N不大于PM，则只剩一个有序块（在设备0上），我们就完成了排序。

否则，我们重复这个过程，执行第二遍多路归并，把设备0，1，⋯，P−1作为输入设备，设备P，P+1，⋯，2P−1作为输出设备。进行P-路归并把在输入设备上的大小为PM的有序块归并为大小为P^2M的有序块，然后，把它们分布到输出设备上。如果N不大于P^2M，第二遍之后就完成了排序（结果在设备P上）。

继续这个过程，在设备0到P−1之间、设备P到2P−1之间来回重复上述的过程，通过P-路归并使数据块的大小增加P倍，直到最终在设备0上或设备P上只有一块。每一遍中的最后归并可能不是一个完全的P-路归并，否则这个过程是良性平衡的。图11-13只使用数字和序列的

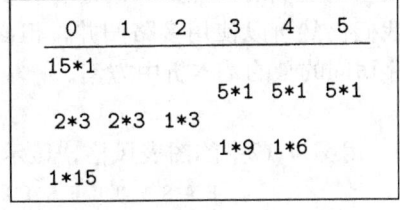

图11-13 平衡三路归并的序列分布

注：在对大小为内存15倍的文件进行平衡三路排序−归并的初始分布中，我们把大小为1的5个序列放到设备3、4和5上，留下设备0、1和2为空。在第一阶段的归并中，我们把大小为3的两个序列放在设备0和1上，大小为3的一个序列放在设备2上，留下设备3、4和5为空，以此类推。继续这一过程，直到只有一个序列，在设备0上。所处理的记录总数为60，在15个记录上执行了4遍。

相对大小描述了这个过程。在表中我们用所作的乘法次数，对次数求和（不包括最后一行的元素）以及除以序列数来度量归并的开销。这个计算给出的开销是关于在数据上运行的遍数的函数。

要实现 P-路归并，可以使用大小为 P 的优先队列。我们希望从 P 个有序的待归并的块中，反复输出尚未输出的每个块中最小元素，然后用块中的下一个元素代替这个输出的元素。为了完成这个行为，我们把设备下标保存在优先队列中，从指示的设备上，用 less 函数读取下一个要被读取的记录的关键字的值（假如达到块尾时，有一个大于所有记录的关键字的观察哨）。归并是一个简单的循环，从含有最小关键字的设备中读取下一个记录，并把那个记录写到输出中，然后用同一设备中的下一个记录替代优先队列中的那个记录，继续这一过程，直到观察哨的关键字是优先队列中最小的关键字。我们可以使用堆实现来达到优先队列所要求的与 log P 成正比的时间，但是 P 通常很小，以至于这部分的开销与向外部存储器写入的时间相比微不足道。在抽象模型中，我们忽略了优先队列的开销，并假设可以高效的顺序访问外部设备上的数据，因而，可以通过统计处理数据的遍数来到度量运行时间。实际上，我们可以使用基本优先队列实现，并把编程重点放在确保外部设备以最大效率运行这一问题上。

性质11.4 设有 $2P$ 个外部设备和足够存放 M 个记录的内存，那么基于 P-路平衡归并的排序-归并方法需要大约 $1 + \lceil \log_P(N/M) \rceil$ 遍。

分布需要一遍。如果 $N = MP^k$，那么，第一遍归并之后，块的大小都为 MP，第二遍之后，块的大小都为 MP^2，第三遍之后，块的大小都为 MP^3，以此类推，在 $k = \log_P(N/M)$ 遍后，完成排序。否则，如果 $M^{P^{k-1}} < N < M^{P^k}$，在过程即将结束时，不完全块和空块使得块的大小不同，但我们仍然会在 $k = \lceil \log_P(N/M) \rceil$ 遍内完成排序。∎

例如，如果我们想要使用 6 个设备和足够存放 1 百万条记录的内存对 10 亿个记录进行排序，我们可以使用三路排序-归并处理 8 遍数据，一遍用于分布，7（$\lceil \log_3 1000 \rceil = 7$）遍用于归并。一遍分布之后，我们得到 100 万条记录的有序序列，第一次归并之后，得到 300 万条记录的有序序列，第二次归并之后，得到 900 万条记录的有序序列，第三次归并之后，得到 2700 万条记录的有序序列，以此类推。我们可以估计排序所需要的时间大约是复制文件所需时间的 9 倍。

在实际排序-归并中所做的最重要的决定是选择 P 的值，即归并的阶数。在我们的抽象模型中，要求顺序访问数据，这隐含着 P 必须是可用外部设备数的一半。对于许多外部存储设备，这个模型是现实的。然而，对于许多其他设备，非顺序地访问数据也是可能的。在这种情况下，我们仍然可以使用多路归并，但必须考虑一个解决增加 P 可以降低遍数但会增加（较慢）非顺序访问的量的基本折中方案。

练习

▷ 11.35 用图 11-12 中的图表风格，显示如何使用三路平衡归并对关键字

E A S Y Q U E S T I O N W I T H P L E N T Y O F K E Y S

排序。

▷ 11.36 假设使可用的外部设备数量加倍，那么将对多路归并处理过程的次数产生怎样的影响？

▷ 11.37 假设使可用的内存容量增加 10 倍，那么将对多路归并处理过程的次数产生怎样的影响？

• 11.38 为外部输入和输出开发一个接口，该接口涉及的顺序传输的数据块来自非同步操作的外部设备（或者可从你的系统中一个现存设备得到其中细节）。用这个接口实现 P 路归并，要求在把 P 路输入文件和原输入文件安排到不同的输出设备的同时，使得 P 值尽可能大。将你的程序的运行时间和逐个把文件复制到输出所需的时间进行对比。

- 11.39 使用练习11.38所得接口编写一个程序，使得对于你的系统中可能的最大文件，该程序将这个文件的顺序逆转。
- 11.40 你如何对一个外部设备上的所有记录执行一遍完美混洗？
- 11.41 开发一个多路归并的开销模型，该模型包含下述算法；该算法可以在同一设备上从一个文件切换到另一个文件，所需开销是固定的，且远远高于一次顺序读取的开销。
- • 11.42 对根据快速排序或MSD基数排序方式进行的划分操作，开发一个以这些划分操作为基础的外部排序方法，进行分析并把它和多路归并作比较。你可以像我们在这一节对"排序–归并"的描述中所做的那样，使用一个高级抽象，但你应该争取基于给定的设备数和内存量来预测运行时间。

11.43 如果没有其他设备可用（除了内存），你如何对外部设备上的内容进行排序？

11.44 如果只有一台额外设备（以及内存）可用，你如何对外部设备上的内容进行排序？

11.4 排序–归并的实现

11.3节概述的一般排序–归并策略在实际中是高效的。在这一节里，我们考虑两个降低开销的改进方法。第一种技术是替换选择，它在运行时间上与增加使用内存量的效果相同。第二种技术是多阶段归并，它与增加使用设备数的效果相同。

在11.3节中，我们讨论使用优先队列进行P-路归并，但注意到P很小，快速算法学上的改进都显得不重要了。然而，在初始分布遍中，我们可以使用快速优先队列产生比内存中所能容纳的长度更长一些的有序序列。思想是通过大型优先队列扫描（无序的）输入，总是向优先队列中写入最小的元素，总是用来自输入的下一元素替换这个最小元素，但有一个附加条件：如果新的元素比最新输出的元素更小，那么，由于它不可能成为当前有序块的一部分，故我们把它标记为下一块的成员，并把它处理为大于当前块中的所有元素。当一个标记元素使新的元素成为优先队列的堆顶元素时，我们就开始一个新块。图11-14描述了方法的过程。

性质11.5 对于随机关键字，替换选择所产生的序列大约是所用堆的两倍。

如果我们要使用堆排序来产生初始序列，那么可以用记录充填内存，然后逐个把它们写出，继续这个过程，直到堆为空。接着，我们用另一批记录充填内存，并再三重复这个过程。平均来

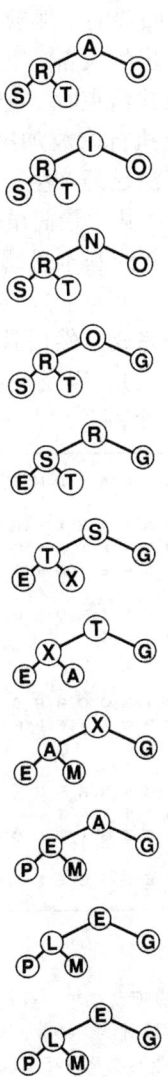

图11-14 替换选择

注：这个序列显示了我们如何使用大小为5的堆，从序列A S O R T I N G E X A M P L E来产生长度分别为8和7的两个序列A I N O R S T X和A E E G L M P。

说，在这个过程中，堆只占据一半的内存空间。对比之下，替换选择也可使内存填充同样的数据结构，因而它能表现很好并不令人惊讶。这一性质的完整证明需要复杂的分析过程（见第三部分参考文献），虽然这个性质容易进行实验验证（见练习11.47）。■

对于随机文件，替换选择的实际效果是在归并遍上节省：不是从内存大小的有序序列开始，然后进行一遍归并来产生较长的序列，而是从约为内存大小2倍的序列开始。对于$P=2$，这个策略恰好节省一遍归并，而对于较大的P值，效果不太明显。然而，我们知道实际排序很少处理随机文件，如果关键字中有些顺序，那么使用替换选择可以导致大型序列。例如，如果文件中某个关键字之前，不存在比它大的M个关键字，那么通过替换选择遍，文件将会完全有序，不需要归并。这种可能性是使用替换选择的最重要的实际原因。

平衡多路归并的主要缺点是，在归并中大约一半的设备处于活动状态：P个输入设备和任何一个收集输出的设备。另一种方案是始终进行$(2P-1)$-路归并，所有输出都在设备0上，然后在每一遍归并结束时，把数据分布回其他磁带上。但是这种方法并不高效多少，因为为了分布数据，使执行遍数加倍。平衡多路归并似乎是要求过量的磁带单元数或者过量的复制。几种高效的算法已经产生，它们通过改变归并方式，使较小的有序块归并在一起来保持所有外部设备繁忙。其中最简单的方法称为多阶段归并。

多阶段归并的基本思想是把替换选择方法所产生的有序块稍微不均匀地分布到可用磁带单元中（留下一个为空），然后应用归并直到为空的策略：因为归并的磁带长度不等，一个会比另一个早些完成，然后就可用作输出。也就是说，我们切换了输出磁带的作用（现在有些有序的块在其上），以及现在为空的输入磁带的作用，继续这一过程，直到只剩一个块。图11-15图示了一个例子。

```
A S O R T I N G A N D M E R G I N G E X A M P L E W I T H F O R T Y F I V E R E C O R D S · $

A O S · D M N · A E X · F H T · $
I R T · E G R · L M P · O R T · E R V · D R S · $
A G N · G I N · E I W · F I Y · C E O · · · $

A A G I N O R S T · D E G G I M N N R · A E E I L M P W X · F F H I O R T T Y · $
E R V · D R S · $
C E O · · · $

A A C E E G I N O O R R S T V · D D E G G I M N N R R S · $
A E E I L M P W X · F F H I O R T T Y · $
· $

D D E G G I M N N R R S · $
F F H I O R T T Y · $
A A A C E E E E G I I L M N O O P R R S T V W X · $

A A A C D D E E E E E F F G G G H I I I I L M M N N N O O O P R R R R R S S T T T V W X Y · $
```

图11-15 多阶段归并示例

注：在初始分布阶段中，我们按照预先排列模式，把不同大小的序列放在磁带上，而不是保持序列个数的平衡，如图11-12所示。接着，我们在每一阶段执行三路归并，直到排序完成。对于平衡归并要执行更多阶段，但是阶段并不涉及所有数据。

归并直到为空策略对于任意多的磁带都可行，如图11-16所示。归并被分解为许多阶段，并不是每一阶段都会涉及所有数据，而且无需额外的复制操作。图11-16显示了如何计算初始序列分布。我们通过后向工作，计算出每个设备上的序列数。

```
   0     1     2     3
        17*1
  7*1         4*1   6*1
  3*1   4*3         2*1
  1*1   2*3   2*5
        1*3   1*5   1*9
 1*17
```

图11-16 多阶段三路归并的序列分布

注：在对大小为内存17倍的文件进行多阶段三路归并的初始分布中，我们把7个序列放到设备0上，4个序列放到设备2上，6个序列放到设备3上。然后，在第一阶段中，执行归并直到设备2为空，在设备0上留下3个大小为1的序列，在设备3上留下2个大小为1的序列，并在设备1上创建大小为3的4个序列。对大小为内存15倍的文件，开始时我们在设备0上放2个哑元序列（见图11-15），整个归并所处理的块的总数为59，它比平衡多路示例所处理的块数要少（见图11-13），但我们可少用2个设备（见练习11.50）。

对于图11-16描述的例子，我们推理如下：我们想在设备0上完成归并，得到一个序列。于是，在最后一次归并之前，我们希望设备0为空，在设备1、2和3中各有一个序列。接下来，我们需要在倒数第二个归并之前，导出这个序列分布。设备1、2和3中有一个为空（因此它可以是倒数第二次归并的输出设备），不妨取设备3。也就是说，倒数第二次归并把设备0、1和2上的序列归并到一起，并把结果放到设备3上。因为倒数第二次归并完后，设备0没有序列，设备1和2上各有一个序列，故在开始时必定在设备0上有一个序列、设备1和2上有两个序列。类似的推理过程可得，在前一个归并处理开始时，在设备3、0和1上分别有2、3和4条序列。以这种方式继续进行下去，我们便可以建立一个序列分布表：取出每一行中的最大数字，置零，把它加到每个其他数字中，得到前一行，这个约定对应为前一行定义了能够给出当前行的最高阶归并，这项技术适用于任意数量的磁带（至少三个磁带），由此产生的数字称为广义斐波纳契数（generalized Fibonacci number），它具有很多有趣的性质。如果序列数不是广义斐波纳契数，我们假设存在一个哑元序列，使初始序列数恰好为表中要求的数。实现多阶段归并的主要挑战是确定如何分布初始序列（见练习11.54）。

给定初始分布，我们可以通过前向方式计算出序列的相对长度，记录归并所产生的序列长度。例如，图11-16中示例的第一次归并在设备0上产生相对大小为3的4个序列，在设备2上留下大小为1的2个序列，在设备3上留下大小为1的1个序列，以此类推。如同在平衡多路归并中所做的那样，我们可以执行指明的乘法运算，对结果求和（不包括最后一行），及除以初始序列数得到一个开销估计，它相当于对所有数据执行完整一遍后的开销倍数。为简单起见，我们把哑元序列也包含在开销计算中，这给出了真实开销的一个上界。

性质11.6 设有3个外部设备和足够存放M个记录的内存，那么基于后接两路多阶段归并的替换选择的排序-归并，平均需要大约$1 + \lfloor \log_\phi(N/2M) \rfloor / \phi$高效遍。

Knuth和其他科研人员在20世纪60年代和70年代完成了关于多阶段归并的全面分析，这个分析复杂而广泛，也超出了本书的范围。对于$P=3$，该算法涉及斐波纳契数，因此出现了ϕ。更大的P将应产生其他的常数。因子$1/\phi$说明了这样一个事实：每个阶段仅涉及数据的一部分。我们用读入的数据量除以数据总量来计算"高效遍数"。一些对这方面全面研究的结果是相当令人惊讶的。例如，在磁带之间分布哑元的最优方法涉及使用额外的阶段和更多的哑元序列，而且其数量似乎大于我们认为需要的数量，原因是在归并中某些序列的使用要比其他序列更为频繁（见第三部分参考文献）。 ∎

例如，如果我们希望使用三个设备和足够存放1百万个记录的内存，对10亿个记录进行排序，我们使用一个2-路多阶段归并，进行$8(\lfloor \log_\phi 500 \rfloor / \phi = 8)$遍，即可完成排序。加上分布遍，我们就得到一个较平衡归并稍微高一些的开销（只多一遍），但平衡归并使用的设备要多一倍。也就是说，我们可以把多阶段归并看作是使用一半数量的设备完成了同样的工作。对于给定数量的设备，多阶段总是比平衡归并高效，如图11-17所示。

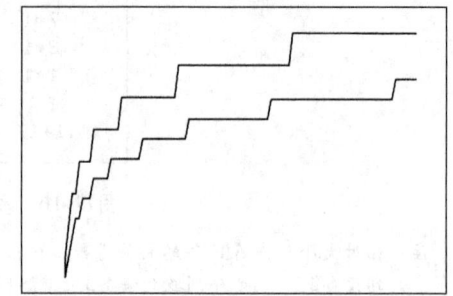

图11-17 平衡和多阶段归并开销比较

注：在平衡归并中用4个磁带（上图）使用的遍数总是大于在多阶段归并中用3个磁带（下图）所使用的高效遍数。这些图形是按照性质11.4和性质11.6的函数画出的，N/M的值从1到100。由于哑元序列，多阶段归并的真实性能要比这个阶梯函数所表明的更复杂。

如在11.3节开始讨论的那样，我们集中在抽象机模型，顺序访问外部设备可以把算法学问题从实际问题中分离出来。在开发实际实现时，我们需要测试基本假设，关注它们的高效性。例如，依赖输入-输出功能的高效实现，在处理器和外部设备以及其他系统软件之间传输数据。现代计算机系统一般都有这些软件调试的实现。

我们把这个观点极端化，注意很多现代计算机系统提供了强大的虚拟内存的能力，它是一种用于访问外部设备模型的更广义的抽象模型。在虚拟内存中我们能够对极大数量的记录进行寻址，负责确保寻址数据在必要时从外部设备传输到内存中的任务交给了系统，我们对数据的访问看起来就和直接访问内存一样方便。但这个想象并不是完美的：只要程序访问的内存地址相对接近最近被访问的地址，那么就不太需要进行外部存储器到内存的传输，这样的虚拟内存的性能是不错的（例如顺序访问数据的程序就属于这一类）。然而，如果程序的内存访问比较分散，那么虚拟内存系统的性能可能将急速下降（把所有时间都花费在访问外部存储器上），产生的结果也是灾难性的。

虚拟内存可作为排序大型文件的一种备选方案，这一点不应忽略。我们可以直接实现"排序-归并"，或者使用一种诸如快速排序或归并排序的内部排序方法，这样更为简单。在一个优良的虚拟内存环境中，这些内部排序方法是值得我们认真考虑的。而访问地址分散于内存各处的方法，例如堆排序或基数排序，则似乎不太适合，因为系统性能将急速下滑。

另一方面，使用虚拟内存可能产生过多的系统管理开销，这样我们必须改为依靠自己进行处理了，明确的方法（例如我们已经讨论过的那些）也许是最好的方式，可以最大限度地利用高性能外部设备。刻画我们一直讨论的这些方法的一种方式是：设计成为尽可能独立于计算机系统并以最大效率运转，任何部件不空闲。当我们把独立部件看作处理器本身时，就进入了11.5节的主题——并行计算。

练习

▷ 11.45 给出用大小为4的优先队列对下列关键字执行替换选择所产生的序列
E A S Y Q U E S T I O N

○ 11.46 对给定文件使用替换选择，然后对所产生的文件再次使用替换选择，将产生什么结果？

• 11.47 使用大小为1000的优先队列，对于随机文件$N = 10^3$, 10^4, 10^5和10^6，实验确定替换选择所产生的平均序列数。

11.48 使用大小为M的优先队列，当你用替换选择来产生N个记录的一个文件的初始序列时，且$M < N$，最坏情况下的初始序列数是多少？

▷ 11.49 用图11-15中的图表风格，显示如何使用多阶段归并对关键字

E A S Y Q U E S T I O N W I T H P L E N T Y O F K E Y S

排序。

○ 11.50 在图11-15中的多阶段归并示例中，我们把2个哑元序列放到有7个序列的磁带上。考虑在磁带上分布哑元序列的另一种方法，并找出归并开销最小的一个。

11.51 画出对应图11-13的一个表，决定平衡3-路归并能够归并的最大序列数，要求对所有数据进行5遍处理，使用6个设备。

11.52 画出对应图11-16的一个表，决定多阶段归并能够归并的最大序列数，要求对所有数据进行5遍处理，使用6个设备。

○ 11.53 给定设备数和初始块数，编写一个程序，计算出多路归并所使用的遍数和多阶段归并所使用的高效遍数。使用你的程序打印出关于每种方法开销的一个表格，其中$N = 10^3$，10^4，10^5和10^6，$P = 3$，4，5，10和100。

•• 11.54 编写一个程序，把初始序列顺序地分配到进行P-路多阶段归并的设备上。当序列数是广义的Fibonacci数时，序列应该分配到算法所要求的设备。你的任务是找出每次分配一个序列的最便捷的序列分布方法。

• 11.55 使用练习11.38所定义的接口，实现替换选择。

•• 11.56 结合你对练习11.38和练习11.55的解决方案，完成一个排序-归并实现。使用多阶段归并以及你的程序，在你的计算机上对尽可能大的文件进行排序。如果可能，确定设备数增加对运行时间的影响。

11.57 在快速排序实现中处理的小文件如何运行在虚拟内存环境中的大文件上？

• 11.58 如果你的计算机有一个合适的虚拟内存系统，实验性地比较对大型文件执行快速排序、LSD基数排序、MSD基数排序和堆排序的结果。使用尽可能大的可行文件。

• 11.59 基于k-路归并，开发递归多路归并排序的一种实现。这个实现应该适合在虚拟内存环境（见练习8.11）中对大型文件进行排序。

• 11.60 如果你的计算机有一个合适的虚拟内存系统，对于练习11.59的实现，实验性地确定产生最低运行时间的k值。使用尽可能大的可行文件。

11.5 并行排序/归并

如何使几个独立的处理器在一起工作解决同一个问题？处理器是控制外部存储设备还是一个完整的计算机系统，这个问题是高性能计算机系统的算法设计的核心。并行计算的主题近年来得到了广泛的研究。许多不同类型的并行计算机系统设计出来，并行计算的许多不同模型也已提出。排序问题是计算机系统和计算模型高效性的测试用例。

在11.2节的关于排序网的讨论中，我们已经讨论了低层并行性，考虑同时进行许多比较-交换操作。现在，我们讨论高级的并行模型，这种模型中有许多独立的访问同一数据的通用处理器（而不仅仅是比较器）。我们将再次忽略很多实际问题，但可以在这个环境中分析算法学问题。

我们用于并行处理的抽象模型包括一个基本假设，就是待排序的文件分布在P个独立的处理器中。假设有

- N个记录要排序。
- P个处理器，每个都能存放N/P个记录。

我们为处理器分配标号0, 1, …, P-1, 并假设输入文件在处理器的局部内存中（即，每个处理器有N/P个记录）。排序的目标是重排记录，按照有序的顺序，把前N/P个最小的记录放在处理器0的内存中，把接下来N/P个最小的记录放在处理器1的内存中，以此类推。正如将看到的那样，在P与总运行时间之间有一个折中方案，我们对量化这个折中方案感兴趣，这使我们可以对策略进行比较。

这种模型是许多种并行模型中的一种，在实际应用中，它也有和外部排序模型（11.3节）一样的缺点。实际上，它并不论述并行计算面临的一个最重要的问题：处理器之间的通信约束。

我们假设这样的通信要比访问局部存储器的开销大得多，以至于最高效的处理器形式是以大块的数据进行顺序处理。从某种意义上讲，处理器把其他处理器的存储器作为外部存储设备。从实际观点来看，这种高级抽象模型是不令人满意的，因为它做了过分简化。从理论观点来看，它也不是令人满意的，因为它没有完全明确。但它依然提供了一个框架，在此框架内，我们可以开发有用的算法。

实际上，这个问题（以及这些假设）提供了使抽象能力令人信服的一个例子，因为我们可以使用11.2节讨论的相同的排序网，把其中的比较-交换抽象改为在大的数据块上的操作。

定义11.2 归并比较器以两个大小为M的有序文件作为输入，并输出两个有序的文件：一个文件包含2M个输入中的M个最小元素，另一个文件包含2M输入中的M个最大元素。

这样的操作是易于实现的：归并两个输入文件，并输出归并后结果的前半部分和后半部分。

性质11.7 将大小为N的文件分成N/M个大小为M的块，接着对每个块进行排序，然后用归并比较器构建的排序网实现对文件的排序。

由0-1原理可得这个事实（见练习11.61），但是跟踪一个像图11-18中的例子，是很有说服力的一个练习。∎

图11-18 块排序实例

注：该图显示了如何使用图11-4的网络对数据块排序。比较器把两个输入文件中的较小的一半输出到顶部线上，把较大的一半输出到底部线上。3个并行步足以完成排序。

我们称性质11.7中描述的方法为块排序。在特定并行机上使用该方法之前，我们有很多设计参数需要考虑。我们的兴趣是关注方法的以下性能特征：

性质11.8 使用带有归并比较器的Batcher排序，在P个处理器上进行块排序，可以在大约$(\lg P)^2/2$个并行步内对N个记录排序。

在这个环境中的并行步，是指一组不相交的归并比较器。性质11.8是性质11.3和性质11.7的直接结果。∎

为了在两个处理器上实现归并比较器，我们可以使它们交换数据块的复制，两个处理器都进行（并行）归并，一个处理器保存关键字的较小一半，另一个处理器保存关键字的较大一半。如果块传输速度与单个处理器的速度相比较慢，那么我们可以把每次传输数据块的开销乘以$(\lg P)^2/2$，来估计排序所需的总的运行时间。例如，假设多个块可以同时传输，且没有延迟，这是在真正的并行计算中很少能够达到的目标，但对于我们理解实际的实现，仍然提供了一个很好的出发点。

如果块传输的开销与单个处理器的速度可比（这是实际机器只能近似达到的另一个理想

目标），那么我们必须解释初始排序的时间。初始时每一个处理器进行大约(N/P) lg(N/P)次比较（并行），对N/P个块排序，对(N/P)-(N/P)归并大约需要P^2(lg P)/2个阶段。如果比较的开销是α，每归并一个记录的开销是β，那么总运行时间大约是

$$\alpha(N/P) \lg (N/P) + \beta(N/P)P^2(\lg P)/2$$

对于大的N和小的P，这个性能是我们希望的任何基于比较的并行排序方法中的最好的性能，因为这种情况下的开销大约是$\alpha(N \lg N)/P$，这是最优的。任何排序都需要$N \lg N$次比较，我们所能做的最佳的情况是一次处理P个。对于较大的P，公式的第二项起着决定作用，开销大约是$\beta N(P \lg P)/2$，这是次优的，但仍然有相当的竞争力。例如在64个处理器上对10亿个元素排序，第二项的开销大约为$256\beta N/P$，相比之下，第一项占了$32\alpha N/P$。

当P较大时，所有处理器之间的通信可能在某台机器上产生一个瓶颈。如果这样，图11-8的完美混洗可能提供一种控制这些开销的方法。某些并行机有内置的低层互连机制，允许我们高效地实现混洗，也正是由于这个原因。

这个例子显示了在某种条件下，我们可以使用大量的处理器高效地解决大型排序问题。为了找出这种实现的最佳方式，我们必需考虑这种并行机的许多其他算法，了解一个真正的并行机的许多其他特征，考虑所使用的这个机器模型上的各种变型。此外，我们可能需要使用完全不同的并行方法。但增加处理器数就会增加通信开销的思想是并行计算的基础，Batcher网络提供了控制这些开销的一种高效方法，11.2节和本节分别从低级功能和高级功能两方面分析了这个方法。

本节以及本章其他地方所描述的排序方法完全不同于我们在第6章至第10章讨论的方法，因为它们涉及我们通常在编程中没有考虑到的制约。在第6章至第10章，对数据性质所做的简单假设，足以使我们比较同一基本问题的大量不同的方法。对比之下，在这一章里，我们把焦点放在阐明各种问题，并为每个问题讨论一些解决的方法。这些例子说明了现实世界中制约的变化可以提供算法学上新的解决方法，过程的主要部分是为问题开发有用的抽象模式。

排序在很多实际应用中是必要的，设计高效的排序方法常常是新型计算机结构和新的编程环境面临的首要问题。对于新的发展，新的开发是建立在以往经验的基础上，对我们这里讨论的以及在第6章至第10章讨论的一系列技术的了解也很重要，对于发展迅猛的新技术，如果要在新机器上开发快速排序过程，这里讨论的抽象思维也是必需的。

练习

○ 11.61 使用0-1原理（性质11.1），证明性质11.7。

• 11.62 实现带有Batcher奇偶归并的块排序的顺序版本：(i) 使用标准归并排序（程序8.3和程序8.2）对块进行排序，(ii) 使用标准抽象原位归并（程序8.2）来实现归并比较器，且(iii) 使用自底向上Batcher奇偶归并（程序11.3）来实现块排序。

11.63 对于较大的N值，估计练习11.62中描述的程序的运行时间，表示为N和M的函数。

• 11.64 做练习11.62和练习11.63，但在两个实例中用自底向上的Batcher奇偶归并代替程序8.2。

11.65 对于$N = 10^3$，10^6，10^9和10^{12}，给出使(N/P) lg $N = N P$ lg P的P值。

11.66 对于$P = 1$，4，16，64和256，给出并行Batcher块排序中使用的数据项之间的比较次数且形如$c_1 N \lg N + c_2 N$的近似表达式。

11.67 使用100个处理器，对分布在1000个磁盘上的10^{15}个记录进行排序，需要多少并行步？

第三部分参考文献

本部分的主要参考书是Knuth系列的第三卷，排序和搜索。事实上，我们讨论过的每一个问题的详尽资料都可以在这本书中找到。特别是，本书所讨论的各种算法的性能特征的结果，这本书中都有完整的数学分析做支撑。

关于排序方面的著作非常多。Knuth和Rivest在1973年列出的参考书目中包括了几百篇论文，这些都描述了我们所分析的很多经典方法的发展情况。Baeza-Yates和Gonnet的著作则包含了更新后的参考书目，其中涵盖了最近的研究结果，在Sedgewick的1996年的论文中综述了希尔排序的进展。

对于快速排序，最好的参考书是Hoare在1962年的原始论文，其中提出了所有重要的改进方法，包括对第7章中讨论的选择的使用。在Sedgewick的1978年的论文中，可以看到关于数学分析的更多细节，以及在该算法被广泛应用以后提出的许多修正改进的效果。Bentley和McIlroy则给出了这个主题在当前的进展，第7章中的3-路划分和第10章中的3-路基数快速排序则是基于Bentley和Sedgewick在1997年写的论文。最早的划分算法（二分快速排序或基数交换排序）出现在Hildebrandt和Isbitz在1959年所写的论文当中。

由Brown实现和分析的Vuillemin的二项队列数据结构，完美且高效地支持了优先队列的所有操作。由Fredman、Sedgewick、Sleator和Tarjan描述的成对堆则是一个特别有趣的改进。

McIlroy、Bostic和McIlroy在1993年所写的论文体现了基数排序在实现方面的艺术水平。

[1] R. Baeza-Yates and G. H. Gonnet, *Handbook of Algorithms and Data Structures*, second edition, Addison-Wesley, Reading, MA, 1984.

[2] J. L. Bentley and M. D. McIlroy, "Engineering a sort function," *Software—Practice and Experience* 23, 1 (January, 1993).

[3] J. L. Bentley and R. Sedewick, "Sorting and searching strings," Eighth Symposium on Discrete Algorithms, New Orleans, January, 1997.

[4] M. R. Brown, "Implementation and analysis of binomial queue algorithms," *SIAM Journal of Computing* 7, 3 (August, 1978).

[5] M. L. Fredman, R, Sedgewick, D. D. Sleator, and R. E. Tarjan, "The pairing heap: a new form of self-adjusting heap," *Algorithmica* 1, 1 (1986).

[6] P. Hildebrandt and H. Isbitz, "Radix exchange—an internal sorting method for digital computers," *Journal of the ACM*, 6, 2 (1959).

[7] C. A. R. Hoare, "Quicksort," *Computer Journal*, 5, 1 (1962).

[8] D. E. Knuth, *The Art of Computer Programming. Volume 3: Sorting and Searching*, second edition, Addison-Wesley, Reading, MA, 1997.

[9] P. M. McIlroy, K. Bostic, and M. D. McIlroy, "Engineering radix sort," *Computing Systems* 6, 1 (1993).

[10] R. L. Rivest and D. E. Knuth, "Bibliography 26: Computing Sorting," *Computing Reviews*, 13 6 (June, 1972).

[11] R. Sedewick, "Implementing quicksort programs," *Communications of the ACM* 21, 10 (October 1978).

[12] R. Sedewick, "Analysis of shellsort and related algorithms," Fourth European Symposium on Algorithms, Barcelona, September, 1996.

[13] J. Vuillemin, "A data structure for manipulating priority queue," *Communications of the ACM* 21, 4 (April 1978).

第四部分 搜 索

第12章 符号表和二叉搜索树

　　从大量以前存储的数据中检索特定的一段信息或几段信息是一项基本的操作,这项操作称为搜索(search,有时也称"查找"),它是大量计算任务的固有性操作。在第6章至第11章的排序算法以及第9章的特定优先队列中,我们把处理的数据划分成记录或数据项(item),每个数据项都有一个用于搜索的关键字(key)。搜索的目标是找出关键字与一个给定的搜索关键字相匹配的数据项。搜索的目的是要访问那个数据项(不仅是关键字)内的信息,以备处理。

　　搜索的应用范围广泛,涉及大量不同的操作。例如,一个例子是银行系统,它需要记录其所有客户的帐户信息,并搜索这些记录以检查帐户结余和进行交易。另一个例子是航空系统,它需要记录所有航班的预定信息,搜索空闲座位的信息,取消或修改预定的信息。第三个例子是网络软件界面的搜索引擎,它在网络中查找包含给定关键字的所有文档。这些应用的需求在某种方式上是类似的(银行系统和航班系统都需要精确和可靠),而系统之间又相互不同(比起其他系统的数据,银行的数据文件较大),所有系统都需要好的搜索算法。

　　定义12.1 **符号表**是一种数据结构,其中数据项含有关键字。它支持两个基本的操作:插入新的数据项,返回给定关键字的数据项。

　　符号表有时也称为字典,因为它类似于一个时间悠久的系统,通过在一本参考书中按照字母顺序列出单词来提供单词的定义。在一本英语字典中,"keys"是单词,"item"就是包含定义、发音和其他信息的单词的相关词条。人们使用搜索算法来找出一个字典中的信息,通常依赖于这样一个事实:词条按照字母顺序出现。电话号码本、大百科全书以及其他参考书籍都是按照同样的方法进行组织的。我们将要讨论的搜索方法,其中一些也是依赖于这样一种思想。

　　基于计算机符号表的优点是,它们可以有比字典或电话号码本更多的动态性。因而我们讨论的大部分方法所构造的数据结构,不仅能够高效地运行搜索算法,而且能够支持对新数据项的插入、删除或修改数据项、把两个符号表组合成一个等操作的高效实现。在这一章里,我们将回顾第9章关于优先队列操作的很多问题。对于支持搜索的动态数据结构的研究是计算机科学中最古老和最广泛的研究问题,它将是这一章以及第13章至第16章主要研究的重点。正如我们将要看到的那样,很多创造性的算法已经发明出来,解决了符号表的实现问题。

　　除了刚才提到的基本应用类型外,符号表还一直是计算机科学家和程序员研究的对象,因为符号表在计算机系统中组织软件方面发挥着不可缺少的辅助作用。符号表就是程序的字典,关键字是程序中所使用的符号名,数据项包含了描述命名对象的信息。从科学计算的早期,符号表允许程序员把机器代码中的数值地址转换成用汇编语言表示的符号名称,到新千年的现代应用,符号名的意义穿越了世界范围的计算机网络,快速的搜索算法在计算中已经并将继续发挥重要的作用。

符号表在底层抽象中经常会遇到。有时也会在硬件层遇到。有时使用术语联想存储器（associate memory）来描述这个概念。我们将集中分析软件实现，但有些方法也适合于硬件实现。

和第6章中研究的排序方法一样，我们从一些基本的方法开始本章搜索方法的研究，这些基本方法对小型表和其他特殊情况很有用，并阐述了更高级的方法中使用的基本技术。然后，在本章的其余部分，我们将重点放在二叉搜索树（BST, binary search tree），它是快速查找算法中一般而广泛使用的数据结构。

在2.6节我们考虑了两种查找算法，用于说明数学分析在帮助我们开发高效算法方面的作用。为了使本章完整，我们重复一些在2.6节所涉及的信息，在证明中会引用那一节中的内容。在本章的后面，还引用了在5.4节和5.5节中所分析的二叉树的基本性质。

12.1 符号表抽象数据类型

如同优先队列一样，我们把搜索算法看作声明了各种操作的接口。这些操作可以从某种实现中分离出来，我们可以很容易地用备选的实现进行替换。这些操作有：

- 插入（insert）一个数据项。
- 搜索（search）一个具有给定关键字的数据项（或是若干数据项）。
- 删除（delete）一个特定数据项。
- 在符号表中选择（select）第k个最小数据项。
- 对符号表排序（sort）（按照关键字的顺序访问所有数据项）。
- 连接（join）两个符号表。

像对待很多的数据结构一样，我们需要向这个集合中添加标准初始化、测试是否为空，以及销毁和复制操作。此外，我们希望对这个基本接口进行各种其他修改。例如，搜索并插入操作也是很有意义的，因为对于很多实现，即使关键字的查找不成功，也为插入一个带有该关键字的新数据项提供了确切的信息。

我们通常使用术语"搜索算法"来表示"符号表的ADT实现"，尽管后者更恰当的意思是：定义并构造符号表的一个基本的数据结构，并实现除搜索以外的ADT操作。符号表对于很多计算机应用是如此重要，以至于它们作为很多编程环境的高级抽象来使用（C语言标准库中有bsearch函数，实现了12.4节的二分搜索算法）。通常，通用的实现来满足各种应用所需的功能是很难的。现在已经研制出许多用于实现符号表抽象的创造性方法，我们对它们的研究将设定一个环境，以帮助了解预先封装的实现方法的特性，并确定什么时候应该开发一种专用于某种特定应用的实现方案。

如我们在排序中所作的那样，我们将考虑没有指定待处理数据项的类型的方法。按照6.8节中讨论的方式，我们分析使用一个接口的实现，该接口定义了Item和在数据上的基本抽象操作。我们分析基于比较的方法和基于基数的方法，后者使用关键字或关键字的一部分作为索引。为了强调数据项和关键字在搜索中所起的各自作用，我们扩展在第6章至第11章所使用的Item的概念，使得数据项包含类型为Key的关键字。在描述算法时，我们常用的简单情况是，数据项是由关键字组成，Key和Item是一样的，这种变化没有影响，但增加Key类型使我们在引用数据项和关键字时非常明了。我们还使用宏key把关键字存入数据项或从数据项中取出关键字，并使用基本操作eq测试两个关键字是否相等。在本章和第13章里，我们还使用less操作比较两个关键字的值，指导搜索方向。在第14章和第15章，搜索算法基于第10章所用的基本基数操作，来取出关键字的一部分。当符号表中不存在含搜索关键字的数据项时，使用常量NULLitem作为返回值。为了使用6.8节和6.9节的浮点数、字符串和更多复杂数据项的接口和实现进行搜索，我们只需要实现相应的Key、key、NULLitem、eq和less的定义。

程序12.1是定义了基本符号表操作（除了join操作）的接口。在本章和接下来的几章中，我们将在客户程序和所有搜索实现之间使用这个接口。在程序12.1中还定义了这个接口的一个版本，类似于程序9.8中所做的那样，使每个函数把符号表的句柄作为参数，来实现一级符号表ADT，它可以为客户提供使用多个符号表的能力（包含同一种类型的对象）（见4.8节），但这种不必要的安排复杂化了只使用一个符号表的程序（见练习12.4）。我们还可以定义程序12.1中接口的一个版本，像在程序9.8中那样，操纵数据项的句柄（见练习12.5），但这种不必要的安排复杂化了只用关键字就足以操纵数据项的一般情况。在我们的实现中，假设只有一个由ADT维护的符号表在用，那么我们能够集中在算法上，而不需要考虑打包的情况。在合适的时候，我们将回到这个问题上来。特别是，在讨论delete算法时，我们必须意识到提供了句柄的实现在删除之前不需要搜索，因而可以有快速算法用于某些实现。同样，join操作只在一级符号表ADT实现中定义，因而我们在考虑join算法时，需要一级ADT（见12.9节）。

程序12.1　符号表抽象数据类型

这个接口定义了一个简单符号表的操作：初始化、返回数据项的统计数、添加数据项、找具有给定关键字的数据项、删除具有给定关键字的数据项、选择第k个最小数据项以及按照关键字的顺序访问数据项（调用一个过程，每个数据项作为参数传递）。

```
void STinit(int);
 int STcount();
void STinsert(Item);
Item STsearch(Key);
void STdelete(Item);
Item STselect(int);
void STsort(void (*visit)(Item));
```

某些算法并不假设任何关键字之间存在隐含的顺序，因此只使用eq（而不是less）来比较关键字，但符号表的很多实现使用less隐含的关键字之间的顺序关系，来结构化数据，并指导搜索方向。同样，select和sort抽象操作明确了调用关键字的顺序。sort函数打包为按照顺序处理所有数据项的函数，不需对数据项重排。这一设置使得按照顺序输出很容易，同时保持了动态符号表的灵活性和高效性。没有使用less的算法并不要求关键字要与另一关键字进行比较，也不需要支持select和sort操作。

在符号表的实现中，应该考虑那些可能具有相同关键字的数据项。某些应用不允许关键字相同，因而关键字可以用作句柄。这种情况的一个例子是在个人文件中把身份证号作为关键字。还有其他应用包含相同关键字的大量数据项，例如，文档数据库中的关键字搜索一般会得到多个查询结果。

我们可以使用几种方法来处理带有相同关键字的数据项。一种方法是主搜索数据结构只包含带有不同关键字的数据项，并且对于每个关键字，维持一个指向含相同关键字的数据项组成的一个表的链接。也就是说，在主数据结构中，我们使用的数据项包含一个关键字和一个链接，并且数据项不含相同关键字。这种安排在某些应用中很方便，因为一次search操作返回所有具有给定搜索关键字的数据项，或者一次delete操作去除所有具有给定搜索关键字的数据项。从实现的角度来看，这种安排等价于把相同关键字的管理留给客户程序。第二种方法是把相同关键字的数据项留给主搜索数据结构，并返回一次搜索中具有给定关键字的任何数据项。这种约定对于那些一次处理一个数据项的过程较简单，并且在这个过程中含相同关键字的数据项的处理顺序不太重要。从算法设计方面来看可能不方便，因为接口可扩展成包含检索所有给定关键字的数据项的机制，或者针对含给定关键字的每个数据项调用特定函数。第三种方法是假设每个数据项具有惟一的标识符（从关键字中分离出来），要求针对给定的关键字，搜索具有给定标识符的数据项，或者需要一些更复杂的机制。这些考虑的因素都可以应用到有相同关键字出现的符号表的所有操作中。我们真的想要删除具有给定关键字的所有数据项，或者具有给定关键字的任何数据项，或者删除某个数据项（这需要一个实现来提供数据项的处理句柄）吗？当描述符号表的实现时，我们非形式地表明怎样可以最便捷地处理相同关键字的数据项，而不需要考虑每种实现的每种机制。

程序12.2是一典型的客户程序，描述了符号表实现中的那些约定。它使用符号表来查找一组关键字中的不同值（随机产生的或从标准输入读取的），然后按照排序后的顺序打印出来。

程序12.2　符号表客户程序示例

这个程序使用符号表来查找一个序列中的不同关键字，该序列随机生成或从标准输入读取。对于每个关键字，它使用STsearch检查关键字是否出现过。如果关键字尚未出现过，就把包含关键字的数据项插入到符号表中，关键字和数据项的类型以及作用在它们上的抽象操作都在Item.h中指定。

```
#include <stdio.h>
#include <stdlib.h>
#include "Item.h"
#include "ST.h"
void main(int argc, char *argv[])
 { int N, maxN = atoi(argv[1]), sw = atoi(argv[2]);
   Key v; Item item;
   STinit(maxN);
   for (N = 0; N < maxN; N++)
     {
       if (sw) v = ITEMrand();
         else if (ITEMscan(&v) == EOF) break;
       if (STsearch(v) != NULLitem) continue;
       key(item) = v;
       STinsert(item);
     }
   STsort(ITEMshow); printf("\n");
   printf("%d keys ", N);
   printf("%d distinct keys\n", STcount());
 }
```

通常，我们必须意识到符号表操作的不同实现具有不同的性能特征，这可能依赖于各种操作的混合结果。一种应用（也许是构造一个表）可能不太使用insert操作，接着后跟大量的search操作；另一种应用可能是在较小的表上大量使用insert操作和delete操作，混合着一些search操作。并不是所有的实现都会支持所有的操作，某些实现可能提供对某些功能的高效支持，而其他功能开销昂贵，并隐含假设开销昂贵的功能执行次数很少。符号表接口中每个基本操作都有重要应用，很多基本数据结构都要求能够高效地使用操作的各种组合。在本章和接下来的几章里，我们将重点放在基本功能initialize、insert和search的实现上，并在合适的时候对delete、select、sort和join操作做一些评论。考虑的算法种类繁多，是由于基本操作的各种组合具有不同的性能特征，同时对关键字的约束条件也有所不同，或者由于数据项大小，或是其他因素所致。

在本章里，我们将要看到search、insert、delete和select操作的实现，平均来说，对于随机关键字，这些实现所需时间与符号表中的数据项个数成对数关系，完成sort操作的时间为线性。在第13章中，我们将分析保证这一性能级的方法，并在12.2节和第14章及第15章的几节中看到一种实现，在某些条件下，这种实现可以达到常量时间的性能。

我们已经研究了关于符号表的很多操作。例子有：手指搜索，搜索可以从以前的结束点开始；范围搜索，统计或访问落入某个区间的节点；当我们有关键字之间距离的概念时，近邻搜索，查找距离某一给定关键字最近的关键字的数据项。我们在第六部分的几何算法中将要研究这样的操作。

练习

▷ 12.1 使用符号表ADT程序12.1，实现栈和队列ADT。

▷ 12.2 使用接口程序12.1定义的符号表ADT，实现一个支持delete-the-maximum操作和delete-the-minimum操作的优先队列ADT。

12.3 使用接口程序12.1定义的符号表ADT，实现一个与第6章至第10章内容相容的数组排序。

12.4 为一级符号表ADT定义一个接口，它允许客户程序维持多个符号表和合并多个表（见4.8节和9.5节）。

12.5 为一级符号表ADT定义一个接口，它允许客户程序通过句柄删除特定数据项和改变关键字的值（见4.8节和9.5节）。

▷ 12.6 给出一个数据项类型的接口和针对有两个域的数据项的实现：一个16位整型关键字和一个包含关联关键字信息的字符串。

12.7 对$N = 10$，10^2，10^3，10^4和10^5，在小于1000的N个随机正整数中，给出示例驱动程序（程序12.2）找出的不同关键字的平均数。用实验确定你的答案或者从理论上进行分析，或者两者都做。

12.2 关键字索引搜索

假定关键字的值是不同的小整数。在这种情况下，最简单的搜索算法是对存储在数组中的数据项进行排序，并按关键字进行索引，如程序12.3中给出的实现那样。代码很直接：用NULLitem初始化所有项，然后通过把关键字值为k的数据项存储在st[k]中实现insert操作，并通过检查st[k]的值来搜索一个关键字值为k的数据项。要删除一个关键字值为k的数据项，就把NULLitem放在st[k]中。程序12.3中的select、sort和count操作的实现是通过对数组进行线性扫描并跳过空的数据项来完成的。这些实现把处理相同关键字的数据项的任务留给了客户程序，并对不在表中的关键字执行删除时进行检查。

程序12.3 基于关键字索引数组的符号表

这个代码假设关键字的值是小于maxKey的正整数（在Item.h中定义）。限制它应用的主要因素是当maxKey较大时，对空间的需求，以及当N相对maxKey较小时，针对STinit的时间要求。

把对这个代码进行的编译作为独立的模块，需要包含<stdlib.h>、"Item.h"和"ST.h"的include指令。我们在这个符号表的实现以及其他符号表的实现中省略了这些代码。

```
    static Item *st;
    static int M = maxKey;
    void STinit(int maxN)
      { int i;
        st = malloc((M+1)*sizeof(Item));
        for (i = 0; i <= M; i++) st[i] = NULLitem;
      }
    int STcount()
      { int i, N = 0;
        for (i = 0; i < M; i++)
          if (st[i] != NULLitem) N++;
        return N;
      }
    void STinsert(Item item)
      { st[key(item)] = item; }
    Item STsearch(Key v)
      { return st[v]; }
    void STdelete(Item item)
      { st[key(item)] = NULLitem; }
    Item STselect(int k)
      { int i;
        for (i = 0; i < M; i++)
          if (st[i] != NULLitem)
            if (k-- == 0) return st[i];
      }
    void STsort(void (*visit)(Item))
      { int i;
        for (i = 0; i < M; i++)
          if (st[i] != NULLitem) visit(st[i]);
      }
```

  对于我们在本章和第13章至第15章考虑的符号表的实现来说，这个实现是关键。使用指明的 include 指令，可从任何客户程序对这个实现进行编译，并用于大量不同客户程序和不同数据项类型的实现中。编译器将会检查这个接口、实现以及绑定到相同定义约定的客户程序。

  基于关键字索引搜索的索引操作和我们在6.10节分析的基于关键字索引的计数排序方法中的基本操作是一样的。当基于关键字索引搜索可以应用时，它是一种可选的方法，因为search和insert操作几乎不能更高效地实现。

  如果没有任何数据项（只是关键字），我们可以使用位表。在这种情况下，符号表就称为*存在表*（existence table），因为我们可以把第k位看作表明k是否存在于表的关键字集中的标志。例如，在一个32位的计算机上，使用包括313个单词的表，我们可以使用这种方法快速决定电话交换机中的一个给定的4位数字是否已被分配（见练习12.12）。

  性质12.1 如果关键字值是小于M的正整数，且数据项的关键字各不相同，那么基于关键字索引的数据项数组，可以实现符号表数据类型，使得在一个含有N个数据项的表上执行插入、搜索和删除操作所需时间为常量，初始化、选择和排序操作所需时间与M成正比。

  这一事实可由直接观察代码而得。注意关键字蕴含的条件是$N \leqslant M$。 ■

  程序12.3并没有处理关键字相同的情况，而是假设关键字的值位于0和**maxKey**−1之间。我们可以使用链表或者12.1节中提到的其他方法来存储具有重复关键字的数据项，并且在使用关键字作为索引之前，可对它们做一简单变换（见练习12.11），但是我们把这些情况放到第14章再具体分析。第14章主题是散列（hashing），它使用同样的方法实现一般关键字的符号表，把关键字从一个潜在较大的范围转换到一个较小的范围，然后对具有相同关键字的数据项进行相应的处理。在这里，我们假设如果一个旧数据项的关键字的值与一个待插入的数据项的关键字的值相等，那么就忽略这种情况（见程序12.3），或者作为出错条件处理（见练习12.8）。

程序12.3中所实现的"计数"操作是一种懒方法，只在调用函数STcount时才工作。另一种积极方法是用一个局部变量来维持非空表位置的计数，如果插入对象在表中含有NULLitem的位置，就对该变量增1，如果删除对象在表中不含NULLitem的位置，就对该变量减1（见练习12.9）。如果count操作很少使用（或根本不用）且可用关键字值的数目较少，懒方法是这两种方法中较好的方法；如果count操作使用频繁或者可用关键字值的数目较多，积极方法是这两种方法中较好的方法。通用的库例程喜欢用积极方法，因为该方法提供了一种最坏情况下的最优性能，付出的代价是"插入"操作和"删除"操作的一个小的常数因子；在一个有大量"插入"操作和"删除"操作但较少"计数"操作的应用的内循环中，懒方法是首选方法，因为它给出了公共操作的快速实现。在设计支持各种混合操作的ADT中，这种进退两难的情况很常见，我们已经看到了几种这样的情况。

使用关键字索引数组作为基本数据结构，完全实现一级符号表的ADT，我们可以动态对数组进行分配，并把它的地址作为句柄。在开发这样的接口中，还有很多其他的设计决定需要我们做出。例如，关键字的范围应该对所有对象相同，还是不同对象有不同的关键字范围？如果选择后者，那么需要有一个函数，使客户能够访问到关键字范围。

关键字索引数组应用广泛，但如果关键字的范围较大，该方法则不适用。实际上，我们在本章和以下的几章里，主要关注为这样一种情况设计解决方案，即关键字的范围较大，每个可能位置存放一个关键字的索引表不可行。

练习

12.8 使用动态分配关键字索引数组，实现一级符号表ADT（见练习12.4）的接口。

▷12.9 修改程序12.3的实现（记录非空项的个数），提供Stcount积极实现。

▷12.10 修改练习12.8的实现（见练习12.9），提供Stcount积极实现。

12.11 使用把关键字转换为小于M的非负整数的函数h(Key)，其中不存在两个关键字映射到同一整数（这一改进也适用于关键字范围较小（不必从0开始）的情况，以及其他简单情况），修改程序12.1和程序12.3的实现和接口。

12.12 当数据项是小于M的正整数关键字时（没有相关信息），修改程序12.1和程序12.3的实现和接口。在实现中，使用动态分配的大小约为M/bitsword字的数组，其中bitsword是你的计算机系统中每个字的位数。

12.13 使用练习12.12的实现进行实验，对于小于N的N个非负整数的一个随机序列，通过实验来确定其中不同整数的平均值和标准方差。N接近于你的计算机上一个可使用的、表示为位数的内存数量（见程序12.3）。

12.3 顺序搜索

来自于一个太大范围的关键字是不能作为索引的。符号表实现的一种简单方法是把数据项按照顺序连续地存放在数组中。当要插入一个新的数据项时，就像插入排序中所做的那样，将较大元素移动一个位置，把新数据项放进数组中；当要进行搜索时，我们顺序地查找数组。因为数组是有序的，当遇到一个大于搜索关键字的关键字时，我们可以报告搜索失败。此外，因为数组是有序的，select操作和sort操作都很容易实现。程序12.4是基于这种方法的符号表的实现。

程序12.4 基于数组的符号表（有序）

像程序12.3，这一实现使用数据项数组，但不含任意空数据项。像插入排序那样，插入时，我们通过把较大数据项向右移动一个位置，来保持数组有序。

STsearch函数通过扫描数组来搜索具有给定关键字的一个数据项。因为数组是有序的，只要遇到一个大于该关键字的数据项，就知道搜索关键字不在表中。STselect和STsort函数很简单，STdelete函数的实现留做练习（见练习12.14）。

```
static Item *st;
static int N;
void STinit(int maxN)
  { st = malloc((maxN)*sizeof(Item)); N = 0; }
int STcount()
  { return N; }
void STinsert(Item item)
  { int j = N++; Key v = key(item);
    while (j>0 && less(v, key(st[j-1])))
      { st[j] = st[j-1]; j--; }
    st[j] = item;
  }
Item STsearch(Key v)
  { int j;
    for (j = 0; j < N; j++)
      {
        if (eq(v, key(st[j]))) return st[j];
        if (less(v, key(st[j]))) break;
      }
    return NULLitem;
  }
Item STselect(int k)
  { return st[k]; }
void STsort(void (*visit)(Item))
  { int i;
    for (i = 0; i < N; i++) visit(st[i]);
  }
```

我们可以使用下述方法对程序12.4的search实现中的内循环稍做改进：对于表中不存在搜索关键字的数据项的情况，使用一个观察哨来避免对到数组尾部的测试。更具体地说，我们可以将数组尾部后面的位置作为观察哨，然后搜索总是会在包含搜索关键字的数据项结束，并且我们可以通过检查那个数据项是否是观察哨来确定关键字是否在表中。

如果不要求数据项在数组中有序，可以有另一种实现的方法。当插入一个新的数据项时，我们把它放在数组的末尾；当进行搜索时，只要顺序查看数组即可。这种方法的特性是插入快，但选择和排序需要大量工作（可采用第7章至第10章中的一种方法）。删除某个特定关键字的数据项时，可以先搜索它，然后把数组中最后一项移到它的位置，且使数组大小减1。通过重复执行这个操作，可以删除具有某个特定关键字的所有数据项。如果给出数组中某个数据项的索引的句柄可用，那么就不必搜索，且"删除"操作需要常量时间。

使用链表是另一种直接实现符号表的方法。我们可以选择使链表有序，能够很容易地支持"排序"操作，或者选择使链表无序，这样"插入"操作很快。程序12.5是后者的一种实现。通常，使用链表较之数组的优点是，我们不需预测出表的大小，缺点是需要额外空间（存放链表），且不能高效地支持"选择"操作。

程序12.5 基于链表的符号表（无序）

initialize、count、search和insert操作的实现使用了单链表，其中每个节点由带有关键字的数据项和一个链接组成。STinsert函数把新的数据项放在表头，需要常量时间。STsearch函数使用递归函数searchR来扫描链表。因为链表是无序的，因而不支持sort和select操作。

```
typedef struct STnode* link;
struct STnode { Item item; link next; };
static link head, z;
static int N;
static link NEW(Item item, link next)
  { link x = malloc(sizeof *x);
    x->item = item; x->next = next;
    return x;
  }
void STinit(int max)
  { N = 0; head = (z = NEW(NULLitem, NULL)); }
int STcount() { return N; }
Item searchR(link t, Key v)
  {
    if (t == z) return NULLitem;
    if (eq(key(t->item), v)) return t->item;
    return searchR(t->next, v);
  }
Item STsearch(Key v)
  { return searchR(head, v); }
void STinsert(Item item)
  { head = NEW(item, head); N++; }
```

无序数组和有序链表的方法留做练习（见练习12.8和练习12.19）。在应用中可根据我们期望的时间和空间需求来选择这四种实现的方法（有序数组、无序数组、有序表和无序表）。在本章和接下来的几章里，我们将要分析大量符号表实现问题的不同方法。

保持数据项有序是对以下思想的一种描述，符号表实现一般使用关键字以某种方式结构化数据来提供快速搜索。这种结构可能允许快速实现某些其他的操作，但所节省的开销一定要与维持结构的开销保持平衡，因为后者可能减慢其他操作的速度。我们将看到这种构想的很多例子。例如，在一个频繁使用"排序"函数的应用中，我们选择有序（数组或链表）表示，因为所选择的表结构使排序函数很简单，反之，则需要完整的排序实现。在一个频繁使用"选择"操作的应用中，我们会选择有序数组表示法，因为这种表结构使得"选择"操作的时间为常量。对比之下，在链表中的"选择"操作时间为线性时间，即使是有序链表也如此。

为了更详细地分析随机关键字的顺序搜索性能，我们考虑插入新关键字的开销，分为成功搜索和不成功搜索两种情况来考虑。我们常常把前者看作搜索命中（search hit），把后者看作搜索失败（search miss）。我们对命中和失败的平均开销和在最坏情况下的开销感兴趣。严格来讲，有序数组的实现（见程序12.4）对于每个检查的数据项使用两次比较（一次eq和一次less）。为了分析，我们在第12章至16章中，把这样的一对比较看作单个比较，因为我们可以通过低层次的优化对它们进行高效的组合。

性质12.2 在N个数据项的符号表中进行顺序搜索,搜索命中(平均)需要大约N/2次比较。

见性质2.1。结论适用于有序数组、无序数组、有序链表或无序链表的情况。■

性质12.3 在N个无序数据项的符号表中进行顺序搜索,插入操作需要常量的步数,搜索失败(总是)需要N次比较。

这些事实对于数组和链表表示都成立,由实现直接可得(见练习12.18和程序12.5)。■

性质12.4 在N个有序数据项的符号表中进行顺序搜索,插入操作、搜索命中和搜索失败平均大约需要N/2次比较。

见性质2.2。这些事实对于数组和链表表示都成立,由实现直接可得(见程序12.4和练习12.19)。■

通过连续插入来构造一个有序表等价于运行6.2节的插入-排序算法。构造表的总运行时间为二次时间,因而我们并不把这种方法用于大表的构造。如果在一个较小的表中,需要进行大量"搜索"操作,那么维持数据项有序是值得的,因为性质12.3和性质12.4告诉我们对于搜索失败的情况,这种策略可以节省2倍的时间。如果有重复关键字的数据项没有保存在表中,维持表有序的额外开销并非表面看上去那样繁重,因为"插入"操作只发生在搜索失败之后,因而"插入"的时间与"搜索"的时间成正比。另一方面,如果把有重复关键字的数据项保存在表中,那么在无序表中进行"插入"实现的时间为常量时间。对于那些有大量"插入"操作和相对较少"搜索"操作的应用,倾向选择使用无序表。

除了这些差异,我们还有一些标准的权衡。在链表实现中链接需要占用空间,在数组实现中需要预先知道表的最大值,或者表能够平摊增长(见14.5节),就像在12.9节讨论过的那样,在一级符号表ADT的实现中,链表实现可以灵活且高效地实现其他操作,如join操作和delete操作。

表12-1概述了这些结果,并把它们放在本章稍后讨论的和第13章及第14章讨论的其他搜索算法中。在12.4节,我们考虑二分搜索,这种方法使得搜索时间下降到$\lg N$,并广泛地用于静态表中(其中"插入"操作较少出现)。

表12-1 符号表中插入和搜索的开销

本表中的项是在一个常量因子范围内的运行时间,该因子是表中数据项数N和表的大小M(可不同于N)的函数,实现中可以插入新数据项,与表中数据项是否有重复关键字无关。基本方法(前4行)中的某些操作需要常量时间,某些操作需要线性时间;更高级的方法对于大多数的操作保证对数时间或常量时间。select列的$N \lg N$数据项表示对数据项排序的开销,理论上对无序数据项集进行线性时间的"选择"操作是可能的,但不切实际(见7.8节)。打星号的项是几乎不可能出现的最坏情况。

	最坏情况			平均情况		
	insert	search	select	insert	search hit	search miss
关键字索引数组	1	1	M	1	1	1
有序数组	N	N	1	N/2	N/2	N/2
有序链表	N	N	N	N/2	N/2	N/2
无序数组	1	N	$N \lg N$	1	N/2	N
无序链表	1	N	$N \lg N$	1	N/2	N
二分搜索	N	$\lg N$	1	N/2	$\lg N$	$\lg N$
二叉搜索树	N	N	N	$\lg N$	$\lg N$	$\lg N$
红黑树	$\lg N$	$\lg N$	$\lg N$	$\lg N$	$\lg N$	$\lg N$
随机树	N*	N*	N*	$\lg N$	$\lg N$	$\lg N$
散列	1	N*	$N \lg N$	1	1	1

在第12.5节至第12.9节，我们考虑二叉搜索树，这种树结构使"搜索"操作和"插入"操作只在平均时间上与$\lg N$成正比。在第13章中，我们将考虑红黑树和随机二叉搜索树，它们分别可以保证对数的性能或类似对数的性能。在第14章中，我们将考虑散列，它提供了在平均情况下的常量"搜索"时间和常量"插入"时间，但并不能高效地支持"排序"和其他操作。在第15章中，我们将考虑基数搜索方法，它类似于第10章中的基数排序方法。在第16章，我们将考虑对存储在外部设备上的文件适用的方法。

练习

▷ 12.14 在基于有序数组的符号表实现（程序12.4）中增加一个"删除"操作的实现。

▷ 12.15 在基于链表（程序12.5）和基于数组（程序12.4）的符号表的实现中，实现STsearchinsert函数。这些函数在符号表中搜索具有相同关键字的数据项，如果不在表中，就作为给定数据项插入到符号表中。

12.16 在基于链表的符号表实现（程序12.5）中实现"选择"操作。

12.17 使用基于四种基本方法实现的ADT，给出把关键字 E A S Y Q U E S T I O N 插入到初始为空的表中所需要的比较次数，这四种方法是有序数组、无序数组、有序表和无序表。假设对每个关键字进行搜索，然后在搜索失败时执行"插入"操作，就像练习12.15那样。

12.18 使用无序数组表示符号表，为程序12.1的符号表接口实现"初始化"、"搜索"和"插入"操作。你的程序应该与表12-1阐明的性能特征相符。

○ 12.19 使用有序链表表示符号表，为程序12.1的符号表接口实现"初始化"、"搜索"、"插入"和"排序"操作。你的程序应该与表12-1阐明的性能特征相符。

○ 12.20 修改基于表的符号表实现（程序12.5），使其支持带有客户数据项句柄的一级符号表ADT（见练习12.4和练习12.5），然后增加"删除"操作和"连接"操作。

12.21 编写一个性能驱动程序，它使用STinsert填充符号表，然后使用STselect和STdelete清空表，对大小不一的各种长度的关键字随机序列执行多次这样的过程，度量每次运行所花费的时间，打印或绘出平均运行时间图。

12.22 编写一个性能驱动程序，它使用STinsert填充符号表，然后使用STsearch，使表中的每个数据项平均搜索命中10次，搜索失败大约10次，对大小不一的各种长度的关键字随机序列执行多次这样的过程，度量每次运行所花费的时间，打印或绘出平均运行时间图。

12.23 编写一个练习驱动程序，它使用程序12.1中符号表接口中的函数，针对实际应用中可能出现的困难情况和病态情况。简单例子包括已经有序的文件、逆序文件、关键字都相同的文件、只有两个不同值的文件。

○ 12.24 对于随机混在一起的要进行10^2次"插入"操作、10^3次"搜索"操作和10^4次"选择"操作的应用，你会使用哪一种符号表？并证实你的选择。

○ 12.25 （这个练习是5个练习的另一种形式。）对于其他5种相应的操作和使用频率，回答练习12.24。

12.26 自组织搜索算法是这样的一种算法，它重排序数据项，使那些访问次数多的数据项在搜索中较早地找到。修改练习12.18中的search实现，使其在每次搜索命中时执行以下行为：把找到的数据项移到表的开始，并把表开始和空出位置之间的所有数据项向右移动一个位置。这个过程称为"向前移动"启发式算法。

▷ 12.27 先使用search操作，然后在搜索失败时使用insert操作，把关键字为 E A S Y Q U E S T I O N 的数据项插入到初始为空的表中，给出关键字的顺序。其中使用了向前移动的自组织搜索的启发式算法（见练习12.26）。

12.28 编写自组织搜索方法的一个驱动程序,它使用STinsert将N个关键字填充到符号表,然后按照预先定义的概率分布,进行10N次搜索来命中数据项。

12.29 使用练习12.28的方法,比较练习12.18实现的运行时间与练习12.26实现的运行时间,其中$N = 10$,100和1000,使用概率分布为:search是以$1/2^i$的概率搜索第i个最大关键字,$1 \leq i \leq N$。

12.30 对于概率分布:search是以H_N/i的概率搜索第i个最大关键字,$1 \leq i \leq N$,做练习12.29。这个分布称为Zipf定律。

12.31 比较向前移动的启发式方法与练习12.29和练习12.30的最优分布排列法,后者使关键字按递增次序排列(使期望频率的次序递减)。也就是说,在练习12.29中使用程序12.4中的方法,而不是练习12.18中的方法。

12.4 二分搜索

在顺序搜索的数组实现中,如果把标准分治法(见5.2节)应用于搜索过程,可以大大地降低大型数据项集合的总搜索时间。方法是把数据项集合分为两部分,确定搜索关键字属于哪一部分,然后集中处理那一部分。划分数据项的一种合理方式是保持数据项有序,然后在有序数组中使用下标来界定所要处理的那一部分数组。这种搜索技术称为二分搜索(binary search)。程序12.6是这种基本策略的递归实现。程序2.2是这种方法的非递归实现。在这一实现中,不需要栈,因为程序12.6中的递归函数在递归调用时结束。

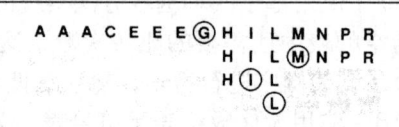

图12-1 二分搜索

注:在这个样本文件中,二分搜索只使用3次迭代就找出了搜索关键字L。第一次调用,算法将L与文件中间的关键字G比较,因为L较大,下一次迭代处理文件的右半部分。接着,因为L小于右半部分中间的关键字M,第3次迭代处理大小为3的由H、I和L组成的子文件。再进行一次迭代后,子文件大小为1,算法找到L。

程序12.6 (基于数组的符号表的)二分搜索

STsearch的实现使用一个递归二分搜索过程。要找出一个给定的关键字v是否在有序数组中,它首先把v与中间位置的元素进行比较。如果v较小,那么v必定在数组的前半部分;如果v较大,那么v必定在数组的后半部分。

数组一定是有序的。这个函数可以替代程序12.4中的STsearch,它在插入的过程中,动态地保持这个次序,或者我们可以包含一个使用标准排序例程的构造(construct)函数。

```
Item search(int l, int r, Key v)
  { int m = (l+r)/2;
    if (l > r) return NULLitem;
    if eq(v, key(st[m])) return st[m];
    if (l == r) return NULLitem;
    if less(v, key(st[m]))
         return search(l, m-1, v);
    else return search(m+1, r, v);
  }
Item STsearch(Key v)
  { return search(0, N-1, v); }
```

图12-1显示了在搜索较小的表时，二分搜索算法考察的子文件；图12-2描述了一个更大的例子。每次迭代消除表的大半，因而所需要的迭代次数较少。

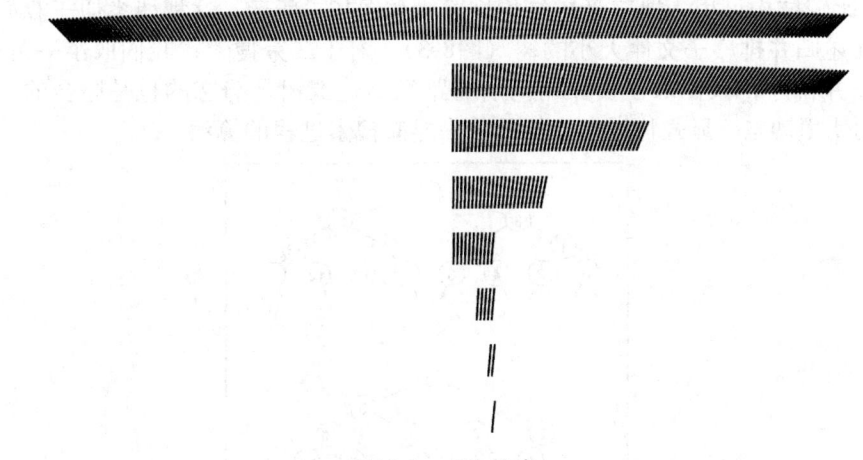

图12-2 二分搜索

注：使用二分搜索，我们只需要7次迭代就找到了200个元素的文件中的一个记录。子文件大小形成的序列是200、99、49、24、11、5、2、1。每个子文件比前一子文件的一半稍微小一些。

性质12.5 在一次搜索中（命中或失败），二分搜索使用不超过$\lfloor \lg N \rfloor +1$次的比较。

见性质2.3。注意到在大小为N的表中进行二分搜索，所使用的最大比较次数就是N的二进制表示中的位数，因为向右移1位的操作把N的二进制表示转换成$\lfloor N/2 \rfloor$的二进制表示（见图2-6）。■

像在插入排序时那样，保持表有序就会导致运行时间为"插入"操作数的二次函数的，但如果"搜索"操作数很大，这个开销可以忍受，甚至可以忽略。在一般情况下，所有的数据项（甚至是大量的数据项）在查找开始时就可用，我们可以使用基于第6章至第10章的标准排序方法的构造函数对表进行排序，之后，可用各种方法对表进行更新。例如，可以像程序12.4（见练习12.19）所示，在插入过程中保持表的有序，或者进行批处理，排序再归并（如在练习8.1中所讨论的那样）。任何更新都可能涉及比表中数据项的关键字更小的关键字的数据项，因而表中的每个数据项必定被移动以腾空位置。这种由于对表进行更新的高额开销是使用二分搜索的最大弱点。另一方面，还有很多的应用，其中可以预先对静态表排序，然后使用程序12.6实现所提供的快速访问，使二分搜索成为所选方法。

如果我们需要动态地插入数据项，似乎我们需要一个链表结构，但是单链表的实现效率不高，因为二分搜索的效率依赖于我们通过索引快速获取任何子数组中间位置的能力，而得到任何单链表的中间位置的惟一方法是沿着链接得到。要把二分搜索的效率与链表结构的灵活性结合起来，需要更复杂的数据结构，稍后就会讨论到。

如果表中出现重复关键字，那么我们可以扩展二分搜索使其支持用于计数具有给定关键字的数据项的数目的符号表操作，或者作为一组数返回。表中与搜索关键字相等的关键字所属的多个数据项构成表中的一连续块（因为表有序），用程序12.6进行的成功搜索将会在这个块的某个地方结束。如果一个应用要求访问所有这样的数据项，我们可以添加代码，在搜索终止的这一点向两个方向进行扫描，并返回与搜索关键字相等的关键字所在数据项的下标边界。在这种情况下，搜索的运行时间与$\lg N$加上所找到的数据项数的和成正比。类似的方法解决了更一般的范围搜索问题，它找出关键字落入一特定区间的所有数据项。我们将在第6部分扩展这个方法，并应用到符号表基本操作集上。

二分搜索算法所进行的比较序列是预先确定的。所使用的特定序列依赖于搜索关键字的值和N值。比较结构可用一棵二叉树结构描述，如图12-3所示。这棵树类似于我们在第8章使用的用于描述归并排序子文件大小的树（图8-3）。对于二分搜索，我们取了一条贯穿树的路径；对于归并排序，我们取了贯穿树的所有路径。这棵树是静态的也是隐含的；在12.5节，我们将看到使用动态、显式构造二叉树结构来导航搜索过程的算法。

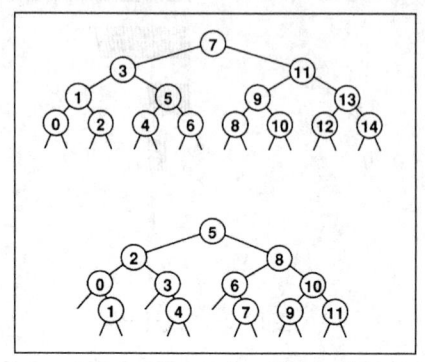

图12-3 二分搜索中的比较序列

注：这些分治法的树图描述了二分搜索中的比较索引序列。模式只依赖于初始文件大小，与文件中的关键字值无关。它们与归并排序和类似算法所对应的树有些不同（如图5-6和图8-3），因为根节点的元素并没有包含在子树中。

上图显示了如何在15个元素的文件（下标从0到14）中进行搜索。我们先考虑中间元素（下标7）。如果待搜索的元素较小，再（递归）考虑左子树；如果待搜索的元素较大，（递归）考虑右子树。每次搜索对应树中一条从上到下的路径。例如，搜索落入元素10和11之间的一个元素，将会产生序列7、11、9、10。对于文件大小不是比2的幂少1的情况，该模式并不那么有规则，如下图对12个元素的描述。

二分搜索的一种改进方法是更精确地猜测搜索的关键字将落入当前区间的什么位置（而不是在每一步中盲目地把它与中间元素进行测试）。这种策略模仿了我们在电话簿中查找一个名字或在字典中查找一个单词所使用的方法：如果我们正搜索的某项它的开头字母在字母表的开始，我们就在那本书的开始搜索，但如果它的开头字母在字母表的末尾，我们就在那本书的末尾搜索。这种方法称为插值搜索，要实现这种方法，我们需要修改程序12.6：用语句

```
m = 1 + (v - key(a[l])) ( (r-1)/(key(a[r]) - key(a[1]));
```

代替语句

```
m = (1+r)/2;
```

为了证明这个修改的正确性，我们注意到$(l+r)/2$是$l + \frac{1}{2}(r - l)$的简写：我们把区间大小的一半加到左端点上，来计算区间的中点。使用插值搜索可以用对关键字所在位置的估值$(v-k_l)/(k_r-k_l)$，代替公式中的1/2，其中k_l、k_r分别表示关键字key(a[1])和关键字key(a[r])的值，这一计算是根据假设：关键字的值是数值型的且均匀分布得到的。

对于随机关键字的文件，插值搜索表明对于一次搜索（命中或失败），使用的比较次数少于lg lgN+1。证明过程超出了本书的范围。该函数增长缓慢，在实际中，可看作常量：如果N为10亿，lg lg N < 5。因此，我们可以找到（平均）只需几次访问的数据项，这对于二分搜索是一个巨大的改进。对于比随机分布更为常规分布的关键字，插值搜索的性能甚至更好。实际上，有限的情况是12.2节中描述的基于关键字索引的搜索方法。

然而，插值搜索对假设依赖性很大，要求关键字在区间上分布的很好。对于分布较差的情况，它表现也很差，这是实际中经常出现的情况。同时，它还要求额外计算。对于较小的N，直接进行二分搜索的开销$\lg N$近似于插值搜索的开销$\lg \lg N$，选择插值搜索就不值得了。另一方面，对于比较操作代价很高的应用，以及涉及较大访问开销的外部方法，处理大型文件肯定考虑插值搜索。

练习

▷ 12.32　实现一个非递归的二分搜索函数（见程序12.6）。

12.33　对于$N = 17$和$N = 24$，画出对应图12-3的树。

○ 12.34　在大小为N的符号表中进行二分搜索，找出比顺序搜索快10倍、100倍和1000倍的N值。通过分析预测N的值，并用实验进行验证。

12.35　假设在大小为N的动态符号表中进行插入，实现时使用插入排序方法，但使用二分搜索进行搜索。假设"搜索"操作是"插入"操作的1000倍。估计总时间中"插入"操作所占的百分比，其中$N = 10^3$，10^4，10^5和10^6。

12.36　使用二分搜索和支持初始化、计数、搜索、插入和排序操作的懒插入法，开发一个符号表的实现。使用以下策略：主符号表用一个大的有序数组，最近插入的数据项用一个无序数组。当调用STsearch时，对最近插入的数据项（如果存在）进行排序，并把它们归并进主符号表中，再使用二分搜索。

12.37　在练习12.36的实现中，增加一个懒删除操作。

12.38　对于练习12.36的实现，回答练习12.35的问题。

○ 12.39　实现类似于二分搜索（程序12.6）的一个函数，它返回符号表中等于给定关键字的数据项的数目。

○ 12.40　给定N值，编写一个程序，产生形如compare(l, h)的N条宏指令的一个序列，索引从0到$N-1$，其中表中的第i条指令的意思是"将搜索关键字与表中索引i处的值进行比较。如果相等，报告搜索命中；如果小于，接着执行第l条指令；如果大于，接着执行第h条指令"（索引0用于指示搜索失败）。这个序列具有性质：对于相同的数据，任何搜索都会像二分搜索一样进行同样的比较。

• 12.41　开发练习12.40宏的一个扩展，满足程序产生机器代码可以在大小为N的表中进行二分搜索，每次比较需要尽可能少的机器指令。

12.42　对于1_N之间的i，假设a[i]==10*i。在对$2k-1$次失败搜索中，使用插值搜索需要检查多少个表中的位置？

• 12.43　在大小为N的符号表中进行插值搜索，找出比二分搜索快1倍、2倍和10倍的N值。假设关键字是随机的。通过分析预测N的值，并用实验进行验证。

12.5　二叉搜索树

为了克服"插入"操作开销过高的问题，我们将使用一种显式树结构，作为实现符号表的基础。这种基本数据结构允许我们开发出针对搜索、插入、选择和排序这些符号表操作的快速且性能中等的算法。它是很多应用问题选择的方法，也是计算机科学中最基本的算法之一。

我们在第5章以一定的篇幅讨论了树，但在此回顾一下树的术语将会是有用的。数据结构由节点组成，节点中包含了指向其他节点的链接，或指向外部节点的链接，外部节点不含链接域。在一棵（有根）树中，我们限制每个节点只能指向一个其他节点，这个节点称为它的父节点。在二叉树中，我们进一步限制，每个节点只有两个链接，称为它的左链接和右链接。

有两个链接的节点也称为内部节点。对于搜索，每个内部节点还有一个带有关键字值的数据项，我们把指向外部节点的链接称为空链接。内部节点中的关键字值与搜索关键字进行比较，并控制着搜索的过程。

定义12.2 二叉搜索树（binary search tree, BST）是一棵二叉树，它的每个内部节点都关联一个关键字，并具有以下性质：任意节点的关键字大于（或等于）该节点左子树中所有节点的关键字，小于（或等于）该节点右子树中所有节点的关键字。

程序12.7使用BST实现符号表的搜索、插入、初始化和计数操作。实现的前一部分定义了BST中的节点，每个节点包含一个带有关键字的数据项、一个左链接和一个右链接。代码还维持存放树中节点个数的一个域，用于支持计数的积极实现。

程序12.7 基于BST的符号表

这个实现中的STsearch函数和STinsert函数使用压缩递归函数searchR和insertR，两个压缩递归函数直接反映了BST的递归定义（见正文）。链接head指向树的根节点，尾节点（z）用于表示空树。

```c
#include <stdlib.h>
#include "Item.h"
typedef struct STnode* link;
struct STnode { Item item; link l, r; int N; };
static link head, z;
link NEW(Item item, link l, link r, int N)
  { link x = malloc(sizeof *x);
    x->item = item; x->l = l; x->r = r; x->N = N;
    return x;
  }
void STinit()
  { head = (z = NEW(NULLitem, 0, 0, 0)); }
int STcount() { return head->N; }
Item searchR(link h, Key v)
  { Key t = key(h->item);
    if (h == z) return NULLitem;
    if eq(v, t) return h->item;
    if less(v, t) return searchR(h->l, v);
            else return searchR(h->r, v);
  }
Item STsearch(Key v)
  { return searchR(head, v); }
link insertR(link h, Item item)
  { Key v = key(item), t = key(h->item);
    if (h == z) return NEW(item, z, z, 1);
    if less(v, t)
         h->l = insertR(h->l, item);
    else h->r = insertR(h->r, item);
    (h->N)++; return h;
  }
void STinsert(Item item)
  { head = insertR(head, item); }
```

给定这个结构，在BST上搜索关键字的递归算法满足如下特性：如果树为空，则搜索失败；如果搜索关键字等于根节点的关键字，则搜索命中。否则，递归地搜索相应的子树。程序12.7中的searchR函数直接实现了这个算法。我们调用递归例程，它以树作为第一个参数，关键字作为第二个参数，并使用树根（链接作为局部变量维持）和搜索关键字。在每步中，我们保证除了当前子树，树的其他部分不包括具有搜索关键字的数据项。正如二分搜索在每次迭代中，其区间大小不断收缩一半一样，二叉搜索树的当前子树小于上一次的子树（理想情况下，约为上次的一半）。找到具有搜索关键字的数据项时（搜索命中）或者当前子树变为空（搜索失败）时，这个过程停止。

图12-4的上图描述了一棵样本树的搜索过程。从上图开始，在每个节点上的搜索过程都会递归调用它的一个子节点，因而搜索定义了一条贯穿树的路径。对于搜索命中的情况，路径终止于包含关键字的一个节点。对于搜索失败的情况，路径终止于一个外部节点，如图12-4的中图所示。

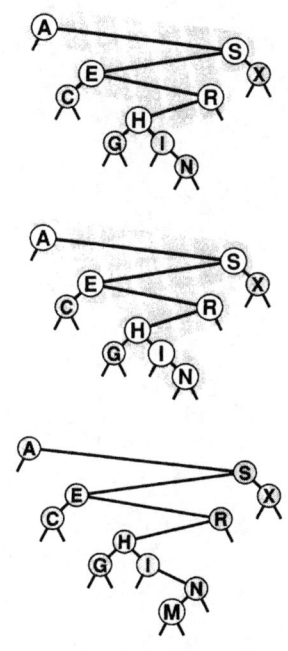

图12-4 BST的搜索和插入

注：通过这棵样本树（上图）成功搜索H的过程中，我们从根节点移到右子树（因为H大于A），然后从右子树的根节点移到它的左子树（因为H小于S），以此类推，向着树的下方继续这一过程，直到遇到H。通过这棵样本树（中图）进行不成功搜索M的过程中，我们从根节点移到右子树（因为M大于A），然后从右子树的根节点移到它的左子树（因为M小于S），以此类推，向着树的下方继续这一过程，直到在树的底部遇到N的左链接的一个外部链接为止。在搜索失败后要插入M，我们简单地用指向M（树底）的链接代替终止搜索的链接即可。

在程序12.7中，BST使用一个哑节点z来表示外部节点，而没有显式使用NULL指针。指向z的链接都是空链接。这个约定简化了我们所考虑的某些复杂的树处理函数的实现。在用BST实现一个一级符号表ADT时，我们还使用哑节点head来提供句柄。然而，在这个实现中，head只是一个指向BST的链接。初始时，为了表示一个空BST，我们设置head指向z。

程序12.7中的搜索函数就像二分搜索一样简单。BST的一个基本特征是插入实现就像搜索实现一样简单。递归函数insertR把一个新的数据项插入到BST的过程类似于我们开发searchR使用的方法：如果树为空，我们返回包含数据项的一个新节点；如果搜索关键字小于根节点的关键字，把包含搜索关键字的节点插入到左子树，并使左链接指向它；否则把它插入到右子树，并使右链接指向它。对于我们考虑的简单BST，在递归调用之后通常不需要重新设置链接指向,因为仅在链接为空时,链接才会改变。但是设置链接和测试避免设置链接一样简单。在12.8节和第13章中,我们将学习更多的高级树结构,它们很自然地使用同样的递归模式表示,因为它们按照向下的方式改变子树,然后在递归调用之后重新设置链接指向。

图12-5和图12-6显示了通过向初始为空的树中插入一个关键字序列,构造一棵BST的过程。新的节点连接到树底部的空链接上,但树结构不会因此改变。因为每个节点有两个链接,树倾向于向外增长,而不是向下增长。

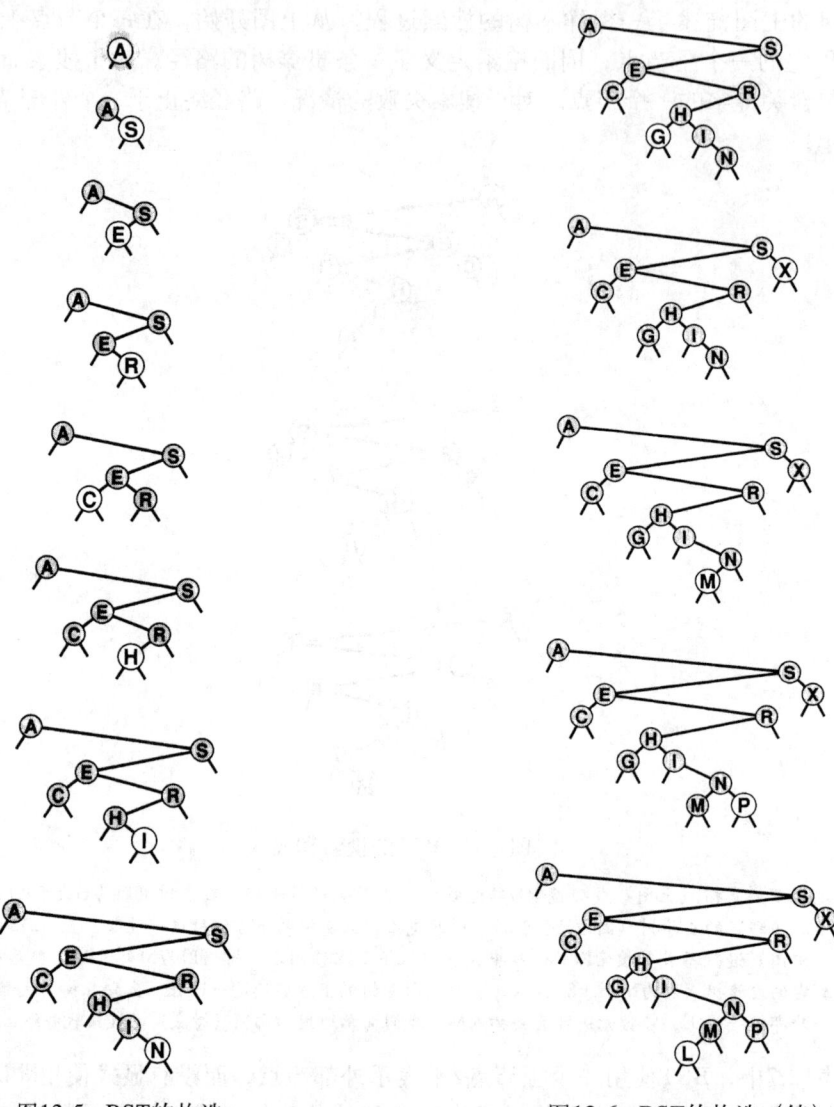

图12-5 BST的构造

注:这个序列描述了把关键字A S E R C H I N插入初始为空的BST中的结果。每次插入都在树底部的一次搜索失败之后。

图12-6 BST的构造(续)

注:这个序列描述了把关键字G X M P L插入到图12-5的BST的过程。

使用BST时,不需要太多额外工作就能使用符号表的排序函数。构造二叉搜索树可以归为对数据项排序,因为当我们按照一定方式看二叉搜索树时,它表示一个有序的文件。在我们的图中,如果从左到右读取页面上的关键字(忽略掉它们的高度和链接),关键字的出现是有序的。一个程序仅包含用于排序的链接,因为根据定义,一个简单中序遍历就能决定顺序,如程序12.8的递归实现sortR所显示的那样。为了按照关键字的顺序访问BST中的数据项，我们首先按照关键字顺序（递归）访问左子树中的数据项，接着访问根节点，然后按照关键字顺序（递归）访问右子树中的数据项。这个虚构的简单实现是一个经典且重要的递归程序。

程序12.8　使用BST排序

对BST的中序遍历按照关键字的顺序访问数据项。在这个实现中，visit是一个客户端提供的函数，按照关键字的顺序，该函数以数据项作为参数被调用。

```
void sortR(link h, void (*visit)(Item))
  {
    if (h == z) return;
    sortR(h->l, visit);
    visit(h->item);
    sortR(h->r, visit);
  }
void STsort(void (*visit)(Item))
  { sortR(head, visit); }
```

非递归地考虑BST中的搜索和插入也是有益的。在一个非递归的实现中，搜索过程由一个循环组成，首先比较搜索关键字与根节点的关键字，如果搜索关键字较小，则移向左子树，否则移向右子树。在搜索失败后进行插入（搜索结束在空链接处），用指向新节点的链接替代空链接。这个过程对应着沿着树中向下的路径操纵链接的过程（见图12-4）。特别是，为了能把一个新节点插入到树的底部，像在程序12.9中的实现那样，我们需要维持指向当前节点的父节点的链接。通常，递归版本和非递归版本是等价的，但是从不同角度理解它们可以增强对于算法和数据结构的认识。

程序12.9　在BST上的插入（非递归）操作

把一个数据项插入到BST中，等价于先执行一次不成功搜索，然后为数据项追加一个新节点，代替搜索结束地方的空链接。追加新节点要求我们在树中向下处理的过程中，记录当前节点x的父节点p。当到达树的底部时，我们必须把p指向节点的链接域，改为指向新插入的节点。

```
void STinsert(Item item)
  { Key v = key(item); link p = head, x = p;
    if (head == NULL)
      { head = NEW(item, NULL, NULL, 1); return; }
    while (x != NULL)
      {
        p = x; x->N++;
        x = less(v, key(x->item)) ? x->l : x->r;
      }
    x = NEW(item, NULL, NULL, 1);
    if (less(v, key(p->item))) p->l = x;
                          else p->r = x;
  }
```

程序12.7中的BST函数并没有显示地检查具有重复关键字的数据项。当插入一个关键字等于树中已有关键字的新节点时，新节点就落入树中已存在节点的右边。这种约定的一个副作用是具有重复关键字的节点在树中出现并不连续（见图12-7）。然而，我们可以从STsearch找到的第一个匹配点继续搜索来找出它们，直到遇到z。还有几种处理具有重复关键字的数据项的方法，如在9.1节提到的那样。

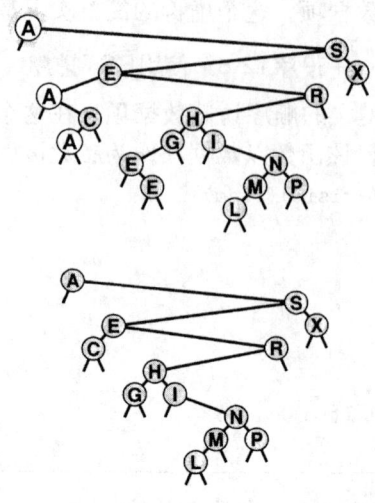

图12-7　BST中的重复关键字

注：当一个BST中包含带有重复关键字的记录时（上图），它们散布在树中，如图中描述的突出显示的A。重复关键字出现在从根到外部节点的搜索关键字的路径上，因而可以容易地访问到它们。然而，为了避免一些用法上的混淆，如"A在C下"，在我们的例子中（下图）使用不同的关键字。

BST对于快速排序具有双重作用。树的根节点对应快速排序中的划分元素（左边的关键字都不大于根节点的关键字，右边的关键字都不小于根节点的关键字）。在12.6节中，我们将会看到这一观察与树的性质分析之间的关系。

练习

▷12.44　按照给出的顺序，将关键字E A S Y Q U T I O N插入到初始为空的树中，画出插入后的结果。

▷12.45　按照给出的顺序，将关键字E A S Y Q U E S T I O N插入到初始为空的树中，画出插入后的结果。

▷12.46　给出使用BST把关键字E A S Y Q U E S T I O N放入初始为空的符号表中所需要的比较次数。假设对每个关键字进行一次搜索操作，并在每次搜索失败后接着执行一次插入操作，如程序12.2所示。

○12.47　按照顺序把关键字A S E R H I N G插入到初始为空的树中，得到图12-6中上面的树。给出产生这些关键字的同样结果的其他10种顺序。

12.48　实现二叉搜索树的STsearchinsert函数（程序12.7）。在符号表中搜索与给定数据项具有相同关键字的数据项，如果搜索失败，则将给定数据项插入到符号表中。

▷12.49　编写一个函数，返回BST中具有与给定关键字相等的关键字的数据项个数。

12.50　假设我们预先估计出在一棵二叉树中搜索关键字需要访问的次数。那么应该按照关键字访问的递增还是递减次数，把关键字插入到树中呢？解释你的答案。

12.51　修改程序12.7的BST实现，把带有重复关键字的数据项保存在链表中，链表挂接在树节点上。改变接口使得搜索操作像排序操作一样（对于所有具有搜索关键字的数据项）。

12.52　程序12.9的非递归插入过程使用一次冗余比较来决定用新节点代替p的哪个链接。给出一种使用指向链接的指针实现来避免这个冗余比较。

12.6 BST的性能特征

算法在二叉搜索树上的运行时间与树的形状无关。在树是完美平衡的最好情况下，在根节点和每个外部节点之间大约有lg N个节点，但在最坏情况下，搜索路径上会有N个节点。

我们可能期望平均情况下，搜索时间也是对数时间，因为插入的第一个元素变成树的根节点：如果随机插入N个关键字，那么这个元素就把关键字分为两半（平均），这将产生对数搜索时间（对子树进行同样的论述）。实际上，BST上可以得到和二叉搜索完全一样的比较次数（见练习12.55）。这种情况是算法的最好情况，它保证了任何搜索的时间为对数时间。但在真正随机的情况下，任何关键字成为树的根节点的几率是一样，在每次插入之后，我们不可能很容易地保证树是完美平衡的。然而，对于随机关键字，高度不平衡的树也很少出现。因而，平均情况下，树是相当平衡的。在这一节里，我们将量化这一观察。

更明确地说，我们在5.5节分析的二叉树的路径长度和高度直接与在BST中的搜索开销有关。高度是最坏情况下一次搜索的开销，内部路径长度直接与搜索命中的开销有关，外部路径长度直接与搜索失败的开销有关。

性质12.6 对于N个随机关键字所构造的BST，搜索命中平均需要大约$2 \ln N \approx 1.39 \lg N$次比较。

像在12.3节中所讨论的情况一样，我们把连续eq和连续less操作看作一次比较。搜索命中结束在一给定节点所用的比较次数为1加上从该节点到根节点的距离。把所有节点的距离加起来，我们得到这棵树的内部路径长度。因此，搜索命中的比较次数为1加上BST的平均内部路径长度，用类似的论证过程我们可以对它进行分析：如果C_N表示N个节点构成的二叉搜索树的平均内部路径长度，我们可得递推公式

$$C_N = N - 1 + \frac{1}{N} \sum_{1 \leq k \leq N} (C_{k-1} + C_{N-k}),$$

其中$C1 = 1$。N−1考虑了根节点对其他N−1个节点的每个节点路径长度贡献为1，表达式的其余项可由观察得到：根节点的关键字（第一个插入的关键字）成为第k个最小关键字几率相同，且把树随机分成大小为k−1和N−k的子树。这个递推式与我们在第7章求解快速排序的递归式几乎相同。我们可用同样的方法求解这个递归式，导出陈述的结论。■

性质12.7 对于N个随机关键字所构造的BST，插入和搜索失败平均需要大约$2 \ln N \approx 1.39 \lg N$次比较。

在一棵N个节点构成的树中搜索一个随机关键字的几率与结束在N+1个外部节点中的任何一个节点处的搜索失败几率相同。这个性质与事实相符：任何树中的外部路径长度和内部路径长度之差恰好为2N（见性质5.7），可以确定所陈述的结论。在任何一棵BST中，插入或搜索失败的平均比较次数大约比一次搜索命中的比较次数多1。■

性质12.6阐明我们可以期望BST的搜索开销比随机关键字的二分搜索次数大约高39%，但性质12.7阐明这种额外开销是值得的，因为插入一个新的关键字大约也是这个开销，而二分搜索没有这个灵活性。图12-8显示了由一个大的随机排列所构造的一棵BST。虽然树中有些长路径，有些短路径，我们也可以把它表征为平衡的：任何搜索需要比较次数少于12，一次随机搜索命中的平均比较次数为7.06，而二分搜索的平均比较次数为5.55。

性质12.6和性质12.7的结论是平均情况下的结果，它依赖于随机排序的关键字。如果关键字不是随机有序的，算法的性能可能更差。

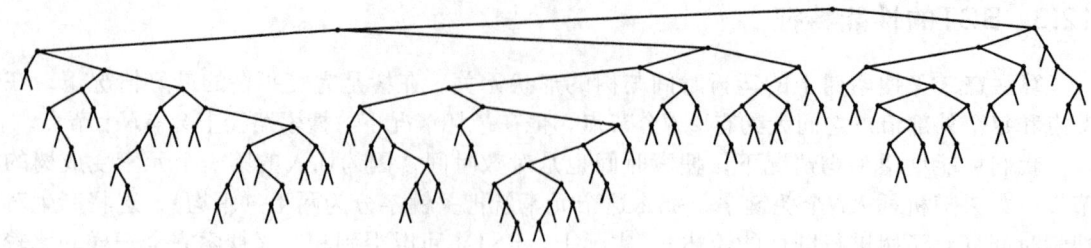

图12-8 二叉搜索树示例

注：在把大约200个随机关键字插入到初始为空的树中所构造的这棵BST中，搜索都不超过12次比较。一次搜索命中的平均开销约为7。

性质12.8 在最坏情况下，对有N个关键字的二叉搜索树进行一次搜索可能需要N次比较。

图12-9和图12-10描述了最坏情况BST的两个例子，对于这些树，二叉树的搜索不会比使用单链表的顺序搜索更好。■

因此，对于符号表的基本BST的实现来说，其良好性能依赖于关键字要有足够的随机性，使得树不太可能含有多条长的路径。此外，这种最坏情况下的行为在实际中不太可能出现。只有在使用标准算法，当插入的关键字按照升序或逆序插入到初始为空的树中时才会出现这种情况。而我们必定尝试的操作序列没有任何显式的警告来避免这种情况。在第13章中，我们将分析使这种最坏情况不可能出现并完全消除这种情况的技术，使得所有树更像最好情况的树，保证所有路径长度为对数长度。

在我们所讨论的符号表的实现方法中，没有一种能够完成把大量随机关键字插入到表中，然后再搜索它们的任务。在12.2节至12.4节讨论的每种方法完成这一任务的运行时间都需要二次时间。此外，分析表明二叉树中距一个节点的平均距离是树中节点个数的对数函数，这使我们可以灵活高效地处理混合搜索、插入和其他符号表ADT的操作。我们很快就会看到。

练习

▷ 12.53 编写一个递归程序，计算在一棵给定（树的高度）的BST中进行搜索所需要的最大比较次数。

▷ 12.54 编写一个递归程序，计算在一棵给定的BST中搜索命中所需要的平均比较次数（树的内部路径长度除以N）。

12.55 给出一种把关键字 E A S Y Q U E S T I O N 插入到初始为空的BST中的插入序列，要求在BST中搜索任一关键字所形成的比较序列与在二分搜索中搜索同一关键字所使用的比较序列相同。

○ 12.56 编写一个程序，把关键字集插入到初始为空的BST中，满足所形成的树等价于二分搜索，含义与练习12.55中所描述的相同。

12.57 把N个关键字插入到初始为空的树中，画出所有结构上不同的BST，$2 \leq N \leq 5$。

• 12.58 把N个随机不同的元素插入到初始为空的树中得到的所有树（练习12.57），求出每棵树的概率。

• 12.59 高度为N的N个节点的二叉树有多少棵？把N个不同关键字插入到初始为空的树中得到高度为N的BST有多少种方法？

○ 12.60 用归纳法证明在一棵二叉树中，外部路径长度和内部路径长度之差为$2N$（见性质5.7）。

12.61 通过实验研究，把N个随机关键字插入到初始为空的树中构造一棵二叉搜索树，计算在这棵树中搜索命中和搜索失败所用的比较次数的平均值和标准差，其中$N = 10^3, 10^4, 10^5$

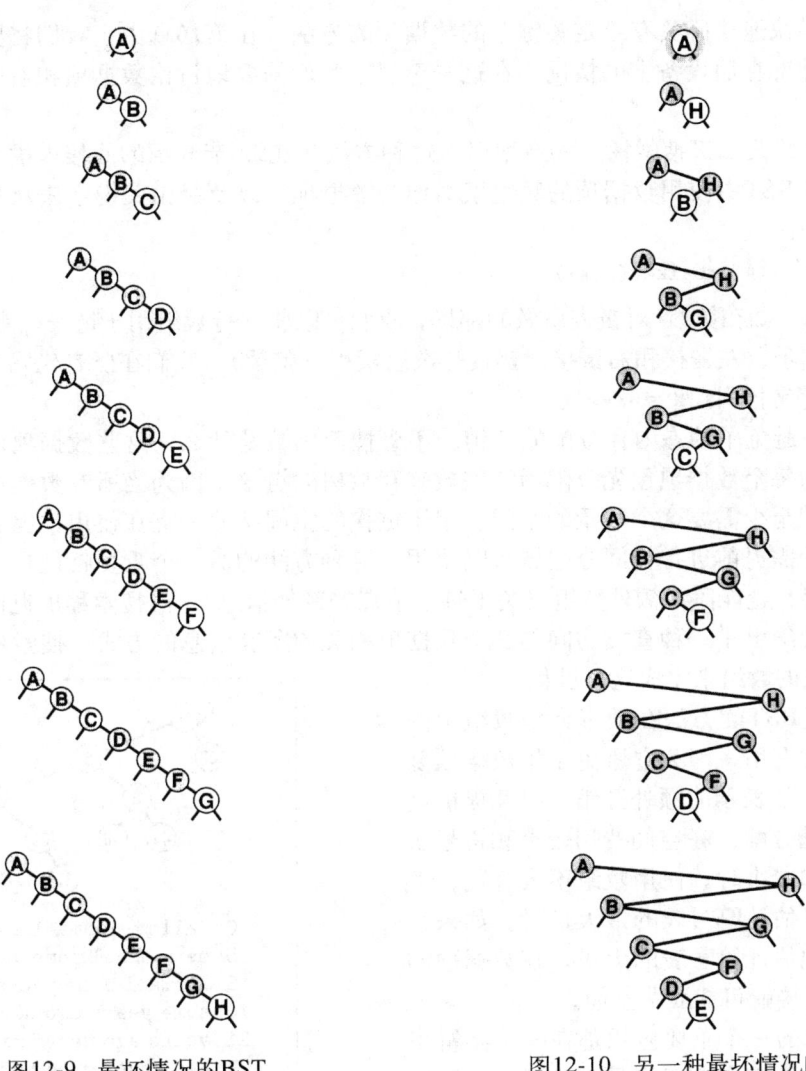

图12-9 最坏情况的BST

注：如果关键字按照递增的顺序加入到BST中，它就退化为单链表的样子，从而导致2次的树构造时间和线性搜索时间。

图12-10 另一种最坏情况的BST

注：关键字的插入次序很多。图中显示的次序导致了退化的BST。然而，由随机有序的关键字所构造的BST却可能平衡的较好。

和10^6。

12.62 编写一个程序，把N个随机关键字插入到初始为空的树中形成一个BST，并计算树的最大高度（在t棵树中进行搜索失败所涉及的最大比较次数），其中$N = 10^3$，10^4，10^5和10^6，$t = 10$，100和1000。

12.7 符号表的索引实现

对于很多的应用，我们希望无须移动数据项，通过简单搜索结构，就能找到数据项。例如，我们可能有一个带有关键字的由数据项组成的数组，希望搜索方法可以给出数组中匹配某个关键字的数据项的索引。或者我们可能希望从搜索的结构中删除某个具有给定索引的数据项，但仍然把它保存在数组中用作他用。在9.6节中，我们讨论了处理优先队列中索引数据项的优点。对于符号表，同样的概念导致类似的索引（index）：一种处于数据项之外的搜索结构，提供了快速访问具有给定关键字的数据项的方法。在第16章中，我们将要考虑数据项甚至索引在外部存储设备上的情况。在这一节里，我们简要地讨论数据项和索引都在内存中的情况。

我们可以修改二叉搜索树来构造索引，这种方法与在9.6节介绍的间接提供堆的思维方法完全一样：在BST中使用数据项的数组索引作为数据项，以及经由关键字宏从数据项中提取关键字。例如：

```
#define key(A) realkey(a[A]).
```

扩展这种方法，如在第3章对链表所做的那样，我们可以将并行数组用于链表。使用三个数组，分别用于数据项、左链接和右链接。链接是数组索引（整数）。我们在所有代码中用数组引用x = l[x]代替链接引用x = x->l。

这种方法避免了动态内存分配的开销。不管搜索函数是什么，这些数据项都占据一个数组，且我们为每个数据项预先分配两个整数来存放树的链接。因为当所有数据项都在搜索结构中时，我们至少需要这个数量的空间。用于链接的空间并非一直在使用，但它存在的目的是搜索程序无需提前进行空间分配就可以使用。这种方法的另一个重要特征是，不需要改变操纵树的代码，就能添加额外数组（关于每个节点的额外信息）。当搜索程序返回一个数据项的索引时，就给出了一种直接访问与那个数据项相关的所有信息的方式。搜索程序通过使用索引访问相应的数组来完成这一过程。

这种实现BST的方法在搜索大型数组中的数据项时非常有用，因为它避免了把数据项复制到ADT的内部表示的额外开销，以及提前定义malloc存储分配。在空间费用较大和符号表显著地增大和减小时，使用数组不太合适，尤其在预先难以估计符号表的最大量时。如果预先不能精确地估计符号表的大小，在数据项的数组中未用链接就可能浪费空间。

索引概念的一个重要应用是在一个字符串的文本中提供关键字搜索（见图12-11）。程序12.10是这种应用的一个例子。它从一个外部文件读入一个文本字符串。接着，考虑文本字符串的每个位置来定义从那个位置开始的一个字符串关键字，直到字符串的末尾。使用程序6.11中的字符串-数据项类型定义的字符串指针，把所有关键字插入到一个符号表中。用于构造BST的字符串关键字长度不限，我们只维持指向它们的指针，并且只看足以决定一个字符串是否比另一个字符串要小的字符。不存在相等的两个字符串（它们的长度不同），但如果我们修改eq，认为一个字符串是另一个字符串的前缀则两个字符串就相等，我们就可以使用符号表来找出一个给定的查询字符串是否在文本中，只要简单调用STsearch即可。程序

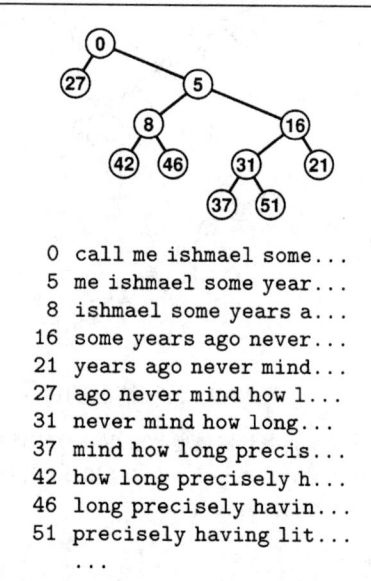

图12-11 文本字符串索引

注：在这个字符串索引的例子中，我们把字符串关键字定义为：从一个文本的每个字开始，然后构造一棵BST，用其字符串索引访问关键字。关键字的长度原则上不限，但实际上一般只检查开头的几个字符。例如，要找出短语never mind是否出现在这个文本中，我们把它与根节点的call…（字符串索引为0）进行比较，接着与根节点的右孩子me…（索引为5）进行比较，再与me…节点的右孩子some…（索引为16）进行比较，然后在some…节点的左孩子（索引为21）找到never mind。

12.10 从标准输入上读入查询序列，使用STsearch来确定每个查询是否出现在文本中，并打印出查询在文本中首次出现的位置。如果符号表是使用BST来实现的，那么我们由性质12.6可得搜索将需要约$2N \lg N$次比较。例如，一旦构造了索引，我们可以在包含约1百万个字符（例如Moby Dick）的文本中，使用30次字符串比较，找到任何短语。这种应用和编制索引是一样的，因为C字符串指针就是一个指向字符数组的索引。如果p指向text[i]，那么这两个指针的差p-text为i。

程序12.10 索引一个文本字符串示例

这个程序假设Item.h把keyType和itemType定义为char *；同时使用strcmp（见正文）定义了字符串关键字的less函数和eq函数。#include指令与程序12.2中的相同（加上<string.h>）且被省略。主程序从某个特定文件中读出一个文本字符串，并使用符号表利用文本字符串中每个字符开始所定义的字符串构造一个索引。然后，它从标准输入中读出查询字符串，并打印出所找到的查询在文本中的位置（或者打印not found信息）。有了BST符号表实现，搜索很快，即使对于大型字符串也很快。

```
#define null(A) (eq(key(A), key(NULLitem)))
static char text[maxN];
main(int argc, char *argv[])
  { int i, t, N = 0; char query[maxQ]; char *v;
    FILE *corpus = fopen(*++argv, "r");
    while ((t = getc(corpus)) != EOF)
      if (N < maxN-1) text[N++] = t; else break;
    text[N] = '\0';
    STinit(maxN);
    for (i = 0; i < N; i++) STinsert(&text[i]);
    while (gets(query) != NULL)
      if (!null(v = STsearch(query)))
          printf("%11d %s\n", v-text, query);
      else printf("(not found) %s\n", query);
  }
```

当我们在实际应用中建立索引时，还有许多其他问题需要思考，还可以采用很多的方法利用字符串关键字性质加速算法。关于字符串搜索以及对字符串关键字提供功能索引这两个问题，对应的更完善的方法将是第五部分的主题。

表12-2给出了经过实验得出的一些结果，它们为我们的分析结果提供了支持。该表也展示了BST对含有随机关键字的动态符号表的用处。

表12-2 符号表实现的实验性研究

本表给出了构造符号表的相对时间，以及在表中搜索每个关键字的相对时间。BST提供了快速实现搜索和插入的方式；其他所有方法执行搜索或是插入所需时间为二次的。二分搜索比BST搜索稍微快一些，除非表可以预先排序，否则二分搜索不能用于大型文件。标准BST实现为树中每个节点分配存储空间，而索引实现为整棵树预先分配存储空间（加速了构造过程）并使用数组索引而不是指针（其减慢搜索过程）。

N	构造过程					搜索命中				
	A	L	B	T	T*	A	L	B	T	T*
1250	1	5	6	1	0	6	13	0	1	1
2500	0	21	24	2	1	27	52	1	1	1

N	构造过程					搜索命中				
	A	L	B	T	T*	A	L	B	T	T*
5000	0	87	101	4	3	111	211	2	2	3
12500		645	732	12	9	709	1398	7	8	9
25000		2551	2917	24	20	2859	5881		15	21
50000				61	50				38	48
100000				154	122				104	122
200000				321	275				200	272

其中：
A 无序数组（练习12.18）
L 有序链表（练习12.19）
B 二分搜索（程序12.6）
T 标准二叉搜索树（程序12.7）
T* 带索引的二叉搜索树（练习12.64）

练习

12.63 修改BST实现（程序12.7），使其不使用分配的内存空间，而使用数据项的索引数组。利用练习12.21或练习12.22中的驱动程序，比较你的程序的性能与标准实现程序的性能。

12.64 修改BST实现（程序12.7），利用并行数组，使其支持带有客户端数据项句柄的一级符号表ADT（见12.4和练习12.5）。利用练习12.21或练习12.22中的驱动程序，比较你的程序的性能与标准实现程序的性能。

12.65 修改BST实现（程序12.7），使用以下思想来表示BST：在树节点中保存带有关键字的数据项数组和一个链接数组（每个链接关联一个数据项）。BST中的左链接对应移到树节点的数组中的下个位置，右链接对应移到另一个树节点。

○ **12.66** 给出文本字符串的一个例子，使得程序12.10中的索引构造部分的字符比较次数为字符串长度的二次函数。

12.67 修改字符串索引实现（程序12.10），只使用从单词边界开始的关键字来构造索引（见图12-11）。（对于Moby Dick，这种改变后的索引大小比原索引的1/5还少。）

○ **12.68** 实现程序12.10。方法是对字符串指针数组使用二分搜索，使用练习12.36中描述的实现。

12.69 比较练习12.68实现的运行时间与程序12.10的运行时间，构造N个字符的随机文本字符串的一个索引，$N = 10^3$，10^4，10^5和10^6。并为每个索引中的随机关键字进行1000次的（不成功）搜索。

12.8 在BST的根节点插入

在标准BST的实现中，每个新节点都会插入到树的底层的某个地方，替换某个外部节点。这种状态并不是一个绝对的要求；它是自然递归插入算法的一个人为要求。在这一节里，我们考虑另一种插入方法，要求每次新插入的数据项在树的根部，因而最近插入的节点都在树的上部。用这种方法构造的树有一些有趣的性质，但我们考虑这种方法的主要原因是，它对我们将要讨论的第13章中的两个改进的BST算法起着重要的作用。

假设所要插入的数据项的关键字大于根节点的关键字。我们可能把新数据项放入树中作为新的根节点来构造一棵新树，原树根作为新树的左子树，原根节点的右子树作为新树的右子树。然而，右子树可能包含一些更小的关键字，因而我们需要进行更多的工作以完成插入过程。类似地，如果要插入的数据项的关键字小于根节点的关键字，大于根的左子树的所有关键字，我们可以再次以新数据项作为根节点构造一棵新树，但如果左子树包含一些较大的关键字，就需要做更多的工作。一般而言，要删除左子树中具有较小关键字和右子树中具有较大关键字的所有节点，似乎是一个复杂的变换，因为要删除的节点可能分散在要插入节点的搜索路径上。

幸运的是，对于这个问题有一种简单的递归方法，该方法基于旋转（rotation）（关于树的一种基本变换）。实际上，一次旋转允许我们交换根节点与根的其中一个孩子节点，同时保持节点的关键字之间的BST顺序。一次右旋转涉及根节点和左孩子节点（见图12-12）。旋转把根节点放在右边，实际上是把根节点的左链接的方向反了：旋转之前，它从根节点指向左孩子节点；旋转之后，它从原左孩子节点（新根节点）指向原根节点（新的根节点的右孩子节点）。使旋转起作用的技巧是把左孩子节点的右链接复制为原根节点的左链接。这个链接指向旋转中关键字介于所涉及的两个节点的关键字之间的所有节点。最后，必须把原根节点的链接改变为指向新的根节点。左旋转的描述与刚才给出的描述一样，只是"右"和"左"的地方互换一下（见图12-13）。

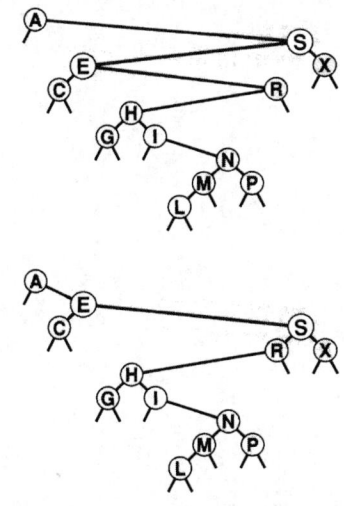

图12-12 BST中的右旋转

注：这个图显示了在例子BST中（上图）的S处的右旋转结果。包含S的节点向树的下方移动，成为其原来左孩子节点的右孩子节点。

从S的左链接得到指向新根节点E的链接，复制E的右链接来设置S的左链接，把E的右链接指向S，把由A指向S的链接变为由E指向S，完成旋转操作。

旋转的作用是把E和它的左子树向上移一层，把S和它的右子树向下移一层。树的其余部分不受影响。

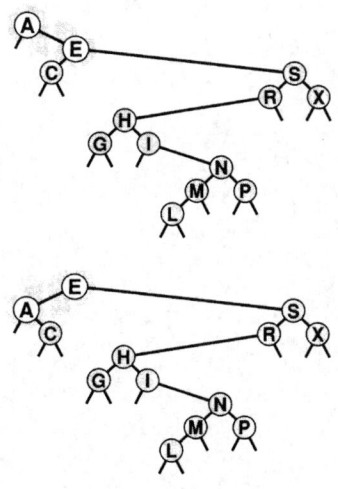

图12-13 BST中的左旋转

注：这个图显示了在例子BST中（上图）的A处的左旋转结果。包含A的节点向树的下方移动，成为其原来右孩子节点的左孩子节点。

从A的右链接得到指向新根节点E的链接，复制E的左链接来设置A的右链接，把E的左链接指向A，把A的链接由指向A（该树的头链接）变为指向E，完成旋转操作。

旋转是一个局部的变化，只涉及三个链接和两个节点，这允许我们移动树中的节点，而不改变利于搜索的BST全局有序性质（见程序12.11）。我们使用旋转移动树中的某个节点，并使树变成不平衡的。在12.9节中，我们实现delete操作、join操作和带有旋转的其他ADT操作。在第13章中，我们使用这些操作构造能够提供渐近最优性能的树。

程序12.11 BST中的旋转

这两个例程执行BST上的旋转操作。右旋转使原根节点成为新根节点（原根节点的左子树）的右子树；左旋转使原根节点成为新根节点（原根节点的右子树）的左子树。实现中需要在节点中维持一个计数域（例如，用于支持将在14.9节中见到的select操作约计数域），我们还需要交换在旋转操作中涉及的节点中的计数域（见练习12.72）。

```
link rotR(link h)
  { link x = h->l; h->l = x->r; x->r = h;
    return x; }
link rotL(link h)
  { link x = h->r; h->r = x->l; x->l = h;
    return x; }
```

旋转操作为根节点插入提供了一种直接递归实现：递归地把新数据项插入到相应的子树中（当递归操作完成时，把它放在那棵树的根部），然后旋转使其成为主树的根节点。图12-14描述了一个例子，程序12.12是这种方法的一个直接实现。这个程序对于递归威力很有说服力。不那么信服的读者可以试一试练习12.73。

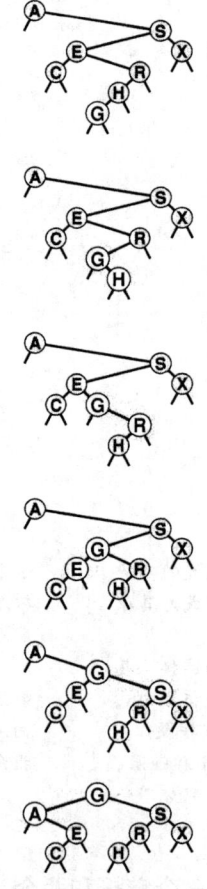

图12-14 BST的根插入

注：这个序列描述了把G插入到BST的顶部的结果，插入之后进行（递归）旋转把新插入的节点G带到根处。这个过程等价于先插入G，然后执行一系列旋转把它带到根处。

程序12.12 BST中的根插入

有了程序12.11中的旋转函数，直接可得在BST的根插入一个新节点的递归函数：在合适子树的根处插入新的数据项，然后执行合适的旋转操作使它成为主树的根。

```
link insertT(link h, Item item)
  { Key v = key(item);
    if (h == z) return NEW(item, z, z, 1);
    if (less(v, key(h->item)))
      { h->l = insertT(h->l, item); h = rotR(h); }
    else
      { h->r = insertT(h->r, item); h = rotL(h); }
    return h;
  }
void STinsert(Item item)
  { head = insertT(head, item); }
```

图12-15和图12-16显示了使用根插入方法，把一列关键字插入到初始为空的树中，构造BST的过程。如果关键字序列是随机的，用这种方法构造的BST具有和用标准方法构造的BST完全一样的随机性质。例如，性质12.6和性质12.7对于用根插入法构造的BST都成立。

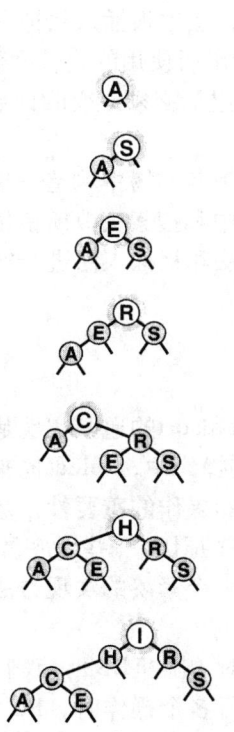

图12-15　用根插入法构造BST

注：这一序列描述了使用根插入法把关键字 A S E R C H I 插入到初始为空的BST中的过程。每个新节点插入到根部，沿着它的搜索路径，改变链接使这棵树成为一棵正确的BST。

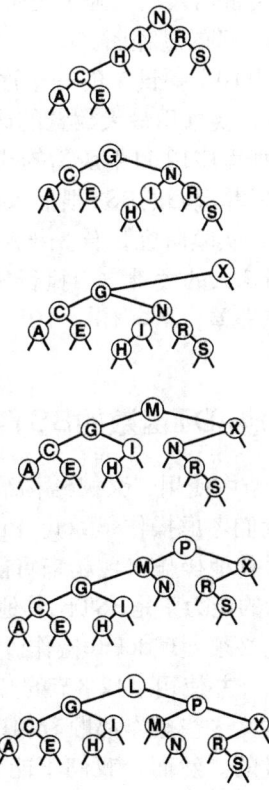

图12-16　用根插入法构造BST（续）

注：这一序列描述了把关键字 N G X M P L 插入到图12-15开始的BST中的过程。

实际上，根插入法的一个优点是最近插入的关键字在树的顶部附近。因而对于最近插入的关键字的搜索命中的开销可能会比标准方法的开销要小。这个性质很有意义，因为很多应用问题动态地混合了搜索操作和插入操作。符号表中可能含有大量的数据项，但这些搜索中可能引用的数据项很大比例是最近才插入的数据项。例如，在一个商业事务处理系统中，当前活动的事物可以逗留在顶部附近并可迅速处理，不需要访问原有已经遗失的事务。根插入法自动给予数据结构这种性质以及类似性质。

如果我们改变搜索函数，在搜索命中时把找到的节点带到根处，那么我们得到一种自组织的搜索方法（见练习12.26），它把经常访问到的节点保持在树的顶部。在第13章中，我们将看到这一思想影响下的一个系统应用。它提供了符号表的一种实现方法，能够保证快速的性能特征。

正如我们在本章提到的几种其他方法那样，很难对实际应用中根插入法和标准插入法的性能做出一个精确的定论；这是因为具体性能依赖于符号表操作的混合，在某种意义上，它是难以分析刻画的。如果已知大部分搜索操作针对于最近插入的数据，则我们不能分析该算法的这一事实不能成为我们不使用根插入法的理由，但我们始终寻求精确的性能保障。第13章的主要重点就是构造能够提供这些保证的BST。

练习

▷ 12.70 使用根插入法，画出把带有关键字 E A S Y Q U E S T I O N 的数据项插入到初始为空的树中所得BST的过程图。

12.71 给出10个关键字的一个序列（使用字母A到J表示），使用根插入法把它们插入到初始为空的树中，要求用最大数量的比较次数来构造这棵树。给出所使用的比较次数。

12.72 添加程序12.11中所需的代码，使该程序能修改旋转之后必须改变的计数域。

○ 12.73 实现非递归的BST根插入函数（见程序12.12）。

12.74 进行实验研究，首先把N个随机关键字插入到初始为空的树中构造一棵BST，然后在$N/10$个最新插入的关键字中执行N次随机搜索。计算搜索命中和搜索失败所使用的比较次数的平均值和标准差，$N = 10^3$，10^4，10^5和10^6。对于标准插入法和根插入法进行实验研究，并比较所得结果。

12.9 其他ADT函数的BST实现

在12.5节中使用二叉树结构给出基本操作search、insert和sort的递归实现是直接的。在这一节中，我们考虑操作select、join和delete的实现。在这些操作中，select也有一种自然的递归实现，但其他操作实现起来可能较麻烦。之所以考虑select操作的重要性，是因为高效支持select和sort的能力正是BST比其他数据结构具有竞争力的一个原因。一些程序员避免使用BST，以此来避免必须处理delete操作。在这一节里，我们将看到一个紧凑的实现方法，它把这些操作结合起来，并使用了12.8节的"旋转到根"的技术。

一般地，这些操作都顺着树的一条路径向下移动所以对于随机BST，我们可预期它的开销是对数级的。然而，我们不能想当然地认为当在树上执行多个操作时，BST仍保持随机状态。在这一节的末尾我们将回到这个问题上来。

为了实现select操作，我们可以使用一种递归过程，它类似于7.8节描述过的基于快速排序的选择方法。为了在一棵BST中找出含有第k个最小关键字的数据项，我们检查左子树中的节点数目。若左子树存在k个节点，那么我们返回树根处的数据项。否则，若左子树含有k个以上的节点，我们就（递归地）在左子树寻找含有第k个最小关键字的数据项。如果这两个条件都不成立，则左子树含有t个数据项且t < k，BST中带有第k个最小关键字的数据项就是右子树的第（k−t−1）个最小关键字的数据项。程序12.13是这种方法的一个直接实现。通常，因为函数的每次执行最多以一次递归调用结束，我们马上可得出一个非递归版本（见练习12.75）。

程序12.13　BST中的选择操作

递归函数selectR找出BST中带有第k个最小关键字的数据项。它使用基于0的索引。例如，我们取k = 0来搜索具有最小关键字的数据项。这个代码假设每个节点的子树大小在N域中。把这个程序与用数组描述的基于快速排序的选择操作（程序9.6）进行比较。

```
Item selectR(link h, int k)
  { int t;
    if (h == z) return NULLitem;
    t = (h->l == z) ? 0 : h->l->N;
    if (t > k) return selectR(h->l, k);
    if (t < k) return selectR(h->r, k-t-1);
    return h->item;
  }
Item STselect(int k)
  { return selectR(head, k); }
```

从算法学的角度来说，在BST的节点中引入计数域的主要原因是为了支持select实现。它还允许我们支持对计数（count）操作的一个平凡实现（返回根的计数域）。在第13章中我们将会看到引入计数域的另一种用途。使用计数域的缺点是：它在每个节点都占用额外空间，每个改变这棵树的函数必须更新此域。在一些以搜索和插入为主要操作的应用中，也许不值得费心来维持计数域，但如果一个动态符号表中对select操作的支持十分重要，那么为此付出的也许只是一个小小的代价。

我们可以把这个select操作的实现改为划分（partition）操作，后者重排树把第k个最小元素放在根节点，这正是我们在12.8节中根插入法所使用的递归技术：如果我们（递归）把所求的节点放到一棵子树的树根，我们就可以用一次旋转操作使它成为整棵树的根。程序12.14给出了这种方法的一个实现。如同旋转，划分不是一个ADT操作，因为它是一个转换特定符号表表示方法的函数，对客户程序应该是透明的。更正确地，它是一个辅助程序，我们可利用它实现ADT操作或者使ADT操作更高效地运行。图12-17描述了这样一个例子（与图12-14中的方法一样），显示了这个过程是如何沿着树根到树中所求节点的路径从上向下进行的，然后向上返回，执行旋转操作把那个所求节点带到树根。

程序12.14　BST中的划分操作

在递归调用之后增加旋转，可把程序12.13中的选择函数变成把所选择的数据项放在根处的函数。

```
link partR(link h, int k)
  { int t = h->l->N;
    if (t > k)
      { h->l = partR(h->l, k); h = rotR(h); }
    if (t < k)
      { h->r = partR(h->r, k-t-1); h = rotL(h); }
    return h;
  }
```

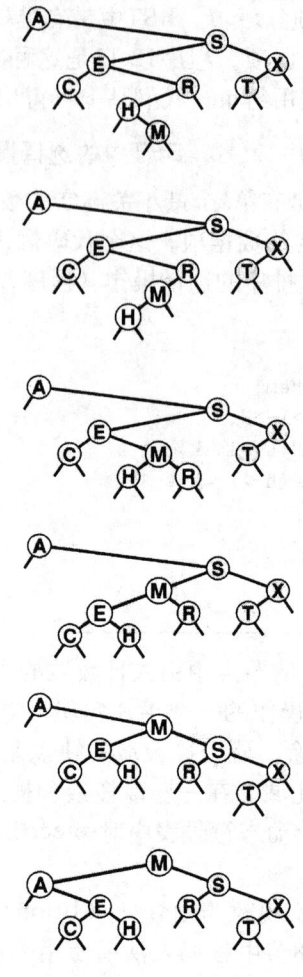

图12-17　BST的划分

注：这个序列描述了（递归）使用根插入法中的旋转方法，把BST示例（上图）进行关键字中值划分的过程（下图）。

要从BST中删除给定关键字的一个节点，首先检查那个节点是否在其中的一棵子树中。如果在子树中，我们用从该子树（递归）删除该节点的结果代替原来的子树。如果要删除的节点在根部，我们用两棵子树合并成一棵树的结果代替原树。完成这个结合有几种方法可供选择。图12-18显示了一种方法，而程序12.15给出了另一种实现。若已知两棵BST中第二棵中的所有关键字都大于第一棵中的所有关键字，要组合它们，我们对第二棵树应用划分操作，以便把其中最小的元素带到树根。此时，这个根的左子树必须为空（否则会存在一个比根还小的元素，这是一个矛盾），而我们可通过用一个指向第一棵树的链接代替根节点的链接，完成这项工作。图12-19用一棵示例树显示了删除过程，它说明了可能产生的一些情况。

程序12.15　在BST中删除一个给定关键字的节点

这个delete操作实现删除BST中遇到的关键字为v的第一个节点。按照自顶向下的方式，递归调用合适的子树，直到要被删除的节点在根部。然后，用其两棵子树的组合结果代替该节点——即右子树中的最小节点变成根节点，然后它的左链接被设置指向左子树。

```
link joinLR(link a, link b)
  {
```

```
        if (b == z) return a;
        b = partR(b, 0); b->l = a;
        return b;
      }
    link deleteR(link h, Key v)
      { link x; Key t = key(h->item);
        if (h == z) return z;
        if (less(v, t)) h->l = deleteR(h->l, v);
        if (less(t, v)) h->r = deleteR(h->r, v);
        if (eq(v, t))
          { x = h; h = joinLR(h->l, h->r); free(x); }
        return h;
      }
    void STdelete(Key v)
      { head = deleteR(head, v); }
```

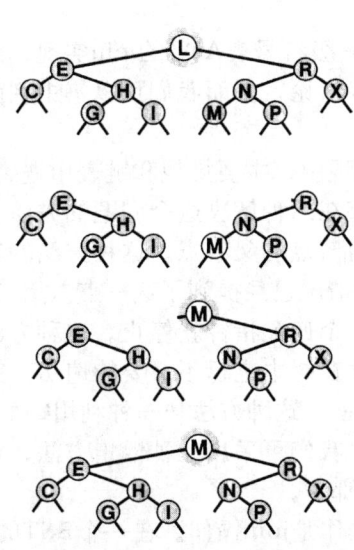

图12-18　在BST中删除根

注：本图显示了在一棵示例BST（上图）中删除根节点后的结果（下图）。首先，我们删除该节点，留下两棵子树（从上往下数第2个图）。然后我们划分右子树，使得最小元素在树根处（从上往下数第3个图），并将其左链接指向一棵空子树。最后，我们用一个指向原树的左子树的链接代替该链接（下图）。

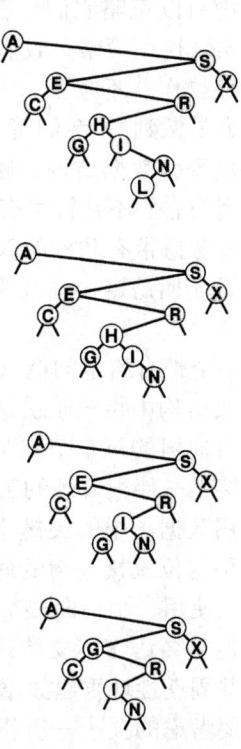

图12-19　在BST中删除节点

注：这个序列描述了从顶部把带有关键字L、H和E的节点从BST中删除后的结果。首先L被直接删除，因为它在树的底部。然后，H被它的右孩子I取代，因为I的左孩子为空。最后，E被它的后继节点G取代。

这种方法是不对称的，而且在某种意义上是特别的：为什么用第二棵树中最小的关键字作为新树的根，而不用第二棵树中最大的关键字呢？也就是说，对于我们正准备删除的节点，为什么选择它在树的中序遍历中的下一个节点代替它，而不用前一个节点代替它呢？我们也许还希望考虑其他方法。例如，如果被删除的节点有一个空的左链接，为什么不使它的右孩子成为新的根节点，而使用右子树中带有最小关键字的节点呢？对这个基本删除程序的许多类似修正都有人提出过。不幸的是，它们都具有一个相似的缺点：即使先前这棵树是随机的，删除以后留下的树也不是随机的。而且，事实已经表明：如果对这棵树进行大量随机的"删除-插入"操作对（见练习12.81），程序12.15倾向于得出一棵稍微失去平衡的树（平均高度正比于$\sqrt{N}$）。

在实际应用中，也许不会注意到这些差别，除非N非常大。但是，一种不完美的算法和不符合需要的性能特征结合起来，也是不能令人满意的。在第13章我们将分析两种不同的方法以解决这些情况。

搜索算法要求的删除实现要比搜索实现复杂得多，这种情况是典型的。这些关键字值在该结构的构形中扮演了一个综合的角色，因此删除一个关键字可能导致很复杂的修补工作。一种选择是使用懒惰的删除策略，把删除的节点留在数据结构中但把它们标注为"已删除"，从而在搜索中可以忽略它们。在程序12.7的搜索实现中，我们可能跳过对这些节点的相等性测试，从而实现这些策略。我们必须确保大量带标注的节点不会引起时间或空间的过度浪费，但是如果删除操作并不频繁，其额外开销也许是微不足道的。方便的时候（例如，对于树底部的节点很容易做到），我们可以把带标注的节点重用于未来的插入操作中。或者，我们可以周期性地重建整个数据结构，删去带标注的节点。这些考虑对任何牵涉插入和删除的数据结构都适用，因为它们不是符号表的专利。

我们通过考虑带有句柄的delete实现和使用BST的一级符号表ADT的join实现，结束本章的讨论。假设句柄是链接，且省略对封装问题的进一步讨论，因而我们可以集中到两个基本算法上。

在删除一个带有给定句柄（链接）的节点的函数实现中，主要挑战和链表中遇到的一样：我们需要更改结构中指向正被删除节点的指针。至少存在四种解决这个问题的方法。第一种方法，我们可向树的每个节点加入第三个链接，它指向节点的父节点。这种方法的缺点是维护额外的链接是一件很麻烦的工作，我们在之前的几种情况已经提到了这一点。第二种方法，我们可以利用数据项中的关键字在树里搜索，当找到一个匹配指针就停止。这种方法的缺陷是：节点的平均位置接近树的底部，因而这种方法需要在树中进行不必要的遍历。第三种方法，我们可以使用一个指向该节点的指针的指针作为句柄。这种方法是一种利用C语言的解决方法，但其他很多语言不支持这种作法。第四种方法，我们可采用一种懒惰方法，标注出已删除的节点并周期性地重建数据结构，正如刚刚描述的那样。

我们需要考虑的关于一级符号表ADT的最后一个操作是join操作。在一个BST的实现中，这等同于归并两棵树。我们怎样把两个BST连接成一个BST呢？有很多方法能够做到这一点，但是每种都有缺点。例如，我们可以遍历第一个BST，把它的每个节点插入到第二个BST中（这种算法是一种单程过程：把第二个BST中的STinsert当作第一个BST的STsort中的visit过程来使用）。因为每次插入都是线性时间，因而这种解决方案没有线性的运行时间。另一种思想是遍历两棵BST，把数据项放到数组中，归并它们，然后构造一棵新的BST。这个操作可以在线性时间内完成，但它还要使用一个很大的数组。

程序12.16是join操作的一种紧凑的线性时间递归实现。首先，我们利用根插入法，把第一棵BST的根插入到第二棵BST中。这个操作使我们得到两棵关键字小于这个根节点的关键字的子树，和两棵关键字大于这个根节点的关键字的子树，因此我们通过以下处理得到结果：（递归）把前面一对结合到这个根的左子树，把后面一对结合到这个根的右子树（！）。在一次递归调用中,每个节点最多只可以成为根节点一次,所以总计时间是线性的。图12-20显示了一个例子。像删除一样,这个过程是不对称的而且可以产生很不平衡的树;但随机化提供了一种简单的修正方法,我们将在第13章看到这一点。

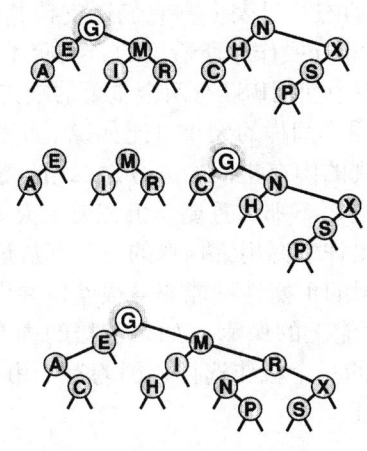

图12-20 两棵BST的连接

注:这个图显示了组合两个示例BST(上图)的结果(下图)。首先,我们使用根插入法,把第一棵树的根节点G插入到第二棵树中(从上往下数第2个图)。留下关键字小于G的两棵子树和关键字大于G的两个子树。递归地把两对组合起来得到最终结果(下图)。

程序12.16 两棵BST的连接

如果任一BST为空,则连接结果为另一棵BST。否则,我们(任意)组合这两棵BST,选择第一棵BST的根作为树根,用根插入法把它插入到第二棵BST,然后(递归地)组合左子树对和右子树对。

```
link STjoin(link a, link b)
  {
    if (b == z) return a;
    if (a == z) return b;
    b = insertT(b, a->item);
    b->l = STjoin(a->l, b->l);
    b->r = STjoin(a->r, b->r);
    free(a);
    return b;
  }
```

要注意的是:对join操作使用的比较操作次数即使在最坏情况下也至少会达到线性时间;否则我们可以利用一种诸如自底向上归并排序的方法(见练习12.85),开发一种使用少于$N \lg N$次比较的排序算法。

在join操作和delete操作的转换期间,我们还没有引入维持BST中节点的计数域所必需的代码,它对于我们希望还能支持select操作的应用(程序12.13)也是必需的。在概念上来说这个任务很简单,但仍要谨慎面对。提出的一种系统方法是实现一个小型实用程序。它用比一个节点所有孩子节点的计数域总和大1的值设置该节点的计数域,然后对每一个链接被更改的节点调用这个程序。更具体地说,我们可对程序12.11中的rotL和rotR的节点都这样处理;这样已经能够满足程序12.12和程序12.14的转换需要了,因为它们只使用旋转操作来转换树。对于程序12.15的joinLR、deleteR以及程序12.16的STjoin的要返回的节点，调用节点计数更新程序就足以完成任务了。

基本的BST操作search、insert和sort很容易实现，并且对于大小适中的随机操作序列进行的很好，因而BST广泛应用于动态符号表中。它们还支持其他各种操作的简单递归方案，正如我们在本章的select、delete和join操作中所看到的。我们还将在本书稍后看到很多的例子。

尽管BST很实用。但在应用中使用BST有两个主要的缺点。第一个缺点是链接要求大量的空间。我们常常把链接和记录看作同样的大小（比如说一个机器字），如果是这种情况，那么一个BST实现要把它分配所得到的内存空间的三分之二用于链接，只有三分之一用于关键字。这种作用对于具有大型记录的应用不那么重要，但在使用大型指针的环境中就有很大的影响。如果内存资源十分宝贵，我们也许宁愿用第14章的一种开放地址散列法，也不使用BST了。

使用BST的第二个缺点是树的平衡性可能变得很差，并引起性能急剧降低。在第13章中，我们将分析几种方法以提供性能上的保障。如果链接的内存空间满足需求，这些算法可使BST成为符号表ADT实现基础的一个极佳选择，因为对于用处较大的ADT操作的一个大型集合，这些算法的快速性能有保证。

练习

▷ 12.75 实现非递归BST中的select函数（见程序12.13）。

▷ 12.76 画出把带有关键字ＥＡＳＹＱＵＥＳＴＩＯＮ的数据项插入到初始为空的树中然后删除Q后的BST结果。

▷ 12.77 画出把带有关键字ＥＡＳＹ的数据项插入到初始为空的树中，把带有关键字ＱＵＥＳＴＩＯＮ的数据项插入到初始为空的另一棵树中，两者组合后的二叉搜索树。

12.78 实现非递归BST中的delete函数（见程序12.15）。

12.79 实现BST中的一个delete版本（程序12.15），它可以删除树中等于给定关键字的所有节点。

○ 12.80 使用BST开发一个符号表的实现，它支持带有客户端数据项句柄的一级符号表ADT中的初始化操作、计数操作、搜索操作、插入操作、删除操作、连接操作、选择操作和排序操作（见练习12.4和练习12.5）。

12.81 进行实验分析，确定在一棵N个节点的随机树中，交替进行随机插入操作和删除操作的长序列，BST的高度是如何增长的？其中$N = 10$，100和1000。对于每个N，要求达到N^2次的插入-删除操作对。

12.82 实现STdelete（见程序12.15）的一个版本，使用随机决策来确定是用树中一个节点的前驱还是后继来代替该节点。对于这个版本进行练习12.81中所描述的实验。

○ 12.83 实现STdelete（见程序12.15）的一个版本，通过一些旋转操作，使用根插入法（程序12.12）和递归函数把要删除的节点移到树的底部。画出从31个节点的完全二叉树中删除根后所产生的树。

○ 12.84 进行实验分析，反复在根处把数据项插入树中，这棵树是把根的子树与N个节点的随机树相结合而产生的，确定BST的高度是如何增长的。其中$N = 10$，100和1000。

○ 12.85 实现基于join操作的自底向上归并排序的一个版本：先把关键字放入N棵1个节点的树中，然后成对结合每一个节点树，得到$N/2$棵2个节点的树，然后成对组合2个节点树得到$N/4$棵4个节点的树，以此类推。

12.86 实现STjoin操作（见程序12.16）的一个版本，它随机决定是用第一棵树的根还是第二棵树的根作为结果树的根。对于这个版本进行练习12.84中描述的实验。

第13章 平 衡 树

上一章讨论的BST算法对于各种应用都发挥了很好的作用，但它们的确都存在最坏情况性能的问题。而且，一个颇为尴尬的事实是：如果算法的用户不注意的话，标准BST算法的最坏情况，如快速排序在实际中就可能出现。已经有序的文件、有大量重复关键字的文件、逆序文件、大小关键字交替的文件，或者其中任意片断具有简单结构的文件，它们都可能导致二次的BST构造时间和线性的搜索时间。

在理想的情况下，我们可以使树保持完美的平衡状态，如图13-1所示。这个结构对应着二叉搜索树，因而我们可以保证所有搜索的比较次数少于$\lg N+1$次，但是维护动态插入和删除需要昂贵的开销。对于所有外部节点都位于树底部的一层或两层的任意BST，这个搜索性能可以得到保证，并且有很多这样的BST，因而我们在维持树平衡方面有一些灵活度。如果我们满足于接近最优的树，那么我们可以有更大的灵活度。例如，有大量高度少于$2\lg N$的BST。如果我们放松标准但要保证算法只构建这样的BST，那么就可以针对最坏情况提供保障，并将这些保障用于动态数据结构的实际应用中。作为一种附带收益，我们还可以获得更好的平均性能情况。

在BST中产生更好平衡的一种方法是显式地进行周期性的再平衡。实际上，我们可以通过程序13.1所示的递归方法（见练习13.4），在线性时间内平衡大多数的BST。这样的重新平衡操作很可能改进随机关键字的性能，但并不能保障动态符号表在最坏情况下的二次性能。一方面，在重新平衡操作之间插入一系列关键字，其插入时间可能随着插入序列的长度呈二次递增。另一方面，我们并不希望经常性地平衡巨大的树，因为每次平衡操作至少都要花费基于该树大小的线性时间。这种性能上的折中使得我们难以利用全局重新平衡来保障动态BST的快速性能。我们要考虑的所有算法，当它们在树中遍历时，都在进行着增长而又局部的操作，这些操作集中地改进了整棵树的平衡。然而它们从不像程序13.1那样遍历树中的所有节点。

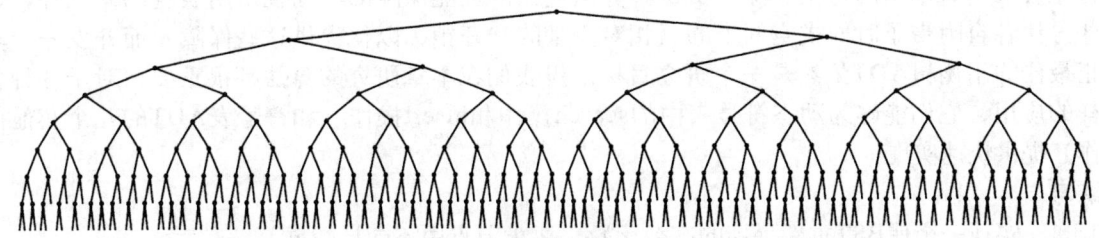

图13-1 一棵完美平衡的大型BST

注：这棵BST的外部节点全部落入底部两层，而任何搜索的比较次数都和对于同一关键字的二分搜索所使用的比较次数相同（如果这些数据项都位于一个有序的数组中）。平衡树算法的目的是：使一棵BST尽可能地接近本树这样的良好平衡状态，同时依然可支持高效的动态插入、删除和其他的字典ADT操作。

程序13.1　平衡一棵BST

这个递归函数使用程序12.14中的划分函数partR把BST变成一棵完美平衡树。通过划分把中值节点放在树根，然后（递归地）对子树做同样的事情。

```
link balanceR(link h)
  {
    if (h->N < 2) return h;
    h = partR(h, h->N/2);
    h->l = balanceR(h->l);
    h->r = balanceR(h->r);
    return h;
  }
```

为基于BST的符号表的实现提供可保障的性能问题，给了我们一个极好的解决方案，就是当要求性能保障时，我们到底想得到什么。我们将会看到这个问题的解决方案，它们分别是算法设计中提供性能保障的一般方法的三种范例：随机化（randomize）、平摊（amortize）或优化（optimize）。我们现在依次分析每一种方法。

随机化算法把随机决策引入到算法自身，大大降低最坏情况出现的机会（无论输入内容是什么）。在快速排序中使用随机元素作为划分元素时，我们已经看到这种方法的一个范例。在13.1节和13.5节中，我们将考察随机化的BST和跳跃表。在符号表的实现中，它们是使用随机化的两种简单方法，能够给出符号表的所有ADT操作的高效实现。这些算法简单且应用广泛，却在数十年中未被人们发现（见第四部分参考文献）。证明这些算法高效的分析不属于基础内容，但这些算法易于理解、实现和投入实际应用。

平摊方案每次做额外工作，是为了避免以后做更多工作，这种方法可以为每个操作的平均开销（所有操作的总开销除以操作个数）提供可保障的上界。在13.2节中，我们将研究伸展BST，它是BST的一种变型，可以用来为符号表提供可保障的性能。开发这种方法是平摊概念发展的一种推动力（见第四部分参考文献）。该算法是我们在第12章讨论的根插入法的一个直接扩展，但证明其性能界限的分析十分复杂。

优化方案为每个操作提供性能保障。已经开发了采用这种方案的各种方法，有些还可追溯到20世纪60年代。这些方法要求我们维护树的某些结构信息，程序员发现这些算法的实现是件十分恼人的事情。在这一章里，我们将考察两个简单的抽象，它们不仅使实现过程简单，还可使开销达到接近最优的上界。

在分别利用这三种方案，分析具有快速性能保障的符号表之后，我们以对它们的性能进行比较来结束本章的讨论。除了由每种算法提供的性能保障的不同性质所表现的差别外，这些方法各自附带了时间或空间上的（相对少量的）开销，以便提供这些保障；而开发一个真正最佳的平衡树ADT依然是一个研究目标。但我们在本章研究的算法都很重要，对于各种各样的应用，它们能够为动态符号表中的search操作和insert操作（和符号表ADT的几个其他操作）提供快速实现。

练习

○ 13.1 实现一个使BST重新平衡的高效函数，要求节点中不含计数域。

13.2 修改程序12.7中的标准BST插入函数，使得每当符号表中的数据项数达到2的次方时，就利用程序13.1来重新平衡这棵树。对于以下任务比较你的程序的运行时间和程序12.7的运行时间：（1）从N个随机关键字构建一棵树；（2）在所得到的树中搜索N个随机关键字。其中$N = 10^3$，10^4，10^5和10^6。

13.3 当向符号表中插入N个关键字的一个递增序列时，估计练习13.2的程序所使用的比较次数。

•• 13.4 对于一棵退化树，证明程序13.1的运行时间与$N \lg N$成正比。然后，给出该树的一个尽可能弱的条件，蕴含着程序在线性时间运行。

13.5 修改程序12.7中的标准BST插入函数。对于遇到的任意节点，使得以它为中值进行的划分操作，得到其子树中有少于1/4的节点。对于以下任务比较你的程序的运行时间和程序12.7的运行时间：（1）从N个随机关键字构建一棵树；（2）在所得到的树中搜索N个随机关键字。其中$N = 10^3$，10^4，10^5和10^6。

13.6 当向符号表中插入N个关键字的一个递增序列时，估计练习13.5的程序所使用的比较次数。

- **13.7** 扩展练习13.5中的实现，使用与delete函数相同的方法进行重新平衡。进行实验分析，确定在一棵N个节点的随机树中，交替进行随机插入操作和删除操作的长序列，树的高度是否增长，其中$N = 10$，100和1000。对于每个N，要求达到N^2次的插入−删除对操作。

13.1 随机化BST

为了分析二叉搜索树的平均情况开销性能，我们做出以下假设：按照随机次序插入数据项（见12.6节）。在BST的环境中，该假设的主要结果是树中的每个节点成为树根的可能性相等，并且这个性质对于子树仍然成立。值得注意的是，有可能在算法中引入随机性，使得这个性质不依赖于假设，即与数据项插入的顺序无关。思想很简单：当我们把一个新节点插入到N个节点的树中时，新节点出现在树根的概率是$1/(N+1)$，因而我们就随机决定用这个概率进行根插入。否则，我们递归地使用下述方法插入新记录：如果该记录的关键字小于树根的关键字，就把该记录插入到左子树中；如果该记录的关键字大于树根的关键字，就把该记录插入到右子树中。程序13.2是这种方法的一种实现。

程序13.2 随机化BST插入

这个函数随机决定是使用程序12.12中的根插入法，还是程序12.7中的标准插入方法。在随机BST中，每个节点位于树根的概率相等；因此通过把一个新节点放到大小为N个节点的树的根处的概率为$1/(N+1)$而得到若干棵随机树。

```
link insertR(link h, Item item)
  { Key v = key(item), t = key(h->item);
    if (h == z) return NEW(item, z, z, 1);
    if (rand()< RAND_MAX/(h->N+1))
      return insertT(h, item);
    if less(v, t) h->l = insertR(h->l, item);
            else h->r = insertR(h->r, item);
    (h->N)++; return h;
  }
void STinsert(Item item)
  { head = insertR(head, item); }
```

从非递归的角度来看，进行随机插入相当于对该关键字执行一次标准搜索，在每一步都随机决定应该继续搜索，还是终止搜索并进行根插入。因此，新节点可能插入到搜索路径上的任何地方，如图13-2所示。从概率的意义上来说，标准BST算法和根插入法的简单概率结合提供了性能保障。

性质13.1 构造一棵随机BST等价于从关键字的一个随机初始排列构造一棵标准BST。使用大约$2N \ln N$次比较来构造一棵具有N个数据项的随机BST（与数据项插入的顺序无关），且在这样一棵树中进行搜索大约需要$2 \ln N$次比较。

每个元素成为树根的概率相同,这个性质对于子树同样成立。由构造过程可得,命题的第一部分为真,但需要进行仔细的概率论证过程来表明根插入法在子树中保持了随机性(见第四部分参考文献)。■

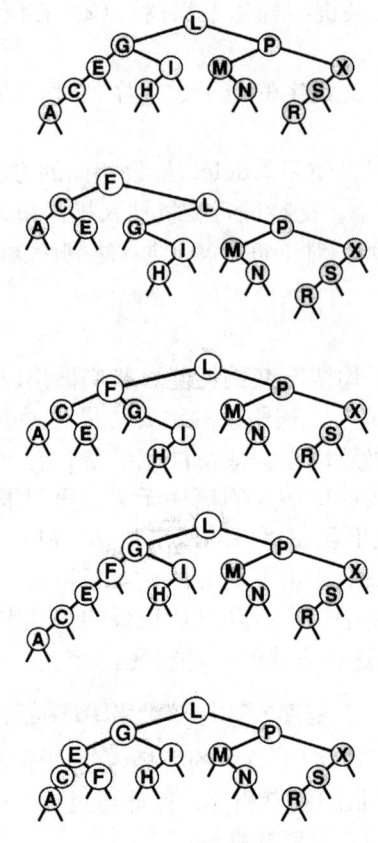

图13-2 随机BST中的插入

注:在一个随机BST中,一个新记录的最终位置可能在记录的搜索路径上的任何地方,这取决于搜索过程中所做的随机判定的结果。这个图显示了关键字为F的记录插入到一棵样本树(上图)中每个可能的位置。

随机化BST和标准BST在平均情况下的性能差别很小,但却是本质上的。平均开销相同(随机树中所含的常数因子稍大些),但对于标准树而言,该结果取决于假设:对于插入操作,数据项是按照它们的关键字的随机顺序出现的(所有顺序等概率出现)。这一假设在很多实际应用中是无效的。因此,随机化算法的重要意义在于它允许我们撤销该假设,并改为依赖概率定律和随机数生成器的随机性。如果数据项插入时它们的关键字为有序、逆序或者依照其他任何次序,BST仍然是随机的。图13-3描述了为一个关键字样本集合构造一棵随机化树的过程。因为算法做出的决策是随机化的,每次我们运行这个算法,得出的树序列都可能不同。图13-4显示了一棵随机化树,它由一个关键字按照递增顺序排列的数据项集构造,但显示出和一棵由随机有序数据项所构造的标准BST拥有相同的性质(比较图12-8)。

对于每次机会,随机数生成器仍然可能导致错误的决策,由此得到极不平衡的树,但我们可以进行数学分析,并证明这种情况几乎不可能出现。

性质13.2 一棵随机化BST的构造开销大于平均水平α倍的概率小于$e^{-\alpha}$。

Karp在1995年开发出一个针对概率递归关系的一般解决方案，它蕴含着性质13.2的结论和其他具有相同特性的类似结论（见第四部分参考文献）。∎

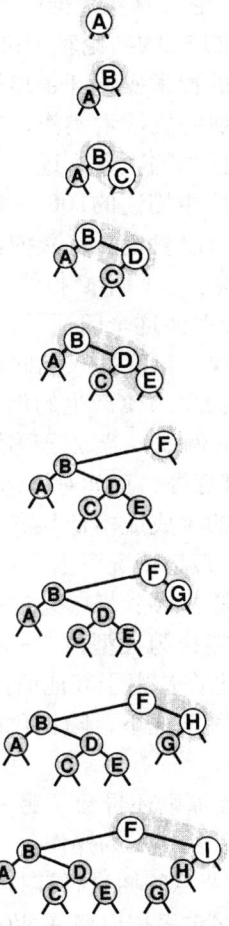

图13-3 随机BST的构造

注：这个图序列描述了把关键字 A B C D E F G H I 随机插入到初始为空的BST中的过程。底部的树使用标准BST算法构造的，关键字是按随机顺序插入的。

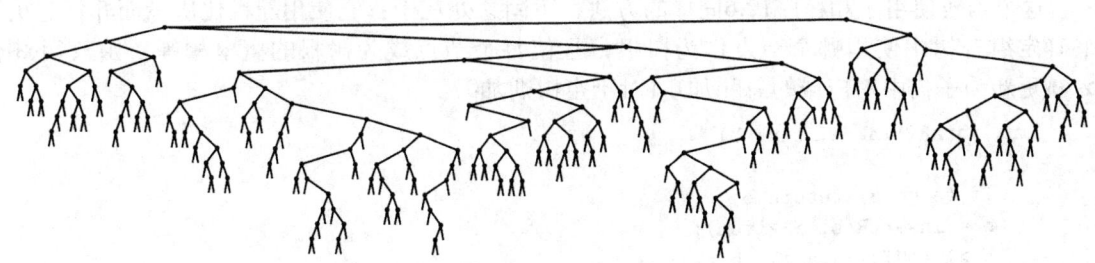

图13-4 大型随机BST

注：这个BST是使用随机插入法，把200个递增顺序的关键字插入到初始为空的树中所得的结果。这棵树看起来像是由随机次序的关键字构成（见图12-8）。

例如，构造一棵含100 000个节点的随机化BST大约需要230万次的比较操作，但比较次数超过2300万的概率远远小于0.01%。对于满足处理这样大小的真实数据集合的实际要求，这样一个性能保障是绰绰有余的。当对这样的任务使用标准BST时，我们不能提供如此一个保障，例如，如果数据中存在显著的顺序关系，我们将要面对性能上的问题。这种情况在随机数据中不大可能出现，但由于很多原因，它在真实数据中的出现却是寻常的问题。

根据同样的论证，一个类似性质13.2的结论对于快速排序的运行时间同样成立。但该结论在这里更重要，因为它还意味着树的搜索操作开销接近于平均情况。不考虑构造这棵树的额外开销，我们可以利用标准BST实现完成搜索操作，所需开销只依赖于树的形状，并且平衡处理根本不需要额外开销。在搜索操作的次数远远多于其他任何操作次数的典型应用中，以上性质就很重要了。例如，在上一段中描述的100 000个节点的BST可能保存一个电话目录，可能用于数百次的搜索。我们几乎可以肯定，每次搜索的开销都在23次比较的平均开销的一个小常数因子内，而且对于实际用途，我们不必担忧大量搜索操作将耗费接近100 000次比较的可能性。而用标准BST，我们就要关注这个问题了。

随机化插入的一个主要缺点体现在每次插入期间每个节点生成随机数的开销。一个高质量的系统支持随机数生成器，也许会尽力使产生的伪随机数具有比随机化BST所要求的更好的随机性。所以在某些实际环境中（例如，若数据项次序随机这个假设是有效的），构造一棵随机化BST也许比构造一棵标准BST更慢。正如对快速排序所做的那样，我们可以使用不那么完美的随机数来降低开销，但它们的生成成本低且高度类似于，对于在实际应用中可能出现的关键字插入序列，能够避免BST在最坏情况下出现较差的性能的随机数（见练习13.14）。

随机化BST的另一个潜在缺点是：每个节点需要有一个域用于记录该节点的子树的节点个数。这个域所占用的额外空间可能成为大型树的一个缺陷。另一方面，正如我们在12.9节讨论的那样，这个域存在的必要性也许是出于其他原因——例如支持select操作，或者提供对数据结构完整性的一个效验。在这种情况下，随机化的BST不会导致额外的空间开销，是一个极具吸引力的选择方案。

在树中保持随机性的基本指导性原则还导致了另一个结果：这就是在仍然产生随机树时，高效地实现了delete、join和其他符号表ADT的操作。

为了将一棵N节点的树与一棵M节点的树进行连接，我们使用第12章中的基本方法，差别在于我们基于推论：组合树的树根必定根据以概率$N/(M+N)$来自N节点的树，以概率$M/(M+N)$来自M节点的树，来作出随机化选择确定树的根。程序13.3是这个操作的一种实现。

程序13.3 随机化BST组合

这个函数使用了和程序12.6同样的方法，不同之处在于：它使用随机化决策而非任意决策来确定组合树中使用哪个节点作为树根，且使每个节点成为树根的概率相等。函数fixN使b->N更新为子树中对应域的总和加1（对于空树则加0）。

```
link joinR(link a, link b)
  {
    if (a == z) return b;
    b = insertR(b, a->item);
    b->l = STjoin(a->l, b->l);
    b->r = STjoin(a->r, b->r);
    fixN(b); free(a);
    return b;
  }
link STjoin(link a, link b)
  {
    if (rand()/(RAND_MAX/(a->N+b->N)+1) < a->N)
```

```
        joinR(a, b);
    else joinR(b, a);
  }
```

用同样的方法，我们在delete算法中用随机化代替任意决策，如程序13.4所示。这种方法对应着一个我们在删除标准BST的节点时没有考虑使用的选择，因为若缺少随机化操作，删除操作似乎将产生不平衡的树（见练习13.21）。

程序13.4 随机BST中删除

我们使用针对标准BST所用的同样的STdelete函数（见程序12.15），但用这里显示的一个函数代替joinLR函数。这里显示的函数中，使用随机化决策而不是任意决策来确定是用被删除节点的前驱还是后继来代替这个被删除的节点，所使用的概率保证结果树中的每个节点等概率成为树根。为了正确地维护节点计数，我们还需要在从removeR返回之前，引入对h的一个调用fixN（见程序13.3）。

```
link joinLR(link a, link b)
  {
    if (a == z) return b;
    if (b == z) return a;
    if (rand()/(RAND_MAX/(a->N+b->N)+1) < a->N)
        { a->r = joinLR(a->r, b); return a; }
    else { b->l = joinLR(a, b->l); return b; }
  }
```

性质13.3 由随机化插入、删除和连接操作组成的一个任意序列来生成一棵树，等价于从该树关键字的一个随机排列建立一棵标准BST。

正如对性质13.1那样，需要一个仔细的概率论证过程来确立这个结论（见第四部分参考文献）。■

证明关于概率算法的事实要求对概率论有很好的了解，但对于使用该算法的程序员，则不一定要理解这些证明。认真的程序员将会检查像性质13.3这样的要求（例如检查随机数生成器的质量，或该实现的其他性质），无论它们怎样被证明，都可以充满信心地使用这些方法。对于支持完整的、具有接近最佳性能保障的符号表ADT来说，随机化BST也许是最容易的方法，因此它们也适用于许多实际应用。

练习

▷ 13.8 画出按照以下顺序向一棵初始为空的树中插入带有关键字E A S Y Q U T I O N的数据项所得的随机化BST。假设在树大小为奇数时，根插入法产生一个不好的随机化函数。

13.9 编写一个驱动程序，对于$N = 10$和1000进行1000次以下实验。使用程序13.2把关键字在0到$N-1$（按此顺序）的数据项插入到初始为空的随机BST中。然后对于每个N打印出以下假设的χ^2统计：每个关键字以概率$1/N$落入树根（见练习14.5）。

○ 13.10 给出F落在图13-2所描述的每个位置上的概率。

13.11 编写一个程序，对于搜索路径上的每个节点，计算一次随机插入结束在一棵给定树的内部节点上的概率。

13.12 编写一个程序，计算一次随机插入结束在一棵给定树的外部节点上的概率。

○ 13.13 实现程序13.2的随机插入函数的一个非递归版本。

13.14 画出按照以下顺序向一棵初始为空的树中插入带有关键字E A S Y Q U T I O N的数据

项所得的随机化BST。要求使用程序13.2中的版本，且用测试语句(111 % h->N) == 3代替包含rand()的表达式，来确定是否切换到根插入法。

13.15 利用程序13.2的一个版本做练习13.9，要求用测试语句(111 % h->N) == 3代替包含rand()的表达式，来确定是否切换到根插入法。

13.16 显示随机决策序列，该序列导致把关键字序列E A S Y Q U T I O N构造成为一棵退化树（关键字有序，且左链接为空）。这种情况发生的概率是多少？

13.17 当把关键字E A S Y Q U T I O N插入到初始为空的树中时，包含这些关键字的每棵BST都能由某个随机决策序列得到吗？解释你的答案。

13.18 通过实验研究，把N个随机关键字插入到初始为空的树中来构造一棵随机BST，计算在这棵树中搜索命中和搜索失败所用的比较次数的平均值和标准差，其中$N = 10^3$, 10^4, 10^5和10^6。

▷ **13.19** 画出使用程序13.4删除练习13.14中的Q后的BST，要求使用测试语句(111 % (a->N + b->N)) < a->N来决定是否在树根处和a连接。

13.20 画出把带有关键字E A S Y的数据项插入到初始为空的树中，把带有关键字Q U E S T I O N的数据项插入到初始为空的另一棵树中，然后使用带有练习13.19中所描述的测试语句的程序13.3把它们组合起来。

13.21 画出把带有关键字E A S Y Q U T I O N的数据项按照这个顺序插入到初始为空的树中，然后使用程序13.4删除Q后的结果，采用一个总是返回0的不良随机化函数所构成的BST。

13.22 进行实验分析，在一棵N个节点的树中，分别使用程序13.2和程序13.3，交替进行随机插入操作和删除操作的长序列，BST的高度是如何增长的？其中$N = 10$，100和1000。对于每个N，要求达到N^2次的插入-删除对操作。

○ **13.23** 比较你从练习13.22所得结果和从下面过程所得结果：利用程序13.2和程序13.3对一棵N个节点的随机树执行删除最大关键字，并重新插入该关键字的操作，其中$N = 10$，100和1000。对于每个N，要求达到N^2次的插入-删除对操作。

13.24 以你从练习13.22所得程序为工具，确定对于每个被删除的数据项，rand()的平均调用次数。

13.2 伸展BST

在12.8节的根插入法中，我们使用左旋转和右旋转完成了把一个新插入的节点带到树根的主要目标。在这一节里，我们研究如何修改根插入法，使旋转在某种意义上也能使树平衡。

我们不考虑（递归地）使用单个旋转把新插入的节点带到树的顶部，而是考虑通过两次旋转操作，把节点从作为树根的孙子节点之一的一个位置带到树的顶部。首先，我们执行一次旋转，使该节点成为根的一个孩子节点。接着，进行另一次旋转，使它成为根。根据从根到所插入节点的两个链接是否以相同方式定向，存在两种本质上不同的情况。图13-5显示了方向不同的情况，图13-6的左图显示的是方向相同的情况。伸展BST是基于这样的观察：当从根到被插入节点的链接按照相同的方式定向时，存在另一种可选的处理方案，就是简单地在根节点处进行两次旋转，就像图13-6中的右图所示的那样。

伸展插入利用图13-5（当搜索路径上从根到孙子节点的链接都有不同的定向时，使用标准根插入法）和图13-6中的右图（当搜索路径上从根到孙子节点的链接都有相同的定向时，在根处进行两次旋转）所示的变换把新插入的节点带到根。用这种方法所构造的BST是伸展BST（splay BST）。程序13.5是伸展插入的一种递归实现。图13-7描述了单个插入的一个例子。

图13-8显示了一棵示例树的构造过程。伸展插入和标准根插入的不同之处显得不太合理,但却是很有意义的:伸展操作消除了最坏情况下的二次时间,这正是标准BST的主要缺陷。

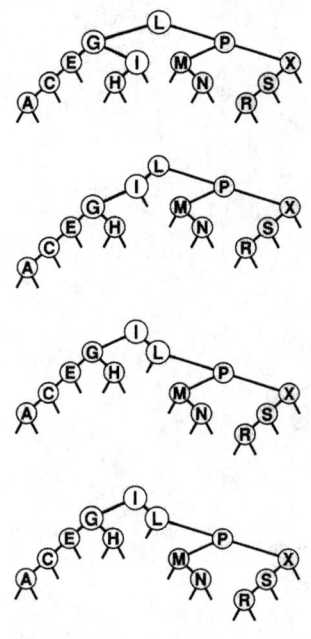

图13-5　在BST中(不同定向)进行双重旋转

注:在这棵示例树(上图)中,在G处左旋转后接着在L处进行一个右旋转,把I带到根处(下图)。这些旋转可能完成一棵标准BST或伸展BST的根插入过程。

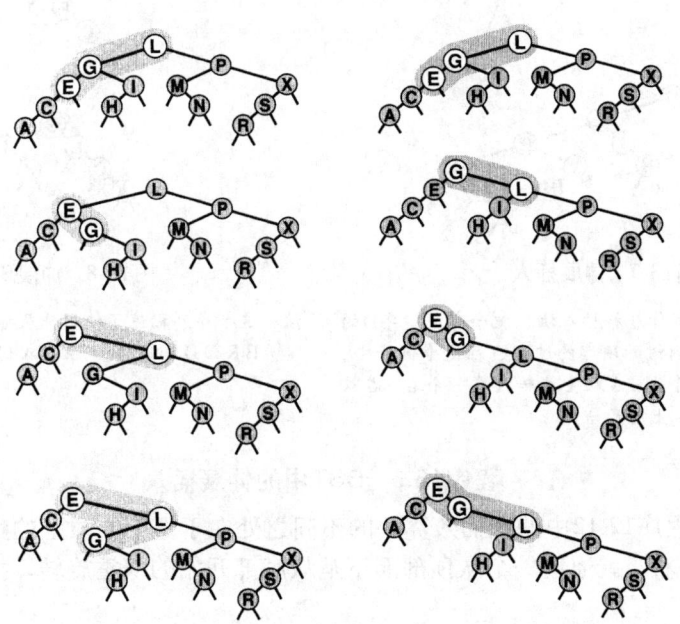

图13-6　在BST中(相同定向)进行双重旋转

注:当双重旋转中的两个链接定向在同一方向时,我们有两种选择。使用标准根插入法,我们优先执行较低旋转(左图);使用伸展插入,我们优先执行较高旋转(右图)。

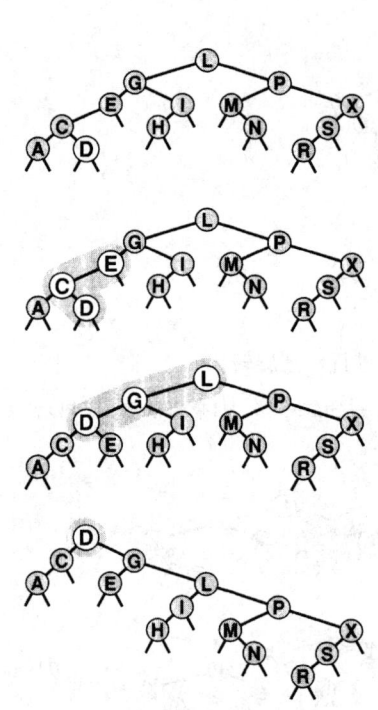

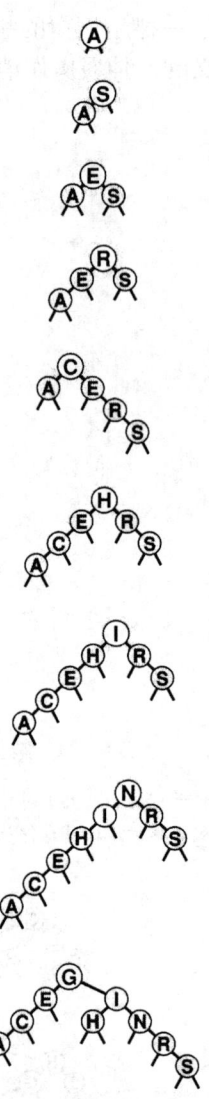

图13-7 伸展插入

注：该图描述了使用伸展根插入法，把带有关键字D的记录插入到示例树的顶部的过程。在这个例子中，插入过程由一个左-右双重旋转接着一个右-右双重旋转组成（从上图开始）。

图13-8 伸展BST构造

注：这个序列描述了使用伸展插入法，把带有关键字A S E R C H I N G的记录插入到初始为空的树中的过程。

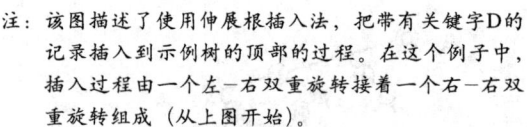

这个函数与程序12.12中的根插入算法的不同之处在于一个本质上的细节：如果搜索路径进行左-左或右-右，就通过一个从顶部而不是从底部开始的双重旋转，把节点带到根处（见图13-6）。

程序检查从根开始的搜索路径上的两步的四种可能性，并执行相应的旋转操作：

左-左：在根处右旋转两次。

左-右：在左孩子进行左旋转，然后在根进行右旋转。

右-右：在根处左旋转两次。

右-左：在右孩子进行右旋转，然后在根进行左旋转。

为了节省篇幅，我们使用宏，因而可用hl代替h->l，hrl代替h->r->l，以此类推。

```
link splay(link h, Item item)
  { Key v = key(item);
    if (h == z) return NEW(item, z, z, 1);
    if (less(v, key(h->item)))
      {
        if (hl == z) return NEW(item, z, h, h->N+1);
        if (less(v, key(hl->item)))
          { hll = splay(hll, item); h = rotR(h); }
        else
          { hlr = splay(hlr, item); hl = rotL(hl); }
        return rotR(h);
      }
    else
      {
        if (hr == z) return NEW(item, h, z, h->N+1);
        if (less(key(hr->item), v))
          { hrr = splay(hrr, item); h = rotL(h); }
        else
          { hrl = splay(hrl, item); hr = rotR(hr); }
        return rotL(h);
      }
  }
void STinsert(Item item)
  { head = splay(head, item); }
```

性质13.4 在一棵初始为空的树中执行N次插入操作所构造的伸展BST，需要的比较次数为$O(N \lg N)$。

这个界限是性质13.5的一个推论，也是我们稍后分析的一个性质。∎

隐含在大O表示法中的常数是3。例如，使用伸展插入法，构造一棵100 000个节点的BST所使用的比较次数少于5百万。这个结果并不能保证结果搜索树的平衡态很好，也不能保证每次操作都是高效的，但是这个关于总运行时间的蕴涵保证是很有意义的，且我们在实际中观察到的实际运行时间很可能还低。

当我们使用伸展插入法向BST中插入一个节点时，我们不仅要把那个节点带到根处，而且要把我们（在搜索路径上）遇到的其他节点带到根的附近。准确地说，我们所进行的旋转将从根到任何我们遇到的节点的距离降低了一半。如果我们实现搜索操作，在搜索中进行伸展变换，这个性质也成立。树中的某些路径会变长一些。如果我们不访问那些路径上的节点，这个影响是无关紧要的。如果确实要访问一条较长路径上的节点，在我们这样做之后，路径长度就会变成原来的一半，因此没有路径能累计产生高额开销。

性质13.5 在一棵N个节点的伸展BST中，执行M次插入或搜索操作的序列所要求的比较次数为$O((N + M) \lg (N + M))$。

这个结果的证明是由Sleator和Tarjan在1985年给出的，它是算法平摊分析的一个经典例子（见第四部分参考文献）。我们将在第八部分详细考察。∎

性质13.5是一个平摊性能保障：我们不能保证每个操作都是高效的，但是能保证所有操作的平均开销是高效的。这个平均开销不是概率上的，相反，我们声明可以保证总开销量较低。

对于很多应用问题，这个保证就足够了。而对某些其他应用这种保证可能还不够。例如，在使用伸展BST时，我们不能为每次操作提供可保证的响应时间，因为某些操作可能需要线性时间。如果一个操作确实需要线性时间，那么我们可以保证其他的操作会快些，但对于必须等待的用户，这也许起不了任何安慰作用。

性质13.5给出的界限是对于所有操作总开销的一种最坏情况下的界限。它也许比实际开销高出许多，这正是最坏情况界限的典型特征。伸展操作使最近访问的元素更接近树的顶部，因此，对于具有非均匀访问模式的搜索应用－特别是相对较小（即使更新速度很慢）的访问数据项的应用，这种方法极具吸引力。

图13-9给出的两个示例显示了"伸展－旋转"操作在使树平衡过程中的高效性。在这些图中，通过少量的搜索操作，一棵退化树（通过把数据项按照其关键字次序插入而构造的树）就拥有了相对较好的平衡状态。

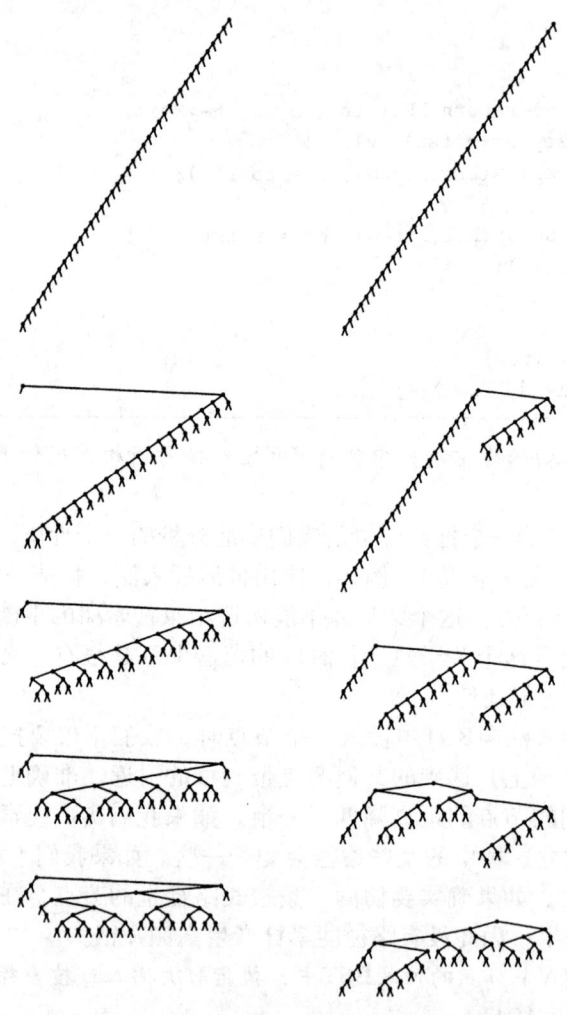

图13-9 使用搜索平衡一棵最坏情况下的伸展树

注：使用伸展插入法按照排序后的顺序把关键字插入到初始为空的树中，每次插入只需常数步，但得到一棵不平衡的树，如上图中的左图和右图所示。左边的图序列表示（用伸展）搜索树中最小、次小、第三小、第四小关键字的结果。每次搜索使搜索关键字（及树中其他多数的关键字）的路径长度减半。右边的图序列显示了一样的最坏情况下的初始树，一个随机搜索命中序列使之平衡。每次搜索使其路径上的节点数减半，降低了树中其他很多节点的搜索路径长度。综合来看，少量的搜索可以大大改进树的平衡。

如果在树中保存了重复关键字，那么对于给定节点中的关键字，伸展操作可以使包含相同关键字的数据项落入该节点的两边（见练习13.38）。这个观察说明：不能像在标准二叉搜索树中那样找到带有给定关键字的所有数据项。我们必须在两棵子树中都检查重复情况，或者像第12章讨论的那样，利用一些其他方法处理重复的关键字。

练习

▷ 13.25 画出使用伸展插入法，按照以下顺序向一棵初始为空的树中插入带有关键字 E A S Y Q U T I O N 的数据项所得的伸展BST。

▷ 13.26 对于一次双重旋转，需要修改多少个树的链接？对于程序13.5中的每个双重旋转实际需要修改多少个树的链接？

13.27 使用伸展，在程序13.5中增加一个search实现。

○ 13.28 在程序13.5中，实现伸展插入函数的一个非递归版本。

13.29 使用练习12.28中的驱动程序来确定伸展BST作为自组织搜索结构的高效性，通过在练习12.29和练习12.30所定义的搜索查询分布，与标准BST进行比较来说明这种高效性。

○ 13.30 画出使用伸展插入法把 N 个关键字插入到初始为空的树中得到的所有结构上不同的BST，$2 \leq N \leq 7$。

• 13.31 求出练习13.30中把 N 个随机不同元素插入到初始为空的树中所得到的每棵树出现的概率。

○ 13.32 通过实验研究，使用伸展插入法把 N 个随机关键字插入到初始为空的树中来构造一棵BST，计算在这棵树中搜索命中和搜索失败所用的比较次数的平均值和标准差，其中 $N = 10^3$，10^4，10^5 和 10^6。你不需要进行任何搜索：只要构造这些树并计算出它们的路径长度。伸展BST要比随机BST更接近平衡，还是更不平衡、还是平衡程度一样？

13.33 扩展你在练习13.32中的程序，在每棵构造的树中使用伸展法进行 N 次随机搜索（它们最可能是搜索失败）。伸展是如何影响一次搜索失败的平均比较次数的？

13.34 利用你从练习13.32和练习13.33所得的程序测量运行时间，不只是统计比较次数。进行同样的实验。解释你从实验结果所得结论的变化。

13.35 对以下任务比较伸展BST与标准BST：从一份至少有1百万个字符的现实世界文本中建立一个索引。测量建立该索引所需时间以及BST中平均路径长度。

13.36 通过插入 N 个随机关键字来构造一棵伸展BST，其中 $N = 10^3$，10^4，10^5 和 10^6。通过实验确定在该树中搜索命中的平均比较次数。

13.37 对于随机化BST，用伸展插入法代替标准根插入法这一思想通过实验研究进行测试。

▷ 13.38 画出向一棵初始为空的树中按照关键字顺序 0 0 0 0 0 0 0 0 0 0 0 0 1 插入带有这些关键字的数据项所得的伸展BST。

13.3 自顶向下2-3-4树

尽管我们可以通过随机化BST和伸展BST提供良好的性能保障，但它们两者依然存在某个特定的搜索需要线性搜索时间的可能性。它们也因此不能帮助我们回答关于平衡树的基本问题：是否存在一种BST，使我们能够保证每次插入和搜索操作的开销是该树大小的对数函数？在本节和13.4节，我们考虑BST的一种抽象推广形式，以及作为一类BST的这些树的一种抽象表示，它将使我们能够对这个问题做出肯定的回答。

为了保证BST是平衡的，我们需要在所使用的树结构中存在一定的灵活性。为了获得这种灵活性，假设树中节点能容纳一个以上的关键字。更明确地说，我们将使用3-节点和4-节点，它们分别能够容纳两个和三个关键字。一个3-节点具有三个从它出发的链接：一个用于其关键字比该节点本身的两个关键字都要小的所有数据项；一个用于其关键字介于该节点本身的两个关键字之间的所有数据项；一个用于其关键字比该节点本身的两个关键字都要大的所有数据项。类似地，4-节点具有四个从它出发的链接：每一个链接用于由它的三个关键字定义的四个值域中的一个。一棵标准BST中的节点因此可称为2-节点：一个关键字，两个链接。稍后，我们将看到一些高效方法，它们定义并实现了对这些扩展节点的基本操作。现在，假设我们可以便捷地控制它们，看看如何把它们放到一起以形成树。

定义13.1 一棵**2-3-4搜索树**是一棵或者为空，或者由以下三类节点组成的树：**2-节点**，具有一个关键字、一个指向带有较小关键字的一棵树的左链接、一个指向带有较大关键字的一棵树的右链接；**3-节点**，具有两个关键字、一个指向带有较小关键字的一棵树的左链接、一个指向带有该节点两个关键字定义区间之间的关键字值的一棵树的中链接以及一个指向带有较大关键字的一棵树的右链接；**4-节点**，具有三个关键字和四个链接，对于该节点的关键字所含的四个值域区间，这些链接分别指向带有区间定义的关键字值的一棵树。

定义13.2 一棵**平衡2-3-4搜索树**是一棵2-3-4搜索树，其中所有指向空树的链接到树根的距离都相同。

在本章中，我们使用术语2-3-4树表示平衡2-3-4搜索树（在其他环境中它表示一种更广义的结构）。图13-10描述了一棵2-3-4树的例子。在这样一棵树里对关键字的搜索算法，是对BST的搜索算法的推广。为了确定一个关键字是否在树中，我们把它和树根的关键字作比较：如果等于其中任何一个，我们就得到一次命中搜索，否则，我们顺着链接，从树根进入与包含该搜索关键字的关键字数值集合对应的子树，并在该树递归地搜索。对于表示2-节点、3-节点和4-节点以及组织寻找正确链接的机制，存在很多方法。我们把对这些解决方案的讨论推迟到13.4节，到时我们将讨论一种特别方便的方案。

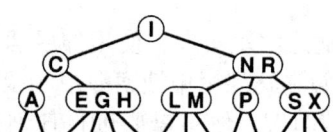

图13-10 一棵2-3-4树

注：这个图描述了一棵含有关键字A S R C H I N G E X M P L的2-3-4树。我们可以使用根节点中的关键字来查找到子树的链接，然后继续递归，从而找到这棵树中的关键字。例如，要搜索这棵树中的P，我们沿着根节点的右链接，因为P大于I。然后跟踪根的右孩子的中间链接，因为P介于N和R之间，最后搜索成功终止于包含P的2-节点上。

为了向一棵2-3-4树中插入一个新节点，我们可以执行一次失败搜索，然后插入该节点，正如对BST的处理那样，但新树会变得不平衡。2-3-4树之所以重要，主要原因是在每种情况下，我们可以进行插入并仍然能在树中保持完美的平衡状态。例如，如果搜索终止处的节点是一个2-节点，很容易看出我们所做的处理就是把节点转变成一个3-节点。类似地，如果搜索终止处的节点是一个3-节点，我们就把该节点转变成一个4-节点。但如果搜索在一个4-节点终止，我们应该怎么办呢？答案是我们可以在为新关键字腾出空间的同时保持树的平衡，具体方法是：首先把4-节点分裂成两个2-节点，把中间关键字传递给该节点的父节点。图13-11显示了这三种情况。

现在，如果我们必须分裂一个4-节点，而它的父节点也是一个4-节点，我们应该如何处理呢？一种方法是把父节点也分裂，但是它的祖父节点还可能是一个4-节点，祖父节点的父节点也可能是，以此类推——我们可以在树中一直向上不断分裂节点。一种更容易的方法是通过在向下搜索树的过程中分裂任何遇到的4-节点，从而保证搜索路径不会在一个4-节点终结。

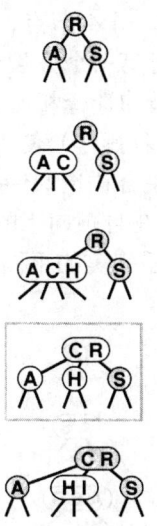

图13-11　2-3-4树的插入

注：一棵只由2个节点组成的2-3-4树等同于BST（上图）树。我们可以把对C的搜索终止处的2-节点转换成3-节点来插入C（从上数第2个图）。类似地，我们可以把对H的搜索终止处的3-节点转换成4-节点来插入H（从上数第3个图）。要插入I需要做更多的工作，因为对它的搜索终止于一个4-节点。首先，我们分裂这个4-节点，把它的中间关键字向上传递给它的父节点，并把那个节点转换成3-节点（从上数第4个图，突出显示）。这个转换给出一棵包含这些关键字的高效的2-3-4树，在树底部有一个空位存放I。最后，我们把I插入到当前终止搜索的2-节点中，并把那个节点转换成一个3-节点（下图）。

更具体地说，正如图13-12所示，我们每次遇到一个连接到4-节点的2-节点，我们把这个节点对转换成和两个2-节点相连接的一个3-节点；而每次我们遇到一个连接到4-节点的一个3-节点，我们把这个节点对转换成和两个2-节点相连接的一个4-节点。不仅因为关键字可到处移动，还因为链接也可到处移动，因此对4-节点的分裂是可能的。两个2-节点拥有和一个4-节点相同数量（4个）的链接，所以我们可以执行分裂，而不必在分裂节点以下（或以上）产生任何连锁改变。一个3-节点并非仅仅通过加入另一个关键字就转变成4-节点，它还需要另一个指针（在这种情况下，由分裂提供这额外的指针）。关键一点是：这些转换纯粹是局部的——除了图13-12所示部分外，树的其他部分都不需要检查或修改。这些转换的每一个都把4-节点的关键字之一传递到该节点在树中的父节点中，并相应地重新组织链接。

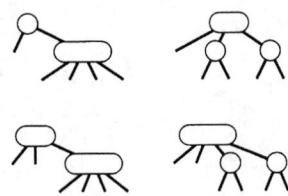

图13-12　在一棵2-3-4树中分裂4-节点

注：在一棵2-3-4树中，我们可以把任何一个不是4-节点孩子节点的4-节点分裂为两个2-节点，并把它的中间记录传递给它的父节点。一个附着在4-节点上的2-节点（上图左）变成一个附着在两个2-节点上的3-节点（上图右），一个附着在4-节点上的3-节点（下图左）变成一个附着在两个2-节点上的4-节点（下图右）。

当我们在树中向下处理时，我们不必担心当前节点的父节点是一个4-节点，因为我们的转换处理已经保证了：当我们通过树里的每个节点时，向下继续处理的出发点决不是一个4-节点。特别是，当我们到达树的底部时，我们并不位于一个4-节点上，我们可以把一个2-节点转换成3-节点，或把一个3-节点转换成4-节点直接插入新节点。我们可将该插入操作看作对树底部的一个假想4-节点的分裂，它向上传递这个要插入的新关键字。

最后一个细节问题：只要树根变成一个4-节点，我们就把它分裂成一个由三个2-节点组成的三角形，正如我们在前一个例子中对第一个分裂节点所做的那样。在一次插入后马上分裂根的做法和留待下一次插入才进行分裂的选择相比，稍稍方便一些，因为我们永远不必为树根的父节点担忧。分裂树根（也只有这种操作）使得树增高一层。

图13-13描述了对一个关键字示例集合构造2-3-4树的过程。和从上向下生长的标准BST不同，这些树从下向上生长。因为4-节点在自顶向下的过程中分裂，这些树就称为自顶向下2-3-4树。这个算法很重要，因为它生成几乎完美的平衡搜索树，然而在遍历树的过程中它只需做几个局部转换。

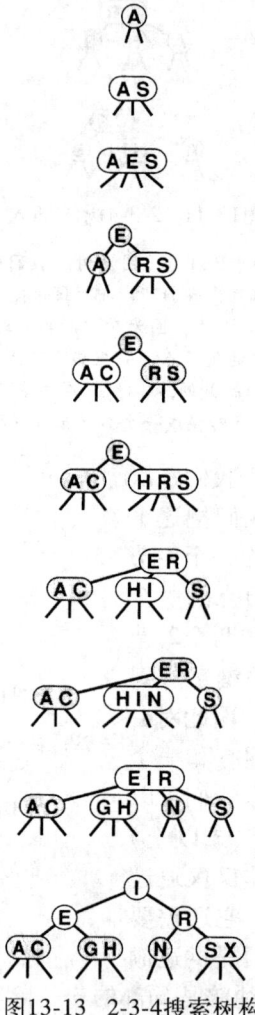

图13-13 2-3-4搜索树构造

注：该图序列描述了把带有关键字A S E R C H I N G X的数据项插入到初始为空的2-3-4树中的过程。我们把搜索路径上遇到的每个4-节点进行分裂，因此保证了在底部存在新插入数据项的位置。

性质13.6 在N个节点的2-3-4树中进行搜索，最多访问$\lg N + 1$个节点。

树根到每个外部节点的距离都相等：我们执行的转换操作对于任何节点到树根的距离都没有影响，除了当我们分裂树根时，在这种情况下所有节点到树根的距离增加1。如果所有节点都是2-节点，上面陈述的结果成立，因为这棵树就类似于一棵满二叉树。如果存在3-节点和4-节点，这个高度只可能更低。∎

性质13.7 对N个节点的2-3-4树进行插入,在最坏情况下需要对少于lg N +1个节点进行分裂,而在平均情况下,所需的节点分裂次数可能少于1。

可能发生的最坏情况是在通向插入点的路径上的所有节点都是4-节点,它们全部都将分裂。但在一个N个元素构造的随机排列的树中,不但最坏情况不太可能出现,而且在平均情况下所需的节点分裂次数也极少,这是因为树里不存在很多4-节点。例如,在图13-14描述的大型树中,所有4-节点中只有两个不处于最底层。专家们至今还没有得出对2-3-4树在平均情况下的性能的精确分析结果,但实验研究表明:非常少的分裂操作用于使树保持平衡。最坏情况也只是lg N次——在实际情况下不会达到这个数值。∎

图13-14 一棵大型的2-3-4树

注:这棵2-3-4树是在初始为空的树中进行200次随机插入的结果。树中的所有搜索路径的节点数为6或更少。

对于利用2-3-4树的搜索操作,先前的描述已经足以定义一个能在最坏情况下保证取得良好性能的算法了。然而,这仅仅达到实现目标的一半。尽管我们可能编写出这样的算法:它们在实际中对分别代表2-、3-和4-节点的不同数据类型执行转换操作,但其中所涉及的大多数任务都难以在这个直接表示中实现。正如伸展BST那样,为了控制更复杂的节点结构,由此产生的管理开销可导致这些算法比标准BST搜索还要慢。平衡的主要目的是针对一个最坏情况提供保障,但我们当然希望对于这些保障的管理开销越低越好,而且我们也希望能避免在这个算法的每一次运行过程都要付出这些开销。幸运的是,正如我们在13.4节将要看到的那样,存在一种相对简单的关于2-、3-和4-节点的表示方法,它允许用一种统一的途径进行转换,而且除了标准二叉树搜索产生的开销外,它几乎不需要管理开销。

我们刚才描述的算法只是2-3-4搜索树中维护平衡的一种可能的方法。还有一些也能达到相同目标的其他方法已研制出来。

例如,我们可以自底向上来平衡树。首先,在树中进行搜索,找到要插入数据项所属的底部节点。如果那个节点是一个2-节点或者3-节点,我们像前述那样把它变成一个3-节点或4-节点。如果它是一个4-节点,我们如前对它进行分裂(把新数据项插入到底部所得到的其中一个2-节点中),且如果父节点是一个2-节点或3-节点,就把中间数据项插入到父节点中。如果父节点是一个4-节点,我们对它进行分裂(从底部把中间节点插入到合适的2-节点中)。如果父节点是一个2-节点或3-节点,则把中间数据项插入到其父节点中。如果祖父节点也是一个4-节点,我们用同样的方法向树的上方移动,分裂4-节点,直到在搜索路径上遇到一个2-节点或3-节点。

我们可以在只有2-节点或3-节点(无4-节点)的树中进行这样的自底向上的平衡。这种方法在算法的执行过程中,可能使更多的节点分裂,但却容易编写代码。因为需要考虑的情况较少。在另一种方法中,当我们准备分裂一个4-节点时,通过寻找不是4-节点的子孙节点来寻求降低分裂节点的数量。

所有这些方法的实现涉及一些基本递归模式,正如我们将在13.4节中所看到的。我们还将在第16章讨论一般性的方法。与其他我们所考虑的方法相比,自顶向下插入法的主要优点在于,它能够在一次自顶向下遍历树的过程中达到所需的平衡。

练习

▷ **13.39** 画出使用自顶向下插入法,按照以下顺序向一棵初始为空的树中插入带有关键字E A S Y Q U T I O N的数据项所得的平衡2-3-4搜索树。

▷ 13.40 画出使用自底向上插入法，按照以下顺序向一棵初始为空的树中插入带有关键字 E A S Y Q U T I O N 的数据项所得的平衡2-3-4搜索树。

○ 13.41 对于一棵有N个节点的平衡2-3-4树，树的最小和最大高度可能是多少？

○ 13.42 对于一棵有N个关键字的平衡2-3-4 BST，树的最小和最大高度可能是多少？

○ 13.43 画出有N个关键字的所有结构上不同的平衡2-3-4 BST，2≤N≤12。

• 13.44 求出在练习13.43中结构上不同的平衡2-3-4树中，每棵树出现的概率。这些树由把N个随机不同的元素插入到初始为空的树中所形成。

13.45 制作一个表格，显示对于来自练习13.43中的每个N，同构的树的数目。同构的意思是指这些树可以通过交换节点中的子树，实现相互转换。

▷ 13.46 描述在平衡的2-3-4-5-6搜索树中进行搜索和插入的算法。

▷ 13.47 画出一棵把带有关键字 E A S Y Q U T I O N 的数据项按照那个次序插入到初始为空的树中所产生的不平衡的2-3-4搜索树。使用以下方法：如果搜索结束于一个2-节点或3-节点，则像在平衡算法所述的那样，把它变为3-节点或4-节点；如果搜索结束于一个4-节点，则用一个新的2-节点代替那个4-节点中的适当链接。

13.4 红黑树

前一节描述的自顶向下的2-3-4插入算法容易理解，但是它的直接实现比较困难，因为各种情况都可能出现。我们需要维护三种不同类型的节点，把搜索的关键字与节点中的每个关键字进行比较，将一个节点的链接和其他信息复制到其他节点中，创建和销毁节点，等等。在这一节里，我们考察2-3-4树的一种简单抽象表示，可使我们很自然地实现符号表的算法，并可保证最坏情况下的性能接近最优。

基本思想是把2-3-4树表示为标准的BST（只含2-节点），但在每个节点中添加一个额外的信息位，以编码3-节点和4-节点。我们把链接看作两种不同的类型：红链接用于把3-节点和4-节点组成的小的二叉树绑定在一起，黑链接用于把2-3-4树绑定在一起。具体地说，在图13-15的说明中，我们把4-节点表示为由红链接连接的三个2-节点，把3-节点表示为由一个红链接连接的两个2-节点。在一个3-节点中的红链接可能是左链接或者右链接，因而每个3-节点可有两种表示方式。

在任何树中，每个节点都有一个链接指向它，因而对节点着色等价于对链接着色。相应地，我们在每个节点中使用额外一位来存放指向那个节点的链接的颜色。我们把用这种方法表示的2-3-4树称为红黑（red-black）BST。每个3-节点的方位是根据我们将要描述的算法的动态性确定的。可能加上一条规则，使得3-节点都向同一个方向倾斜，但这样做没有理由。图13-16显示了一棵

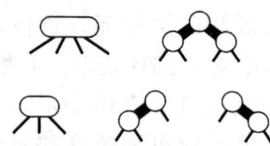

图13-15 红黑树中的3-节点和4-节点

注：使用两种类型的链接为我们表示3-节点和4-节点提供了高效的方法。我们使用红链接（图中的粗线）表示节点中的内部连接，黑链接（图中的细线）表示2-3-4树链接。一个4-节点（上图中的左图）表示为红链接连接的三个2-节点构成的平衡子树（上图中的右图）。两者都有三个关键字和四个黑链接。一个3-节点（下图中的左图）表示为一条红链接连接的两个2-节点构成的平衡子树（下图中的右图）。它们都有两个关键字和三个黑链接。

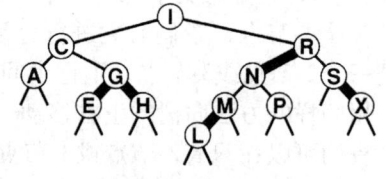

图13-16 一棵红黑树

注：该图描述了含有关键字 A S R C H I N G E X M P L 的一棵红黑树。我们可以用标准BST的搜索过程查找这棵树中的一个关键字。在这棵树中，从根到一个外部节点的任何一条路径都有三个黑链接。如果我们把这棵树中红链接连接的节点放到一起，就得到图13-10的2-3-4树。

红黑树的例子。如果我们消除红链接，并把它们连接的节点放到一起，结果就是图13-10的2-3-4树。

红黑树有两个基本的性质：(i) BST的标准搜索过程不需要修改就可以使用；(ii) 它们直接与2-3-4树对应，因而只要我们维护这种对应关系，就可以实现平衡2-3-4树算法。我们得到了两种结构的优点：标准BST的简单搜索过程和2-3-4搜索树的简单插入-平衡过程。

搜索过程从来不会检查表示节点颜色的域，因而平衡机制不会增加基本搜索过程所花费的时间开销。在典型应用中，因为每个关键字只插入一次，但可能搜索很多次，最终结果是我们以相对小的开销（因为在搜索过程中不需要为平衡付出工作）改进了搜索次数（因为树是平衡的）。此外，插入的开销较小：仅当看到4-节点时才必须进行平衡。而在树中4-节点不多，因为我们总在分裂它们。插入过程的内循环是向树的下方推进的代码（与标准BST中搜索或搜索-插入的过程一样）。加上一个测试：如果一个节点有两个红孩子，那么它是一个4-节点的一部分。这个较低开销是红黑BST高效的主要原因。

现在，让我们考虑在遇到一个4-节点时可能需要进行的两种转换的红黑表示：如果我们有一个连接到4-节点的2-节点，那么我们应该把这一对转换成连接到两个2-节点的一个3-节点；如果我们有一个连接到4-节点的3-节点，那么我们应该把这一对转换成连接到两个2-节点的一个4-节点。当在树的底部添加一个新节点时，我们可以把它想象为一个必须分裂的4-节点，它的中间节点向上传送，插入到查找结束的底部节点中，这个自顶向下的过程可以保证这个节点是一个2-节点或3-节点。在遇到一个连接到4-节点的2-节点时，所需的转换比较简单。如果遇到一个连接到4-节点的3-节点时，用"正确的"方式进行同样的转换也行，如图13-17中的前两种情况所示。

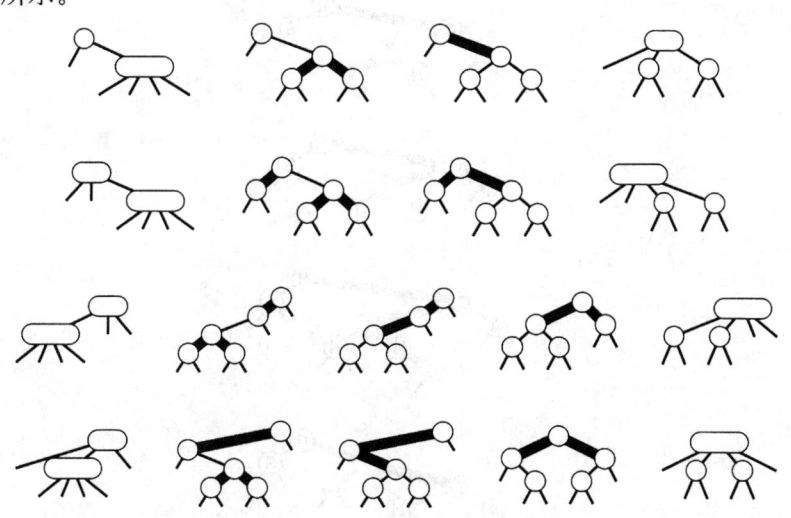

图13-17 分裂红黑树中的一个4-节点

注：在一棵红黑树中，对于不是4-节点的一个孩子节点，我们通过改变构成4-节点的三个节点的节点颜色，然后进行一、两次可能的旋转来实现分裂一个4-节点的操作。如果父节点是一个2-节点（上图），或是一个具有便利定向的3-节点（从上面数第2个图），就不需要旋转。如果4-节点是在3-节点链接的中间链接（下图），就需要进行双重旋转，否则，一个旋转就足够了（从上面数第3个图）。

如果我们遇到连接到4-节点的一个3-节点，就可能出现其他两种要处理的情况，如图13-17中的后两种情况。（实际上有四种情况，因为对于另一个方向的3-节点，也可能出现这两种情况的镜像。）在这些情况下，单纯的4-节点分裂在一行中留下两个红链接，所产生的树并不能表示出一棵和我们的约定相一致的2-3-4树。这种情况并不太坏，因为我们确实得到由红链接连接的三个节点：我们需要做的是转换这棵树，使其从同一节点出来的红链接向下指。

幸运的是，我们已经使用的旋转操作正是我们达到目标所需要的操作。我们从剩下的两种情况中较容易的一种开始：图13-17的第三种情况，其中附着在一个3-节点上的4-节点已经分裂，在那行中留下两个方向一致的红链接。如果一个3-节点已指向另一方向，这种情况就不会出现。相应地，我们重构树来切换3-节点的方向，因此把这种情况简化成和第二种情况一样，那时单纯的4-节点分裂就足够了。重构树来重新定向一个3-节点是一种带有附加要求的单个旋转，它要求必须交换这两个节点的颜色。

最后，为了处理附着在一个3-节点的4-节点分裂后在一行中留下两个有不同方向的红链接的情况，我们通过旋转直接把这种情况简化为链接在同一个方向的情况，此时可用前述方法处理。这个转换与我们在13.2节中的伸展BST中所用的左-右和右-左双重旋转一样。虽然我们要做一点工作来维持正确的颜色。图13-18和图13-19描述了红黑树插入操作的例子。

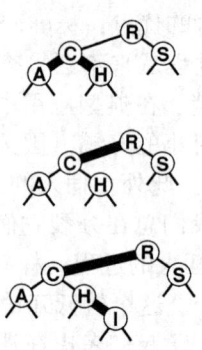

图13-18 红黑树中的插入

注：这个图描述了把带有关键字I的一个记录插入到示例红黑树（上图）中的过程（下图）。在这种情况中，插入过程包括一个在C处分裂4-节点的操作，并使颜色改变（中图），然后把新节点添加到底部，并把包含H的节点从2-节点转换成3-节点。

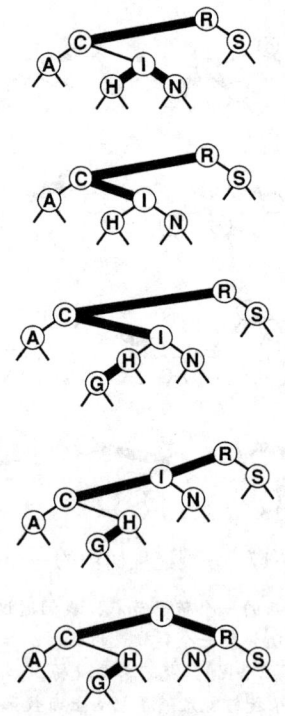

图13-19 红黑树中的插入，带有旋转

注：这个图描述了把带有关键字G的一个记录插入到示例红黑树（从上面数第一个图）中的过程。在这种情况中，插入过程包括一个在I处分裂4-节点的操作，并使颜色改变（从上面数第二个图），然后把新节点添加到底部（从上面数第三个图），接着（在递归函数调用之后，返回到代码中的搜索路径上的每个节点处）在C处进行左旋转和在R处进行右旋转，来完成分裂一个4-节点的过程。

程序13.6是红黑树插入操作的一种实现，它所进行的转换在图13-17中作了概述。递归实现使它可能执行如下的处理：在树中向下推进的过程中，切换4-节点的颜色（在递归调用之前），然后在树中向上推进的过程中，执行旋转操作（递归调用之后）。如果没有我们开发实现这个程序的两层抽象，程序会变得难以理解。我们可以检查递归技巧实现了图13-17描述的旋转操作，再检查这个程序实现了关于2-3-4树的高级算法——在向下推进中分裂4-节点，然后把新数据项插入到树底部搜索路径结束的2-节点或3-节点中。

程序13.6　红黑BST中的插入

这个函数使用红黑表示法实现了在2-3-4树中的插入。我们在类型STnode中增加一个颜色位red（相应地扩展NEW），用1指示节点为红色，0指示节点为黑色。一棵空树就是到观察哨节点z的一个链接，z是一个链接指向自身的黑节点。

在树中向下进行的过程中（在递归调用之前），我们检查4-节点，并通过改变所有它的三个节点的颜色来对它们进行分裂。当我们到达树底部时，我们为要插入的数据项创建一个新的红节点并返回指向它的链接。

在树中向上进行的过程中（递归调用之后），我们把链接设置成希望返回的链接值，然后检查是否需要旋转操作。如果搜索路径有两个在同一方向的红链接，则从上面的节点执行一次旋转操作，然后改变颜色位构成一个正常的4-节点。如果搜索路径有两个在不同方向的红链接，则从下面的节点执行一次旋转操作，简化成下一步处理的另一种情况。

```
link RBinsert(link h, Item item, int sw)
  { Key v = key(item);
    if (h == z) return NEW(item, z, z, 1, 1);
    if ((hl->red) && (hr->red))
      { h->red = 1; hl->red = 0; hr->red = 0; }
    if (less(v, key(h->item)))
      {
        hl = RBinsert(hl, item, 0);
        if (h->red && hl->red && sw) h = rotR(h);
        if (hl->red && hll->red)
          { h = rotR(h); h->red = 0; hr->red = 1; }
      }
    else
      {
        hr = RBinsert(hr, item, 1);
        if (h->red && hr->red && !sw) h = rotL(h);
        if (hr->red && hrr->red)
          { h = rotL(h); h->red = 0; hl->red = 1; }
      }
    fixN(h); return h;
  }
void STinsert(Item item)
  { head = RBinsert(head, item, 0); head->red = 0; }
```

图13-20（我们可以把它看作图13-13的更详细的版本）显示了程序13.6构造红-黑树的过程，该树把插入的关键字的样本集合表示为一棵平衡2-3-4树。图13-21显示了由我们使用的大的样本集合所构造的一棵树。在这棵树中，搜索一个随机关键字所需访问的节点平均数为5.81次，可与在第12章由同一组关键字构造的树中的搜索需要7次，完美平衡树中的搜索需要5.74次相比较。只需花费几次旋转，我们就得到一棵平衡程度比我们在本章针对同一组关键

字所看到的其他任何种类树的平衡程序更好的树。程序13.6是高效的，它是一种使用二叉树结构进行插入的相对紧凑的算法，可以保证所有的搜索和插入时间为对数步数。它是为数不多的具有这个性质的符号表的实现方法之一。在一个库实现中，当待处理的关键字序列的性质不能刻画出来时，它的用处就得到证实了。

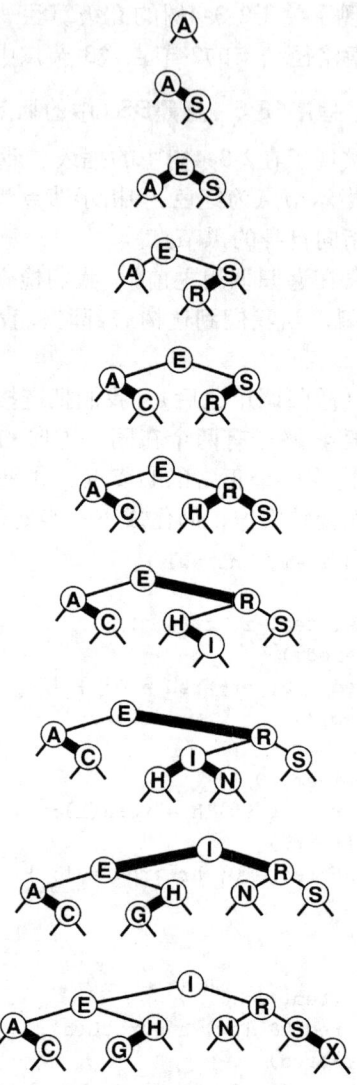

图13-20　红黑树中的构造

注：这个序列描述了把带有关键字的A S E R C H I N G X的记录插入到初始为空的红黑树中的过程。

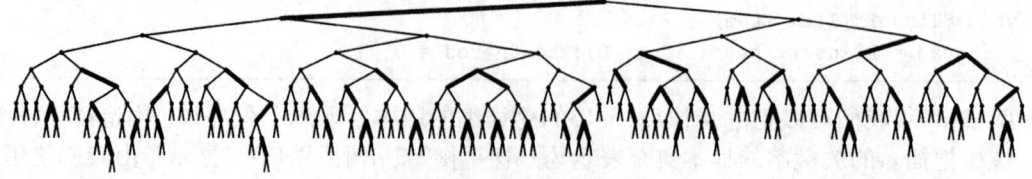

图13-21　一棵大型的红黑树

注：这个红黑BST是把200个随机有序的关键字插入到初始为空的树后的结果。在这棵树中所有搜索失败所使用的比较次数介于6次到12次之间。

性质13.8 在N个节点的红黑树中进行一次搜索所需的比较次数少于$2 \lg N + 2$次。

在一棵2-3-4树中只有对连接到一个4-节点上的3-节点进行分裂时，红黑树才需要一次旋转，这个性质可由性质13.2得出。当到插入点的路径交替地包含3-节点和4-节点时才会出现最坏情况。◾

此外，程序13.6进行平衡时导致一点开销，但它所产生的树是接近最优的。因而它作为一种一般目的的快速搜索方法也还是有吸引力的。

性质13.9 在由随机关键字构造的N个节点的红黑树中进行一次搜索，平均大约需要$1.002 \lg N$次比较。

经过一些分析和模拟（见第四部分参考文献）所证实的常数1.002足够小，因而实际上我们可以把红黑树看作是最优的。但红黑树是否是最优的问题仍然是一个开放问题。这个常数等于1吗？◾

因为程序13.6的递归实现在递归调用之前做了一些工作，在递归调用之后也做了一些工作，它在树中向下推进的搜索路径和向上推进的搜索路径中做了一些修改。于是，它并不具有在一遍自顶向下的过程中完成树的平衡的性质。这个事实对于多数的应用影响不大，因为可以保证递归的深度是较小的。对于涉及多个独立访问同一棵树的某些应用，我们可能需要实现它的非递归算法，使得能在任何时刻对常数数量的节点主动进行操作（见练习13.66）。

对于一个在树中携带了其他信息的应用，旋转操作的开销也许相当昂贵，我们需要更新旋转操作涉及的子树中所有节点的信息。对于这样一个应用，我们可以用红黑树实现13.3节末尾描述的自底向上的2-3-4搜索树，来保证每个插入操作最多只涉及一次旋转。在这些树中，一次插入需沿着搜索路径对4-节点进行分裂，在红黑树的表示中只需要作颜色变换，而无需进行旋转。接着，当沿着搜索路径向上遇到第一个2-节点或3-节点（见练习13.59）时，则执行一次单一旋转或双重旋转（图13-17的一种情况）。

如果要在树中维持重复的关键字，正如我们对伸展BST所做的那样，必须允许带有与给定节点相等关键字的数据项落入该节点的两边。否则，长串的重复关键字会产生严重的不平衡。这个观察再次告诉我们：找出所有含有给定关键字的数据项需要专门的代码。

如在13.3节的末尾所提到的，2-3-4树的几种红黑表示法是已经提出的用于实现平衡二叉树的几种类似策略（见第四部分参考文献）。正如我们所看到的，是旋转操作使树变得平衡：我们已经从这些树的一种特定视角进行考虑，很容易决定什么时候进行旋转。从这些树的其他视角出发则产生其他算法，在这里我们将简要地讨论其中的几个。

用于平衡树的最古老、最著名的数据结构是高度平衡树（height-balanced tree，或称AVL树），它是Adel'sonVel'skii和Landis在1962年提出的。这些树具有每个节点的子树高度最多相差1的性质。如果一次插入导致某节点的其中一棵子树在高度上增加1，那么平衡条件就可能侵犯。然而，在每种情况下，一次单一旋转或双重旋转即可使节点恢复平衡状态。算法所基于的观察与自底向上的平衡2-3-4树的方法类似：先对该节点执行一次递归搜索，然后，在递归调用之后检查不平衡的情况，必要时执行一次单一旋转或双重旋转来修正问题（见练习13.61）。在确定到底做哪种旋转时，需要知道每个节点和它的兄弟节点的高度相比，其高度小于1、等于1还是大于1。在每个节点中增加两位就可以记录这个信息，然而如果利用红黑抽象，也有可能无需任何额外存储空间即可达到目的（见练习13.62和练习13.65）。

因为4-节点在自底向上的2-3-4算法中并不扮演特殊的角色，所以完全可能只使用2-节点和3-节点，以本质上相同的方法来建立平衡树。用这样的方法建立的树称为2-3树，它是Hopcroft在1970年提出的。2-3树没有足够的灵活性给出一种便利的自顶向下的插入算法。并且，红黑架构可以简化该实现方法；但自底向上2-3树与自底向上2-3-4树相比并没有特别的优点，因为它仍然需要单一旋转和双重旋转来保持树的平衡。自底向上的2-3-4树的平衡性稍微好一些，并且具有每次插入最多使用一次旋转操作的优点。

在第16章中，我们将研究平衡树的另一种重要类型：它是2-3-4树的一种扩展，称为B树（B-tree）。对于较大的M值，B树允许在每个节点存储多达M个关键字，也因此广泛应用于大型文件的搜索应用。

我们已经通过和2-3-4树的对应关系定义了红黑树。而进行直接的结构定义也是相当有趣的。

定义13.3 红黑BST是一棵二叉搜索树，其中每个节点都标记为红或黑，附加的限制条件是：在任何一个从外部链接通向树根的路径上，不存在连续出现的两个红节点。

定义13.4 平衡红黑BST是一棵红黑BST，其中所有从外部链接通向树根的路径上包含的黑节点数相同。

现在，开发平衡树算法的另一种可选方法是完全忽略2-3-4树抽象，并形式化一个插入算法，使它通过旋转操作保存平衡红黑BST性质。例如，使用自底向上的算法对应于用一个红链接在搜索路径底部挂接新节点，然后沿着搜索路径向上处理，进行旋转或颜色改变，正如图13-17所示的每种情况那样，以此分解在路径上遇到的任何连续的红链接对。我们执行的基本操作和程序13.6及其自底向上对应版本都一样，但也存在细微差别。这是因为3-节点可指向两个方向的其中一个，具体操作也可按照不同顺序执行，也可以成功地使用各种各样不同的旋转决策。

综上所述，利用红黑树来实现平衡2-3-4树，我们可以开发一个符号表，如果一个搜索操作在一个文件（比如说共有1百万数据项）中搜索一个关键字，则它只需要把该关键字和大约20个其他关键字做比较，即可完成任务。在最坏情况下，使用的比较次数也不超过40次。此外，每次操作相关的开销很小，因此即使在一个巨大的文件中也可确保进行快速搜索。

练习

▷ 13.48 画出使用自顶向下插入法，按照以下顺序把带有关键字 E A S Y Q U T I O N 的数据项插入到一棵初始为空的树中所得的红黑BST。

▷ 13.49 画出使用自底向上插入法，按照以下顺序向一棵初始为空的树中插入带有关键字 E A S Y Q U T I O N 的数据项所得的红黑BST。

○ 13.50 画出把字母A到K按照这个顺序插入到一棵初始为空的树中所得的红黑树，然后描述当把关键字按照递增次序进行插入构建树时出现的一般情况。

13.51 给出一个插入序列，构造出图13-16所示的红黑树。

13.52 生成两个随机32-节点的红黑树。画出这两棵红黑树（用手或用程序画）。把它们与用同一组关键字构建的（不平衡）BST进行比较。

13.53 与一棵有t个3-节点的2-3-4树对应的红黑树有多少棵？

○ 13.54 画出有N个关键字（$2 \leqslant N \leqslant 12$）的所有结构上不同的红黑搜索树。

• 13.55 求出练习13.43中所得集合中每棵树出现的概率。该集合是把N个随机不同元素插入到一棵初始为空的树中得到的有不同树的集合。

13.56 制作一个表格，显示对于来自练习13.54中的每个N，同构的树的数目。同构的意思是指这些树可以通过交换节点中的子树，实现相互转换。

•• 13.57 显示在最坏情况下，一棵N个节点的红黑树中，从根到外部节点的几乎所有路径长度为$2 \lg N$。

13.58 在N个节点的红黑树中进行一次插入，最坏情况下需要多少次旋转？

○ 13.59 利用自底向上平衡2-3-4树作为基本数据结构，使用红黑表示法和与程序13.6相同的递归方法，实现符号表的初始化、搜索和插入操作。提示：你的代码可以模仿程序13.6但进行操作时要以不同的次序。

13.60 利用自底向上平衡2-3树作为基本数据结构，使用红黑表示法和与程序13.6相同的递归方法，实现符号表的初始化、搜索和插入操作。

13.61 利用高度平衡（AVL）树作为基本数据结构，使用与程序13.6相同的递归方法，实现符号表的初始化、搜索和插入操作。

• 13.62 修改练习13.61的实现，使用红黑树（每个节点1位）来编码平衡信息。

• 13.63 使用3-节点总是向右的红黑表示法，实现平衡的2-3-4树。注意：这个改变可使你去掉insert操作的内循环中的一个位测试。

• 13.64 程序13.6进行旋转来保持4-节点的平衡。使用红黑树表示法（其中4-节点可表示为由两个红链接连接的任意3个节点）开发一个平衡2-3-4树的实现。

○ 13.65 对每个颜色位不使用额外存储空间，而使用以下策略实现红黑树的初始化、搜索和插入操作。要对节点着红色，先交换它的两个链接。然后，测试节点是否是红色，测试它的左孩子是否大于它的右孩子。你必须对比较进行修改以使链接交换能够进行，且这种策略用关键字比较代替了位比较，因为认为后者开销昂贵，但这种策略表明如果需要，可以去掉节点中的那一位。

• 13.66 实现一个非递归的红黑BST插入函数（见程序13.6），它与带有一次自顶向下遍历的平衡2-3-4树插入对应。提示：分别使链接gg、g和p指向树中当前节点的曾祖父节点、祖父节点和父节点。双重旋转可能需要这些链接。

13.67 编写一个计算一棵给定红黑BST中黑节点所占百分比的程序。通过把N个随机关键字插入到初始为空的树中来测试你的程序。其中$N = 10^3$，10^4，10^5和10^6。

13.68 编写一个计算一棵给定2-3-4搜索树中3-节点和4-节点的数据项所占百分比的程序。通过把N个随机关键字插入到初始为空的树中来测试你的程序。其中$N = 10^3$，10^4，10^5和10^6。

▷ 13.69 对于每个节点使用一位用于颜色，我们可以表示2-节点、3-节点和4-节点。在一棵二叉树中每个节点需要多少位来表示5-节点、6-节点、7-节点和8-节点？

13.70 进行实验研究，计算在一棵红黑树中进行搜索命中和搜索失败所使用的比较次数的平均值和标准差。红黑树由把N个随机关键字插入到初始为空的树中构建，其中$N = 10^3$，10^4，10^5和10^6。

13.71 对于练习13.70中的程序，计算构建树时所用的旋转次数和节点分裂次数，并对结果进行讨论。

13.72 使用练习12.28中的驱动程序，针对练习12.29和练习12.30（见练习13.29）中定义的搜索查询分布，将伸展BST的自组织搜索与红黑BST以及标准BST在可保证的最坏情况性能作一比较。

• 13.73 实现红黑树的搜索函数，它在树中向下推进的过程中进行旋转以及改变节点的颜色，来保证搜索路径底部的节点不是一个2-节点。

• 13.74 使用练习13.73中的解决方法，实现红黑树的一个删除函数。找出要删除的节点，然后继续搜索直到路径底部的一个3-节点或4-节点，并移动底部的后继来代替这个删除的节点。

13.5 跳跃表

在本节中，我们考虑一种用于开发符号表操作的快速实现方法。最初它似乎和我们一直以来考虑过的基于树的方法完全不同，但实际上它们的关系非常密切。它以一种随机化数据结构为基础，而且可以肯定的是它为我们一直以来考虑的符号表ADT的所有基本操作提供了接近最优的性能。这个基本的数据结构是由Pugh在1990年提出的（见第四部分参考文献），称为跳跃表（skip list）。它利用链表中节点的额外链接，在每次搜索过程中一次就可跳过链表的大部分节点。

图13-22给出了一个简单例子，其中有序链表中每隔三个节点就包含一个额外链接，该链接允许跳过链表的三个节点。我们可以利用这个额外链接来加快搜索的过程：在顶层的链表进行扫描，直到找到该关键字，或遇到一个含有较小关键字且有一个指向含有较大关键字的节点的链接的节点为止，然后就利用底部的链接来检查中间的两个节点。这种方法可使搜索加快3倍，因为我们对表中第k个节点进行成功搜索中只检查大约k/3个节点。

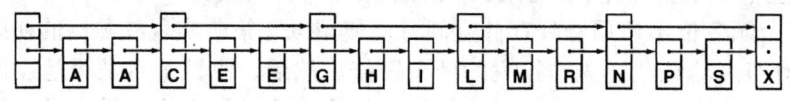

图13-22 两级链表

注：在这个表中每隔三个节点都有第二个链接，因而我们能够沿着第一个链接以几乎三倍的速度跳跃地穿过链表。例如，我们可以从表的开始只沿着5个链接即可到达表中的第12个节点P，过程是沿着到C、G、L、N的第二个链接，经过N的第一个链接到达P。

我们可重复使用这个结构，提供第二个额外链接，以便能够在带有额外链接的节点中更快地扫描。而且，我们可以推广这个结构，使每个链接跳过数量不定的节点。

定义13.5 跳跃表是一个有序链表，其中每个节点包含不定数量的链接，节点中的第 i 个链接构成的单向链表跳过含有少于 i 个链接的节点。

图13-23描述了一个跳跃表的例子，并显示了一个搜索并插入新节点的例子。为了进行搜索，我们扫描顶层链接，直到找到该搜索关键字或一个关键字较小的，且含有一个指向关键字较大的节点的链接的节点，然后，我们向下移到第2层链表并重复这个过程，如此继续下去，直到找到搜索关键字或在底层发生搜索失败为止。为了进行插入，我们先搜索，如果新节点有至少k个额外链接，则从第k层移到第k-1层时把该节点链接到表中。

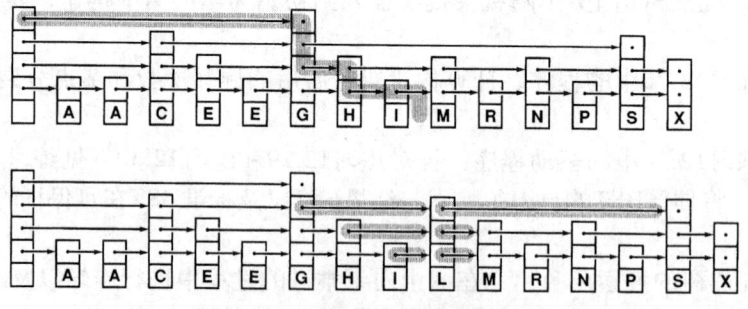

图13-23 跳跃表中的搜索和插入

注：通过向图中加入更多的层次，并允许链接跳过不定数量的节点，我们就得到了一个一般跳跃表的例子。为了在表中搜索一个关键字，我们从最高层开始，每当遇到一个不小于搜索关键字的关键字就向下移动。这里（上图）搜索L的过程是：从第3层开始，延着第一个链接，在G处向下移动（把空链接看作指向观察哨的一个链接），然后到达I，再向下移动到第2层，因为S大于L，接着向下移动到第1层，因为M大于L。要插入带有3个链接的节点L，我们把它链接到三重链表中，其位置恰恰就是搜索过程中我们找到的指向更大关键字的链接处。

这些节点的内部表示很直观。我们用一个链接数组取代单向链表中的单个链接和表示节点中包含的链接数的整数。内存管理也许是跳跃表最复杂的一面——当我们考虑插入时，需要快速地检查进行新节点分配的类型声明和代码。暂时，注意到：我们可以通过访问 t->next[k]，来访问跳跃表中第 $k+1$ 层上节点 t 后的节点，这一点就足够了。程序13.7的递归实现说明了跳跃表中的搜索不仅是单向链表中搜索的直接推广，而且和二叉树搜索或者BST中的搜索类似。我们测试当前节点是否具有搜索关键字。如果没有，我们把当前节点的关键字和搜索关键字进行比较，如果前者较大，则进行一种递归调用；如果前者较小，则进行另一种递归调用。

程序13.7　跳跃表中的搜索

对于在单链表中的搜索，当k等于0时，这个代码等价于程序12.5。对于一般k，如果链表中第k层的下一个节点的关键字小于搜索关键字，我们移到该节点；如果不小于，则向下移到的第k-1层。为了简化代码，我们假设所有链表以一个观察哨节点z结束。该节点的NULLitem设置为maxKey。

```
Item searchR(link t, Key v, int k)
  { if (t == z) return NULLitem;
    if (eq(v, key(t->item))) return t->item;
    if (less(v, key(t->next[k]->item)))
      {
        if (k == 0) return NULLitem;
        return searchR(t, v, k-1);
      }
    return searchR(t->next[k], v, k);
  }
Item STsearch(Key v)
  { return searchR(head, v, lgN); }
```

当我们希望向跳跃表中插入一个新节点时，要面对的第一个任务是确定我们希望该节点有多少个链接。所有节点至少有一个链接。按照图13-22中描述，如果每 t 个节点中就有一个节点的链接至少是两个，则我们可以在第2层上每次跳过 t 个节点，不断地迭代，直到每 t^j 个节点中，就有一个节点至少有 $j+1$ 个链接。

为使节点具有这样的性质，我们使用一个以概率 $1/t^j$ 返回 $j+1$ 的值的函数进行随机化。给定 j，创建一个带有 j 个链接的新节点，并利用和搜索操作同样的递归方法（如图13-23所示）把它插入到跳跃表。到达第 j 层之后，每次移动到下一层就把新节点链接到表中。最终，我们就创建了当前节点的数据项小于搜索关键字，并且（在第 j 层上）链接到一个关键字不小于搜索关键字的节点。

为了初始化跳跃表，我们创建一个头节点，它含有我们允许的表中层数的最大值，且所有层都有指向包含观察哨关键字的尾节点的指针。程序13.8和程序13.9实现了跳跃表的初始化和插入操作。

程序13.8　跳跃表的初始化

跳跃表中的节点有一个链表数组，因而NEW函数需要为数组分配空间，并对指向观察哨z的所有链接进行设置。常量lgNmax表示表中允许的最大层数：对于小的链表设置为5，大的链表设置为30。和往常一样，变量N记录链表中的数据项数，lgN为层数。空表是带有lgNmax个链接的头节点，都设置为z，且N和lgN都设置为0。

```
typedef struct STnode* link;
struct STnode { Item item; link* next; int sz; };
static link head, z;
static int N, lgN;
link NEW(Item item, int k)
  { int i; link x = malloc(sizeof *x);
    x->next = malloc(k*sizeof(link));
    x->item = item; x->sz = k;
    for (i = 0; i < k; i++) x->next[i] = z;
    return x;
  }
void STinit(int max)
  {
    N = 0; lgN = 0;
    z = NEW(NULLitem, 0);
    head = NEW(NULLitem, lgNmax+1);
  }
```

程序13.9 跳跃表的插入

要把一个数据项插入到跳跃表中,我们以概率$1/2^j$产生一个新的有j个链接的节点,然后完全沿着程序13.7中搜索路径行进,但我们向下进行时新节点中的链接指向底部j个层的每层上。

```
int randX()
  { int i, j, t = rand();
    for (i = 1, j = 2; i < lgNmax; i++, j += j)
      if (t > RAND_MAX/j) break;
    if (i > lgN) lgN = i;
    return i;
  }
void insertR(link t, link x, int k)
  { Key v = key(x->item);
    if (less(v, key(t->next[k]->item)))
      {
        if (k < x->sz)
          { x->next[k] = t->next[k];
            t->next[k] = x; }
        if (k == 0) return;
        insertR(t, x, k-1); return;
      }
    insertR(t->next[k], x, k);
  }
void STinsert(Item item)
  { insertR(head, NEW(item, randX()), lgN); N++; }
```

图13-24显示了以随机次序插入一个示例关键字集合时,跳跃表的构造过程。图13-26则显示了对于同一组关键字,按照递增次序构造跳跃表的过程。正如随机化BST那样,跳跃表的随机性质并不依赖于关键字的插入次序。

性质13.10 平均情况下,在参数为t的随机化跳跃表中进行搜索和插入操作需要大约$(t \log_t N)/2 = (t/(2 \lg t)) \lg N$次比较。

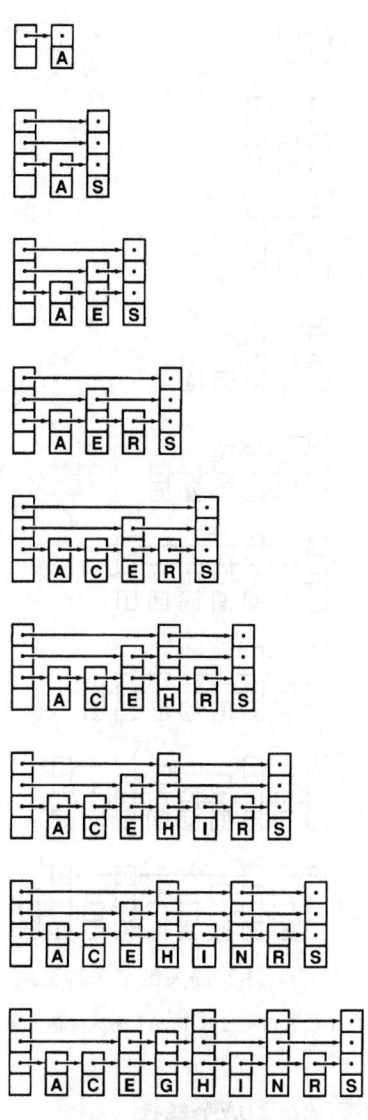

图13-24 跳跃表的构造

注：这个序列描述了把带有关键字 A S E R C H I N G 的数据项插入到初始为空的跳跃表中的过程。节点以概率 $1/2^j$ 带有 $(j+1)$ 个链接。

我们期望跳跃表大约有 $\log_t N$ 层，因为 $\log_t N$ 大于满足 $t^j = N$ 的最小 j。在每一层上，我们希望在前一层上跳过大约 t 个节点，且在平均情况下，移到下一层之前只需检查 t 个节点中大约一半的节点。从图13-25层数较小的例子可清楚地看到这一点，但证明这一点的精确分析不属于本节内容（见第四部分参考文献）。■

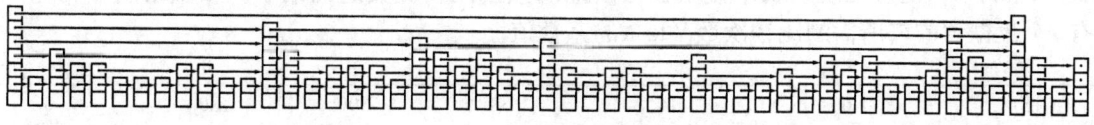

图13-25 大型跳跃表

注：这个跳跃表是把50个随机有序的关键字插入到初始为空的表中的结果。我们可以跟着8个链接或更少的链接访问任何一个节点。

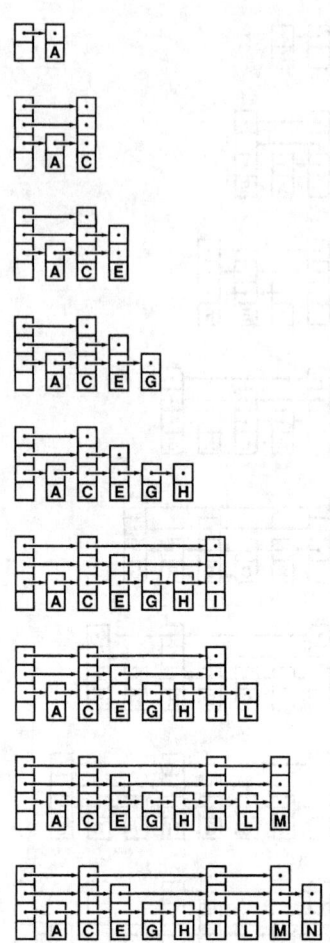

图13-26 用有序关键字来构造跳跃表

注：这个序列描述了把带有关键字A C E G H I N R S的数据项插入到初始为空的跳跃表中的过程。表的随机性质并不依赖于关键字的插入次序。

性质13.11 跳跃表中平均有$(t/(t-1))N$个链接。

在底部有N个链接，第一层有N/t个，第二层大约有N/t^2个，以此类推，则整个表中的链接总数大约有

$$N(1 + 1/t + 1/t^2 + 1/t^3 + \cdots) = N(1-1/t)$$ ◼

选择一个适当的t值这个问题直接引出时空权衡的问题。当$t = 2$时，跳跃表平均大约需要$\lg N$次比较以及$2N$个链接，其性能足以与我们用BST得到的最佳性能媲美。对于较大的t，搜索和插入的时间会较长，但用于链接的额外空间则较少。如果对性质13.10的表达式求微分，我们选择$t = e$使得在跳跃表中搜索操作所需的预期比较次数达到最小。下表给出了构造一个有N个数据项的表所需的比较次数$N \lg N$的系数值。

t	2	e	3	4	8	16
$\lg t$	1.00	1.44	1.58	2.00	3.00	4.00
$t/\lg t$	2.00	1.88	1.89	2.00	2.67	4.00

如果进行比较、跟踪连接和递归向下移动，这些操作导致的开销差异巨大，我们可以按这些数据进行更精确的计算（见练习13.83）。

因为搜索时间是对数时间，我们可通过增加 t，把空间开销降低到与单向链接（若紧密利用空间的话）几乎相等的水平。对运行时间的精确估计依赖于对沿着链接穿越表和向下移动一层的递归调用的相对开销的评估。在第16章我们将研究索引大型文件的问题，也将重新回到这类时空权衡的问题上来。

用跳跃表可直接实现其他符号表函数。例如，程序13.10利用我们程序13.9对插入函数所用的同一个递归函数解，给出了删除函数的一个实现。要删除一个节点，我们断开该节点在每一层的链接（在插入中为它设置连接的位置），当断开它在底层链表的连接后我们释放该节点（和遍历该表执行插入之前的创建操作相对应）。要实现选择操作，我们将链表合并（见练习13.78）；要实现选择操作我们为每一个节点添加一个域，它给出指向该节点的最高层链接所跳过的节点数量（见练习13.77）。

程序13.10　跳跃表的删除

要删除跳跃表中一个包含给定关键字的节点，我们找到每一层连接到它的链接并断开。当到达最底层时就释放该节点。

```
void deleteR(link t, Key v, int k)
  { link x = t->next[k];
    if (!less(key(x->item), v))
      {
        if (eq(v, key(x->item)))
          { t->next[k] = x->next[k]; }
        if (k == 0) { free(x); return; }
        deleteR(t, v, k-1); return;
      }
    deleteR(t->next[k], v, k);
  }
void STdelete(Key v)
  { deleteR(head, v, lgN); N--; }
```

尽管跳跃表作为快速穿越链表的一种系统方法，很容易概念化，但理解它也是很重要的，跳跃表的基本数据结构只不过是平衡树的另一种表示而已。例如，图13-27显示了图13-10的平衡2-3-4树的跳跃表表示。我们可以利用跳跃表抽象而不是13.4节的红黑树抽象，来实现13.3节的平衡2-3-4树算法，所得的代码比我们讨论过的实现方法要复杂一些（见练习13.80）。我们将在第16章重新探讨跳跃表和平衡树之间的关系。

图13-22显示的理想化的跳跃表是一种稳固的结构，当插入一个新节点时，很难对该结构进行维护，就像有序数组对于二分搜索那样，因为插入操作需要在插入节点后修改所有节点的所有链接。使该结构易于维护的一种途径是在建立的链表中，使每个链接跳过下一层的1个、2个或3个链接，这种安排对应于2-3-4树，如图13-27所示。本节讨论的随机化算法是松弛这个结构的一种高效方法，我们将在第16章考虑其他的方法。

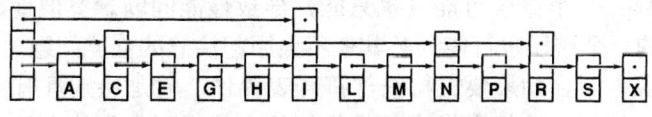

图13-27　一棵2-3-4树的跳跃表表示

注：这个跳跃表是图13-10中2-3-4树的一种表示。一般而言，跳跃表对应着每个节点（允许无关键字和一个链接的1-节点）中含有一个或多个链接的平衡多路树。要构造一个对应一棵树的跳跃表，我们把每个节点的链接数设置为它在树中的高度，然后水平地把这些节点链接起来。要构造一棵对应跳跃表的树，我们把跳跃的节点进行分组，且递归地把它们链接到下一层的节点上。

练习

▷ 13.75 画出按照以下顺序把带有关键字E A S Y Q U T I O N的数据项插入到一棵初始为空的表中所得的跳跃表。假设randX返回的值序列为1、3、1、1、2、2、1、4、1和1。

▷ 13.76 画出按照以下顺序把带有关键字A E I N O Q S T U Y的数据项插入到一棵初始为空的表中所得的跳跃表。假设randX返回的值序列同练习13.75。

13.77 实现基于跳跃表的符号表的选择操作。

• 13.78 实现基于跳跃表的符号表的连接操作。

▷ 13.79 修改程序13.7和程序13.9中给出的search操作和insert操作的实现,使用NULL作为表结束标志,而不是使用观察哨节点。

○ 13.80 使用跳跃表来实现带有平衡2-3-4树抽象的符号表中的initialize操作、search操作和insert操作。

○ 13.81 使用程序13.9中的randX()函数,构建一个参数为t的跳跃表,平均需要多少个随机数?

○ 13.82 对于$t = 2$,修改程序13.9,消除randX中的for循环。提示:在数t的二进制表示中最后j位假设是以概率$1/2^j$的任何j位的值。

13.83 对以下情况选择适当的t值,使搜索开销最小:和执行一次比较操作的开销相比,跟踪一个链接的开销是它的α倍,移动到下一层递归是它的β倍。

○ 13.84 开发一个跳跃表实现:节点中拥有指针本身,而不像程序13.7到13.10中那样,拥有指向一个指针数组的指针。提示:把数组放到sTnode的末尾。

13.6 性能特征

对于一个特定的应用,我们怎样在随机BST、伸展BST、红黑BST和跳跃表之间进行选择呢?我们已经把注意力集中于这些算法的性能保证的不同性质上。时间和空间永远是考虑的主要因素,但我们还必须考虑到一些其他因素。在本节中,我们将简要讨论实现问题、实验研究以及对运行时间和需求空间的估算。

所有基于树的算法都依赖旋转。沿着搜索路径的旋转实现是大多数平衡树算法的一个核心要素。我们已经使用过递归实现方式,隐含地把指向搜索路径上的节点的指针保存在递归栈中的局部变量中。但是每一种算法都可以用一种非递归方式实现——在一次自顶向下遍历树的过程中,操作在常数个节点上,并对每个节点执行常数次链接操作。

随机化BST是三种基于树的算法中最容易实现的一个。主要的要求是对随机数生成器有信息,并避免花费太多时间生成随机位。伸展BST稍微复杂一些,却是标准根插入法的一种直接扩展。红黑BST还需要涉及稍多一点的代码,以便检查并操纵颜色位。红黑树相对其他两者的一个优点,就是颜色位可用于调试中的一致性检测,并可作为在树的生存期内任何时刻的一次快速搜索的保障。从对一棵伸展BST的检查中无法知道产生该树的代码是否完成了所有正确的转换工作:一个错误可能(也只能)导致性能问题。类似地,随机化BST或跳跃表的随机数生成器的一个错误也可能导致其他不太引起注意的性能问题。

跳跃表易于实现,而且如果要支持全部符号表操作,它是特别具有吸引力的方案,因为搜索、插入、删除、连接、选择和排序等操作都具有易于形式化的自然实现方法。跳跃表中搜索操作的内层循环比树结构要长(它涉及指向指针数组的一个额外索引,或者向下移动到下一层的一个额外递归调用),因此搜索和插入所需的时间也较长。跳跃表也使程序员受到随机数生成器的支配——调试一个行为随机化的程序的确是一个很大的挑战,而一些程序员会发现，和拥有随机数量的链接的节点打交道尤其使人不安。

表13-1给出了我们在本章中讨论过的四种方法以及来自第12章的基本BST实现方法性能的实验数据，其中所针对的关键字是随机32位整数。表中的信息证实了我们在13.2节、13.4节和13.5节中对分析结果所做的预测。对于随机关键字，红黑BST比其他方法快得多。红黑BST中的路径长度比随机化BST或伸展BST短35%，而且在内层循环中进行的处理也较少。随机化树和跳跃表要求我们对每次插入操作生成至少一个新的随机数，而伸展BST对每次插入和搜索都需要在每个节点进行一次旋转操作。相比之下，红黑BST的开销是在插入期间必须为每个节点检查2位的数值，并偶尔需要执行一次旋转。对于不均匀的访问，伸展BST也许使用较短的路径，但这些节省开销可能被抵消，因为在内层循环中，搜索和插入操作都涉及每个节点处的旋转操作，只有极端的情况例外。

表13-1 平衡树实现的实验研究

对于各种不同的值N，以及N个32位整数的随机序列，构建和搜索BST的相对时间表明了所有方法的性能都很好，即使对于较大的表也不例外。但是红黑树要比其他方法快得多。所有这些方法都使用标准BST搜索，只有两种方法例外：对于伸展树，在伸展搜索过程中，把经常访问的关键字带到树的顶部；对于跳跃表，它使用相同的算法，但不同的基本数据结构。

N	构造						搜索失败					
	B	T	R	S	C	L	B	T	R	S	C	L
1250	0	1	3	2	1	2	1	1	0	0	0	2
2500	2	4	6	3	1	4	1	1	1	2	1	3
5000	4	7	14	8	5	10	3	3	3	3	3	7
12500	11	23	43	24	16	28	10	9	9	9	7	18
25000	27	51	101	50	32	57	19	19	26	21	16	43
50000	63	114	220	117	74	133	48	49	60	46	36	98
100000	159	277	447	282	177	310	118	106	132	112	84	229
200000	347	621	996	636	411	670	235	234	294	247	193	425

其中：
B 标准BST（程序12.7）
T 用根插入法构建BST（程序12.12）
R 随机BST（程序13.2）
S 伸展BST（练习13.33和程序13.5）
C 红黑BST（程序13.6）
L 跳跃表（程序13.7和程序13.9）

伸展BST无需对平衡信息使用额外空间，红黑BST需要额外的1位，而随机化BST则需要一个计数域。对于许多应用来说，这个计数域是出于其他原因而维持的，所以对于随机化BST这也许并不代表着额外的开销。实际上，如果使用伸展BST、红黑BST或跳跃表的话，我们可能需要这个域。若有必要，我们可以通过去掉颜色位，使红黑BST像伸展BST那样高效地利用空间（见练习13.65）。在现代应用中，空间的重要程度已经降低，虽然它曾经一度是编程的首要问题，但细心的程序员依然必须对资源浪费保持警觉。例如，我们必须清楚地意识到，某些系统使用整个32位的存储字来表示节点中的计数域或者一位颜色域，而另外一些系统也许在内存中压缩这些域，以至于解压过程需要大量额外的时间。如果空间紧张，具有较大参数t的跳跃表可以把用于链接的空间减小近一半，付出的代价是搜索速度减缓，但仍处于对数水平。通过某些规划，也可以把基于树的方法用每节点的一个链接来实现（见练习12.65）。

总之，我们在本章讨论过的所有方法都将为典型应用提供良好的性能，对于有兴趣开发出高性能符号表实现的人们来说，它们各有优点。伸展BST作为一种自组织搜索方法将提供良好的性能，尤其当频繁访问一个小型关键字集合成为应用的典型模式时；而对于一个全功能的符号表BST，随机化BST可能更快、更容易实现；跳跃表易于理解，而且能够以少于其他方法的空间提供对数水平的搜索性能；红黑BST对于符号表库实现极具吸引力，因为它们在最坏情况下可提供得到保障的性能界限，还能提供对应随机数据的最快的搜索和插入算法。

除了在许多应用中的特定用途外，针对"为符号表ADT开发出高效实现方案"的一套解决方案还有十分重要的意义，因为它在我们考虑其他问题的解决方案时，展示了可供选择的算法设计基本途径。在我们对简单、最优算法的不断追求中，常常遇到接近最优的算法，例如本章讨论的算法。而且，正如我们在排序算法中所见的那样，像这些基于比较的算法仅仅是个开始，通过转向一个更低层次的抽象（其中我们可以逐个处理关键字），我们甚至可以开发出比本章讨论的更快速的实现方法，在第14章和第15章我们将体会到这一点。

练习

13.85 使用随机化BST，为带有客户数据项句柄的一级符号表ADT（见练习12.4和练习12.5）开发一个跳跃表实现：它支持初始化、计数、搜索、插入、删除、连接、选择和排序操作。

13.86 使用跳跃表，为带有客户数据项句柄的一级符号表ADT（见练习12.4和练习12.5）开发一个跳跃表实现：它支持初始化、计数、搜索、插入、删除、连接、选择和排序操作。

第14章 散 列

我们前面介绍的搜索算法是基于抽象比较操作的。与此实质不同的是12.2节中的关键字索引的搜索方法。在该方法中，我们把带有关键字i的元素存储在表的第i个位置，使其可以直接访问。关键字索引的搜索算法使用关键字值作为数组下标，而不是对关键字值进行比较。而且该算法依赖的关键字值是落入表索引的同一区域的不同整数。在这一章里，我们将考虑散列（hash）方法，它是关键字索引搜索算法的一种扩展，可处理许多具有不规则特性的关键字的典型搜索应用。这种方法并非在词典数据结构中，通过比较搜索关键字与元素中的关键字来实现搜索，而是试图通过算术运算将关键字转换成表中地址来直接引用表中的元素。最终所得结果与基于比较的搜索算法完全不同。

散列搜索算法由两部分组成。第一步是计算一个散列函数，它将搜索关键字转换成表中地址。理想的情况是不同的关键字应该映射到不同的地址，但经常出现两个或多个关键字对应表中同一地址的情况。处理这种关键字的过程就是散列搜索算法的第二步——冲突解决。我们将要研究的解决冲突的方法之一是使用链表，这种方法对搜索关键字数目无法预知的动态环境非常有用。另外两种解决冲突的方法可以实现对固定数组上存储的元素进行快速搜索。另外，我们还将改进这些方法，以应对我们无法预知表长的情况。

散列方法是时空权衡的一个很好的例子。如果没有内存大小的限制，我们可以简单地使用关键字作为内存地址，只需访问一次内存就能执行搜索操作，就像关键字索引中那样。但是，当关键字较长，所需要的内存空间无法满足时，上述理想情况就不能实现。另一方面，如果没有搜索时间的限制，我们可以使用顺序搜索算法，只用最少量的存储空间，也可达到上述情况。散列提供了一种合理使用存储空间和搜索时间的方法来达到两者的平衡。特别是，仅仅通过调节散列表的大小而不用重写代码或者选择不同算法，就可以达到我们所需要的平衡状态。

散列是计算机科学中的经典问题，各种算法得到深入研究和广泛使用。我们可以看到，在某些宽松的假设条件下，期望搜索和插入符号表的时间为常量，且与表的大小无关也是合理的。

这个期望对任何符号表的实现来说是在理论上达到最优性能，但由于以下两个原因，散列方法并不是万能的。第一，运行时间依赖于关键字的长度，这对于带有长关键字的实际应用十分不利；第二，对于符号表的其他操作，如选择和排序，散列方法并不能提供高效的实现方法。我们将在本章详细讨论上述以及其他问题。

14.1 散列函数

我们要提的第一个问题是散列函数的计算，它能将关键字值转换成表中地址。这个算术运算通常很容易实现，但我们也必须仔细处理以避免出现各种细微的问题。如果我们有一个能容纳M个元素的表，那么我们需要一个能将关键字转换成$[0, M-1]$范围内的整数的函数。理想的散列函数要易于计算并且近似为一个随机函数：对于每个输入，每个输出等概率出现。

散列函数与关键字的类型有关。严格地说，对于每一种可能用到的关键字，我们需要不同的散列函数。出于效率的考虑，通常希望避免显式类型转换，而是将机器码中关键字的二进制表示看作用来进行算术计算的整数。在早期的计算机内部，散列先于高级语言把一个值首先看作是一个字符串型数据，其次才看作是一个整型数据。某些高级语言难以编写一个依赖于关键字在特定计算机上的表示的程序，因为这些程序本身的特性依赖于特定机器，因此使它们很难移植到新的或不同的计算机上。散列函数通常依赖于将关键字转换为整数的过程，因此，用散列实现的方法很难做到既独立于机器同时效率又高。我们可以使用一条机器指令对简单的整型或浮点型关键字进行散列，但对字符串或其他复合类型的关键字，我们需要仔细并给予更多的关注才能提高效率。

最简单的情况可能是将固定范围内已知的浮点数作为关键字。例如，关键字是0到1之间的数，我们可以把每一个数乘以M，然后取最接近的整数，得到0到$M-1$之间的整数地址。图14-1给出了一个例子。对于固定的数s和t，如果关键字大于s小于t，则可以通过减s再除以$(t-s)$，就得到0和1之间的范围。然后把结果乘以M就得到一个表中地址。

```
.513870656   51
.175725579   17
.308633685   30
.534531713   53
.947630227   94
.171727657   17
.702230930   70
.226416826   22
.494766086   49
.124698631   12
.083895385    8
.389629811   38
.277230144   27
.368053228   36
.983458996   98
.535386205   53
.765678883   76
.646473587   64
.767143786   76
.780236185   78
.822962105   82
.151921138   15
.625476837   62
.314676344   31
.346903890   34
```

图14-1 用于浮点型关键字的乘法散列函数

注：为把0和1之间的浮点型数字转换成大小为97的表的下标，我们将浮点型数字分别乘以97。在这个例子中，17、53和76处有三次冲突，且关键字的前几位决定散列值；关键字的后几位对散列值没有影响。散列函数设计的目标是避免这样的不平衡，使得数据的每一位在计算中都起作用。

如果关键字是w-位的整数，我们可以把它们转换成浮点数，通过除以2^w来得到0和1之间的浮点数，然后，再像上面一样乘以M得到表中的一个地址。如果浮点运算代价太高，且这个数不至于大得导致溢出，我们可以用整数算术运算来达到同样的效果：先用M乘以关键字，再右移w位来实现除以2^w（或者，如果乘法会导致溢出，可以先移位再相乘）的操作。只有当关键字在某个范围内平均分布的时候，这种散列函数才是有效的，因为散列值只由关键字的前几位决定。

对于w-位整数的一种简单且更有效的方法，也是最常用的散列方法，是选择表长M为素数，对于任何整数关键字k，计算k除以M的余数，或计算h(k) = k mod M。h(k)就是模散列函数。这种运算易于实现（在C语言中为k%M），而且可以高效地将小于M的整型关键字均匀分散开。图14-2给出了一个小规模例子。

16838	57	38	6
5758	35	58	58
10113	25	13	50
17515	55	15	24
31051	11	51	90
5627	1	27	77
23010	21	10	20
7419	47	19	85
16212	13	12	19
4086	12	86	25
2749	33	49	98
12767	60	67	90
9084	63	84	14
12060	32	60	53
32225	21	25	16
17543	83	43	42
25089	63	89	5
21183	37	83	91
25137	14	37	35
25566	55	66	0
26966	0	66	65
4978	31	78	76
20495	28	95	66
10311	29	11	72
11367	18	67	25

图14-2 用于整数关键字的模散列函数

注：最右端的3列显示了使用函数(i) v % 97(左边一列)；(ii) v % 100(中间一列)；(iii) (int) (a*v)%100 (右边一列)，把16-位的关键字散列后的结果。其中a = 0.618033。针对这些函数的表长分别为97、100和100。散列值的出现是随机的（因为关键字是随机的）。中间的函数（v % 100）只使用了关键字的最右边的两位，因而，对于非随机关键字，这个散列函数的性能较差。

对浮点型关键字也可以使用模散列函数。如果关键字在一个较小的范围内，我们可以按比例将它们转换为0到1之间的数，再乘以2^w以得到w-位整数结果，然后使用模散列函数。另一种方法是使用关键字的二进制表示（如果可能的话）作为模散列函数的操作数。

无论关键字是表示成机器码的整数，还是压缩成一个机器字的一串字符，或者是其他情况，只要我们能访问到组成关键字的每一位数字，就可以应用模散列方法。由于有些数位是用来编码的，故组成机器字的一个随机字符串与一个随机整型关键字有很大不同，但我们可以使上述两者（连同其他类型的机器码关键字）出现在一个小型表中时是随机下标。

图14-3解释了我们选择模散列表长度M为素数的原因。在这个7位编码字符数据的例子中，我们把关键字当作基数为128的数——在关键字中每一位数代表一个字符。比如，与单词now对应的数1816567也可以表示为：

$$110 \cdot 128^2 + 111 \cdot 128^1 + 119 \cdot 128^0$$

由于字母n、o和w的ASCII码分别为156_8 = 110，157_8 =111，168_8 = 119。这样，选择表长M = 64不适合这种类型的关键字。因为x mod 64的值不受64（或128）的倍数与x之和的影响——该散列函数对任何关键字的返回值是关键字的后6位。一个好的散列函数应用考虑关键字的全部位，特别是由字符组成的位。当M的因子含有2的幂的时候，类似情况也会发生。因此，避免这种现象的最简单方法是取M为素数。

```
now  6733767  1816567  55  29
for  6333762  1685490  50  20
tip  7232360  1914096  48   1
ilk  6473153  1734251  43  18
dim  6232355  1651949  45  21
tag  7230347  1913063  39  22
jot  6533764  1751028  52  24
sob  7173742  1898466  34  26
nob  6733742  1816546  34   8
sky  7172771  1897977  57   2
hut  6435364  1719028  52  16
ace  6070745  1602021  37   3
bet  6131364  1618676  52  11
men  6671356  1798894  46  26
egg  6271747  1668071  39  23
few  6331367  1684215  55  16
jay  6530371  1749241  57   4
owl  6775754  1833964  44   4
joy  6533771  1751033  57  29
rap  7130360  1880304  48  30
gig  6372347  1701095  39   1
wee  7371345  1962725  37  22
was  7370363  1962227  51  20
cab  6170342  1634530  34  24
wad  7370344  1962212  36   5
```

图14-3 用于编码字符的模散列函数

注：这个表的每一行显示了一个3-字符的字，该字的ASCII编码为八进制和十进制的21-位编码数字，采用表大小分别为64和31的标准模散列函数（最右边两列）。大小为64的表导致了不想要的结果，因为只有关键字最右边的位对散列值起作用，并且自然语言字中的字符分布并不均匀。例如，所有以y结尾的字都散列到值57。对比之下，素数值31在表中引起的冲突次数少于表大小的一半。

除了要求表长为素数之外，模散列没有什么难于实现之处。对某些应用而言，用已知的小素数就可以满足要求，或者我们还可以从已知的素数表中找一个与表长接近的素数来实现。例如，当$t = 2$、3、5、7、13、19和31时（再无其他$t < 31$满足此条件），$2^t - 1$的值是素数，这就是著名的默森尼素数（Mersenne prime）。为了对某一个固定长度的表实现动态分配，我们需要计算与表长度接近的素数，这种计算就不是那么容易实现了（但我们将在第五部分介绍一种巧妙的算法）。因此，实际应用中，我们通常采用一个预先计算好的表（见图14-4）。使用模散列函数不是要求表长为素数的惟一原因，我们将在第14.4节考虑另外一个原因。

对于整数关键字，另一种可供选择的方法是把乘法方法与取模方法结合起来：将关键字乘以0到1之间的一个常数，然后做模M运算。这相当于采用形如$h(k) = \lfloor k\alpha \rfloor \bmod M$的散列函数。$\alpha$、$M$和关键字的有效基数之间相互影响，可能导致异常行为，但在实际应用中，如果我们对α任意取值，将不会出现问题。一个常用的α值是$\phi = 0.618033\cdots\cdots$（即黄金分割比）。关于$\alpha$的选择有很多研究，特别是能够用高效机器指令（如移位和掩码）实现的散列函数（见第四部分参考文献）。

n	δ_n	$2^n - \delta_n$
8	5	251
9	3	509
10	3	1021
11	9	2039
12	3	4093
13	1	8191
14	3	16381
15	19	32749
16	15	65521
17	1	131071
18	5	262139
19	1	524287
20	3	1048573
21	9	2097143
22	3	4194301
23	15	8388593
24	3	16777213
25	39	33554393
26	5	67108859
27	39	134217689
28	57	268435399
29	3	536870909
30	35	1073741789
31	1	2147483647

图14-4　用于散列表的素数

注：对于$8 \leqslant n \leqslant 32$，表长最大素数值小于$2^n$。该表可用于对散列表进行动态分配，要求散列表的大小为素数。对于所在范围的任何给定的正数，我们可以使用这个表得到2的倍数次幂以内的一个素数。

在很多符号表应用中，关键字不是整数且位数也不短，而是较长的字母序列。我们如何计算字符串averylongkey?的散列值呢？在7位ASCII码中，该关键字对应于如下84位整数：

$$97 \cdot 128^{11} + 118 \cdot 128^{10} + 101 \cdot 128^9 + 114 \cdot 128^8 + 121 \cdot 128^7$$
$$+ 108 \cdot 128^6 + 111 \cdot 128^5 + 110 \cdot 128^4 + 103 \cdot 128^3$$
$$+ 107 \cdot 128^2 + 101 \cdot 128^1 + 121 \cdot 128^0$$

该数太大，无法在大多数计算机中用普通算术函数表示。更进一步说，我们还应该能够处理更长位数的关键字。

我们可以通过一段一段地转化关键字来计算长关键字的模散列函数值。而且，我们可以利用mod函数的算术性质并使用霍纳（Horner）算法（见4.9节）。这种算法是基于关键字的另一种表示来求散列值的方法。例如，我们写出如下的表达式：

$$(((((((((97 \cdot 128 + 118) \cdot 128 + 101) \cdot 128 + 114) \cdot 128 + 121) \cdot 128$$
$$+ 108) \cdot 128 + 111) \cdot 128 + 110) \cdot 128 + 103) \cdot 128$$
$$+ 107) \cdot 128 + 101) \cdot 128 + 121$$

也就是说，我们可以按照从左到右的顺序计算出编码字符串的每一个字符对应的十进制数，求和后再乘以128，然后加下一个字符的编码值。该计算最终产生一个大于我们机器所能表示的整数，但我们对于计算该数并不感兴趣，仅仅需要的是它除以M后的余数，当然这个余数应该是相对较小的。另外，我们也不用计算大的求和值就可以得到结果，因为在运算的每一步都去掉一个M的倍数。我们只需在每次加乘运算之后保存模M的值，这样得到的结果是好像我们有计算长整数，然后再作除法的能力（见练习14.10）。这一观察致使我们可以直接使用算术方法计算长字符串的模散列函数。该程序采用了一点技巧：采用素数127代替128做基数。作出这种改变的原因将在下一段中讨论。

有多种计算散列函数的方法都与采用霍纳算法的模散列有相同的计算开销（即对关键字中每个字符进行一到两次算术运算）。对于随机关键字，这几种方法没有什么不同，但在实际应用中关键字一般不是随机的。要使真实关键字出现是随机的，我们需要考虑随机化算法进行散列。因为我们希望对于任意的关键字，散列函数产生随机的表中地址。随机化不难设计，因为并不要求严格按照模散列的定义。我们只是希望在产生小于M的一个整数的计算中，能够涉及关键字的所有位。程序14.1说明了这样一种方法：采用素数作为基数，而不是采用与字符串的ASCII表示对应的整数定义中要求的2的幂作为基数。图14-5解释了这种改变如何避免了典型字符串关键字分布不佳的问题。理论上说，由程序14.1产生的散列值对表长为127的倍数的表性能不佳（但实际应用中这种影响极小）。我们可以通过随机选择乘数来产生一个随机算法。另一种更高效的方法是在计算中使用随机系数，并且对关键字中每位数采用不同的随机值。这种算法称为通用散列算法。

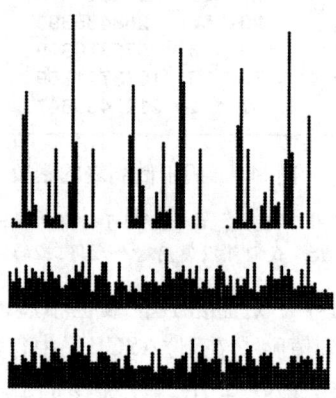

图14-5　用于字符串的散列函数

注：使用程序14.1且分别对于M = 96，a = 128(上图)，M = 97，a = 128(中图)，M = 96，a = 127(下图)，该图显示了对于一组英语单词（取自Melville的《Moby Dick》一书中的前1000个不同的单词）散列所得离散值。在第一个例子中，字母的不均匀使用以及表大小与乘数有公因子32的组合，导致了结果分布不均匀。其他两种情况是随机出现的，因为表大小与乘数互为素数。

程序14.1　字符串关键字的散列函数

这个用于字符串关键字的散列函数的实现涉及对关键字中的每个字符进行一次乘法和一次加法。如果我们用128代替常数127，那么使用霍纳算法，当对应关键字的7-位ASCII表示的数被表的大小整除时，程序会简单地计算出余数。如果表的大小为2的幂，或为2的倍数，基为127的素数就可避免异常情况。

```
int hash(char *v, int M)
  { int h = 0, a = 127;
    for (; *v != '\0'; v++)
      h = (a*h + *v) % M;
    return h;
  }
```

理论上说，一个理想的通用散列函数使得表中两个不同关键字产生冲突的机率为表大小M的倒数，即$1/M$。我们可以证明，采用一个不同随机值，而非固定值的序列作为程序14.1中的系数，可使模散列函数成为一种通用散列函数。我们可以通过维持一个具有不同随机值的数组，其中每个数组元素对应一个关键字的字符位置，来实现这一思想。程序14.2说明了在实际中即使是一个简单的函数也可以做得很好，因而我们可以使用一个简单的伪随机序列来表示系数。

程序14.2　用于字符串关键字的通用散列函数

这个程序进行的计算与程序14.1相同。但使用伪随机系数代替了固定基数来近似两个给定的不等关键字以概率$1/M$发生冲突的思想。我们不使用预先计算出的一组随机数作为系数，而是产生这些系数，是因为这种方法有更简单的接口。

```
int hashU(char *v, int M)
  { int h, a = 31415, b = 27183;
    for (h = 0; *v != '\0'; v++, a = a*b % (M-1))
        h = (a*h + *v) % M;
    return h;
  }
```

总之，把散列函数用于抽象符号表的实现，第一步要扩展抽象类型接口，使其包含一个把关键字映射到小于M的非负整数的hash操作，M为表长。直接实现：

`#define hash(v, M) (((v-s)/(t-s))* M)`

对于介于s和t之间的浮点数执行上述操作。对于整数关键字，可以使用

`#define hash(v, M) (v % M).`

如果M不是素数，可以用下面的散列函数返回值：

`#define hash(v, M) ((int) (.616161 * (float) v) % M)`

或采用类似计算：

`#define hash(v, M) (16161 * (unsigned) v) % M)`

足以把关键字散列开。所有这些散列函数，包括应用于字符串关键字的程序14.1，都是多年来程序员们普遍采用的古老而经典的算法。程序14.2的通用算法由于仅用很小的额外开销就提供了随机的散列结果，故对字符串关键字的散列有明显改进。我们还可以类比得到对整数关键字的相似算法（见练习14.1）。

在给定的应用中，通用散列比简单散列算法慢得多，因为关键字的每个字符都要做两次算术运算，对于长关键字而言是相当耗时的。为了改善这一缺陷，我们可以将关键字分成较大的段来处理。实际上，我们可以像在基本模散列中那样把分段扩大至不超出机器字的限度。正如我们前面详细讨论的，这类操作难于实现，而且在某些强数据类型的高级语言中容易导致循环漏洞。但在C语言中，采用适当的数据类型转换，则可以在代价不高或无需额外的工作地实现这类操作。在很多情况下，这些因素要认真考虑，因为散列函数的计算很可能在内循环中，因此提高散列的运算速度也就提高了整个运算的速度。

除了介绍这些算法的好处之外，在实现这些算法的时候也要仔细。因为，第一，我们在进行数据类型转换和用算术函数作用于关键字的不同机器表示的时候，要十分小心避免程序出错。特别是当一个程序由旧机器移植到不同字长的新机器上的时候，上述操作是典型的错误源。第二，散列函数很有可能包含在程序的内存循环中，因此它的运算时间基本上决定了程序的运算时间。在这种情况下，确信散列函数降低了机器代码的效率是很重要。这些操作也是明显导致代码效率低的原因。例如，在一台较慢的机器上或软件上，简单模散列与先乘

系数0.61616的模散列对浮点操作数的运算,运行时间的差异是惊人的。对多数机器而言,最快的算法是使M为2的幂,且使用下面的散列函数

```
#define hash(v, M) (v & (M-1))
```

该函数只使用关键字的最低位,但是逐位与运算比整数除法快很多,从而抵消了关键字分布不佳所带来的负面影响。

在实现散列时,散列函数总是返回同一值是一个较为典型的错误。其产生原因可能是一次数据类型转换没有正确完成。这种错误称为执行错误,因为使用这种散列函数的程序可以正确执行,但会非常慢(因为它设计成只对分布较好的关键字值有效)。这类函数很容易用一行程序来实现,因此我们应该对任何特殊符号表实现中遇到的关键字类型检验一下其执行情况。

我们可以用χ^2统计量来检验散列函数产生随机值的假设(见练习14.5),但或许这个要求过于苛刻。事实上,只要一个散列函数对某个输入值每次的输出结果相同,也就相当于χ^2统计量等于0,就可以断定没有产生随机值。我们仍然要考虑大量的χ^2统计量的情况。在实际应用中,采用一组分布范围广且没有数据处于支配地位的测试数据就足够了(见练习14.15)。处于这种情况,一个较好的基于通用散列算法的符号表实现有时需要检查散列值是否是均匀离散开的。客户也需要告知是发生过小概率事件还是散列函数中存在程序错误。在实际的随机算法中加入这类检查是明智的。

练习

▷ **14.1** 采用第10章的`digit`抽象,将一个机器字看作一个字节序列,对用机器字中的位表示的关键字实现一个随机散列函数。

14.2 在你的编程环境中把一个4-字节的关键字转换成一个32-位的整数,测试是否存在执行时间上的开销。

○ **14.3** 基于一次装入4-字节的思想,开发一个字符串关键字的散列函数,然后对每32-位进行算术操作。然后将这个函数所需时间与程序14.1针对4-字节、8-字节、16-字节和32-字节的关键字的运行时间进行比较。

14.4 编写一个寻找a和M值的程序,使M尽可能小。而且对于图14-2中的关键字用散列函数`a*x % M`产生不同的值(即不发生冲突)。这个函数是完美散列函数的一个例子。

○ **14.5** 对N个关键字和表大小为M的散列表,编写一个程序,计算χ^2统计量,该统计量由以下方程定义:

$$\chi^2 = \frac{M}{N} \sum_{0 \leq i < M} \left(f_i - \frac{N}{M}\right)^2$$

其中f_i是散列值为i的关键字的个数。如果散列值是随机的,对于$N > cM$,这个统计量应该以概率$1-1/c$等于$M \pm \sqrt{M}$。

14.6 使用你在练习14.5中得到的程序,对于小于10^6的随机正整数关键字,对散列函数`618033 * x % 10000`进行评估。

14.7 在你的系统中的某个大文件,如一个字典,取出不同的字符串作为关键字,并用你在练习14.5中的程序评估程序14.1中的散列函数。

• **14.8** 假设采用t位整数作为关键字,对于素数M的模散列函数,证明每个关键字位具有如下性质:存在两个只在那位上相异的关键字,散列得到不同的散列值。

14.9 考虑实现整数关键字的模散列函数`(a*x) % M`,其中a是任意固定素数。试问采用非素

数M能取得好的散列效果吗？

14.10 假设a、b、x和M是非负整数，试证明

$$(((ax) \bmod M) + b) \bmod M = (ax + b) \bmod M$$

▷ **14.11** 如果你使用一本书作为文本文件，诸如练习14.7，你不可能得到一个好的χ^2统计量。证明这个断言是正确的。

14.12 对于所有大小在100和200之间的散列表，使用1000个小于10^6的随机正整数作为关键字，用练习14.5中的程序评价散列函数`97*x %M`。

14.13 对于所有大小在100和200之间的散列表，使用100和1000之间的整数作为关键字，用练习14.5中的程序评价散列函数`97*x %M`。

14.14 对于所有大小在100和200之间的散列表，使用1000个小于10^6的随机正整数作为关键字，用练习14.5中的程序评价散列函数`100*x %M`。

14.15 做练习14.12和练习14.14，但使用更简单的方法，避免散列函数对任何值产生次数多于$3N/M$次。

14.2 链地址法

我们在14.1节中讨论的散列函数将关键字转化为散列表地址。散列算法的第二步就是解决当两个关键字散列到同一地址时如何处理的问题。最简单的方法是对每个散列地址建立一个链表，将散列到同一地址的不同关键字存入相应的链表中。这需要用到程序14.3中给出的基本链表搜索算法（见第12章）。不同的是在这里不是建立一个表，而是建立M个表。

程序14.3 采用链地址法的散列

这个符号表实现是在程序12.5中基于链表的符号表的基础上，用这里给出的函数替换掉`STinit`、`STsearch`、`STinsert`和`STdelete`得到的，且用这里的数组链表`heads`替换掉链表表头`head`。我们使用和程序12.5中相同的递归表搜索和删除过程。但用`heads`中的头链接来保持M个链表，使用散列函数来选择这些表。用`STinit`函数来设置M，使得每个表中大约有5个元素。于是，其他操作只需要几次探测。

```
static link *heads, z;
static int N, M;
void STinit(int max)
  { int i;
    N = 0; M = max/5;
    heads = malloc(M*sizeof(link));
    z = NEW(NULLitem, NULL);
    for (i = 0; i < M; i++) heads[i] = z;
  }
Item STsearch(Key v)
  { return searchR(heads[hash(v, M)], v); }
void STinsert(Item item)
  { int i = hash(key(item), M);
    heads[i] = NEW(item, heads[i]); N++; }
void STdelete(Item item)
  { int i = hash(key(item), M);
    heads[i] = deleteR(heads[i], item); }
```

传统上这种方法称为链地址法，因为发生冲突的元素由各自的链表链接在一起，共有M

个链表。图14-6显示了一个链地址法的例子。由于采用基本的顺序搜索，我们可以使冲突元素在各自的链表中有序或无序存储。正如在12.3节中讨论的那样，对链地址法也可采用这种基本的方法，但这样节省的时间并不明显（因为链表较短），却造成空间开销更显著（因为链表数目多）。

在单链表中，我们可以采用一个头节点使得有序表的插入操作的代码更简洁，但我们不会对相互独立的M个地址链表使用M个头节点。事实上，我们可以用每个链表的第一个节点组成散列表，从而删除掉散列表到链地址的M个链接（见练习14.20）。

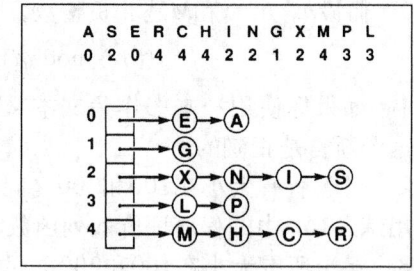

图14-6 采用链地址法的散列

注：利用图中的上部给出的散列值，这个图显示了使用链地址法把关键字A S E R C H I N G X M P L插入到初始为空的散列表（无序表）中所得的结果。A插入表0中，接着S插入到表2中，然后E插入到表0中（在表头插入，使插入时间为常量），然后R插入到表4中，以此类推。

对于搜索失败，我们可以认为该散列函数有效地散列了关键字的值，使得M个表地址中每一个都被等概率地搜索到。12.3节研究的性能特征对每个链表均适用。

性质14.1 链地址法使用M个链表的额外空间，平均来说，将顺序搜索的比较次数降低到$1/M$。

链表的平均长度是N/M。如在第12章介绍的，期望搜索成功所需比较次数只是表长的一半。不成功的搜索，对于无序链表将从头至尾比较整个链表，而有序表只需比较一半长度。∎

通常，我们在链地址法中采用无序链表，因为它既易于实现又高效：插入操作所需时间为常量，搜索操作所需时间与N/M成正比。如果预计可能产生大量数目搜索失败的情况，我们可以采用有序链表来使搜索速度加快一倍，但代价是插入操作减慢。

上述性质14.1是一个平凡结果，因为无论元素以何种方式分配到地址链表中，平均链表长均为N/M。例如，假设全部元素都落在第一个地址链中，则平均链表长为$(N+0+0+\cdots+0)/M = N/M$。散列在实际中有用的真正原因在于每个地址链以极大的概率包含N/M个元素。

性质14.2 在一个采用链地址法的散列表中，有M个地址链和N个关键字，则每个地址链中关键字的数目是N/M的一个小的因子的发生概率接近1。

对于熟悉基本概率知识的读者，我们简单地分析一下这一经典的结论。通过一个简单的论证，一个地址链含有k个元素的概率为：

$$\binom{N}{k}\left(\frac{1}{M}\right)^k\left(1-\frac{1}{M}\right)^{N-k}$$

我们在N个元素中选择k个：这k个元素散列到给定表中的概率为$1/M$，其余$N-k$个元素未散列到给定地址链中的概率为$1-(1/M)$，由$\alpha = N/M$，我们可以重写上式为

$$\binom{N}{k}\left(\frac{\alpha}{N}\right)^k\left(1-\frac{\alpha}{N}\right)^{N-k}$$

根据经典的泊松（Poisson）近似公式，上式小于

$$\frac{\alpha^k e^{-\alpha}}{k!}$$

根据这个结果，可得一个地址链含有多于$t\alpha$个元素的概率小于

$$\left(\frac{\alpha e}{t}\right)^t e^{-\alpha}$$

就实际参数变化范围而言，这个概率是相当小的。例如，如果平均地址链长度为20，则散列到某一地址链的元素个数大于40的概率小于$(20e/2)^2 e^{-20} \approx 0.0000016$。∎

上述分析是一个经典的"占有问题"的例子，即将N个球随机投到M个缸里，并分析球在不同缸里的分配情况。对这些问题的经典数学分析告诉我们许多跟研究散列算法相关的结论。看一个例子，由泊松近似公式得知空链的个数为$e^{-\alpha}$。一个更为有趣的结论是在第一次冲突发生前已经插入元素的平均个数为$\sqrt{\pi M/2} \approx 1.25\sqrt{M}$。这个结论就是经典的"生日问题"的解答。类似的分析告诉我们，取$M = 365$，找出两个同日出生的人，那么第一次找到这样两个人之前我们平均要找24人。另一个经典结论告诉我们在每个地址链中都至少含有一个元素之前，平均需有MH_M个元素已插入到表中。这个结论是经典的"期票收藏问题"的解答。再看一个例子，取$M = 1280$，在收藏到联赛32支球队每队40名球员的全部球星卡之前，我们要收集9898张球星卡（期票）。

这些研究结果体现了前面所分析的散列的特征。实际上，如果散列函数产生近似随机的散列值，我们便可以放心地使用链地址法（见第四部分参考文献）。

在链地址法的实现中，我们既要取M尽量小以避免空地址链浪费大量连续的内存空间，又要让M足够大以使顺序搜索效率最高。混合法（如，使用二叉树代替链接表）的使用可能会得不偿失。根据经验，我们应该选择M大约为链表中关键字数目的1/15或者1/10，这样每个地址链所包含元素数目的期望值为5个或10个。链地址法的一个好处是M的选择并非起决定性作用；如果更多的关键字不期而至，搜索仅仅比提前选择的相对稍大的链表情况多耗费一小段时间。如果更少的关键字出现在链表中，那么我们将获得更快速的搜索，但同时可能会浪费少量空间。当空间不是关键性资源的时候，不妨选择足够大的M以使搜索时间为常量；当空间至关重要的时候，仍可以在不超过我们所能承受的范围选择M，并使性能得到与M成正比的提高。

上一段的内容是对搜索时间的考虑。在实际应用中，由于两方面的原因，通常采用无序的地址链。第一，正如我们已经提到的，插入操作非常快：计算散列函数，为节点分配内存，把节点链接到相应的地址链的头部。在很多应用中，并不需要分配内存（因为插入到符号表的元素可能是已经含有可用链接字段的记录），因而我们可能只需3到4个机器指令就可以完成插入操作。在程序14.3中，采用无序地址链表的第二个好处是每个链表均像堆栈那样工作，因此我们可以轻易地删除最近插入的元素，因为这种元素在每个地址链的开始位置（见练习14.21）。当我们实现一个有嵌套作用域的符号表时，比如在一个编译器中，这种操作就显得格外重要。

在前面集中讨论符号表的实现中，我们实际上无意中给了客户程序一个处理重复关键字的选择。一个如程序12.10的客户程序可以在插入之前，通过搜索来检查是否存在重复关键字。另外一个客户程序可以不搜索链表中是否有重复元素从而获得快速的插入操作。

一般地，当应用程序需要排序与选择等符号表操作时，散列并不十分适用。散列常用在如下的典型情况中：我们需要对一个符号表进行大量的搜索、插入和删除操作，并在最后按关键字的顺序一次打印输出。编译器的符号表可作为这种情形的一个例子。另一个例子是删除重复关键字的程序，如程序12.10。若在无序链地址法的实现中处理这种情况，我们就必须采用第6章至第10章描述的某种排序方法。对有序链表的实现，我们可以采用表归并排序，在

与 $N \lg M$ 成正比的时间内来完成排序（见练习14.23）。

练习

▷ 14.16 使用(i)无序链地址法，(ii)有序链地址法，把 N 个关键字插入到初始为空的表中，需要多长时间？

▷ 14.17 给出使用无序链地址法，按照给出的顺序，将带有关键字E A S Y Q U T I O N的元素插入到初始为空的大小为 $M = 5$ 的表后，散列表中的内容。使用散列函数 $11k \bmod M$ 把字母表中的第 k 个字母转换成表的索引。

▷ 14.18 采用有序链地址法，解答练习14.17。你的答案依赖元素的插入顺序吗？

○ 14.19 使用链地址法，编写一个把 N 个随机整数插入到大小为 $N/100$ 的表中的程序，然后求出最短和最长表的长度，其中 $N = 10^3$、10^4、10^5 和 10^6。

14.20 修改程序14.3，删去程序14.3中的链头，把符号表表示为STnode的数组（每个链表的入口就是它的第一个节点）。

14.21 修改程序14.3，在每个元素中添加一个整数域，用于存放元素插入时表中的元素数目。然后实现一个函数，删除这个域中大于给定整数 N 的所有元素。

14.22 修改程序14.3中的STsearch实现，使它能够像STsort那样，访问关键字等于给定关键字的所有元素。

14.23 使用有序链地址法（固定表大小为97）实现符号表，使其支持带有客户句柄的一级符号表ADT（见练习12.4和练习12.5)的initialize、count、search、insert、delete、join、select和sort操作。

14.3 线性探测法

如果我们能估计将要填入散列表的元素数目，并且有足够的内存空间可以容纳带有空闲空间的所有关键字，那么在散列表中采用链地址法是不值得的。对表长 M 大于元素数目 N 的情况，人们设计了几种方法，依靠空的存储空间来解决冲突问题，这类方法称为**开放地址法**。

最简单的开放地址法是**线性探测法**：当冲突发生时（即我们准备把元素插入的位置已经被另一个不同的元素所占据），我们检查表中的下一个位置。按惯例将这种检查（确定给定的表位置上是否存在一个与搜索关键字不同的元素）称为探测。线性探测法的特点是每次探测有三种可能的输出结果：如果表位置上含有与搜索关键字匹配的元素，那么搜索命中；如果表位置上为空，那么搜索失败；如果表位置上的元素与搜索关键字不匹配，则继续探测表的更高索引，直到出现前两种结果中的一种（如果搜索到末尾则要回到表头继续搜索）。如果在搜索失败后要插入一个含有搜索关键字的元素，我们将其放入使搜索结束的空位置上。程序14.4就是使用线性探测法的符号表ADT的一种实现。采用线性探测法为一组样本关键字构造散列表的过程如图14-7所示。

程序14.4 线性探测

这个符号表的实现将元素保存在大小为元素数目两倍的散列表中。散列表初始化为 NULLitem。散列表存放元素自身。如果元素很大，可以修改元素的类型，以存放指向元素的链接。

为了插入一个新的元素，我们散列到表中的一个位置，然后向右扫描，找到一个空的位置。为了搜索一个给定关键字的元素，我们首先移到关键字散列的位置，并进行扫描寻找匹配。当命中空位置时就停止搜索。

STinit函数对M的设置,满足期望散列表处于半满状态。因而如果散列函数产生近似随机的值,那么其他操作只需要几次探测就可以完成。

```
#include <stdlib.h>
#include "Item.h"
#define null(A) (key(st[A]) == key(NULLitem))
static int N, M;
static Item *st;
void STinit(int max)
  { int i;
    N = 0; M = 2*max;
    st = malloc(M*sizeof(Item));
    for (i = 0; i < M; i++) st[i] = NULLitem;
  }
int STcount() { return N; }
void STinsert(Item item)
  { Key v = key(item);
    int i = hash(v, M);
    while (!null(i)) i = (i+1) % M;
    st[i] = item; N++;
  }
Item STsearch(Key v)
  { int i = hash(v, M);
    while (!null(i))
      if eq(v, key(st[i])) return st[i];
      else i = (i+1) % M;
    return NULLitem;
  }
```

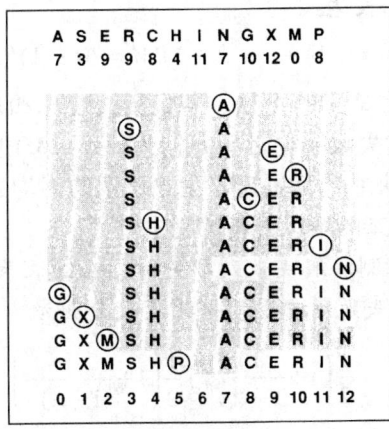

图14-7 用线性探测进行散列

注:这个图显示了使用开放地址法,把关键字A S E R C H I N G X M P插入到大小为13,初始为空的散列表中的过程。使用图中给出的散列值和线性探测解决冲突。首先,A插入位置7,接着S插入位置3,然后E插入位置9,R在位置9处发生冲突后,插入位置10,以此类推。探测到表的右端后,序列继续探测左端。例如,最后插入的关键字P散列到位置8,然后在位置8至12发生冲突,在位置0至5发生冲突后,散列在位置5处结束。表中所有未被探测的位置用阴影标出。

与链地址法一样,开放定址法的性能依赖于一个比例$\alpha = N/M$,但两种方法中α的意思是不同的。对链地址法来说,α是每个地址链元素的平均个数,而且通常大于1。而对开放定址法来说，α表示表中位置被占据的百分比，它一定是小于1的。因此，我们通常把α称为装填因子。

对稀疏表（α较小），我们预期大多数搜索只需要几次探测就能找到表的空位。而对于一个接近满的表（α接近1），一次搜索将需要相当多次的探测，而且当表完全填满时，探测将变成死循环。典型的做法是在线性探测中，为了避免过长的搜索时间，我们不允许表达到接近满的状态。也就是说，额外空间与其用来构造地址链，不如用来缩短探测序列。采用线性探测法的散列表长度大于采用链地址法的散列表长度。因此，必须使 $M > N$。但由于未使用链表，致使总的存储空间会有所减少。在14.5节我们将详细比较两者空间的使用情况。现在我们来分析线性探测法的运行时间，表示为关于α的函数。

在线性探测中，多个元素聚合在一段连续空间中的现象称为"聚集"。线性探测法的平均时间开销依赖于元素插入时的聚集方式。考虑对半满表（$M = 2N$）线性探测的两种极端情况：最佳情况是偶数地址的表位置是空的，奇数地址的表位置已有元素。最坏情况是表的后半段填有元素而前半段是空的。两种情况下聚集的平均长度均为$N/2N = 1/2$，但两者对搜索失败的平均探测次数是不同的。前者为1加

$$(0 + 1 + 0 + 1 + \cdots)/(2N) = 1/2$$

后者为1加

$$(N + (N-1) + (N-2) + \cdots)/(2N) \approx N/4$$

（我们认为所有搜索至少进行一次探测）。

推广这个结论，我们发现搜索失败所需平均次数与聚集长度的平方成正比。每次从链表中的一个位置开始搜索，共进行M次失败的搜索，将每次搜索的探测次数相加再除以总数M，就计算出平均探测次数。每次搜索失败至少进行一次探测，因此我们在第一次探测后统计探测次数。如果聚集长度为t，则表达式

$$(t + (t-1) + \cdots + 2 + 1)/M = t(t+1)/(2M)$$

表示长度为t的聚集对最终结果的贡献。若聚集长度总和是N，则将表中所有聚集对应的探测数目相加，可得一次搜索失败平均时间开销为$1+N/(2M)$加所有聚集长度的平方和再除以$2M$。给定一个表，我们能很快地计算该链表失败搜索的平均开销（见练习14.28），但是在线性探测算法中，聚集是一个复杂的难以分析的动态过程。

性质14.3 为采用线性探测法解决散列冲突时，在链表长为M且链表元素个数为$N = \alpha M$的散列表中，搜索命中和搜索失败所需平均探测次数分别为

$$\frac{1}{2}\left(1 + \frac{1}{1-\alpha}\right) \text{和} \frac{1}{2}\left(1 + \frac{1}{(1-\alpha)^2}\right)$$

尽管结果的形式相当简单，但对线性探测法的精确分析却是一个极具挑战性的工作。Knuth在1962年完成的工作是算法分析发展史上的一个里程碑（见第四部分参考文献）。■

α越接近于1，上面的估计越不准确，但由于我们通常不会对接近满的表采用线性探测法，所以根本不用考虑α接近于1的情况。下面的表格概括了在散列表中利用线性探测法，搜索命中和搜索失败所对应的探测次数的期望值。搜索失败的开销往往大于搜索命中的开销，但在尚未达到半满的散列表中，两者的平均值都仅需几次探测。

装填因子（α）	1/2	2/3	3/4	9/10
搜索命中	1.5	2.0	3.0	5.5
搜索失败	2.5	5.0	8.5	55.5

正如我们在链地址法中所做的那样，我们让客户程序来选择表中是否保留重复的关键字。在线性探测散列表中，重复元素不一定出现在连续的位置上——其他有相同散列值的元素可以出现在重复元素中间。

由建表过程的性质决定了关键字在线性探测散列表中是随机排列的。抽象数据表的排序和选择操作需要从0点开始并采用第6章至第10章里介绍的某种方法。所以在排序和选择操作频繁时，应用线性探测并不合适。

我们如何在线性探测散列表中删除一个关键字呢？仅仅移走它是不行的，因为后面将插入的元素会跳过移走的元素留下的空位，因此应该将删除元素所在位置到其右边下一个空位置之间的全部元素重新散列。图14-8显示了说明这个过程的一个例子。程序14.5则是这种方法的实现。在稀疏表中，这只需要几次重新散列。另一种实现元素删除操作的方法是把删除的关键字替换为一个观察哨，这种标志可作为搜索的占据符使用，而且可以被插入操作识别和重用。

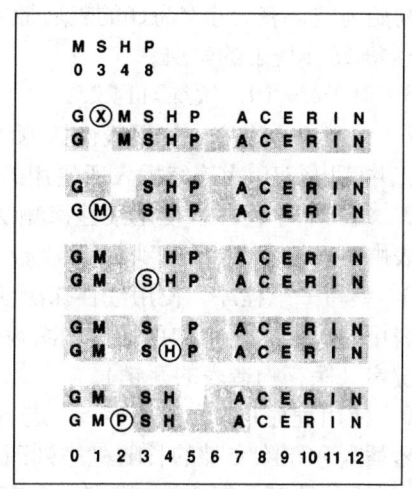

图14-8 在线性探测散列表中的删除过程

注：这个图显示了把X从图14-7中的表中删除的过程。第二行只显示了把X从表中取出后的结果，这是不可接受的最终结果，因为M和P被X留下的空位从散列位置隔开。因此，我们使用图上方给出的散列值和线性探测法解决冲突，把M、S、H和P按此顺序（它们是同一聚集中X右边的关键字）重新插入表中。M填充了X留下的空位，接着S和H无冲突地散列到表中，最终P散列到位置2结束。

程序14.5 在线性探测散列表中实现删除

为了删除具有给定关键字的一个元素，首先，搜索这个元素，并用NULLitem代替。然后，需要纠正某个元素位于现在未占据位置右边的可能性，而它初始时被散列到那个位置或其左边，因为空位将会终止对这个元素的搜索。于是，我们把同一聚集中的所有元素作为被删除的元素重新插入，并插入到那个删除元素的右边。因为表格还不到半满，平均来说重新插入的元素的数目较小。

```
void STdelete(Item item)
  { int j, i = hash(key(item), M); Item v;
    while (!null(i))
      if eq(key(item), key(st[i])) break;
      else i = (i+1) % M;
    if (null(i)) return;
    st[i] = NULLitem; N--;
    for (j = i+1; !null(j); j = (j+1) % M, N--)
      { v = st[j]; st[j] = NULLitem; STinsert(v); }
  }
```

练习

▷ 14.24 使用线性探测法,把N个关键字插入到初始为空的表中,最坏情况下需要多长时间?

▷ 14.25 给出使用线性探测法,按照给出的顺序,将带有关键字E A S Y Q U T I O N的元素插入到初始为空、表大小M为16的表后散列表中的内容。使用散列函数$11k \bmod M$把字母表中的第k个字母转换成表的索引。

14.26 对于$M = 10$,做练习14.25。

○ 14.27 编写一个程序,使用线性探测法,把小于10^6的10^5个随机非负整数插入到大小为10^5的表中,并画出每10^3次连续插入所使用的探测总数。

14.28 编写一个程序,使用线性探测法,把N/2个随机整数插入到大小为N的表中,然后计算结果表中一次搜索命中的平均探测次数,其中$N = 10^3$、10^4、10^5和10^6。

14.29 编写一个程序,使用线性探测法,把N/2个随机整数插入到大小为N的表中,然后计算结果表中一次搜索命中的平均探测次数,其中$N = 10^3$、10^4、10^5和10^6。不需要在表尾搜索所有关键字(保存构造表的开销)。

• 14.30 使用程序14.4和程序14.5,进行实验来确定搜索命中或搜索失败的平均探测次数是否会随着插入和删除交替的长随机序列而改变,散列表的大小为2N,包含N个关键字,$N = 10$、100和1000。且对于每个N,序列中含有可达N^2个插–删对。

14.4 双重散列表

线性探测算法(实事上对任何散列算法都成立)的一个重要原则是当搜索某一特定关键字的时候,要保证对散列到同一地址的所有关键字都进行探测(特别是,当该关键字在表中时要探测到它本身)。然而,在开放定址散列算法中,特别是当表快要填满的时候,其他关键字也要被检查。在图14-7描述的例子中,搜索N需要探测C、E、R和I,但它们并没有相同的散列值。更坏的是,插入一个具有某一散列值的关键字会大大增加其他散列值关键字的搜索时间,例如在图14-7中,插入M导致位置7~12和0~1的搜索时间增加。由于跟聚集形成过程有关,这种现象称为聚集。它使得对接近满的散列表的线性探测操作运行速度变慢。

幸运的是,有一种简单的方法可以消除聚集问题,这就是双重散列算法。其基本策略与线性探测算法一样,惟一不同的是它不是检查表中冲突点后面的每一个位置,而是采用第二个散列函数得到一个用于探测序列的固定增量。程序14.6给出了一种实现方法。

程序14.6 双重散列

双重散列除了在每次冲突之后,使用第二个散列函数来确定搜索增量之外,其他与线性探测相同。搜索增量必定非零,表的大小和搜索增量应该互素。用于线性探测的**STdelete**函数(见程序14.5)并不适合于双重散列,因为任何关键字都可能出现在许多不同的探测序列中。

```
void STinsert(Item item)
  { Key v = key(item);
    int i = hash(v, M);
    int k = hashtwo(v, M);
    while (!null(i)) i = (i+k) % M;
    st[i] = item; N++;
  }
Item STsearch(Key v)
  { int i = hash(v, M);
    int k = hashtwo(v, M);
```

```
while (!null(i))
  if eq(v, key(st[i])) return st[i];
  else i = (i+k) % M;
return NULLitem;
}
```

第二个散列函数必须仔细选择，否则程序可能会根本不起作用。首先，我们必须排除第二个散列函数产生散列值0的情况，因为0散列值将导致第一次冲突时出现死循环。其次，第二个散列函数产生的散列值必须与表长互素，否则某些探测序列将会非常短（以表长为第二个散列值的两倍为例）。一种实现方法是使M为素数，再选择第二个散列函数，使其返回值小于M的值。在实际中，可采用下面一个简单的散列函数

```
#define hashtwo(v) ((v % 97) +1)
```

当表长并不太小时，该散列函数可以满足多种散列要求。同样在实际中，这种简化带来的效率下降并不十分明显。如果散列表大而且稀疏，则表长不必为素数，因为每次搜索只需要几次探测（要用这种方式，就要对过长时间的搜索进行检测以防止死循环（见练习14.38））。

图14-9给出了采用双重散列法建立一个较小的散列表的过程。图14-10显示出双重散列算法的结果比线性探测具有更少的聚集（因而聚集的长度也更短）现象。

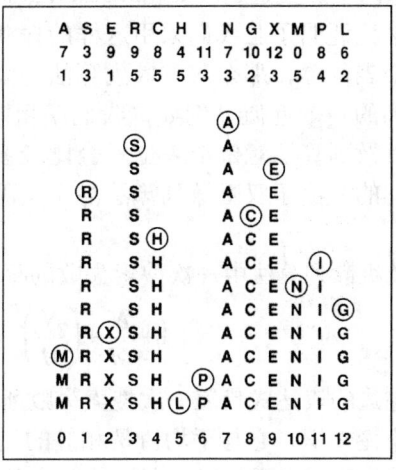

图14-9 双重散列

注：这个图显示了使用开放地址法，把关键字ASERCHINGXMPL插入到初始为空的散列表（无序表）中所得结果。使用图上方给出的散列值及双重散列解决冲突。每个关键字的第一个和第二个散列值出现在那个关键字的下面两行中。像在图14-7所做的那样，被探测过的表位置未用阴影。首先，A插入位置7，接着S插入位置3，然后E插入位置9，这和图14-7中的一样。但R在位置9处发生冲突后，插入到位置1，它在冲突之后使用其第二个散列值作为探测增量。类似地，P在位置8、12、3、7、11和2冲突时，使用它的第二散列值4作为探测增量，最后插入到位置6。

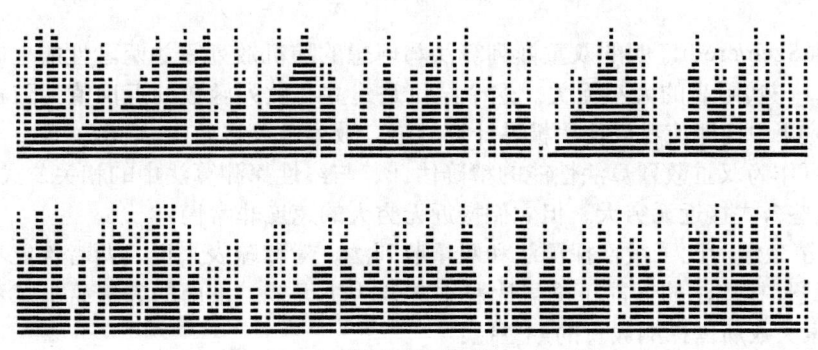

图14-10 聚集

注：这些图显示了当使用线性探测（中图）和双重散列（下图）把记录插入到散列表中，记录的分布情况。上图显示了关键字的分布情况。每一行显示了插入10个记录的结果。随着填充表的进行，记录聚集在一起，变成空表位置所隔离的序列。我们不希望出现长聚集的序列，因为搜索聚集中的一个关键字的平均开销与聚集长度成正比。使用线性探测，聚集越长，聚集长度就越可能增加。因而在表被填充的过程中，几个较长的聚集起着决定作用。使用双重散列，这个影响要小一些，聚集相对短一些。

性质14.4 采用双重散列算法处理冲突时,对包含$N = \alpha M$个元素且表长为M的散列表,搜索命中与搜索失败所需平均探测次数分别为

$$\frac{1}{\alpha}\ln\left(\frac{1}{1-\alpha}\right) \text{和} \frac{1}{1-\alpha}$$

这两个公式是Guibas和Szemeredi通过深入的数学分析得出的结论(见第四部分参考文献)。这个结论证明了当我们采用这样的探测序列——各个关键字不相关且每次探测等概率地命中每一个表位置,那么双重散列算法与复杂的随机散列算法是等效的。上述算法其实仅仅是双重散列的一个近似。例如,我们采用双重散列算法时尽量保证在每个表位置上只比较一次,但随机散列算法对每个表位置会比较多次。当然,对稀疏表而言,两种方法产生冲突的概率是一样的。由于双重散列算法易于实现而随机散列算法便于分析,所以我们对两种方法都感兴趣。

随机散列算法中一次搜索失败的平均开销由下式给出

$$1 + \frac{N}{M} + \left(\frac{N}{M}\right)^2 + \left(\frac{N}{M}\right)^3 + \cdots = \frac{1}{1-(N/M)} = \frac{1}{1-\alpha}$$

上式左边的表达式代表一次搜索失败所需探测次数大于k($k = 0, 1, 2, \cdots$)的概率之和(根据概率论知识,它与平均值是相等的)。一次搜索总要用到至少一次探测,需要第二次探测的概率为N/M,需要第三次探测的概率为$(N/M)^2$,以此类推。我们可以用该公式近似计算N个关键字的散列表中一次搜索命中的平均开销

$$\frac{1}{N}\left(1 + \frac{1}{1-(1/M)} + \frac{1}{1-(2/M)} + \cdots + \frac{1}{1-((N-1)/M)}\right)$$

每个关键字等概率地命中;搜索一个关键字与插入一个关键字的开销是相同的;将第j个关键字插入表中与在$j-1$个关键字中发生搜索失败的开销也是相同的。因此,这个公式代表平均开销。我们可以化简该公式,将分子与分母同乘以M:

$$\frac{1}{N}\left(1 + \frac{M}{M-1} + \frac{M}{M-2} + \cdots + \frac{M}{M-N+1}\right)$$

并根据$H_M \approx \ln M$,可得

$$\frac{M}{N}(H_M - H_{M-N}) \approx \frac{1}{\alpha}\ln\left(\frac{1}{1-\alpha}\right) \blacksquare$$

Guibas和Szemeredi证明的双重散列算法与理想的随机散列算法两者性能之间的关系是一种渐进关系,与实际表的大小无关。这个结论是建立在散列函数的返回值为随机的假设之上的。在实际应用中,即使我们使用极易计算的第二散列函数,如(v % 97) +1,性质14.5中的渐进公式仍可作为双重散列算法性能的精确估计。与线性探测算法中的相关公式一样,当α趋近于1时,这些公式接近无穷大,但它们接近无穷大的速度非常慢。

图14-11清楚地对比了线性探测法和双重散列法。对稀疏表来说,两者性能相当,随着表不断填满,线性探测法的性能下降得比双重散列法快很多。下面的表格给出了双重散列法搜索命中与搜索失败所需探测数目的期望值:

装填因子(α)	1/2	2/3	3/4	9/10
搜索命中	1.4	1.6	1.8	2.6
搜索失败	1.5	2.0	3.0	5.5

搜索失败总是比搜索命中开销更大。即使是在表为9/10满的时候,平均情况下它们都只需要

几次探测。

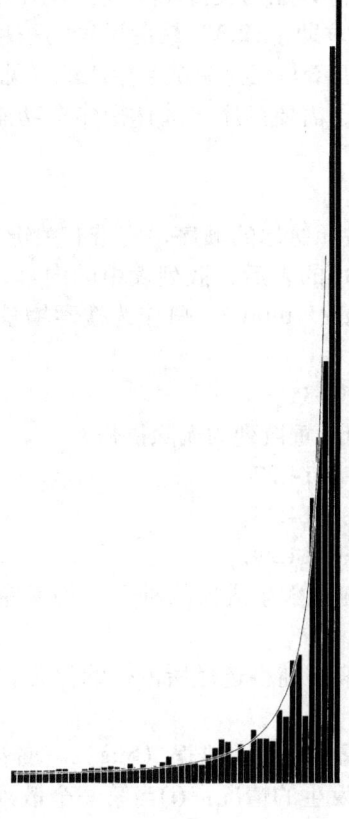

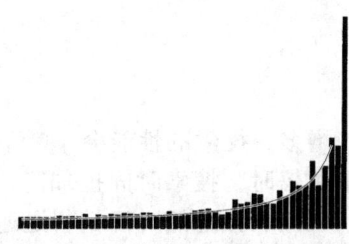

图14-11 开放地址法搜索的开销

注：这些图表显示了使用线性探测法（上图）和双重散列法（下图），把关键字插入到初始为空的表中，构建大小为1000的散列表的开销。每一条柱子表示20个关键字的开销。灰色曲线显示了理论分析（见性质14.4和性质14.5）所预测的开销。

让我们从另一角度看待这个问题，双重散列使我们可以使用比线性探测更小的表来得到相同的平均搜索时间。

性质14.5 如果我们使装填因子对于线性探测算法和双重散列算法分别小于$1-1/\sqrt{t}$和$1-1/t$，那么可以保证所有搜索的平均开销小于t次探测。

设性质14.4和性质14.5的搜索失败的方程为t，即可解得α。 ■

例如，为了保证一次搜索平均探测数目小于10次，如果采用线性探测算法则要求32%表位置为空，采用双重散列算法只要求保持10%表位置为空。如果我们需要处理10^5个元素，为了保证不成功搜索的探测数目在10次以内，则需要另外10^4个空间。与之相比，链地址法需要超过105个链接，BST法则需要两倍之多。

程序14.5实现删除操作的算法（即把包含删除元素的搜索路径上的关键字重新散列）降低了双重散列算法的性能，因为待删除的关键字可能出现在不同的探测序列中，会涉及整个表中的关键字。因此，我们需要求助于12.3节最后讨论的一种方法，即用一个观察哨代替已删除元素，表示该位置被占用，但不与任何关键字相匹配（见练习14.33）。

与线性探测算法类似，对于需要排序与选择操作全功能的符号表ADT，双重散列算法也不合适。

练习

▷ 14.31 给出使用双重散列，按照给出的顺序，将带有关键字 E A S Y Q U T I O N 的元素插入到初始为空的，表大小 M 为16的表后，散列表中的内容。使用散列函数 $11k \bmod M$ 作为初次探测的函数，第二个散列函数 $(k \bmod 3) + 1$ 作为搜索增量（其中关键字表示字母表的第 k 个字符）。

▷ 14.32 对于 $M = 10$，回答练习14.31。

14.33 使用观察哨元素，实现双重散列的删除操作。

14.34 使用双重散列，实现练习14.27。

14.35 使用双重散列，实现练习14.28。

14.36 使用双重散列，实现练习14.29。

○ 14.37 用关键字作为嵌入式随机数生成器的种子（如程序14.2所示），实现近似随机散列的算法。

14.38 假设大小为 10^6 的表半满，随机选择所占据的位置。计算下标能被100整除的位置被占据的概率。

▷ 14.39 假设你的双重散列代码中有一个错误（bug），使得一个或两个散列函数总是返回非0的相同值。描述每一种情形会发生的情况：(i)当第一个散列函数有错时；(ii)当第二个散列函数有错时；(iii)两者都有错时。

14.5 动态散列表

随着散列表中关键字数目的增多，搜索的性能会不断下降。采用链地址法，搜索时间逐步增大——当表中关键字的个数加倍时，搜索时间也加倍。这种情况对于采用线性探测或双重散列的开放地址法也是一样。但当表接近满时开销将迅速增大。更坏的情况是，甚至我们到达不能插入更多关键字的状态。这种情况与树状搜索相反，树状搜索允许开销自然增长。例如，在红黑树中，当树中节点数加倍时，搜索开销仅有少量增长（一次比较）。

一种不使散列表增长的方法是，当表快要满时使表大小加倍。加倍是一种昂贵的操作，因为表中的每个元素必须重新插入，但这种情况不是一个经常性的操作。程序14.7是针对线性探测算法的加倍操作的一种实现。图14-12给出了一个示例。该方法对双重散列算法同样适用。基本思想也可用于链地址法（见练习14.46）。每当散列表接近半满时，我们使表长加倍实现表的扩展。第一次扩展后，散列表介于1/4满与半满两状态之间，因此平均搜索开销小于3次探测。而且，尽管重建表的操作代价昂贵，但是不常发生。它的开销只占到构建表的总开销的常量部分。

程序14.7 动态散列插入（用于线性探测）

用于线性探测的 ST insert 的实现（见程序14.4）可以处理任意多的关键字，每当表处于半满时就加倍表长。加倍要求我们为新表分配内存空间，重新把关键字散列到新表中，然后释放掉旧表所占内存。函数init是STinit的一个内部版本。ADT初始化STinit可以使表长M初始化为4或者任意大小。这种方法也可用于双重散列法或链地址法。

```
void expand();
void STinsert(Item item)
  { Key v = key(item);
    int i = hash(v, M);
    while (!null(i)) i = (i+1) % M;
    st[i] = item;
    if (N++ >= M/2) expand();
  }
void expand()
  { int i; Item *t = st;
    init(M+M);
    for (i = 0; i < M/2; i++)
      if (key(t[i]) != key(NULLitem))
        STinsert(t[i]);
    free(t);
  }
```

```
A S E R C H I N G X M P L
1 3
5 7 1 2
13 7 1 10 7 8 5 6
13 23 1 10 7 8 21 22 27 24 9 16 28

         Ⓐ
         A                                        
         Ⓔ      Ⓢ
         E      A   S
         Ⓔ     Ⓡ
         E      A   S
         E          S    Ⓒ  R         A
         E          S    C   Ⓗ  R     A
         E      Ⓘ       S    C   H  R  A
         E      I   Ⓝ   S    C   H  R  A
         E              C    H   R      A                         I  N  S           Ⓖ
         E              C    H   R      A                         I  N  S   Ⓧ      G
         E              C    H  Ⓜ  R    A                         I  N  S    X      G
         E              C    H   M   R  A              Ⓟ          I  N  S    X      G
         E              C    H   M   R  A              P          I  N  S    X   G Ⓛ
         0 1 2 3 4 5 6 7 8 9 10 11 12 13 14 15 16 17 18 19 20 21 22 23 24 25 26 27 28 29 30 31
```

图14-12 动态散列表的扩张

注：这个图显示了把关键字ASERCHINGXMPL插入到使用加倍扩张的动态散列表中所得的结果。使用图上方给出的散列值及线性探测解决冲突。关键字以下的前4行给出了表长为4、8、16和32时的散列结果。表长初始化为4，到E时表长加倍到8，到C时表长加倍到16，且到G时表长加倍到32。每当表长加倍时，所有关键字都重新散列和插入。所有插入都是在稀疏表（重插入时表状态小于1/4满，否则介于1/4满与半满之间）中进行，因此冲突很少。

另一种表达这个概念的方法是每个插入操作的平均时间开销小于4次探测。这一断言并不能说是平均每次插入操作只需要小于4次的探测。事实上，正如我们所知的，那些引起表长加倍的插入操作需要大量的探测。这个结论也可作为"平摊分析"的一个简单例子，即我们无法保证这个算法对每一种操作均是快速的，但我们可以保证每个操作的平均开销是较低的。

尽管总开销较低，插入操作的性能曲线仍是不稳定的：多数操作非常快，但极少数几个操作耗时相当于前面那些操作开销的总和。在表元素由一千增到一百万的过程中，这种情形大约会出现10次。在很多应用中，这种现象是允许的，但如果对性能要求苛刻或要保证绝对性能的情况下，就不允许出现这种现象了。我们不妨以例子来说明。或许一个银行或航空公司愿意接受并承担让一个客户在百万次交易中等待大约10次的后果，但他们决不会接受在线资金交易或航班控制系统中的长时间等待，因为那将带来灾难性的后果。

如果我们支持删除的ADT操作，那么随着表元素的减少，值得对表进行减半（见练习14.44）。但有一个附加条件，表长减半与加倍所对应的元素个数的阈值是不同的，因为即使很大的表，几次连续的插入与删除操作也会导致多次复杂的表长加倍和减半的操作。

性质14.6 对符号表执行一系列搜索、插入和删除操作所用的时间与t成正比，且空间开销在表中关键字个数的某个常数因子范围内。

当插入操作使散列表到达半满状态时，我们采用线性探测算法使表长加倍。当删除操作使表降为1/8满时，我们将表长减半以使表收缩。在上述两种情况下，如果重建后的表长为N，则表中含有$N/4$个元素，那么在表长再加倍（可通过$N/2$个元素重新插入到长度为$2N$的表中来完成）之前可以插入$N/4$个元素。同样，在表长再减半（可通过$N/8$个元素重新插入到长度为$N/2$的表中来完成）之前，删除$N/8$个元素。在两种情况下，需要重新插入的元素个数均不超过使表达到重建点所做的操作数目的两倍，因此总开销是线性变化的。而且，散列表总是介于1/8满与1/4满的状态之间（见图14-13），这也说明了性质14.4中的每个操作所需的探测次数小于3。 ■

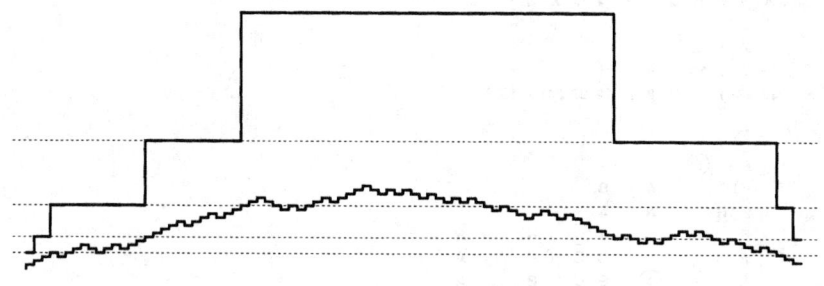

图14-13 动态散列

注：这个图显示了当向表中进行插入元素和删除表中的元素时，利用一次插入使表半满而对表加倍，一次删除使表长为1/8而对表减半的操作，表中的关键字数目（下图）和表长（上图）的变化情况。表长初始化为4，总是2的幂（图中虚线为2的幂）。当随着关键字数目变化的曲线在穿越了不同虚线之后，首次穿越一条虚线时，表长要发生改变。这个表总是处于1/8满和半满两个状态之间。

上述方法适用于使用模式无法预知的通用库的符号表实现，因为它能合理地处理各种表长的情况。其基本缺点在于表扩张和缩减时重新散列和内存分配所带来的开销问题。当搜索操作居于支配地位时，采用稀疏表将获得极好的结果。在第16章，我们会考虑另一种不需要重新散列的方法，而且该方法适用于大型表的外部搜索。

练习

▷ **14.40** 给出按照字母出现的顺序，将带有关键字E A S Y Q U T I O N的元素插入到初始为空的，表大小M为4的表后，散列表中的内容。在表半满时对表进行加倍扩张，采用线性探测解决冲突。使用散列函数$11k \bmod M$把字母表的第k个字符转换成表中的索引。

14.41 在表处于半满时，使用扩张三倍（不是两倍）表长的方法会更经济吗？

14.42 在表处于1/3满时，使用扩张三倍（不是在表半满时扩张两倍）表长的方法会更经济吗？

14.43 在表处于3/4满（不是半满）时，使用扩张三倍表长的方法会更经济吗？

14.44 给程序14.7添加一个delete函数，就像在程序14.4中删除一个元素那样。但如果删除操作使表变成7/8空,则将表收缩为原来的一半。
○ **14.45** 实现程序14.7的一个链地址法版本,使得每当平均表长等于10时,把表长增加9倍。
14.46 采用带有懒删除技术(见练习14.33)的双重散列方法,修改程序14.7以及练习14.44的实现。确保你的程序在是否扩张或收缩表时考虑了哑元元素的个数以及空位置数。

14.6 综述

正如我们在前面考虑各种散列算法时所讨论的,针对某一应用选择最佳的散列算法要考虑各种因素。前面提到的所有散列算法都可以把符号表的插入和搜索操作的开销减少到某一常数时间,而且这些算法对相当多的应用都是十分高效的。我们可以将三种主要算法(线性探测法、双重散列法和链地址法)大致总结如下:线性探测法是三者中最快的(前提是内存足够大以保证表是稀疏的),双重散列法使用内存最为高效(但需要额外的时间开销来计算第二个散列函数),链地址法最易于实现(假设存在一种好的内存分配方案)。表14-1给出了关于几种算法性能的实验数据及其解释。

表14-1 散列表实现的实验研究

对于一个32位的随机整数序列,这些构建和搜索散列表的相对时间证实了,对易于散列的关键字进行散列是一种比树搜索快得多的方法。对于稀疏散列表,双重散列慢于链地址法和线性探测法(这是由于要计算第二个散列函数)。但是在表为满时,双重散列法要比线性探测法快得多。这是使用少量额外内存就能够提供快速搜索的方法之一。使用带有加倍扩张的线性探测法所构建的动态散列表比其他散列表的构造开销要大,这是由于内存分配和再散列的缘故。但这种方法肯定可以导致最快的搜索。当以搜索为主且关键字的数目不能精确预测时,动态散列表是可选的方法。

N	构造					搜索失败				
	R	H	P	D	P*	R	H	P	D	P*
1250	1	0	5	3	0	1	1	0	1	0
2500	3	1	3	4	2	1	1	0	0	0
5000	6	1	4	4	3	2	1	0	1	0
12500	14	6	5	5	5	6	1	2	2	1
25000	34	9	7	8	11	16	5	3	4	3
50000	74	18	11	12	22	36	15	8	8	8
100000	182	35	21	23	47	84	45	23	21	15
150000		54	40	36	138		99	89	53	21
160000		58	43	44	147		115	133	66	23
170000		68	55	45	136		121	226	85	25
180000		65	61	50	152		133	449	125	27
190000		79	106	59	155		144	2194	261	30
200000	407	84			159	186	156			33

其中:
R 红黑BST(程序12.7和程序13.6)
H 链地址法(程序14.3,且表长20000)
P 线性探测(程序14.4,且表长200000)
D 双重散列(程序14.6,且表长200000)
P* 带有加倍扩张的线性探测(程序14.7)

是选择线性探测算法还是选择双重散裂算法主要取决于计算散列函数的开销和表的装填因子。对稀疏表(a较小),两种方法都仅用几次探测,但双重散裂算法遇到长关键字时的两次散列函数计算开销大。另一方面，如图14-11所示，随着a接近于1，双重散裂算法性能大大优于线性探测算法。

由于需要精确计算内存使用情况，线性探测算法和双重散列算法与链地址法的比较更为复杂。链地址法需要额外的空间存储链表；开放地址法需要在表内使用额外的空间来终止探测。下面以具体例子进行说明。假设使用链地址法建立了一个具有 M 个地址链的散列表，链的平均长度为4，并设每个表元素和链占用一个机器字的空间。由于我们用相应的链来代替一定数量的元素，故认为元素与链占据同样大空间的假设是合理的。在上述假设下，散列表共使用 $9M$ 个机器字的内存空间（$4M$ 用于元素，$5M$ 用于地址链），而且平均每次搜索需要2次探测。然而，对 $4M$ 个元素且表长为 $9M$ 的散列表，线性探测算法完成一次搜索命中平均只需 $(1 + 1/(1-4/9))/2 = 1.4$ 次探测，即在使用同样多内存的条件下，线性探测法比链地址法快30%。另一方面，对 $4M$ 个元素且表长 $6M$ 的散列表，线性探测算法完成一次搜索命中平均需要2次探测，即在同样时间开销条件下，线性探测法比链地址法节省33%的存储空间。而且，我们还可以使用如程序14.7中的动态散列算法以确保，随着元素数目的增多，表始终处于稀疏状态。

前面的讨论说明，基于性能考虑，我们没有理由放弃开放地址法而选择链地址法。但实际应用中对固定表长的情况我们通常选用链地址法，理由有很多：易于实现（特别是删除操作）；对符号表或其他抽象数据类型需要使用的事先分配好链接字段的元素，实现时只需很少的额外空间；尽管随着表的填满链地址法的性能会下降，但在某种意义上这种下降是允许的，而且由于它仍比顺序搜索快，故通常不会影响应用的效果。

针对某些应用，人们提出了很多种散列算法，我们不能一一详述，在这里简要介绍三种特殊散列算法以试图说明其本质。

一种方法是在双重散列算法的插入操作时把元素来回移动，这样使得搜索命中率更高。Brent研究出一种方法使得搜索命中的平均时间开销限制在一个常数时间内（见第四部分参考文献）。在搜索命中起决定作用的应用中，这种方法相当有用。

另一种称为有序散列的算法，在线性探测中引入排序，使得搜索失败的开销接近于搜索成功。在使用观察哨的线性探测中，当遇到一个或大于或与搜索关键字匹配的空位置时，我们便停止搜索；在有序散列算法中，当我们遇到大于或等于搜索关键字的元素时就停止搜索（使用这种方法必须建立有序表）（见第四部分参考文献）。引入排序所带来的改进与链地址法中对地址链排序所获得的效果是一样的。这种方法是为搜索失败处于决定地位的应用所设计的。

一个失败搜索速度快而命中搜索速度稍慢的符号表可以用来实现异常字典。例如，一个文本处理系统的断字算法对大多数单词正常工作，但遇到异常情况（如遇到单词"bizarre"）时就不能正常工作。实际情况是，在一个大型文档中，只有很少几个单词有可能出现在异常词典中，即几乎所有的搜索都应该是失败的。

上述例子仅是多种散列算法改进方法中的几种，很多算法是有趣的并且有重要的应用。需要注意的是，除非要求很高或者对性能/复杂度进行了认真分析，否则不要轻易使用高级的算法，因为我们所认真讨论过的链地址法、线性探测法和双重散列法已经足够简单、高效并适用于很多应用。

前面异常词典的例子告诉我们，针对某一常用操作对算法做少量修改就可以提高其性能——在这里是针对搜索失败进行修改。再看一个例子，假设我们有一个包含1000个元素的异常词典，要搜索1百万个元素是否在其中。事实上几乎所有元素的搜索都是失败的。如果元素为奇异英文单词或32位随机整数，就会出现这种情况。一种方法是把所有词散列成15位的散列值（表长约为 2^{16}）。1000种异常值占表的1/64并使得绝大多数搜索直接以失败结束，即第一次探测就发现空的表位置。但如果表中含有32位的字，我们可以将它转化成奇异表并采用20位的散列值。如果搜索失败，则只需比较一位就可以，而搜索命中则需要在一个小的表中进行多次探测。异常占据表的1/1000，搜索失败仍占绝大多数，而且我们通过1百万次位比较操作就可以完成任务。该方法采用了这样一个基本思想：一个散列函数对每个关键字产生一个标志——这一思想在符号表之外的应用中极为有用。

在符号表实现的很多应用中，散列比二叉树（见第12、13章）应用更为广泛，因为它简单并能提供最佳的搜索时间（为常数），而且如果关键字是标准类型或足够简单，我们一定可以找到好的散列函数。二叉树优于散列的地方是：它基于简单的抽象接口（无需设计散列函数）；二叉树是动态的（不需关于搜索次数的更多信息）；二叉树可以在最坏情况下保证性能（即使最好的散列算法也有可能将全部关键字散列到同一位置）；二叉树支持更多种操作（最重要的是排序与选择）。当上述因素不重要时散列算法当然是理想的选择，但还有一种例外：如果关键字是长字符串，我们可以构造一种搜索速度比散列更快的数据结构，这将在第15章进行介绍。

练习

▷ **14.47** 对于1百万个整数关键字，计算三种方法（链地址法、线性探测法和双重散列法）的散列表长，要求它们像BST平均搜索失败时那样具有相同的关键字比较次数，并以统计散列函数的计算次数作为比较次数。

▷ **14.48** 对于1百万个整数关键字，计算三种方法（链地址法、线性探测法和双重散列法）平均搜索失败的比较次数，要求它们使用总数达3百万字的内存空间（像BST那样）。

14.49 实现正文中描述的带有快速搜索失败的符号表ADT，第二次比较时要求使用链地址法。

第15章 基数搜索

第10章介绍了基数排序。采用类似方法我们可以得到一些搜索算法，称为基数搜索算法，即每一步不是比较整个关键字，而是比较关键字的一段或一部分。当关键字易于分段时这些方法很有用，而且能高效地完成多种搜索任务。

本章我们采用与第10章相同的抽象模型，按内容不同可将关键字分为两种：一种是字，即固定长度的字节序列；另一种是字符串，或简称串，即变长的字节序列。对字类型的关键字，我们用以R为基的数的形式表示，并按数位进行各种操作。我们可以把C语言的字符串看作终止于一个特殊符号的变长数，这样无论是定长关键字还是变长关键字，都可以把算法基于"提取关键字的第i位"这一抽象的操作之上，当然要考虑到关键字位数小于i的情况。

基数搜索算法的主要优点是：在最坏情况下仍能提供较好的搜索性能而无需平衡树那样的算法复杂度；对变长关键字易于实现；某些基数搜索算法在搜索数据结构对部分关键字进行排序，从而节省开销；与二叉树和散列算法相比，基数搜索可以快速访问数据。与基数排序一样，基数搜索也存在一定缺陷，比如空间使用效率低，若不能高效地访问关键字中的每一个位，搜索性能也会受到影响。

在本章中，首先，我们介绍每次用关键字的一位来遍历二叉树的几种搜索算法。接着讨论一系列的方法，而且每一种方法都解决前面一种方法的某个问题，最终我们将得到一种适用于多种搜索应用的巧妙算法。

然后，我们将概括R叉树。同样会介绍一系列算法并最终得到一种支持基本符号表及其扩展的灵活高效的算法。

在基数搜索中，我们通常先比较关键字的最高位（MSD）。很多算法与基于最高位的基数排序算法的思路是一致的，正如基于BST的搜索算法与快速排序算法的思路是一致的。特别是，我们还要介绍与第10章中线性时间排序算法类似的方法——基于同一思路的常数时间搜索算法。

在本章最后，我们会介绍采用基数搜索算法的大文本索引应用。这是一种很自然的解决方案，而且为第五部分介绍高级字符串处理做了必要的准备。

15.1 数字搜索树

最简单的基数搜索算法基于数字搜索树（DST）。其搜索和插入算法与二叉树只有一点不同：树分支不是根据整个关键字的比较结果，而是根据关键字的某些被选位的比较结果。在第一层使用最重要的位，第二层使用次重要的位，以此类推，直到遇到外部节点。程序15.1给出了搜索算法的实现，其对应的插入算法也是类似的。由于位函数操作可以访问关键字的每一位，故不用"小于"进行关键字比较。事实上，这段代码与程序12.8中二叉树搜索算法的代码是一样的，但其性能截然不同，这些将在后面内容中进行介绍。

程序15.1 二进制数字搜索树

为了使用DST开发符号表的实现，我们修改标准BST中的search和insert实现（见程序12.7）。如同这个search实现所示的，不是比较整个的关键字，而是根据对关键字的某位（最高位）的测试来决定是向左子树搜索还是向右子树搜索。当向树的下方移动时，递归函数调用中的第三个参数可以把被测试位的位置向右移动。我们使用digit操作来测试位，如同第10.1节所讨论的。这些一样的改变可用于insert实现中；否则，使用程序12.7中的所有代码。

```
Item searchR(link h, Key v, int w)
  { Key t = key(h->item);
    if (h == z) return NULLitem;
    if eq(v, t) return h->item;
    if (digit(v, w) == 0)
         return searchR(h->l, v, w+1);
    else return searchR(h->r, v, w+1);
  }
Item STsearch(Key v)
  { return searchR(head, v, 0); }
```

如第10章所述，基数排序算法需要我们注意相等的关键字的情况，在基数搜索中也是一样。在本章中，我们假设符号表中所有关键字值均不相同。由于可采用12.1节中的方法处理相同关键字的情况，故上述假设并不失一般性。在基数搜索中集中精力研究不等值关键字是非常重要的，因为关键字值是我们将要研究的几种数据结构的共有元素。

图15-1给出了本章使用的一些单字母关键字的二进制表示。图15-2给出了一个DST树插入操作的例子。图15-3显示了把一个关键字插入到初始为空的树中的过程。

```
A 00001
S 10011
E 00101
R 10010
C 00011
H 01000
I 01001
N 01110
G 00111
X 11000
M 01101
P 10000
L 01100
```

图15-1 单个字符关键字的二进制表示

注：如在第10章所做到的那样，我们使用i的5位二进制表示来表示字符表中的第i个字母，如图中给出的一组字母的表示。在本章中常用图中的这组例子。按照从左到右为第0位至第4位的顺序来考虑每一位。

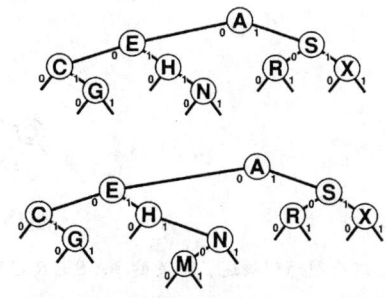

图15-2 数字搜索树与插入操作

注：这个数字搜索树的示例描述了一个不成功搜索M=01101的过程（上图）。在树根向左（因为关键字的二进制表示中的第一位为0），接着向右（因为第二位为1），然后向右、向左，在N下面的空左链结束这个搜索过程。要插入M（下图），我们把搜索结束位置的空链用链接到新节点的链接代替，如同我们在BST插入所做的那样。

插入和搜索操作是由关键字的各个位决定的，但任意的DST不具有BST的有序性，也就是说DST中一个给定节点不一定大于其左边的节点或小于其右边的节点，这种有序性在每个关键字不等的BST中是一定存在的。然而，对一个给定的节点，其左边的关键字一定小于其右边的关键字（假设该节点在第k层，那么其前k位是一样的，但下一位则左边的关键字为0，右边的关键字为1），而且该节点的关键字可能是其子树中所有关键字的最大值、最小值或其中任意值。

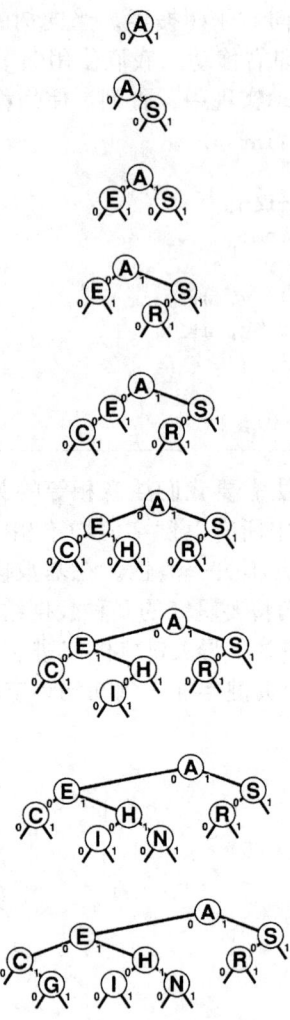

图15-3 数字搜索树的构造

注：这个图序列描述了把关键字A S E R C H I N G插入到初始为空的数字搜索树中的过程。

DST具有以下性质：每个关键字都处于由关键字的位（从左到右）所确定路径上的某个地方。这个性质可以保证程序15.1中的search和insert实现的正确性。

假设关键字是固定字长（w位）的字，要使每个关键字不同，要求$N \leqslant 2^w$，可设N远远小于2^w（如果不满足此情况，可采用12.2节中关键字索引的搜索算法）。事实上，很多实际搜索应用是满足这个要求的。例如，对具有10^5条记录且关键字长为32位（但可能没有10^6条那么多记录）的符号表或任意多条记录数的64位关键字的符号表，DST都是适用的。DST同样适用于变长关键字。对于变长关键字的情况我们将在15.2节介绍，并介绍一些相关算法的变形。

如果关键字数目很大而字长相对较小，则建立DST表的最坏情况比BST的要好很多。在数字搜索树中，对很多应用而言（例如关键字是由随机的位组成的），最长路径的长度也是相对较短的。特别是，最长路径是由最长关键字的位数决定的。而且，如果关键字是定长的，搜索时间也由关键字的位数决定，如图15-4所示。

性质15.1 在一个N个随机关键字的数字搜索树（DST）中，一次搜索或插入操作，平均需要$\lg N$次比较，最坏情况下大约为$2\lg N$次比较。比较次数不大于关键字的位数。

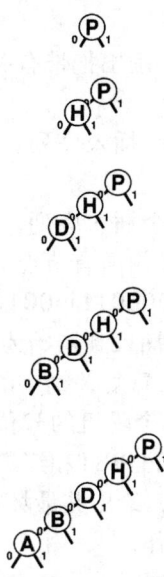

图15-4 最坏情况下的数字搜索树

注:这个图序列描述了把关键字P = 10000, H = 01000, D = 00100, B = 00010和A = 00001插入到初始为空的数字搜索树中的过程。树的序列出现了退化,但是路径长度受到关键字的二进制表示的长度所限。除了00000,其他关键字不会再增加树的高度。

下一节我们将介绍一个更普通的问题。现在先用其中的参数,对随机关键字给出最坏情况和平均情况的结果,将证明过程留作练习(见练习15.29)。出于直觉,我们可以将随机关键字分为以0开头和以1开头两部分,且两部分各分到某节点的一侧。在树上每下移一层,需要比较关键字的一位,因此搜索所需的比较次数不会超过关键字的位数。对w位关键字且总数N远远小于2^w的典型情况,路径长度接近N,因此比较次数也远远小于随机关键字的位数。∎

图15-5给出了7位关键字的较大型的数字搜索树,它接近完美的平衡。DST吸引人之处在于,对许多应用(甚至很大的数据量)都能提供接近最优的性能,且易于实现。例如,即使关键字数目达到数十亿,32位关键字的DST(或4个字母,每个字母用8位二进制表示)也可使比较次数小于32,64位关键字的DST(或8个字母,每个字母用8位二进制表示)可使比较次数小于64。对于大的N,DST可提供与红黑树相当的比较次数,并且不超过BST的复杂度(BST只提供与N^2成正比的复杂度)。所以,如果关键字的每一位都易于访问的话,那么数字搜索树(DST)是对搜索和插入等符号表操作使用平衡树的一种不错的选择。

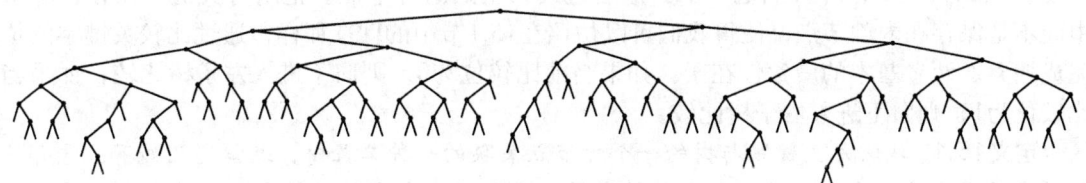

图15-5 数字搜索树示例

注:这棵由约200个随机关键字所构建的数字搜索树,与第15章描述的对应情况一样,具有良好的平衡性。

练习

▷ 15.1 使用图15-1中给出的二进制编码,画出把带有关键字 E A S Y Q U T I O N 的数据项按照此顺序插入到初始为空的树中的DST。

15.2 给出关键字 A B C D E F G 的一个插入序列。该序列使这些关键字产生一棵完美平衡DST,同时也是一棵高效的BST。

15.3 给出关键字 A B C D E F G 的一个插入序列。该序列使这些关键字产生一棵完美平衡DST,且每个节点有一个关键字小于其子树所有节点的关键字,同时也是一棵高效的BST。

▷ 15.4 画出把带有关键字 01010011 00000111 00100001 01010001 11101100 00100001 10010101 01001010 的数据项按照此顺序插入到初始为空的树中的DST。

15.5 试问能否像在BST中那样,把带有重复关键字的记录保存在DST中?并做出解释。

15.6 对于 $N=10^3$, 10^4, 10^5 和 10^6,把N个随机的32位关键字插入到初始为空的树中所构建的DST,通过实验比较DST与同关键字的标准BST和红黑树的高度和内部路径长度。

○ 15.7 对有不同w位的N个关键字的DST,给出其最坏情况下内部路径长度的完整描述。

• 15.8 实现基于DST的符号表的delete操作。

• 15.9 实现基于DST的符号表的select操作。

○ 15.10 描述如何用线性时间且无需构建DST,来计算一棵由给定关键字形成的DST的高度。

15.2 线索

在本节,我们介绍与DST类似的、采用关键字的位比较来完成搜索的一种搜索树。但不同之处在于,这种树中的关键字是有序排列的,因此该树支持,如BST中的排序等符号表的操作。其基本思路是把关键字只存储在树的底端,即树的叶节点上。这种数据结构有很多有用的性质,而且成为了很多有影响的搜索算法的基础。它是由de la Briandais在1959年首先发现的,而且由于对检索(retrieval)操作非常有用,故在1960年被Fredkin命名为线索(trie)。有趣的是,平常我们不得不读成"try-ee"或者干脆读"try"以区别树"tree"。为了命名的一致性,应该使用术语"二叉搜索线索"来命名线索,但事实上线索这一名称已经被广泛接受了。在本节介绍基本的二叉搜索线索,在15.3节介绍它的一种重要的变形,在15.4节和15.5节介绍基本的多叉搜索线索和一系列变形。

线索对于定长与变长关键字的情况均适用。为了简化讨论,我们假定任一搜索的关键字都不是其他关键字的前缀,例如,定长且各不相等的关键字就满足此条件。

在一个线索中,我们把所有关键字保存在树的叶节点上。由5.4节可知,树的叶节点是指一棵树中没有孩子节点的节点。树的叶节点与外部节点不同。我们把外部节点看作是空孩子节点。在二叉树中,叶节点是一个其左右链接为空的内部节点。把所有关键字保存在叶节点中而不是保存在内部节点,使得我们可以仿照15.1节中的DST那样,通过比较关键字的位来完成搜索。两者基本的一致性在于:如果当前比较位为0,则向下进入左子树比较;如果当前比较位为1,则向下进入右子树比较。

定义15.1 线索是关键字与树的一个叶节点关联的一种二叉树,递归定义如下:没有任何关键字的线索是一个空链接;单个关键字的线索是一个含有该关键字的叶节点;多关键字的线索起始于一个内部节点,其左链接指向以0位开始的关键字,右链接指向以1位开始的关键字,然后对关键字的后续位按照这个规则继续构造子树,直至关键字最后一位。

所有关键字都存储在树的叶节点上,而且其路径顺序是由关键字前导位的排列模式决定的。相反,每一线索的叶节点包含的惟一关键字,是以由树根到该叶节点所确定路径上的位为起始位。非叶节点的空链接对应的是不属于线索中关键字的位序列。因此，要在线索中搜索一个关键字，只要像在DST中那样由树根开始，根据关键字的不同位向下分支，但不需要在内部节点进行比较。搜索过程是这样的：从线索的顶端出发，先比较关键字的最左边一位，如果它是0则进入左子树，如果是1则进入右子树，然后将所用关键字向右移一位，继续搜索。如果搜索结束于一个空链接则表示搜索失败。由于只能有一个叶节点含有与搜索关键字相同的元素，因此如果搜索结束于一个叶节点，则只需一次关键字比较就可以完成搜索。程序15.2实现了上述过程。

程序15.2　线索搜索

这个函数使用关键字的位来控制线索中向下过程的分枝，与程序15.1针对DST的方法一样。有三种可能结果：如果搜索到达一个叶节点（它有两个空链接），那么它是线索中可能包含带有关键字v的记录的惟一节点，因而我们测试那个节点是否确实包含v（搜索命中）或那个节点包含的关键字，其最高位匹配v（搜索失败）。如果搜索到达一个空链接，那么，父节点的其他链接一定不是空链接，因而，线索中存在某个其他关键字，在对应的位上不同于搜索关键字，发生搜索失败。这个代码假设关键字互不相同，而且（关键字可能长度不同）没有一个关键字是另一个关键字的前缀。在非叶节点中未使用item域。

```
Item searchR(link h, Key v, int w)
  {
    if (h == z) return NULLitem;
    if ((h->l == z) && (h->r == z))
      return eq(v,key(h->item)) ? h->item : NULLitem;
    if (digit(v, w) == 0)
         return searchR(h->l, v, w+1);
    else return searchR(h->r, v, w+1);
  }
Item STsearch(Key v)
  { return searchR(head, v, 0); }
```

像通常一样，要在一个线索中插入一个关键字，首先要进行搜索。如果搜索在一个空链接处结束，就将该空链接替换为指向含有待插入关键字的叶节点的链接。如果搜索在一个叶节点处结束，我们需要增加内部节点，并继续向下搜索，直到遇到两个叶节点（内部节点的所有孩子节点）的关键字第一个不同位出现为止。图15-6给出了线索搜索和插入的例子。图15-7给出了将关键字插入到初始为空的构造线索的过程。程序15.3是线索插入算法的完整实现。

程序15.3　线索插入

要向线索插入一个新节点，我们像通常那样进行搜索，然后区分可能出现搜索失败的两种情况。如果失败不是在叶节点上，那么我们用一个指向新节点的新链接代替引起检测到失败的空链接。如果失败是在叶节点上，那么，我们在搜索关键字与找到的关键字相一致的每个位的位置上，使用函数split来构造一个新的内部节点，并在一个内部节点最左位出现不同关键字的地方结束这个过程。split中的switch语句把正在测试的两位转换成一个数，用来处理遇到的四种情况。如果两位相同（即$00_2 = 0$或$11_2 = 3$），那么继续分裂节点。如果两位不同（即$01_2 = 1$或$10_2 = 2$），那么停止分裂节点。

```
void STinit()
  { head = (z = NEW(NULLitem, 0, 0, 0)); }
```

```
link split(link p, link q, int w)
  { link t = NEW(NULLitem, z, z, 2);
    switch(digit(p->item, w)*2 + digit(q->item, w))
      {
        case 0: t->l = split(p, q, w+1); break;
        case 1: t->l = p; t->r = q; break;
        case 2: t->r = p; t->l = q; break;
        case 3: t->r = split(p, q, w+1); break;
      }
    return t;
  }
link insertR(link h, Item item, int w)
  { Key v = key(item);
    if (h == z) return NEW(item, z, z, 1);
    if ((h->l == z) && (h->r == z))
      { return split(NEW(item, z, z, 1), h, w); }
    if (digit(v, w) == 0)
         h->l = insertR(h->l, item, w+1);
    else h->r = insertR(h->r, item, w+1);
    return h;
  }
void STinsert(Item item)
  { head = insertR(head, item, 0); }
```

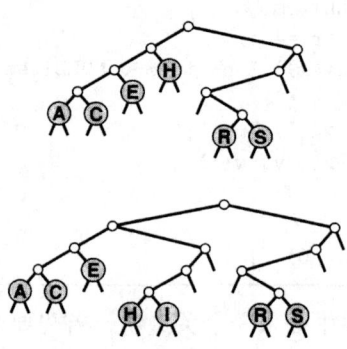

图15-6 线索搜索和插入操作

注：线索中的关键字存储在叶节点（其两个链接都为空）中。非叶节点的空链接对应的位模式不在线索的任何关键字中。

这棵示例线索显示了对关键字H=01000的一次成功搜索（上图）。在根处向左移动（因为该关键字的二进制表示的第一位为0），接着向右移动（因为第二位为1），在那里找到H，它是树中以01开始的惟一关键字。线索中没有关键字是以101或11开始，这两个位模式导致了线索中非叶节点的两个空链接。

要向线索中插入一个关键字（下图），需要添加三个非叶节点：一个节点对应01，它有一个对应011的空链接；一个节点对应010，它有一个对应0101的空链接；还有一个节点对应0100，它的左边叶节点为H = 01001，右边叶节点为I = 01001。

我们不用访问叶节点的空链接，也不需把元素存储在非叶节点中，因而，我们可以在C实现中，通过采用union把节点定义为上述的其中一种情况（见练习15.20）来节省空间。此时，我们仍然为了简便起见，采用BST、DST和其他二叉树结构中的单节点的定义方法。这种方法的显著特点是内部节点不含关键字，而叶节点的左右链接为空。当然，这种定义的简化导致了一定空间上的浪费。在15.3节中，我们将针对多节点类型对算法作出改进，并在第16章中介绍用union实现的搜索。

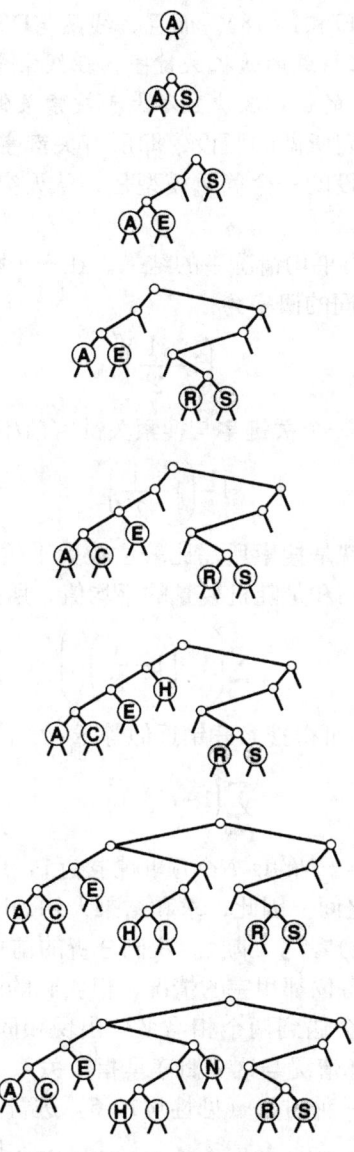

图15-7 线索构造

注：这个图序列描述了把关键字 A S E R C H I N 插入到初始为空的线索中的过程。

根据前面的定义和几个例子，我们可以得出线索的几个基本性质。

性质15.2 一个线索的结构与其关键字插入的顺序是无关的：对任一无重复关键字序列存在一个惟一的线索。

这是线索区别于前面介绍的其他搜索树的一个特性。其他搜索树的建立既依赖于所使用的关键字，又依赖于关键字的插入顺序。 ∎

一个线索的左子树的全部关键字都是以0开头，而右子树的关键字是以1开头。线索的这个性质与基数排序有一定相似性，二叉树搜索与二进制快速排序（见10.2节）对关键字的分类方式是完全一致的。通过比较图15-6的线索与图10-4的快速排序（注意：所有关键字都不同）也可以得出两者的关系。我们在第12章也介绍了两者的相似性。

线索与DST的不同之处在于其关键字在树中是有序的，因此，我们可以直接实现符号表的排序和选择操作（见练习15.17和15.18）。而且，线索与DST一样都是平衡的。

性质15.3 对由N个随机位组成的随机关键字，在线索中进行一次插入或搜索操作，平均需要lg N次位比较。最坏情况下的位比较次数不大于搜索关键字的位数。

在分析线索时，要注意我们所做的假设，即所有关键字均不同，且没有一个关键字是其他关键字的前缀。满足这些假设的一个简单模型是，从无穷的随机位构成的序列中取出建立线索所需的位。

下面我们通过概率分析得出平均情况下的结果。在一个随机线索中，N个关键字与一个搜索关键字的前t位至少有一位不同的概率为：

$$\left(1-\frac{1}{2^t}\right)^N$$

用1减上式即得线索中存在一个关键字与搜索关键字前t位匹配的概率：

$$1-\left(1-\frac{1}{2^t}\right)^N$$

从另一个角度解释，上式就是搜索所需比较位数大于t位的概率。根据基本概率知识，对于$t \geqslant 0$，随机变量大于t的概率的和是随机变量的平均值，所以平均搜索开销为：

$$\sum_{t \geqslant 0}\left(1-\left(1-\frac{1}{2^t}\right)^N\right)$$

根据近似式$(1-1/x)^x \sim e^{-1}$，可得搜索开销近似等于：

$$\sum_{t \geqslant 0}\left(1-e^{-N/2^t}\right)$$

上面的求和式中，2^t充分小于N的lg N个项非常接近1；所有2^t充分大于N的项非常接近0；另外少数$2^t \approx N$的项介于0和1之间。因此，求和结果大约为lg N。对上式的精确分析与估计需要较高的数学理论（见第四部分参考文献）。我们分析的前提是假设w足够小，使得我们在搜索时不会出现搜索关键字的所有位都用完的情况，但实际的w值会使开销减小。

在最坏情况下，我们可能会遇到两个相当多位出现相同的关键字，当然这种情况的概率非常小。性质15.3中提到的最坏情况与这个概率呈指数关系（见练习15.28），即更小。■

我们也可以将分析BST的一种方法（见性质12.6）进行推广来分析线索的性质，即以0开头的关键字为k个，另外以1开头的关键字为$N-k$个的概率为$\binom{N}{K}2^N$，由此我们可以得出外部路径长度的递推公式：

$$C_N = N + \frac{1}{2^N}\sum_K\binom{N}{k}(C_k + C_{N-k})$$

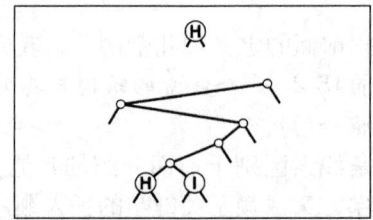

图15-8 二叉线索最坏情况

注：这个序列描述了把关键字H = 01000和I = 01001插入到初始为空的二叉线索后的结果。就像在DST中那样（见图15-4），路径长度受到关键字的二进制表示的长度的限制。然而，就像这个例子所描述的那样，即使线索中只有两个关键字，路径长度也可能比较长。

这个递推公式与7.2节中快速排序的递推公式是类似的，但推导难度更大。而且这个结果是我们在性质15.3中介绍的平均搜索开销的表达式的N倍（见练习15.26）。仔细研究这个递推公式可以加深我们对线索比BST更平衡这一性质的理解，即从中间将关键字分类的概率更大。因此，这个递推公式与归并排序和快速排序的递推公式两者（前者大约等于N lg N，后者大约等于2N lg N）

相比，跟归并排序的递推公式更相像。

我们已经考察了线索区别于其他搜索树的一些性质，但还有一个不好的性质是当关键字多数位相同时需要进行单分支遍历。如图15-8所示，无论线索中有几个关键字，只有最后一位不同的关键字需要与关键字长相等的路径长度，此时内部节点的数目甚至比关键字的数目还多。

性质15.4 一个由N个w位随机关键字构成的线索平均含有$N/\ln 2 \approx 1.44N$个节点。

通过整理性质15.3的公式，我们可以得到N个关键字的一个线索中平均节点数目的公式如下（见练习15.27）：

$$\sum_{t \geq 0}\left(2^t\left(1-\left(1-\frac{1}{2^t}\right)^N\right) - N\left(1-\frac{1}{2^t}\right)^{N-1}\right)$$

因为这一公式中很多项的值都不像性质15.3中的公式中那样趋向0或1，所以其数学推导比前者更为复杂（见第四部分参考文献）。■

我们可以通过实际经验来检验上述结果。图15-9给出了一个大的线索，它的节点数目比相同关键字构造的BST和DST多44%，但能够更平衡并且达到近似最佳的搜索开销。我们起初担心额外的节点会增加搜索操作的平均开销，但事实正相反。例如，即使我们把平衡线索的节点数目加倍，搜索操作增加的开销也仅仅为一次比较操作。

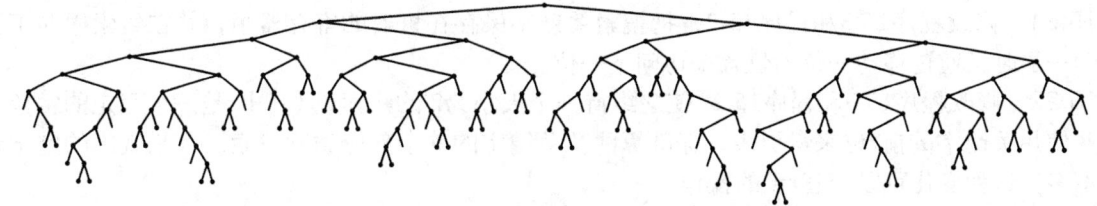

图15-9 线索示例

注：这个由插入大约200个随机关键字所构造的线索，平衡性很好，但由于单路分支的影响，多于44%的节点是不需要的（叶节点中的空链接未显示出）。

考虑到程序15.2和程序15.3实现起来比较简便，我们假设关键字是定长且各不相同的，因此程序每次可以比较一位而且不会用尽关键字的全部位。同样，为了简便，在性质15.2和性质15.3中，我们假设每个关键字的位数是任意的，因此各关键字相同的概率（呈指数减小）很小。这些假设直接适用于变长字符串关键字的情况，当然仍有细节值得注意。

如果对变长关键字的情况使用前面的程序，除了每个关键字都不同这一限制，还要增加一个条件，即每个关键字都不能成为任一关键字的前缀。很多应用会自动满足这个条件，我们将在15.5节介绍这部分内容。另外，因为我们对每个前缀的处理都与一定的内部节点相联系，所以我们可在内部节点中存入一定信息以处理某些关键字成为其他关键字前缀的情况（见练习15.30）。

对于由足够多的随机位组成的长关键字，性质15.2和性质15.3描述的平均情况仍然成立。在最坏情况下，线索树的高度仍取决于最长关键字的位数。如果关键字非常长或者比较相似，则搜索的开销就会过大，比如，这种情况会出现在字符编码的数据中。在接下来的两节中，我们将介绍对长关键字的应用降低开销的方法。一种方法是通过把单树枝压缩成单链接以缩短路径长度，我们将在15.3节介绍如何简洁高效实现该方法。另一种方法是使每个节点包含多于2个链接以达到缩短路径长度的目的，这将在15.4节介绍。

练习

▷ 15.11 画出把带有关键字E A S Y Q U T I O N的数据项按照此顺序插入到初始为空的线索中的结果。

15.12 当你使用程序15.3把包含线索中已经存在的关键字的一个记录插入到线索中会出现什么结果？

15.13 画出把带有关键字01010011 00000111 00100001 01010001 11101100 00100001 10010101 01001010的数据项按照此顺序插入到初始为空的线索中的结果。

15.14 进行实验研究，比较线索、标准二叉搜索树和红黑树的高度、节点个数和内部路径长度。这个线索由N个随机32位关键字插入到初始为空的线索而得，标准二叉搜索树和红黑树（第13章）使用同一组关键字构建而得，其中$N = 10^3$，10^4，10^5和10^6（见练习15.6）。

15.15 给出含有N个不同w位的关键字的线索的最坏情况下内部路径长度的完整刻画。

• 15.16 实现基于线索的符号表的delete操作。

○ 15.17 实现基于线索的符号表的select操作。

15.18 实现基于线索的符号表的sort操作。

▷ 15.19 编写一个打印线索中与给定搜索关键字具有相同开始t位的所有关键字的程序。

○ 15.20 使用C语言的union函数以及带有只含链接不含数据项的非叶节点、只含数据项不含链接的叶节点的线索来开发search和insert的实现。

15.21 修改程序15.3和程序15.2，把搜索关键字保存在机器的寄存器中，并在线索中向下移动一层时，通过移动一位的位置来访问下一位。

15.22 修改程序15.3和程序15.2，使之维持一个大小为2^r的线索表（其中r是一个固定的常数），并使用关键字的前r位来索引表，标准算法及关键字的其余部分访问线索。如果表中的空记录不多，这种变化可以节省r步的操作。

15.23 在练习15.22中，如果我们有N个随机关键字（假设关键字足够长并且互不相同），那么r值应该如何选取？

15.24 编写一个程序，通过排序和比较有序表中的近邻关键字来计算线索中的节点数。线索与一个给定的无重复的定长关键字集对应。

• 15.25 用归纳法证明$N\sum_{t \geq 0}(1-(1-2^{-t})^N)$是类似快速排序递推公式的解。该公式可由随机线索中外部路径长度的性质15.4给出。

• 15.26 导出性质15.4中给出的随机线索中所含的平均节点数的表达式。

• 15.27 编写一个程序计算N个节点的随机线索中的平均节点数目，并精确到10^{-3}，其中$N = 10^3$，10^4，10^5和10^6。

•• 15.28 证明由N个随机位串所构建的线索的高度约为$2\lg N$。提示：考虑生日问题（见性质14.2）。

• 15.29 证明由随机关键字所构建的一棵DST的搜索的平均开销约为$\lg N$（见性质15.1和性质15.2）。

15.30 修改程序15.2和程序15.3，使之能够处理变长位串，要求具有重复关键字的记录不在数据结构中保存。假设如果w大于v的长度，bit(v, w)输出值NULLdigit。

15.31 使用线索构建一个能够支持w位整数的存在表ADT的数据结构。程序应该支持initialize、insert和search操作，其中search和insert以整数作为参数。搜索失败时，search返回NULLkey；搜索命中时，它返回给定的参数。

15.3 帕氏线索

在15.2节中描述的基于线索的搜索有两个缺点。一是单路分支导致在线索中建立额外但不需要的节点，二是线索中有两种不同类型的节点使代码有些复杂。1968年，Morrison发现了解决上述问题的方法，提出了帕氏线索（他是根据算法的名称摘取其中部分字母而命名）。Morrison根据我们将在15.5节中分析的字符串索引的应用研制了他的算法，但是该算法和符号表一样高效。就像DST，帕氏线索可以在只有N个节点的树中搜索N个关键字。像线索一样，每次搜索需要大约$\lg N$次位比较和一次整个关键字的比较，并且支持其他ADT操作。此外，其性能与关键字的长度无关。该数据结构同时适用于变长关键字的情况。

由标准的线索数据结构开始，我们可以通过一种简单的方法来避免单路分支：在每个节点中存储要测试的位的序号，并由此来决定比较完该节点之后要选取的路径。这样，我们就可以跳过子树上所有对应的位相同的关键字，从而进行直接的比较。而且，我们还采用另一种简单的方法来避开外部节点：把所有数据存储在内部节点，并将指向外部节点的链接替代为指向相应线索中内部节点的链接。上述两种方法的采用使得我们可以用包含关键字和两个链接（还有一个保存索引的域）的二叉树构成线索。这样的数据结构就称为帕氏线索。在帕氏线索中，我们像DST那样把关键字存储在节点中，并根据搜索关键字的位来遍历该树，但不采用沿树下移的方法进行遍历，只是将关键字存储在那里以便到达树底时方便以后访问。

正如上段所暗示的，如果把标准线索和帕氏线索看作线索这一抽象数据结构的两种不同的表示方法，我们就容易理解帕氏线索的算法机理了。例如图15-10和图15-11的上图给出的两个例子，解释了进行帕氏线索的搜索和插入过程。它们和图15-6中的线索表示相同的抽象结构。帕氏线索中所使用的搜索和插入算法、构建和维持一个抽象线索数据结构的具体表示不同于15.2节讨论的搜索和插入算法，但基本的线索抽象是一样的。

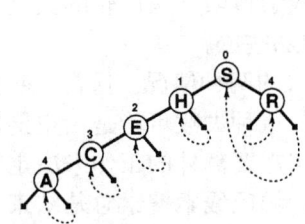

图15-10　帕氏线索

注：这棵帕氏线索给出了对关键字R = 10010进行成功搜索的过程（上图）。首先向右移（因为第0位是1），接着向左移（因为第4位是0），然后到达R（它是树中以1***0开头的惟一关键字）。沿着树下移，我们只比较节点中用数指示的关键字的位（而忽略节点中的关键字）。当我们第一次到达向上指向的链接时，比较搜索关键字与向上链接所指向的节点中的关键字，因为这是树中可能与搜索关键字相等的惟一关键字。

在对I = 01001进行的一次不成功的搜索中，我们从根节点向左移（因为关键字的第0位是0），然后右移（因为第1位是1），找到不等于I的H（线索中以01开始的惟一关键字）。

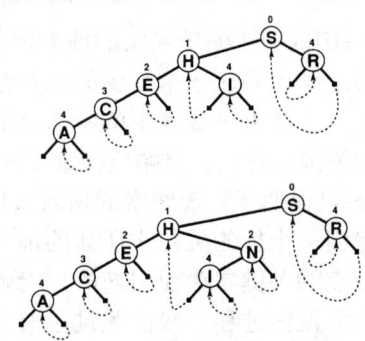

图15-11　帕氏线索插入操作

注：要把I插入到图15-10的帕氏线索中，我们增加一个新节点来检查第4位，因为H = 01000和I = 01001只在第4位不同（上图）。在线索中，如果随后搜索遇到一个新节点，搜索关键字的第4位是0，我们就要比较H（左链接）；如果搜索关键字的第4位是1（右链接），则要比较的关键字是I。

要插入N = 01110（下图），我们在H和I之间增加一个新节点，用于比较第2位，因为该位把N与H和I区分开。

程序15.4给出了帕氏线索搜索算法的实现。该方法与普通的搜索有三点不同：不存在显式的空链接，我们直接比较关键字中指定位而不是比较相邻的下一位，并且到达树中某个向上指的链接时进行一次关键字比较就结束搜索过程。检测某个链接是否向上指很容易实现，因为（由定义）沿树下移，这类节点中存储的位的序号会增加。搜索过程如下：从根出发，沿树下移，使用节点中的位序号比较搜索关键字中的各位——如果当前位是1就右移，是0就左移。在遍历过程中节点中的关键字完全不用进行比较。最后，我们遇到向上的链接。如果每个向上的链接指向的元素等于搜索关键字，则搜索命中，否则，搜索失败，从而完成搜索。

程序15.4 帕氏线索搜索

递归函数searchR返回可能包含关键字v的记录的惟一节点。它在线索中向下遍历，使用树中的位来控制搜索过程，但只测试所遇到的每个节点中的一位，也就是bit域中指定的那位。当它遇到一个向上指向的外部链接时，则停止搜索过程。搜索函数STsearch调用searchR，然后测试那个节点中的关键字，以确定本次搜索是成功还是失败。

```
Item searchR(link h, Key v, int w)
  {
    if (h->bit <= w) return h->item;
    if (digit(v, h->bit) == 0)
        return searchR(h->l, v, h->bit);
    else return searchR(h->r, v, h->bit);
  }
Item STsearch(Key v)
  { Item t = searchR(head->l, v, -1);
    return eq(v, key(t)) ? t : NULLitem;
  }
```

图15-10说明了帕氏线索的搜索过程。帕氏线索的搜索过程与标准线索的搜索过程有些不同。遍历过程中相应于单分支的位都没有比较，而标准线索的搜索失败是由于搜索中的空链接。对于一个结束于线索中的叶节点的搜索而言，帕氏线索搜索结束比较的关键字与线索结束比较的关键字一样，但帕氏线索不比较对应于单分支的那些位。

图15-11说明了帕氏线索的插入实现对应着线索中插入的两种情况。通常，我们可以从搜索失败得到一个新的关键字所属的地方。对于线索而言，这种失败可能是由空链接引起的或是由叶节点的关键字失配引起的。对帕氏线索而言，我们需要额外的工作来决定需要插入的类型，因为搜索过程中我们跳过了对应单分支的那些位。帕氏线索搜索总是结束于一次关键字的比较，而且这个关键字携带了我们需要的信息。一旦我们找到搜索关键字与结束搜索的关键字在最左位的位置上不同，就要重新遍历搜索，与搜索路径上节点的位位置进行比较。如果在搜索过程中我们遇到一个节点，其指定位的位置高于搜索的关键字与找到的关键字不相等位的位置，那么我们得知在帕氏线索搜索中跳过的一位，将会是对应线索搜索中引起空链接的位。因此，我们插入一个新节点来检查那一位。如果在搜索过程中我们从未遇到一个节点，其指定位的位置高于搜索的关键字与找到的关键字不相等位的位置，那么，帕氏线索搜索与结束于叶节点的线索搜索对应，此时，我们插入一个新节点以区分搜索关键字与结束搜索的关键字。我们每次只需插入一个节点，以引用区分关键字的最左边的位。而在标准线索的插入过程中，在单分支上要插入多个节点才能到达那个位。新节点除了给我们提供所需的位辨别外，还用来存放将要插入的新的关键字。图15-12给出了一个构造帕氏线索前几步的例子。

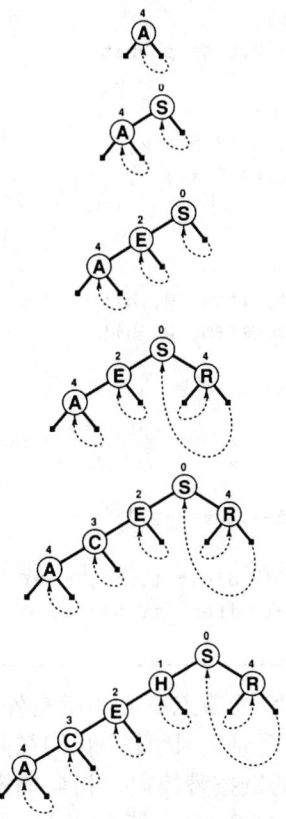

图15-12 帕氏线索构造

注:这一图序列描绘了把关键字A S E R C H插入到初始为空的帕氏线索的过程。图15-11的下图描绘了先插入I,再插入N的结果。

程序15.5是帕氏线索插入算法的一种实现。代码可由上段的描述直接得出,并且我们所使用的链接指向的节点,其包含的位索引不大于当前指向外部节点的位索引。因而,这段代码只测试链接的这个性质,而根本不用移动关键字或者周围的链接。帕氏线索中向上的链接乍一看很奇妙,但是当插入每个节点时,决定使用哪个链接却极其直接。最终结果是采用一个节点类型,而不是两个节点类型,大大地简化了代码。

程序15.5 帕氏线索插入

要把关键字插入到线索中,开始进行一次搜索。程序15.4中的函数searchR得到树中的惟一关键字,它必须与待插入的关键字区分开。我们确定该关键字与搜索关键字不同的最左位的位置,然后,使用递归函数insertR在树中向下遍历,并在那个位置插入包含v的一个新节点。

在insertR中,分两种情况。图15-11描述了与此对应的两种情况。新节点可以代替一个内部链接(如果搜索关键字与找到的位被跳过的关键字不同),或者一个外部链接(如果区分搜索关键字与找到的关键字的位,不需要用来把找到的关键字从线索中的其他关键字中区分出来)。

```
void STinit()
  { head = NEW(NULLitem, 0, 0, -1);
    head->l = head; head->r = head; }
link insertR(link h, Item item, int w, link p)
```

```
      { link x; Key v = key(item);
        if ((h->bit >= w) || (h->bit <= p->bit))
          {
            x = NEW(item, 0, 0, w);
            x->l = digit(v, x->bit) ? h : x;
            x->r = digit(v, x->bit) ? x : h;
            return x;
          }
        if (digit(v, h->bit) == 0)
             h->l = insertR(h->l, item, w, h);
        else h->r = insertR(h->r, item, w, h);
        return h;
      }
   void STinsert(Item item)
     { int i;
       Key v = key(item);
       Key t = key(searchR(head->l, v, -1));
       if (v == t) return;
       for (i = 0; digit(v, i) == digit(t, i); i++) ;
       head->l = insertR(head->l, item, i, head);
     }
```

帕氏线索建立之后,位索引为 k 的节点下面的所有外部节点前 k 位相同(否则,我们就建立一个位索引小于 k 的节点,以示区别)。因此,我们在其位被跳过的那些节点之间增加合适的内部节点,并用指向外部节点的链接替换向上指向的链接,就可以把帕氏线索转换为标准线索(见练习15.47)。然而,性质15.2对于帕氏线索并不完全成立,因为给内部节点分配的关键字依赖于关键字插入的顺序。内部节点的结构独立于关键字插入的顺序,但是外部链接和关键字的分配却相反。

帕氏线索表示一种基本的标准线索结构的事实,可得出一个重要的结论:我们可以使用递归中序遍历按序访问节点,正如程序15.6给出的实现所表明的那样。我们只访问外部节点,通过测试非递增位的索引来区分它们。

程序15.6 帕氏线索排序

这个递归过程按照关键字的次序,访问帕氏线索中的记录。我们把数据项想象为(虚拟的)外部节点,并通过检查当前节点的位索引不大于其父节点的位索引来识别这些外部节点。否则,这个程序是标准的中序遍历。

```
   void sortR(link h, void (*visit)(Item), int w)
     {
       if (h->bit <= w) { visit(h->item); return; }
       sortR(h->l, visit, h->bit);
       sortR(h->r, visit, h->bit);
     }
   void STsort(void (*visit)(Item))
     { sortR(head->l, visit, -1); }
```

帕氏线索体现了基数搜索方法的精髓:它设法识别出能够区分搜索关键字的那些位,建立它们的数据结构(没有多余节点),并能够快速地从数据结构中找到与搜索关键字可能相等的惟一关键字。图15-13显示了用于构建图15-9线索的同一组关键字的帕氏线索。帕氏线索不仅比标准线索少44%的节点，而且近乎完全的平衡。

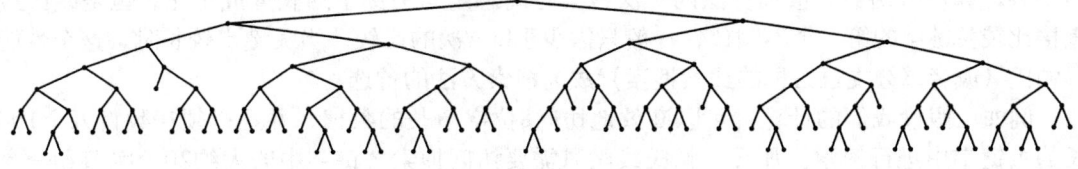

图15-13 帕氏线索示例

注：这棵帕氏线索是插入200个随机关键字构造而成。它等价于去掉单分支的图15-9的线索。结果树几乎是完全平衡的。

性质15.5 在N个随机位串所构成的帕氏线索中进行随机关键字的插入或搜索，平均需要大约$\lg N$次位比较，在最坏情况下大约需要$2\lg N$次位比较。位比较的数目永远不会超过关键字的长度。

这个事实可由性质15.3直接而得，这是由于帕氏线索的路径长度不会比对应的线索的路径长度更长。关于帕氏的精确的平均情况分析非常困难。结论是，平均说来，帕氏包含的比较次数比标准线索的比较次数更少（见第四部分参考文献）。■

考虑到我们前面提到的各种直接的权衡，表15-1给出了当关键字是整数且肯定可以用符号表实现时的一些数据来支持DST、标准二叉线索和帕氏线索具有可比性的结论（并且这些数据提供了一些可比的搜索时间，或是比第13章中的平衡树方法更少的时间），即使在关键字可以表示为短位串时也是如此。

表15-1 线索表实现的实验研究

对于32-位整数的随机序列，这些构建和搜索符号表的相对时间证实了数字方法与平衡树方法是相当的，即使对于随机位的关键字也是如此。当关键字长度较长且没有必要是随机状态时（见表15.2）或是经过仔细斟酌使访问关键字位的代码有效执行（见练习15.21）时，性能差异就越显著。

N	构造				搜索命中			
	B	D	T	P	B	D	T	P
1250	1	1	1	1	0	1	1	0
2500	2	2	4	3	1	1	2	1
5000	4	5	7	7	3	2	3	2
12500	18	15	20	18	8	7	9	7
25000	40	36	44	41	20	17	20	17
50000	81	80	99	90	43	41	47	36
100000	176	167	269	242	103	85	101	92
200000	411	360	544	448	228	179	211	182

其中：
B 红黑BST（程序12.7和程序13.6）
D DST（程序15.1）
T 线索（程序15.2和程序15.3）
P 帕氏线索（程序15.4和程序15.5）

我们注意到由性质15.5给出的搜索开销并不会随着关键字的长度增加。对比之下，在一个标准线索中的搜索开销依赖于关键字的长度，两个给定关键字出现不同的第一个位的位置可以相隔任意远（关键字内）。我们考虑过的所有基于比较的搜索方法也依赖于关键字的长度，如果两个关键字只在它们最远的位不同，那么比较它们就需要与其长度成正比的时间。而且，由于要计算散列函数，散列算法的一次搜索时间总是与关键字的长度成正比。但是帕氏线索直接比较关键字的第一个不同位，一般只需少于lg N次的比较。当关键字较长时，这个性能使得帕氏（或者单分支已去掉的线索搜索）成为搜索方法的首选。

例如，假设我们的计算机可以高效地访问8位字节长的数据，并且必须在数百万个100位长的关键字中进行搜索。那么，帕氏线索只需要访问搜索关键字中的大约20个字节和一个相当于125位字节的比较，而散列则要求访问搜索关键字的所有125个字节，来计算散列函数，并加上几个同等的比较，基于比较的方法要求20到30次整个关键字的比较。关键字比较，特别是在搜索早期阶段的比较，只需要几个字节的比较，但在后期阶段涉及大量的比较。我们将在15.5节针对较长关键字的搜索，再次考虑这些算法的可比较的性能。

实际上，帕氏线索对于搜索关键字的长度并没有限制。帕氏线索对于那些带有可能很大的变长关键字的应用特别高效。我们将在15.5节中讨论。使用帕氏线索，可以期望在N个记录的一次搜索中，需要的位检测数大约与lg N成正比，即使对于大型关键字，该结论也成立。

练习

15.32 当使用程序15.5把包含线索中已经存在的关键字的一个记录插入到线索中会出现什么结果？

▷ 15.33 画出把带有关键字E A S Y Q U T I O N的数据项按照此顺序插入到初始为空的线索中得到的帕氏线索的结果。

▷ 15.34 画出把关键字01010011 00000111 00100001 01010001 11101100 00100001 10010101 01001010按照此顺序插入到初始为空的线索中得到的帕氏线索的结果。

○ 15.35 画出把关键字01001010 10010101 00100001 11101100 01010001 00100001 00000111 01010011按照此顺序插入到初始为空的线索中得到的帕氏线索的结果。

15.36 进行实验研究，比较帕氏线索、标准二叉搜索树和红黑树的高度和内部路径长度，帕氏线索由把N个随机32位关键字插入到初始为空的线索而得，标准二叉搜索树和红黑树（第13章）使用同一组关键字构建而得，其中$N = 10^3$，10^4，10^5和10^6（见练习15.6和练习15.4）。

15.37 给出含有不同w位的N个关键字的帕氏线索在最坏情况下内部路径长度的完整刻画。

▷ 15.38 实现基于帕氏线索的符号表的select操作。

• 15.39 实现基于帕氏线索的符号表的delete操作。

• 15.40 实现基于帕氏线索的符号表的join操作。

○ 15.41 编写一个打印帕氏线索中与给定搜索关键字具有相同开始t位的所有关键字的程序。

15.42 修改标准线索搜索和插入过程（程序15.2和程序15.3），像在帕氏线索中的那样，消除单分支。如果你已经做完练习15.20，就从那个程序开始。

15.43 修改帕氏搜索和插入过程（程序15.4和程序15.5），使之维持一个大小为2^t的线索表，如在练习15.22中描述的那样。

15.44 证明帕氏线索中的每个关键字都在其搜索路径上，并在搜索操作向下遍历时到树底才遇到。

15.45 修改帕氏搜索（程序15.4），使之在树中向下遍历的过程中比较关键字，以便改进搜索命中的性能。进行实验研究来评价这个改变的效果（见练习15.44）。

15.46 使用帕氏线索来构建一个能支持w位整数的存在表ADT的数据结构（见练习15.31）。

• 15.47 针对同一组关键字，编写一个能把帕氏线索和标准线索进行相互转换的程序。

15.4 多路线索和TST

对于基数排序，如果每次考虑的位数多于一位，就可以显著地提高搜索算法的速度。这个结论对基数搜索也是一样：每次比较r位，可以使搜索速度快r倍。但在基数搜索中采用基数排序的这种思想需要多考虑一个问题，即每次考虑r位，对应着要使用$R = 2^r$个链接的树节点，无用链接可能导致大量空间上的浪费。

在15.2节介绍的（二叉）线索中，对应关键字位的节点有两个链接：一个对应关键字位为0的情况，另一个对应关键字位为1的情况。推广到R叉线索，其中的节点包含对应关键字数字的R个链接，每个链接代表一种可能的数值。关键字存储在叶节点（它们的所有链接为空）中。要在R-路的线索中搜索，我们从根节点开始，然后到关键字的最左位，并利用关键字位来引导树中向下的搜索过程。如果关键字位的值是i，就沿着第i个链接下移（移到下一个关键字位）。如果到达一个叶节点，它含有线索中致使数字对应于我们已经遍历过的路径的惟一的关键字，我们就能够通过比较那个关键字与搜索关键字来确定是搜索命中还是搜索失败。如果我们到达一个空链接，就是搜索失败，因为这个链接对应着在线索任何关键字中找不到的最高位的模式。图15-14显示了一个10-路线索，它代表十进制数的一个样本集合。正如我们在第10章中讨论过的那样，实际中所观察到的数字是由较少的线索节点来区分的。使更一般的关键字类型具有同样效果是一些高效搜索算法的基础。

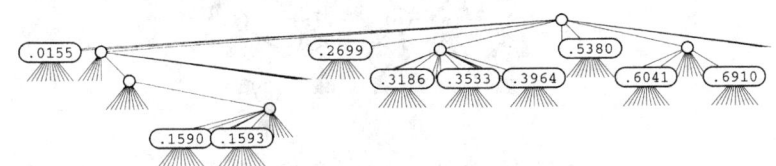

图15-14 十进制数的R-路线索

注：这个图描述了一组数字集的线索，每个节点有10个链接（每个链接指向该位的一个可能值）。在树根节点，0链接指向线索中第一位为0的关键字（只有一个），1链接指向第一位为1的关键字（有两个），以此类推。由于这组数字没有以4、7、8和9开始的关键字，因而，这些链接是空链接。而且，以0、2和5开头的关键字在这组数中只有一个，因而，在各自的位置上都有一个叶节点。这样，每次右移一位，由递归程序构造了这种数据结构。

在介绍多节点类型的完整符号表实现之前，我们先要研究存在表问题，即只考虑关键字（而没有相应的记录或其他相关信息）和将关键字插入某数据结构并在其中搜索该关键字是否被正确插入的算法。为了能够使用前面介绍的几种符号表实现的接口，我们假设 Key 等同于 Item，并采用前面的约定，即搜索失败的返回值是 NULLitem，搜索命中返回搜索关键字。这一约定简化了代码，并清楚地揭示了我们考虑的多路线索的结构。在15.5节中，我们将讨论包括字符串索引在内的多种符号表实现。

定义15.2 对应一组关键字集的**存在线索**，递归定义如下：关键字为空集的存在线索是一个空链接；非空关键字集的存在线索是带有链接的内部节点，这些链接指向每个可能关键字位的线索，在构造该节点的子树时不考虑关键字的最高位。

为简单起见，这个定义中假设无关键字是其他关键字的前缀。一般地，我们加上这个限制，以确保关键字互不相同，并且关键字是定长的或者有终结字符。这一定义的意义是我们可以使用存在线索来实现存在表，而不需要把任何信息存储在线索内，信息都隐含地定义在线索的结构内。每个节点有$R+1$个链接（一个链接用于每种可能的字符值，加上一个链接用于终结字符NULLdigit），再无其他信息。搜索时，使用关键字中的数字来引导在线索中向下搜索的过程。如果我们到达一个指向NULLdigit的链接，同时关键字位用尽，则搜索命中，否则，搜索失败。插入一个新的关键字时，我们搜索直到遇到一个空链接，然后，为关键字中的每一位增加一个节点。图15-15给出了一个27-路的线索，程序15.7给出了一个基本（多路）存在线索的搜索和插入算法的实现。

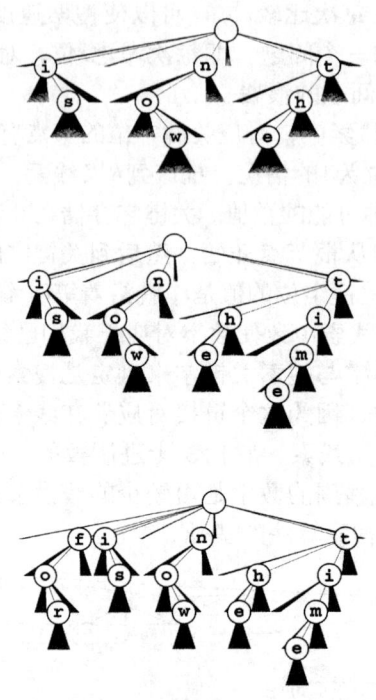

图15-15 R-路存在线索的搜索和插入

注：对于关键字now、is和the（上图）的26-路线索中有9个节点：根节点加上每个字母对应的一个节点。图中用字母对节点标号，但数据结构中没有使用显式的节点标号，因为每个节点标号都可以从其父节点的链接数组中指向其本身的链接推导出来。

要插入关键字time，我们对存在节点t进行拆分，并添加新节点i、m和e（中图）。要插入关键字for，我们对根节点进行拆分，并添加新节点f、o和r。

程序15.7 存在线索的搜索和插入

这个多路线索上的search和insert操作的实现假设了Key和Item是一样的（digit已定义，如在10.1节所讨论的）。它把关键字隐含地存储在线索的结构内。每个节点包含指向线索中下一层的R个链接。当关键字的第t个数字是i时，我们在第t层跟踪第i个链接。search函数返回作为参数给出的关键字，如果这个关键字在表中，否则，返回NULLitem。

```
typedef struct STnode *link;
struct STnode { link next[R]; };
static link head;
void STinit() { head = NULL; }
link NEW()
  { int i;
    link x = malloc(sizeof *x);
    for (i = 0; i < R; i++) x->next[i] = NULL;
    return x;
  }
Item searchR(link h, Key v, int w)
  { int i = digit(v, w);
```

```
    if (h == NULL) return NULLitem;
    if (i == NULLdigit) return v;
    return searchR(h->next[i], v, w+1);
  }
Item STsearch(Key v)
  { return searchR(head, v, 0); }
link insertR(link h, Item item, int w)
  { Key v = key(item);
    int i = digit(v, w);
    if (h == NULL) h = NEW();
    if (i == NULLdigit) return h;
    h->next[i] = insertR(h->next[i], v, w+1);
    return h;
  }
void STinsert(Item item)
  { head = insertR(head, item, 0); }
```

对于定长且关键字值互不相同的关键字，我们可以省掉分配给结束符的链接，并且可以在搜索达到关键字长度的时候结束搜索（见练习15.54）。我们在使用线索来描述对定长关键字进行MSD排序时，已经看到这种类型线索的一个例子（图10-10）。

从某种意义上说，线索结构的这种纯粹抽象表示是最优的，因为在最坏情况下其搜索的时间开销与关键字长度成正比，而空间开销与关键字中字符个数成正比。但总的空间使用对每个字符高达近R个链接，因而，我们寻求改进的实现方法。如在二叉线索中所看到的，我们可以把纯粹线索结构看作一种关键字集的良定义表示的基本抽象结构，然后，再考虑可能导致更好性能的同一种抽象结构的其他表示方法。

定义15.3 **多路线索**（multiway trie）是一种多路树，每个叶节点关联一个关键字，递归定义如下：关键字为空集的多路线索是一个空链接；单个关键字的线索是一个包含那个关键字的叶节点；集合大小大于1的关键字集的线索是带有链接的内部节点，这些链接指向关键字的每个可能位值的线索，在构造该节点的子树时不考虑关键字的最高位。

我们假设数据结构中的关键字各不相同，没有一个关键字是另一个关键字的前缀。要在标准多路线索中进行搜索，我们使用关键字的位来导引线索中向下的搜索，可能有三种结果。如果我们到达一个空链接，则搜索失败；如果我们到达一个包含搜索关键字的叶节点，则搜索命中；如果我们到达一个包含不同关键字的叶节点，则搜索失败。每个叶节点有R个空链接，因而，如在15.2节介绍的那样，需要区分叶节点和非叶节点的表示。我们在第16章考虑这样的一个实现，并在本章考虑另一种实现的方法。无论哪一种情况，都可把15.3节的分析结果进行推广，得到标准多路线索的性能特征。

性质15.6 在一个由N个随机字节字符串所构造的标准R-叉线索中进行搜索或插入，平均大约需要$\log_R N$次比较。在这样一个线索中的链接数大约是$RN/\ln R$。在这样一个线索中进行搜索或插入所需的字节比较数目不超过搜索关键字的字节数目。

这些结论推广了性质15.3和性质15.4中的结果。在这些性质的证明中，我们可以把R换成2。然而，如前所述，在这些量的精确分析中涉及复杂的数学知识。 ■

性质15.6给出的结论体现了算法性能中时间开销和空间开销的折中。一方面，存在大量未使用的空链接，只由接近树根的少数节点使用相对较多的链接。另一方面，树的高度并不高。例如，假设我们取R = 256，有N个随机64-位的关键字。由性质15.6可知，一次搜索将需要(lg N)/8次字符比较（至多8次），并使用少于47N个链接。如果空间开销不受限制，这种算法将非常有效。我们可以采用R = 65536，这样需要多于5900个链接但只需4次字符比较操作。

在15.5节中，我们仍将研究标准多路线索。在本节其余部分，我们将考虑程序15.7构建的线索的另一种表示：三叉搜索线索（ternary search trie, TST），图15-16描述了它的一种完整形式。在一个TST中，每个节点有一个字符和三个链接，分别对应关键字小于、等于和大于节点字符的情况。使用这种三叉节点表示等价于把线索节点实现为二叉搜索树中对应非空链接的字符关键字。在程序15.7的标准存在线索中，线索节点表示为R+1个链接，并通过每个非空链接的关键字索引推导出其关键字字符。在相应的存在TST中，与非空链接对应的所有字符显式地出现在节点中，只有在遍历中间的链接时才能找到对应关键字的字符。

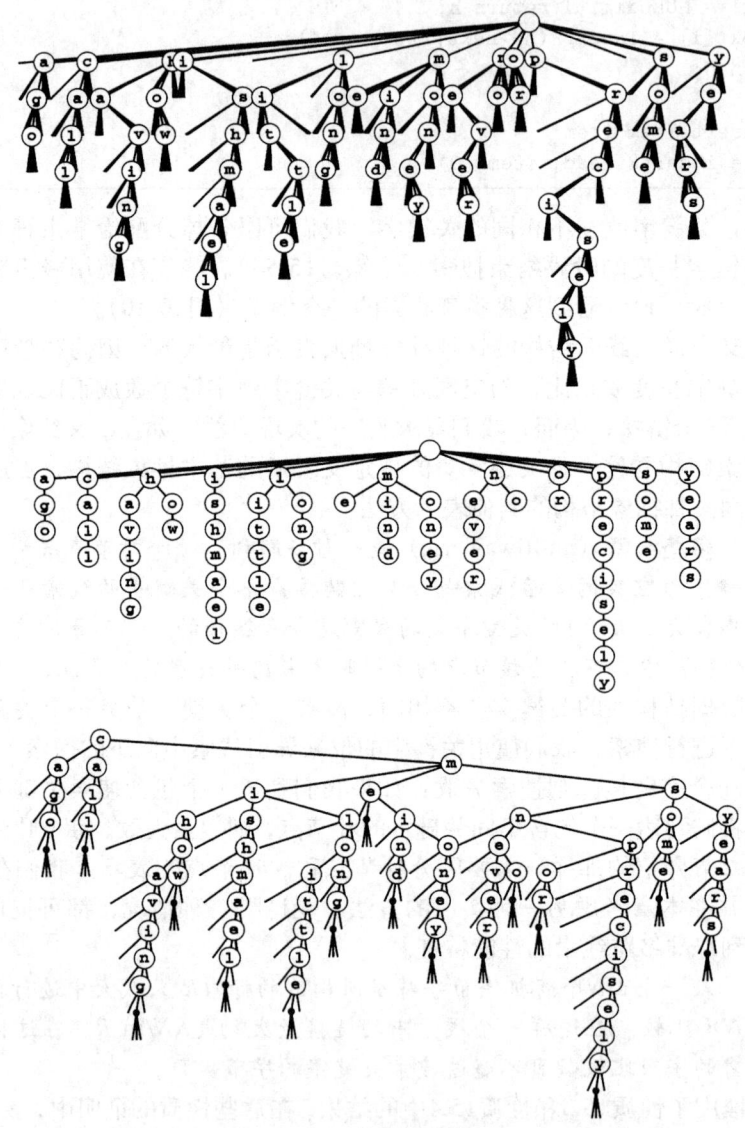

图15-16　存在线索的结构

注：这些图显示了16个单词（call me ishmael some years ago never mind how long precisely having little or no money）的存在线索的三种表示方式。上图是26-路的存在线索；中图是去掉空链接的抽象线索；下图是TST表示。26-路线索链接太多，但是TST是一种抽象线索的高效表示方式。

上面的两个图假设不存在关键字是另一个关键字的前缀。例如，添加关键字not将导致关键字no丢失。我们可以在每个关键字的末尾增加一个空字符来解决这个问题，如下图中的TST所描述的那样。

存在TST的搜索算法很直观，插入算法有点复杂，但其直接对应存在线索中的插入算法，故也不难理解。搜索时，我们把关键字的第一个字符与根节点的字符相比较，如果搜索关键字的第一个字符小于根节点的关键字，则转到左链接；如果大于，则转到右链接；如果等于，则转到中间的链接，并移到关键字的下一个字符。在每种情况下，递归调用算法。如果遇到一个空链接或者在树中遇到NULLdigit之前遇到搜索关键字的尾部，则以搜索失败结束；如果我们遍历一个其字符是NULLdigit的节点的中间链接，则以搜索命中结束。要插入一个新的关键字，首先进行搜索，然后在关键字尾部字符上添加新的节点，正如在线索中所作的那样。程序15.8给出了这些算法的实现细节。图15-17给出了与图15-15中的线索对应的TST。

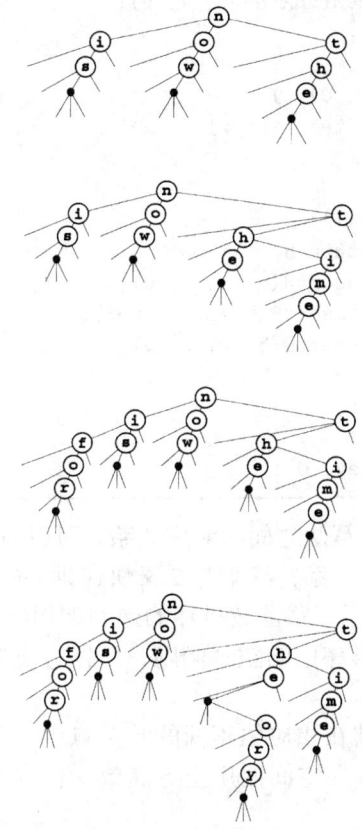

图15-17 存在TST

注：在存在TST中，每个节点对应一个字母，但每个节点只有三个子节点，而不是26个节点。图中上面的三棵树是对应图15-15插入示例的RST，其中关键字结束符悬挂在每个关键字的后面。我们可以去掉"不存在关键字是其他关键字的前缀"这个限制。这样，我们可以把关键字theory插入其中（下图）。

程序15.8 存在TST的搜索和插入

这个代码实现了如程序15.7中的同一个抽象线索算法，但是每个节点只包含一位数字和三个链接：三个链接分别代表其下一个关键字位小于、等于或大于搜索关键字的相应位的情况。

```
typedef struct STnode* link;
struct STnode { int d; link l, m, r; };
static link head;
void STinit() { head = NULL; }
link NEW(int d)
```

```
    { link x = malloc(sizeof *x);
      x->d = d; x->l = NULL; x->m = NULL; x->r = NULL;
      return x;
    }
  Item searchR(link h, Key v, int w)
    { int i = digit(v, w);
      if (h == NULL) return NULLitem;
      if (i == NULLdigit) return v;
      if (i < h->d) return searchR(h->l, v, w);
      if (i == h->d) return searchR(h->m, v, w+1);
      if (i > h->d) return searchR(h->r, v, w);
    }
  Item STsearch( Key v)
    { return searchR(head, v, 0); }
  link insertR(link h, Item item, int w)
    { Key v = key(item);
      int i = digit(v, w);
      if (h == NULL) h = NEW(i);
      if (i == NULLdigit) return h;
      if (i < h->d) h->l = insertR(h->l, v, w);
      if (i == h->d) h->m = insertR(h->m, v, w+1);
      if (i > h->d) h->r = insertR(h->r, v, w);
      return h;
    }
  void STinsert(Key key)
    { head = insertR(head, key, 0); }
```

我们继续研究搜索树与排序算法之间的对应关系，可以看出TST与三路基数排序的对应关系，就像BST与快速排序的对应关系，线索与二叉快速排序的对应关系，M路线索与M路基数排序的对应关系。图10-13描述了三路基数排序的递归调用结构，是关键字集的一个TST。线索中的空链接问题对应着基数排序中的空桶问题；三路分支为解决这两个问题提供了一种有效的方法。

我们可以通过把关键字存储在相应位不同的叶节点中，并像在帕氏线索中那样，删除内部节点之间的单向分支，使TST在空间使用上更高效。在本节最后，我们分析基于前者变化的一种实现。

性质15.7 在一个完整的TST中进行搜索或插入所需要的时间与关键字的长度成正比。在一个TST中的链接数至多是所有关键字的字母总数的3倍。

在最坏情况下，对应于一个不平衡的满R叉节点的每个关键字的字符展开就像一个单链表。这种最坏情况在随机树中出现的可能性极小。更典型地，我们期望在第一层（因为根节点的行为就像有R个不同字节值的一个BST）以及其他几层（如果存在有公共前缀的关键字并且前缀后的字符可达R个不同的字节值）进行ln R次或更少次的字符比较，对于大多数的字符只进行几次字节比较（因为大多数线索节点由于非空链接呈现稀疏分布）。搜索失败很可能只进行几次字节比较，结束于线索中较高层的空链接上。搜索命中对于每个搜索关键字字符只需约一次字节的比较，因为大多数字符都是在线索的底部带有单向分支的节点中。

每个字符的实际使用空间一般少于三个链接所占用空间的上限，因为关键字在树中较高层次共享节点。我们没有做精确的平均情况分析是因为在实际应用中，TST是使用的最广泛，其中关键字既不是随机的，也不是在极端的最坏情况下构造出来的。■

使用TST的主要优点在于它能很好地适用于实际应用中关键字不规则的情况。有两种主要的效果。首先，实际应用中的关键字来自于大型字符集，字符集中特殊字符的使用并不统一，例如，字符串的特殊集大概只使用可能字符的一小部分。而TST，可以使用128-或256-字符的编码，而不用担心128-或256-路分支节点的过大开销，而且不必确定哪些字符集是相关的。非罗马字母表的字符集可能包含数千个字符，TST特别适合于包含此类字符的字符串关键字。其次，实际应用中的关键字通常具有特定的结构，其结构随不同应用而不同。特别是在关键字某部分中只使用字符，另一部分使用数字，并有特殊字符作为分隔符的应用，关键字的结构尤为特殊（见练习15.71）。例如，图15-18给出了在线图书馆数据库的索书号的列表。对于这样的关键字，某些线索节点可能表示为TST中的一元节点（对于关键字中包含分隔符的地方），某些可能表示为10节点的BST（对于关键字中包含数字的地方）；其他一些可能表示为26节点的BST（对于关键字中包含字符的地方）。这种结构自动生成，不需要对关键字进行特别分析。

```
LDS___361_H_4
LDS___485_N_4_H_317
LDS___625_D_73_1986
LJN___679_N_48_1985
LQP___425_M_56_1991
LTK___6015_P_63_1988
LVM___455_M_67_1974
WAFR_____5054____33
WKG_____6875
WLSOC_____2542____30
WPHIL_____4060____2___55
WPHYS_____39_____1___30
WROM_____5350____65____5
WUS_____10706___7___10
WUS_____12692___4___27
```

图15-18 字符串（图书馆索书号）示例

注：这些来自在线图书馆数据库中的关键字说明了实际应用中字符串关键字有多种结构。某些字符串适合用随机字符模型，某些字符串适合用随机数字模型，还有一些字符串有固定值或结构。

基于TST的搜索算法与其他算法相比，另一个实际优点是搜索失败发生时也非常高效，即使关键字很长也是如此。通常只需要几次字节的比较（和寻找几个指针）就可以完成一次搜索失败。就像在15.3节中讨论的那样，在一个N个关键字的散列表中进行一次搜索失败需要的时间与关键字的长度成正比（来计算散列函数），且在搜索树中至少需要lg N位比较。即使是帕氏线索，要进行一次随机搜索失败也需要lg N位比较。

表15-2给出了实验数据以支持前面两段中的结论。

表15-2 字符串关键字搜索的实验研究

对像图15-18中图书索书号这样的字符串关键字的符号表进行构造和搜索的相对时间证实了TST对于字符串的搜索失败是最快的，主要是因为搜索并不需要检查关键字中的所有字符，虽然构造时间稍微有些昂贵。

N	构造				搜索失败			
	B	H	T	T*	B	H	T	T*
1250	4	4	5	5	2	2	2	1
2500	8	7	10	9	5	5	3	2
5000	19	16	21	20	10	8	6	4
12500	48	48	54	97	29	27	15	14
25000	118	99	188	156	67	59	36	30
50000	230	191	333	255	137	113	70	65

其中：
B　标准BST（程序12.7）
H　采用链地址法的散列函数（$M = N/5$）（程序14.3）
T　TST（程序15.8）
T*　在根节点有R^2路分支的TST（程序15.10和程序15.11）

TST吸引人的第三个原因是它支持比符号表操作更广泛的操作。例如，程序15.9给出了一个程序，它允许搜索关键字中包含未确定的特殊符号，并且输出数据结构中与搜索关键字在某些确定位匹配的所有关键字。图15-19给出了一个例子。显然，对程序稍加修改，就能使这个程序像我们在排序操作中所做的那样，访问所有匹配的关键字（见练习15.57）。

程序15.9 TST中部分匹配搜索

明智地采用多个递归调用，可以在TST结构中实现部分匹配的搜索。如程序所示，我们搜索输出某些位不确定（不定的位用星号标出）的字符串的所有部分匹配结果。这里，没有实现搜索操作的ADT函数或者使用抽象数据项，而是使用C语言处理基本语句。

```
char word[maxW];
void matchR(link h, char *v, int i)
  {
    if (h == z) return;
    if ((*v == '\0') && (h->d == '\0'))
      { word[i] = h->d; printf("%s ", word); }
    if ((*v == '*') || (*v == h->d))
      { word[i] = h->d; matchR(h->m, v+1, i+1); }
    if ((*v == '*') || (*v < h->d))
      matchR(h->l, v, i);
    if ((*v == '*') || (*v > h->d))
      matchR(h->r, v, i);
  }
void STmatch(char *v)
  { matchR(head, v, 0); }
```

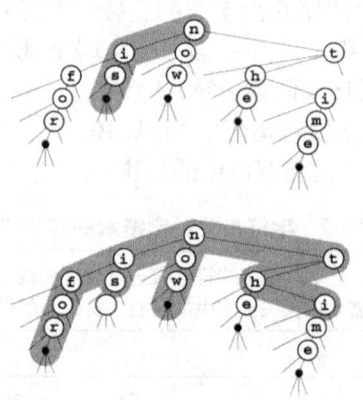

图15-19 基于TST的部分匹配搜索

注：要找出TST中与模式i*匹配的所有关键字（上图），我们在BST中搜索第一个字符为i的元素。在这个例子中，我们经过两个单向分支的比较之后找到is（与模式匹配的惟一关键字）。对于限制更少的模式*o*（下图），我们遍历BST中的所有节点来搜索第一个字符，对第二个字符只遍历那些为o的节点，最终，找到关键字for和now。

其他类似的任务用BST同样易于处理。例如，我们可以访问与搜索关键字最多只有一位不同的所有关键字（见练习15.58）。这类操作开销较大，或者对其他符号表的实现很重要。在本书第五部分，我们将详细介绍字符串中不完全匹配的类似问题。

帕氏线索也具有类似的优点。TST比帕氏线索最大的好处在于它访问的是关键字的字节而不是关键字的位。原因之一是很多机器提供这种字节操作，而且C语言提供了对字符串中字节的直接访问。另一个原因是在某些应用中，字节操作直接反映了数据结构本身的字节定位，我们以上述部分匹配的搜索为例（尽管我们在第18章中会介绍一种采用位访问的巧妙算法，但位访问可使部分匹配搜索的运行速度更快）。

要去掉TST中的单分支，我们注意到大多数单分支出现在关键字的末尾，如果我们改为一个标准的多路线索实现，就不会出现单分支的情况，在多路线索中，我们把记录保存在叶节点中，这些叶节点置于线索的最高层，与关键字区分开。也可以采用类似帕氏线索中保存字节索引的做法（见练习15.64），但为简单起见，我们不予考虑。多路分支和TST表示的结合在很多应用中是相当有效的方法，而对关键字很长一段都匹配的情况，用类似帕氏线索去除单分支的方法更能提高算法的性能（见练习15.71）。

基于TST的搜索算法的另一种改进是在树根直接使用大型多路节点。实现的最简单的方式保存R个TST的一个表：每个TST对应于关键字中第一位的每种可能值。若R不大，我们还可以使用关键字的前两位的可能取值（此时表长为R^2）。这种方法达到高效的前提是，关键字的最高位分布尽可能均匀。我们把混合搜索算法类比人们在电话本中搜索名字的过程。第一步是做一个多种选择（如以"A"开始的），之后可能是两种选择（它在"Andrews"之前，但在"Aitken"之后），然后是一连串的字符匹配（"'Algonquin,'不, 'Algorithms'不在表中，因为没有关键字以'Algor'开头！"）。

程序15.10和程序15.11采用一定折中实现了基于TST的符号表的search和insert操作，根节点使用R路分支，并且把关键字保存在叶节点中（因而，一旦关键字不同，不会出现单路分支）。这几段代码是对字符串关键字搜索比较快的算法。TST这种数据结构同样支持其他一些操作。

程序15.10　符号表ADT的TST插入

这个使用TST的insert实现把记录保存在叶节点中的程序，对程序15.3做了推广。如果搜索结束在叶节点上，我们可以建立把关键字与搜索关键字区别开的所需的内部节点。我们也改进了程序15.8，在根节点上加上了R-路分支，而不是使用单个指针head，我们使用R个链接的数组heads，用关键字的第一个数字作为索引。初始时，我们设置所有R个头链接为NULL。

```
#define internal(A) ((A->d) != NULLdigit)
link NEWx(link h, int d)
  { link x = malloc(sizeof *x);
    x->item = NULLitem; x->d = d;
    x->l = NULL; x->m = h; x->r = NULL;
    return x;
  }
link split(link p, link q, int w)
  { int pd = digit(p->item, w),
        qd = digit(q->item, w);
    link t = NEW(NULLitem, qd);
    if (pd < qd) { t->m = q; t->l = NEWx(p, pd); }
    if (pd == qd) { t->m = split(p, q, w+1); }
    if (pd > qd) { t->m = q; t->r = NEWx(p, pd); }
    return t;
  }
link insertR(link h, Item item, int w)
  { Key v = key(item);
    int i = digit(v, w);
    if (h == NULL)
      return NEWx(NEW(item, NULLdigit), i);
```

```
      if (!internal(h))
        return split(NEW(item, NULLdigit), h, w);
      if (i < h->d) h->l = insertR(h->l, v, w);
      if (i == h->d) h->m = insertR(h->m, v, w+1);
      if (i > h->d) h->r = insertR(h->r, v, w);
      return h;
    }
  void STinsert(Key key)
    { int i = digit(key, 0);
      heads[i] = insertR(heads[i], key, 1);
    }
```

程序15.11 符号表ADT的TST搜索

这个TST（由程序15.10构建）的search实现就像直接多路线索搜索一样，但每个节点只使用三个而不是R个链接。我们使用关键字位来确定树中的遍历路径，或者在一个空链接处结束（搜索失败），或者在叶节点处结束，如果叶节点处关键字等于搜索关键字，则搜索命中，否则，搜索失败。

```
Item searchR(link h, Key v, int w)
  { int i = digit(v, w);
    if (h == NULL) return NULLitem;
    if (internal(h))
      {
        if (i < h->d) return searchR(h->l, v, w);
        if (i == h->d) return searchR(h->m, v, w+1);
        if (i > h->d) return searchR(h->r, v, w);
      }
    if eq(v, key(h->item)) return h->item;
    return NULLitem;
  }
Item STsearch(Key v)
  { return searchR(heads[digit(v, 0)], v, 1); }
```

在一个可以增长到很大的符号表中，我们可以使分支因子等于表长。在第16章中，我们将讨论增长多路线索的系统方法，以便能够把多路基数搜索方法用于任意大小的文件。

性质15.8 在N个随机字符序列的关键字构成的TST中（元素存储在叶节点中，且底部没有单路分支），其叶节点上的搜索或插入和根节点上R^t路分支遍历的操作大约需要$\ln N - t \ln R$次字节访问。且根节点所需要的链接数目为R^t加上一个小常数N。

这些粗略的估计可以直接由性质15.6推出。就时间开销而言，对R个关键字字符的可能值，我们假设除了某常数个节点外所有搜索路径上的节点都等价于随机BST，因此，我们可以将BST的时间开销乘以$\ln R$。对于空间开销，我们假设在树的上面几层节点均被关键字字符的R个可能值填满，而在底部几层节点中字符值的数目只是某个常数。■

例如，如果有10亿个随机字符串关键字，且$R = 256$，我们在顶端使用一个大小为$R^2 = 65536$的表，那么，一次典型的搜索需要大约$\ln 10^9 - 2 \ln 256 \approx 20.7-11.1 = 9.6$次字节的比较。这种方法将搜索开销减少二分之一。如果使用真正随机的关键字，则采用直接比较关键字最高位字符以及一个存在表就可以达到上述性能，这在14.6节已经讨论过。采用TST，即使关键字的随机性不好也能达到上述性能。

对于随机关键字，我们需要对根节点无多路分支的TST与标准BST进行比较。性质15.8阐述TST搜索将需要大约$\ln N$次字节比较，而标准BST需要大约$\ln N$次关键字比较。在BST顶部，关键字比较可用一次字节比较完成，但在树的底部则需要多次字节比较才能完成关键字比较。两者性能的差异并不太大。TST优于BST之处在于它对搜索失败运行得更快，适合树根节点的多路分支，（最重要的是）适合字符串关键字并不随机的情况，因此，TST中一次搜索的开销不会大于一个关键字的长度。

树根节点R路分支的算法并不是对任何应用都有效。例如图15-18提到的在线图书馆索书号的数据库，那里所有关键字都是以L或W开头的。还有一些应用需要更大的根节点分支。例如，前面提到的随机整数关键字的例子，这时要用尽可能大的表。我们对不同应用要做相应的修改以达到最高性能，但使用TST使得我们无需多考虑不同的应用需求就能达到好的性能。

对记录保存在树叶中的线索或TST，最突出的特性应该是性能与关键字长度无关。这样我们可以将其用于任意长的关键字。在15.5节中，我们将讨论这类应用的一种非常有效的实现。

练习

▷ 15.48 使用27-路分支，画出把now is the time for all good people to come the aid of their party 插入到初始为空的线索后的存在线索。

▷ 15.49 画出把now is the time for all good people to come the aid of their party 插入到初始为空的TST后的存在TST。

▷ 15.50 使用2-位字节，画出把带有关键字01010011 00000111 00100001 01010001 11101100 00100001 10010101 01001010的数据项按照此序插入到初始为空的线索中的4-路线索。

▷ 15.51 使用2-位字节，画出把带有关键字01010011 00000111 00100001 01010001 11101100 00100001 10010101 01001010的数据项按照此序插入到初始为空的TST中的结果。

▷ 15.52 使用4-位字节，画出把带有关键字01010011 00000111 00100001 01010001 11101100 00100001 10010101 01001010的数据项按照此序插入到初始为空的TST中的结果。

○ 15.53 画出把图15-18中的图书馆索书号关键字插入到初始为空的TST中的结果。

○ 15.54 修改多路线索的搜索和插入实现（程序15.7），使其能够用于关键字为（定长）w字节的字（因而不需要关键字的结束符）。

○ 15.55 修改TST的搜索和插入实现（程序15.8），使其能够用于关键字为（定长）w字节的关键字（因而不需要关键字的结束符）。

15.56 进行实验研究，比较8-路线索、4-路线索和二叉线索的时间和空间需求，8-路线索使用3位字节由随机整数构建而得，4-路线索使用2位字节由随机整数构建而得，二叉线索使用同一组关键字构建而得，其中$N = 10^3$, 10^4, 10^5和10^6（见练习15.14）。

15.57 修改程序15.9，使其访问与搜索关键字匹配的所有节点的方式与排序操作一样。

○ 15.58 编写一个函数，打印TST中与搜索关键字至多有k个不同的所有关键字，k是给定的整数。

• 15.59 给出含有N个不同w位的关键字的R-路线索的最坏情况下内部路径长度的完整刻画。

• 15.60 实现基于多路线索的符号表的sort、delete、select和join操作。

• 15.61 实现基于TST的符号表的sort、delete、select和join操作。

▷ 15.62 编写一个程序，打印出R-路线索中与给定搜索关键字的前t个字节相同的所有关键字。

▷ 15.63 修改多路线索中的搜索和插入实现（程序15.7），像在帕氏线索中所做的那样消除单向分支。

• 15.64 修改TST中的搜索和插入实现（程序15.8），像在帕氏线索中所做的那样消除单向分支。

15.65 编写一个使BST平衡的程序,其中BST表示TST的内部节点(重排这些节点以使它们的所有外部节点位于两层中的一层上)。

15.66 编写TST的一种insert操作版本,它可以维持所有内部节点的平衡树表示(见练习15.65)。

• **15.67** 给出含有N个不同w位的关键字的TST的最坏情况下内部路径长度的完整刻画。

15.68 编写一个生成随机80字节字符串关键字的程序(见练习10.19)。使用这个关键字生成器来构建一个具有N个随机关键字的256-路的线索,其中$N = 10^3$,10^4,10^5和10^6。首先进行搜索,然后在搜索失败时进行插入。进行实验,打印出每个线索中的节点总数以及构建每个线索所需的总时间。

15.69 对于TST,回答练习15.68中的问题。并与针对线索的结果进行性能比较。

15.70 编写一个生成混洗随机80字节序列的关键字生成器(见练习10.21)。使用这个关键字生成器来构建一个具有N个随机关键字的256路的线索,其中$N = 10^3$,10^4,10^5和10^6。首先进行搜索,然后在搜索失败时进行插入。比较该程序与练习15.68中对应的随机关键字的程序的性能。

○ **15.71** 编写一个生成随机30-字节字符串的程序,其中字符串由三个域组成:一个4字节的域,取自给定的10个字符串中的一个;一个10字节的域,取自给定的50个字符串中的一个;一个1字节的域,取自两个给定值之一;最后一个是15字节的一个域,含有随机左对齐字母串,长度等概率取自4至15之间(见练习10.23)。使用这个关键字生成器来构建一个具有N个随机关键字的256-路的线索,其中$N = 10^3$,10^4,10^5和10^6。首先进行搜索,然后在搜索失败时进行插入。进行实验,打印出每个线索中的节点总数以及构建每个线索所需的总时间。比较该程序与练习15.68中对应的随机关键字的程序的性能。

15.72 对于TST,回答练习15.71中的问题。并与针对线索的结果进行性能比较。

15.73 使用多路数字搜索树,开发一个字符串关键字的search和insert实现。

▷ **15.74** 画出把带有关键字now is the time for all good people to come the aid of their party的数据项插入到初始为空的DST后的27-路DST。

• **15.75** 开发一个多路线索搜索和插入的实现,其中使用链表来表示线索中的节点(像在TST中使用BST表示节点一样)。进行实验来确定使用有序表还是无序表更高效。并把你的实现与基于TST的实现进行比较。

15.5 文本字符串索引算法

在12.7节中我们讨论了建立字符串索引(string index)的方法,在一大段文本中,我们采用带字符串指针的二叉搜索树来判定某个给定关键字是否在其中。在本节中,我们从同一角度考察使用多路线索的更复杂的算法。我们把文本中的每个位置看作字符串关键字的开始位置,扫描该文本直到文本的末尾,同时使用字符串指针构建一个带有这些关键字的符号表。关键字互不相同(可以是不同长度),且大多数关键字很长。搜索的目的是确定一个给定的关键字是否是索引中关键字的一个前缀,这等价于确定搜索关键字是否出现在文本字符串中。

由指向文本中字符串的字符串指针确定的关键字所构成的搜索树被称为后缀树(suffix tree)。我们可以使用允许变长的关键字的任何算法。基于线索的方法就特别合适,因为(除了在关键字末尾进行单分支的线索方法)它们的运行时间并不依赖于关键字的长度,而是依赖于用于区分关键字的位数。这一特性与运行时间正比于关键字长度的算法,如散列算法,形成鲜明的对比。

图15-20给出了用BST、帕氏线索和（带有叶节点的）TST构建字符串索引的例子。这些索引只使用开始于字边界的字符串做关键字；而从字符边界开始的索引会使索引更复杂，并且使用的空间显著增加。

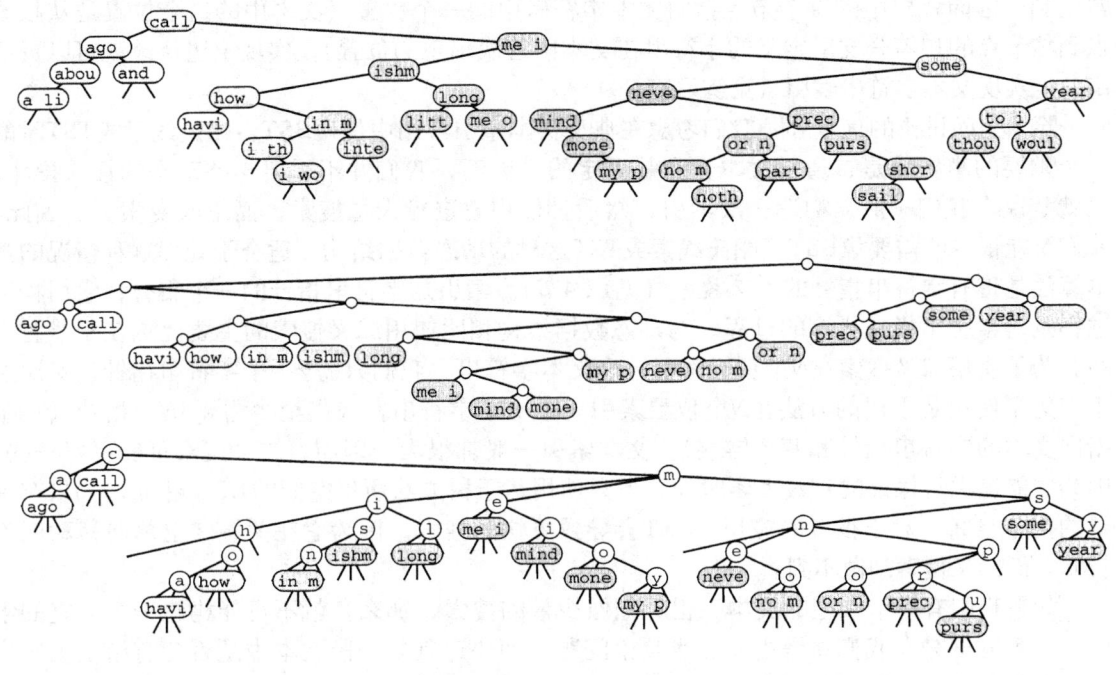

图15-20 文本字符串索引示例

注：这些图显示了使用BST（上图），帕氏线索（中图）和TST（下图）等方法，由文本call me ishmael some years ago never mind how long precisely…所构建的文本字符串索引。带有指向字符串指针的节点由指针所引用点处的前4个字符描述。

严格来讲，即使一个随机字符串文本也不会引起相应索引中的关键字集是随机的（因为关键字不是独立的）。然而，在实际索引应用中我们很少使用随机文本，且分析方法的不同也不会影响我们使用基于基数方法的快速索引实现。我们并不对构建字符串索引的每个算法都进行详细的性能特征的讨论，因为我们前面所讨论的关于字符串关键字的符号表的某些折中方法对于字符串索引问题也适用。

对于一个典型的文本，因为标准BST易于实现，所以成为我们的首选（见程序12.10），而且在典型应用中，可以提供好的性能。关键字的相互依赖（特别是对每个字符位置建立一个索引时）导致BST应用在大型文本时出现最坏情况，尽管非平衡BST只有在构造很差时才出现。

帕氏线索最初就是为字符串索引的应用而设计的。要使用程序15.5和程序15.4，我们只需要编写一个位操作的实现，给定一个字符串指针和一个整数i，返回字符串中的第i位（见练习15.81）。在实际中，实现文本字符串索引的帕氏线索的高度为对数级的。此外，一个帕氏线索将为搜索失败提供快速搜索实现，因为我们并不需要检查关键字的所有字节。

TST具有帕氏线索的一些优点，易于实现，它利用内置的字节访问操作，这在现代机器中非常适合。它们还能适合于简单实现，如程序15.9，它们所能解决的搜索问题要比完全匹配一个关键字要复杂的多。为了使用TST来构建一个字符串索引，我们需要在数据结构中去掉处理关键字末尾的那段代码，因为我们已得到保证，不存在字符串是另一个字符串的前缀，因而，我们从不会把字符串比较的操作延续到末尾。这一修改包括改变数据项类型接口中的eq的定义，使得如果一个字符串是另一个字符串的前缀，就认为这两个字符串相等，就像在12.7节所做的那样。因为我们要从文本字符串的某个位置开始，比较一个（短的）搜索关键字与一个（长的）文本字符串。第三个改变是在每个节点中记录字符串的位置而不是字符非常便利，因而，树中的每个节点指向文本字符串中的一个位置（文本中的这个位置是从根节点到该节点的相等分支所定义的字符串在文本中首次出现的位置）。实现上述修改就可以灵活高效地实现文本字符串索引（见练习15.80）。

除了上面讨论的优点外，我们考虑在典型文本索引应用中使用BST、帕氏线索或TST时的一个重要的事实就是：通常文本自身是固定的，因而，我们并不需要支持动态的插入操作。也就是说，我们一般只构造一次索引，然后，使用它进行大量搜索，而不改变索引。因此，我们可能根本不需要像BST、帕氏线索或TST这样的动态数据结构，适合于处理这种情况的基本算法是带有字符串指针的二叉搜索（见12.4节）。索引是字符串指针的一个集合；索引构造过程是对字符串指针排序的过程。与动态数据结构相比使用二叉搜索的主要优点在于节省空间。为了使用二叉搜索在N个位置索引一个文本字符串，我们只需要N个字符串指针，对比之下，为了使用基于树的方法在N个位置索引一个文本字符串，我们至少需要$3N$个指针（一个指向文本的字符串指针和两个链接）。文本索引一般都很大，因而，二叉搜索可能更好一些，因为它能提供可保证的对数搜索时间，但只使用基于树方法所用空间的1/3。然而，如果有足够的内存空间，对于很多的应用，TST会导致更快的搜索。因为它在关键字上单向移动而不折回，而二叉搜索却做不到。

如果我们有一个大型的文本，但计划做少量的搜索，那么，就不可能构建一个完整的索引。在第五部分，我们将考虑字符串搜索问题。即快速判断一段文本中是否含有给定关键字且无需预处理。我们还将考虑其他字符串搜索问题，它们介于无需预处理和构建大型文本的完整索引这两个极端之间。

练习

▷ 15.76 画出由单词now is the time for all good people to come the aid of their party所构建的文本字符串索引所得26-路DST的结果。

▷ 15.77 画出由单词now is the time for all good people to come the aid of their party所构建的文本字符串索引所得26-路线索的结果。

▷ 15.78 画出由单词now is the time for all good people to come the aid of their party所构建的文本字符串索引所得TST的结果，样式同图15-20。

▷ 15.79 画出由单词now is the time for all good people to come the aid of their party所构建的文本字符串索引所得TST，要求使用课本中描述的实现，其中TST中的每个节点包含字符串指针。

○ 15.80 修改程序15.10和程序15.11中的TST的搜索和插入实现，使其能够提供基于TST的字符串索引。

○ 15.81 实现一个接口，允许帕氏线索像字符串那样来处理C语言中的字符串关键字（也就是说，字符串数组）。

○ 15.82 画出由单词now is the time for all good people to come the aid of their party所构建的文本字符串索引所得帕氏线索，要求对字母表中的第i个字母使用一个5位二进制编码表示。

15.83 解释为什么使用TST所基于的基本原理（对字符而不是对字符串进行比较）改进二叉搜索的思想不是有效的？

15.84 找出一个大型的文本文件（至少10^6字节），使用标准BST、帕氏线索和TST来构建该文件的一个索引，比较三者的高度和内部路径长度。

15.85 对于一个32字符的字母表，使用标准BST、帕氏线索和TST构造N个随机字符组成的文本字符串索引，进行实验研究比较三者的高度和内部路径长度，其中$N = 10^3$，10^4，10^5和10^6。

∘ 15.86 编写一个确定大型文本字符串中的最长重复序列的高效程序。

∘ 15.87 编写一个确定大型文本字符串中出现次数最多的10字符长的序列的高效程序。

• 15.88 构建一个字符串的索引，它返回其参数在索引文本中的出现次数，并能像排序和搜索那样访问与搜索关键字匹配的所有文本的位置。

∘ 15.89 描述一个N个字符的文本字符串，使基于TST的字符串索引性能较差。估计使用BST构建同一字符串索引的开销。

15.90 对于$N = 10^3$，10^4，10^5和10^6分别对随机的N为字符串构建一个索引，且每位都是16的倍数。进行实验研究来确定字节长度取多少（1、2、4、8还是16），才能使基于TST的索引构造运行时间达到最小？

第16章 外部搜索

　　适合访问大型文件中的记录的搜索算法有着广泛的实际应用。搜索是大型数据库的一项基本操作，而且肯定会消耗所使用的计算环境中的大量资源。随着因特网的出现，我们具备了搜索与某一工作相关的所有信息的能力，同时我们面临的挑战是希望更有效地完成搜索任务。在本章中，我们讨论支持在任意大的符号表中进行高效搜索的基本机制。

　　类似于第11章，本章要讨论的算法与不同类型的硬件和软件环境有关。因此，我们将要考虑的算法比前面几章中给出的C算法更抽象。当然，这些算法也都是我们熟悉的搜索算法的直接实现，而且用C语言方便地表示出来并适合于很多情况。在这里我们将采用不同于第11章的方式：首先详细研究特定算法的实现，再考虑其性能特点，然后讨论具体算法如何用于实际情况才有效。按字面来讲，本章的标题有些用词不当，因为我们将用C语言描述这些算法，而这些程序与我们在第12章至第15章介绍的其他符号表应用算法是可以互换的。同理，它们根本不是外部方法。然而，这些算法都是基于一个简单的抽象模型，因此可使我们对特定的外部设备给出精确的搜索方法的实现。

　　详细的抽象模型对搜索不如对排序那样有用，这是因为对于很多重要的应用而言，模型所涉及的搜索开销很低。我们主要关注的是存储在外部设备上的大型文件的搜索方法，我们可以快速访问这些外部设备上，诸如磁盘的任意数据块。对只可以顺序存取的磁带设备（其模型我们在第11章讨论过），搜索操作便退化为从头开始顺序读取直至完成的一般且慢的方法。对磁盘设备来说，我们可以更有效地搜索：最为显著的是，我们将要介绍的算法只需3到4次对磁盘数据块的引用，就可以支持数万亿个记录的符号表的搜索和插入操作。系统参数，如数据块长度和访问新块的开销与访问块内某元素的开销之比等，会影响算法的性能，但在参数的一定取值范围内这种影响相对而言并不明显（而这恰是实际应用中常遇到的情况）。此外，我们使得这些算法适用于特定的实际应用所要采取的重要步骤是很简单的。

　　对磁盘设备而言，搜索是一种基本的操作，通常利用设备的特性来组织文件以使访问信息更高效。简而言之，我们可以认为在磁盘这种被人们设计用来存储大量信息的设备上可以简单高效地实现搜索操作。在本章中，我们介绍的算法基于比基本磁盘操作稍微高一点的抽象层上，这些算法还支持插入以及动态符号表的其他操作。这些算法优于直接算法之处等价于BST和散列算法优于二分搜索和顺序搜索之处。

　　在很多计算环境中，我们可以对一个巨大的虚拟内存进行直接寻址，并依靠操作系统来有效地处理程序对数据的请求。我们将讨论的算法在这些环境下对于符号表的实现也很有效。

　　一个用计算机处理的信息集合称为一个数据库。很多研究都给出了建立、维护和使用数据库的方法。这其中很多工作是对抽象模型的研究和搜索操作的实现，当然，这里的搜索的标准比我们前面考虑的"单一关键字匹配"的判据更为复杂。在一个数据库中，由于含有多种关键字，所以搜索可能会是基于部分匹配的，而且返回结果可能是很多记录。我们在第五部分和第六部分介绍了这类算法。通常的搜索请求是足够复杂的，因为它需要我们在整个数据库中顺序搜索，对每一个记录检查其是否满足搜索标准。目前，对于大型数据文件中数据位与特定标准的匹配的快速搜索显示的是一个数据库系统的能力，而且很多现代的数据库的理论基础正是本章所描述的算法。

16.1 游戏规则

如第11章中所述，我们做出基本的假设：顺序存取数据比非顺序存取数据开销小得多。我们使用的模型把用来实现符号表的存储设备分为若干个页面，这些页面是可以被磁盘高效存取的连续信息块。每页保存很多记录，我们的任务是把记录组织在页面内，使得只读取几次页面就能读取任何记录。我们假设读取一个页面所需要的I/O时间决定着访问某些记录或者在该页面内进行其他运算所需要的处理时间。这个模型在很多方面都过于简化，但它体现了外部设备的基本特性，使得我们便于研究基本的算法。

定义16.1　页面是一个连续的数据块。探测是指对一个页面的第一次访问。

我们对探测次数少的符号表感兴趣。我们不去精确地估计页面大小和探测时间与块内记录访问所需时间之比。我们期望这些值大约为100或1000；我们不需要精确地估计是因为，我们将介绍的算法对这些值并不十分敏感。

这个模型与虚拟内存系统也是相关的，在这种操作系统中，很多文件组成了一个数据块，并使得访问、插入和删除操作的效率很高。一定数目的记录组成一个块，与读取一个块内记录相比，处理块内记录的开销可以忽略。

这个模型与虚拟内存系统也是直接有关的，我们可以直接访问非常大块的地址空间，并且依靠系统把常用的信息保存在快速设备（如内存）中，而把不常用的信息保存在低速设备（如磁盘）中。很多计算机系统都有复杂的分页寻址机制，通过把最近使用过的页面保存在高速缓存中以快速存取来实现虚拟内存。分页寻址系统也是基于我们所考虑的抽象模型：把磁盘分块，并认为块寻址的时间开销远远大于块内存取数据的时间开销。

因此，我们提出的页面的概念与文件操作系统中的块和虚拟内存系统中的页面是一致的。为简单起见，针对某些系统或应用，我们可能会考虑每块的多页面或者每页面的多块。这些细节不会降低算法的效率，从而不会影响其在某一抽象层上的实用性。

我们操纵页面、页面引用和带关键字的记录。对于大型数据库，现在所要考虑的最重要的问题是维护对数据的索引。也就是说，就像在12.7节讨论的那样，我们假设记录是按照静态的形式存放在符号表中，我们的任务就是构造一个带有关键字和记录的数据结构，使得我们可以快速地找到一个给定的记录。例如，一个电话公司把客户信息保存在一个大型静态数据库中，该数据库有几个索引，可能还会使用不同的关键字，完成每月收费、日常事务处理、周期性的请求回应等事务。对于大型数据集，索引很关键：我们通常不复制基本数据的副本，一是因为那样需要相当多的额外空间，二是因为我们想避免多个副本带来的数据不统一的问题。

因此，我们通常假设每个记录是实际数据的一个引用，这个记录可能是一个页面地址或数据库的一个复杂接口。为简单起见，我们在数据结构中不保存数据的副本，但我们要保存关键字的副本——这是一种非常实用的方法。同样为了简便起见，在描述算法时，我们并不把抽象接口用于记录和页面引用，而是只使用指针。因此，我们可以直接把实现用在虚拟内存的环境中，但是必须把指针和指针访问转换成适合外部排序算法的复杂机制。

我们将会考虑两个主要参数（块大小和相对访问时间）的应用十分广泛的取值范围。我们来研究一个完整动态符号表的搜索、插入等操作如何用几次探测就能完成的算法。如果我们要完成非常多次操作，则需要做一些认真的改进。例如，如果我们能把搜索开销由3次探测减为2次，则可以将系统性能提升50%！但是在这里我们暂时不考虑这种改进；这里的效率是随着系统和应用变化的。

在早期的计算中，外部存储设备往往体积大、速度慢而且存储量小。因此，通过一定的方法克服这些缺点的局限性是很有必要的。早期的编程核心是如何定时地访问在旋转的磁盘、磁鼓上的文件，或是使访问数据的物理位移达到最小。早期的核心还有这些尝试所导致的大失败，其中微小的计算错误都会使进行比简单实现慢得多。对比之下，现代存储设备不仅体积小、速度快，而且存储量大；因而，我们一般并不需要关注前面提到的这些问题。实际上，在现代计算机环境中，我们试图避开特定物理设备的特性，即在各种计算机（甚至未来的机器）上都达到高效率，比在某一特定机器上达到性能峰值更加重要。

对长期存在的数据库，围绕着数据的完整性和灵活可靠的访问提出了很多问题。在这里我们不予考虑。对于这类应用，我们将要介绍的方法是一些好的算法的根本，并成为系统设计的出发点。

16.2 索引顺序访问

建立索引的一种直接方法是把关键字及其记录的引用按照关键字的顺序存放在一个数组中，然后用二分搜索（12.4节）来实现搜索。对于N条记录，这种方法需要$\lg N$次探测——即使对于大型文件也是如此。我们这里所采用的基本模型使得我们直接想到对这种方法的两点改进。第一，通常索引本身会很大并超出一个页面的范围。由于我们只能通过页面引用访问页面，因而可以建立完全平衡的二叉树，该树的内部节点包含关键字和页面引用，外部节点包含关键字和记录指针。第二，访问M个表记录项的开销与访问两个表记录项的开销一样，因而，我们可以采用M叉树使得每个节点的开销与二叉树一样。这一改进将探测数目减小约为与$\log_M N$成正比。正如在第10章和第15章中讨论过的，在实际中我们可以把这个量看作常量。例如，如果$M = 1000$，当$N < 10^{12}$时，则$\log_M N < 5$。

图16-1给出了关键字集的一个例子。图16-2描述了这些关键字的树结构的一个例子。我们需要使用相对小的M和N值，以使树是可控制的。然而，它仍表明对于较大的M值，树会是扁平的。

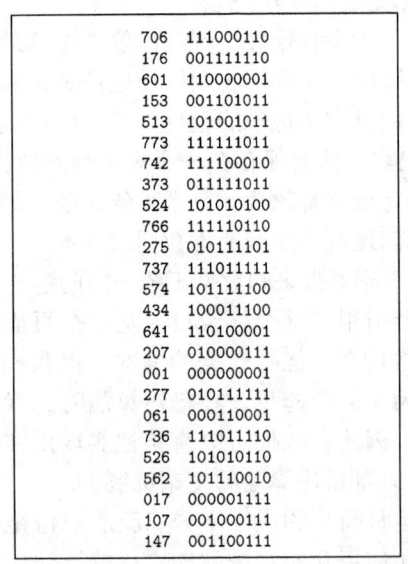

图16-1 十进制关键字的二进制表示

注：本章例子中使用的关键字（左边）是3位数字的十进制数，它们所对应的9位二进制表示在右边给出。

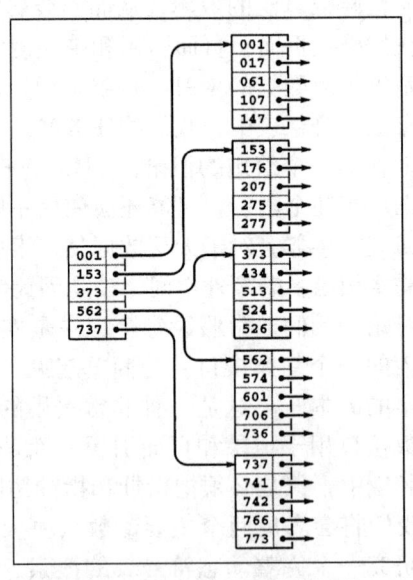

图16-2 索引顺序文件的结构

注：在一个顺序的索引中，我们按照顺序把关键字保存在整个页面中（右边）。有一个索引直接指向每页中的最小关键字（左边）。为了添加一个关键字，我们需要重建这个数据结构。

图16-2给出的树是一种独立于设备的索引表的抽象表示,它与我们已经讨论过的其他很多种数据结构是相似的。另外,我们注意到,这种数据结构与底层的磁盘存取软件中依赖设备的索引相差并不太远。例如,在早期的操作系统中采用一种两层模式,其底层对应于特定磁盘设备页面上的记录,而第二层则对应于一个指向各个设备的主索引。在这种操作系统中,主索引保存在主存储器中,因此访问一个记录需要访问两次磁盘:一次访问得到索引地址,一次访问含有该记录的页面地址。随着磁盘容量的增大,索引的大小也在增加,使得一个索引要保存在几个页面中,最后导致图16-2所示的分级模式的出现。我们继续介绍这种数据结构的抽象表示,因为它可以由系统底层的软硬件来直接实现。

很多现代的操作系统也使用类似这种树的数据结构在一个磁盘页面序列上组织大型文件。这类树不包含关键字,但它们能有效地支持顺序存取文件的一些常用操作,而且如果每个节点包含它对应树的大小的一个计数,则它们还支持搜索文件中第k个记录所在的页面地址。

由于这种方法把顺序关键字的组织和索引存取集合起来,故历来人们习惯地将图16-2描述的索引方法称为索引顺序存取。对于那些数据库改变较少的应用会选择这种方法。我们有时也将这里的索引称为目录。使用索引顺序存取的缺点是修改目录的开销很大。例如,增加一个记录就需要重建整个数据库,因为很多关键字要分配新位置而且要更新索引值。为了克服这一缺点并提供适中的开销,早期的操作系统提供了磁盘上的页面溢出和页面上的空间溢出,但这些技术在动态的情况下最终都不是很有效(见练习16.3)。我们在16.3节和16.4节中考虑的方法会提供系统而高效的方法来处理这些情况。

性质16.1 在一个索引顺序文件中一次搜索需要常数次探测,但一次插入需要重新建立整个索引。

在本章中,我们使用术语常量并不严格,用它表示与$\log_M N$成正比的一个量,其中M较大。如我们所讨论过的,这种用法只适于实际文件大小。图16-3给出了更多的例子。即使我们有一个128位的搜索关键字,有能力确定几乎无法实现的2^{128}个不同的记录,我们仍可以使用1000-路的分支,只需13次探测就能找到具有给定关键字的一个记录。∎

我们在这里不考虑这种索引的建立和搜索,因为它是16.3节中讨论的基本算法的一个特例(见练习16.17和程序16.2)。

10^5	words in dictionary
10^6	words in *Moby Dick*
10^9	Social Security numbers
10^{12}	phone numbers in the world
10^{15}	people who ever lived
10^{20}	grains of sand on beach at Coney Island
10^{25}	bits of memory ever manufactured
10^{79}	electrons in universe

图16-3 数据集大小示例

注:这些上界表明,我们可以安全地做出假设:任意符号表都不会超过10^{30}个记录。即使是在这样一种不现实的数据库中,如果我们使用1000-路的分支,我们可以用少于10次的探测,找到具有给定关键字的一个记录。即使我们找到一种方法存储宇宙中每个电子的信息,采用1000分支的搜索使得我们只需不到27次的比较就能满足要求。

练习

▷ 16.1 对于$M = 10,100,1000$和$N = 10^3, 10^4, 10^5$和10^6,试用表格给出$\log_M N$的值。

▷ 16.2 对$M = 5$和$M = 6$,分别画出给定的关键字的索引顺序文件的结构。关键字为:516,177,143,632,572,161,774,470,411,706,461,612,761,474,774,635,343,461,351,430,664,127,345,171和357。

○ 16.3 假设我们在容量为M的页面上建立了N个记录的索引顺序文件,而且每个页面保留了k

个空位置供数据库扩展使用。试给出完成一次搜索所需要的探测次数的公式，它是关于N、M和k的函数。使用这个公式对$M = 10$，100和1000，$N = 10^3$，10^4，10^5和10^6，$k = M/10$，计算出一次搜索所需要的探测次数。

○ 16.4 假设一次探测的开销大约是α个时间单位。在一个页面中查找记录的平均开销大约是βM个时间单位。对于$\alpha/\beta = 10$，100和1000，$N = 10^3$，10^4，10^5和10^6，试问M取何值时，索引顺序文件中一次搜索的时间开销最小。

16.3 B树

为了构建在动态情况下同样有效的搜索数据结构，我们需要建立多路树，但我们放宽条件：每个节点不必含有恰好M个记录，只要求每个节点至多包含M个记录。因而，它们可以组成一个页面，但每个节点中的记录数更少了。为了确信节点中有足够的记录，以提供保持搜索路径更短的分支，我们还要求所有节点至少（比如说）有$M/2$个记录。根节点可能除外，它至少含有一个记录（即两个链接）。根节点例外的原因在我们详细讨论完构造算法之后就会明白。在1970年Bayer和McCeright把这样的树命名为B树（B tree）。他们是把多路平衡树用于外部搜索的最早科学家。许多人员使用术语B树来描述Bayer和McCreight所提出算法中的那种数据结构。在这里，我们将B树这一术语一般化，用来表示一类相关的数据结构。

我们已经给出了一个B树的实现：在定义13.1和13.2中，阶为4的B树正是第13章中的平衡2-3-4树，其中每个节点至多有4个链接，至少有两个链接。实际上，基本抽象更是一种直接推广，我们可以推广13.4节中自顶向下2-3-4树的实现来实现B树。然而，在16.1节讨论的各种不同的外部搜索和内部搜索的差别使得我们要做出针对不同实现的决定。在这一节里，我们考虑一种实现：

- 将2-3-4树推广成为一棵有$M/2$至M个节点的树。
- 将多路节点表示为记录和链接的数组。
- 实现一个索引结构，而不是一个包含记录的搜索结构。
- 自底向上进行分裂节点。
- 把记录和索引分开。

上述最后的两个特性并不重要，但易于实现，并且在一些B树应用中很常见。

图16-4描述了一个抽象的4-5-6-7-8树，它将13.3节中讨论的2-3-4树做了推广。这种推广是直接的：4-节点都有3个关键字和4个链接，5-节点都有4个关键字和5个链接，以此类推，关键字之间每个可能的间隔有一个链接。搜索从树根开始，找到搜索关键字在当前节点中的合适间隔，然后经过相应的链接到达下一个节点，实现从一个节点到另一个节点的移动。如果我们在达到的节点中找到搜索关键字，则搜索命中，并终止这个搜索过程。如果我们达到树的底部，且没有命中，则以搜索失败告终。如同我们在自顶向下2-3-4树那样，如果我们分裂一个满的节点，则在向下遍历搜索完成后，可以在树的底部插入一个新的关键字。如果根节点是一个8-节点，则把它分裂为连接到4-节点的2-节点；而且，如果任何时候看到连接到一个8-节点上的k-节点，我们就把它替换为连接到两个4-节点上的$(k+1)$-节点。这一策略可以保证我们在到达树底时有插入新节点的空间。

另外，正如我们在13.3节讨论的2-3-4树，我们可以自底向上进行分裂：通过搜索把新的关键字放到底部节点上来完成插入。如果节点是8-节点，则将它分裂为两个4-节点，并在其父节点中插入一个中间关键字以及指向两个新节点的链接，继续这个自底向上的过程，直到遇到一个不是8-节点的祖先节点。

图16-4 一棵4-5-6-7-8树

注：该图给出了一种2-3-4树的实现。这棵树是由含有4至8个链接的节点（分别由3至7个关键字）构成的。在构造2-3-4树时，我们采用自顶向下或自底向上的插入算法，在遇到8-节点时，通过分裂它们使树的高度保持为常量。例如，要把J插入到这棵树中，我们首先会把这个8-节点分裂为两个4-节点，然后，把M插入到根节点中，使其变成一个6-节点。当分裂根节点时，我们没有选择，只能创建一个2-节点的新的根节点，这就是根节点被限制为至少4个链接的原因。

对于任何偶整数M（见练习16.9），包括2，在前面两段的描述中用$M/2$代替4和M代替8，就变成在$M/2$-…-M树中的搜索和插入过程。

定义16.2 M阶B树或者为空，或者由k-节点构成，每个节点含有$k-1$个关键字和k个指向树的链接，表示关键字所隔开的k个间隔。这种结构具有以下性质：在根节点处，k必定介于2和M之间，在其他节点处必定介于$M/2$和M之间。指向空树的所有链接到根节点的距离必定相等。

B树算法就是建立在这个基本的抽象集上。如第13章所述，我们有很大的自由度来选择这些树的具体表示。例如，我们可以使用扩展的红黑树表示（见练习13.69）。对于外部搜索，我们使用更加直接的有序数组表示，取M足够大以使M-节点充满一个页面。分支因子至少为$M/2$，因而，任何搜索或插入的探测数目都为有效的常量，如性质16.1中所讨论的那样。

除了实现刚才所讨论的方法，我们还要考虑另一种变型的方法，它把16.1节讨论的标准索引做了推广。我们把带有记录引用的关键字保存在树底部的外部页面中，把带有页面引用的关键字的副本保存在内部页面中。在树底插入新记录，并使用基本的$M/2$-…-M树抽象模型。当一个页面含有M个记录项时，我们把它分裂为两个$M/2$个页面的页面，并在其父节点中插入一个指向新页面的引用。当树根需要分裂时，我们生成一个含有两个孩子节点的新树根，这样使得树高增加了1。

图16-5至图16-7给出了将图16-1中的关键字（按照给定的顺序）插入到空树中构造B树的过程。这里B树的阶数$M=5$。插入操作简单说就是在页面中增加一个新记录，但我们可以通过最后的树结构，在构造树结构的过程中，确定何时增加记录并不简单。它共有7个外部页面，因此，必定有6次外部节点的分裂，而且该树高为3，因此树根必须分裂2次。这些内容在图的注解中已做描述。

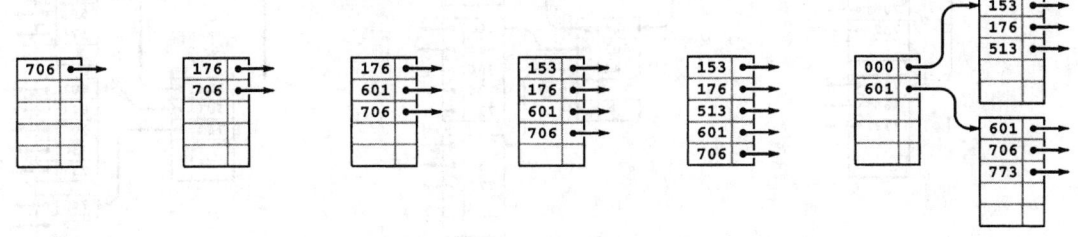

图16-5 B树构造（第1部分）

注：这个例子显示了在一个初始为空的B树中进行6次插入的过程，它利用了能够保存5个关键字以及链接的页面，关键字为3-位数字的八进制数（即9-位的二进制数）。我们把关键字按顺序保存在页面中。第6次插入导致了一次分裂，该分裂将一个内部节点分裂为各含有3个关键字的两个外部节点，并产生作为索引的一个内部节点：它的第一个指针指向含有大于或等于000且小于601的所有关键字的页面，第二个指针指向含有大于或等于601的所有关键字的页面。

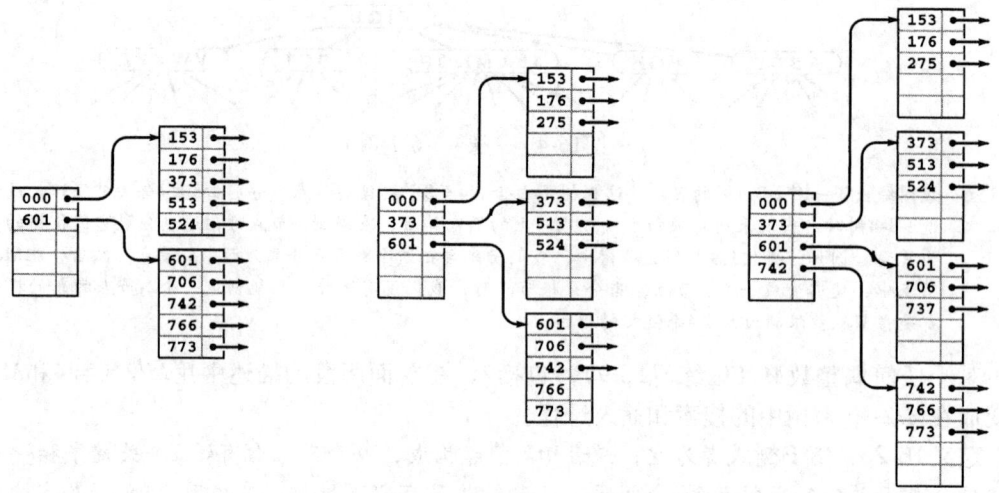

图16-6 B树构造（第2部分）

注：在图16-5中B树的最右边插入4个关键字742、373、524和766之后，这两个外部页面均为满状态（左图）。接着，当插入275时，第一个页面分裂，并在索引中产生一个到新页面的链接（以及它的最小关键字373）（中图），然后，插入737，底部的页面分裂，再次在索引中产生一个到新页面的链接（右图）。

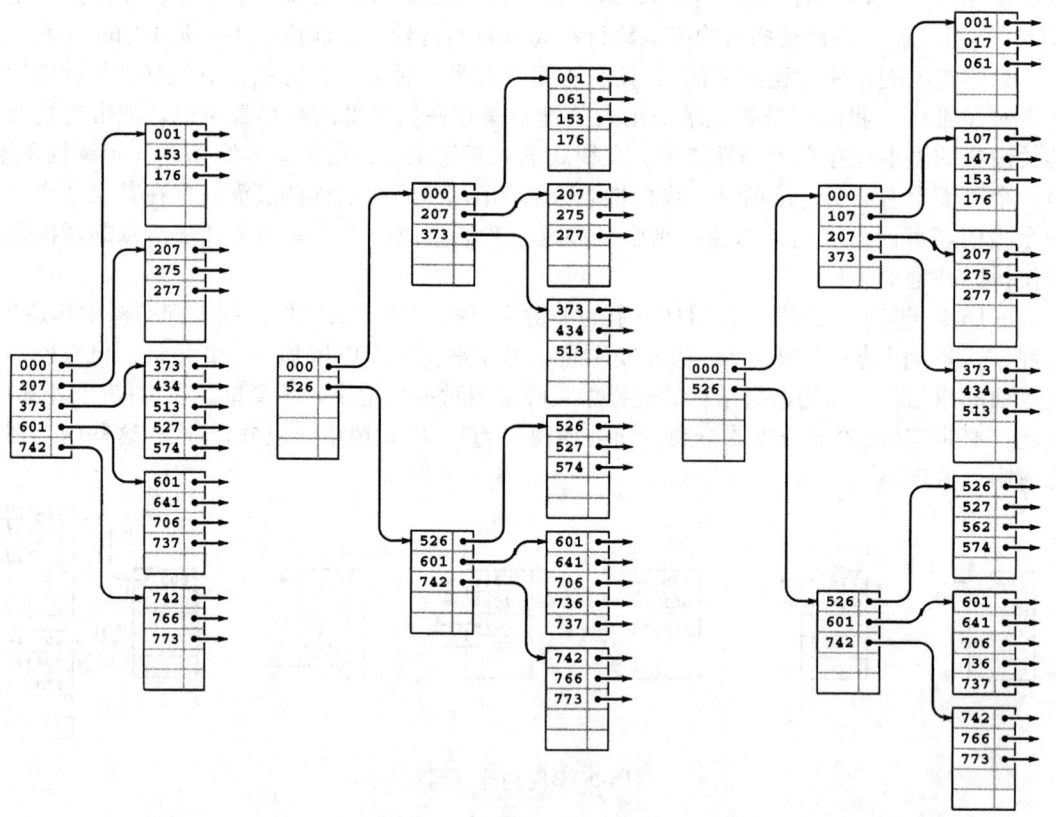

图16-7 B树构造（第3部分）

注：继续上面的过程，在图16-6中B树的最右边插入13个关键字574、434、641、207、001、277、061、736、526、562、017、107和147。当插入277（左图）、526（中图）和107（右图）时，发生节点分裂。由于插入526引起的节点分裂还导致索引页面分裂，使树的高度增1。

程序16.1给出了B树实现节点的类型定义和初始化代码。这个程序与我们在第13章至第15章中考察过的几个其他树搜索类似。主要的增加是我们使用了C中的union构造来定义差异较小的具有相同结构（和相同链接类型）的外部节点与内部节点：每个节点由关键字数组和计数器组成，其中关键字带有相关链接（在内部节点中）和记录（在外部节点中），计数器给出活动记录项的数目。

程序16.1　B树的定义及初始化

B树中的每个节点含有一个数组以及一个计数器，记录数组中的活动记录项数。在内部节点中，每个数组项含有一个关键字以及指向节点的一个链接。在外部节点中，每个数组项含有一个关键字和一个记录。C的union构造使我们可以在一个声明中指定这些选项。

我们把新节点初始化为空（计数域设为0），数组项0为观察哨。空B树是一个指向空节点的链接。同样，我们维持几个变量来跟踪树中的记录数和树的高度，它们都初始化为0。

```
typedef struct STnode* link;
typedef struct
  { Key key; union { link next; Item item; } ref; }
entry;
struct STnode { entry b[M]; int m; };
static link head;
static int H, N;
link NEW()
  { link x = malloc(sizeof *x);
    x->m = 0;
    return x;
  }
void STinit(int maxN)
  { head = NEW(); H = 0; N = 0; }
```

有了这些定义和树的例子，程序16.2给出了搜索操作的代码。对于外部节点，我们扫描节点数组，来查找同搜索关键字匹配的一个关键字，如果成功搜索到，则返回相关记录项，否则，返回一个空的记录项。对于内部节点，通过扫描节点数组，来查找指向含有搜索关键字的惟一子树的链接。

程序16.2　B树搜索

这个B树的搜索实现是基于一个普通的递归函数。对于内部节点（高度大于0），我们通过扫描找出大于搜索关键字的第一个关键字，并用上一次链接的指向对子树进行递归调用。对于外部节点（高度为0），我们进行扫描，检查是否存在一个其关键字等于搜索关键字的记录。

```
Item searchR(link h, Key v, int H)
  { int j;
    if (H == 0)
      for (j = 0; j < h->m; j++)
        if (eq(v, h->b[j].key))
          return h->b[j].ref.item;
    if (H != 0)
      for (j = 0; j < h->m; j++)
        if ((j+1 == h->m) || less(v, h->b[j+1].key))
          return searchR(h->b[j].ref.next, v, H-1);
    return NULLitem;
```

```
}
Item STsearch(Key v)
  { return searchR(head, v, H); }
```

程序16.3给出了B树的插入操作的实现。这里也采用了前面第13章和第15章中大量采用的递归方法。这是一种自底向上的实现，因为我们在递归调用之后才检查节点的分裂，因而第一个分裂的节点是一个外部节点。分裂要求产生一个指向分裂节点父节点的新的链接，父节点可能需要分裂，并产生一个指向它的父节点的链接，以此类推，也许最终都会到达根节点（当分裂根节点时，我们建立一个有两个孩子节点的新的根节点）。对比之下，程序13.6的2-3-4树的实现是在递归调用之前检查节点的分裂，因而，沿着向下的方向进行分裂。我们可能还使用一个自顶向下针对B树的方法（见练习16.10）。在许多B树的应用中采用自顶向下的方法还是自底向上的方法差别不大，因为这类树是非常扁平的。

程序16.3　B树插入

像在插入排序中那样，通过把较大数据项向右移动一个位置，来插入新的数据项。如果插入时使节点溢出，我们就调用split把该节点分裂为两半，并返回指向新节点的链接。在递归的上一层，这个额外的链接导致在内部父节点上进行一次类似的插入过程，因而，它也可能使节点分裂，并沿着根节点的方向继续插入。

```
link insertR(link h, Item item, int H)
  { int i, j; Key v = key(item); entry x; link t, u;
    x.key = v; x.ref.item = item;
    if (H == 0)
      for (j = 0; j < h->m; j++)
        if (less(v, h->b[j].key)) break;
    if (H != 0)
      for (j = 0; j < h->m; j++)
        if ((j+1 == h->m) || less(v, h->b[j+1].key))
          {
            t = h->b[j++].ref.next;
            u = insertR(t, item, H-1);
            if (u == NULL) return NULL;
            x.key = u->b[0].key; x.ref.next = u;
            break;
          }
    for (i =(h->m)++; i > j; i--)
      h->b[i] = h->b[i-1];
    h->b[j] = x;
    if (h->m < M) return NULL; else return split(h);
  }
void STinsert(Item item)
  { link t, u = insertR(head, item, H);
    if (u == NULL) return;
    t = NEW(); t->m = 2;
    t->b[0].key = head->b[0].key;
    t->b[0].ref.next = head;
    t->b[1].key =  u->b[0].key;
    t->b[1].ref.next = u;
    head = t; H++;
  }
```

程序16.4给出了节点分裂的代码。代码中使用的变量M取偶数值,而且树中的每个节点最多只有$M-1$个数据项。这一策略使得我们在对一个节点进行分裂之前可以插入第M个数据项,这样不用太大的开销就大大简化了代码(见练习16.20和练习16.21)。为简便起见,我们在本节稍后的分析结果中只使用每个节点中M个数据项的上界;因为实际差异很小。在自顶向下的实现中,我们不采用这种技术,因为可以肯定的是这种便利总能提供在每个节点中插入一个新的关键字的空间。

程序16.4 B树节点分裂

在B树中分裂一个节点,首先是创建一个新节点,并将大部分关键字移给该节点,然后调整计数并在中间两个节点设置观察哨。这个代码假设M为偶数,每个节点利用额外位置存储引起分裂的数据项。节点中关键字的最大个数为$M-1$。当节点包含M个关键字时,该节点分裂成两个包含$M/2$个关键字的节点。

```
link split(link h)
  { int j; link t = NEW();
    for (j = 0; j < M/2; j++)
      t->b[j] = h->b[M/2+j];
    h->m = M/2; t->m = M/2;
    return t;
  }
```

性质16.2 在阶为M的包含N个数据项的B树中进行一次搜索或插入需要的探测次数介于$\log_M N$和$\log_{M/2} N$之间,在实际中它是一个常数。

这个性质是根据观察而得:B树内部的所有节点(是指那些不是根节点也不是外部节点的节点)的链接介于$M/2$和M之间,因为它们是由分裂具有M个关键字的节点而形成,其只能增长大小(此时较低层的节点被分裂)。在最好的情况下,这些节点形成一棵度为M的完全树,它就是性质(见性质16.1)中所阐述的上界。在最坏的情况下,可得度为$M/2$的完全树。■

当$M=1000$时,如果N小于1.25亿,则树高不超过3。在一些典型情况下,我们可以把树根节点保存在内存中以使开销降为2次探测。对于某些在磁盘上搜索的应用,在进行非常多次搜索之前首先要完成这一步;在带有缓存的虚拟内存系统中,由于树根节点被访问的次数最多,所以要把它保存在最快的存储器中。

在一个大型文件中进行搜索和插入操作,对于一个搜索实现,它所需的探测次数至少为2次。B树得到广泛应用正是因为这一点。获得这个速度和灵活性的代价是节点内的未用空间,这是大型文件所带来的。

性质16.3 阶数为M,由N个随机数据项组成的B树,期望的页面数约为$1.44N/M$。

Yao在1979年证明了这个结果,使用的数学分析法超出本书的范围(见第四部分参考文献)。它是根据分析树增长的一个简单概率模型得到的。在前$M/2$个节点插入之后,任何时刻,存在含有i个数据项的t_i个外部页面。对于$M/2 \leqslant i \leqslant M$,有$t_{M/2}+\cdots+t_M = N$。因为节点之间的每个间隔等概率接收随机关键字,一个节点有i个数据项的概率为t_i/N。明确地说,对于$i < M$,这个量就是含有i个数据项的外部页面的个数减少1和含有$(i+1)$个数据项的外部页面的个数增加1的概率。如果$i = 2M$,这个量就是含有$2M$个数据项的外部页面的个数减少1和含有M个数据项的外部页面的个数增加2的概率。这种随机过程称为马尔科夫链。Yao的结果就是基于对马尔科夫链的性质的分析而得出的。■

我们也可以编写一段程序模拟这一随机过程来验证性质16.3(见练习16.11和图16-8和图

16-9)。当然,我们还可以只构建随机B树并度量它们的结构性质。这一随机模拟的方法比数学分析或是完全实现要简单。它是我们研究和比较各类算法时所使用的重要工具(如见练习16.16)。

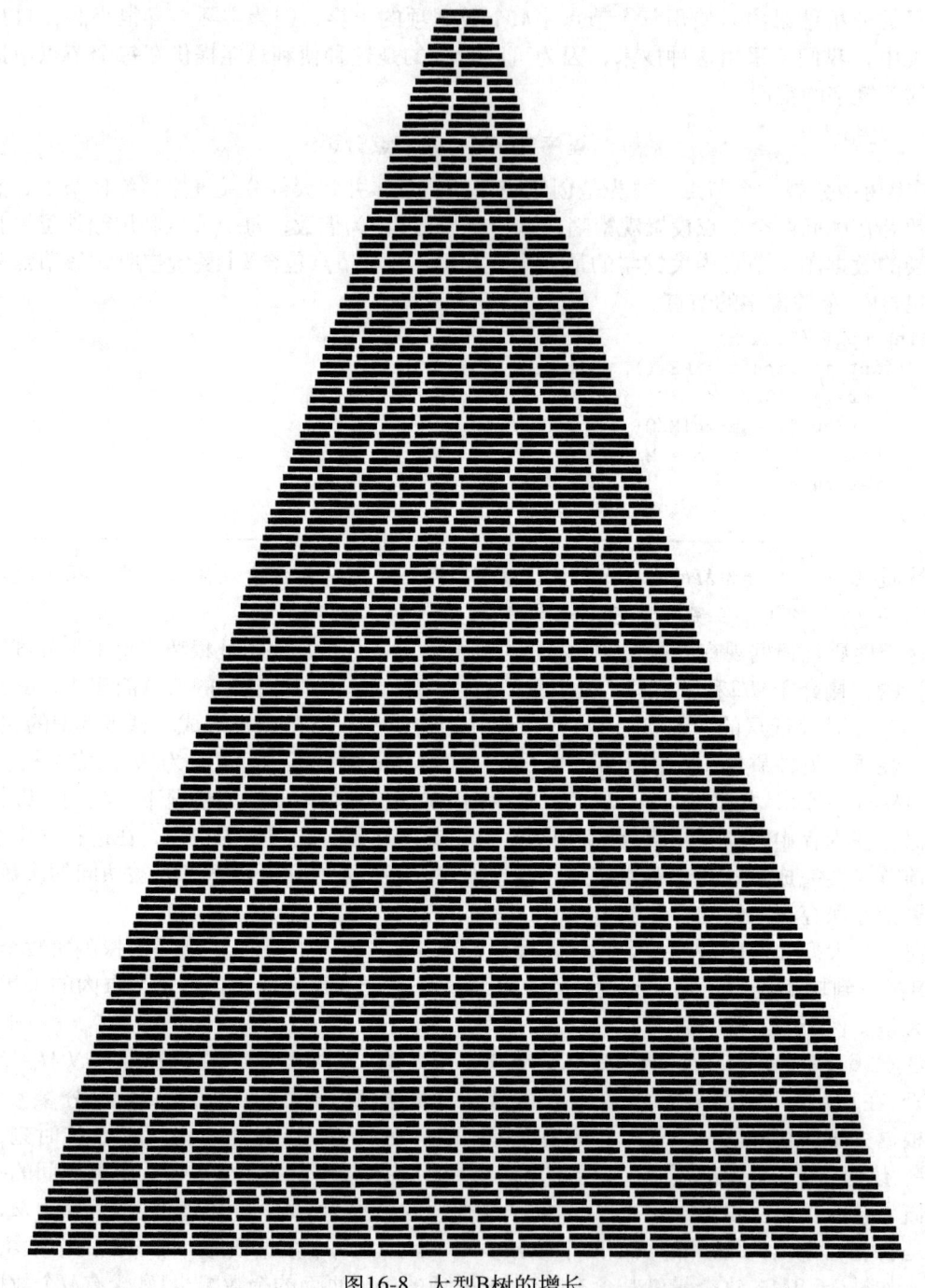

图16-8 大型B树的增长

注:在这个模拟中,我们把带有随机关键字的数据项插入到初始为空的B树中,该B树的页面只能存放9个关键字和链接。每行显示外部节点,每个外部节点用一条长度与那个节点中的数据项数成正比的线段表示。在外部节点中,大部分插入发生在不满的节点上,使节点的大小增1。当插入发生在满的节点上时,节点就分裂为原节点大小一半的两个节点。

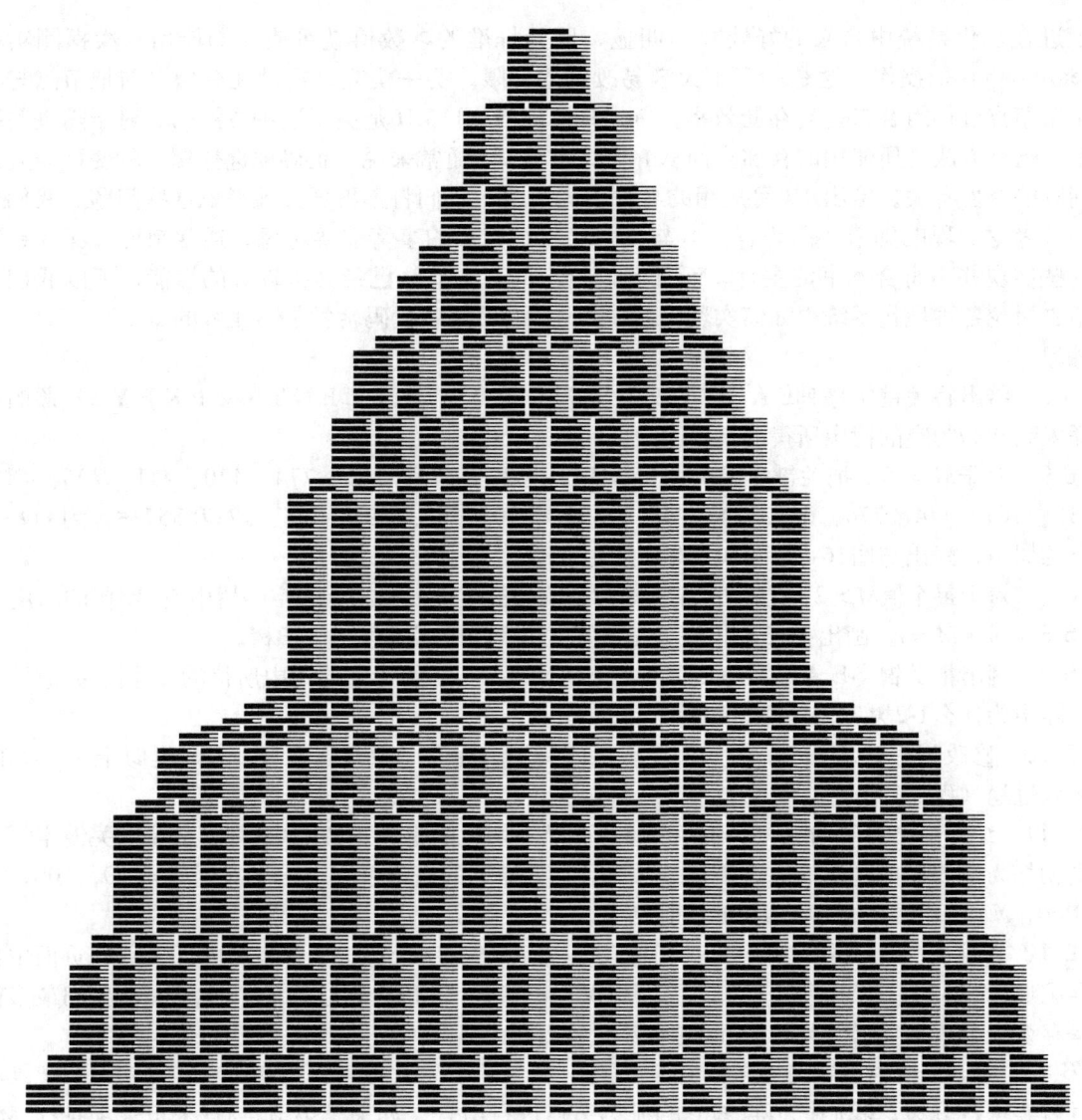

图16-9 大型B树的增长、页面占用情况

注：图16-8的另一个版本显示了在B树增长过程中，页面被填满的情况。页面中的大多数插入发生在页面未满的情况，只是对页面的占用增1。当插入使页面变满时，页面就分裂成两个半空的页面。

其他符号表操作的实现与我们前面介绍的基于树的其他表示是类似的，留作练习（见练习16.22至练习16.25）。特别是，select和sort实现是直接的，但和往常一样，实现一个真正的delete操作确实是一件挑战性的任务。像插入操作一样，多数的delete操作都是简单地从一个外部页面中删除一个数据项，并使计数器减1。但是如何从一个只有$M/2$个数据项的节点中删除数据项呢？一种自然的方法是用它的兄弟节点中的数据项来填充删除的空间（也许会使节点数目减1），但实现起来很复杂，因为要相应地寻找与所移动的元素相关联的关键字。在实际情况下，我们可以采用的简单办法是使得节点保持非满状态，且对算法性能的影响很小（见练习16.25）。

在基本B树抽象的基础上有很多直接的变型。其中一类是把尽可能多的页面引用保存在一个节点中，节省时间开销，但分支因子增大，也使树更扁平。正如我们已经讨论过的，这些改进在现代系统中带来的好处并不明显,因为标准的参数值就可使我们使用两次探测实现search和insert操作。这是一个不太容易改进的界限。另一类变型通过在分裂之前把节点与其兄弟节点进行组合来提高存储效率。练习16.13至练习16.16是关于这种方法的。对于随机关键字,这种方法把所使用的存储空间从44%降到23%。通常来说,正确地选择哪一种变型与应用问题的特性有关。给出B树可应用的各种不同情况,我们将不再详细地考虑这些问题。我们也不会考虑实现的细节。因为有很多与设备和系统有关的事情需要考虑。通常来说,深入钻研这些实现并不符合本书的主旨,而且我们给出的基本算法已经具备较好的性能,所以我们也不去讨论各种现代系统中如何实现B树的代码,而且这些代码常常是不兼容的。

练习

▷ 16.5 给出将关键字序列E A S Y Q U E S T I O N W I T H P L E N T Y O F K E Y S按照顺序插入到初始为空的树中所得的3-4-5树。

○ 16.6 对于 $M = 5$,把关键字516、177、143、632、572、161、774、470、411、706、461、612、761、474、774、635、343、461、351、430、664、127、345、171和357插入到初始为空的树中,画出与图16-5至图16-7对应的图。

○ 16.7 对于每个值 $M > 2$,给出把练习16.28中的关键字插入到初始为空的树中所得B树的高度。

16.8 对于 $M = 4$,画出把16个相等关键字插入到初始为空的树中的B树。

• 16.9 画出把关键字E A S Y Q U E S T I O N插入到初始为空的树中所得的1-2树。并解释在实际中为什么1-2树不像平衡树那样常用。

• 16.10 修改程序16.3中的B-树插入实现,使其沿着树的向下方向分裂,方法类似于2-3-4树的插入过程(程序13.6)。

• 16.11 编写一个计算阶为M的B树的外部页面平均数的程序,该B树由把N个随机关键字插入到初始为空的树中构造而成,使用性质16.1之后描述的概率过程。给出对于 $M = 10$,100,和1000, $N = 10^3$, 10^4, 10^5和10^6的实验结果。

○ 16.12 假设在一棵3层的树中,我们可以在内存中保存 a 个链接,在表示内部节点的页面中保存 b 到 $2b$ 个链接,表示外部节点的页面中保存 c 到 $2c$ 个链接。在这样的一棵树中,我们最多能保存多少个数据项(它为 a、b 和 c 的函数)?

○ 16.13 考虑B树中进行兄弟节点分裂(或B*树)的启发式搜索:当一个节点含有M个记录项时就要进行分裂,我们把节点与它的兄弟节点进行组合。如果兄弟节点有 k 个记录项且 $k < M-1$,我们重新分配数据项,使其兄弟节点和该满节点都有大约 $(M + k)/2$ 个记录项,否则,我们使根节点增长存放大约 $4M/3$ 个数据项,并在达到这个界限时分裂根节点,产生一个具有两个记录项的新的根节点。阐述在阶为M且有N个数据项的B*树中进行一次搜索或插入所用探测数目的界限。对于 $M = 10$,100,和1000, $N = 10^3$, 10^4, 10^5和10^6,把你的结果与B树同一问题的界限相比较。

•• 16.14 研制一个(基于兄弟节点分裂法的启发式搜索)B*树的insert实现。

• 16.15 针对兄弟节点分裂法的启发式搜索,画出一个类似图16-8的图。

• 16.16 对于 $M = 10$,100,和1000, $N = 10^3$, 10^4, 10^5和10^6,采用兄弟节点分裂法,通过把随机节点插入到初始为空的树中构造阶为M的一棵B(树,进行随机模拟(见练习16.11)来确定所用的页面平均数。

• 16.17 编写一个自底向上构造B树索引的程序,从指向含有M到2M个数据项的页面的数组指针开始,且页面是有序的。

• 16.18 用课本中讨论的B树插入算法(程序16.3)能否构造一个所有页面均满的索引呢?并

解释你的答案。

16.19 假设多台不同的计算机都可以访问同一索引,因而可能几个程序同时都试图向B树中插入一个新节点。解释你使用自顶向下B树而不是自底向上B树的原因。假设每个程序在读取节点信息时可以(的确)延迟其他程序来修改任何给定节点的信息,并能使其修改延迟进行。

- 16.20 修改程序16.1至程序16.3中的B树实现,使树中每个节点可以保存M个数据项。
▷ 16.21 对于$N = 10^3$,10^4,10^5和10^6,列表给出$\log_{999} N$和$\log_{1000} N$的差别。
▷ 16.22 对基于B树的符号表实现sort操作。
○ 16.23 对基于B树的符号表实现select操作。
•• 16.24 对基于B树的符号表实现delete操作。
○ 16.25 对基于B树的符号表实现delete操作,使用以下简单方法:在外部页面上删除一个指示的数据项(允许页面中的数据项个数少于$M/2$),除了被删除的数据项是页面中最小值时可能调整其值的情况,其他改变不会向上传播。
• 16.26 在节点内使用二分搜索(见程序12.6),修改程序16.2和程序16.3。对于$N = 10^3$,10^4,10^5和10^6,确定M的值,使程序把带有关键字的N个数据项插入到初始为空的表中构建符号表的时间最短。并与红黑树(程序13.6)在时间上做比较。

16.4 可扩展散列

除了B树以外,还有一种方法可以把数字搜索算法应用到外部搜索,它是由Fagin、Nievergelt、Pippenger和Strong在1978年提出的。这种方法称为可扩展散列,对于典型应用问题,它只需要一到两次的探测就能实现search操作。相应的insert实现(几乎总是)也只需要一到两次探测即可。

可扩展散列组合了散列、多路线索算法以及顺序存取方法的特征。就像第14章的散列方法,可扩展散列是一种随机算法,第一步是定义一个把关键字转换为整数的散列函数(见14.1节)。为简化起见,本节只考虑关键字为定长随机位串的情况。像第15章中的多路线索算法,可扩展的散列,首先使用关键字的前几位索引到一个大小为2的幂的表,并从中开始搜索。像B-树算法一样,可扩展的散列把数据项存储在页面中,当页面填满时可以分裂为两块。像索引顺序访问方法一样,可扩展的散列维持一个目录,由此目录可以找到与搜索关键字匹配的数据项所在的页面。一个算法中含有这些特点使得可扩展散列方法是搜索算法中最为完美的算法。

假设可用的磁盘页面数为2的幂,即2^d。这样,我们就能维持一个由2^d个不同页面引用的目录。使用关键字的前d位索引到目录。且在同一页面上,可以保存与关键字的前k位匹配的所有关键字,如图16-10所示。与B树一样,我们保存页面中的元素有序,并且在与搜索关键字相对应的页面中进行顺序搜索。

图16-10解释了可扩展散列的两个基本概念。第一,我们无需保存2^d个页面。也就是说,我们可以使多个指针指向同一页面,同时不会影响搜索的速度。我们把具有不同前d位值的关键字保存在同一页面,对给定关键字仍然可以通过目录中的指针访问到其相应元素所在的页面。第二,随着表的大小不断增长,我们可以使用加倍目录长度的方法来容纳更多的元素。

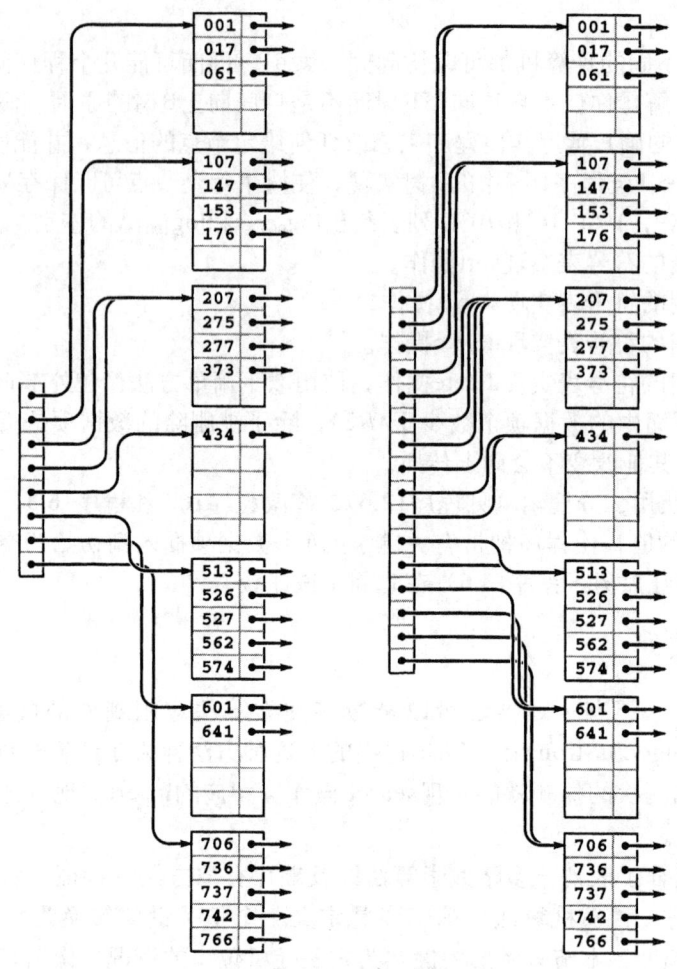

图16-10 目录页面索引

注:在这个包含8个记录项的目录中,通过存储与记录的前3位匹配的所有记录可以把40个关键字存储在同一页面上,并且可以通过存储在目录中的指针访问各页面(左图)。目录中的记录项0包含着指向以000开始的所有关键字所在的页面的指针,记录项1包含着指向以001开始的所有关键字所在的页面的指针,记录项2包含着指向以010开始的所有关键字所在的页面的指针,以此类推。如果某些页面未满,我们可以使多个目录指针指向同一页面,来减少所需的页面个数。在这个例子中(左图),373与2打头的关键字在一个页面上,那个页面定义为关键字的前两位为01的数据项所在的页面。

如果我们使目录长度加倍并复制每个指针,就得到一个用搜索关键字的前4位进行索引的结构(右图)。例如,最后的页面定义为关键字的前3位为111的数据项在一个页面上。如果搜索关键字的前4位为1110或1111,就可以通过目录指针访问到这个页面。这个较大的目录可以容纳更长的表。

明确地说,我们用于可扩展散列的数据结构比我们在B树中所用的数据结构要简单的多。该结构是由包括不超过M个数据项的页面和一个指向页面的2^d个指针的目录组成(见程序16.5)。目录位置x的指针引用的页面,包含前d位等于x的所有数据项。在构造表时,使d足够大,以保证每个页面上的数据项数少于M。search操作的实现很简单:我们使用关键字的前d位来索引目录,使我们可以访问包含与关键字匹配的任何数据项的页面,然后,在页面上对此关键字进行顺序搜索(见程序16.6)。

程序16.5 可扩展的散列定义和初始化

一个可扩展的散列表是一个指向页面的指针目录（就像B树中的外部节点），这些页面包含不超过2M个数据项。每个页面还包含本页的一个计数（m），以及一个指定关键字前几位的整数（k），通过这个整数可以知道相等关键字的数据项。通常来说，N表示表中的数据项数，变量d表示我们用来索引目录的位数，D是目录中的记录数，可得，$D = 2^d$。表被初始化为大小为1的指向空页面的目录。

```
typedef struct STnode* link;
struct STnode { Item b[M]; int m; int k; };
static link *dir;
static int d, D, N;
link NEW()
  { link x = malloc(sizeof *x);
    x->m = 0;  x->k = 0;
    return x;
  }
void STinit(int maxN)
  {
    d = 0; N = 0; D = 1;
    dir = malloc(D*(sizeof *dir));
    dir[0] = NEW();
  }
```

程序16.6 可扩展散列法的搜索

在可扩展散列表中的搜索是一件简单的事情，只需使用关键字的前几位索引到目录，然后，在与搜索关键字相等的关键字的数据项所在页面进行顺序搜索。惟一的要求是目录中每个记录项指向一个页面，可以保证符号表中包含以某些特定位开始的所有数据项。

```
Item search(link h, Key v)
  { int j;
    for (j = 0; j < h->m; j++)
      if (eq(v, key(h->b[j])))
        return h->b[j];
    return NULLitem;
  }
Item STsearch(Key v)
  { return search(dir[bits(v, 0, d)], v); }
```

支持insert操作的数据结构稍微复杂一些。但其基本特征是搜索算法不经修改可以直接使用。为了支持insert操作，我们需要解决以下问题：

- 如果某页面的数据项数超过该页面的容量，该如何处理？
- 我们该选择多大的目录长度才合适？

例如，在图16-10的例子中，不使用d = 2是因为会造成页面溢出。我们也不使用d = 5是因为会有太多的空页面产生。通常来说，我们对支持insert操作的符号表ADT感兴趣，因而，在交替执行insert和search操作序列时，结构可以逐渐增长。考虑到这一点，我们可以精炼第一个问题：

- 如果需要往一个满页面中插入一个数据项，如何做呢？

例如，我们不能在图16-10中插入一个以5或7开始的关键字的数据项，因为相应的页面是满的。

定义16.3 阶数为d的**可扩展散列表**是一个含有2^d个页面引用的目录，页面中含有的数据项数不超过M。每个页面上的数据项关键字前k位相同，目录含有2^{d-k}个指向页面的指针，它起始于页面上关键字的前k位所决定的位置。

某些d位模式在关键字中不会出现，尽管我们有将指向空页面的指针组织起来的自然方法，但在定义16.3中，我们不规定目录中的相应记录，只简单讨论一下这个问题。

随着表的增长，为了维持这些特征，我们使用两个基本的操作：一个页面分裂操作，它可以把满的页面中的某些关键字分布到另一个页面上；一个目录分裂操作，它可以使目录的长度加倍，并使d增1。明确地说，当一个页面满时，我们把它分裂为两个页面，并根据关键字最左边的不同位来确定哪些要转移到新页面中去。在分裂页面的同时，我们要调整目录中的指针，同时要在需要时将目录的长度加倍。

与前面一样，理解算法的最好方法是在把关键字插入到初始为空的表中时，跟踪它的操作。算法的每种情况必定以简洁的形式在此过程中很早出现，我们很快就会理解这一算法的基本原理。图16-11至图16-13给出了建立可扩展散列表的过程，关键字是本章中我们一直在用的25个八进制的关键字。如在B树中出现的一样，多数插入操作都是平凡的，仅仅需要在页面中加入一个新的关键字。由于我们从一个页面开始，最后是8个页面，我们可以推断出7次插入就会引起一次页面分裂；另一方面，由于我们从大小为1的目录开始，结束于大小为16的目录，我们可以推断出4次插入操作就会引起一次目录分裂。

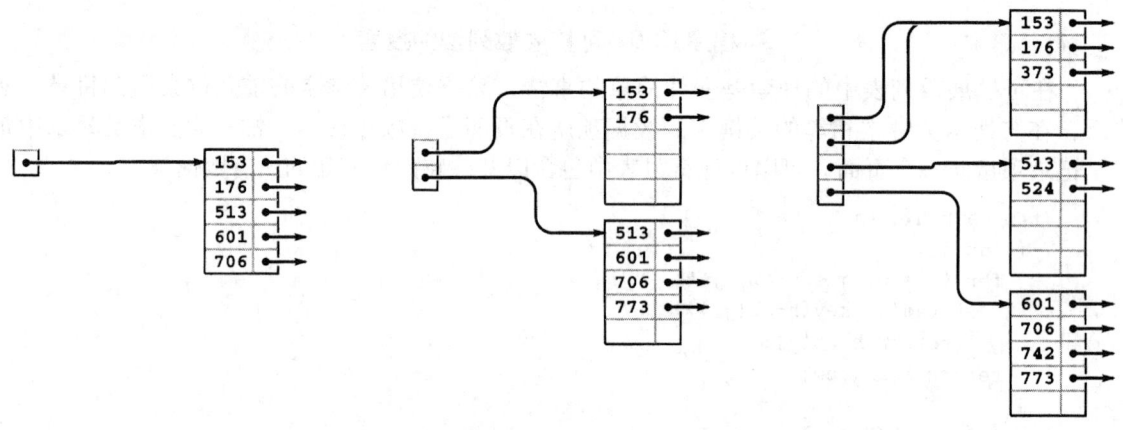

图16-11 可扩展散列表的构造（第1部分）

注：就像在B树中那样，向一个可扩展的散列表中执行5次插入，得到单个页面（左图）。然后，在插入773时，就把该页面分裂为两个页面（一个页面包含所有以0开始的关键字，另一个页面包含所有以1开始的关键字），同时，把目录大小加倍，以存放指向每个页面的指针。我们把742插入底部页面（是因为它包含以1开始的关键字），把373插入到顶部页面（是因为它包含以0开始的关键字），但需要分裂底部页面以存放524。对于这次的分裂，我们把关键字以10开始的所有数据项放在一个页面上，把关键字以11开始的所有数据项放在另一个页面上，同时再次把目录大小加倍，以容纳指向这两个页面的指针（右图）。此时目录中包含着向以0开始的页面的两个指针，一个指向以00开始的关键字所在的页面，另一个指针指向以01开始的关键字所在页面。

性质16.4 由一组关键字所构造的可扩展散列表只与那些关键字有关，而与关键字的插入顺序无关。

考虑一下对应这些关键字的线索（见性质15.2），它的每个内部节点都有一个保存其子树所含数据项的个数的标识。当且仅当线索的内部节点的标识小于M且它的父节点的标识不小于M时，一个内部节点就与可扩展散列表中的一个页面对应。节点以下的所有数据项都在一个页面中。如果某个节点在第k层，则它对应着一个按常规方式的线索路径所形成的k-位模式，并且在可扩展散列表目录中以k-位模式开始其下标的的所有记录项，包含着指向对应页面的指针。目录的大小是由对应于页面的线索中内部节点的最深层次确定的。因此，我们可以把一个线索转换为一个可扩展的散列表，无需关心数据项被插入的次序。这个性质可看作性质15.2的一个推论。■

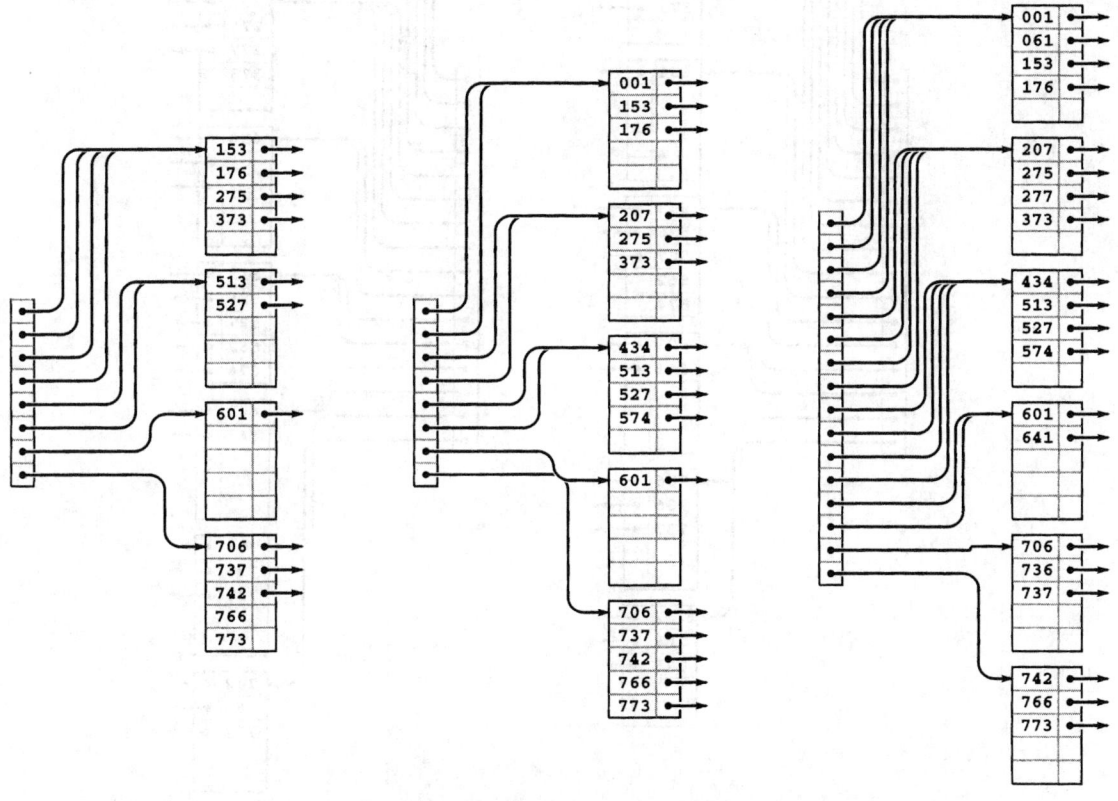

图16-12 可扩展散列表的构造（第2部分）

注：把关键字766和275插入到图16-11中最右边的B树中，不需做任何节点分裂（左图）。接着，插入737，需要分裂底部页面，因为指向底部页面只有一个链接，这使得目录分裂（中图）。然后，插入574、434、641和207，最后插入001时导致顶部页面分裂（右图）。

程序16.7给出了可扩展表的插入操作的实现。第一步，像在搜索中那样，通过惟一的指向目录的引用，来访问可能包含搜索关键字的页面。然后，就像在B树中对外部节点所做的那样，插入新的数据项（见程序16.2）。如果插入使节点中有M个数据项，那么，像在B树中那样，我们调用一个分裂函数，但是在这种情况下，分列函数更复杂。每个页面包含前面几位相同的数k，表明前几位相同的关键字的数据项在同一页面上。因为我们从左边0开始对数字编号，因而，k也指定了我们希望用来测试以确定如何分裂数据项的位的索引。

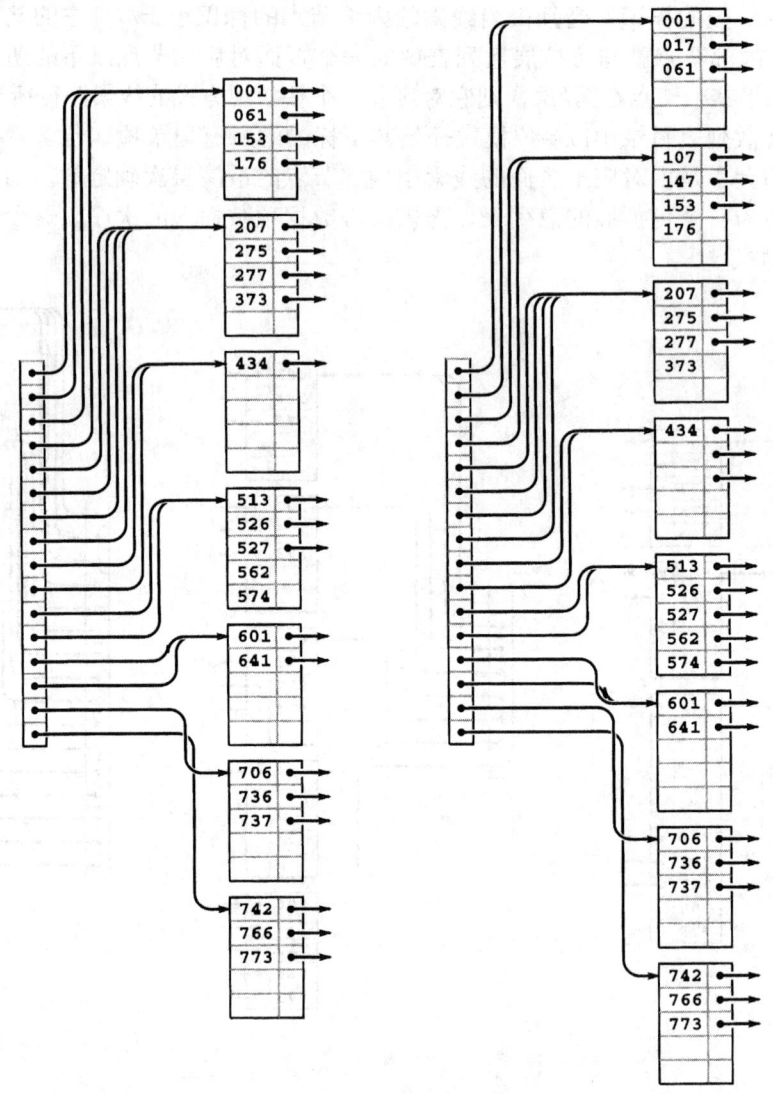

图16-13 可扩展散列表的构造（第3部分）

注：接着图16-11和图16-12中的例子，把5个关键字526、562、017、107和147插入到图16-6中最右边的B树中。在把526（左图）和107（右图）插入时，引起节点分裂。

程序16.7 可扩展散列法的插入

要向可扩展散列表中插入一个数据项，首先进行搜索，接着在确定的页面上插入数据项。如果插入引起溢出，则分裂该页面。一般框架与B树相同，但是我们用于查找相应页面和分裂页面的方法不同。

分裂函数创建一个新页面，然后检查每个数据项关键字的第k位（从左边开始算）：如果该位为0，则数据项还在原节点中；如果该位为1，则数据项到新的节点中。分裂之后，两个节点的"前若干位已知是相等的"的域被赋值为$k+1$。如果该过程不能使每个节点中至少有一个关键字，就再次进行分裂，直到数据项分开。最后，我们把带有新节点的指针插入到目录中。

```
link split(link h)
  { int j; link t = NEW();
```

```
      while (h->m == 0 || h->m == M)
        {
          h->m = 0; t->m = 0;
          for (j = 0; j < M; j++)
            if (bits(h->b[j], h->k, 1) == 0)
                  h->b[(h->m)++] = h->b[j];
            else t->b[(t->m)++] = h->b[j];
          t->k = ++(h->k);
        }
      insertDIR(t, t->k);
    }
  void insert(link h, Item item)
    { int i, j; Key v = key(item);
      for (j = 0; j < h->m; j++)
        if (less(v, key(h->b[j]))) break;
      for (i = (h->m)++; i > j; i--)
        h->b[i] = h->b[i-1];
      h->b[j] = item;
      if (h->m == M) split(h);
    }
  void STinsert(Item item)
    { insert(dir[bits(key(item), 0, d)], item); }
```

　　在分裂一个页面时，我们首先创建一个新页面，并将该位是0的所有数据项保留在旧页面中，而将该位是1的所有数据项保存到新页面中，然后，将这两个页面的计数域值增1，即保存$k+1$。这种方法在应用中会出现所有关键字的第k位都相同的情况，此时无法分裂节点。如果这样，我们就继续比较下一位，直到可以使每个页面至少含有一个数据项。除非对同一关键字我们有M个值，否则，这一过程最后一定会终止。我们简略讨论如下。

　　在B树中，我们在每一页面都留出一个记录空间使得分裂操作可以在插入后进行，这样简化了程序代码。在这里，这项技术对实际效果影响很小，我们在分析时对其忽略。

　　当创建一个新页面时，我们要在目录中插入一个指向新页面的指针。程序16.8给出了这段代码。最简单的情况是在插入前，有两个指向被分裂页面的指针。此时，我们只需把第二个指针指向新页面即可。如果在页面上我们用来区分不同关键字的位数k大于访问目录所需的关键字位数，我们就不得不增大目录长度以容纳更多的记录。然后，还要相应的更新目录中的指针。

程序16.8　可扩展散列法的目录插入

　　这段简单代码是可扩展散列过程的核心。给定指向某个节点的链接t，该节点携带与前k位匹配的数据项，该链接被插入到目录中。对于$d = k$的最简单的情况，我们只是把t放进d[x]中，其中x是t->b[0]（和页面中其他数据项）的前d位的值。如果k>d，我们就不得不加倍目录的大小，直到d=k。如果k<d，我们需要设置多个指针，第一个for循环计算需要设置为(2^{d-k})的指针数，第二个for循环设置指针。

```
  void insertDIR(link t, int k)
    { int i, m, x = bits(t->b[0], 0, k);
      while (d < k)
        { link *old = dir;
          d += 1; D += D;
```

```
      dir = malloc(D*(sizeof *dir));
      for (i = 0; i < D; i++) dir[i] = old[i/2];
      if (d < k) dir(bits(x, 0, d) ^ 1) = NEW();
    }
  for (m = 1; k < d; k++) m *= 2;
  for (i = 0; i < m; i++) dir[x*m+i] = t;
}
```

如果多于M个数据项有重复关键字，这个表将会溢出，并且程序16.7中的代码会在寻找区分关键字的方法时进入无限循环。相关问题是如果关键字中前面相等的位很多，目录可能会变得很大。这种情况非常类似于MSD基数排序，对于有大量重复关键字或者关键字中相等位很多时的文件，需要过多时间的情况。我们依靠散列函数提供的随机化来避免此类问题（见练习16.42）。即使使用散列函数，如果出现大量重复关键字，也需要非凡的技巧。这是因为散列函数对于相等的关键字取相等的散列值。重复关键字可以使目录暴长。如果相等的关键字多于一个页面的容量，算法也会完全崩溃。于是，我们在使用这段代码之前，需要增加对出现这些情况的测试，以避免这些情况的发生（见练习16.34）。

我们所感兴趣的主要性能参数是所使用的页面数（这和B树中一样）以及目录大小。该算法的随机化是由散列函数提供的，因而，平均情况下的性能结果可以应用到任一N个不同插入操作的序列中。

性质16.5 对N个元素的文件，可扩展散列算法平均大约需要$1.44(N/M)$个页面，这里M是每个页面所能容纳的数据项数。目录中记录数的期望值约为$3.92(N^{1/M})(N/M)$。

这个（相当深奥的）结果扩展了我们在前一章中对线索所作的分析（见第四部分参考文献）。对于页面数，其中精确的常数是$\lg e = 1/\ln 2$。对于目录大小，其中精确的常数是$e\lg e = e/\ln 2$。而且这些值的精确结果是在其平均值附近摆动。我们应该不对这种现象感到惊讶，因为目录大小是2的幂这一事实，已经考虑在结果中了。■

注意到目录长度增加的速度比N增加的线性速度要快，特别是对M小的情况更是如此。然而，对实际应用中的M和N的取值，$N^{1/M}$非常接近于1，因此，在实际中，我们可以期望目录的大小为$4(N/M)$。

我们考虑把目录组织成单一指针数组。这样可以把目录放在内存中，或者，如果它太大，可以把树根保存在内存中，使用相同的索引模式，通过根节点可以知道页面的位置。另一种方法是可以增加一层数据，对第一层的前10位进行索引，第二层对于其余位进行索引（见练习16.36）。

如在B树中所作的那样，我们把符号表的其他操作留作练习（见练习16.37和练习16.40）。同样，一个正常的delete操作也是一项挑战性的任务，但是，允许页面不满是一种较简单的方法，在实际中可能很有效。

练习

▷ 16.27 如果图16-10中目录大小为32，会有多少空页面？

16.28 对M=5，将关键字562、221、240、771、274、233、401、273和201按照顺序插入到初始为空的树中，画出对应图16-11至图16-13的插入过程。

○ 16.29 假设已知一个数据项的有序数组。描述一种方法，如何确定对应这组数据项的可扩展散列表的目录大小。

• 16.30 编写一个程序，根据数据项的一个有序数组构造可扩展散列表，要求遍历两遍数据项：一遍确定目录大小（见练习16.30），另一遍为页面分配数据项，并填充目录。

○ 16.31 给出一组关键字，其对应的可扩展散列表的目录大小为16，且有8个指针指向一个页面。
•• 16.32 画出类似图16-8的可扩展散列表。
• 16.33 编写一个程序，计算可扩展散列表的平均的外部页面数和目录大小。该散列表由向初始为空的树中进行N次随机插入操作而成，其中页面容量为M。对于$M = 10, 100, 1000$和$N = 10^3, 10^4, 10^5$和10^6，计算空位置所占的百分比。
 16.34 在程序16.7中增加适当的检测措施，来避免太多相同的关键字或前面太多相同位的关键字插入到表中，以避免这些情况发生。
• 16.35 使用二层目录，修改程序16.5至程序16.7中的可扩展散列实现，使得指向每个目录节点的指针不超过M个。尤其注意判定在从一层到两层时，目录首次增长的情况。
• 16.36 修改程序16.5至程序16.7中的可扩展散列实现，使得数据结构中每个页面允许有M个数据项。
○ 16.37 实现可扩展散列表的sort操作。
○ 16.38 实现可扩展散列表的select操作。
•• 16.39 实现可扩展散列表的delete操作。
○ 16.40 使用练习16.25中指示的方法，实现可扩展散列表的delete操作。
•• 16.41 开发一个可扩展散列的实现，使它在分裂目录时，分裂页面。因而，每个目录指针指向惟一的一个页面。进行实验来比较你所实现的性能与标准实现的性能。
○ 16.42 对于$M = 10$、100和1000，且$1 \leq d \leq 20$，进行实验研究，确定要找到多于M个有相同前d位的数之前，期望产生的随机数的个数。
• 16.43 使用表长为$2M$的散列表，修改采用链地址法的散列算法（见程序14.3），将数据项保存在长度为$2M$的页面中。当一个页面满时，把它链接到一个新的空页面，因此每个散列表的记录项指向一个链接在一起的页面。对$M = 10, 100$和1000，$N = 10^3, 10^4, 10^5$和10^6的不同取值，进行实验确定在用N个随机关键字所建立的表中，进行一次搜索所需的平均探测次数。
○ 16.44 使用大小为$2M$的页面，修改双重散列算法（见程序14.6），将访问到满的页面处理为"冲突"。对$M = 10, 100$和1000，$N = 10^3, 10^4, 10^5$和10^6的不同取值，进行实验确定，在用N个随机关键字所建立的表中，进行一次搜索所需的平均探测次数。初始表长为$3N/2M$。
○ 16.45 使用支持initialize、count、search、insert、delete、join、select和sort操作的可扩展散列法，为带有客户端数据项句柄的一级符号表的ADT开发一个符号表的实现（见练习12.4和练习12.5）。

16.5 综述

本章中讨论的最重要的应用是为保存在外部设备上（例如，一个磁盘文件中）的大型数据库建立索引。尽管我们所讨论的基本算法是强大的，开发一个基于B树或可扩展散列法的文件系统的实现是一件复杂的任务。首先，我们不能直接使用本章中C程序，必须对它们进行修改，已使它们能够读取和引用磁盘文件。第二，我们必须确信算法的参数（如页面大小、目录长度）可以针对我们使用的某种硬件特征进行调整。第三，我们必须考虑可靠性问题，以及出错检测和纠正机制。例如，我们要有能力检查某一数据结构是否处于一致状态，而且要考虑如何应付突然出现的错误。对这类问题进行系统的考虑更为重要，但这超出了本书的范围。

另一方面，如果我们的编程环境支持虚拟内存，我们便可以直接使用本章给出的C程序来实现很多大型的符号表应用。粗略地说，每次我们访问一个页面，这样的系统就会把该页面放在一个缓存中，对那个页面中数据的引用就可以得到高效地处理。如果我们访问一个不在缓存中的页面，系统必须从外存中读取该页面，因而，缓存访问失败与探测次数开销的度量是等价的。

对B树而言，每次搜索和插入都要访问根节点，因而根节点一定在缓存中。否则，对于足够大的M，典型搜索和插入至多有两次访问缓存失败。对于较大缓存，搜索所需的第一个页面就在缓存中的几率很大，因而，每次搜索的平均开销很可能比两次探测小得多。

对于可扩展散列而言，整个目录都在缓存中可能性不大，因此，我们期望目录访问和页面访问都有一次访问失败（这是最坏情况）。也就是说，在大型表中进行一次搜索需要两次探测，一次是访问目录的相应部分，一次是访问相应的页面。

这些算法构成了结束搜索算法的一个专题，因为要高效地使用它们，我们需要理解二叉搜索、BST、平衡树、散列以及线索的基本性质，这些就是我们在第12章至第15章中研究的基本搜索算法。作为一组问题，这些算法为解决各种应用的符号表实现问题提供了多种方案，它们通过实例证明了算法技术所具有的强大能力。

练习

16.46　使用ADT作为页面引用，修改16.3节中的B树实现（程序16.1至程序16.3）。

16.47　使用ADT作为页面引用，修改16.4节中的可扩展散列实现（程序16.5至程序16.8）。

16.48　在一个典型的缓存系统中，对于S次随机搜索，估计在B树中每次搜索的平均探测次数。其中T个最近访问的页面保存在内存中（探测数增加0）。假设S比T大得多。

16.49　对于练习16.48中描述的缓存模型，估计在一个可扩展的散列表中进行一次搜索的平均探测次数。

○16.50　对于大型符号表中的随机搜索，如果你的系统支持虚拟内存，设计并进行实验来比较B树的性能与二叉搜索的性能。

16.51　实现支持大量数据项的构造、并接着执行大量插入和删除最大操作数的优先队列ADT。

16.52　开发一种基于B树的跳跃表表示（见练习13.80）的外部符号表ADT的实现。

•16.53　如果你的系统支持虚拟内存，进行实验来确定M，使对于在大型符号表中支持随机搜索操作的B树实现，导致最快的搜索时间。

••16.54　修改16.3节（程序16.1至程序16.3）中的B树实现，使其能够在表存放于外存上的情况中进行操作。如果你的系统允许非顺序的访问文件，则把整个表放在单个（大型）文件中，并在文件内使用位移代替数据结构中的指针。如果你的系统允许你直接访问外部设备上的页面，则使用页面地址代替数据结构中的指针。如果你的系统允许上述两种情况，选择最适合于实现一个大型的符号表的方法。

••16.55　修改16.4节（程序16.5至程序16.8）中的可扩展散列法的实现，使其能够在表存放于外存上的情况中进行操作。解释你向文件分配目录和页面所选择的方法（见练习16.5）。

第四部分参考文献

本部分的主要参考文献来自Knuth、BaezaYates和Gonnet、Mehlhorn以及Cormen，Leiserson和Rivest的著作。很多算法在这些书中的数学分析和应用建议方面有详尽的介绍。经典的方法在Knuth的著作中都包含了。其他的书中描述了一些较新的方法，也可以进一步作为参考。这四本书加上Sedgewick-Flajolet的著作，几乎是本部分引用的所有材料。

第13章中的材料来自Roura和Martinez1996年的文章、Sleator和Tarjan1985年的文章、Guibas和Sedgewick1978年的文章。追溯这些文章的时间，平衡树一直是所研究的主题。上述引用的书中有详细的关于红黑树性质及类似结构的证明，并引用到最近的工作。

在第15章中讨论的线索是经典的结构（尽管在文献中很少会看到C实现）。关于TST的材料来自Bentley和Sedgewick 1997年的文章。

Bayer和McCreight1972年的文章中介绍了B树。在第16章中出现的可扩展的散列算法来自Fagin、Nievergelt、Pippenger和Strong在1979年的文章。关于可扩展散列法的分析结果来自Flajolet1983年的文章。如果希望深入了解关于外部搜索方法，可以阅读这些文章。这些方法的实际应用也出现在数据库系统中。在Date的书中有关于这个主题的介绍。

[1] R. Baeza-Yates and G. H. Gonnet, *Handbook of Algorithms and Data Structures*, second edition, Addison-Wesley, Reading, MA, 1984.

[2] J. L. Bentley and R. Sedgewick, "Sorting and searching strings," Eighth Symposium on Discrete Algorithms, New Orleans, January, 1997.

[3] R.Bayer and E. M. McCreight, "Organization and maintenance of large ordered indexes," *Acta Informatica* 1, 1972.

[4] T.H. Cormen, C.E. Leiserson, and R.L. Rivest, *Introduction to Algorithms*, MIT Press, 1990.

[5] C. J. Date, *An Introduction to Database Systems*, sixth edition, Addision-Wesley, Reading, MA, 1995.

[6] R. Fagin, J. Nievergelt, N. Pippenger, and H.R. Strong, "Extendible hashing——a fast access method for dynamic files," *ACM Transactions on Database Systems* 4, 1979.

[7] P. Flajolet, "On the performance analysis of extendible hashing and trie search," *Acta Informatica* 20, 1983.

[8] L. Guibas and R.Sedgewick, "A dichromatic framework for balanced trees," in *19th Annual Symposium on Foundations of Computer Science*, IEEE, 1978. Also in *A Decade of Progress 1970-1980*, Xerox PARC, Palo Alto, CA.

[9] D. E. Knuth, *The Art of Computer Programming. Volume 3: Sorting and Searching*, second edition, Addison-Wesley, Reading, MA, 1997.

[10] K. Mehlhorn, *Data Structures and Algorithms 1: Sorting and Searching*, Springer-Verlag, Berlin, 1984.

[11] S. Roura and C. Martinez, "Randomization of search trees by subtree size," Fourth European Symposium on Algorithms, Barcelona, September, 1996.

[12] R. Sedgewick and P. Flajolet, *An Introduction to the Analysis of Algorithms*, Addison-Wesley, Reading, MA, 1996.

[13] D. Sleator and R.E. Tarjan, "Self-adjusting binary search trees," *Journal of the ACM* 32, 1985.

推荐阅读

作者：Abraham Silberschatz 著
中文翻译版： 978-7-111-37529-6，99.00元
英文精编版： 978-7-111-40086-8，69.00元
本科教学版： 978-7-111-40085-1，59.00元

作者：Jiawei Han 等著
英文版： 978-7-111-37431-2，118.00元
中文版： 978-7-111-39140-1，79.00元

作者：Ian H.Witten 等著
英文版： 978-7-111-37417-6，108.00元
中文版： 978-7-111-45381-9，79.00元

作者：Andrew S. Tanenbaum 著
书号：978-7-111-35925-8，99.00元

作者：Behrouz A. Forouzan 著
英文版：978-7-111-37430-5，79.00元
中文版：978-7-111-40088-2，99.00元

作者：James F. Kurose 著
书号：978-7-111-45378-9，79.00元

作者：Thomas H. Cormen 等著
书号：978-7-111-40701-0，128.00元

作者：John L. Hennessy 著
书号：978-7-111-36458-0，138.00元

作者：Edward Ashford Lee 著
书号：978-7-111-36021-6，55.00元

推荐阅读

数据结构与算法分析——C语言描述（原书第2版）

作者：Mark Allen Weiss 译者：冯舜玺 ISBN：978-7-111-12748-X 定价：35.00元

数据结构与算法分析：Java语言描述 第2版

作者：Mark Allen Weiss 译者：冯舜玺 ISBN：978-7-111-23183-7 定价：55.00元
第3版中文版即将出版

数据结构与算法设计

作者：王晓东 ISBN：978-7-111-37924-9 定价：29.00元

数据结构、算法与应用——C++语言描述（原书第2版）

作者：Sartaj Sahni 译者：王立柱 等 ISBN：978-7-111-49600-7 定价：79.00元

推荐阅读

C程序设计语言（第2版·新版）
作者：Brian W. Kernighan 等 ISBN：978-7-111-12806-0 定价：30.00元

C语言的科学和艺术
作者：Eric S. Roberts ISBN：978-7-111-34775-0 定价：79.00元

C程序设计导引
作者：尹宝林 ISBN：978-7-111-41891-7 定价：35.00元

C程序设计思想与方法
作者：尹宝林 ISBN：978-7-111-25495-9 定价：36.00元

从问题到程序——程序设计与C语言引论 第2版
作者：裘宗燕 ISBN：978-7-111-33715-7 定价：39.00元

C语言解惑
作者：刘振安 等 ISBN：978-7-111-47985-7 定价：79.00元